ワインの帝王ロバート・パーカーが薦める
世界のベスト・バリューワイン

日本語版翻訳権独占
早 川 書 房

©2009 Hayakawa Publishing, Inc.

PARKER'S WINE BARGAINS
The World's Best Wine Values Under $25
by
Robert M. Parker, Jr.
Copyright © 2009 by
Robert M. Parker, Jr.
All rights reserved.
Translated by
Hiroshi Yamamoto and others
First published 2009 in Japan by
Hayakawa Publishing, Inc.
This book is published in Japan by
arrangement with
the original publisher, Simon & Schuster, Inc.
through Japan Uni Agency, Inc., Tokyo.

マイア・ソング・エリザベス・パーカー、
パトリシア・E・パーカー、ベティー・ジェインおば、
そして亡き母、ルース・"シディー"・パーカー、
我が人生最愛の女性たちに捧ぐ

謝　辞

　まずはじめに、デイヴィッド・シルトクネヒト、アントニオ・ガッローニ、ドクター・ジェイ・ミラー、マーク・スキアーズ、そしてニール・マーティンからなる、我が寄稿者チームの並はずれた努力に、心からの感謝を捧げたい。それぞれの専門領域における彼らの貢献は、本書に多大な恩恵をもたらしてくれた。

　情報を収集し、それに何らかの整合性を持たせる仕事に熱心に取り組んでくれた、『ワイン・アドヴォケイト』誌のちっぽけな編集部のスタッフにも、大いに謝意を表したい。正式には2006年末に退職していたジョーン・パスマンだが、心からの誠意と私の精神状態への気遣いから、彼女はその後も週に数日仕事を続け、本書の迅速な完成に力を貸してくれた。常勤で彼女の後を継いだアネット・ピアテクは、誰にも負けないほどのがんばりを見せてくれた。情報を集め選別し、私たちの原稿すべてに何らかの整合性を持たせるに際して見せた、彼女の懸命な働きぶりと誠実な努力には、いくら感謝しても感謝しきれるものではない。そんな彼女を実に有能に支えてくれたのが、『ワイン・アドヴォケイト』誌のもう一人のスタッフ、ベッツィ・ソボレウスキーだった。

　専門的な編集の段階においては、私の担当編集者であるアマンダ・マレーの功績がとてつもなく大きい。私たちの冗長な解説を理解・整理し、より明快なアイデアを持てるよう、全員の力となってくれたのは彼女なのである。要するに、彼女の多大な努力のおかげで、本書は極めて優れたものとなり、私たちの誰もがそれを非常に高く評価している。ケイト・アンコフスキー、アン・チェリー、スエット・チョン、リンダ・ディングラー、ナンシー・イングリス、そしてジョン・ウォーラーをはじめとする、サイモン＆シュスター社のスタッフにも感謝の意を表したい。

　物書きなら誰でも精神的な支えを必要としているが、その点私は、自分が誰にも増して恵まれているのではないかと思っている。我が人生最愛の美しき妻パトリシアは、常日頃私に知恵と助言を授け、物事が上手く運ばない時には励ましの言葉をかけてくれた。私の素晴らしい娘マリアのことも、忘れるわけにはいかない。現在大学生になっているので、近頃では彼女の顔よりも、ふたりの愉快な仲間、つまり3歳のイングリッシュ・ブルドッグのバディと、彼の大親友で（そしてそれゆえ私の大親友でもある）今も活発で若々しい10歳のフーヴァーの顔を見ることの方が多くなった。

　私の旧友の一人にも、感謝の意を捧げたい。美食家で桁外れに博識な彼の名は、パーク・B・スミス博士。私の心の兄とも言える存在で、そのワ

ACKNOWLEDGMENTS

インへの愛とレーザー光線並みに鋭い思考は、もう何年ものあいだ、私にとって大いなる知恵の源となっている。

　最後に、次に名前を挙げた友人、援助者、助言者にも、たくさんの感謝の意を表したい。あなた方の誰もが、ワインについて、そしてそれ以上に大きな意味を持つ人生そのものについて、私に貴重な教訓を授けてくれた。ジム・アーセノー、アンソニー・バートン、ルース・バシン、故ブルース＆アディー・バシン、エルヴェ・ベルロー、ビル・ブラッチ、トーマス・B・ベーラー、バリー・ボンドロフ、ダニエル・ブールー、ロウェーナ＆マーク・ブラウンシュタイン、クリストファー・カナン、ディック・カレッタ、ジャン・ミシェル・カーズ、コリーヌ・チェザーノ、ジャン・マリー・シャドロニエ、ムッシュー＆マダム・ジャン・ルイ・シャルモリュ、シャルル・シュヴァリエ、ボブ・クライン、ジェフリー・デイヴィス、ユベール・ド・ブアール、ジャン＆アニー・デルマ、ジャン・ユベール・ドロンと故ミシェル・ドロン、アルバート・H・ダドリーⅢ博士、バーバラ・エーデルマン、フェデリック・アンジェラ、マイケル・エツェル、ポール・エヴァンス、テリー・フォージー、伝説のフィッツカラルド——私の心を揺さぶる、ほぼ作り話の世界に生きる魂の友——ジョエル・フライシュマン、マダム・カプベルン・ガスクトン、ダン・グリーン、ジョスエ・ハラリ、アレクサンドラ・ハーディング、デイヴィッド・ハッチオン博士、バーバラ・G＆スティーヴ・R・R・ジャコビー、ジョアニー＆ジョー・ジェイムズ、ジャン・ポール・ジョフレ、ダニエル・ジョンズ、ナサニエル、アーチーそしてデニス・ジョンストン、エド・ジョナ、エレインそしてマンフレッド・クランキ、ロバート・レッシャー、ベルナール・マグレ、カーメル・ワイナリーのアダム・モンテフィオーレ、パトリック・マロトー、パット＆ヴィクトール・フーゴ・モルゲンロート、クリスチャン、ジャン・フランソワ、そして故ジャン・ピエール・ムエックス、ベルナール・ニコラ、ジル・ノーマン、レ・ゼナルクス（ボルドー）、レ・ゼナルクス（ボルチモア）、フランソワ・ピノー、フランク・ポーク、ポール・ポンタイエ、ブリュノ・プラッツ、ジャン・ギョーム・プラッツ、ジュディ・プルース、アラン・レイノー博士、マーサ・レディントン、ドミニク・ルナール、ミシェル・リシャール、アラン・リッチマン、ダニー＆ミシェル・ロラン、ピエールとお父上のイヴ・ロヴァニ、ロバート・ロイ、カルロ・ルッソ、エド・サンズ、エリック・サマズィーユ、ボブ・シンドラー、アーニー・シンガー、エリオット・スターレン、ダニエル・タステット・ルートン、レティー・ティーグ、アラン・ヴォーティエ、故スティーヴン・ヴァーリン、ピーター・ヴェザン、ロベール・ヴィフィアン、ソニア・フォーゲル、ジニー・ウォン、そしてジェラール・イヴェルノー。

CONTENTS

目　次

謝辞……………………………………………………………………………4
序文……………………………………………………………………………9

アルゼンチン…………………………………………………………………13
オーストラリア………………………………………………………………48
オーストリア…………………………………………………………………77
チリ……………………………………………………………………………100
フランス
　アルザス、サヴォワ、ジュラ地方のバリューワイン……………………131
　ボルドーのバリューワイン…………………………………………………149
　ブルゴーニュとボジョレのバリューワイン………………………………176
　ラングドックとルーションのバリューワイン……………………………205
　ロワール河流域のバリューワイン…………………………………………252
　プロヴァンスのバリューワイン……………………………………………292
　フランス南西部のバリューワイン…………………………………………299
　ローヌ渓谷のバリューワイン………………………………………………308
ドイツ…………………………………………………………………………352
ギリシャ………………………………………………………………………382
イタリア………………………………………………………………………391
ニュージーランド……………………………………………………………463
ポルトガル……………………………………………………………………486
南アフリカ……………………………………………………………………502
スペイン………………………………………………………………………513
アメリカ
　カリフォルニアのバリューワイン…………………………………………537
　オレゴンのバリューワイン…………………………………………………566
　ワシントン州のバリューワイン……………………………………………570

寄稿者一覧……………………………………………………………………583
ヴィンテージ・ガイド………………………………………………………585
監訳者あとがき………………………………………………………………587
ベスト・オブ・ベスト・バリューワイン索引……………………………591
スパークリング・ワイン索引………………………………………………600
ワイナリー索引………………………………………………………………603

INTRODUCTION

序　文

本書について

　ワイン評論家をやっていて最も楽しい仕事のひとつは、実際の価格の2〜3倍の値をつけてもおかしくないような、飛び切り上等な隠れたバリューワインを発掘することである。私は毎年、数千のワインをテイスティングしてきたし、仕事仲間の多くは20年あるいはそれ以上の年月、ワインをテイスティングしてきた。本書はかねてから進行中の企画であったが、世界的経済危機と広範にわたる資産の縮小のさなかということもあり、まさに絶好のタイミングで出版されたのではないだろうか。本書では、現在の対ドル為替レートとアメリカ国内のワイナリーの値付けを前提に、1本25ドルあるいはそれ以下のワインに焦点が当てられた。優良から平均以上のヴィンテージから選ばれたワインに簡潔な記述を添えて、私たちはこのセレクションを提案してみたが、これはテイスティングしたワインのほんの一部に過ぎない。25ドルあるいはそれ以下のワインには、値段に見合った価値しかなく、さして面白味もないという通説も存在する。これは真実からはほど遠い。探してみれば、驚くほどまっとうな価格で極めて優れた品質を提供する、数少ない銘品を掘り起こす事も可能なのだ。世界の中でも特定のブドウ栽培地が、他に比べて値頃感に優れているのは明らかである。スペイン、南フランス、イタリア南部、南米、オーストラリアは、そこで造られるバリューワインの充実度にかけては、確かに他の全産地をリードしている。ところがボルドーやカリフォルニア北部のような高級産地でも、きわめて高品質なワインを格安で生産することが可能だし、実際に生産しているワイナリーも存在する。そこで本書で扱うワインだが、世界で最も素晴らしいバリューワインの中でも、25ドル以下のワインに限定することにした。実のところ、その多くは10ドルから15ドルのあいだで売られている。しかし30年以上にわたってワインを消費した経験から、バリューワインの中核となる価格帯に上限を設ける必要があると常々感じていたこともあり、その上限を25ドルに設定することにした。

バリューワインというコンセプトについて

　神聖視されているボルドーを産地とする銘醸ワインのほとんどが、250ドルから1000ドルもの値を付ける中で、ボルドーの完璧と言っていいような有名シャトーが、50ドルのワインを出したとしよう。だからと言って、果たしてそれをバリューワインと呼んでいいものだろうか。ひいては、バ

リューワインというカテゴリーのあり方からして、50ドルのワインを"バリュー感がある"と表現出来るものなのか。これには確かに議論の余地がある。グラン・クリュやプルミエ・クリュに格付けされる有名ワインのほとんどが、1本50ドルから100ドルをはるかに超える値段で売られているブルゴーニュにも、同じ議論が当てはまる。そこで私たちは、こうしたワインを除外し、小売店において25ドル以下で購入できる、第一級のバリューワインに照準を絞ることにした。繰り返し言うが、こうしたワインのほとんどは、実際のところ25ドルよりもかなり安い値段で手に入る。国によって値段は変わるし、輸入品の価格というものは、輸入業者がワインを仕入れた時点のドル相場に左右されるということも、十分承知している。私たちはバリューワインというコンセプトを25ドル以下のワインと定義し、本書ではそのカテゴリーに当てはまるワインだけに、厳密に対象を限定することにした。

「飲み頃」と「ヴィンテージを知る」について

各章には、「ヴィンテージを知る」と銘打った欄を設けた。その産地が経験した近年のベスト&ワースト・ヴィンテージの概要を、読者に伝えるためのものである。こうしたバリューワインの多くは、早めに飲むように造られている。これは何も買ってから30分以内に飲めということではなく、ほとんどの白とロゼは1～2年以内、ほとんどの赤ワインなら3～5年以内に飲むように、ということを意味している。多くの赤ワインの場合、価格のピラミッドの底辺に位置するワインですらタンニンを含むものだが、白とロゼ・ワインにはまったく含まれていない。そのため、はち切れんばかりに爽やかで、力強さ溢れる若いうちに飲んでしまうのがいちばん美味なのだが、そんな状態が持続するのは、ほんの1～2年間に過ぎない。赤ワインは、最も廉価なものでも実際1～2年は発展する。冷蔵庫あるいはワイン保管庫で保存した場合には、果実味を失わず、また退屈でつまらないワインになってしまうこともなく、時には4～5年以上も上手に持続していく。「ヴィンテージを知る」の欄では、各ブドウ栽培地のベスト・ヴィンテージに焦点を当ててみた。不良年の失敗作を手にしてしまう確率を減らす手助けとなる情報として、活用して欲しい。

掲載ワインについて

本書では、取り上げた産地ごとに第一級のバリューワイン(25ドル以下)をアルファベット順にまとめて掲載し、各産地でも十分評価の高い、

INTRODUCTION

　入手可能なヴィンテージのワインについて、そのスタイルと特徴を寸評にして付記してみた。読者が探しているワイン、そして個人的にいちばん楽しめるワインを理解する際の、一助となれば幸いだ。本書で紹介したのは、バリューワインを造ることにかけては世界最高の造り手ばかりである。従って10ドル、15ドル、あるいはどんなに高くとも25ドル価格帯の中から、その3〜5倍の値段で売られているワインに勝るとも劣らないものを見つけ出す楽しみは、ワインを購入するすべての人にとって、実に愉快な経験となることだろう。

　本書の各章を執筆したのは、『ワイン・アドヴォケイト』誌で特定産地を担当する執筆陣である。私の場合なら、ボルドー、ローヌ渓谷、カリフォルニアを、デイヴィッド・シルトクネヒトは、オーストリア、アルザス・サヴォイア・ジュラ、ブルゴーニュとボジョレ、ラングドックとルーション、ロワール渓谷、プロヴァンスを担当した。アントニオ・ガッローニは、イタリアの全産地に関する情報を提供してくれた。ドクター・ジェイ・ミラーはアルゼンチン、オーストラリア、チリ、オレゴン、スペイン、ワシントン州を扱った各章を執筆。マーク・スキアーズはギリシャとポルトガルを、ニール・マーティンはニュージーランドの章を寄稿している。

　　　　　　　　　　　　　　　　　　ロバート・M・パーカーJr

```
┌─────────────────────────┐
│         凡  例          │
├─────────────────────────┤
│     8 – 1 5 ドル  $     │
│    1 6 – 2 0 ドル  $$   │
│    2 1 – 2 5 ドル  $$$  │
│       赤ワイン   🍷     │
│      ロゼ・ワイン  🍷   │
│       白ワイン   🍷     │
│       発泡ワイン  🥂    │
│       甘口ワイン   S    │
│      中辛口ワイン  SD   │
└─────────────────────────┘
```

[ワインリストの見方]

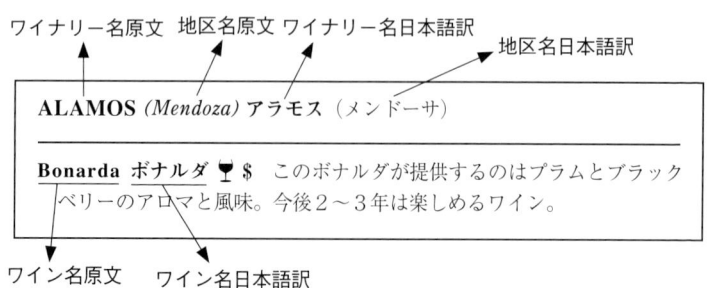

ワイナリー名原文　地区名原文　ワイナリー名日本語訳　　地区名日本語訳

ALAMOS *(Mendoza)* **アラモス**（メンドーサ）

Bonarda **ボナルダ** 🍷 $　このボナルダが提供するのはプラムとブラックベリーのアロマと風味。今後2〜3年は楽しめるワイン。

ワイン名原文　ワイン名日本語訳

ARGENTINA

アルゼンチンのバリューワイン

(担当　ドクター・ジェイ・ミラー)

　アルゼンチンはフランス、イタリア、スペイン、アメリカ合衆国に次ぐ、世界第5位のワイン生産国である。アルゼンチンのワインビジネスは現在のアメリカの厳しい経済状況にもかかわらず、成長し続けている。それは、マルベックというブドウ品種やメンドーサという産地のテロワールによる恩恵というだけではない。安い労働力と土地の価格（カリフォルニアのナパヴァレーの1エーカー当たり30万ドルに対し、1エーカー3万ドル）、そして（ブドウ栽培に）適した気候とアンデスから供給される水が低い生産コストを実現している。

生産地
　メンドーサがアルゼンチンの唯一のワイン生産地という訳ではないが、しかし他を大きく引き離している。高地にある砂漠気候で、ほとんどのブドウ畑は海抜800～1200メートル（中にはもっと高いところもある）に位置しており、強い日差しでありながら冷涼という気候に恵まれている。その結果として、ほぼ毎年生理学的によく熟したブドウができ、ワインは糖分が少なく、アルコール度も高くない。ここでできるワインのアルコール度数が14.5％を超えるものはほとんどない。このメンドーサの砂漠気候は雨が非常に少ないが、アンデスの山々の近くにあるお陰で水は不足することがない。（実際どのブドウ畑からもアンデスは見える。あまりに巨大なので、どこから見てもすぐ隣にあるように感じる）。ここでは灌漑が義務づけられている。フィロキセラの被害は、ここには及ばなかったのでほとんどのブドウ樹は自根である。ここのような高地の土壌は栄養に乏しく痩せているので、ブドウは根を地中に深く伸ばし、結果として風味が強くなる。農薬や除草剤はこの気候ではほとんど使用せず、また収穫は手摘みで行うのが決まりである。唯一の天候上の顕著なリスクは雹（ひょう）で（年間13％の収穫減がこの問題により起こっている）、ほとんどのブドウ畑はネットを張ってこれを防御している。

ブドウ品種
　アルゼンチンの最も重要なブドウ品種はマルベックである。これはフラ

ンス原産の品種で旧世界での栽培の成功は限られていたが、アルゼンチンでは素晴らしい赤ワインで成功している。スパイシーで、濃い果実の風味を持つこのアルゼンチンのマルベックの品質の高さにおける成功は世界でも類を見ないものとなっている。カベルネ・ソーヴィニヨンもまた重要な品種で、しばしばマルベックとブレンドされている。そのほかのボルドー品種(カベルネ・フラン、プティ・ヴェルド、カルムネールまで)は存在するが、ほとんどはブレンドに使われるのみである。ピノ・ノワールはまだ栽培の初期段階で、わずかにその可能性を示しているにすぎない。シラーやテンプラニーリョも散見できるが、補助的な役割に留まっている。

また、そのほかに事実上アルゼンチン土着といえる2つの品種がある。そのひとつが黒ブドウのボナルダ。イタリアのロンバルディア州の原産で、そこでは成熟しにくかった品種だが、メンドーサではその同じ品種から果汁を多く含む風味豊かで生き生きとしたワインができる。1本15ドル位で売れる価値のあるワインである。白ブドウはトロンテスで、ほとんどがアルゼンチン北部のカファヤテで栽培されている。この品種は、一時期カリフォルニアで広く植えられていたマスカット・オブ・アレキサンドリアとミッションの交配品種であることが調査によりわかっている。この品種がよく育つと、果物の豊かな風味とキリッとした酸味に支えられた素晴らしい芳香を持つブドウになる。シャルドネの代替品種を探している生産者にとってこの品種は研究する価値がある。もっと良いことに、この品種からできるワインは1本当たり15ドル以上で売れるものになるのだ。

ヴィンテージを知る

アルゼンチンは今上り調子である。最近のヴィンテージでは、特に2008、2007、2006、そして2005年が素晴らしく突出している。そして国全体のブドウ栽培やワイン醸造のレベルの向上と、品質重視のブティックワイナリーの出現とが相まって、輝かしい未来を予感させている。

飲み頃

アルゼンチンの全ての白ワインは若いうちに、だいたい3年以内には飲むべきである。赤ワインも同様に若い時期に楽しめるが、中には10年、あるいはもっと長く飲み頃が続くものもある。

ARGENTINA

■アルゼンチンの優良バリューワイン（ワイナリー別）

ALAMOS *(Mendoza)* アラモス（メンドーサ）

Bonarda ボナルダ ♛ $　このボナルダはプラムとブラックベリーのアロマと風味。今後2～3年は楽しめるワイン。

Cabernet Sauvignon カベルネ・ソーヴィニヨン ♛ $　このアラモスのカベルネはスパイシーでミディアムボディの赤ワイン。今後2～3年は楽しめる。

Chardonnay シャルドネ ♀ $　アラモスのシャルドネが示すのはスパイシーなリンゴや洋梨、トロピカルなアロマなどのブーケ。そこから滑らかな舌触りの、良い味わいへと続いている。早いうちに飲むべきワイン。

Malbec マルベック ♛ $　このマルベックは幾層にもなったブラックチェリーの風味。それが味わいにもよく表れている。後味は清純で果実味豊か。今後3～4年は楽しめる。

Malbec Selección マルベック・セレクション ♛ $$　このセレクションは古木から造られ、新樽による魅力的なスモーキーなブーケやスパイスボックス、土やブラックチェリーの香りがある。この先5年間は楽しめる。

Torrontés—Cafayate トロンテス—カファヤテ ♀ $　芳しく魅力的な春の花、蜂蜜やトロピカルフルーツの香り。ドライでさっぱりとしており、バランスがよくとれている。1年から1年半の間に飲むのが望ましい。

ALTA VISTA *(Various Regions)* アルタ・ヴィスタ（様々な地区）

Atemporal Blend—Mendoza アテンポラル・ブレンド—メンドーサ ♛ $$
この香りのよいブレンドはマルベック、カベルネ・ソーヴィニヨン、シラー、そしてプティ・ヴェルドで構成。控え目なキャラクターのワインで、エレガンスがあり、たっぷりとした果実味と素晴らしく長い余韻。

Cabernet Sauvignon—Mendoza カベルネ・ソーヴィニヨン—メンドーサ ♛ $　ブラック・カラントとカシスのアロマ、それに続くのは気軽で前向きな、複雑さのない味わい。層をなす果実味と豊かな風味。今後4年間は楽しめる。

Malbec—Mendoza マルベック—メンドーサ ♛ $　表情豊かな花やチェリーのブーケ。それからしなやかな舌触りの前向きな味わいへと続く。風味がよく、角ばったところがない。今後3年間は楽しめる。

Torrontés Premium—Cafayate トロンテス・プレミアム—カファヤテ ♀ $　芳しいマスカットとトロピカルフルーツのアロマに続きドライで

ミディアムボディの滑らかな舌触りのワインが現われる。1年〜1年半のあいだが飲み頃。

ALTOS LAS HORMIGAS *(Mendoza)* アルトス・ラス・オルミガス（メンドーサ）

Malbec マルベック 🍷 $　この入門レベルのマルベックは常に飛びきりの値打ち。スモーキーでスパイシーな香りやブラックチェリーなどのブーケはミディアムボディの味わいへと続く。そこには驚くべき深みと豊かな果実味がある。前向きで気軽、この先数年間は大いに楽しませてくれる。

Malbec Reserva Vineyard Selection マルベック・レセルバ・ヴィンヤード・セレクション 🍷 $$$　このレセルバにはいぶした木のスパイシーさ、ミネラル、ブラックチェリーとブラックベリーの香り。それに続くのは熟成した深みがありバランスのとれた、しっかりとした構成の味わい。セラーに数年間寝かせればさらに良くなるが、低価格帯のワインでこれ以上の楽しみを提供するものはそうないだろう。

ANDELUNA CELLARS *(Mendoza)* アンデルナ・セラーズ（メンドーサ）

Cabernet Sauvignon Winemaker's Selection カベルネ・ソーヴィニヨン・ワインメーカーズ・セレクション 🍷 $　このカベルネには、スパイスボックス、カシス、そしてブラック・カラントなどの魅力的な香り。豊かでスパイシーな果実味の気楽なワイン。タンニンは柔らかく、中程度の余韻。この先3年間が飲み頃。

ANTONIETTI *(Mendoza)* アントニエッティ（メンドーサ）

Malbec マルベック 🍷 $　アントニエッティのマルベックは軽く、前向きで、エレガントなスタイルのワイン。熟したチェリーの風味が豊かな早飲みタイプ。マルベックを楽しむための入門編として最適。

ARGENTO *(Various Regions)* アルジェント（様々な地区）

Cabernet Sauvignon—Lujan de Cuyo カベルネ・ソーヴィニヨン—ルハン・デ・クージョ 🍷 $　このアルジェントはヒマラヤ杉、タバコやカシ

ス、ブラックベリーの香り。ミディアムボディの落ち着いたワイン。凝縮感があり、今後1～2年でさらに熟成するが、今でも楽しむことができる。

Malbec—Agrelo マルベック—アグレロ 🍷 $ このマルベックから放たれる香りはスパイスボックス、ヒマラヤ杉、土、そしてブラックチェリー。果実味があり、前向きで気楽なワイン。今後3年間は楽しめる。

AVE *(Salta)* アヴェ（サルタ）

Malbec Premium マルベック・プレミアム 🍷 $ このワインは濃いルビーレッドで、魅惑的なチェリーとプラムの香り。ここから前向きで豊かな甘い果実味と、程良い深みと凝縮感を持った味わいへと続く。余韻は長く清純。今後3年間のうちに飲むこと。

Torrontés トロンテス 🍷 $ 中程度の麦藁色のこのトロンテスは芳しい花の香り、ミネラル、そしてレモンの香りを持つ。味わいはドライで程良い酸味もあり、エレガントなワイン。余韻は中程度からやや長め。

BELASCO DE BAQUEDANO *(Mendoza)* ベラスコ・デ・バケダーノ（メンドーサ）

AR Guentota Malbec AR・グエントータ・マルベック 🍷 $$$ このワインは、アグレロとペルドリエルの樹齢100年のブドウから造られている。燻煙やスパイスボックスやブラックチェリー、ブラックベリーなどのブーケ。味わいは豊かで、少なくともあと2年はさらに熟成し、その後6年間は楽しめるワイン。

Llama Malbec リャマ・マルベック 🍷 $ このリャマ・マルベックはヒマラヤ杉やタバコ、スパイスボックス、ブラックチェリーの香りを放っており、そこから滑らかな舌触りの素晴らしい深みと凝縮感のあるスパイシーな味わいへと続く。今後4年間は楽しめる。

BENEGAS ベネガス *(Various Regions)*（様々な地区）

この造り手で特筆すべきは、樹齢の高いブドウ樹から造られるボルドー・スタイルのワイン。

Finca Libertad—Maipu フィンカ・リベルタッド—マイプ 🍷 $$$ カベルネ・ソーヴィニヨンとカベルネ・フラン、そしてメルロのブレンド。そこから複雑なアロマが現れ、エレガントで豊かな風味へと続いている。

相当な複雑さがあり、今後2〜3年はさらに熟成する構成を持つ。

- **Malbec—Mendoza** マルベック—メンドーサ 🍷 $$$　このマルベックが放つアロマは魅惑的なヒマラヤ杉やスパイスボックス、ブルーベリー、そして黒いフランボワーズなど。滑らかな舌触りの、風味豊かでよくバランスの取れたこのマルベックは、2〜3年はさらに熟成する可能性を持っている。
- **Sangiovese—Mendoza** サンジョベーゼ—メンドーサ 🍷 $$$　このサンジョベーゼは濃いルビー色で、愛らしいチェリー、ヒマラヤ杉、ミネラルの香りを持つ、エレガントなワイン。この滑らかで親しみやすいワインは、ブラインドテイスティングでは誰もが即座にトスカーナと答えるだろう。
- **Syrah Estate—Maipu** シラー・エステート—マイプ 🍷 $$$　この紫色のシラーには魅惑的で芳しいブルーベリーの香り。ここからフルボディで多層的な果実味たっぷりの味わいへと導いてくれる。傑出した深みがあり、果実味溢れる後味。

BENMARCO *(Mendoza)* ベンマルコ（メンドーサ）

ベンマルコはペドロ・マルシェブスキーのブランドで、彼はアルゼンチンで突出したブドウ栽培者のひとりである。

- **Cabernet Sauvignon** カベルネ・ソーヴィニヨン 🍷 $$$　香りは焦がしたスパイス、ブラックチェリー、そしてブラック・カラント。それがエレガントで果実味が豊かなみずみずしい味わいへと続いている。余韻は特に長く、飲み頃は2010年から2018年。
- **Malbec** マルベック 🍷 $$$　このマルベックはブラックチェリー、野生の黒いフランボワーズ、土やなめし皮の香り。ジャムのような果実味とすっきりとした酸味があり、素晴らしくバランスがとれており、余韻は長い。

VALENTIN BIANCHI *(Mendoza)* バレンティン・ビアンキ（メンドーサ）

- **Malbec Famiglia Bianchi** マルベック・ファミグリア・ビアンキ 🍷 $$
ヒマラヤ杉やスパイスボックス、スミレやブラックチェリーなどの素晴らしい芳香。それに続くのが黒系果実味が豊かでしっかりとした深みと長い余韻のあるフルボディのワイン。バランスがよくとれており今後6年間は楽しめる。

ARGENTINA

LUIGI BOSCA *(Various Regions)* ルイジ・ボスカ（様々な地区）

Malbec Reserva Single Vineyard—Lujan de Cuyo マルベック・レセルバ・シングル・ヴィンヤード—ルハン・デ・クージョ 🍷 $$$　生き生きとしたブラックチェリーやミネラル、スパイスボックスのブーケが、口中を覆うエレガントな味わいへと導く。豊かな果実味があり、素晴らしい深みときれいで長い余韻。

Pinot Noir—Maipu ピノ・ノワール—マイプ 🍷 $$$　魅惑的なこの品種のアロマであるフランボワーズとイチゴの香りが、親しみやすいビロードのような舌触りの甘い果実味のあるピノへと導いている。魅力的な味わいで程良い長さの余韻。今後4年間のうちに飲むこと。

BODEGA BRESSIA *(Cafayate)* ボデガ・ブレッシア（カファヤテ）

Torrontés トロンテス 🍷 $　ボデガ・ブレッシアのトロンテスが提供するのは、通常のこのブドウにある香りよりもさらにエレガントな花やレモンライムの香り。ワインはほどよく凝縮していて、滑らかな舌触り。中程度の長さの余韻で今後1年から1年半は楽しめる。

BUDINI *(Mendoza)* ブディーニ（メンドーサ）

Chardonnay シャルドネ 🍷 $　明るい金色をしたシャルドネは魅力的なリンゴや洋梨の香りと味わいを届けてくれる。ミディアムボディで気楽な、よくバランスの取れた味わいで、すっきりとした酸味がある。今後1年から1年半のあいだに飲むこと。

Malbec マルベック 🍷 $　このマルベックは濃いルビー色でスパイスボックスとブラックチェリーのブーケ。味わいはしなやかで親しみやすい。この複雑さのあまりないワインは今後2〜3年は楽しむことができる。

HUMBERTO CANALE *(Patagonia)* ハムベルト・カナル（パタゴニア）

Malbec Gran Reserva マルベック・グラン・レセルバ 🍷 $$　このマルベック・グラン・レセルバには表情豊かな燻香、ブラックチェリー、そしてミネラルの香りがある。味わいは深く、しっかりとしており、今後2〜3年はさらに熟成するに足りる構成。

アルゼンチン

- **Pinot Noir Estate** ピノ・ノワール・エステート 🍷 $ このピノ・ノワール・エステートは中程度のルビー色で、この品種特有のチェリー、フランボワーズ、ルバーブ（大黄）の香り。味わいは軽やかで心地よく、適正な価格のピノ・ノワールへの入門にふさわしい。
- **Pinot Noir Gran Reserva** ピノ・ノワール・グラン・レセルバ 🍷 $$ このレセルバは樽で発酵させ、さらに新樽で熟成。これよりも価格の低い兄弟のようなワインに比べ、甘い果実の香りがより広がる。さらに5ドルを上乗せする価値がある。

CATENA ZAPATA (*Mendoza*) カテナ・サパタ（メンドーサ）

- **Chardonnay** シャルドネ 🍷 $$ カテナ・サパタのシャルドネがもたらすのは、香ばしいオーク、ミネラル、熟した洋梨やトロピカルな果実などの洗練されたブーケ。そこに続くのは滑らかな舌触りの味わい。スパイシーで、白系の果実味が豊か。爽やかな酸味があり、素晴らしい凝縮感と果実味たっぷりの後味。
- **Malbec** マルベック 🍷 $$$ このマルベックは香ばしいブラックチェリー、黒いフランボワーズ、そしてスミレの香り。その後に滑らかな舌触りの、多層的でリッチな豊かさの極みの味わいが続く。このワインはエレガントさと同時に軽いフットワークも持ち合わせている。味わいはスパイシーでチョコレートがわずかに浮かび上がってくる。しっかりとした構成で、今後2～3年はさらに熟成するが、今でも十分に楽しめる。

FINCA LA CELIA (*Uco Valley*) フィンカ・ラ・セリア（ウコ・ヴァレー）

- **Chardonnay** シャルドネ 🍷 $ このラ・セリアのシャルドネはトーストやリンゴ、洋梨、そして白桃のアロマ。味わいはすっきり、生き生きとしており、酸とオークの良いハーモニー。熟した果実味ときれいな余韻。1年から1年半が飲み頃。
- **Kamel Malbec** カメル・マルベック 🍷 $ この濃いルビー色のカメル・マルベックにはブラックチェリーやブルーベリーの魅力的な香り。そこから前向きで、滑らかな舌触りの気軽に飲める味わい。今すぐ飲むのにふさわしい。
- **Malbec Reserva** マルベック・レセルバ 🍷 $$ このラ・セリアのマルベック・レセルバは少しレベルが高い。香りは非常に複雑で、今後1～2年はさらに熟成するしっかりとした構成を持つ。このよい味わいのワイン

は今後4年間は楽しめる。

CHAKANA *(Mendoza)* チャカナ（メンドーサ）

Cueva de las Manos Cabernet Sauvignon クエバ・デ・ラス・マノス・カベルネ・ソーヴィニヨン 🍷 $$　このカベルネ・ソーヴィニヨンには洗練された燻香やミネラル、スミレ、そしてブラック・カラントの香り。多汁質な黒系果実の風味が層をなしており贅沢な味わい。狙いが定まっている。余韻はしっかりと長い。

Cueva de las Manos Malbec クエバ・デ・ラス・マノス・マルベック 🍷 $$　このマルベックにはヒマラヤ杉や鉛筆の芯、スパイスボックスやブラックチェリーの立ちこもったようなブーケ。味わいは多層的で、程良い摑みと深みがあり、風味が豊かで後味は素晴らしく長い。2013年頃まで楽しめる。

Estate Selection エステート・セレクション 🍷 $$$　このエステート・セレクションはマルベック、シラー、そしてプティ・ヴェルドで構成。香りの要素にあるのは、トースト、鉛筆の芯、ブラックチェリー、ブラックベリー、そしてプラム。味わいはしっかりとしていて熟した果実味が豊か。外交的なワインで、あと数年のあいだにさらに熟成する。

Maipe Cabernet Sauvignon マイペ・カベルネ・ソーヴィニヨン 🍷 $　このマイペ・カベルネ・ソーヴィニヨンにはスパイシーなブラック・カラントのブーケや、黒系果実の風味があり、前向きな味わい。今後3年のあいだに飲むこと。

Maipe Malbec マイペ・マルベック 🍷 $　この紫色をしたマイペ・マルベックは柔らかく、前向きで、美味、わかりやすい味わい。今後3年のあいだに飲むこと。

CLOS DE LOS SIETE *(Vista Flores)* クロス・デ・ロス・シエテ（ビスタ・フローレス）

Clos de los Siete クロス・デ・ロス・シエテ 🍷 $$　極上のマルベック、メルロ、シラー、そしてカベルネ・ソーヴィニヨンのブレンド。アルゼンチンにはこれよりも価値のある赤ワインはおそらくないだろう。絶妙な香りのブーケは香ばしいオーク、スミレ、ミネラル、ブラック・カラント、ブルーベリー、そしてブラックチェリーなどで、それらがグラスの中を満たす。そこに続くのは多層的でたっぷりとした豊かな果実味の味わい。ビロードのような舌触りで、特筆すべきバランス。今後数年間は

さらに熟成する可能性を持つ。

VIÑA COBOS *(Mendoza)* ビニャ・コボス（メンドーサ）

El Felino Cabernet Sauvignon エル・フェリノ・カベルネ・ソーヴィニヨン ♟ $$ この紫色をしたフェリノ・カベルネ・ソーヴィニヨンには、スパイシーなブラック・カラントとブラックベリー。滑らかな舌触りで多層的、素晴らしいバランスと長くてきれいな後味を持つ。カベルネ・ソーヴィニヨンでこれより価値のあるものはなかなか思いつかない。

El Felino Chardonnay エル・フェリノ・シャルドネ ♟ $$ このフェリノ・シャルドネは、やや淡い金色で、香ばしいリンゴや熟した洋梨、トロピカルフルーツのアロマのブーケ。滑らかな舌触り、スムースなのどごしで、驚くほど深く、よく熟した味わいで後味はさわやか。今後2年間くらいが飲み頃。

El Felino Malbec エル・フェリノ・マルベック ♟ $$ このフェリノはマルベック・ブドウ品種への見事な入門編。野性的なブラックチェリーの濃い香り。エレガントでよく熟した風味豊かな、さらに1〜2年はよく熟成するワイン。この快楽主義的な造りのワインは2015年までは楽しめる。

El Felino Merlot エル・フェリノ・メルロ ♟ $$ このフェリノ・メルロは濃いルビー色で、洗練された種々のスパイス、ヒマラヤ杉、レッド・カラントとチェリーの香り。味わいには驚くほどの凝縮感があり、同時にエレガントさもある。滅多に出会うことのない、これぞまさしくメルロのあるべき姿。

COLOMÉ *(Valle Calchaqui)* コロメ（バレ・カルチャクイ）

このコロメ・エステート・ヴィンヤーズはオーガニックな農法を実践。ビオディナミ・ワインとして認められている。

Torrontés トロンテス ♟ $$ 中くらいの麦藁色をしたトロンテスには、フローラルでスパイシーなマスカットのような香り。それがよく熟した滑らかな舌触りの、辛口で素晴らしいバランスと余韻を持ったワインへと誘っている。中にはやや重めのトロンテスもあるが、これは比較的軽いタイプ。

CRIOS DE SUSANA BALBO *(Mendoza)* クリオス・デ・スサナ・バルボ（メンドーサ）

ARGENTINA

Cabernet Sauvignon カベルネ・ソーヴィニヨン 🍷 $ このカベルネ・ソーヴィニヨンが放つ香りは、表情豊かなヒマラヤ杉、スパイスボックス、ブラック・カラントと黒いフランボワーズ。それに豊かな黒系果実の味わいが続く。後味は素晴らしいバランスと果実味がたっぷりで、長い。

Malbec—Agrelo マルベック・アグレロ 🍷 $ このマルベックがもたらすのは魅惑的なスパイスボックスとヒマラヤ杉、ブラックチェリー、黒いフランボワーズの香り。ミディアムボディで風味豊か。味わいにはたっぷりとしたスパイスと果実味。タンニンはソフトで後味は長い。

Rosé of Malbec ロゼ・オブ・マルベック 🍷 $ このマルベックのロゼには、芳しいチェリー、野生のイチゴのブーケ。そこからミディアムボディでドライな凝縮した味わいへと続く。たっぷりとしたスパイシーさと赤い果実の風味で素晴らしいバランス。今後1年から1年半のあいだ楽しめる。

Syrah-Bonarda シラー・ボナルダ 🍷 $ このシラー・ボナルダは、50%ずつのそれぞれのブレンド。焦がしたスパイスやブルーベリー、プラム、そして黒いフランボワーズの魅惑的な香り。味わいにはスパイシーな濃い果実味と外交的な性格が感じられる。バランスがよく、きれいな後味。

Torrontés—Cafayate トロンテス・カファヤテ 🍷 $ このトロンテスには魅力的な春の花、桃、アプリコット、そしてかすかな柑橘系の香り。味わいは辛口で、滑らかな舌触り。多層的で多汁質、エレガントさが長く続く。今後1〜2年のうちに飲むべきワイン。

BODEGA DANTE ROBINO *(Mendoza)* ボデガ・ダンテ・ロビノ(メンドーサ)

Bonarda ボナルダ 🍷 $ このボナルダは濃いルビー色で、ブルーベリーと土のはっきりとした香り。味わいは多層的で熟成感があり、角ばったところがない。今後4年間は楽しめる。

Malbec マルベック 🍷 $ 紫色のこのマルベックは、スパイスとブラックチェリーの豊かな香り。滑らかな舌触りで気楽な味わい。この魅力的なワインは今後3年間は楽しめる。

FINCA DECERO *(Agrelo)* フィンカ・デセロ(アグレロ)

Cabernet Sauvignon Remolinos Vineyard カベルネ・ソーヴィニヨン・レモリノス・ヴィンヤード 🍷 $$ このカベルネは、深みのある真紅で、

魅力たっぷりのヒマラヤ杉、シナモン、オールスパイス、カシスとブラック・カラントのブーケ。味わいはしなやかでエレガント。素晴らしい深さと摑み、そしていつまでも続く後味。

Malbec Remolinos Vineyard　マルベック・レモリノス・ヴィンヤード
🍷 $$　この紫色のマルベックには燻製や種々のスパイス、すみれやブルーベリー、ブラックチェリーの香り。そこから滑らかな舌触りの素晴らしい凝縮感と優雅さを持ったワインへと続く。スパイシーで果実味豊かな味わいで素晴らしいバランス。そしてすっきりとした後味のワイン。

BODEGA DEL FIN DEL MUNDO *(Patagonia)* ボデガ・デル・フィン・デル・ムンド（パタゴニア）

Malbec Reserva マルベック・レセルバ 🍷 $$　このマルベック・レセルバにはヒマラヤ杉やミネラル、スパイスボックス、チェリー、そしてフランボワーズの魅力的な香り。味わいはエレガントで複雑味のあるスパイスや愛らしい赤い果実の風味。今後5年間くらいが飲み頃。

DOÑA PAULA *(Argentina)* ドーニャ・パウラ（アルヘンティーナ）

Malbec–Lujan de Cuyo　マルベック・ルーハン・デ・クージョ 🍷 $$　この不透明な紫色のマルベックは黒系果実のこもったブーケ。よく熟した風味と素晴らしい深さと摑みを持ち、今後2～3年はさらに熟成する可能性がある。

Naked Pulp Viognier—Uco Valley　ネイキッド・パルプ・ヴィオニエ—ウコ・ヴァレー 🍷 $$$　このヴィオニエには魅惑的なメロン、アプリコット、グアバ、そしてキウイの香味。フルボディでよく熟成しており、丸味を帯びている。程良い酸味があり、見事な深みと凝縮感、そして長い後味。今後2年間くらいが飲み頃。

Sauvignon Blanc—Tupungato ソーヴィニヨン・ブラン・トゥパンガト
🍷 $$　このソーヴィニヨン・ブランには素晴らしい春の花のブーケ、フレッシュ・ハーブと、少しのミネラルや柑橘、そしてグリーンアップルの香り。味わいには粘り気があり、滑らかで複雑味を帯びている。1年から1年半のあいだが飲み頃。

Shiraz-Marbec Estate—Mendoza　シラーズ・マルベック・エステート—メンドーサ 🍷 $$　このシラーズ（60%）、とマルベック（40%）のブレンドはかなりレベルが高い。非常に魅力的なスパイスやチョコレート、燻煙、そして土の香りを持ち、ブルーベリーやブラックチェリーの香りが

ある。よく熟成していて多層的でリッチな仕上がりのこのワインはあと1〜2年はさらに熟成し、今後数年間は楽しめる。

FLECHAS DE LOS ANDES *(Uco Valley)* フレッチャス・デ・ロス・アンデス（ウコ・ヴァレー）

Gran Malbec グラン・マルベック 🍷 \$\$\$　このグラン・マルベックはガラスでコーティングしたような紫色で、ヒマラヤ杉やミネラル、ブラックチェリー、黒いフランボワーズの傑出したブーケ。ここからフルボディで多層的なよく熟した味わいへと導かれる。今後2〜3年はさらに熟成するに足るしっかりとした構成。

FINCA FLICHMAN *(Various Regions)* フィンカ・フリッキマン（様々な地区）

Expresiones Malbec-Cabernet Sauvignon—Mendoza エクスプレシオネス・マルベック・カベルネ・ソーヴィニヨン—メンドーサ 🍷 \$\$　これはマルベックとカベルネ・ソーヴィニヨンのブレンドで、ブラックチェリーとブラック・カラントの魅惑的なブーケ。この香りに続くのは、口中を覆うスパイシーな黒系の果実味、よく熟成したタンニン、そして素晴らしくしっかりとした味わい。この先1〜2年はさらに熟成する可能性を持つ。

Gestos Malbec—Mendoza ゲストス・マルベック—メンドーサ 🍷 \$　このゲストス・マルベックが展開するのはブラックチェリーの華やかな甘い果実のアロマ。タンニンはソフトで、風味豊か、親しみやすい性格のワインで今後3年間のうちに飲むべき。

Paisaje de Barrancas—Maipu パイサヘ・デ・バランカス—マイプ 🍷 \$

この紫色をしたワインはシラーズ、マルベック、そしてカベルネ・ソーヴィニヨンで構成。香りの一群からもたらされるのは、猟鳥獣肉、土、そしてブルーベリーなどの香り。味わいはふくよかでしっかりとした後味。飾り気のない素朴なワイン。果実味が保たれているうちに、なるべく早く飲みたい。

Paisaje de Tupungato—Uco Valley パイサヘ・デ・トゥパンガト—ウコ・ヴァレー 🍷 \$\$　これはカベルネ・ソーヴィニヨン、マルベック、そしてメルロのブレンド。魅力的な香りに含まれるのはヒマラヤ杉、スミレ、ブラック・カラント、そしてカシス。それからしなやかなミディア

ムボディのよくバランスのとれた味わいへと続く。赤や黒系の果実の良い風味が豊かで非常によくバランスがとれている。今が飲み時。

BODEGA ENRIQUE FOSTER *(Mendoza)* ボデガ・エンリケ・フォスター（メンドーサ）

ボデガ・エンリケ・フォスターでは古木のマルベックだけのワインを造っている。

Reserva Malbec レセルバ・マルベック ♛ $$$　このレセルバ・マルベックには魅力的なヒマラヤ杉、ミネラル、プラムとブルーベリーのブーケ。これに続くのは、前向きなエレガンスと程良い深さを持った、すっきりとした後味のワイン。

O. FOURNIER *(Mendoza)* O.・フォルニエール（メンドーサ）

B Crux Blend B・クルックス・ブレンド ♛ $$$　このワインはテンプラニーリョ、マルベック、メルロのブレンド。芳しいヒマラヤ杉やスミレ、ブラックベリー、黒いフランボワーズ、そしてリコリスのブーケ。フルーツやシナモン、チョコレートなどのよい風味が幾重にも重なっている。バランスがよく、素晴らしい凝縮感があり、果実味豊かな後味は長い。

DON MIGUEL GASCON *(Mendoza)* ドン・ミゲル・ガスコン（メンドーサ）

Malbec マルベック ♛ $　この紫色のマルベックには、魅力的なブラックチェリーとほんの少しのブルーベリーの香り。滑らかな舌触りで風味豊かで、よくバランスが取れている。この先4年間はおいしく飲める。控えめな価格にしては出来すぎたワイン。

BODEGA GOULART *(Lunlunta)* ボデガ・ゴウラート（ルンルンタ）

ボデガ・ゴウラートのワインは、いずれも高い標高にあるブドウ畑の、樹齢95年の古木から出来ている。

Malbec-Cabernet Sauvignon Reserva マルベック・カベルネ・ソーヴィニヨン・レセルバ ♛ $$　このマルベック・カベルネ・ソーヴィニヨン・レセルバは魅惑的なヒマラヤ杉、燻製、エスプレッソやブラックチェリー、ブラック・カラントの香りを持つ。それに続くのは非常によくバ

ランスのとれた、風味のよい、中程度の長さの後味を持つワイン。今後5年から7年が飲み頃。
- **Malbec Reserva　マルベック・レセルバ** 🍷 **$$**　このマルベック・レセルバは染み込むような紫色で、スミレやブラックチェリー、黒いフランボワーズの魅力的な香り。味わいはミディアムボディで、バランスが取れ、熟成感があり、今後2～3年はさらに熟成するに足りるしっかりとした組成を持つ。

KAIKEN *(Mendoza)* カイケン（メンドーサ）

- **Cabernet Sauvignon　カベルネ・ソーヴィニヨン** 🍷 **$**　濃いルビー色、素晴らしい香りのブーケは、ヒマラヤ杉、カシス、ブラック・カラント。味わいには熟成感が感じられる。一体感のある造りのワインは今後4年間は楽しむことができる。
- **Cabernet Sauvignon Ultra　カベルネ・ソーヴィニヨン・ウルトラ** 🍷 **$$**　このカベルネ・ソーヴィニヨン・ウルトラはヒマラヤ杉、タバコ、ブラック・カラント、そしてブラックベリーのブーケ。味わいはミディアムからフルボディで、絹のようなタンニン。スパイシーな果実の風味が豊かで後味は素晴らしく長い。
- **Malbec　マルベック** 🍷 **$**　このマルベックはスパイスボックス、スミレ、そしてブラックチェリーの魅力的な香り。ここからよく熟した、スパイシーなブラックチェリーの味わいへと続いている。控えめな価格にしては驚くほどの深みと凝縮感があり、後味には果実味が豊か。
- **Malbec Ultra　マルベック・ウルトラ** 🍷 **$$**　このウルトラには魅惑的なトースト、鉛筆の芯、ミネラル、スミレ、そしてブラックチェリーの香り。それに続くのがたっぷりとした熟れた果実味が何層にもなった味わい。しっかりとした構成と、素晴らしい凝縮感、長く、きれいな後味。

BODEGA LAGARDE *(Mendoza)* ボデガ・ラガルデ（メンドーサ）

- **Cabernet Sauvignon　カベルネ・ソーヴィニヨン** 🍷 **$**　このカベルネ・ソーヴィニヨンは、濃いルビー色。スパイシーで、フローラルな香り、そして黒系の果実のブーケ。このミディアムボディのワインはしっかりとした深みがあり、風味が豊かで、後味は素晴らしく長い。
- **Malbec　マルベック** 🍷 **$**　この紫色のマルベックは芳しいスパイスボックスとブラックチェリーの香り。ソフトでスパイシーな黒系果実の風味が豊かで気楽なワイン。程良い深みがあり、後味は果実味たっぷり。

- **Malbec DOC—Lujan de Cuyo** マルベックDOC—ルーハン・デ・クージョ 🍷 $$$　この濃いルビー色のマルベックはヒマラヤ杉やタバコ、スパイスボックス、ブラックチェリー、そして黒いフランボワーズの魅力的なブーケ。味わいは濃く、密度があり、果実味が長く続く。後味にもふんだんに果実味が残る。
- **Syrah** シラー 🍷 $　このシラーは濃いルビー色。胡椒や猟鳥獣肉、青系果実などの魅力的な香り。そこからしなやかで大らか、風味豊かな味わいへと続く。後味は長い。この先4年ほどが飲み頃。

CASA LAPOSTOLLE *(Colchagua & Casablanca Valleys)* カーサ・ラポストロール（コルチャグアとカサブランカ・ヴァレー）

- **Chardonnay Cuvée Alexandre Apalta Vineyard—Casablanca Valley** シャルドネ・キュヴェ・アレクサンドレ・アパルタ・ヴィンヤード—カサブランカ・ヴァレー 🍷 $$$　ヴァニラ、バター・トースト、バター・スカッチ、トロピカルフルーツ風味のニュアンスを持つ洗練されたワイン。それに樽の香味がよくなじんでいる。とても上手にバランスがとれ、味わいが重層的なこのワインは、4年間はおいしく飲める。
- **Merlot Cuvée Alexandre Apalta Vineyard—Colchagua Valley** メルロ・キュヴェ・アレクサンドレ・アパルタ・ヴィンヤード—コルチャグア・ヴァレー 🍷 $$$　このメルロは、ブラック・カラント、ブルーベリー、ヴァニラ、クローヴ（丁子）の魅力的な香り。良い重量感、黒い果実の層、しっかりした構成を持つ味わい。
- **Cabernet Sauvignon Cuvée Alexandre Apalta Vineyard—ColchaguaValley** カベルネ・ソーヴィニヨン・キュヴェ・アレクサンドレ・アパルタ・ヴィンヤード—コルチャグア・ヴァレー 🍷 $$$　メルロと同じようなスタイルだが、ブラック・カラントの風味をよく出している。瓶の中で2、3年間は成長するのに十分な構成を持っているが、瓶詰め後8年間ぐらいはおいしく飲める。

FRANÇOIS LURTON *(Mendoza)* フランソワ・リュルトン（メンドーサ）

- **Chardonnay Reserva** シャルドネ・レセルバ 🍷 $　このシャルドネには熟した洋梨とリンゴのアロマと風味。丸みのある気楽なワインでバランスがよく取れている。今後2年くらいが飲み頃。
- **Gran Lurton Corte Friulano** グラン・リュルトン・コルテ・フリウラー

ノ 🍷 $$　リュルトンが提供するユニークな白ワインが、このグラン・リュルトン・コルテ・フリウラーノ。70％のトカイ・フリウラーノ、20％のピノ・グリ、8％のシャルドネと2％のトロンテスのブレンド。芳わしいブーケには春の花、レモンの皮、そしてわずかな柑橘系の香り。滑らかな舌触りで、生き生きとした酸味。風味に複雑さとエレガンスを兼ね備えた、後味の長いワイン。

Gran Lurton—Uco Valley グラン・リュルトン・ウコ・ヴァレー 🍷 $$$　80％のカベルネ・ソーヴィニヨンと20％のマルベックのブレンド。香りは燻香、タバコ、ブラックベリーとブラック・カラント。エレガントで赤や黒の果実味が豊かな長い後味。

Malbec Reserva マルベック・レセルバ 🍷 $　このマルベック・レセルバにはヒマラヤ杉やスパイスボックス、ブラックチェリーの芳しいブーケ。そこに続くのはよく熟した滑らかな舌触りのワインで、カシスなどの黒系の果実味が豊かで、後味は長め。

Pinot Gris ピノ・グリ 🍷 $　このピノ・グリはオレンジピール、柑橘類、そして白桃の魅惑的なブーケ。味わいには繊細さがあり、すっきりとした風味でバランスが良い。後味にはたっぷりとした果実味。

LAMADRID *(Vista Alba)* ラマドリッド（ビスタ・アルバ）

Malbec Gran Reserva マルベック・グラン・レセルバ 🍷 $$　このマルベックにはスパイスボックス、ミネラル、ブラックチェリー、そしてブルーベリーの素晴らしい香り。この価格帯にしては素晴らしくリッチで深みがあり、後味が非常に長い。

Malbec Reserva マルベック・レセルバ 🍷 $　このマルベック・レセルバはスパイシーな香り、そしてブラックチェリーの芳しい香り。そこからふくよかで程良い深みと豊かな風味の素晴らしいバランスのワインへと続く。後味は清純ですっきりとしている。

MAIP *(Mendoza)* マイプ（メンドーサ）

Bonarda ボナルダ 🍷 $　このボナルダの魅惑的なブーケには、燻香、ミネラル、そしてブルーベリーの香り。丸味を帯びた味わいで、よく熟成している。その控えめな価格に反して驚くべき深みと長い後味。

Cabernet Sauvignon カベルネ・ソーヴィニヨン 🍷 $　香りは清純なブラック・カラントとブラックベリー、その背後にかすかに土のニュアンス。味わいには若干堅い感じがあるが、あと1〜2年瓶内で熟成させれば、

丸味を帯びてくると思われる。
- **Malbec** マルベック 🍷 $　このマルベックには、特筆すべきスミレ、ブラックチェリー、そして黒いフランボワーズの香り。この価格帯にしては驚くべき複雑さがあり、果実味が豊かで、よい風味。そして素晴らしい深みと後味の長さ。今後3～4年のあいだに飲むべき突出したワイン。
- **Sauvignon Blanc** ソーヴィニヨン・ブラン 🍷 $　このソーヴィニヨン・ブランには草の香りや柑橘類の香り。そこからグレープフルーツやレモンの風味のすっきりとした味わいへと誘う。今後1年から1年半が飲み頃。
- **Torrontés — Salta** トロンテス―サルタ 🍷 $　このトロンテスが展開する香りは花や蜂蜜など。それに続くのは辛口で滑らかな口当たりの熟成感のある味わい。

MAPEMA *(Various Regions)* マペマ（様々な地区）

- **Malbec—Mendoza** マルベック―メンドーサ 🍷 $$$　このマルベックにはヒマラヤ杉やスパイスボックス、そしてブラックチェリーの魅力的な香り。味わいには、クラレットのようなエレガントさがあり、熟成感のある独特の風味。
- **Sauvignon Blanc—Tupungato** ソーヴィニヨン・ブラン―トゥパンガト 🍷 $　このソーヴィニヨン・ブランからもたらされる魅惑的な香りはフレッシュ・ハーブやグレープフルーツ、そしてレモンライム。それに続くのはミディアムボディの滑らかな舌触りのワイン。柑橘系の果実味が豊かで、元気のいい酸とのバランスがよくとれている。今後1年から1年半のうちに飲むこと。

MASI *(Tupungato)* マアジ（トゥパンガト）

- **Passo Doble Corbec** パソ・ドブレ・コルベック 🍷 $$　このパソ・ドブレ・コルベックの素晴らしいブーケは、煮詰めたブラックチェリーとブラックベリーのリキュール。前向きで気軽なワイン。この味わい深い造りは今後数年間は楽しむことができる。南イタリアの料理によく合う。

BODEGA MONTEVIEJO *(Uco Valley)* ボデガ・モンテビエホ（ウコ・ヴァレー）

- **Lindaflor Chardonnay** リンダフロール・シャルドネ 🍷 $$$　このシャルドネにはトーストやバタースコッチ、リンゴ、ゆでた洋梨、そしてパイ

ナップルなどの魅力的なブーケ、フルボディで滑らかな舌触り、熟れた果実味が豊かで素晴らしい凝縮感とバランスのよい酸味。この後味の長いワインは今後2年間は楽しめる。

Petite Fleur プティット・フルール 🍷 $$$　マルベック、カベルネ・ソーヴィニヨン、メルロ、そしてシラーのブレンド。それからもたらされるのは極上の燻香やミックススパイス、ミネラル、スミレ、カシス、ブラック・カラント、そしてブラックチェリーの香り。それに続くのが、多層的で、果実味豊かでスパイシーな風味がたっぷりの味わい。後味は45秒ほど続く。

FINCA LAS MORAS *(San Juan)* フィンカ・ラス・モラス（サン・ファン）

Malbec Black Label マルベック・ブラック・ラベル 🍷 $$　このマルベック・ブラック・ラベルには芳しいブラックチェリーのブーケ。滑らかな舌触りで熟成した果実味があり、バランスがよくとれている。この気取らないワインは今後4年間は楽しめる。

Shiraz Black Label シラーズ・ブラック・ラベル 🍷 $$　このシラーズ・ブラック・ラベルは肉、猟獣などの魅惑的な香りで、それに野性のブルーベリーも加わっている。味わいは良いが、後味がややコンパクトにまとまっている。

NIETO SENETINER *(Mendoza)* ニエト・セネティネール（メンドーサ）

Bonarda Reserva ボナルダ・レセルバ 🍷 $$　香りには木の燻香、ミネラル、土、そしてブルーベリーとブラックベリー。密度が濃く、厚みがあるこのワインは申し分なくバランスが取れていて、過剰なくらいの果実味がある。生き生きとした酸は後味に活気のある高まりを持たせている。この素晴らしく仕上げられたボナルダの飲み頃は2012年から2025年。

Chardonnay-Viognier シャルドネ・ヴィオニエ 🍷 $　このシャルドネ（60%）、ヴィオニエ（40%）のブレンドの香りは柑橘類、桃、そしていくつかの白系果実の組み合わせ。味わいはドライで肉厚。ミネラルとスパイスが中程度の長さの果実味豊かな後味へと導いている。飲み頃は今後2年間。

Don Nicanor Blend ドン・ニカノル・ブレンド 🍷 $　このブレンドはマルベック、カベルネ・ソーヴィニヨン、メルロの同比率。展開する香りは

魅惑的なカシス、ブラックチェリー、そしてブラック・カラント。それがあと1〜2年でさらに熟成する可能性を持つ、多汁質で、すっきりとした後味のワインへと移る。

Don Nicanor Malbec ドン・ニカノル・マルベック 🍷 $　香りはスパイシーな青系の果実、ブラックチェリー、そして花のアロマ。これに続くのが風味豊かでしなやかな舌触りのワインで、たっぷりの果実味に素晴らしい長さの後味をもつ。複雑みには欠けるが、この価格でそれに文句を言う人はいないだろう。

BODEGA NORTON *(Mendoza)* ボデガ・ノートン（メンドーサ）

Cabernet Sauvignon Reserve カベルネ・ソーヴィニヨン・リザーヴ 🍷 $$
このカベルネ・ソーヴィニヨンは濃いルビー色、ヒマラヤ杉やスパイスボックス、カシス、ブラック・カラント、そしてブラックベリーの香り。味わいはやや控えめながら魅力的な風味で上品にバランスが取れており、後味は中程度。

Malbec Reserve マルベック・リザーヴ 🍷 $$　このマルベックが放つブーケは燻香やスパイスボックス、スミレ、そしてブラックチェリー。味わいには幾層にもなったスパイシーな黒い果実の風味、素晴らしい深みと果実味溢れる後味、そして長い余韻。

Merlot Reserve メルロ・リザーヴ 🍷 $$　このメルロは濃いルビー色で、ヒマラヤ杉、土、カシス、そしてブラック・カラントの魅力的な香り。この香りが、前向きで気楽な、そして早飲みに仕立てられたワインへと導いている。

BODEGA NQN *(Patagonia)* ボデガ・NQN（パタゴニア）

Malbec Lonko マルベック・ロンコ 🍷 $$　このマルベック・ロンコのは、ヒマラヤ杉やスパイスボックス、そしてわずかなスミレやコーラ、そしてブラックチェリー。ミディアムボディでエレガントさがあり、ワインにはしっかりとした深みと豊かな風味がある。十分な構成のワインで、あと1〜2年は熟成する。

Malbec Picada 15 マルベック・ピカダ15 🍷 $　このマルベック・ピカダ15（ブドウ畑の識別番号）は濃いルビー色で、スパイスやブラックチェリー、黒いフランボワーズの香り。この香りのあとに続くのはミディアムボディの気軽な味わいで、角ばったところがなく豊かな果実味がある。今後3年のうちに飲みたいワイン。

ARGENTINA

OBVIO *(Mendoza)* オブビオ（メンドーサ）

Malbec マルベック ▼ $　このマルベックは濃いルビー色で、スミレの心地よい香りにわずかなミネラルとチェリー。前向きで気楽な味わいのこの滋味豊かなマルベックは、素晴らしい価値があり、今後2〜3年間は楽しむことができる。

BODEGA POESIA *(Mendoza)* ボデガ・ポエシア（メンドーサ）

Pasodoble パソドブレ ▼ $$　パソドブレはマルベックとシラー、ボナルダ、そしてカベルネ・ソーヴィニヨンのブレンド。香りはヒマラヤ杉やスパイスボックス、胡椒、ブルーベリー、そしてブラックチェリー。このワインにはたっぷりとしたスパイシーな味わいと豊かな果実味がある。バランスのよく取れた外交的なワイン。

EL PORTILLO *(Mendoza)* エル・ポルティーリョ（メンドーサ）

Chardonnay シャルドネ ♀ $　この樽を使っていないシャルドネは、素直な造りで爽快感溢れるリンゴのような果実味を持つ。今後2年間のうちに飲むこと。

Malbec マルベック ▼ $　このマルベックは、しなやかで大らか、複雑味はないが、ブラックチェリーのような果実味が口中に広がる。今後2年間が飲み頃。

Merlot メルロ ▼ $　このメルロは、その控え目な価格にしては驚くべき深みと凝縮感。カシスとチェリーの果実味が豊かな若飲みのワイン。

Pinot Noir ピノ・ノワール ▼ $　このピノ・ノワールにはバラの花びら、ラズベリーやイチゴのアロマ。味わいは軽いが美味。今後1〜2年間は楽しめるピノ・ノワールとしては価値が高い。

Sauvignon Blanc ソーヴィニヨン・ブラン ♀ $　この淡い麦わら色のソーヴィニヨン・ブランがもたらすアロマは柑橘類、ハーブ、そしてわずかなトロピカルフルーツ。滑らかな舌触りでよく熟しており、すっきりとした味わい。今後1年から1年半は気持ちよく楽しめるワイン。

EL PORVENIR DE LOS ANDES *(Cafayate)* エル・ポルベニール・デ・ロス・アンデス（カファヤテ）

Laborum Torrontés ラボラム・トロンテス 🍷 $　このワインの魅惑的なブーケは春の花や蜂蜜、ライチ、アプリコット、そしてパイナップル。味わいには凝縮感がありドライ。スパイスと果実味がいくつにも重なっている。鮨とエンパナーダにとてもよく合う。

LA POSTA *(Mendoza)* ラ・ポスタ（メンドーサ）

Bonarda Estela Armando Vineyard ボナルダ・エステラ・アルマンド・ヴィンヤード 🍷 $$　このワインの魅惑的な香りはスパイスボックス、ヒマラヤ杉、プラム、そしてブルーベリー。それに続くのは、丸みを帯びた、気取らない前向きな味わい。角がなく、後味は長い。

Malbec Angel Paulucci Vineyard マルベック・アンヘル・パウルッキ・ヴィンヤード 🍷 $$　このワインのアロマはスパイスボックス、ミネラル、そしてブラックチェリー。そこからミディアムボディのエレガントで豊かなスパイスの風味のワインへ。程良い深みとバランスを持ち、長く、きれいな後味。

Malbec Pizzella Family Vineyard マルベック・ピッツェーラ・ファミリー・ヴィンヤード 🍷 $$　このマルベック・ピッツェーラの魅力的な香りは、ヒマラヤ杉、なめし皮、シナモン、胡椒、そしてブラックチェリー。ミディアムボディで程良い凝縮感と深みもある。このまろやかで味わいのよいワインは構成がしっかりしている。今後1〜2年はさらに熟成する。

PRODIGO *(Uco Valley)* プロディゴ（ウコ・ヴァレー）

Malbec Classico マルベック・クラシコ 🍷 $　このマルベックのアロマはプラムやチェリー。そこから導かれるのはその控え目な価格にしては驚くほどリッチでよく熟した前向きなワイン。よい具合にバランスが取れており後味も長い。今後4年間は楽しめるワイン。

Malbec Reserva マルベック・レセルバ 🍷 $$　このマルベックには魅力的なヒマラヤ杉やタバコ、土の香り、ブラックチェリー、そしてスパイスボックスのアロマ。クラシコよりもさらにしっかりとした構成で、2〜3年はさらに熟成する可能性がある。

LA PUERTA *(La Rioja)* ラ・プエルタ（ラ・リオハ）

Reserva Bonarda レセルバ・ボナルダ 🍷 $$　このボナルダにはスパイシ

ARGENTINA

ーな黒い果実や湿った土の中にある魅力的な香り。これに続くのがミディアムからフルボディの、たっぷりとした熟れた黒系果実の豊かな風味、程良い深みを持つ味わい。タンニンを十分に熟成させるために数年は置いておきたい。

Reserva Malbec レセルバ・マルベック 🍷 $$ このマルベックにはブラックチェリーとスミレのスパイシーなブーケ。味わいはフルボディで、よく熟成していて、嚙めるような厚み。複雑味には欠けるものの口中いっぱいに果実味が広がる。この親しみやすい気軽なワインは今後4年間のうちに楽しみたい。

QUARA *(Cafayate)* クアラ（カファヤテ）

Cabernet Sauvignon カベルネ・ソーヴィニヨン 🍷 $ このカベルネ・ソーヴィニヨンにはわずかにハーブのアクセントがあるカシスのアロマ。柔らかい果実味と驚くべき深み。バランスがよく、後味も長い。

Malbec マルベック 🍷 $ このマルベックにはスパイシーなブラックチェリーの香りや甘い果物の香り。硬いところのない親しみやすい性質のワイン。このほどよくバランスのとれたワインは今後3年のあいだに楽しみたい。

BODEGA RENACER *(Mendoza)* ボデガ・レナセール（メンドーサ）

Punto Final Malbec Reserva プント・フィナル・マルベック・レセルバ 🍷 $ このマルベックは濃いルビー色で、魅力的なヒマラヤ杉やブラックチェリーの香りを持つ。ミディアムからフルボディのこのワインは風味が豊かで密度が濃く、後味は素晴らしく長い。

FINCA EL RETIRO *(Mendoza)* フィンカ・エル・レティロ（メンドーサ）

Borarda Barrica ボナルダ・バリッカ 🍷 $ このワインには魅力的なスパイスボックス、ブルーベリー、そしてブラックベリーの香り。味わいには活気に満ちた果実味がたっぷり。親しみやすいワイン。このよくバランスの取れた味わいの良いワインは今後3年くらいのあいだに楽しみたい。

Malbec Barrica マルベック・バリッカ 🍷 $ このマルベックには口中に広がる心地良いミネラルとブラックチェリーの風味。バランスがよく、

中程度の長さの後味で若飲みに適したワイン。

Malbec Reserva Especial マルベック・レセルバ・エスペシアル ▼ $$
このレセルバ・エスペシアルは水準が高い。かなり表現力に富んだワインで、胡椒いっぱいで、スパイシーな黒系の果実のアロマがグラスから飛び出してくる。しっかりとした構成を持っており、2～3年はさらに熟成すると思われるが、今飲んでも楽しめる。

Syrah Barrica シラー・バリッカ ▼ $ このシラーには生肉のような香りと、胡椒、ブルーベリー、そしてスミレのアロマがあり、それがグラスから溢れ出ている。そしてそれに続くのは濃厚な風味の前向きで満足のゆくワイン。複雑さはない。しかし、この値段でそれに文句はないだろう。今後4年間のうちに飲むべき。

Tempranillo Reserva Especial テンプラニーリョ・レセルバ・エスペシアル ▼ $$ このテンプラニーリョには豊かなブラックチェリーとブラックベリーの香り。味わいにはよく熟れた果実味がたっぷりとあり、きれいな後味。

R J VIÑEDOS *(Uco Valley)* RJ ビニエドス（ウコ・ヴァレー）

Grand Bonarda Joffré e Hijas グランド・ボナルダ・ホフレ・イ・イハス ▼ $ このボナルダが提供するのはスパイシーな青系果実のブーケ。それに続くのは気軽で滑らかな舌触りのワイン。複雑さはないが、しっかりとした果実味がある。

Malbec Reserva Joffré e Hijas マルベック・レセルバ・ホフレ・エ・イハス ▼ $$ このマルベックには、この品種の若いワインよりもしっかりとした構成と複雑さがあるが、それほど満足のいくワインではない。あと1～2年はさらに熟成し、今後6年間は楽しめるだろう。

Pasión 4 Malbec パシオン・クアトロ・マルベック ▼ $ このパシオン・クアトロ・マルベックには燻香、土やスミレ、ブラックチェリーの香り。このワインには、その控え目な価格にしては特筆すべき深みと凝縮感があり、長く甘い後味。

ALFREDO ROCA *(San Rafael)* アルフレド・ロカ（サン・ラファエル）

Chenin Blanc シュナン・ブラン ▽ $ このシュナン・ブランには心地良いメロンや花の香りがあり、それに続くのは滑らかな舌触りの気軽なワイン。適度な酸味と程良い長さの後味。今後1年から1年半のうちに飲

ARGENTINA

みたい。

Malbec-Merlot マルベック・メルロ 🍷 $ このマルベック・メルロには、スパイスボックス、ブラックチェリー、スミレのアロマ。これに続くのがミディアムボディでスパイシーな果実味のワイン。バランスがよく、果実味たっぷりのフィニッシュ。

BODEGA RUCA MALÉN *(Mendoza)* ボデカ・ルカ・マレン（メンドーサ）

Cabernet Sauvignon Lujan de Cuyo カベルネ・ソーヴィニヨン・ルハン・デ・クージョ 🍷 $$ 濃い深紅色、魅力的なヒマラヤ杉やブラック・カラント、カシスの香り。そこに続くのはミディアムボディでエレガントなワイン。スパイシーな熟した黒系果実味がたっぷり、程良い深みと中程度の長さの後味を持つ。今後5年のうちに飲みたい。

Malbec マルベック 🍷 $$ このマルベックにはヒマラヤ杉や燻香、ブルーベリーやブラックチェリーのアロマ。それがエレガントで軽いタンニンのワインへと続く。素晴らしくバランスが取れていて、1〜2年でさらに熟成する可能性を持っている。

FELIPE RUTINI *(Tupungato)* フェリペ・ルティーニ（トゥパンガト）

Cabernet Sauvignon カベルネ・ソーヴィニヨン 🍷 $$$ このカベルネ・ソーヴィニヨンのアロマはヒマラヤ杉、湿った土、カシスそしてブラック・カラント。それにエレガントな、ボルドーよりもむしろカリフォルニア・スタイルに近いワインが続く。滑らかな舌触りで風味豊か。十分に熟したタンニンがあり、さらに1〜2年は熟成する。この大変よくバランスの取れたワインは6年間は楽しめる。

Chardonnay シャルドネ 🍷 $$$ このシャルドネには魅力的なミネラルや洋梨、リンゴ、そしてわずかなトロピカルフルーツの香り。そこから続くのがミディアムボディで滑らかな舌触りのワイン。生き生きとした酸があり、素晴らしい風味でバランスは良い。今後2年間のうちに飲むこと。

Encuentro エンクエントロ 🍷 $$$ マルベックとメルロのブレンド。香りにはわずかなグリーン・オリーブとブラック・カラント、ブラックベリー。それに続くのはしっかりとした構成のワインで、タンニンが強め。かなりの風味があり、ほどほどの後味。果実味が消えないうちに早く飲むこと。

Malbec マルベック 🍷 $$$　この紫色のマルベックの香りはヒマラヤ杉、タバコ、ブルーベリーそして黒いフランボワーズ。それが腰がしっかりとした、あまり自己主張をしないワインへと続く。風味は豊かでしっかりとしているが、後味が小さめにまとまっている。早めに飲むことをお勧めする。

SALENTEIN *(Mendoza)* サレンテイン（メンドーサ）

Cabernet Sauvignon Reserva カベルネ・ソーヴィニヨン・レセルバ 🍷 $$　このカベルネにはヒマラヤ杉やタバコ、カシス、ブラック・カラントなどの芳しいブーケ。味わいにはスパイシーさがあり、同時にたっぷりとした豊かな果実味が浮かび上がってくる。エレガントなスタイルでよくバランスが取れており、この先6〜8年間は楽しめる。

Malbec Reserva マルベック・レセルバ 🍷 $$　このマルベックには燻香や鉛筆の芯、ミネラル、スミレ、そしてブラックチェリーのブーケ。ミディアムからフルボディ。味わいには熟した果実味がたっぷりあり、2〜3年でさらに熟成させるだけの構成を持つ。バランスが素晴らしい。

Merlot Reserva メルロ・レセルバ 🍷 $$　このメルロは濃いルビー色で、魅惑的なスパイスボックスやヒマラヤ杉、カシス、チェリーの香り。味わいは、少し厚みに欠けるが、良い風味とバランス。今後、数年間が飲み頃。

Pinot Noir Reserva ピノ・ノワール・レセルバ 🍷 $$　このやや淡いルビー色のピノ・ノワール・レセルバにはラズベリー、チェリー、そしてバラの花びらの魅惑的な香り。そこに続くのはビロードのような舌触りのワインで、熟れた風味と程良い深みがあり、さらに数年間は飲み頃が持続する構成を持っている。

BODEGAS SANTA ANA *(Maipu)* ボデガス・サンタ・アナ（マイプ）

Casa de Campo Cabernet Sauvignon Reserve カサ・デ・カンポ・カベルネ・ソーヴィニヨン・リザーヴ 🍷 $　このカベルネ・ソーヴィニヨンには燻香、鉛筆の芯、カシス、そしてブラック・カラントなどの魅力的な香り。それからよく熟した赤や黒い果実の風味を持ったワインへと続く。素晴らしいバランスで、外交的なワイン。

Casa de Campo Malbec-Shiraz Reserve カサ・デ・カンポ・マルベック・シラーズ・リザーヴ 🍷 $　このマルベック（70％）、シラーズ（30％）のリザーヴには、ヒマラヤ杉、スパイスボックス、土、ブルー

ベリー、そしてブラックチェリーの魅惑的なブーケ。そこに続くワインはその控え目な価格にしてはとびきりの深み。風味は幾重にも層をなし、後味には果実味がたっぷり。あと数年はさらによく熟成するだろうが、楽しみを先延ばしにする必要はない。

BENVENUTO DE LA SERNA *(Uco Valley)* ベンベヌート・デ・ラ・セルナ（ウコ・ヴァレー）

Blend ブレンド 🍷 $$$　この紫色をしたブレンドは、60％のマルベックと40％のメルロからなる。スパイスボックスやヒマラヤ杉、ブラックチェリー、そしてレッド・カラントのブーケが魅力的。そこからしっかりとしたスパイシーな風味の、魅力的なワインへと続く。あと1〜2年はさらに熟成する可能性がある。

SERRERA *(Mendoza)* セレーラ（メンドーサ）

Malbec Perdriel マルベック・ベルドリエル 🍷 $　ヒマラヤ杉や土、ブラックチェリーや黒いフランボワーズの魅力的な香り。ミディアムボディで素晴らしい深みと風味。スパイシーな果実味が豊かで、後味にも果実味が残る。今後4年のうちに飲むべきワイン。

Serrera Syrah Tupungato セレーラ・シラー・トゥパンガト 🍷 $　このシラーには魅力的なブルーベリーの香り。それに続くのはミディアムボディで滑らかな舌触りの熟成した豊かなワイン。見事なバランスで後味は長い。今後4年間は楽しめる。

FINCA SOPHENIA *(Tupungato)* フィンカ・ソフェニア（トゥパンガト）

Cabernet Sauvignon Reserve カベルネ・ソーヴィニヨン・リザーヴ 🍷 $$　このカベルネ・ソーヴィニヨンにはヒマラヤ杉やミネラル、ブラック・カラント、そしてブラックベリーの魅力的な香り。このエレガントなスタイルには、たっぷりの甘い果実味やスパイシーな黒い果実味。バランスがよく、後味は中程度。

Malbec Reserve マルベック・リザーヴ 🍷 $$　このマルベックには野生のブルーベリー、ブラックベリー、そしてブラックチェリーの本来の香り。それらが風味に複雑さのある、多層的で豊かなワインへと導いてくれる。軽いがタンニンが十分にあるので2年くらいはさらに熟成する。

SUR DE LOS ANDES *(Mendoza)* スール・デ・ロス・アンデス（メンドーサ）

Bonarda ボナルダ 🍷 $ この樽を使っていないワインには、ブルーベリーとブラックベリーのアロマ。ミディアムボディで、味わいはしっかりしていて、スパイシーなたっぷりした黒い果実味。バランスが素晴らしく、ピュアな風味。3年以内に飲みたい。

Malbec マルベック 🍷 $ このマルベックにはヒマラヤ杉、スパイスボックス、そしてブラックチェリーの香り。それから前向きでカジュアルな果実味たっぷりのワインへとつながる。バランスがよく、後味にも果実味。今後3年のうちに飲むべき。

Malbec Reserva マルベック・レセルバ 🍷 $$ このマルベックにはヒマラヤ杉やスパイスボックス、なめし皮やブラックチェリーなどの魅力的な香り。それを程良い深みと凝縮感のあるワインがフォローしている。果実味が豊かで後味もきれい。今後4年以内に飲むべき。

Torrontés— Cafayate トロンテス―カファヤテ 🍷 $ このトロンテスは中程度の麦わら色。魅惑的な春の花や蜂蜜、スパイス、そして果物の種の香り。味わいは、滑らかな舌触りで、ドライ。熟れた果実味が豊かでバランスがよい。後味は中から長め。1年から1年半のうちに飲むべきワイン。

BODEGA TAPIZ *(Mendoza)* ボデガ・タピス（メンドーサ）

Tapiz Cabernet Sauvignon タピス・カベルネ・ソーヴィニヨン 🍷 $ このカベルネ・ソーヴィニヨンはやや痩せたキリッとしたスタイルがカベルネらしい良いアロマと風味の中に生きている。この先3～4年が飲み頃。

Tapiz Malbec タピス・マルベック 🍷 $ このマルベックは親しみやすいワインだが、大いなる深みとリッチさもある。そして少なくとも今後4年間は飲み頃が続く。

Tapiz Syrah タピス・シラー 🍷 $ このタピス・シラーには燻香や生肉、猟鳥獣肉、そしてブルーベリーなどの素晴らしいブーケ。滑らかな舌触りで、風味には深みがある。この親しみやすいシラーは今でも十分に、そして今後4年間は楽しめる。

Zolo Malbec ソロ・マルベック 🍷 $ このソロ・マルベックには心地良いスミレやブラックチェリーの香り。それから滑らかな舌触りの、気軽

で味わいの良いワインが続く。果実味が際立っていて、後味はスパイシー。

Zolo Reserve Cabernet Sauvignon ソロ・リザーヴ・カベルネ・ソーヴィニヨン 🍷 $$ 香ばしいオークとミネラルやスパイスボックス、ブラック・カラントの香り。ミディアムボディで、味わいには豊かな風味があり、程良い深みと凝縮感がある。バランスがよく、果実味たっぷりの後味。

Zolo Reserve Malbec ソロ・リザーヴ・マルベック 🍷 $$ このソロ・リザーヴには燻香、スパイスボックス、スミレ、ブルーベリー、そしてブラックチェリーなどの魅惑的な香りの連なりが。しっかりとした構成の味わいで、全ての要素がバランス良くまとまっている。

TERRAZAS DE LOS ANDES *(Mendoza)* テラサス・デ・ロス・アンデス(メンドーサ)

Malbec マルベック 🍷 $ この紫色をしたマルベックには華やかなブラックチェリーとスミレの香り。ここから前向きでよく熟した果実味のある味わいへと導いている。程良い凝縮感の心地良いワイン。今後3年のあいだに飲みたい。

Malbec Reserva Vistalba マルベック・レセルバ・ビスタルバ 🍷 $$ このマルベック・レセルバには、ヒマラヤ杉やスパイスボックス、スミレ、ブルーベリー、ブラックチェリーなどの洗練されたアロマ。舌触りは滑らかで舌を包み込む。より価格の低い同胞よりもしっかりとしている。

TIKAL *(Mendoza)* ティカル(メンドーサ)

Patriota パトリオータ 🍷 $$$ このパトリオータは60%のボナルダと40%のマルベックのブレンド。スパイスボックス、ブラックチェリー、そしてブルーベリーの魅惑的なブーケ。しなやかで風味豊かな味わい、さらにフランボワーズとチョコレートの印象も浮かび上がり、ワインに複雑さとリッチさを与えている。しっかりとした構成と後味があり、その控え目な価格をはるかに超えたものを提供している。

TILIA *(Mendoza)* ティリア(メンドーサ)

Cabernet Sauvignon カベルネ・ソーヴィニヨン 🍷 $ このカベルネ・ソーヴィニヨンはやや痩せてはいるものの、とても良く出来ている。スパ

イシーな風味があり、かなりの長さの後味も。
- **Chardonnay** シャルドネ ♀ $ このシャルドネには、春の花やリンゴ、洋梨、トロピカルフルーツなどの驚くほど複雑なブーケ。素直な造りで、よく熟していて味わいがいい。今後1年から1年半のうちに飲むのが望ましい。
- **Malbec** マルベック ♀ $ ティリアのワインの中で、私のお気に入りがこの紫色のマルベック。豊かなブラックチェリーと黒いフランボワーズの香り。ミディアムボディだが、構成はまずまずといったところ。
- **Malbec-Syrah** マルベック・シラー ♀ $ このマルベック・シラーには、魅力的なブラックチェリーとブルーベリーの香り。核になっている果実味、しなやかな舌触り、角ばったところがない。今後2〜3年のあいだに飲みたい。
- **Merlot** メルロ ♀ $ このメルロにはスパイシーな赤い果実のアロマ。純粋で素晴らしい深みがある。今後1〜2年のうちに飲むべき。

TITTARELLI *(Mendoza)* ティッタレッリ（メンドーサ）

Bonarda Reserva de Familia ボナルダ・レセルバ・デ・ファミリア ♀ $
このボナルダは、香ばしい燻香のあるブルーベリーやブラックベリーのとても良い香りがグラスから飛び出してくる。ミディアムボディで、味わいには生き生きとした酸とたっぷりの黒系果実の風味があり、驚くべき深みと長い後味を持つ。

TIZA *(Mendoza)* ティサ（メンドーサ）

- **Malbec El Ganador** マルベック・エル・ガナドール ♀ $ このマルベックには魅力的なスミレとブラックチェリーの香り。しなやかでよく熟していて、気軽な味わい。この素晴らしい価値のワインには角ばったところは見られない。
- **Malbec Tiza** マルベック・ティサ ♀ $$ このティサは他のものより濃い色合い。スパイスボックスや燻香、鉛筆の芯、ミネラルそしてブラックチェリーのブーケ。多層的で、熟成していて、強烈な味わい。あと2〜3年は熟成していくしっかりとした構成を隠し持っている。

MICHEL TORINO *(Cafayate)* ミシェル・トリノ（カファヤテ）

Don David Malbec ドン・デイヴィッド・マルベック ♀ $$ このマルベ

ックにはヒマラヤ杉、スパイスボックス、ミネラル、ブラックチェリーと黒いフランボワーズなどの素晴らしい香り。味わいはエレガントで、スパイシー。見事なバランスで、後味は長い。

- **Don David Torrontés** ドン・デイヴィッド・トロンテス ♀ $$ このトロンテスには、春の花、蜂蜜などの極上のブーケ。そこにトロピカルなアロマが加わり、それがドライでエレガントなトロンテスワインのヴァージョンへと導いている。非常によくバランスの取れた酸味、滑らかな舌触り、長い後味があり、これ以上のトロンテスは望めないだろう。

PASCUAL TOSO *(Mendoza)* パスカル・トソ(メンドーサ)

- **Malbec** マルベック ♥ $ このマルベックにはブラックチェリーとブルーベリーの魅惑的な香り。そこからブドウ本来の味わいを持ち、滑らかな舌触りで、風味がたっぷりの前向きなワインへと続いている。この愛好者の多いワインは今後3年間は楽しめるもので、誰からも畏敬されるだけの価値がある。
- **Syrah** シラー ♥ $ このシラーについても同じことが言える。ブルーベリーと胡椒のしっかりとした香りと風味が出ている、前向きなワイン。控え目な価格にしては類を見ないほど長い後味を持つ。

TRAPICHE *(Mendoza)* トラピチェ(メンドーサ)

- **Broquel Chardonnay—Mendoza** ブロケール・シャルドネ—メンドーサ ♀ $ このシャルドネには焼きリンゴ、洋梨、そしてトロピカルなアロマ。それからミディアムボディの素直な味わいへと続いている。生き生きとした酸味があり、後味は中程度。今後1年から1年半は楽しめるワイン。
- **Broquel Malbec—Agrelo and Uco Valleys** ブロケール・マルベック—アグレロ・アンド・ウコ・ヴァレーズ ♥ $ このマルベックのアロマには燻香、ミネラル、スパイスボックス、ブルーベリー、そしてブラックチェリー。それに続くのが多層的でスパイシーな味わい。素晴らしい凝縮感と深みがあり、さらに数年は熟成する可能性を持つ。後味は長く、ピュア。
- **Broquel Torrontés—Cafayate** ブロケール・トロンテス—カファヤテ ♀ $ このトロンテスは、芳しい花の香りのワイン。切れがよく、爽やかな酸味があり、ドライ。わずかにトロピカルな風味があり、そこに柑橘系が隠れている。果実味溢れる後味で、今後1〜2年は楽しみを提供

TRIVENTO *(Mendoza)* トリベント（メンドーサ）

Amado Sur アマド・スル ♈ $$ このワインはマルベック、シラーそしてボナルダのブレンド。魅惑的なブルーベリー、ブラック・カラント、そしてブラックチェリーの香りに、わずかなヒマラヤ杉や湿った土の香りも。滑らかな舌触りで、外交的な、わかりやすいワイン。

Chardonnay Golden Reserve シャルドネ・ゴールデン・リザーヴ ♈ $$$ このゴールデン・リザーヴはミネラル、リンゴ、洋梨などの魅惑的な香りがグラスから飛び出してくる。その香りが誘うのはバランスのとれたミディアムボディのワイン。トロピカルフルーツの風味が浮かび上がり、清純で果実味豊かな後味へと続いている。

Malbec Select マルベック・セレクト ♈ $ このマルベック・セレクトにはブルーベリーとブラックチェリーのアロマ。それに続くのは前向きで気軽なワイン。風味が豊かで角ばったところがない。素晴らしく価値のあるワインで、マルベックの長所を紹介するのに最適。

TRUMPETER *(Mendoza)* トランペター（メンドーサ）

Cabernet Sauvignon カベルネ・ソーヴィニヨン ♈ $ このカベルネ・ソーヴィニヨンは前向きな味の良い造りで、カシスとブラック・カラントのアロマ、しなやかな舌触り、ほど良い深みで後味もほど良い。

Malbec マルベック ♈ $ このマルベックには心地よいスミレやブラックチェリーの香り。それから前向きで果実味のある気楽な味わいへと続く。風味が豊かで、後味は驚くほど長い。

Malbec-Syrah マルベック・シラー ♈ $ このマルベック・シラーは双方の品種の50％ずつからなる。燻香や土、ブルーベリー、ブラックチェリーの素晴らしいブーケ。柔らかく前向き、良い味わいのよく熟した誰からも愛されるこのワインは、今後3年間は楽しむことができる。

VALENTIN BIANCHI *(Mendoza)* バレンティン・ビアンキ（メンドーサ）

Cabernet Sauvignon　カベルネ・ソーヴィニヨン ♈ $$ このカベルネ・ソーヴィニヨンにはヒマラヤ杉、スパイスボックス、タバコ、レッドやブラック・カラントのアロマ。この香りが味わいへのしっかりとした入

ARGENTINA

口になっている。豊かな果実味がたっぷりとあり、バランスが良い。今後1～2年はさらに熟成するしっかりした構成のワイン。

- **Chardonnay Famiglia Bianchi** シャルドネ・ファミグリア・ビアンキ 🍷 $$ このシャルドネには香ばしいトロピカルなアロマ。それから滑らかな舌触りの味わいへと続く。生き生きとした酸味の活力溢れるワインで、バランスがよく取れている。味わいの良い造りのこのワインは、今後1～2年のうちに飲みたい。
- **Syarah Elsa Bianchi** シラー・エルサ・ビアンキ 🍷 $ このお値打ち価格のシラーは、たっぷりとしたブルーベリーと胡椒の際立った風味で、非常にわかりやすい造りのワイン。今後3年のうちに飲むべき。

VENTUS *(Patagonia)* ベンタス（パタゴニア）

- **Cabernet-Malbec** カベルネ・マルベック 🍷 $ このカベルネ・マルベックにはヒマラヤ杉、タバコ、カシス、そしてチェリーのアロマ。それから前向きでバランスの取れた味わいへと続く。程良い深みがあり、熟成した風味で後味には充実感がある。
- **Chardonnay** シャルドネ 🍷 $ この樽を使っていないシャルドネには白桃や洋梨、そしてわずかなトロピカルフルーツの良い香り。滑らかな舌触りで前向き。今後2年間は楽しめるワイン。
- **Malbec** マルベック 🍷 $ このマルベックにはヒマラヤ杉、タバコ、スパイスボックス、そしてブラックチェリーのアロマ。味わいはねらいがはっきりとしていて、前向き。甘い果実の豊かな風味が層をなしていて、バランスがよくとれている。後味は清純で果実味たっぷり。今後1～2年でさらに熟成するが、今すぐにでも楽しめる。
- **Malbec-Syrah** マルベック・シラー 🍷 $ ここで強調したいのは、ブラックチェリーとブルーベリーのアロマと、風味とがうまくまとまった気軽な味わい。この誰からも愛されるワインは、今後3年は楽しませてくれる。

VINITERRA *(Mendoza)* ビニテラ（メンドーサ）

- **Malbec** マルベック 🍷 $ ビニテラのマルベックにはヒマラヤ杉や種々のスパイスボックス、スミレ、ブラックチェリーの魅力的な香り。これらが滑らかな舌触りの気楽な味わいへと導いている。程良い凝縮感と深みがあり、今後3年間は楽しめるワイン。
- **Select Carmenere** セレクト・カルムネール 🍷 $$ このカルムネールは心

地良い造り。よく熟したカシスとブルーベリーの果実味が豊かで、しなやかな舌触り。後味は中程度。

Select Malbec セレクト・マルベック 🍷 $$ この瓶詰めのものは、レギュラーなマルベックものより構成がしっかりしていて長持ちする典型例、買ってから1〜2年は味が良くなるが、もう少し長持ちするものがある。

BODEGA VISTALBA *(Mendoza)* ボデガ・ビスタルバ（メンドーサ）

Corte C コルテC 🍷 $ このコルテCは、マルベックとカベルネ・ソーヴィニヨン、そしてボナルダのブレンド。控え目な価格にしては驚くほどの複雑さ。よく熟した果実味がたっぷりとあって、味わいもしっかりと主張している。程良い深みで中くらいから長めの後味。

Tomero Cabernet Sauvignon トメロ・カベルネ・ソーヴィニヨン 🍷 $ このカベルネ・ソーヴィニヨンは前向きで、甘くフルーティなワイン。カシスとカラントの味わいが豊かなスタイルで、早飲みタイプ。

Tomero Malbec トメロ・マルベック 🍷 $ このマルベックで強調したいのはスパイシーなブラックチェリーのアロマと風味。とても気楽なスタイルのワイン。

FAMILIA ZUCCARDI *(Mendoza)* ファミリア・スッカルディ（メンドーサ）

Cabernet Sauvignon Q カベルネ・ソーヴィニヨンQ 🍷 $$ このカベルネ・ソーヴィニヨンQには土、タバコ、スパイスボックス、そしてブラック・カラントの香り。それにミディアムからフルボディのワインが続く。良い濃度と凝縮感があり、後味も力強い。

Chardonnay シャルドネ 🍷 $$ この樽発酵のシャルドネには、魅力的なバニラ、白桃、熟した洋梨、そしてかすかなトロピカルフルーツのブーケ。それに続くのは滑らかな舌触りの凝縮感のあるワイン。素晴らしくバランスが取れており、後味は中程度から長め。

Malbec Q マルベックQ 🍷 $$ このマルベックQにはヒマラヤ杉、鉛筆の芯、燻香、ブルーベリー、そしてブラックチェリーの香り。味わいはしっかりとしており、スパイシーな果実味が豊か。風味が良く、エレガントなワイン。今後6年間は楽しめる。

Tempranillo テンプラニーリョ 🍷 $$ この濃いルビー色のテンプラニーリョには、燻香、ミネラル、スミレ、そしてブラックベリーのアロマ。味わいにはスパイシーな黒い果実の風味がたっぷりとあり、風味豊か。

エレガンスがあり、あと2〜3年はさらに熟成するしっかりとした構成。

オーストラリアのバリューワイン

(担当　ドクター・ジェイ・ミラー)

　たとえどんなブドウであれ、それを育み、ワインに仕立て、他の品種とブレンドし、風変わりな名前をつけているのがオーストラリア人である。ほとんどのワインが1本25ドル以下で売られているのは、良いニュースである。多くのオーストラリア・ワインが提供してくれる品質と価格のバランスは、経済不況と現在の為替変動にもかかわらず、すこぶる見事なものだ。カリフォルニアや、フランスで言えばアルザスのように、オーストラリアはそのワインに、使用されているブドウ品種（あるいは複数品種）の名前をつけている。この地では、すべての主要ブドウ品種が使われる。ほとんどの品種から偉大なワインが造られているが、シラーが他の品種に比べて群を抜く（オーストラリアではシラーズと呼ばれる）。主要なブドウ産地は、以下のとおり（アルファベット順）。

主要産地

Adelaide Hills アデレード・ヒルズ（南オーストラリア州）：南オーストラリア州に位置する、高緯度で冷涼な気候の産地。中でも期待の品種は、シャルドネとピノ・ノワールのようだ。

Barossa Valley バロッサ・ヴァレー（南オーストラリア州）：南オーストラリア州、アデレード市の北に位置するこの広大な有名ブドウ栽培地域は、オーストラリア・ワイン産業でも、屈指の生産量を誇る最大手数社の発祥の地でもある。オーストラリアで最も値頃感のあるワインだけでなく、最高級ワインの供給源にもなっている。

Clare Valley クレア・ヴァレー（南オーストラリア州）：アデレード市とバロッサ・ヴァレーの北に位置するこの美しい産地は、赤よりも白ワインで有名。ここからは、驚くほど繊細なリースリングもいくつか出現している。

Coonawarra クナワラ（南オーストラリア州／ヴィクトリア州）：クナワラは、オーストラリアでも最も尊敬を集める、赤ワインの産地である。位置的には、南オーストラリア州のゴールバン・ヴァレーの西。カベルネ・ソーヴィニヨンがここの花形品種。

Heathcote ヒースコート（ヴィクトリア州中央部）：ヒースコートは、カンブリア紀の土壌と、深い色合いの豊潤なシラーズが有名。

Margaret River マーガレット・リヴァー（西オーストラリア州）：マーガレット・リヴァーは、この国の南西の端に位置するブドウ栽培地。オーストラリア人のワイン専門家たちは、オーストラリアで最もヨーロッパ的なスタイルのカベルネ・ソーヴィニヨンとシャルドネを産するのは、高い自然な酸を備えたワインを造るこの産地なのだと主張している。

McLaren Vale マクラレーン・ヴェイル（南オーストラリア州）：シラーズ、グルナッシュ、そしてカベルネ・ソーヴィニヨンは、アデレード市に近いこの産地で卓越したワインに姿を変える。

Yarra Valley ヤラ・ヴァレー（ヴィクトリア州）：オーストラリアでも最もファッショナブルなブドウ栽培地域。この地方の支持者によると、ここの気候とそこから生まれるワインは、心意気の点で、フランスのボルドーやブルゴーニュのワインに最も近いらしい。ピノ・ノワールとシャルドネの2種が、最も重要なブドウ品種。

ヴィンテージを知る

オーストラリアという国は広大で多様であり、そのためヴィンテージをひと括りにして語ることは難しい。ここで取り上げたすべてのワインも、事実上2005、2006、2007年のヴィンテージのもの。オーク樽での熟成を必要としない、2008年産の白の発泡ワインがそこに加わっている。これらのヴィンテージはおしなべて、南オーストラリアとヴィクトリアでは良好から秀逸と評価されている。

飲み頃

オーストラリアを産地とする25ドル以下のカテゴリーでは、そのワインの圧倒的大多数は、生まれて最初の数年のうちに飲むように造られている。その中で傑出した例外は、クレア・ヴァレー、イーデン・ヴァレー、西オーストラリアのリースリング。その中でも最良のワインなら、数年間瓶熟成させることで向上し、10～12年はおいしく飲める。

■オーストラリアの優良バリューワイン（ワイナリー別）

ANNIE'S LANE *(Clare Valley)* アニーズ・レイン（クレア・ヴァレー）

Shiraz-Grenache-Mourvédre Copper Trail シラーズ・グルナッシュ・ム

ールヴェードル・コパー・トレイル 🍷 $$$　このSGM（シラーズ・グルナッシュ・ムールヴェードル）は、ヒマラヤ杉、スパイスボックス、土、ブルーベリー、野生のチェリーなどの、表現豊かなブーケを醸し出す。この肩の凝らないミディアムボディの力作ワインは、バランスにも優れ、1〜2年発展させるに十分な構造も。6〜8年間はおいしく飲めるはず。

D'ARENBERG *(McLaren Vale)* ダーレンベルグ（マクラレーン・ヴェイル）

The Broken Fishplate Sauvignon Blanc ザ・ブロークン・フィッシュプラート・ソーヴィニヨン・ブラン 🍷 $$
The Custodian Grenache ザ・クストディアン・グルナッシュ 🍷 $$
d'Arry's Original Shiraz-Grenache ダリーズ・オリジナル・シラーズ・グルナッシュ 🍷 $$
The Dry Dam Riesling ザ・ドライ・ダム・リースリング 🍷 $$
The Footbolt Shiraz ザ・フットボルト・シラーズ 🍷 $$
The Hermit Crab ザ・ハーミット・クラブ 🍷 $$$
The High Trellis Cabernet Sauvignon ザ・ハイ・トレリス・カベルネ・ソーヴィニヨン 🍷 $$$
The Last Ditch Viognier ザ・ラスト・ディッチ・ヴィオニエ 🍷 $$$
The Love Grass Shiraz ザ・ラヴ・グラス・シラーズ 🍷 $$$
The Money Spider Roussanne ザ・マネー・スパイダー・ルーサンヌ 🍷 $$$
The Olive Grove Chardonnay ザ・オリーヴ・グローヴ・シャルドネ 🍷 $$
The Stump Jump Red ザ・スタンプ・ジャンプ・レッド 🍷 $
The Stump Jump White ザ・スタンプ・ジャンプ・ホワイト 🍷 $

ダレンバーグの品揃えには、バリューワインがひしめき合っている。その卓越したブレンド・ワインを造り出すため、ワイナリーは140以上の栽培農家と提携している。

BALGOWNIE ESTATE *(Bendigo)* バルゴウニー・エステート（ベンディゴ）

Cabernet Sauvignon カベルネ・ソーヴィニヨン 🍷 $$$
Shiraz シラーズ 🍷 $$$
オーストラリアの専門家は、繁栄を謳歌する産地ベンディゴ（メルボルンの

AUSTRALIA 51

北）の指導的ワイナリーとして、このバルゴウニー・エステートを評価し続けている。

BAROSSA VALLEY ESTATE (*Barossa*) バロッサ・ヴァレー・エステート（バロッサ）

- **Chardonnay E Minor** シャルドネ・E・マイナー ♀ $$ 青リンゴと洋梨のアロマを醸し出し、それがバランス良好で滑らかな質感を持った味わいを導き出している。辛口の風味、上質な酸、充実感のある長い余韻も併せ持つ。ヴィンテージから1～2年のうちに飲むこと。
- **Shiraz E Minor** シラーズ・E・マイナー ♥ $$$ シラーズ・E・マイナーは、かすかにヒマラヤ杉、ブルーベリー、ブラックチェリーを感じさせる。口中では、胡椒、スパイス類、西洋スモモ、チェリーの風味が立ち上る。上質な深み、なかなかの凝縮感、適度な余韻を備えたワイン。

JIM BARRY (*Clare Valley*) ジム・バリー（クレア・ヴァレー）

The Cover Drive Cabernet Sauvignon ザ・カヴァー・ドライヴ・カベルネ・ソーヴィニヨン ♥ $$$
The Lodge Hill Riesling ザ・ロッジ・ヒル・リースリング ♀ $$$
The Lodge Hill Shiraz ザ・ロッジ・ヒル・シラーズ ♥ $$$
ジム・バリーは、オーストラリア最高の（そして最も高価な）ワイン数点だけでなく、注目のバリューワインもいくつか生産している。

ROLF BINDER (*Barossa*) ロルフ・ビンダー（バロッサ）

- **Cabernet Sauvignon-Merlot Halcyon**　カベルネ・ソーヴィニヨン・メルロ・ハルシオン ♥ $$$
- **Riesling Highness Eden Valley** リースリング・ハイネス・イーデン・ヴァレー ♀ $$
- **Shiraz Hales** シラーズ・ヘールズ ♥ $$$
- **Shiraz-Grenache Halliwell** シラーズ・グルナッシュ・ハリウェル ♥ $$$
- **Shiraz-Malbec** シラーズ・マルベック ♥ $$$
- **Viognier Veritas "Hovah"** ヴィオニエ・ヴェリタス・"ホヴァー" ♀ $$

ロルフ・ビンダーは、オーストラリアの指導的造り手のひとり。コンサルタントとワイナリーのオーナー双方の領域で活動している。その単一畑のシラーズのキュヴェは、オーストラリアで最も人気のコレクション・アイ

テムのひとつだが、彼は廉価なワインにも同じだけの配慮を傾けている。

THE BLACK CHOOK *(McLaren Vale)* ザ・ブラック・チュック（マクラレーン・ヴェイル）

Shiraz-Viognier シラーズ・ヴィオニエ 🍷 $$ シラーズ（95%）とヴィオニエ（5%）は、ヴィオニエという素材が醸し出す高揚感を感じさせる香りによって、みんなのお気に入りワインとなった。燻香、西洋スモモ、ブルーベリーのアロマが魅力的。それが滑らかな質感、深みのある熟した風味、長い余韻の後味を伴うフルボディの味わいへと続いていく。

Black Chook VMR ブラック・チュック・VMR 🍷 $$ ヴィオニエ80%、マルサンネとルーサンヌ各10%から、このVMRは造られる。白桃、アプリコットのアロマを感じさせ、それに続くミディアムボディの味わいには、上質な深み、熟した果実味、長く爽快な後味が。

BLEASDALE VINEYARDS *(Langhorne Creek)* ブリースデール・ヴィンヤーズ（ラングホーン・クリーク）

Bremerview Shiraz ブレマーヴュー・シラーズ 🍷 $$$
Mulberry Tree Cabernet Sauvignon マルベリー・ツリー・カベルネ・ソーヴィニヨン 🍷 $$

長年のあいだ、地道に頑張ってきたブリースデール。今日ではラングホーン・クリークのトップ・ワイナリーのひとつとなった。

BROKENWOOD *(Hunter Valley)* ブロークンウッド（ハンター・ヴァレー）

Cricket Pitch White クリケット・ピッチ・ホワイト 🍷 $$ ソーヴィニヨン・ブラン60%とセミヨン40%のブレンド。柑橘類、メロン、ミネラルのアロマ。それが爽快で辛口の味わいへと続いていく。熟した風味、上質な凝縮感、長い余韻を備えた後味も感じられる。

Sémillon セミヨン 🍷 $$ 柑橘類、メロン、レモンシャーベットのブーケを感じさせるセミヨン。爽やかで、風味は強く、長い余韻を備え、数年間にわたって楽しめる。

GRANT BURGE *(Barossa)* グラント・バージ（バロッサ）

AUSTRALIA 53

Miamba Shiraz ミアンバ・シラーズ 🍷 $$$　グラント・バージは、寄せ集めのワインを強い決意で造り続ける、大規模なワイナリー。時には、このミアンバ・シラーズのような、本物の逸品も造っている。

CASCABEL *(McLaren Vale)* カスカベル（マクラーレン・ヴェイル）

Tipico ティピコ 🍷 $$$　ティピコは、ワイナリー産のグルナッシュ、シラーズ、モナストレルをブレンドしたワイン。味わいに富んだ果実味、優れた深み、長い、純粋な後味をたっぷりと感じさせる。

CAT AMONGST THE PIGEONS *(Barossa)* キャット・アモングスト・ザ・ピジョン（バロッサ）

Cabernet Sauvignon カベルネ・ソーヴィニヨン 🍷 $
Chardonnay シャルドネ 🍷 $
Riesling リースリング 🍷 $
Shiraz シラーズ 🍷 $
Shiraz-Cabernet シラーズ・カベルネ 🍷 $
Shiraz-Grenache シラーズ・グルナッシュ 🍷 $

キャット・アモングスト・ザ・ピジョンは、その輝かしいデビューに続いて、新たな素晴らしいワイン数点を発表した。品揃えに追加されているのは、2点の白ワイン。ここの品揃えは、オーストラリア・ワインでも最高のバリューワインにランクされる。どれも試してみる価値あり。

CHATEAU CHATEAU *(McLaren Vale)* シャトー・シャトー（マクラーレン・ヴェイル）

Skulls Red Wine スカルス・レッド・ワイン 🍷 $$　シャトー・シャトーは、輸入業者のダン・フィリップスが創設したブランドで、R・ワインの傘下で市場に参入している。これはそのエントリー・レベルのグルナッシュ。かなりのお薦めワインである。

DE BORTOLI *(Yarra Valley)* デ・ボルトリ（ヤラ・ヴァレー）

Chardonnay Vat 7 シャルドネ・ヴァット7 🍷 $
Petit Verdot Vat 4 プティ・ヴェルド・ヴァット4 🍷 $
Petite Sirah DB Selection プティット・シラー・DB・セレクション 🍷 $

Petite Sirah Vat 1 プティット・シラー・ヴァット1 🍷 $
Pinot Noir Rosé ピノ・ノワール・ロゼ 🍷 $$$
Pinot Noir Vat 10 ピノ・ノワール・ヴァット10 🍷 $
Shiraz Vat 8 シラーズ・ヴァット8 🍷 $
Shiraz Vat 9 シラーズ・ヴァット9 🍷 $

デ・ボルトリはかなりの量のワインを生産しているが（4カ所の醸造設備を持つ）、マネージャー兼ワインメーカー、スティーヴ・ウェーバーに指揮され、このことが高品質のワイン造りの妨げになることはなかった。私が2008年9月に訪れた、中心となる醸造設備は、ヤラ・ヴァレーの冷涼な気候の地域にあり、シャルドネとピノ・ノワールに力が注がれている。バリューワインも同様の注目に値する。

DEVIATION ROAD *(Adelaide Hills)* デヴィエーション・ロード（アデレード・ヒルズ）

- **Chardonnay** シャルドネ 🍷 $$$　このシャルドネは、リンゴと洋梨の魅力的な香りに、口中では熟した果実味を感じさせる。バランスは良好、後味には果実味が豊か。
- **Sauvignon Blanc** ソーヴィニヨン・ブラン 🍷 $$$　生の香草、メロン、柑橘類、フローラル系のブーケ。それに続くクリームのように滑らかで、躍動感溢れ、強烈な風味を持つソーヴィニヨンの味わいには、桁外れの深みと長い余韻も。ヴィンテージ後2年以内に飲むこと。

DUTSCHKE *(Barossa)* ダシュケ（バロッサ）

- **WillowBend** ウィローベンド 🍷 $$$　シラーズ、メルロ、カベルネ・ソーヴィニヨンをブレンドしたウィローベンドからは、ヒマラヤ杉、スパイスボックス、カシス、ブラックチェリー、ブルーベリーの香り高いブーケ。口中ではミディアムからフルボディ。汁気に富んだ果実味が豊かな、早熟型ワイン。

EARTHWORKS *(Barossa)* アースワークス（バロッサ）

- **Cabernet Sauvignon** カベルネ・ソーヴィニヨン 🍷 $$　スパイスボックスとブラック・カラントの表現に富む香りが、ミディアムボディ、滑らかな質感、肩の張らない味わいを導く。甘い果実味、かすかなタンニン、長く果実味豊かな後味にも富む。

AUSTRALIA

Shiraz シラーズ 🍷 $$ グラスの中で飛び跳ねるような、燻香、ソーセージ、ベーコン、ブルーベリーのアロマを感じさせるシラーズ。ミディアムボディで、熟して甘く、堅いヘリもない。ヴィンテージから4〜6年は楽しめる。

FETISH *(Barossa)* フェティッシュ（バロッサ）

Playmates プレイメート 🍷 $$ プレイメートは、マタロとグルナッシュのブレンド。下草、ミネラル、スパイスボックス、ブルーベリー、ブラックベリーの魅力的な香り。かすかなチョコレートの感じも。口中では、甘い青い果実と黒い果実、汁気に富んだ風味、わずかなタンニン、長い余韻を備えた後味を感じさせる。

Shiraz the Watcher シラーズ・ザ・ウォッチャー 🍷 $$$ シラーズ・ザ・ウォッチャーでは、楽しさがすべて。複雑なところはないが、とても風味豊かなこのワインは、熟した青と黒い果実、肩の凝らない個性、継ぎ目のない滑らかな後味を、たっぷりと感じさせる。

Viognier V Spot ヴィオニエ・V・スポット 🍷 $$ ヴィオニエ・V・スポットには、春の花、アンズ、白桃の香りが漂う。口中では、オーク樽、躍動する酸、上品な風味を感じさせる。

GLAETZER *(Barossa)* グレッツァー（バロッサ）

The Wallace ザ・ワラス 🍷 $$$ シラーズとグルナッシュをブレンドしたこのワインは、ヒマラヤ杉、焦土、鉛筆の芯、ブラックチェリーの香り高いブーケ。口中に感じる優雅な個性は、上品でかすかに酸味のある果実の風味、良好な凝縮感、絹のような後味。

HUGH HAMILTON *(McLaren Vale)* ヒュー・ハミルトン（マクラレーン・ヴェイル）

The Rascal Shiraz ザ・ラスカル・シラーズ 🍷 $$$ ザ・ラスカル・シラーズは、燻製肉、ブルーベリー、ブラックベリーの魅力的なブーケ。口中では重層的で、素晴らしい深みと引き締まりがあり、数年間の発展を可能としている、十分な構成も。

The Villain Cabernet Sauvignon ザ・ヴィレン・カベルネ・ソーヴィニヨン 🍷 $$$ ザ・ヴィレン・カベルネ・ソーヴィニヨンは、その芳香の中にユーカリ、ブラック・カラントの香りを感じさせる。口中では上品

なスタイルを見せ、バランスは良好、余韻の長さも適度。

RICHARD HAMILTON *(McLaren Vale)* リチャード・ハミルトン（マクラレーン・ヴェイル）

Gumprs Shiraz ガンパース・シラーズ 🍷 $$$　一緒に発酵させたヴィオニエを3％含むガンパース・シラーズは、ヒマラヤ杉、スパイスボックス、スミレ、ブルーベリー、ブラックベリーの香り高い芳香。このミディアムボディのシラーズは、2015年までのあいだ楽しめる。

ANDREW HARDY *(McLaren Vale)* アンドリュー・ハーディー（マクラレーン・ヴェイル）

Little Ox Shiraz リトル・オックス・シラーズ 🍷 $$　色は不透明な紫色で、ミネラル、ヒマラヤ杉、ブラックベリー、ブルーベリーの素晴らしい香り。豊潤で重層的なこのシラーズは通常数年間発展を続けるが、購入時に飲んでも楽しめる。

HEGGIES *(Eden Valley)* ヘギーズ（イーデン・ヴァレー）

Chardonnay シャルドネ 🍷 $$$　ヘギーズのシャルドネは、焦がしたオーク樽、ミネラル、洋梨、リンゴ、白桃の素晴らしいブーケ。口中では、そのミディアムボディのスタイルと優美なところが、どこかブルゴーニュの中級白ワインを想わせる。バランスのいいワインで、普通数年間はおいしく飲める。

HENSCHKE *(Adelaide Hills)* ヘンチキ（アデレード・ヒルズ）

Tilly's Vineyard ティリーズ・ヴィンヤード 🍷 $$$　セミヨン、ソーヴィニヨン・ブラン、シャルドネのブレンド。柑橘類とメロンの芳しい香りが、ミディアムボディの味わいへと続き、複雑な風味、上質な酸、長い余韻のある後味を伴う。見事なワインなので、ボルドーの上質なペサック・レオニャンといっても、あっさり通用してしまうかも。

HEWITSON *(Adelaide Hills)* ヒューイットソン（アデレード・ヒルズ）

Sauvignon Blanc LuLu ソーヴィニヨン・ブラン・ルル 🍷 $$　ソーヴィ

AUSTRALIA

ニヨン・ブラン・ルルは、メロン、柑橘類、ミネラルの卓越したブーケ。次いで、広がりと風味に溢れた、強烈なソーヴィニヨンの味わいが。ヴィンテージから2年のうちに飲むように造られている。

HOPE ESTATE *(Hunter Valley)* ホープ・エステート（ハンター・ヴァレー）

Merlot メルロ ♥ $$
Shiraz シラーズ ♥ $$
Shiraz-Malbec シラーズ・マルベック ♥ $$
Verdelho ヴェルデルホ ♀ $$

ハンター・ヴァレーは素晴らしいバリューワインを産するが、その中の数点を提供しているのが、このホープ・エステート。

INNOCENT BYSTANDER *(Yarra Valley)* イノセント・バイスタンダー（ヤラ・ヴァレー）

Chardonnay シャルドネ ♀ $$
Pinot Gris ピノ・グリ ♀ $$
Pinot Noir ピノ・ノワール ♥ $$

ヤラ・ヴァレーは高価なワインの多い産地だが、そこで造られる良質なバリューワイン中の数点を提供しているのが、このイノセント・バイスタンダー。

JIP JIP ROCKS *(Limestone Coast)* ジップ・ジップ・ロックス（ライムストーン・コースト）

Chardonnay シャルドネ ♀ $
Shiraz シラーズ ♥ $$
Shiraz-Cabernet Sauvignon シラーズ・カベルネ・ソーヴィニヨン ♥ $$

消費者からの真剣な注目を集めてしかるべき、労作ワイン。ヴィンテージから2～3年以内と、短期間のうちに飲むように造られている。

TREVOR JONES *(Barossa)* トレヴァー・ジョーンズ（バロッサ）

Boots Grenache ブーツ・グルナッシュ ♥ $$　樹齢65年の木から造られたこのワインは、スパイスボックス、野イチゴ、キルシュの愛すべき芳香。

次いでミディアムからフルボディで滑らかな質感を持つ、グルナッシュの深い味わいが現れ、重層的な風味に優れた余韻も。

Boots Shiraz ブーツ・シラーズ 🍷 $$ ヒマラヤ杉、燻香、ブルーベリー、ブラックベリーのアロマ。次にミディアムボディの細身で優美な味わいが続く。鮮やかな果実味、そして後味にはわずかな酸が。

Virgin Chardonnay ヴァージン・シャルドネ 🍷 $$$ ヴァージンにはオーク樽は使われていない。白桃、洋梨、焼きリンゴの魅惑のブーケ。ミディアムボディで凝縮感も素晴らしいこのワインは、口中で広がりを見せ、豊潤、そして後味には長い余韻が感じられる。

KAESLER STONEHORSE *(Barossa)* ケーズラー・ストーンホース（バロッサ）

GSM ジー・エス・エム 🍷 $$$ このGSMは、グルナッシュ、シラーズ、ムールヴェードルのブレンドで、ヒマラヤ杉、スパイスボックス、土、ブラックチェリーの魅力的な香り。これに続く早熟型で気楽な味わいには、おいしそうな深い赤い果実、青い果実の風味、たっぷりのスパイス、絹のような後味。

Stonehorse Shiraz ストーンホース・シラーズ 🍷 $$$ このシラーズは、バルサムの木、スパイスボックス、ブルーベリー、ブラックチェリーの魅惑の芳香を、たっぷりと放つ。味わいは濃密で豊潤。ヴィンテージから1〜2年発展を続けるだけの、構成と果実味を持つ。

KOONOWLA *(Clare Valley)* クナウラ（クレア・ヴァレー）

Riesling リースリング 🍷 $$ フローラル、スパイス、茹でた洋梨、レモン風味の炭酸飲料のアロマ。口中ではミディアムボディで、見事な凝縮感、躍動する酸、熟した風味も。良質なヴィンテージなら、6〜8年は発展する。10〜15年のあいだに飲むこと。

KURTZ FAMILY VINEYARDS *(Barossa)* カーツ・ファミリー・ヴィンヤーズ（バロッサ）

Boundary Row GSM バウンダリー・ロウ・GSM 🍷 $$$ バウンダリー・ロウ・GSMは、グルナッシュ、シラーズ、ムールヴェードルのブレンドで、ヒマラヤ杉、なめし革、土、スパイスボックス、野生のチェリー、ブルーベリーの魅惑のブーケ。次いで現れる口中に広がるような味わい

AUSTRALIA

は重層的で甘く、口の中でボリューム感を増していく。

LANGMEIL *(Barossa)* ラングメイル（バロッサ）

Shiraz-Viognier Hangin' Snakes シラーズ・ヴィオニエ・ハンギン・スネークス ▼ $$$　シラーズ（95%）とヴィオニエ（5%）をブレンドしたこのワインは、スミレ、ブラックチェリー、ブルーベリーのアロマ。それに汁気に富んだ、早熟型の味わいが続く。造られてから4年以内に飲むべきワイン。

LECONFIELD *(Coonawarra)* レコンフィールド（クナワラ）

Chardonnay シャルドネ ♀ $$$　レコンフィールドのシャルドネは、焦がしたオーク樽、ミネラル、洋梨、リンゴの香り。それにクリームのような質感と柔らかな酸を併せ持つ、ミディアムボディで優美な味わいが続いていく。バランスも良好で、ヴィンテージから少なくとも4年間はおいしく飲める。

LEEUWIN ESTATE *(Margaret River)* ルーウィン・エステート（マーガレット・リヴァー）

Riesling Art Series リースリング・アート・シリーズ ♀ $$$
Siblings Shiraz シブリングス・シラーズ ▼ $$$
（高価な）アート・シリーズ・シャルドネで有名なルーウィン・エステートだが、それ以外の品揃えの価格は極めて手頃で、提供されている数点のワインの値頃感は、まさに見事。

LENGS & COOTER *(Clare Valley)* レングス & クーター（クレア・ヴァレー）

Riesling リースリング ♀ $$　レングス & クーターのリースリングには、ミネラル、ガソリン、柑橘類、スイカズラの芳しい芳香。味わいは辛口で爽快、かすかに酸味のあるレモン風味の炭酸飲料の風味が感じられ、適度に長く、爽快な後味へと続いていく。ヴィンテージから3～4年はおいしく飲める。

DE LISIO *(McLaren Vale)* デ・リジオ（マクラレーン・ヴェイル）

Quarterback クォーターバック 🍷 $$ デ・リジオのエントリー・レベルのワイン、クォーターバックは、シラーズ、カベルネ・ソーヴィニヨン、メルロ、グルナッシュのブレンド。金額に見合う価値はある。

LONGWOOD *(McLaren Vale)* ロングウッド（マクラレーン・ヴェイル）

The Shearer Shiraz ザ・シアラー・シラーズ 🍷 $$ ブルーベリーとブラックチェリーの香りを感じさせるスパイシーなブーケ。それに続くミディアムボディからフルボディの、滑らかなシラーズの味わいには、広がりのある熟した果実味も。風味はスパイシーで味わい豊か、バランスも上々。果実味溢れる後味。

MADCAP WINES *(Barossa)* マッドキャップ・ワインズ（バロッサ）

Cabernet Sauvignon カベルネ・ソーヴィニヨン 🍷 $$ このカベルネは、燻香、鉛筆の芯、ブラック・カラントの素晴らしい芳香。口中ではしなやかで完熟感を感じさせるこのワインは、重層感も美しく、風味豊かでバランスも良好。

Riesling リースリング 🍷 $$ 薄い麦わら色のマッドキャップのリースリングは、ミネラル、レモン風味の炭酸飲料、メロンの表現豊かなブーケ。これに続く辛口で爽快な味わいには、躍動感溢れる酸、上質な凝縮感、深みに、若干の複雑さも備える。後味の余韻は長い。

Shiraz Pastor Fritz シラーズ・パスター・フリッツ 🍷 $$ シラーズ・パスター・フリッツは、鉛筆の芯、ブルーベリー、ブラックベリーのリキュールのアロマを感じさせる。続いて、口中に広がるフルーティで凝縮感のある味わい。風味も豊か。

MAGPIE ESTATE *(Barossa)* マグパイ・エステート（バロッサ）

The Call Bag ザ・コール・バッグ 🍷 $$$ ムールヴェードルとグルナッシュのブレンド。下草、ミネラル、野生のチェリー、ブラックベリーの魅惑的な芳香が、体裁がよく熟した、強い風味の味わいへと続いていく。上質なヴィンテージなら、2〜3年発展させるに十分の構成。

The Fakir Grenache ザ・ファキール・グルナッシュ 🍷 $$$ ファキール・グルナッシュには、土、スパイス、野生のチェリーのようなブーケ。

AUSTRALIA

口中では、ビロードのような質感、熟したチェリーをアクセントとする果実味をたっぷり感じさせ、後味はビロードのよう。

Salvation Gewurztraminer サルヴェーション・ゲヴュルツトラミナー ♀ $$ サルヴェーション・ゲヴュルツトラミナーは、焼いたスパイス、バラの花びら、ライチの香り高いブーケ。爽快で完熟感があり、風味豊かなこのワインは、アジア料理と一緒に飲むのがお勧め。マグパイ・エステートのワインは、ロルフ・ビンダーによって造られている。

MITOLO *(McLaren Vale)* ミトロ（マクラレーン・ヴェイル）

Jester Cabernet Sauvignon ジェスター・カベルネ・ソーヴィニヨン ♀ $$
Jester Shiraz ジェスター・シラーズ ♀ $$
Jester Sangiovese Rosé ジェスター・サンジョヴェーゼ・ロゼ ♀ $

ミトロのワインを造っているのは、才能豊かなベン・グレッツァー。ジェスター・ブランドのワインは、ここの高品質の品揃えの中ではエントリー・レベルに相当する。

MOLLYDOOKER *(McLaren Vale)* モリードーカー（マクラレーン・ヴェイル）

The Boxer Shiraz ザ・ボクサー・シラーズ ♀ $$$
The Maître D'Cabernet Sauvignon ザ・メートル・ド・カベルネ・ソーヴィニヨン ♀ $$$
The Scooter Merlot ザ・スクーター・メルロ ♀ $$$
Two Left Feet トゥー・レフト・フィート ♀ $$$
The Violinist Verdelho ザ・ヴァイオリニスト・ヴェルデーリョ ♀ $$

かのサラとスパーキー・マーキスのワインメーキング・チームのブランド、モリードーカー。これらのワインは、たとえどこのワインであったとしても、最も偉大な赤のバリューワインに数えられる。見逃さないように。

MR. RIGGS *(McLaren Vale)* ミスター・リグズ（マクラレーン・ヴェイル）

Shiraz the Gaffer シラーズ・ザ・ガファー ♀ $$$ シラーズ・ザ・ガファーの香りは、薪の煙、スパイスボックス、鉛筆の芯、ミネラル、ブルーベリーの感じ。ワインが開き、後味にふくらみを感じさせるようにな

るまでは、通常2〜3年が必要。

GREG NORMAN ESTATES *(Eden Valley)* グレッグ・ノーマン・エステート（イーデン・ヴァレー）

Chardonnay シャルドネ ♀ $ グレッグ・ノーマンのシャルドネは、ケンドール・ジャクソンを手本に、人気のスタイルに仕立てられている。香りには多少のオーク樽と、白桃に洋梨のアロマ。これが滑らかな質感の味わいへと移ろい、リンゴと核果を重層的に醸し出す。背後に感じるのは、かすかなトロピカルフルーツ。

OXFORD LANDING *(South Australia)* オックスフォード・ランディング（南オーストラリア州）

Chardonnay シャルドネ ♀ $
Oxford Landing Merlot オックスフォード・ランディング・メルロ ♥ $
Oxford Landing Sauvignon Blanc オックスフォード・ランディング・ソーヴィニヨン・ブラン ♀ $

オックスフォード・ランディングのワインは大量に生産され、通常は大幅に値引きをされている。凡庸なワインが氾濫する世間一般のあり方を思うなら、内容の充実したバリューワインを提供してくれるワイナリー。

PENFOLDS *(South Australia)* ペンフォールズ（南オーストラリア州）

Bin 28 Kalimna Shiraz ビン 28 カリムナ・シラーズ ♥ $
Bin 51 Riesling ビン 51 リースリング ♀ $$
Koonunga Hills Shiraz-Cabernet Sauvignon クーヌンガ・ヒルズ・シラーズ・カベルネ・ソーヴィニヨン ♥ $$
Thomas Hyland Cabernet Sauvignon トーマス・ハイランド・カベルネ・ソーヴィニヨン ♥ $
Thomas Hyland Chardonnay トーマス・ハイランド・シャルドネ ♀ $

品揃えのピンからキリまで、ペンフォールズは極めて良質なワインを造る巨大生産者。しばしばそのバリューワインは大幅に値引きされ、かなりの値頃感になっていることも。

PENLEY ESTATE *(Coonawarra)* ペンリー・エステート（クナワラ）

AUSTRALIA

Cabernet Sauvignon Phoenix カベルネ・ソーヴィニヨン・フェニックス 🍷 $$

Cabernet Sauvignon-Shiraz カベルネ・ソーヴィニヨン・シラーズ 🍷 $$

Merlot Gryphon メルロ・グリフォン 🍷 $$

Shiraz Hyland シラーズ・ハイランド 🍷 $$

ペンリー・エステートは、（マジェラと共に）高級産地クナワラのトップ生産者候補。彼らの上級ワインは卓越しており、一方これらお値頃価格のワインも同様に良質だ。驚異のバリューワイン。

PEWSEY VALE *(Eden Valley)* ピューシー・ヴェイル（イーデン・ヴァリー）

Dry Riesling ドライ・リースリング 🍷 $$ ピューシー・ヴェイルのドライ・リースリングは明るい麦わら色で、スイカズラ、柑橘類、リンゴの魅惑のブーケ。ミディアムボディ、爽やかで熟し、汁気に富んだ果実味に、酸が強調されている。この辛口で味わい深い労作は、3〜4年の発展が可能。

Prima Riesling プリマ・リースリング 🍷 $$ プリマ・リースリングは、若干控えめな辛口のスタイルに仕立てられている。ガソリン、春の花、ミネラル、柑橘類の素晴らしい芳香が溢れる。ライトボディの中甘口ワイン。瓶内でより発展を遂げるためのバランスと構成をもたらす、十分過ぎるほどの酸。

PIKE & JOYCE *(Adelaide Hills)* パイク & ジョイス（アデレード・ヒルズ）

Pinot Noir ピノ・ノワール 🍷 $$$ このピノ・ノワールは、遠慮がちなレッドチェリーとフランボワーズの芳香。これに続くのは、早熟型で肩の凝らないピノの味わい。広がりのある果実味、上質なバランス、優美な個性を併せ持つ。

Sauvignon Blanc ソーヴィニヨン・ブラン 🍷 $$ このソーヴィニヨン・ブランは、ミネラル、グレープフルーツの魅力的なブーケ。それが熟した柑橘類、メロンの風味、生き生きとした酸、爽やかな後味を備えた、滑らかな質感のワインの味わいを導き出す。このロワール・スタイルのソーヴィニヨンは、ヴィンテージから1〜2年のうちに飲んでしまうこと。

オーストラリア

PIKES *(Clare Valley)* パイクス（クレア・ヴァレー）

The Assemblage アサンブラージュ 🍷 $$$
Dry Riesling ドライ・リースリング 🥂 $$$
Luccio ルッチオ 🍷 $
The Red Mullet ザ・レッド・マレット 🍷 $$
Shiraz Eastside シラーズ・イーストサイド 🍷 $$$

パイクスはクレア・ヴァレーでトップ生産者のひとつで、優美なスタイルのワインメーキングで有名。彼らのワインはすべて上質だが、中でも得意なのは熟成に値するリースリングである。

PILLAR BOX *(Padthaway)* ピラー・ボックス（パザウェイ）

Red レッド 🍷 $ ピラー・ボックスのレッドは、シラーズ、カベルネ・ソーヴィニヨン、メルロのブレンド。スパイスボックス、土、ブルーベリー、ブラック・カラントの、表現豊かな香り。熟して甘く、重層的なこの素敵な感じがする赤ワインは、廉価にしては、桁外れのバランスと余韻の長さを誇る。

Reserve Shiraz リザーヴ・シラーズ 🍷 $$ ピラー・ボックスのリザーヴ・シラーズは、ヒマラヤ杉、スパイスボックス、スミレ、ブラック・カラント、ブルーベリーといった魅惑の香りを届けてくれる。口中のワインはフルボディでビロードを感じさせ、重層的。クローヴ、イバラの茂み、舗装用タールの香りが顔を覗かせる。口中では丸みがあり、ビロードのようで、卓越した長い余韻を備えるこのワインは、今でも楽しめるが、数年間は発展を続けるだろう。

White ホワイト 🥂 $ ピラー・ボックス・ホワイトは、ソーヴィニヨン・ブラン、ヴェルデーリョ、シャルドネのブレンド。ライム、グレープフルーツ、キウイの香り高いブーケ、かすかな生の香草も。口中ではわずかなパイナップルとその他のトロピカルフルーツが立ち上る。滑らかな質感に、爽快ですがすがしいこのワインは素晴らしく、期待以上だった。

R WINES *(South Australia)* R・ワイン（南オーストラリア州）

R・ワイン傘下には、「マーキス・フィリップス」「3・リングス」「ルーグル」「ビッチ」というおなじみの4ブランドに加えて、R・ワイン独自のブランドもいくつか含まれている。これらのワインのパッケージングが驚くほどクリエイティブなことについては、語るまでもない。しかし一

AUSTRALIA 65

番大切なのは、低価格帯から高価格帯に至るまで、コンスタントに大健闘を続けている瓶の中身のほうである。

Bon-Bon Rosé ボン・ボン・ロゼ 🍷 $ ボン・ボン・ロゼは、シラーズ100%から造られる。程良いピンク色のこのワインは、イチゴとルバーブ（大黄）の、香り高いアロマ。かすかに中辛口で爽やかな味わい。広がりのある熟した果実味と、長く爽快な後味を感じさせる。

(Little) r Cabernet Sauvignon （リトル）・r・カベルネ・ソーヴィニヨン 🍷 $$ （リトル）・r・カベルネ・ソーヴィニヨンは、ヒマラヤ杉、燻香、タール、ブラック・カラントの、表現力に富む芳香。口中では完熟感があり重層的なこのワインは、ミディアムからフルボディで、果実味が前面に出ている。大量のスパイシーな黒い果実、素晴らしい深み、長い余韻を備えた後味も。

R Ose Rosé of Cabernet Sauvignon R・オゼ・ロゼ・オブ・カベルネ・ソーヴィニヨン 🍷 $$ マクラレーン・ヴェイルが産する、100%カベルネ・ソーヴィニヨンのロゼ。野生のイチゴとチェリーの香り高い芳香。口に含むと味わい深いこのワインには、上等な深みに長く純粋な後味。

Evil Cabernet Sauvignon エヴィル・カベルネ・ソーヴィニヨン 🍷 $ エヴィル・カベルネ・ソーヴィニヨンは、ヒマラヤ杉とブラック・カラントの香り高いブーケ。果実味が際立ちフルボディで、風味がどっさり詰まったこのカベルネ。値頃感は桁外れ。

Pure Evil Chardonnay ピュア・エヴィル・シャルドネ 🍷 $ ピュア・エヴィル・シャルドネは、バタースカッチ、スパイスボックス、焼きリンゴ、茹でた洋梨の魅力的な芳香を感じさせ、3倍の値段のワインにも引けを取らない。強烈で完熟感があってスパイシーな風味は、上質な酸と長い後味によって、さらに際立ったものに。

Bitch Grenache ビッチ・グルナッシュ 🍷 $ ビッチ・グルナッシュは、土、燻香、チェリー、イチゴの魅惑のブーケ。しなやかで甘く味わく豊かで、低価格の割に美味なワイン。

Roogle Red ルーグル・レッド 🍷 $ ルーグル・レッドは、シラーズ、メルロ、カベルネ・ソーヴィニヨンのブレンド。ヒマラヤ杉、カシス、ブルーベリー、西洋スモモの、魅力的なアロマ。味わいはビロードのようで、果実味を前面に感じさせる。ハンバーガーやピザと一緒に気軽に飲める、完熟感のある美味なワイン。

Roogle Riesling ルーグル・リースリング 🍷 $ このリースリングは、ミネラル、春の花、スイカズラの愛すべき芳香と、その背後にかすかなトロピカルフルーツを感じさせる。味わいはまさしく中辛口。丸みと強烈な風味を備えるワイン。とてもセクシーなリースリングで、価格も素晴

らしい。

Roogle Rosé ルーグル・ロゼ 🍷 $　ピンク・グレープフルーツ、イチゴ、ルバーブ（大黄）の芳しい芳香のロゼ。口中では肉厚で強烈。卓越したバランスと余韻の長さを備えるこのワインは、ロゼの中では驚愕の値頃感。低価格だが上出来。

Roogle Shiraz ルーグル・シラーズ 🍷 $　このシラーズからは、ヒマラヤ杉、ブルーベリー、ブラックベリー、チョコレートの素晴らしい香りが立ち上る。フルボディ、完熟感、甘口を特徴とするワインで、2～3年は瓶内で向上する。が、このワインの届けてくれる満足感を、先延ばしにする人はいないのではないか？

Marquis Philips Cabernet Sauvignon マーキス・フィリップス・カベルネ・ソーヴィニヨン 🍷 $$　このカベルネ・ソーヴィニヨンは、ヒマラヤ杉、スパイスボックス、西洋スモモ、ブラック・カラントのアロマ。スパイシーな黒い果実の風味を備えた、フルボディのワインで、さらに2～3年の瓶熟成を支えるに十分な酸も。

Marquis Philips Holly's Blend マーキス・フィリップス・ホリーズ・ブレンド 🍷 $$　ホリーズ・ブレンドは、ヴェルデーリョ90％とシャルドネ10％のブレンド。柑橘類、メロン、レモン・ライムの香り高いブーケと、背後に感じるかすかなトロピカルフルーツが、熟した風味豊かな味わいへと続いていく。爽やかな酸のためバランスも良好。

Marquis Philips Sarah's Blend マーキス・フィリップス・サラズ・ブレンド 🍷 $$　60％のシラーズと28％のカベルネ・ソーヴィニヨン、そして適度な配分のメルロとカベルネ・フランから造られたワイン。ヒマラヤ杉、スパイスボックス、胡椒、カシス、ブルーベリーの複雑なアロマがたっぷり。フルボディで果実味が強く、強烈な風味を感じさせる重層的なブレンドで、後味は45秒間続く。

Marquis Philips Shiraz マーキス・フィリップス・シラーズ 🍷 $$　香りには、ヒマラヤ杉、燻香、タール、ブルーベリー、ブラックベリーのリキュールの芳しいアロマ。フルボディで華やか、構成もよく強烈なシラーズ。バランスにも優れ、2～3年は発展を続けるだろう。

Marquis Philips Shiraz Tabla マーキス・フィリップス・シラーズ・タブラ 🍷 $$　シラーズ・タブラは、ヒマラヤ杉、タバコ、燻香、革製のサドルなどの見事な芳香が大量。口の中に広がるフルボディで、果実味が前面に出たこのシラーズは、超豊潤で強烈。余韻も長い。

Boarding Pass Shiraz ボーディング・パス・シラーズ 🍷 $$　このボーディング・パス・シラーズは、きわめて表現豊か。燻香、スパイスボックス、ブラックベリー、ブルーベリー・ジャムの香りが漂う。重層的で、

AUSTRALIA

しなやかな質感、甘み、フルボディが特徴のワイン。極めて滑らかな大衆受けするワインで、低価格にしては後味の長さは驚異的。

Strong Arms Shiraz ストロング・アームズ・シラーズ 🍷 $ ストロング・アームズ・シラーズは、ヒマラヤ杉、スパイスボックス、ブルーベリーの香り。果実味が前面に出ていて、しなやかな質感があり、豊潤で肩が凝らない。客寄せのサービス品なのに、驚きの品格を持つワイン。

Luchador Shiraz ルチャドール・シラーズ 🍷 $$ このシラーズで強調されているのは、スパイスボックス、ヒマラヤ杉、モカ、ラヴェンダー、ブルーベリーといった第一級のアロマ。ビロードの質感に、強い果実味を持ち、そして強烈。深みのある風味と長い余韻を備えた後味は、素晴らしい。

Chris Ringland Cote Rotie Shiraz クリス・リングランド・コート・ロティー・シラーズ 🍷 $$ クリス・リングランド・シラーズは、ヒマラヤ杉、タール、燻香、甘草、ブルーベリー、ブラックベリーがたちこもったような香り。この価格帯のワインとしてはフルボディで大柄なワイン。汁気に富んだ味わい深い果実味、素晴らしい深み、60秒持続する後味を備える。

Suxx Shiraz サックス・シラーズ 🍷 $$ サックス・シラーズはエスプレッソ、モカ、甘草、ブルーベリー、ブラックベリーのリキュールの表現豊かなブーケ。口中ではフルボディでグラマー、すべての構成要素が上手に溶け合っている。熟して甘みがあり、柔らかなタンニンに包み込まれるようなワインで、2～3年は発展するだろうが、今飲んでも楽しめる。

3 Rings Shiraz 3・リングス・シラーズ 🍷 $$ 3 リングス・シラーズはヒマラヤ杉、スパイスボックス、スミレ、ブルーベリー、ブラックベリーのアロマ。次いで上手に溶け込んだタンニンを備えた、驚くほど優美な味わいが現れる。この快楽主義的スタイルの労作は、3～5年発展を続けるはず。しかし今飲んでも楽しめる。

CORRINA RAYMENT *(McLaren Vale)* コリーナ・レイメント（マクレーン・ヴェール）

Shiraz Revolution シラーズ・レヴォリューション 🍷 $$$ シラーズ・レヴォリューションは、土、ミネラル、ソーセージ、狩鳥猟肉、トリュフ、ブルーベリーの複雑な芳香を放つが、ひと癖あるきわどさも。それに続くのが、フルボディで、ビロードのような、甘く濃密な味わい。申し分のないバランスと、余韻の長さも備える。

Viognier Revolution ヴィオニエ・レヴォリューション 🍷 $$$　ヴィオニエ・レヴォリューションには、ミネラル、桃、アンズ、マンゴーの、非常に表現に富む芳香が豊か。ミディアムボディの滑らかな質感があるワインで、完熟感、重層的な深み、長く果実味溢れる後味も。

REILLY'S *(Clare Valley)* ライリーズ（クレア・ヴァレー）

Dry Land Shiraz ドライ・ランド・シラーズ 🍷 $$$　ライリーのドライ・ランド・シラーズは、燻香、猟鳥獣肉、ベーコン、エスプレッソ、ブルーベリーの卓越したブーケ。次いで現れるフルボディでビロードのような味わいのワインには、汁気豊かで重層的な果実味、味わい深く熟した風味を感じさせ、すべての要素が見事に溶け合っている。そして長い余韻の純粋な後味。

Barking Mad Cabernet Sauvignon バーキング・マッド・カベルネ・ソーヴィニヨン 🍷 $$

Barking Mad Riesling バーキング・マッド・リースリング 🍷 $$

Barking Mad Sparkling Shiraz バーキング・マッド・スパークリング・シラーズ 🥂 $$$

Barking Mad Shiraz バーキング・マッド・シラーズ 🍷 $$

バーキング・マッドの値付けは素晴らしく、並はずれた値頃感。

ROCKBARE *(McLaren Vale)* ロックベアー（マクラレーン・ヴェイル）

Shiraz シラーズ 🍷 $$　ロックベアーのシラーズの香りには、焦土、燻香、エスプレッソ、ブルーベリー、ブラックベリー。それに続くフルボディの味わいには、たっぷりの黒い果実の風味、素晴らしい深みと凝縮感、そして長く純粋な後味。

ROSEMOUNT ESTATE *(Coonawarra)* ローズマウント・エステート（クナワラ）

Cabernet Sauvignon Show Reserve カベルネ・ソーヴィニヨン・ショウ・リザーヴ 🍷 $$$　カベルネ・ソーヴィニヨン・ショウ・リザーヴは、ヒマラヤ杉、鉛筆の芯、スパイスボックス、ブラック・カラント、ブラックベリーの魅惑的なブーケ。背後にはかすかなユーカリの香り。重層的な味わい深い風味、上質な深みと凝縮感、3～4年の熟成に耐えうる十分なタンニンを、口中に感じさせる。

AUSTRALIA

ROSEMOUNT ESTATE *(Hunter Valley)* ローズマウント・エステート（ハンター・ヴァレー）

Chardonnay Show Reserve シャルドネ・ショウ・リザーヴ ♀ $$$　このシャルドネは、焦がしたオーク樽、洋梨、キャラメルのアロマ。それに続く滑らかな質感のワインには、核果の香り、かすかなミネラル感、茹でた洋梨の風味が。ミディアムボディで抑制が利いていて、ヴィンテージから1～2年で飲むように造られた、気持ちのいいワイン。

ST. MARY'S *(Limestone Coast)* セント・メアリーズ（ライムストーン・コースト）

House Block Cabernet Sauvignon ハウス・ブロック・カベルネ・ソーヴィニヨン ♥ $$$
Shiraz シラーズ ♥ $$$
この小さなセント・メアリーズ・ワイナリーは、クナワラとの境界線から文字どおり手の届くような距離にある。このワイナリーをクナワラに含めさせないことは政治的スキャンダルとなっている。いずれにせよ、オーナー兼醸造責任者であるバリー・マリガンは、クナワラの大部分のワイナリーにも比肩しうるワインを造り続けている。このワイナリーの位置が、クナワラという超有名産地から、ほんの数インチはずれた場所にあるため（法的には、ライムストーン・コーストという産地名を名乗らなければならない）、価格はバリューワインのレベルに押し下げられている。見逃してはならないワイン。

SHOTTESBROOKE *(Adelaide Hills)* ショッツスブルック（アデレード・ヒルズ）

Sauvignon Blanc ソーヴィニヨン・ブラン ♀ $$$　ショテスブルックのソーヴィニヨン・ブランでは、セージ、焼いたスパイス、メロン、グーズベリー、グレープフルーツの香り高いブーケが、躍動感のある酸、長くフルティな風味を伴いながら、爽やかで辛口な味わいへと続いていく。ヴィンテージから12～18カ月以内に飲むように。

SHOTTESBROOKE *(McLaren Vale)* ショッツスブルック（マクラレーン・ヴェイル）

オーストラリア

Shiraz シラーズ 🍷 $$$　魅惑の香りが醸し出す、薪の煙、スパイスボックス、なめし革、猟鳥獣肉、ブルーベリーの香り。口中で感じる果実味には、かすかにエキゾチックな野生のベリー類、素晴らしい深み、全体的にセクシーな個性が感じられる。

SOLITARY VINEYARDS *(Clare Valley)* ソリタリー・ヴィンヤーズ（クレア・ヴァレー）

Riesling リースリング 🍷 $$$　このリースリングは、クレア・ヴァレーのウォーターヴェール地方にある、キレイレの畑のブドウから造られる。ここはオーストラリアでも同品種に最適な土地のひとつ。ミネラル、春の花、柑橘類、レモン風味の炭酸飲料の香り高い芳香。辛口で爽やかで、身が引き締ってバランスに優れたリースリングの味わいが続く。少なくとも3～4年は発展するだろうが、10年間はおいしく飲める。

SYLVAN SPRINGS *(McLaren Vale)* シルヴァン・スプリングス（マクラレーン・ヴェイル）

Shiraz シラーズ 🍷 $$　シルヴァン・スプリングスのシラーズは、ヒマラヤ杉、胡椒、ブルーベリーの心地良い芳香。口中ではミディアムボディのこの素直なワインには、味わい深い風味、優れたバランス、中程度から長めの後味を備える。

Hard Yards Shiraz ハード・ヤーズ・シラーズ 🍷 $$　ハード・ヤーズ・シラーズはよりアロマティックとなる傾向があり、ヒマラヤ杉、スパイスボックス、ミネラル、猟鳥獣肉、ブルーベリーの香りを併せ持つ。滑らかな口当たりを感じさせるこのワインには、重なり合う甘い果実味、始まったばかりの複雑さ、優れたバランス、そして果実味豊かな後味が感じられる。

TAIT *(Barossa)* テイト（バロッサ）

The Ball Buster ザ・ボール・バスター 🍷 $$　十分に開花した極めて心地良いワインの力で、自らに相応しい名声を確立してきたタイト。ボール・バスターは、シラーズ、カベルネ・ソーヴィニヨン、メルロのブレンドで、グラスから飛び出すようなヒマラヤ杉、なめし革、スパイスボックス、ブルーベリーの香り。続いてビロードを感じさせる、フルボディ

AUSTRALIA 71

の味わいが現われ、豊かな風味と卓越した余韻の長さも。

THORN-CLARKE *(Barossa)* ソーン・クラーク（バロッサ）

Shotfire Cabernet Sauvignon ショットファイアー・カベルネ・ソーヴィニヨン ♥ $$$　このカベルネ・ソーヴィニヨンは、ヒマラヤ杉、スパイスボックス、土、ブラック・カラントの香り高いブーケ。豪奢とも形容出来るこのワインは、味わい深い黒い果実、優れたバランス、果実味豊かな後味をたっぷりと感じさせる。

Shotfire Shiraz ショットファイアー・シラーズ ♥ $$$　ショットファイアー・シラーズは、グラスから飛び出してくるような薪の煙、ベーコン、ミネラル、ブルーベリーの香り。口中ではリッチ、そして強烈。重層的な風味、優れたバランス、純粋な後味を感じさせる。その低価格にしては上出来なワイン。

Milton Park Riesling ミルトン・パーク・リースリング ♀ $

Milton Park Shiraz ミルトン・パーク・シラーズ ♥ $

Milton Park Chardonnay ミルトン・パーク・シャルドネ ♀ $

Terra Barossa Cuvée テラ・バロッサ・キュヴェ ♥ $$

Terra Barossa Merlot テラ・バロッサ・メルロ ♥ $$

Terra Barossa Shiraz テラ・バロッサ・シラーズ ♥ $$

Terra Barossa Chardonnay テラ・バロッサ・シャルドネ ♀ $$

ミルトン・パークとテラ・バロッサのブランドは、ソーン・クラークのエントリー・レベルのワインに相当し、どれも素晴らしい値頃感がある。

TORBRECK VINTNERS *(Barossa)* トルブレック・ヴィントナーズ（バロッサ）

Cuvée Juveniles キュヴェ・ジュヴナイルス ♥ $$　グルナッシュ、マタロ（Mataró, ムールヴェートルの別名）、シラーズのブレンドであるキュヴェ・ジュヴナイルスには、ブラックチェリー、野生のブルーベリーの芳しい香り。口中では優美で感じがよく、汁気に富む青い果実と黒い果実をたっぷりと感じさせる。ヴィンテージから4年間にわたって、喜びを届けてくれるだろう。

Woodcutter's Sémillon ウッドカッターズ・セミヨン ♀ $$　ミネラル、ロウソクの蝋、メロン、柑橘類などの魅惑的な香り。クリームのように滑らかな口当たりに、優れたバランス、長い余韻を備えた味わい深い力作ワイン。ヴィンテージから2年のあいだに飲むこと。

Woodcutter's Shiraz ウッドカッターズ・シラーズ 🍷 $$$　ウッドカッターズ・シラーズは、土、スパイス、ブルーベリーのアロマを、率直で風味溢れるスタイルの中に醸し出している。

TSCHARKE *(Barossa)* シャーキ（バロッサ）

The Master Montepulciano ザ・マスター・モンテプルチアーノ 🍷 $$$
ザ・マスター・モンテプルチアーノは、薪の煙、鉛筆の芯、桑の実、ブルーベリーのうっとりするような香りを放つ。口中ではフルボディで構成がよく、完熟感と味わい深い果実味をたっぷりと感じさせる。出来てから4年のうちに楽しむためのもの。

The Curse ザ・カース 🍷 $$$　ザ・カースは、ワイナリーの畑のジンファンデル100%。イバラ、野バラめいた黒フランボワーズ、ブラックチェリーのアロマ。続いて、フルボディでビロードの質感のワインの味わい。早熟型の甘い果実味、優れたバランス、上質な長い余韻をたっぷりと感じさせる。

Girl Talk ガール・トーク 🍷 $$　ガール・トークは100%アルバリーニョ。ミネラル、春の花、柑橘類、レモン風味のメレンゲのアロマ。それに続くフルボディの味わいには、生き生きとした酸と長い後味が。

Only Son オンリー・サン 🍷 $$　オンリー・サンはテンプラニーリョ70%とグラシアーノ30%のブレンド。フルボディのこのワインは、口中で完熟感と甘さを感じさせ、かすかに焦がしたような感じに、黒い果実の風味豊かな趣も。

VASSE FELIX *(Margaret River)* ヴァス・フェリックス（マーガレット・リヴァー）

Chardonnay シャルドネ 🍷 $$$　ヴァス・フェリックスのシャルドネは、白桃、洋梨、トロピカルフルーツのアロマを放つ。これに続くミディアムボディの味わいには広がりがある熟した果実味、優れたバランス、長く純粋で、果実味溢れる後味が。ヴィンテージから2〜3年のあいだに飲もう。

WATER WHEEL *(Bendigo)* ウォーター・ホイール（ベンディゴ）

Cabernet Sauvignon カベルネ・ソーヴィニヨン 🍷 $$
Memsie Red メムジー・レッド 🍷 $

AUSTRALIA

Memsie White メムジー・ホワイト 🍷 $
Shiraz シラーズ 🍷 $$

活況を呈する産地、ベンディゴにあるウォーター・ホイールは、この4種の卓越したバリューワインをベースに、一貫して出来のよいワインを送り出してきた。

WINNER'S TANK *(Langhorne Creek)* ウィナーズ・タンク（ラングホーン・クリーク）

Shiraz シラーズ 🍷 $$ 毎年のように、お買い得ワインの筆頭に選ばれる存在。西洋スモモ、ブラックチェリー、ブルーベリーのコンポートの表現に富む芳香が素晴らしい。それに続くのが、フルボディで継ぎ目がなく滑らか、そして豊潤な味わい。長く純粋な後味も。ケース買いに最適な、理想的なデイリー・ワイン。

Shiraz Velvet Sledgehammer シラーズ・ヴェルヴェット・スレッジハンマー 🍷 $$$ このシラーズ・ヴェルヴェット・スレッジハンマーの方が、少しだけ値が張る。煙香と共に、西洋スモモ、ブルーベリー、ブラックベリーのリキュールを感じさせる。通常クラスのワインに比べて多少深みと後味の長さに優れ、数年の熟成能力を備える。

WOLF BLASS *(Adelaide Hills)* ウォルフ・ブラス（アデレード・ヒルズ）

Shiraz-Viognier Gold Label シラーズ・ヴィオニエ・ゴールド・ラベル 🍷 $$$ このシラーズ・ヴィオニエは、スミレ、白胡椒、ショウガ、カシス、ブルーベリーの香り高いブーケを醸し出し、熟成した風味の贅沢な味わいへと続いていく。絹のような口当たりと早熟な個性も備える。甘く、完熟感があって強烈で、長く純粋な後味を持つ楽しい力作ワイン。1～2年は発展可能だが、今でも楽しめる。

Chardonnay Gold Label シャルドネ・ゴールド・ラベル 🍷 $$$ 焦がしたオーク樽、グレープフルーツ、ネクタリン、茹でた洋梨の香りを感じさせる芳香。口中ではミディアムボディの味わいで、クリームのように滑らかな口当たりには、充実感に富む深みと、豊かな熟した果実味も。バランスにも優れ、出来てから2～3年で飲むようなワイン。

WOLF BLASS *(Barossa)* ウォルフ・ブラス（バロッサ）

Shiraz Gold Label シラーズ・ゴールド・ラベル ⛾ $$$　シラーズ・ゴールド・ラベルは、ヒマラヤ杉、土、スパイスボックス、ブルーベリー、ブラックベリーのアロマ。口中では重層的で、2〜3年は発展が可能。十分中身の詰まったワイン。ヴィンテージから6〜8年はおいしく飲めるだろう。

WOLF BLASS *(Coonawarra)* ウォルフ・ブラス（クナワラ）

Cabernet Sauvignon Gold Label カベルネ・ソーヴィニヨン・ゴールド・ラベル ⛾ $$$　クナワラが産するこのカベルネは、わずかに草を感じさせ香りが高く、熟した重層的な味わいも備える。ブラックベリー、ブラック・カラント、チョコレートの香りが現れ、長く、果実味豊かな後味へと続いていく。成功年のものなら1〜2年は発展を続け、10年間はおいしく飲める。

WOLF BLASS *(Eden Valley)* ウォルフ・ブラス（イーデン・ヴァレー）

Riesling Gold Label リースリング・ゴールド・ラベル ⛾ $$$　このリースリングの香りからは、春の花、ライム、青リンゴ、ナツメグの香りが感じられる。味わいは爽やかな辛口で、レモン・ライムと柑橘類の躍動する風味も。バランスに優れ、腰が据わっていて、余韻も長い。今でも楽しめるが、あと5〜7年はもつ。

WOOP WOOP *(South Australia)* ウープ・ウープ（南オーストラリア州）

Cabernet カベルネ ⛾ $　西洋スモモとブラック・カラントの表現に富むブーケ。ボディも十分で、重層的な甘い果実、柔らかなタンニンを備えている。こんなエントリー・レベルのカベルネが欲しかった。

Shiraz シラーズ ⛾ $　このシラーズはスパイシーで、黒い果実をたたえた香りを感じさせ、それに汁気に富み味わい深く、素晴らしいバランスを備えた味わいが続いていく。

"V" ヴィ ⛾ $　ヴェルデーリョ100%。白桃、メロン、みかんの香り高い芳香を備える。グアヴァその他のトロピカルフルーツの風味が、口の中に立ち上る。バランスに優れたワインで、余韻の長さも上等。

YALUMBA *(Barossa)* ヤルンバ（バロッサ）

AUSTRALIA

Cabernet Sauvignon-Shiraz the Scribbler カベルネ・ソーヴィニヨン・シラーズ・ザ・スクリブラー 🍷 $$　このカベルネ・ソーヴィニヨンは、スパイスボックス、スミレ、ブラック・カラント、カシス、ブラックベリーの魅力的な芳香。口中では重層的で完熟感を感じさせ、味わい深い豊かな果実味、上質な酸、程良い長さの後味。

Grenache Bush Vines グルナッシュ・ブッシュ・ヴァインズ 🍷 $$　グルナッシュ・ブッシュ・ヴァインズは程良いルビー色。バラの花びらとチェリーのアロマ。熟した肩の凝らないこのワインは、味わい深い果実味に中程度の長さの後味を届けてくれる。

YALUMBA *(Eden Valley)* ヤルンバ（イーデン・ヴァレー）

Chardonnay Wild Ferment シャルドネ・ワイルド・ファーメント 🍷 $$
シャルドネ・ワイルド・ファーメントの色合いは中程度の麦わら色で、トースト香にトロピカルフルーツのアロマ。ミディアムボディのこのワインは、クリームのように滑らかな口当たり、熟した果実の風味、優れたバランス、長い後味を備えている。

YALUMBA *(South Australia)* ヤルンバ（南オーストラリア州）

Organic Shiraz オーガニック・シラーズ 🍷 $$　このオーガニック・シラーズは、薪の煙、スミレ、肉、猟鳥獣肉、ブルーベリーといった魅惑の香り。これに続くのが、ミディアムからフルボディの重層的な味わい。スパイシーなブラックチェリーとブルーベリーも感じられる。

Y Series Riesling Yシリーズ・リースリング 🍷 $　このリースリングには、ミネラル、春の花、柑橘類の魅惑的な芳香が。バランスに優れ、長い余韻を備えた爽やかな後味のこのワインは、出来てから5年のあいだ、喜びを届けてくれる。

Y Series Sauvignon Blanc Yシリーズ・ソーヴィニヨン・ブラン 🍷 $　このソーヴィニヨン・ブランは、柑橘類とグーズベリーの魅力的な香りを備える。口中で感じる味わいは辛口で、生き生きとした酸と熟した果実味がバランスを与えている。

Y Series Shiraz-Viognier Yシリーズ・シラーズ・ヴィオニエ 🍷 $　94%のシラーズと6%のヴィオニエが、スミレ、スパイスボックス、ブルーベリーの魅惑の芳香を醸し出す。これにミディアムボディの味わいが続き、滑らかな質感、甘い果実味、上質な深みに凝縮感、そして果実味豊

かな後味も。

ZONTE'S FOOTSTEP *(South Australia)* ゾンテス・フットステップ（南オーストラリア州）

- **Shiraz-Viognier** シラーズ・ヴィオニエ 🍷 $$ このシラーズ・ヴィオニエは、野生のブルーベリー、燻製したソーセージ、ベーコンの、魅力的でちょっとばかり癖のある香り。完熟感があり、継ぎ目なく滑らかで、分かりやすい味わいが続き、後味の余韻は長く、果実味に富む。
- **Verdelho** ヴェルデーリョ 🍷 $$ このヴェルデーリョは、ミネラルとフルーツサラダのアロマを感じさせ、それに続く味わいには、爽やかで、若干のタールやメロンを想わせる風味と優れたバランスが。中程度から長めの余韻で締めくくり。
- **Viognier** ヴィオニエ 🍷 $$ 春の花、桃、アンズのアロマを醸し出すヴィオニエ。口中では、スムースな口当たり、熟した風味、適度な酸、果実味豊かな後味を感じさせる。

AUSTRIA

オーストリアのバリューワイン

(担当　デイヴィッド・シルトクネヒト)

旧世界の伝統と新世界のメンタリティー

　オーストリアは、ここ四半世紀でワインの国際舞台におけるスターダムの頂点へと駆け上り、その勢いは増すばかり。他の国ではほとんど知られていないブドウ品種を使い、1980年代半ば以前には見ることのなかったスタイルに仕立てられたワインがほとんどである。このような多様で卓越したオーストリア・ワインをわざわざ手に入れてみようとする消費者ならば、この国のワインに大変動が生じているという話を単なる空騒ぎのひと言で片づけてしまうことは出来ないだろう。また自宅セラーに1、2本のオーストリア・ワインを加えずに背を向けてしまうことも出来ないだろう。国外での成功は、すでにヨーロッパで最も活気溢れると言って差し支えないこの国のワイン文化を、さらに勢いづけることになった。これが一部のワインの価格高騰を招いたことは事実だが、酒好きな土地の人々がいる限り、オーストリアは「バリューワイン」の一大産地であり続けることだろう。

ブドウ品種

　ほとんどのオーストリア・ワインは辛口の白ワイン。同国のブドウ栽培を代表する最も著名な品種は**グリューナー・フェルトリーナー**で、全栽培面積の3分の1を占めている。グリューナー・フェルトリーナーが醸すアロマと風味は、レンズ豆からサヤインゲン、スナップエンドウ、クレソン、ビーツ、ルバーブ（大黄）、焼いた赤ピーマン、ズッキーニ、タバコ、白・黒胡椒、新鮮な柑橘類、柑橘類の皮、アイリス（菖蒲）、ナツメグ、キャラメルに至るまで幅広く、すこぶる印象的である。それ以外にも、このブドウには2点の秀でた味わいの面での特徴がある。まずひとつ目に挙げられるのは、トレードマークとなっている際立った"切れ味"、つまり、しばしばかすかに熱を帯びた胡椒香へと移ろっていく、心地良い収斂味を指す。そしてもうひとつは、10.5%から15.5%までどんなアルコール度数のワインであっても、（スタイル的に明らかな相違はあるが）十分に完熟した風味と調和のとれた完全性を持ちうる能力を備えている点である。**リースリング**は疑いの余地なくオーストリアの白ブドウ品種の中で、二番目に重要な地位を占める。トップレベルのリースリングなら、同品種から造られたどんなワインにも引けは取らず、優れたワインが容易に手の届く価格

帯に数多く存在するのも嬉しいことだ（とは言え、同じような等級のグリューナー・フェルトリーナーに比べて複雑さと味わいの点で劣っていても、価格のほうは往々にして上）。オーストリアの素晴らしさは、数多い他の白ブドウによっても示される。たとえば**ソーヴィニヨン・ブラン**、**ピノ・グリ**（グラウブルグンダー）、あるいは**シャルドネ**（現地では時としてモリロンと呼ばれる）といった国際的に知られた品種。**ピノ・ブラン**（ヴァイスブルグンダー）あるいは**ムスカテラー**といった、あまり馴染みのない品種。そして国際的には無名な土着品種**ノイブルガー**、**ローター・フェルトリーナー**、あるいは**ツィアファンドラー**などがそれに該当する。オーストリアの南部と東部では、中央ヨーロッパの大部分と同様に（さまざまな名前で呼ばれる）**ヴェルシュリースリング**が広く普及していて、主に清涼感を旨とするワインが造られている。

　前世紀の比較的遅い時期まで、ほとんどのオーストリア・ワインはブレンドされていたが、今ではラベルに品種名を冠した単一品種のワインが普通のことになっている。栽培面積を増やしている各種赤ブドウについても、その一部はブレンドされているものの、同様の傾向が当てはまる。素晴らしい潜在能力が現れている赤ブドウは、オーストリア国外ではほとんど無名で栽培もされていない**ブラウフレンキッシュ**で、黒い果実とニュアンスに富み、土地の影響を受けやすい品種である。しかしバリューワインの一大供給源となっているのは、土着の交配種**ツヴァイゲルト**だ。**ピノ・ノワール**（ブラウアー・シュペートブルグンダー）とその派生種である土着品種の**ザンクト・ラウレント**は、（少なくとも今現在までの）栽培面積における遅れを、申し合わせたかのように取り戻そうとしている。**カベルネ・ソーヴィニヨン**と**メルロ**はブレンドまたは単独でも使われているが、最近では単独での醸造はますます少なくなっている。オーストリアの東のはずれも高貴な甘口ワインの伝統を誇り、最上級ワインの高い品質は（故アロイス・クラッハーの手になるものがその最高峰）世界のワイン市場でこの国が道を切り開いていくのにひと役買ってきた。しかし、一流の貴腐もしくはアイス・ワインは、そうしたワイン造りにつきものの骨の折れる作業と選別行程という理由から、本書で扱う価格帯の中でこれ以上の言及をすることが出来なかった。

生産地

　オーストリアのブドウ栽培地域は、（正式な独立栽培地区となっている）ウィーンを中心に広がる巨大な両腕のようなものと考えられる。首都の北・西側の主要品種はグリューナー・フェルトリーナーで、オーストリ

アのリースリングも、実質的にはすべてがこの地域で栽培されている。ウィーンからドナウ河沿いに車で45分ほど走ったクレムス周辺には、**ヴァッハウ、クレムスタール、カンプタール、トライゼンタール、ヴァグラム**という5カ所もの栽培地区が集まっている。その中でも、ウルゲシュタイン（"原始の岩"の意）と呼ばれる川沿いの急峻なテラス状の畑で知られるヴァッハウが、もっとも有名（かつ高価）な産地だが、クレムスタールに沿ったいくつかの産地も素晴らしい潜在能力を備えている。多様な土壌と微気候から、かくも多種の卓越したワインを産する土地は、この地球上でもランゲンロイスの街を囲むカンプタールをおいてほかにない。

これらドナウ地方の産地の発育パターンおよびワインの特徴は、ハンガリー平原から川を上ってくる日中の暖風と、オーストリアの山深い森とアルプス前山帯からの夜間の寒風が、交互に吹き込んでくることに影響を受けている。ヴァッハウではアルコール度数と豊潤さを目安に、シュタインフェーダー、フェーダーシュピール、スマラクトという独自の呼称が辛口白ワインに対して使われている。スマラクトというのは、岩場で日向ぼっこをするエメラルドグリーン色のトカゲのことだ。だが、そのブドウが熟すのは、11月あるいはそれ以降になってからだ。近隣の産地では、より完熟感のあるフルな白ワインを指す"レゼルヴ"という言葉を頻繁に目にする。火山性のウルゲシュタイン以外にグリューナー・フェルトリーナーの成長にとって重要な役割を果たしているのが、最後の氷河期に由来する、レスと呼ばれる黄土色の氷河性地層で、ヴァグラムとそこに隣接するクレムスタールの一部を中心に広がっている。チェコとスロヴァキア国境方面には**ヴァインフィアテル**という名で知られる広大な弧の中に、重要なブドウ栽培の前哨基地が点在し、そこではグリューナー・フェルトリーナーが多数を占めている。

ドナウ河を中心にウィーン北西郊外の丘陵地帯に広がるブドウ栽培が、**テルメンレギオン**へと続く南部のより温暖で赤ワイン向きの微気候へと変わっていく様子は、**ウィーン**という大都会のブドウ産地の中にも、そっくりそのまま見て取れる。ドナウ河に沿ってウィーンから東に行った**カルヌントゥム**地方では、赤ワインが多く造られている。南にはハンガリー国境全域に沿うようにブルゲンラントが広がり（正式には**ノイジードラーゼー、ノイジードラーゼー・ヒューゲルラント、ミッテルブルゲンラント、ズュートブルゲンラント**と4栽培区に分かれている）、その気候は丘陵地帯とパンノニア平原が隣り合う立地条件のほか、一風変わった湖からの影響も大きく受けている。それは広く水深の浅い湖で、地理的にも希少なものだ。オーストリアが誇る高貴な甘口ワインのほとんどは、その湖畔付近で栽培されている。ブルゲンラントでは赤ワインのほうが多く造られているが、

辛口白ワインもますますエキサイティングになってきた。オーストリア南西のスロヴェニア国境沿いには(公式には3つのサブゾーンから構成される)**シュタイヤーマルク**(別称スティリア)があり、その急峻で起伏の激しい丘陵地は、ソーヴィニョン・ブランを筆頭に、数々の多様で素晴らしい辛口白ワインの故郷となっている。ほとんど、あるいはまったくオーク樽を使っていない軽めでピリッと爽快な白ワインがここでは"クラシック"と呼ばれ、シュタイヤーマルク独自のカテゴリーを形成し、価格的にも本書の枠内に収まるワインである。

ヴィンテージを知る

オーストリアの栽培家はあらゆる気候変動にも対応しようと日々努力を怠らず、赤・白共に潑剌とした爽やかなスタイルだけでなく、リッチで充実感溢れるスタイルのワインもコンスタントに提供してくれる。しかしこうしたスタイルの中から特定のスタイルが前面に出る年もあれば、別のスタイルが優越する年もある。2004、2007、2008年のヴィンテージは、潑剌と爽やか、シャープで快活なワインを提供してくれたが、その一方で2005年と特に2006年は、印象的な量感、華やかさ、力強さすら醸し出す傾向にある。上記3ヴィンテージが提供する爽やかさを楽しみつつ、通常の量感(と価格)を凌駕する2006年のような年を見逃さないように。普通であれば、このガイドで取り上げるワイン(例えばヴァッハウならフェーダーシュピール級のワイン)は、アルコール度11.5〜12.5%の軽めのワインがほとんどなのだから。ブルゲンラントと隣接するカルヌントゥムの赤ワインは、2005年の冷涼で雨の多い初秋の天候に影響されているので用心が必要。2004年と2007年はより良好な条件のために評価は高い。一方、2006年はしっかりと熟成させるにはまさに理想的な年。オーストリアのワイン・ルネサンスの歴史で最高の赤ワイン向けヴィンテージであることに、異論の余地はない。

飲み頃

それほど値の張らないリースリングとグリューナー・フェルトリーナーの中にも瓶熟に値するものもある。大雑把に言えば、もっとも軽く値も張らないクラスのワインは2〜3年のうちに飲んでしまった方がいい。単一畑からの比較的特別なワインは持続力を備えているのが普通なので、4〜6年の瓶熟に耐えうるものもある。グリューナー・フェルトリーナー(と時としてピノ・ブラン)は、リースリングよりもこの傾向が強い。ブラウ

フレンキッシュの持つ印象的な潜在能力については、少なくとも6年間は持続しているワインが証明している。通常のツヴァイゲルトとザンクト・ラウレント、あるいはこのガイドで触れたブレンド・ワインなら、2〜3年のうちに飲んでしまうこと。こうしたワイン（少なくとも低価格のもの）の美点は、その純粋な果実味にこそあるのだから。

■オーストリアの優良バリューワイン（ワイナリー別）

PAUL ACHS *(Burgenland [Neusiedlersee-Hügelland])* パウル・アクス（ブルゲンラント［ノイジードラーゼー・ヒューゲルラント］）

Blaufränkisch ブラウフレンキッシュ ♥ $$$　黒い果実が詰まった比較的フルで引き締まったこのベーシック・ワインは、ここ数年一貫して満足のいく仕上がりになっている。

K. ALPHART *(Thermenregion)* K. アルファート（テルメンレギオン）

Veltliner & Co. フェルトリーナー & Co. ♀ $$　グリューナー・フェルトリーナーにノイブルガーとヴェルシュリースリングをブレンドしたワインで、花、柑橘類、葉野菜の香りが口いっぱいに広がる。後味には魅力的なミネラル感とサクサクした歯触りを感じさせる爽快感が。

KURT ANGERER *(Kamptal)* クルト・アンゲラー（カンプタール）

Grüner Veltliner Friesenrock グリューナー・フェルトリーナー・フリーゼンロック ♀ $$$　レンズ豆、香草、クローバー、サヤインゲン、柑橘類の皮、チョークの粉の香りにレス（黄土）土壌が映し出され、クリーミーなほどリッチで常にみずみずしいワインになっている。

Grüner Veltliner Kies グリューナー・フェルトリーナー・キース ♀ $$　その造り手同様いくらか粗削りだが、ひねりの利いた元気のいいワイン。花、柑橘類、香草の香りに溢れていたかと思うと、それを裏切るようなアルコール感たっぷりのフルな味わいに、力強く高揚感のある後味。

BÄUERL *(Wachau)* ボイアール（ヴァッハウ）

Grüner Veltliner Smaragd Pichl Point グリューナー・フェルトリーナ

ー・スマラクト・ピヒル・ポイント 🍷 $$$（家族名が地名になっている、ヴァッハウはオーバーロイベンの生産者のように、ラベルに家族名を記載しない）ヨッヒングのヨハン・ボイアールは、アルコール感が強く完熟感があり、柑橘類とトロピカルフルーツの香りが凝縮したワインをこの地から送り出している。生き生きとした刺激を伴う量感。このような名産地にあっては珍しいバリューワイン。

JUDITH BECK *(Burgenland [Neusiedlersee])* ユーディット・ベック（ブルゲンラント［ノイジードラーゼー］）

Blaufränkisch ブラウフレンキッシュ 🍷 $$ 酸味と黒い果実が詰まっている、かすかに香草とスパイスを感じさせる導入部が、ブラウフレンキッシュ種ブドウ特有の魅力へと姿を変えていく。

E. & M. BERGER *(Kremstal)* E. & M. ベルガー（クレムスタール）

Grüner Veltliner グリューナー・フェルトリーナー 🍷 $ クレムスの街の東に接し、ドナウ河から切り立ったレス（黄土）土壌にある、広いテラス状の畑のブドウ。そこで造られた、驚くほど廉価な1リットル瓶入りのベーシック・ワインは、酸も爽やかで最高に魅力的な、「冷蔵庫に常備しておきたい白ワイン」。

Grüner Veltliner Lössterrassen グリューナー・フェルトリーナー・レステラッセン 🍷 $$$ レンズ豆、香草、ミネラル塩を感じさせるこのワインは、グリューナー・フェルトリーナーの"グリューン（緑）"の部分に重きがおかれている。新鮮なトマト、アスパラガス、菜園の葉野菜など、ワインには向かない食べものと一緒に若いうちに味わってみるのがいい。

WILLI BRÜNDLMAYER *(Kamptal)* ヴィリー・ブリュンドゥルマイヤー（カンプタール）

Grüner Veltliner Kamptaler Terrassen グリューナー・フェルトリーナー・カンプターラー・テラッセン 🍷 $$$ 香草・野菜・ミネラル感のある完熟味と洗練の組み合わせに、このワインを生んだ地形・微気候の多様性、そしてオーストリアで最も著名な造り手のひとりの才能が映し出されている。

Riesling Kamptaler Terrassen リースリング・カンプターラー・テラッ

セン 🍷 $$$　小粋で快活、きわめて辛口のこのリースリングは、ブリュンドゥルマイヤーが造る単一畑のワインの持つ深みの、ほんの一端しか伝えていないかもしれないが、きわめて用途の広いワインになっている。

EBNER-EBENAUER *(Weinviertel)* エーブナー・エベナウアー（ヴァインフィアテル）

Grüner　グリューナー 🍷 $　才能ある若いカップルが造るこの新しいワインは、ヴァインフィアテルに特徴的な爽やかな柑橘類、みずみずしい野菜、元気なミネラル感を、驚きの価格で届けてくれる。

ECKER (ECKHOF) *(Wagram)* エッカー(エックホーフ)（ヴァグラム）

Grüner Veltliner Steinberg　グリューナー・フェルトリーナー・シュタインベルク 🍷 $$$　このブドウ品種を知るのには最高のワイン。タッチは軽くきわめてきれいで爽やかだが、新鮮なサヤインゲン、レンズ豆、柑橘類の風味がたっぷりと口中を満たす。

Zweigelt Brillant　ツヴァイゲルト・ブリラント 🍷 $$　オーストリアで最も有名な土着の交配種で、また最も広く栽培されている赤ワイン品種を知るためのクラシック・ワイン。凝縮感のあるアロマと、小粋で口腔に染み込むような熟したブラックベリーの風味を、チェリーの核の苦みとかすかな香草の香りを伴って届けてくれる。

BIRGIT EICHINGER *(Kamptal)* ビルギット・アイヒンガー（カンプタール）

Grüner Veltliner Wechselberg　グリューナー・フェルトリーナー・ヴェクセルベルク 🍷 $$$　この品種のリッチで比較的フルボディの一面がよく表されているワイン。核果と香草の香りに溢れるが、畑の標高が高いために爽快感と繊細さも併せ持っている。

FREIE WEINGÄRTNER (DOMÄNE WACHAU) *(Wachau)*
フライエ・ヴァインゲルトナー（ドメーヌ・ヴァッハウ）（ヴァッハウ）

Grüner Veltliner Federspiel Terrassen　グリューナー・フェルトリーナー・フェーダーシュピール・テラッセン 🍷 $$　"ドメーヌ・ヴァッハウ"のラベルが貼られた広地域名ワインの数々は、ブドウ品種、産地、スタ

イルの昔ながらのあり方を表現し、巨大栽培組合が卓越したワインを造れることを証明している。エキス分に富み十分な質感を備える一方で、快活でピリッとした風味を保ち続けるこのバリューワインを構成しているのは、新鮮なサヤインゲン、スナップエンドウ、クレソン、ルバーブ（大黄）、ライム、レンズ豆、白胡椒のような要素である。（同じ生産者のグリューナー・フェルトリーナー・スマラクトが、これと大差のない値段で売られていることがあるので、お見逃しないように。）

Riesling Federspiel Terrassen リースリング・フェーダーシュピール・テラッセン ♀ $$$ 花のアロマ、くっきりとした柑橘類、ミネラルといった要素が組み合わさり、爽快感をたたえるワイン。後味にまぎれもない緊迫感を出すリースリングは、他のオーストリアの産地にも数少なく、あったとしてもこのワインほどお買い得ではない。

FRITSCH (Wagram) フリッチュ（ヴァグラム）

Grüner Veltliner Windspiel グリューナー・フェルトリーナー・ヴィントシュピール ♀ $$ 本格派赤ワインで知られる醸造所の造る、"風の戯れ"という名のワイン。爽やかに口中を洗い流すような、かすかな香草と柑橘類を感じさせる、グリューナー・フェルトリーナーの美点を集めたようなワインである。

WALTER GLATZER (Carnuntum) ヴァルター・グラッツァー（カルヌントゥム）

Blaufränkisch ブラウフレンキッシュ ♥ $$ 胡椒とスパイスをアクセントとする、酸味のある黒い果実とローストした肉の香りが期待できるワインで、十分にきめ細かいタンニンの"嚙みごたえ"と、つつましい価格にしては驚くほどの深みを備えている。

Grüner Veltliner Dornenvogel グリューナー・フェルトリーナー・ドルネンフォーゲル ♀ $$ この品種の特徴の中でも、挽きたての胡椒と新鮮な葉野菜の香りを前面に出したワインで、たっぷりとした果汁感に富むが、非常に力強くピリッとした刺激がある。

St. Laurent ザンクト・ラウレント ♥ $$$ この土着品種から造られた傑作の中では、最も廉価なワインのひとつ。かすかに燻製肉の香りを帯びたブラックチェリーとブルーベリーの実が、滑らかに口腔を覆っていく。

Weissburgunder Klassik ヴァイスブルグンダー・クラシック ♀ $$ あまりにも賞賛されることの少ないピノ・ブランの長所をテーマとした、用

AUSTRIA

途が広く、元気で爽快な変奏曲。

Zweigelt Riedencuvée ツヴァイゲルト・リーデンキュヴェ 🍷 $$　酸味の利いた黒い果実を感じさせるスパイシーな香りだが、この品種の特徴であるソプラノのような高音の輝き、若くて元気がいい、きれいな果実味を感じさせる凝縮感がある。

SCHLOSS GOBELSBURG *(Kamptal)* シュロス・ゴーベルスブルク（カンプタール）

Grüner Veltliner Gobelsburger グリューナー・フェルトリーナー・ゴーベルスブルガー 🍷 $$　買いブドウをベースに造られていて、常に驚きのバリューワインに仕上がっている。繊細だが口当たりの良い充実したエキス分の中にも、ピリッとした柑橘類、香草、ミネラル、スパイスを感じさせる。

Riesling Gobelsburger リースリング・ゴーベルスブルガー 🍷 $$$　同クラスのグリューナー・フェルトリーナーに比べ、エキサイティングとは言えないが、鮮やかに集約した凝縮感と、軽量で徹底的な辛口の組み合わせには、やはり素晴らしいものがある。

STIFT GÖTTWEIG *(Kremstal)* ゲットヴァイク修道院（クレムスタール）

Rosé Messwein ロゼ・メスヴァイン 🍷 $$　この地のシンボルでもある修道院付属の、近年再興なった醸造所が造る、ありえないほど美味なピンクのピノ・ノワール。

GROSS *(Styria)* グロス（シュタイヤーマルク）

Gelber Muskateller Steirische Klassik ゲルバー・ムスカテラー・シュタイリッシェ・クラシック 🍷 $$$　グロスの造るワインの美点は、控えめな豊かさと広がりだろう。香草と柑橘類の皮の刺激感に溢れているのに、この品種にしては驚くほど優しい仕上がりになっている。

SCHLOSS HALBTURN *(Burgenland [Neusiedlersee])* シュロス・ハルブトゥルン（ブルゲンラント［ノイジードラーゼー］）

Königsegg Velt.1 ケーニッヒスエック・Velt.1 🍷 $　柑橘類とライムを感

じさせる香り、そして鮮やかさが最高度に表現されているグリューナー・フェルトリーナー。飾り気がなく簡素なのに広がりがあり、ピリッとした香草と柑橘類の皮の香りも。低価格を考慮すると、かなりの充実感と言えるだろう。

GERNOT HEINRICH *(Burgenland [Neusiedlersee])* ゲルノート・ハインリヒ（ブルゲンラント［ノイジードラーゼー］）

Blaufränkisch ブラウフレンキッシュ 🍷 $$$　この品種と産地にとって、規範となるようなワイン。すこぶるリッチな黒い果実とローストした肉の香りと味わいに、胡椒のアクセント。クリームのような質感と、汁気に富み口中に染み入るような果実味の鮮やかさが、うまい具合に組み合わさっている。

J. HEINRICH *([Mittel]burgenland)* J. ハインリヒ（［ミッテル］ブルゲンラント）

Blaufränkisch ブラウフレンキッシュ 🍷 $$　早めに瓶詰めされたこのブラウフレンキッシュは、泥炭、燻製、塩味で変化をつけた熟した黒い果実の香り、きめの細かいタンニン、汁気の多い惜しみない後味を特徴とする。

HIEDLER *(Kamptal)* ヒードラー（カンプタール）

Grüner Veltliner Löss グリューナー・フェルトリーナー・レス 🍷 $$　グリューナーの名手が造る魅力的なバリューワインには、クリーミーだが繊細な口当たりと、驚くほど異質な洗練された後味の長さが感じられる。

HIRSCH *(Kamptal)* ヒルシュ（カンプタール）

Grüner Veltliner #1 グリューナー・フェルトリーナー #1 🍷 $$　精力的な革新者ヨハニス・ヒルシュの"入門用"ワインは、柑橘類、クレソン、スイートピー、レンズ豆の香りが、果汁感たっぷりに融合し合っている。（彼の単一畑のワインは、オーストリアのトップクラスのワインの中ではもっとも廉価。）

H. & M. HOFER *(Weinviertel)* H. & M. ホーファー（ヴァインフィアテ

ル）

- **Grüner Veltliner** グリューナー・フェルトリーナー 🍷 $ 冷蔵庫の常備用としてお薦めの、この非常に魅力的な1リットル瓶入り白ワインは、油田地帯とブドウ畑が隣接する地域の産である。サヤインゲン、新鮮なライム、胡椒の香りに溢れ、途方もないくらい廉価。
- **Grüner Veltliner Freiberg** グリューナー・フェルトリーナー・フライベルク 🍷 $$$ 新鮮なライム、ショウガ、ナツメグ、花、レンズ豆、ピリッとした香草を感じさせ、また汁気に富み鮮やかなこの"グリューナー"は、素晴らしく美味な凝縮感だけでなく、軽快な爽やかさをしっかりと醸し出している。
- **Riesling** リースリング 🍷 $$$ 花のアロマが詰まったワイン。柑橘類を感じさせ、明るくキビキビしたところがあり、後味には爽やかで刺すような苦みが少々。オーストリア人の3世代にわたる酒飲みたちから、"クラシックなリースリング"との評価を受けることだろう。
- **Zweigelt Rosé** ツヴァイゲルト・ロゼ 🍷 $$ この美味なワインは、クレムスからノイジードラーゼーにかけてのオーストリア・ワインの栽培家たちが培った経験を証明してくれるものだ。つまり、最も有名な土着の赤ワイン用交配種は、ピンク色をした素敵なワインを超えるワインを造りうるブドウである、ということを。サワーチェリーとルバーブ（大黄）の香りに溢れたこのワインは、酸味があり喉の渇きを癒してくれるような清涼感を、生き生きとしたクレソン、塩、白胡椒の味わいと共に醸し出している。

JOSEF HÖGL *(Wachau)* ヨーゼフ・ヘーゲル（ヴァッハウ）

- **Grüner Veltliner Federspiel Schön** グリューナー・フェルトリーナー・フェーダーシュピール・シェーン 🍷 $$$ 花、滑らかさ、つややかさ、ピリッとしたスモーキーさ、快活な柑橘類を感じさせるこのソプラノのようなハイトーンのワインは、実に購買意欲をそそる。（ヘーゲルが造るもうひとつのフェーダーシュピールも、ヴァッハウにあっては珍しい低価格・高品質のワイン。）

MARKUS HUBER *(Traisental)* マークス・フーバー（トライゼンタール）

- **Grüner Veltliner Alte Setzen** グリューナー・フェルトリーナー・アルテ

オーストリア

- ゼッツェン 🍷 $$$　野心的な若い栽培家の造る、果汁感たっぷりのワインだが、口に入れた瞬間はクリーミー。ビーツ、スナップエンドウ、レッドベリー、柑橘類、香草、スパイスが特徴的に表現されている。

JURTSCHITSCH（SONNHOF）*(Kamptal)* ユルチッチ（ゾンホーフ）（カンプタール）

GrüVe グリューヴ 🍷 $　有機ブドウ栽培への回帰と、産地のイメージ向上のために倦むことなく戦い続けるパイオニア、ユルチッチ3兄弟は、アメリカ市場で最も廉価で最もよく目にするグリューナー・フェルトリーナーのひとつを造っている。ラベルは派手だが、胡椒と香草の香りと十分な爽快感を備えたワインだ。

Grüner Veltliner Loiserberg グリューナー・フェルトリーナー・ロイザーベルク 🍷 $$$　用途の広い本格派のバリューワイン。レンズ豆、柑橘類、香草、果樹園の果実味に溢れる。

KRACHER（WEINLAUBENHOF）*(Burgenland [Neusiedlersee])* クラッハー（ヴァインラウベンホーフ）（ブルゲンラント［ノイジードラーゼー］）

Pinot Gris ピノ・グリ 🍷 $$　貴族的な甘口ワインで知られる醸造所の造る辛口のピノ・グリは、スモーキーで肉厚な香りをアクセントとする熟したメロンと桃の香りを放ち、絹のように滑らかで、かすかにクリーミー。爽快感も十分。

LACKNER-TINNACHER *(Styria)* ラックナー・ティナッハー（シュタイヤーマルク）

Welschriesling Klassik ヴェルシュリースリング・クラシック 🍷 $$$　アメリカではほとんどお目にかかれない、シュタイヤーマルクの主要品種入門に最適な、気持ちのいいワイン。爽快で驚くほど滑らかな絹の質感と汁気に富む長い余韻の中に、パイナップル、花、香草の香りが溶け込む。

PAUL LEHRNER *([Mittel]burgenland)* パウル・レーナー（［ミッテル］ブルゲンラント）

AUSTRIA

Blaufränkisch Gfanger ブラウフレンキッシュ・グファンガー 🍷 $$$　熟した紫プラムとブラックベリーの芳香を放ち、茶系のスパイス、黒胡椒、ココア、塩味、石、ミネラル感も。後味はクリアで鮮やかな爽快さがあり、粘着性の甘み、樽の異質な香り、過度なアルコールなどはみじんも感じさせない。

Claus クラウス 🍷 $$$　レーナーが造る用途の広いツヴァイゲルトとブラウフレンキッシュのブレンド・ワイン。黒いフランボワーズ、プラム、スモーキーなオリエンタル風のタバコが混ざり合い、素晴らしく美味で、樹脂質と汁気たっぷりの後味への途上に、若干嚙みごたえのあるタンニンが感じ取れる。

LETH *(Wagram)* レート（ヴァグラム）

Grüner Veltliner Brunnthal グリューナー・フェルトリーナー・ブルンタール 🍷 $$$　かなりリッチで、濃密感、長い後味があり、レンズ豆とさまざまな香草の香りが、しばしば魅力的な赤い果実を感じさせる香りと融合する。

Grüner Veltliner Scheiben グリューナー・フェルトリーナー・シャイベン 🍷 $$$　一見してエキス分に富んだみずみずしい質感のこのワインは、果物の種と柑橘類（しばしばブラッドオレンジ）の香りが溶け合い、レートの最良の畑のブドウであることを示す胡椒、塩味、ミネラル感のある印象的な刺激が加わる。

Grüner Veltliner Steinagrund グリューナー・フェルトリーナー・シュタインアグルント 🍷 $$　入門レベルのワインにしては驚くほどみずみずしく、酸味のあるルバーブ（大黄）、苦みのある柑橘類の皮、胡椒の香り、そして十分に爽快な後味を併せ持つ。

LOIMER *(Kamptal)* ロイマー（カンプタール）

Grüner Veltliner Kamptal グリューナー・フェルトリーナー・カンプタール 🍷 $$$　豊かな香草、豆類、果物、野菜の風味を伴う控えめなボディに、胡椒を感じさせるピリッとした後味。

Lois ロイス 🍷 $$　オーストリアを代表する国際的に最も著名な造り手による、緑色のラベルの"グリューナー"は、難しいところのない爽快感を醸し出し、品種のトレードマークであるキリッとした切れ味も備わっている。

Riesling Kamptal リースリング・カンプタール 🍷 $$$　溢れんばかりの

果汁感の中にメロン、果物の種、柑橘類の香り。かすかに塩と石を感じさせる後味。

MANTLERHOF *(Kremstal)* マントラーホーフ（クレムスタール）

Grüner Veltliner Lössterrassen グリューナー・フェルトリーナー・レステラッセン ♀ $$　ほどよい量感を持ったビオディナミ栽培のワインで、クラシックなレンズ豆、シャキッとした葉野菜、胡椒の風味がある。

Grüner Veltliner Mosburgerin グリューナー・フェルトリーナー・モスブルゲリン ♀ $$$　洗練され、果汁感に溢れ、繊細な花の香りのこの"グリューナー"は、分析によると完全にドライなのに、かすかな甘さを感じさせる。

GERHARD MARKOWITSCH *(Carnuntum)* ゲルハルト・マルコヴィッチ（カルヌントゥム）

Pinot Noir ピノ・ノワール ♥ $$$　ピノの名手が造るこのベーシック・ワインは、完熟感、鮮やかでオーク樽の風味が利いた果実味があり、同じスタイルの"新世界"産高級ピノと直接比較しても引けを取らないバリューワインになっている。

MUHR-VAN DER NIEPOORT *(Carnuntum)* ムーア・ファン・デア・ニーポート（カルヌントゥム）

Carnuntum カルヌントゥム ♥ $$$　ムーアとポルトの生産者として高名なディルク・ニーポートが造る入門クラス、あるいはラベルにあるように"村名ワイン"クラスのブラウフレンキッシュ。完熟感、絹のような質感があり、口いっぱいに広がるクールで果汁感溢れた黒い果実には、胡椒と杜松の実でアクセントがついている。どこか森の土を感じさせる香りが、それを支える。

LUDWIG NEUMAYER *(Traisental)* ルードヴィッヒ・ノイマイヤー（トライゼンタール）

Grüner Veltliner Engelgarten グリューナー・フェルトリーナー・エンゲルガルテン ♀ $$$　トライゼンタールで最も注目される栽培家の造る、このきわめて簡素なワインは、繊細にして豊かな果汁感が広がり、スナ

ップエンドウ、柑橘類、香草の芳香を放つ。

NEUMEISTER *(Styria)* ノイマイスター（シュタイヤーマルク）

Gelber Muskateller Klassik ゲルバー・ムスカテラー・クラシック ♀ $$$
南東シュタイヤーマルクの指導的醸造所が造る、花、柑橘類、香草の香りが素敵に広がっていくワイン。気分を一新させ、活気づけ、食欲を刺激するというミュスカの義務を、軽快かつ生真面目に果たしている。

Sauvignon Blanc Klassik ソーヴィニヨン・ブラン・クラシック ♀ $$$
ミュスカさながらのピリッとした柑橘類の皮や香草の香りを備えたソーヴィニヨン、元気で塩味があり、鮮やかで快活だが、同時に甘美。透明感・複雑さ・爽快感のお手本になるワイン。

Weissburgunder Klassik ヴァイスブルグンダー・クラシック ♀ $$$ きわめて用途の広いこのピノ・ブランには果樹園の果実とナッツ・オイルの豊かな香り、クリーミーな質感、見事な透明感と爽快感、そして印象的な塩味をおびたミネラル感がある。

NIGL *(Kremstal)* ニグル（クレムスタール）

Grüner Veltliner Kremser Freiheit グリューナー・フェルトリーナー・クレムザー・フライハイト ♀ $$$ オーストリアで最も注目される栽培家のひとりが造るこのバーゲン・ワインには、花、スイートピー、茶系のスパイス、酸味のあるルバーブ（大黄）が蜂蜜のようなリッチさと競い合い、そのために高揚感と爽快感が保たれている。

OTT *(Wagram)* オット（ヴァグラム）

Grüner Veltliner Am Berg グリューナー・フェルトリーナー・アム・ベルク ♀ $$ 活気のある柑橘系の明るさ、かすかな花、レッドベリー、香草の香りが、その比較的繊細な枠組みと完璧にマッチしている。サステナブル農法（畑の持続可能性を企図する農法）で育てられたこの"グリューナー"は、変わらぬ爽快感を備えた用途の広いワインになっている。

Grüner Veltliner Fass 4 グリューナー・フェルトリーナー・ファス 4 ♀ $$$ 上品で果汁感、汁気、調和に富む魅力的なワインは、特徴的なライム、紫プラム、洋梨、花、ナッツ・オイル、スパイス、香草の香りで満ちている。グリューナー・フェルトリーナーの指導的専門家としての

オットの役割を再確認できるワイン。

PFAFFL *(Weinviertel)* プファフル（ヴァインフィアテル）

Grüner Veltliner Haidviertel グリューナー・フェルトリーナー・ハイトフィアテル ♀ $$$　果物の種のちょっとした苦みをアクセントとする、サヤインゲン、レンズ豆、ライムが香るワインで、透明感、深みのある石や塩気を感じさせるその特徴が、産地のリーダーとしてのプファフルの姿を映し出している。

DER POLLERHOF *(Weinviertel)* デル・ポラーホーフ（ヴァインフィアテル）

Grüner Veltliner グリューナー・フェルトリーナー ♀ $　軽いが凝縮感のあるこの1リットル瓶は、オーストリアを代表するブドウの古典美的な側面を表現し、ポラー家のワインがオーストリア全土で最も過小評価されているワインのひとつであることをはっきりと証明している。

Grüner Veltliner Galgenberg グリューナー・フェルトリーナー・ガルゲンベルク ♀ $$　レンズ豆、新鮮なライム、刺激的な香草の香りに溢れ、かすかにクリーミーで（アルコール度12％前後なのに）非常に軽い。惜しみなく爽快で持続力のある後味。

Grüner Veltliner Phelling グリューナー・フェルトリーナー・プフェリンク ♀ $$$　典型的なスイートピー、ラベンダー、メロン、ライムの香りが際立ち、魅力的なほど惜しみない、素晴らしく美味な後味には胡椒の香り。みずみずしいが優美なこのワインの用途は、驚くほど広い。

PRIELER *(Burgenland [Neusiedlersee-Hügelland])* プリーラー（ブルゲンラント［ノイジードラーゼー・ヒューゲルラント］）

Blaufränkisch Johannishöhe ブラウフレンキッシュ・ヨハニスヘーエ ♥ $$$　この品種と最高の赤ワインの造り手として有名な醸造所を知るには、理想的なワイン。洗練されて鮮やかで（アルコール度13％ではよくあることだが）、ほろ苦くて甘い黒い果実、香草、泥炭、ナッツ・オイルの香りが口いっぱいに広がる。

Pinot Blanc Seeberg ピノ・ブラン・ゼーベルク ♀ $$$　炒ったナッツ、レモンクリーム、スイートコーン、リンゴの花、香草の香りが口中を満たし、このブドウの持つ魔法を教えてくれる。つまり、繊細さと爽快感

を併せ持ち、偉大なシャブリを想い起こさせるような、甲殻類やミネラル感と溶け合う質感の密度と滑らかさを。驚異のバリューワイン。

FRITZ SALOMON（GUT OBERSTOCKSTALL）*(Wagram)* フリッツ・ザロモン（グート・オーバーシュトックシュタル）（ヴァグラム）

Grüner Veltliner Brunnberg グリューナー・フェルトリーナー・ブルンベルク ♀ $$　純粋にして鮮やかで、染み入るようなワイン。花、香草、柑橘類、酸味のあるレッドベリーが詰まっている。果実味に溢れ、生き生きとした塩気を感じさせる後味を披露する。

SALOMON-UNDHOF *(Kremstal)* ザロモン・ウントホーフ（クレムスタール）

Grüner Veltliner Hochterrassen グリューナー・フェルトリーナー・ホッホテラッセン ♀ $$　典型的な果汁味に富むライム、レンズ豆、花の香りが充実し、透明感と爽快感を伴う艶のある豊かさを特徴とするワイン。類を見ないほどの幅広いバリューワインの品揃えを擁する、輸出に重点をおく醸造所の作。

Grüner Veltliner Wachtberg グリューナー・フェルトリーナー・ヴァッハベルク ♀ $$$　透明感と優美さをたたえる"グリューナー"だが、噛みごたえのある濃密さ、力強い凝縮感を併せ持ち、"ミネラル"としか形容しようのない要素の宝庫となっている。

Riesling Kögl リースリング・ケーグル ♀ $$$　手頃な価格で最高の畑を知ることの出来るワイン。"クール"な個性に傾きつつ、柑橘類、花、顕著な塩分と砕いた石を感じさせる。

Riesling Pfaffenberg リースリング・プファッフェンベルク ♀ $$$　ザロモンのプファッフェンベルクは、豊潤さ、引き締まった爽快感、好奇心をそそるような趣を印象的なまでに融合させていて、これは偉大な畑のリースリングだけに可能なことだ。核果とスパイスの香りが際立つ。（この醸造所の造るよりリッチで高価なレゼルヴ・ワインが、常に上であるとは限らない。）

Riesling Steinterrassen リースリング・シュタインテラッセン ♀ $$　このブレンド・ワインは、小粋な酸味、土地に由来する卓越したミネラル感、実に見事な清涼感を、コンスタントに醸し出している。

SCHELLMANN *(Thermenregion)* シェルマン（テルメンレギオン）

Muskateller ムスカテラー ♀ $$$　新しいパートナーを得て再建された（カンプタールのフレット・ロイマーに率いられた）シェルマン社は、ピリッとした香草の香り、汁気が多く刺激味のある、並はずれてフルボディのミュスカの変種を造ってくれた。

UWE SCHIEFER *([Süd]burgenland)* ウーベェ・シーファー（［ズュート］ブルゲンラント）

Blaufränkisch Königsberg ブラウフレンキッシュ・ケーニッヒスベルク ♀ $$$　クールで煙に包まれたような新鮮な黒い果実と砕いた石の香りが、値段の割には素晴らしく複雑な全貌を明かすかのように開いていく。そして長いこと顧みられなかった南ブルゲンラントの畑の潜在能力を再確認することとなるだろう。

Grüner Schiefer グリューナー・シーファー ♀ $$　かなりミュスカ風な装いの"グリューナー"。果汁感に富み、若干フローラルで、レモン、クレソンの味わい。ピリッとした感じの後味。"ミネラル"としかほかに形容しようがない。喉の渇きを十分に癒してくれる。

JOSEF SCHMID *(Kremstal)* ヨーゼフ・シュミット（クレムスタール）

Grüner Veltliner Kremser Alte Reben グリューナー・フェルトリーナー・クレムザー・アルテ・レーベン ♀ $$$　みずみずしい質感としっかりしたボディのワインだが、豊かに広がる果汁感と爽快感も併せ持つ。

Grüner Veltliner Kremser Weingärten グリューナー・フェルトリーナー・クレムザー・ヴァインゲルテン ♀ $$　塩気を含むアルカリ性のミネラル感が、ライム、ハネデューメロン、麝香（ジャコウ）や水仙のような花の芳香、胡椒の刺激、根菜類の深い香りと混じり合っている。

Riesling Vom Urgestein Bergterrassen リースリング・フォム・ウルゲシュタイン・ベルクテラッセン ♀ $$$　ソーヴィニヨンのようなグーズベリー、柑橘類、香草の香りが、ピリッとした爽快な後味へと集約されていく。（"ウルゲシュタイン"の表記は、近いうちにラベルからはずされるらしい。）

HEIDI SCHRÖCK *(Burgenland [Neusiedlersee-Hügelland])* ハイディ・シュレック（ブルゲンラント［ノイジードラーゼー・ヒューゲルラント］）

AUSTRIA

Weissburgunder ヴァイスブルグンダー ♀ $$$　数多いシュレックの素晴らしい白ワインの中でも、一番廉価なワイン。クリーミーなヘーゼルナッツ・ペースト、リンゴのジェリー、レモンクリームで素敵に飾り立てられているが、最高のピノ・ブランさながらの、みずみずしいほど果汁に富んだ新鮮な果実の核のような味わいを、肉感的でミネラルいっぱいな要素を喚起させつつ届けてくれる。

SCHWARZBÖCK *(Weinviertel)* シュヴァルツベック（ヴァインフィアテル）

Gelber Muskateller ゲルバー・ムスカテラー ♀ $$$　オーストリアのムスカテラーの素晴らしさを発見するための、最高の機会を提供してくれるワイン。レモンの皮とペパーミントの香りが、小粋で、塩気があり、鮮明で平手打ちのような一口目のインパクトをワインに与えているが、そこにはクリームの味わいとコーヒーの濃い香りが隠されている。

Grüner Veltliner Viergarten グリューナー・フェルトリーナー・フィアガルテン ♀ $$　新鮮なリンゴ、グレープフルーツ、レンズ豆、香草がたっぷり詰まった、しなやかで明るいリースリングのような"グリューナー"。後味には柑橘系の皮を想わせるピリッとした味わいと、活力のある塩味が。

Riesling Pöcken リースリング・ペッケン ♀ $$$　このワインはウィーンのすぐ外側に位置する標高の高い丘陵地で造られ、頭がクラクラするようなライラックの熟成香、魅力的なほど甘美。香草を帯びたライムの香り。明るく塩気を感じさせる後味。

SETZER *(Weinviertel)* ゼッツッァー（ヴァインフィアテル）

Grüner Veltliner グリューナー・フェルトリーナー ♀ $　この1リットル瓶入りベーシック・ワインには、衝撃的な花の芳香、純粋な柑橘類とシャキッとした葉野菜の爽快感。冷蔵庫に常備するワインとしては、これ以上のお薦めワインはない。

Grüner Veltliner Vesper グリューナー・フェルトリーナー・フェスパー ♀ $$$　最高の繊細さと爽快感を特徴とするワイン。花、香草、スナップエンドウのアロマを持つこの品種には、塩気を感じさせるミネラル感、そしてリースリングのような柑橘系の香りが期待できる。

SÖLLNER *(Wagram)* ゼルナー(ヴァグラム)

Grüner Veltliner Hengstberg グリューナー・フェルトリーナー・ヘングストベルク ♀ $$$ サステナブル農法(畑の持続可能性を企図する農法)によるブドウ栽培のパイオニアが造る、コンスタントに印象的なこのワインは、ルバーブ(大黄)、柑橘類、ベリー、果物の種、香草の香りを特徴とし、快活な明るさとはっきりと感じ取れるピリッとした刺激がある。

SPAETROT-GEBESHUBER *(Thermenregion)* シュペートロート・ゲーベスフーバー(テルメンレギオン)

Classic クラシック ♀ $$ ザンクト・ラウレント、ピノ・ノワールと(ほとんどのヴィンテージでは)ツヴァイゲルトを合わせたこのワインには、繻子のような質感と洗練された素晴らしい後味を伴う、ナッツと赤い果実のたっぷりとした風味がある。このワインの2～3倍の値段で売られている、単一品種のピノの多くは面目丸つぶれ。

STADLMANN *(Thermenregion)* シュタードルマン(テルメンレギオン)

Zierfandler Classic ツィアファンドラー・クラシック ♀ $$ 第一人者が手がける地元(ブドウ界)のヒーロー的品種。緑茶、刺激的な花、マルメロ、柑橘類の芳香を放つこのワインには、爽やかな酸味を備えたリッチな質感と、生き生きとした後味の塩味と切れ味が組み合わさっている。

WEINGUT DER STADT KREMS *(Kremstal)* ヴァイングート・デア・シュタット・クレムス(クレムスタール)

Grüner Veltliner Lössterrassen グリューナー・フェルトリーナー・レステラッセン ♀ $$ クレムス市立醸造所の若くダイナミックなチームが造るこのワインは、軽くても充実感がないわけではなく、レンズ豆と胡椒の香りが詰まっている。

Grüner Veltliner Sandgrube グリューナー・フェルトリーナー・ザントグルーベ ♀ $$$ いつもどおりにアルコール度数が13%まで押し上げられ、それでもなお爽快で繊細と形容できるこのワインには、サヤインゲン、レンズ豆、レモン、塩水の香りが感じられる。

AUSTRIA

TEMENT *(Styria)* テメント（シュタイヤーマルク）

Sauvignon Blanc Klassik ソーヴィニヨン・ブラン・クラシック ♀ $$$
南シュタイヤーマルクで最も著名な造り手によりなる、果実感に富み爽快で、質感は洗練されていても生き生きとしたこのソーヴィニヨン・ブランには、いつものことだが特徴的なグーズベリー、ライム、セージ、キャラウェイの香りが溢れている。

ERNST TRIEBAUMER *(Burgenland [Neusiedlersee-Hügelland])*
エルンスト・トリーバウマー（ブルゲンラント［ノイジードラーゼー・ヒューゲルラント］）

Blaufränkisch ブラウフレンキッシュ ♀ $$$　敬愛されるベテラン"E.T."が造るベーシック・ワインは、果実感に富み、胡椒風味の黒い果実に溢れ、偉大だがいまだ無名の品種の入門編としては手頃な価格帯のワインとなっている。

UMATHUM *(Burgenland [Neusiedlersee])* ウマトゥム（ブルゲンラント［ノイジードラーゼー］）

Zweigelt ツヴァイゲルト ♀ $$$　ヨーゼフ・ウマトゥムの造るベーシックなツヴァイゲルトは、活力、豊かな果汁感の広がり、つやつやしたように見せる口当りの印象だけでなく、純粋な果実味の持つみずみずしい深みと、魅力的な完熟感をその持ち味としている。

WENINGER *([Mittel]burgenland)* ヴェニンガー（［ミッテル］ブルゲンラント）

Blaufränkisch Hochäcker ブラウフレンキッシュ・ホッホエッカー ♀ $$$
ベテランの造り手が、クラシックな畑のブラウフレンキッシュにトライして出来たのがこのワイン。黒い果実、深い森の香り、汁気に富む凝縮感、洗練されリッチでしかも爽快な終盤の味わいが、複雑に融合している。

WENZEL *(Burgenland [Neusiedlersee-Hügelland])* ヴェンツェル（ブルゲンラント［ノイジードラーゼー・ヒューゲルラント］）

Furmint フルミント 🍷 $$$　ヴェンツェルの手によるブルゲンラントのフルミント再建を、その蜂蜜のような味わいで体現しているワイン。花の香り、かすかにスモーキーで、そば粉のような風味。口腔で濃密感と爽快感が組み合わさるさまは、ロワールのシュナンを想い起こさせる。

RAINER WESS *(Wachau & Kremstal)* ライナー・ヴェス（ヴァッハウ＆クレムスタール）

Grüner Veltliner Terrassen グリューナー・フェルトリーナー・テラッセン 🍷 $$$　ヴェスのグリューナー・フェルトリーナー・テラッセンは、サヤインゲン、スナップエンドウ、コーヒー、核果を特徴とする。かなりフルで、光沢のある質感を持つ口中感。しかし高揚感と爽快さに溢れる。

Grüner Veltliner Wachauer グリューナー・フェルトリーナー・ヴァッハウアー 🍷 $$$　花、スナップエンドウ、柑橘類の香りを披露するこのワインは、ソフトで滑らか。しかしオーストリアを代表する品種に特有の、いまだ変わらず刺すような味わいがある。

Riesling Terrassen リースリング・テラッセン 🍷 $$$　桃、レモン、アーモンドの香りが、この滑らかで洗練され、豊かな質感、長い後味を持つバリューワインのリースリングの重要な要素となっている。最高に素晴らしい斜面にある数カ所の畑のブドウから造られたワイン。

Riesling Wachauer リースリング・ヴァッハウアー 🍷 $$$　今では同クラスのグリューナー・フェルトリーナーより高値をつけることはないが、素晴らしく美味で惜しみない後味に加えて、スモーキーで塩気のあるミネラルと、かすかに苦い果物の種特有の複雑さのあるワイン。この値段からはとても期待できないような類のものだ。

WIENINGER *(Vienna)* ヴィーニンガー（ウィーン）

Chardonnay Classic シャルドネ・クラシック 🍷 $$　この品種を知るためには最適な、爽やかなワイン。ヴィーニンガーもこの品種を使い、ボリューム感があり、熟成に値する（もちろんインターナショナルなスタイルだが）本格的レゼルヴ・ワインを造っている。

Grüner Veltliner Herrenholz グリューナー・フェルトリーナー・ヘレンホルツ 🍷 $$　驚いたことに——あるいは危険なことなのかもしれないが——、爽快な"軽さ"と美しいバランスを備え、大いに飲みやすい上、花、香草、クレソン、レンズ豆の香り溢れるこのワインのアルコール度

数は、なんと13%あるいはそれ以上。

Grüner Veltliner Nussberg グリューナー・フェルトリーナー・ヌスベルク ♀ $$$　ウィーンの精力的な造り手が、街で最も有名な丘陵地帯から届けてくれる、一貫して爽快だが比較的たくましいワイン。品種の持つ無数の美点が上手に表現されている。

Wiener Gemischter Satz ヴィーナー・ゲミッシュター・ザッツ ♀ $$　相乗効果の賜物のような、クラシックで、たくさんの品種を使った地方色豊かなブレンド・ワインを楽しむためには、目を閉じて、ウィーンの居酒屋の庭にいる自分を想像してみる必要はないが、いずれにしても飲みたい気持ちにさせられる。

WIMMER-CZERNY *(Wagram)* ヴィマー・ツェルニー（ヴァグラム）

Grüner Veltliner Fumberg グリューナー・フェルトリーナー・フムベルク ♀ $$$　特徴的に繊細で抑制の利いた、純粋でいつまでも爽快なワイン。造り手はオーストリアのビオディナミ栽培のパイオニアのひとり。

ZANTHO *(Burgenland [Neusiedlersee])* ツァント（ブルゲンラント［ノイジードラーゼー］）

Blaufränkisch ブラウフレンキッシュ ♥ $$　著名な醸造家ヨーゼフ・ウマトゥムと地元の協同組合の共同作業によるこのワインは、この品種の特徴であるブラックベリーを基本に、かすかな胡椒とスモーキーな香りの、簡素だが美味なワインに仕上がっている。

St. Laurent ザンクト・ラウレント ♥ $$　ダークチェリー、皮革、煙、苔の香りに加え、風味にはかなりの厚みの質感と豊潤さがあるワインで、ありえないほどお買い得なこのザンクト・ラウレントの後味の肉の香りは、この品種がピノ・ノワールの子孫であることをこっそりと教えてくれる。

Zweigelt ツヴァイゲルト ♥ $$　新鮮なチェリーとスパイス香を、かすかな塩気と滋養たっぷりに醸し出している。バランスのお手本のようなワインで、この生産者の気取りのない醸造技術で造られた低価格のワインでも、この品種がセンセーショナルな国際的注目を集めている理由がうなずける。

チリのバリューワイン

(担当 ドクター・ジェイ・ミラー)

アルゼンチン同様、アンデス山脈近隣の国としてチリは近年めざましい発展を遂げた。現在この南アメリカの国は、安価ながぶ飲みワインから、ワールドクラスの長熟に耐える赤ワインまで、どんな消費者をも満足させるワインを生産している。

私の過去数年間の3回のチリ訪問とテイスティングから明らかになったのは、非常に多くの進歩が成し遂げられてきたと同時に非常に多くの課題も残っているということである。ひとつの勇気づけられる兆候は、多くの海外、特にヨーロッパからの投資が近年行なわれていることだ。もう一つの前向きな兆しは、高品質のピノ・ノワールや、カルムネール、そしてシラーの栽培に成功している新しいリージョン（地区）の探索である。注目するに値するリージョンとしては、サン・アントニオ・ヴァレー（レイダを含む）、オーガニックとビオディナミ農法が盛んなアコンカグア・ヴァレー、冷涼な気候に適した品種の産地カサブランカ・ヴァレー、そして最高級品質の赤ワイン産地のコルチャグア・ヴァレーなどがある。

チリは、どこででも育つ標準的な品種を数多く栽培している。ソーヴィニヨン・ブランやシャルドネは、いたるところに存在する。赤の中では、メルロ、カベルネ・ソーヴィニヨン、カベルネ・フラン、そしてシラーが広く栽培されている。チリのユニークなブドウ、カルムネールはもともとボルドー系品種だが、フランスではほとんど絶滅している。生産者たちの中にはカルムネールがアルゼンチンにおけるマルベックのように、ありふれたものから一線を画するものになるという希望を持っている。私のテイスティングによれば、カルムネールが正しい微気候の下で育つと、コンチャ・イ・トロ・テルーニョの初期の例のようなユニークで忘れがたいワインになることができると示している。とはいえ、ほとんどのカルムネール、ことにバーゲン・カテゴリーの価格帯のものは恐ろしく青二才的で野菜っぽい。しかし正しく造られれば、それは驚くほどエキゾティックで快楽主義的なワインになる。

そのほか二、三の警鐘的兆候がある。チリのシャルドネのほとんどはオークの香りが過剰で、バランスが悪い。しかし、チリは驚くべき価値のあるソーヴィニヨン・ブランを各地区の多様性に応じて造る特技を持っている。ただそのほとんどはロワール・ヴァレーのスタイルで、しかもそれらのワインは二束三文で売られている。赤ワインは多くは醸造工程で酸性化

CHILE 101

しているか、広大な畑から多くのブドウが未熟なまま収穫されている。そのため、ざらついたタンニンが後味に残るワインを生み出す結果となっている。そうした中でもモンテスやコノスル、コウシニョ・マクールやカサ・シルヴァなどは驚くべき赤ワインをバーゲン価格で生産することで頭角を現わしている。

ヴィンテージを知る

チリは近年いくつかの傑出した秀作年に恵まれている。2005、2006、2007、2008年がそうだが、いずれも多く推薦されている。

飲み頃

買い得品に入るような白ワインは買ったらすぐ飲める。赤で数年寝かせたら良くなるものが数多くあるが、そうしたものも若いうちから楽しめる。

■チリの優良バリューワイン（ワイナリー別）

AGUSTINOS *(Various Regions)* アグスティノス（様々な地区）

Cabernet Sauvignon Reserva—Aconcagua カベルネ・ソーヴィニヨン・レセルバーアコンカグア ▼ $$ このカベルネ・ソーヴィニヨン・レセルバはヒマラヤ杉、大地、そしてレッド・カラントとブラック・カラントの香り。全体的にエレガントでコクのある味わい。

Pinot Noir Reserva—Bio-Bio ピノ・ノワール・レセルバービオ・ビオ ▼ $$ このピノ・ノワールの香りは、チェリーとクランベリー。ワインにはピノ・ノワールの品種特有の個性が、絹のような果実味と、しっかりとした余韻として表れている。

Sauvignon Blanc Reserva—Bio-Bio ソーヴィニヨン・ブラン・レセルバービオ・ビオ ▽ $ このソーヴィニヨン・ブラン・レセルバは柑橘系の芳香を持ち、それが爽やかな凝縮感、豊かなグレープフルーツとレモンライムの風味を持つバランスの取れたワインへと導いている。素晴らしいバランスと余韻を持つ。1～2年のあいだが飲み頃。

ANAKENA *(Casablanca Valley)* アナケナ（カサブランカ・ヴァレー）

Sauvignon Blanc "Ona"　ソーヴィニヨン・ブラン"オナ" 🍷 $$　このソーヴィニヨン・ブランには、グラスから飛び出すようなフレッシュなハーブとグレープフルーツのアロマ。素晴らしい凝縮感と深みがあり、生き生きとした柑橘系の風味、力強い酸、爽やかでクリーンな後味。1年から1年半後が飲み頃。

HACIENDA ARAUCANO *(Central Valley)* アシエンダ・アラウカノ（セントラル・ヴァレー）

「アシエンダ・アラウカノ」ブランドはジェイ・アンド・エフ・リュルトン（J&F Lurton）という素晴らしいワイナリーから生まれている。

- **Pinot Noir　ピノ・ノワール** 🍷 $　アラウカノのピノ・ノワールは中程度のルビー色で、イチゴやフランボワーズ、ルバーブ（大黄）など、この品種特有の素晴らしいアロマを持っている。味わいでは絹のような滑らかな口当たりと果実味などにエレガントな性格が表れている。偉大なる深みと凝縮感は、このピノ・ノワールの素晴らしさを紹介するのに相応しい。
- **Sauvignon Blanc　ソーヴィニヨン・ブラン** 🍷 $　この淡い麦わら色のソーヴィニヨン・ブランは、春の花やグレープフルーツ、そしてレモンライムなどの芳香を持っている。滑らかな舌触りは力強い酸に支えられている。このよく熟して凝縮した香りのソーヴィニヨン・ブランは1年から1年半後まで十分に楽しむことができる。

ARBOLEDA *(Various Regions)* アルボレダ（様々な地区）

- **Cabernet Sauvignon—Aconcagua　カベルネ・ソーヴィニヨン―アコンカグア** 🍷 $　ヒマラヤ杉、クローヴ、シナモン、タバコ、スグリなどの魅力的な香り。しっかりとした構成で安定しており、あと1～2年はさらに進化を遂げる。このよく熟して幾層にもなった複雑なカベルネは長い余韻と驚くべき掌握力を持っている。
- **Carménère—Colchagua　カルムネール―コルチャグワ** 🍷 $　カルムネールはしばしばスミレやプラム、そしてブルーベリーのコンポートのような魅惑的な香り。入念に抽出し凝縮した風味と酸味は大衆を喜ばせるもので、今後4年は持続するだろう。
- **Chardonnay—Casablanca　シャルドネ―カサブランカ** 🍷 $　このシャルドネは非常に新鮮で洋梨やリンゴの香り、そしてほんの少しの焦がしたオークのニュアンスがある。滑らかな触感と、中程度の凝縮した風味。

このミディアムボディのワインは、程良い深みでバランスが取れており、余韻は中程度。

Merlot—Aconcagua メルロ―アコンカグア 🍷 $ スパイスと土の香り、レッド・カラントとブラック・カラントの香りを持つ。ここから導き出されるのはミディアムボディで、果実味豊かな、大らかでゆったりしたワイン。今後3～4年は楽しめる。

Sauvignon Blanc—Leyda ソーヴィニヨン・ブラン―レイダ 🍸 $$ 魅力的なロワール・ヴァレースタイルで造られたこのやや麦わら色のワインは、青草やハーブ、柑橘類、リンゴのブーケを持っている。ライト・ミディアムボディで、キリッとしたフレッシュな味わい。ほど良い深みとすっきりとした爽やかさのバランスが良く、後味は明快。1年から1年半のうちに飲むべきワイン。

Syrah—Aconcagua シラ―アコンカグア 🍷 $ このシラーは紫色で、ライラックと焙ったブルーベリーの香りが組み合わさっている。生き生きとした酸を持っていて驚くほどエレガント。この素晴らしいバランスは、長くてすっきりとした味わい。3～4年のあいだが飲み頃。

AZUL PROFUNDO *(Bio-Bio Valley)* アスル・プロフンド（ビオ・ビオ・ヴァレー）

Pinot Noir ピノ・ノワール 🍷 $$ ここのピノ・ノワールは中程度のルビー色と魅惑的なフランボワーズとイチゴの香り。滑らかな口当たりで味わいには非常に深みがあり、品種そのものの風味を持つ。後味は甘く、長い。

BIG TATTOO WINES *(Colchagua Valley)* ビッグ・タトゥー・ワインズ（コルチャグア ヴァレー）

Big Tattoo Cabernet-Syrah ビッグ・タトゥー・カベルネ・シラー 🍷 $ このカベルネ・シラーは突出した、スパイス、スミレ、ブラック・カラント、ブルーベリーの香り。味わいは豊かで良い風味の果実味があり、見事に成熟した骨格のしっかりとしたワイン。1～2年が飲み頃。

BOTALCURA *(Rapel Valley)* ボタルクラ（ラペル・ヴァレー）

Cabernet Franc Grand Reserve カベルネ・フラン・グランド・リザーヴ 🍷 $$ このカベルネ・フランにはヒマラヤ杉、タバコ、シナモン、クロ

ーヴ、そしてレッド・カラントの芳香。味わいはスムースな質感、深みがあり、エレガント。

Cabernet Sauvignon Grand Reserve カベルネ・ソーヴィニヨン・グランド・リザーヴ ♥ $$ このカベルネ・ソーヴィニヨンのアロマはトーストのような香ばしいオーク、鉛筆の芯、そしてブラック・カラント。カベルネ・フランよりも少しだけ骨格がしっかりとしており、余韻もやや長い。

BUTRON BUDINICH (*Cachapoal Valley*) ブトロン・バディニチ（カカポアル・ヴァレー）

Cabernet Sauvignon Cumbres Adinas カベルネ・ソーヴィニヨン・カンブレス・アディナス ♥ $$ このカベルネ・ソーヴィニヨンはスパイスのブーケ、ヒマラヤ杉、そしてブラック・カラントの香り。同胞に比べてややしっかりとした骨格を持ち、さらに1～2年は熟成する。6年後までが飲み頃。

Malbec Cumbres Adinas マルベック・カンブレス・アディナス ♥ $$ このマルベックはチェリーとレッド・カラントの香りを持つ。スムースな質感の大らかなワイン。この先4～5年は楽しめる。

Merlot Cumbres Adinas メルロ・カンブレス・アディナス ♥ $$ このメルロは濃いルビー色で、スパイシーな赤い果実の香り。よく熟成し、バランスが取れており、楽しみなワイン。この先4年は楽しむことができる。

CALITERRA (*Colchagua Valley*) カリテラ（コルチャグア・ヴァレー）

Cabernet Sauvignon Tribute カベルネ・ソーヴィニヨン・トリビュート ♥ $$ このカベルネ・ソーヴィニヨンはヒマラヤ杉とスパイス、スグリの香り。バランスが取れており、今後が期待できる。この先5年は楽しめる。

Carménère Tribute カルムネール・トリビュート ♥ $$ このカルムネール・トリビュートは4つのセットの中の私のお気に入り。ミックスしたスパイスとブルーベリー、そしてスグリのアロマ。スムースな口当たりと深み、そして幾層にも重なった風味。もし、よくできた、そしてお値打ち価格のカルムネールを見つけたら、試してみること。

Malbec Tribute マルベック・トリビュート ♥ $$ このマルベックにはブラックチェリーとブラックベリーのアロマと風味。素晴らしい深みと凝

縮感があり、今後1～2年のうちにさらに熟成・成長する可能性を秘めている。

Shiraz Tribute シラーズ・トリビュート 🍷 $$　このシラーズは、猟鳥獣肉の香りと熟れた風味を持ち、程良い掌握力と長い余韻。この先5年は楽しめる。

CARMEN *(Maipo and Casablanca Valleys)* カルメン（マイポとカサブランカ・ヴァレーズ）

Chardonnay—Maipo Valley シャルドネーマイ・ポヴァレー 🍷 $$　このシャルドネは樽を使っていない。リンゴや洋梨、白桃などの香り。味わいは生き生きとした酸味と深い風味、そして中程度の余韻。今後1～2年のあいだに楽しみたい。

Chardonnay Reserva—Casablanca Valley シャルドネ・レセルバーカサブランカ・ヴァレー 🍷 $$　このシャルドネ・レセルバは、さらにしっかりとした仕上がりになっており、樽のニュアンスがあり、熟したリンゴや洋梨などの果実味が豊かに感じられる。

Chardonnay Winemaker's Reserve—Casablanca Valley シャルドネ・ワインメーカーズ・リザーヴーカサブランカ・ヴァレー 🍷 $$$　このワインメーカーズ・リザーヴには、スパイシーなオークにバター・スカッチとトロピカルなアロマ。それからこのシャルドネは、凝縮し、幾層にもなったクリーミーな質感を持つ、たっぷりとしたトロピカルな風味へと展開する。

Pinot Noir Reserva—Casablanca Valley ピノ・ノワール・レセルバーカサブランカ・ヴァレー 🍷 $$　このピノ・ノワールはミックスしたスパイスやフランボワーズ、チェリーなどの香り。甘い果実味、バランスが取れていて良い味わい。このピノ・ノワールの品種特性を正当に生かしたワインはこの先4年は楽しむことができる。

Reserva Syrah-Cabernet Sauvignon—Maipo Valley レセルバ・シラー・カベルネ・ソーヴィニヨンーマイポ・ヴァレー 🍷 $$　このレセルバ・シラー・カベルネ・ソーヴィニヨンは香ばしい青や黒系果実のアロマ。しなやかで、実際の年数よりも熟成が進んでいる味わいには熟成感が感じられる。この前向きな製品は、あと1～2年でさらに熟成するが、今でも十分に楽しめる。

Sauvignon Blanc Reserva—Casablanca Valley ソーヴィニヨン・ブラン・レセルバーカサブランカ・ヴァレー 🍷 $　このソーヴィニヨン・ブランは柑橘類、レモンライムや新鮮なハーブなどの豊かな香りに彩られて

いる。味わいは生彩があってキリッとしていて、バランスの良い造りは力強く、ピリッとする後味に表れている。1年から1年半が飲み頃。

COHNO *(Various Regions)* コノ（様々な地区）

Cabernet Sauvignon—Maipo Valley カベルネ・ソーヴィニヨン—マイポ・ヴァレー 🍷 $$　このカベルネ・ソーヴィニヨンは魅力的なブラック・カラントとブラックベリーの香り。味わいは控え目な価格にしては驚くほど豊かで、たっぷりとした風味と非常に長い余韻。今後の4年間が飲み頃。

Chono Riesling—Bio-Bio Valley コノ・リースリング—ビオ・ビオ・ヴァレー 🍷 $$　コノ・リースリングにはガソリン香、ミネラル、そして春の花の香り。味わいは凝縮感があり、張り切った白い果実味と生き生きとした酸味が混じり合っている。

Chono Syrah—Elqui Valley コノ・シラー—エルキ・ヴァレー 🍷 $$　このシラーには、ブルーベリーや大地の香り。熟成感としなやかな質感があり、あと数年間楽しむのに十分な内容。

CONCHA Y TORO *(Various Regions)* コンチャ・イ・トロ（様々な地区）

コンチャ・イ・トロの入門レベルのラインナップは「カッシェロ・デル・ディアブロ」と呼ばれている。

Carménère Casillero del Diablo—Rapel Valley カルムネール・カッシェロ・デル・ディアブロ—ラペル・ヴァレー 🍷 $　このワインはカルムネールというブドウへの素晴らし入門品。快適で熟成していて外向的。ブルーベリーや黒いフランボワーズがたっぷり。カジュアルにがぶ飲み出来るワインとして2～3年以上楽しめる。

Chardonnay Casillero del Diablo—Casablanca Valley シャルドネ・カッシェロ・デル・ディアブロ—カサブランカ・ヴァレー 🍷 $　このシャルドネの華やかな香りには洋梨、りんご、パイナップルなどが含まれている。しっかりとした熟成感と長い余韻を持ち1年から1年半は楽しめる。

Chardonnay Marques de Casa Concha—Pirque シャルドネ・マルケス・デ・カサ・コンチャ—ピルケ 🍷 $$　このシャルドネには焦がしたオーク、バター・スカッチ、洋梨やトロピカルフルーツの香り。クリーミーな口当たりで味わいに丸みがあり、風味がとても豊か。全ての要素が

CHILE

この本格的で良い味わいを生み出す造りに見事に統合されている。

Chardonnay Maycas de Limari—Limari Valley シャルドネ・マイカス・デ・リマリーリマリ・ヴァレー ♀ $ このシャルドネは香りがさらに複雑になっている。本格的な深みがあり、たっぷりとした熟成感とシャルドネ特有のミネラル感がアクセントになっている。

Gewürztraminer Casillero del diablo—Maule Valley ゲヴュルツトラミネール・カッシェロ・デル・ディアブローマウレ・ヴァレー ♀ $ このゲヴュルツトラミネールは、バラの花びら、ライチ、スパイスボックスなどの表情豊かなブーケで構成されている。中程度の辛口で、恐るべき強烈さ。控え目な価格にして並々ならぬ焦点と輪郭。余韻も素晴らしく長い。

Palo Alto Reserva—Maule Valley パロ・アルト・レセルバーマウレ・ヴァレー ♀ $$$ このパロ・アルト・レセルバはカベルネ・ソーヴィニヨン、カルムネールとシラーのブレンド。ヒマラヤ杉やタバコ、スパイスボックスとブルーベリーの香りが魅力的。風味のかたまりのようで果実味たっぷりの後味。豪華で、人々を喜ばせるワイン。

Sauvignon Blanc Reserva Maycas de Limari—Limari Valley ソーヴィニヨン・ブラン・レセルバ・マイカス・デ・リマリーリマリ・ヴァレー ♀ $$$ このマイカス・デ・リマリは、淡い麦わら色。ミネラルやレモンライム、グレープフルーツ、グーズベリー、花の香りなどの絶妙なブーケ。ねらいがはっきりとしていて複層的な味わい。並外れたリッチさと長くきれいな後味。

Sauvignon Blanc Reserva Palo Alto—Maule Valley ソーヴィニヨン・ブラン・レセルバ・パロ・アルトーマウレ・ヴァレー ♀ $$ このソーヴィニヨン・ブランは、淡い麦わら色。はっきりとした柑橘系のアロマと風味を持っている。バランスがとてもよく取れていて、余韻が長い。余韻のあるこのワインは今後1年から1年半のうちに飲むこと。

Sauvignon Blanc Trio—Casablanca Valley ソーヴィニヨン・ブラン・トリオーカサブランカ・ヴァレー ♀ $ このソーヴィニヨン・ブランは、アロマがより複雑で、新鮮な干草やハーブ、柑橘類、グーズベリーの香り。バランスが取れており、生き生きとして余韻が長く、あと1～2年は楽しませてくれる。

Shiraz Casillero del Diablo—Rapel Valley シラーズ・カッシェロ・デル・ディアブローラペル・ヴァレー ♀ $ このシラーズは幾層にも重なった青い果実を感じさせ、今後3年間は楽しめるワイン。

Syrah Marques de Casa Concha—Rucahue シラー・マルケス・デ・カサ・コンチャールカフエ ♀ $$$ 中程度の紫色をしたこのワインは、プ

ラム、ブルーベリー、そしてブラックチェリーの香り。複雑味はないが、熟成感と風味豊かなワイン。あと数年間は楽しめる。

Syrah Maycas de Limari—Limari Valley シラー・マイカス・デ・リマリーリマリ・ヴァレー 🍷 $ このシラーは香りがより高く、味わいはとてもはっきりとしている。風味が幾重にも層をなし、1〜2年はさらに熟成するが、今でも十分に楽しめる。

Torio—Maipo Valley トリオーマイポ・ヴァレー 🍷 $ このトリオは、カベルネ・ソーヴィニヨンとシラー、そしてカベルネ・フランで構成。香りはヒマラヤ杉、スパイスボックス、クローヴ、シナモン、ブルーベリーやカシスなど。堅いかどがない、豪華だが気軽に飲めるワイン。

Trio Reserva—Casablanca Valley トリオ・レセルバーカサブランカ・ヴァレー 🍷 $ 見落とせないのが、このトリオ・レセルバ。シャルドネとピノ・グリ、そしてピノ・ブランのブレンド。香りはマンゴー、タンジェリン・オレンジ、茹でた洋梨、そしてレモンの皮など。驚くほどの複雑さ。味わいが純粋でしっかりとしている。

Viognier Casillero del Diablo—Casablanca Valley ヴィオニエ・カッシェロ・デル・ディアブローカサブランカ・ヴァレー 🍷 $ このヴィオニエはガソリン香と核果の香り。よくバランスが取れており、その価格にしては尋常ならざる複雑さを少しばかり持つ。この余韻の長い造りは今後1〜2年は楽しめる結果になっている。

CONO SUR (*Various Regions*) コノ・スル（様々な地区）

Cabernet Sauvignon 20 Barrels—Miapo Valley カベルネ・ソーヴィニヨン・20バレルズーマイポ・ヴァレー 🍷 $$ このカベルネ・ソーヴィニヨン・20バレルズは、大地の香りやタバコ、プラム、カシス、そしてブラックベリーなどの香り。味わいはエレガントで、この数年間でさらに熟成する可能性があり、余韻は長い。

Cabernet Sauvignon Vision—Maipo Valley カベルネ・ソーヴィニヨン・ヴィジョンーマイポ・ヴァレー 🍷 $ このカベルネ・ソーヴィニヨン・ヴィジョンのブーケは、スパイスボックス、湿った土、レッド・カラントやブラック・カラントで構成。心持ち良い香味があるものの、地味で控え目なワイン。しっかりとバランスが取れており、余韻は中以上。

Chardonnay 20 Barrels—Casablanca Valley シャルドネ・20バレルズーカサブランカ・ヴァレー 🍷 $$ このシャルドネ・20バレルズは、非常に深みがあり、口中に広がるような洋梨とトロピカルな風味。生き生きとした酸があり、こってりした後味。

Chardonnay Vision—Casablanca Valley シャルドネ・ヴィジョン—カサブランカ・ヴァレー 🍷 $ このシャルドネ・ヴィジョンは、白桃やリンゴのブーケの背後にトロピカルフルーツのニュアンスを持っている。程良い凝縮感と生き生きとした酸味があり、果実味たっぷりの後味。今後2年のうちに飲むこと。

Pinot Noir 20 Barrels—Casablanca Valley ピノ・ノワール・20バレルズ—カサブランカ・ヴァレー 🍷 $$ このピノ・ノワールは、表情豊かなチェリーやフランボワーズの香りが魅力的な土っぽさと同居している。豊かな甘い果実味が中味にあり、バランスが良く、長い余韻とピュアな後味。

Pinot Noir Vision—Colchagua Valley ピノ・ノワール・ヴィジョン—コルチャグア・ヴァレー 🍷 $ このピノ・ノワールには、イチゴやチェリーなどの魅力的なブーケ。それが、生き生きとした酸味、たっぷりとして絹のように滑らかな果実味、長い余韻といえるこの品種の良い性格へと続いている。今後2〜3年間が飲み頃。

Riesling Limited Release—Bio-Bio Valley リースリング・リミテッド・リリース—ビオ・ビオ・ヴァレー 🍷 $$$ このリースリングは春の花や柑橘、そして白桃の魅惑的な香り。辛口仕立て。味わいは元気で生き生きとしていて、よくバランスが取れている。後味は非常に純粋で、キリリとしている。

Sauvignon Blanc 20 Barrels—Casablanca Valley ソーヴィニヨン・ブラン・20バレルズ—カサブランカ・ヴァレー 🍷 $$ ソーヴィニヨン・ブラン・20バレルズは、グーズベリーや柑橘類、新鮮なハーブの香り。丸みを帯びた味わいだが、より低価格の同胞ほどではない。今後2年のうちに飲むべき。

Sauvignon Blanc Vision—Casablanca Valley ソーヴィニヨン・ブラン・ヴィジョン—カサブランカ・ヴァレー 🍷 $ ソーヴィニヨン・ブラン・ヴィジョンには、ミネラル、柑橘、レモンライムなどの明確なアロマがある。バランスが取れており、生き生きとして、余韻が長く、今後1年から1年半が飲み頃。

COUSIÑO-MACUL *(Maipo Valley)* コウシニョ・マクール（マイポ・ヴァレー）

Cabernet Sauvignon カベルネ・ソーヴィニヨン 🍷 $ このカベルネ・ソーヴィニヨンはチェリーの赤。香りはスミレとブラック・カラント。スムースな口当たりでエレガント。スパイシーな果実味が豊かで、余韻は程

良く長い。

- **Cabernet Sauvignon Antiguas Reservas カベルネ・ソーヴィニヨン・アンティグアス・レセルバス 🍷 $$** このアンティグアス・レセルバスは、ブラック・カラントとブラックベリーの若干くぐもった香り。それがエレガントで秀逸な深み、感じの良い風味へと続く。しっかりとした骨格を持ち、2～3年でさらに熟成するが、今でも十分に楽しむことができる。
- **Chardonnay シャルドネ 🍷 $** このシャルドネは果実味を大事にして、オーク樽を使わないスタイル。白桃と洋梨の香りが大勢を占め、丸みを帯び、よく熟成し、風味に満ちる。ほどよいバランスと余韻。
- **Chardonnay Antiguas Reserva シャルドネ・アンティグアス・レセルバ 🍷 $$** アンティグアスには、青リンゴ、セイヨウスイカズラ、そしてトロピカルフルーツの香り。味わいは丸を帯びて熟成しており、ヘーゼルナッツやグレープフルーツ、アニスなどの風味が姿を現わしている。素晴らしい深みと長い後味。
- **Finis Terrae フィニス・テラエ 🍷 $$$** カベルネ・ソーヴィニヨンとメルロのブレンド。木の燻香、ヒマラヤ杉、皮革やブラック・カラント、ブラックベリーなどの華やかなブーケ。味わいはボルドーのようで、エレガント。滑らかな口当たりを持ち、多汁質の風味、素晴らしい深み。そして長く純粋な後味。あと2～3年は熟成し、飲み頃は2011年から2022年。
- **Merlot メルロ 🍷 $** このメルロには表情豊かなチェリーとクランベリーの香り。しなやかで、よく熟成しており、味わいは赤い果実やプラムのミックス、そしてスミレも姿を見せている。香りがよく、十分なタンニンがあるので、あと1～2年の熟成が可能。
- **Riesling Doña Isidora リースリング・ドーニャ・イシドラ 🍷 $** このリースリングには愛らしい花の香り、ミネラル、リンゴの花、そして白桃などのブーケ。そしてこの辛口のワインには、茴香やリンゴ、レモンの皮などが味わいに現れる。よいバランスで余韻は中程度。
- **Riesling Reserve リースリング・リザーヴ 🍷 $** このリースリング・リザーヴは、ミネラルや春の花、リンゴの花、レモンライムの香り。ミディアムボディの中辛口。ほんの少しの甘みがリッチで深みのある印象を添える。とてもよくバランスが取れている。キリッとした酸味が、長く爽やかな後味へと導いている。
- **Sauvignon Gris ソーヴィニヨン・グリ 🍷 $** レモンライム、グレープフルーツ、そしてそのほかの柑橘類の香り。きびきび、生き生きして爽やかな味わい。柑橘風味の果実味がたっぷり。バランスが素晴らしく、快

CHILE 111

活な後味。1年から1年半が飲み頃。

ECHEVERRÍA *(Central Valley)* エチェベリア（セントラル・ヴァレー）

Carménère Réserve カルムネール・リザーヴ 🍷 $ これはカジュアルで親しみやすいワイン。たっぷりの熟したブルーベリー、ブラックチェリーなどの果実味、滑らかな口当たりと素晴らしい凝縮感。

LUIS FELIPE EDWARDS *(Colchagua Valley)* ルイス・フェリペ・エドワーズ（コルチャグア・ヴァレー）

Carménère Reserva カルムネール・レセルバ 🍷 $ このカルムネール・レセルバはブラックチェリーとブルーベリーの魅力的な香り。それが親しみやすく、味のよい果実味の塊が層をなしているようで、かどがないワインへと続いている。よいバランスで、後味にも果実味が溢れている。

Doña Bernarda ドーニャ・ベルナルダ 🍷 $$$ カベルネ・ソーヴィニヨン、シラーズ、カルムネール、そしてプティ・ヴェルドのブレンド。燻香、焦げた土、青や黒の果実、オールスパイスの香り。構成がしっかりとしているのであと2〜3年熟成すればより複雑味を増し、果実味も風味を増す。

EMILIANA ORGÁNICO *(Casablanca Valley)* エミリアナ・オルガニコ（カサブランカ・ヴァレー）

Chardonnay Novas Limited Selection シャルドネ・ノバス・リミテッド・セレクション 🍷 $ オーガニック栽培のブドウから造られていて、茹でた洋梨、白桃、パイナップルの香り。スムースな口当たりのカジュアルなシャルドネだが、バランスが取れ、果実味たっぷりの後味と長い余韻。

ERRAZURIZ *(Aconcagua Valley and Casablanca Valley)* エラスリス（アコンカグア・ヴァレーとカサブランカ・ヴァレー）

Cabernet Sauvignon Max Reserva カベルネ・ソーヴィニヨン・マックス・レセルバ 🍷 $$ このカベルネ・ソーヴィニヨンは焙ったブラック・カラントとオールスパイスの魅惑的な香り。その香りがこのカベルネを味わいの良い風味と中程度の余韻へと導く。あと1〜2年セラーで熟成させれば、さらに丸みを帯びるだろう。

Chardonnay Wild Ferment シャルドネ・ワイルド・ファーメント 🍷 $
このシャルドネは、香ばしいオーク、茹でた洋梨、そしてトロピカルフルーツのアロマ。ミディアムからフルボディで、味わいにはうまくなじんだオーク、マンゴー、パイナップルとバター・スカッチの風味、そして酸味がうまく溶け込んでいる。

Merlot Max Reserva メルロ・マックス・レセルバ 🍷 $$ このメルロは、香ばしいレッド・カラント、シナモン、ヴァニラの香り。甘く、エレガントでよく熟成した味わい。今後4年間は楽しめる、親しみやすいワイン。

Pinot Noir Wild Ferment ピノ・ノワール・ワイルド・ファーメント 🍷 $
このピノの香りで明らかなのは、ヒマラヤ杉、ヴァニラ、フランボワーズとイチゴの香り。絹のように滑らかな口当たり、甘い果実味でエレガントな個性を持つ。深みがあり、すっきりとしたきれいな後味。

Sauvignon Blanc Estate ソーヴィニヨン・ブラン・エステート 🍷 $ このソーヴィニヨンは、華やかな柑橘系、グーズベリーの香り。キリッとしてバランスが取れており、熟した柑橘系の果実味が豊かで活気があり、きれいな後味。今後1年から1年半が飲み頃。

Sauvignon Blanc Single Vineyard ソーヴィニヨン・ブラン・シングル・ヴィンヤード 🍷 $$ このソーヴィニヨン・ブラン・シングル・ヴィンヤードには、新鮮なハーブ、切りたての草、サヤエンドウ、そして柑橘などの表情豊かなブーケ。中味にそれがもう少し顕著に表れる。滑らかな口当たり、生き生きとした酸味があり、すっきりとした味わい。後味もきれいで長い。

Shiraz Max Reserva シラーズ・マックス・レセルバ 🍷 $ このシラーズは、ブルーベリー、肉、猟鳥獣肉などの魅力的な香り。軽いが生彩のあるスタイルに仕立てられており、スパイスや青い果実味が持続する。ほどよい深みとバランス。後味はきれい。

ESTAMPA （*Various Regions*） エスタンパ（様々な地区）

Gold—Colchagua Valley ゴールドーコルチャグア・ヴァレー 🍷 $$$ このゴールドは、ボルドースタイルのブレンドで、カルムネール、カベルネ・ソーヴィニヨン、カベルネ・フランとプティ・ヴェルドから成る。ブーケにはヒマラヤ杉、タバコ、スパイスボックス、ブルーベリーやブラックベリー。青や黒い果実味たっぷりの多果汁質で豪華なワイン。滑らかな口当たりで、ずば抜けたリッチさを持つ。

Reserve Assemblage—Casablanca Valley リザーブ・アッサンブラージ

ューカサブランカ・ヴァレー 🍷 $$　ソーヴィニヨン・ブラン、シャルドネ、ヴィオニエのブレンド。新鮮なハーブや柑橘類、白桃の華やかな香り。キリッとしたフルーティなワインで、いくらかの複雑さと熟成した風味がある。

IN SITU *(Aconcagua Valley)* イン・シトゥ（アコンカグア・ヴァレー）

Carménère Gran Reserva カルムネール・グラン・レセルバ 🍷 $　このカルムネールはワインメーカーズ・セレクションよりややしっかりとした内容を持っている。豊かに熟成しており、素晴らしい深み。今後1〜2年はよく熟成する。

Carménère Winemaker's Selection カルムネール・ワインメーカーズ・セレクション 🍷 $　よい味わいのブルーベリーの風味が最もよく感じられ、それが中程度から長めの柔らかい後味へとつながる。この心地良い造りのワインは、あと数年間は楽しむことができる。

Chardonnay Winemaker's Selection シャルドネ・ワインメーカーズ・セレクション 🍷 $　このシャルドネは、ミネラル、白桃、トロピカルフルーツのブーケ。ほどよい深みときれいな後味。

Syrah Winemaker's Selection シラー・ワインメーカーズ・セレクション 🍷 $　このシラーは、胡椒と青い果実の魅力的な香り。実際の年数より熟成感のある、しなやかな造り。豊かな風味とほどよい深み、そして果実味のある後味。

CASA LA JOYA *(Colchagua Valley)* カサ・ラ・ホヤ（コルチャグア・ヴァレー）

Carménère Gran Reserve カルムネール・グラン・リザーヴ 🍷 $$　このカルムネールには、ヒマラヤ杉、スパイスボックス、ブルーベリーとブラック・カラントのアロマ。この香りの背後にあるのは、骨格のある、あと1〜2年は熟成するワイン。素晴らしい強さと深みを持ち、たっぷりとした果実味の後味。

Gewürztraminer ゲヴュルツトラミネール 🍷 $　このゲヴュルツトラミネールには、バラの花びらとライチのアロマ。味わいはたっぷりとしたスパイシーな果物と、ほんの少しの甘み。これらがほどほどの長さのきれいな後味へと誘ってくれる。

Sauvignon Blanc Reserve ソーヴィニヨン・ブラン・リザーヴ 🍷 $　このソーヴィニヨン・ブランには心地良い新鮮なハーブ、グレープフルーツ、

レモンライムなどのブーケ。味わいには程良い深みと風味。キリッとした酸味と力強い後味。

KINGSTON FAMILY VINEYARDS *(Casablanca Valley)* キングストン・ファミリー・ヴィンヤーズ（カサブランカ・ヴァレー）

Pinot Noir ピノ・ノワール ♥ $$ このピノ・ノワールには、チェリーとフランボワーズのブーケ。ピノ特有の個性を伴った豊かで味のよい果実味。

Sauvignon Blanc Cariblanco ソーヴィニヨン・ブラン・カリブランコ ♀ $$ このソーヴィニヨン・ブランには、青草やグレープフルーツ、グーズベリーの華やかな香り。それに続くのがキリッとしたきれいで熟した柑橘類の風味。よいバランスと生きのいい後味。

CASA LAPOSTOLLE *(Colchagua Valley and Casablanca Valley)* カサ・ラポストル（コルチャグア・ヴァレーとカサブランカ・ヴァレー）

カサ・ラポストルはフランスのグラン・マニエが所有者。

Cabernet Sauvignon Apalta Vineyard Cuvée Alexandre カベルネ・ソーヴィニヨン・アパルタ・ヴィンヤード・キュヴェ・アレクサンドル ♥ $$$ このカベルネ・ソーヴィニヨンには燻香、鉛筆の芯、スパイスボックスやブラックチェリー、ブラック・カラントのブーケ。味わいには黒い果実の風味。これがやや長めの後味へと続く。

Chardonnay シャルドネ ♀ $$ このシャルドネは、かぐわしいリンゴや洋梨の香りと風味。これらがキリッとしていてバランスのとれた、白い果実の風味豊かなワインへと誘う。バランスがよく、生き生きとした後味。

Chardonnay Atalayas Vineyard Cuvée Alexandre シャルドネ・アタラヤス・ヴィンヤード・キュヴェ・アレクサンドル ♀ $$$ このワインには、魅力的な焦がしたオークの香りや茹でた洋梨、バター・スカッチのブーケ。これらがクリーミーな舌触りと、ほんの少しのヘーゼルナッツを伴う、トロピカルフルーツの風味へと誘う。素敵な深みと余韻を持つが、偉大な複雑味もある。

Merlot Apalta Vineyard Cuvée Alexandre メルロ・アパルタ・ヴィンヤード・キュヴェ・アレクサンドル ♥ $$$ このメルロには、ヒマラヤ杉、スパイスボックス、ブラックチェリーとブラック・カラントのアロマ。滑らかな舌触りと豊かで味わいのある黒い果実の風味が続く。よく熟し

たメルロ。程良い深みと、やや長めの後味。

LEYDA *(Leyda Valley and San Antonio Valley)* レイダ（レイダ・ヴァレーとサン・アントニオ・ヴァレー）

Chardonnay Classic Reserva シャルドネ・クラッシック・レセルバ ♀ $$
このシャルドネ・クラッシック・レセルバは樽を使わない造り。白桃と茹でた洋梨のアロマ。キリッとしていて生き生きした、実際の年数よりも熟成感のあるワインで、この先1年から1年半は楽しめる。

Chardonnay Falaris Hill Vineyard シャルドネ・ファラリス・ヒル・ヴィンヤード ♀ $$$　このシャルドネには焦がしたオークと、様々な白い果実の香り。酸味が生き生きとしており、その控え目な価格にしては驚くべき深みと余韻を持つ。

Pinot Noir Las Brisas Vineyard ピノ・ノワール・ラス・ブリサス・ヴィンヤード ♥ $$$　このピノ・ノワールには、心地良いイチゴとチェリーのアロマ。ピノの品種特有の性格と感じのいい風味を適当に持ったカジュアルで親しみやすいワイン。

Pinot Noir Cahuil Vineyard ピノ・ノワール・カフイル・ヴィンヤード ♥ $$$　このピノ・ノワールは上記のピノと似通った性質を持つが、さらに深みと凝縮感があり、余韻も長い。

Sauvignon Blanc Classic Reserva ソーヴィニヨン・ブラン・クラッシック・レセルバ ♀ $$　このレイダのソーヴィニヨン・ブランは淡い麦わら色で、魅力的なフレッシュハーブと柑橘類の香り。キリッとしてバランスのとれたワインで、心地良いフルーティな後味。この先1年から1年半が飲み頃。

Sauvignon Blanc Garuma Vineyard ソーヴィニヨン・ブラン・ガルマ・ヴィンヤード ♀ $$$　このソーヴィニヨン・ブランは、顕著なグーズベリーとミネラルの香りを含むアロマティックな仕立て。生き生きとした酸味がたっぷり。よく熟した風味。すっきりとした後味。あと2年のうちに飲んでしまうこと。

LOMA LARGA *(Casablanca Valley)* ロマ・ラルガ（カサブランカ・ヴァレー）

Chardonnay B3-B4 シャルドネB3・B4 ♀ $$$　このシャルドネB3・B4は中程度の麦わら色で、白桃、リンゴ、そして洋梨の心地いい香りのブーケ。味わいは熟成した感じのいい風味。活気に満ちた酸味で、バランス

もよく取れている。
Pinot Noir B9 ピノ・ノワール B9 ▽ $$$　このピノ・ノワールB9からは、焦がした杉の香りが、スパイスボックスやチェリー、黒いフランボワーズなどとともに感じられる。気軽でカジュアルな性格で、感じのいい風味。しかし深みと凝縮感に欠ける。やや長めの余韻を持ち、あと2〜3年は気やすく楽しめる。

MAQUIS *(Colchagua Valley)* マキス（コルチャグア・ヴァレー）

Calcu カルク ▽ $　カベルネ・ソーヴィニヨン、カルムネール、カベルネ・フランのブレンド。クローヴやシナモン、ブルーベリー、ブラック・カラントのブーケ。親しみやすい風味豊かなワインで、控え目な価格に見合わない驚くべき深みと余韻を持っている。

Lien リエン ▽ $$　このリエンは、シラーとカルムネール、カベルネ・フラン、プティ・ヴェルド、そしてマルベックから構成。カルクよりやや濃く、骨格がしっかりとしていて、味にほんのりとチョコレートが感じられる。壜の中で今後1〜2年はさらに熟成するが、今も十分に楽しめる。

VIÑA MAR *(Casablanca Valley)* ヴィニャ・マール（カサブランカ・ヴァレー）

Sauvignon Blanc Reserva ソーヴィニヨン・ブラン・レセルバ ▽ $　このソーヴィニヨン・ブランは淡い麦わら色で、心地良いグレープフルーツとフレッシュハーブの香り。キリッとして熟成感もあり、親しみやすい。この先1年から1年半が飲み頃。

CASA MARIN *(San Antonio Valley)* カサ・マリン（サン・アントニオ・ヴァレー）

Cartagena Gewürztraminer Estate Grown カルタヘナ・ゲヴュルツトラミネール・エステイト・グロウン ▽ $$$　このゲヴュルツトラミネールはスパイスボックス、バラ、ライチの素晴らしい香り。キリッとして、しっかりとした味わい。感じのいい果実味が重なり合っており、余韻は長い。

Sauvignon Blanc Cypress Vineyard ソーヴィニヨン・ブラン・サイプレス・ヴィンヤード ▽ $$$　このソーヴィニヨン・ブランは、新鮮な干草

CHILE

とグレープフルーツやレモンライムの香り。すっきり、キリッとした味わいで、よくバランスが取れている。今後1～2年のあいだが飲み頃。

Sauvignon Blanc Estate Grown ソーヴィニヨン・ブラン・エステート・グロウン ♀ $$ このソーヴィニヨン・ブランは、フレッシュハーブ、セージ、レモンライムやそのほかの柑橘類の華やかなブーケ。熟成感があり、凝縮感もある。よくバランスが取れており、今後1～2年が飲み頃。

Sauvignon Blanc Laurel Vineyard ソーヴィニヨン・ブラン・ローレル・ヴィンヤード ♀ $$$ このソーヴィニヨン・ブランは花の香りの要素、同時にグーズベリーやキウイの香りも。熟成感と複雑さがあり、酸味が下支えしている。余韻は長い。今後数年間は楽しめる。

MATETIC *(San Antonio Valley)* マテティック（サン・アントニオ・ヴァレー）

マテティックは、チリではまだ数少ないビオディナミによるブドウ栽培畑と認められたうちのひとつである。

Sauvignon Blanc EQ ソーヴィニヨン・ブラン・イー・キュー ♀ $$$ ここのソーヴィニヨン・ブラン・イー・キューは、フレッシュハーブと柑橘系の香り。きれいでキリッとした新鮮な味わい。今後1年から1年半は楽しむことができる。

MONTES *(Various Regions)* モンテス（様々な地区）

Alpha Cabernet Sauvignon Apalta Vineyard—Colchagua Valley アルファ・カベルネ・ソーヴィニヨン・アパルタ・ヴィンヤード―コルチャグア・ヴァレー ♥ $$$ このカベルネ・ソーヴィニヨンは、ヒマラヤ杉やスパイスボックス、タバコ、ブラック・カラント、そしてブラックベリーのアロマ。味は重層的でなおかつエレガント。骨格がしっかりとしており、あと2～3年は熟成する。

Alpha Chardonnay—Casablanca Valley アルファ・シャルドネ―カサブランカ・ヴァレー ♀ $$ このシャルドネには魅力的なリンゴ、洋梨、そしてわずかにオークの香り。滑らかな口当たりのワインで、たっぷりと熟した果実味があり、良いバランス。余韻は長い。

Alpha Merlot Apalta Vineyard—Colchagua Valley アルファ・メルロ・アパルタ・ヴィンヤード―コルチャグア・ヴァレー ♥ $$$ 濃いルビー、紫色。このメルロにはヒマラヤ杉、スパイスボックス、レッド・カラン

トとブラック・カラントのスタイリッシュな香り。しなやかな口当たり、熟した果実味が豊かで、わずかに甘いタンニンがある。この魅力的な味わいがやや長めの後味へと誘う。

Alpha Syrah Apalta Vineyard―Colchagua Valley アルファ・シラー・アパルタ・ヴィンヤード―コルチャグア・ヴァレー 🍷 $$$ このシラーは、魅力的な猟鳥獣肉、エスプレッソ、土、ブルーベリーの香り。この香りが、エレガントなスタイルのスパイシーで青や黒の果実味のあるシラーへと誘う。深みがあり、果実味たっぷりの後味。

Classic Series Sauvignon Blanc―Casablanca-Curico Valley クラッシック・シリーズ・ソーヴィニヨン・ブラン―カサブランカ・クリコ・ヴァレー 🍷 $ このソーヴィニヨン・ブランはフランスのロワール・ヴァレーのワインに触発された造り。フレッシュな青い草、柑橘のアロマ。生き生きとした酸味で、キリッとした口触り。余韻はほどほど。

Sauvignon Blanc Leyda Vineyard―Leyda Valley ソーヴィニヨン・ブラン・レイダ・ヴィンヤード―レイダ・ヴァレー 🍷 $$ このワインは上記のクラッシックシリーズよりさらに本格的に造られていて、その結果として春の花や柑橘類、フレッシュハーブのブーケを醸し出している。生き生きとした白い果物の風味、元気のよい酸味と素晴らしいバランス。

MONTGRAS *(Colchagua and Leyda Valleys)* モントグラス（コルチャグア・ヴァレーとレイダ・ヴァレー）

Cabernet Sauvignon-Carménère Antu Ninquen カベルネ・ソーヴィニヨン・カルムネール・アントゥ・ニンケン 🍷 $$$ このカベルネ・ソーヴィニヨン・カルムネールは、魅力的な燻香、鉛筆の芯、スパイスボックスとブラック・カラントやブルーベリーの香りの一群。味わいは複雑で、果実味が幾重にも重なっている。素晴らしくバランスが取れており、しっかりとした骨格があり、あと1～2年はさらに熟成する。

Carménère Reserva カルムネール・レセルバ 🍷 $ このカルムネールは豊かなスパイスボックス、黒いフランボーズ、そしてブラックチェリーの香り。多汁質な青や黒い果実の風味がたくさんあり、親しみやすい性格。かどのない後味。

Chardonnay Amaral Barrel-Fermented―Leyda Valley シャルドネ・アマラル・バレル・ファーメンテッド―レイダ・ヴァレー 🍷 $$ この樽発酵のシャルドネは洋梨とトロピカルフルーツの焙ったような芳香。クリーミーな口当たりで風味豊か。よくバランスが取れており、とても良い余韻。

CHILE

- **Quatro クアトロ** 🍷 $$ カベルネ・ソーヴィニヨンとマルベック、カルムネール、シラーのブレンド。クアトロにはヒマラヤ杉、スパイスボックス、ブラック・カラント、ブラックベリーの複雑な香りがあり、わずかなブルーベリーの味わいがその背後に隠れている。この味わいが多層的なワインは、程良い深みと凝縮感があり、しっかりとした骨格であと1〜2年はさらに熟成する。
- **Sauvignon Blanc Amaral—Leyda Valley ソーヴィニヨン・ブラン・アマラル—レイダ・ヴァレー** 🍷 $$ このアマラルは、冷涼な気候のレイダ・ヴァレーが供給源。芳しい新鮮な刈った干し草やグーズベリー、そしてミネラルが感じられる。きれいにバランスの取れたワインで、風味が幾重にも重なり、酸味は生き生きとしていて、余韻は長い。サンセールに似たスタイルのこのワインは今後2〜3年が飲み頃。
- **Sauvignon Blanc Reserva ソーヴィニヨン・ブラン・レセルバ** 🍷 $ 新鮮なハーブと柑橘類のアロマ。ミディアムボディ。この素直なソーヴィニヨンはグレープフルーツとレモンライムの風味。鮮やかな酸味。きれいで爽快な後味。
- **Syrah Antu Ninquen シラー・アントゥ・ニンケン** 🍷 $$$ このシラーには、グラスから飛び出さんばかりのヒマラヤ杉や燻した木、焦げた土、そしてブルーベリーのアロマ。味わいは風味豊かで魅力的。しかしわずかに圧縮感があって堅い。

MORANDÉ *(Various Regions)* モランデ(様々な地区)

- **Carignan Edición Limitada—Loncomilla Valley カリニャン・エディシオン・リミターダ—ロンコミーリャ・ヴァレー** 🍷 $$$ このカリニャンは魅力的なヒマラヤ杉やスパイスボックス、湿った土そしてブラックチェリーの香り。味わいは腰がしっかりとしていて、スパイシーな黒い果実や、かすかなミネラルなどの風味が良いバランスでまとまっている。
- **Carménère Edición Limitada—Maipo Valley カルムネール・エディシオン・リミターダ—マイポ・ヴァレー** 🍷 $$$ このカルムネールはブルーベリーや黒いフランボワーズ、ブラックチェリーなどの華やかな香り。絹のように滑らかな口当たりで、新鮮な青い果実の風味。非常にバランスがよく、よい具合に値づけされたこのカルムネールは、2018年まで楽しんで飲める。
- **Chardonnay Gran Reserva—Casablanca Valley シャルドネ・グラン・レセルバ—カサブランカ・ヴァレー** 🍷 $$ このシャルドネにはやや複雑味があり、樽の香味が白い果物の香りと味わいをうまく縁取っている。

このハーモニーの取れたワインは、あと1〜2年は楽しめる。

Chardonnay Reserva—Casablanca Valley シャルドネ・レセルバーカサブランカ・ヴァレー ♀ $ この樽を使っていないレセルバには、たっぷりとしたリンゴ、洋梨そしてパイナップルの香りと風味。ミディアムボディで、生き生きとしていて、果実味豊か。

Sauvignon Blanc Reserva—Casablanca Valley ソーヴィニヨン・ブラン・レセルバーカサブランカ・ヴァレー ♀ $ このソーヴィニヨン・ブランは、新鮮なハーブと柑橘類の魅力的なブーケ。それがミディアムボディでキリッとしたグレープフルーツの風味のワインへと続いている。よくバランスが取れており、きれいな後味。

ODFJELL *(Various Regions)* オドフヘル（様々な地区）

Cabernet Sauvignon Orzada—Colchagua Valley カベルネ・ソーヴィニヨン・オルサダーコルチャグア・ヴァレー ♀ $$ このノンフィルターのカベルネ・ソーヴィニヨンはスパイシーなレッド・カラント、ブラック・カラントのアロマを持つ。滑らかな口当たりで、よくバランスが取れていて、ほどよい余韻。しかし複雑さはさほどない。

Carignan Orzada—Maule Valley カリニャン・オルサダーマウレ・ヴァレー ♀ $$ このカリニャンには土の香り、マッシュルームやプラム、そしてブルーベリーの香りも。味わいは層をなしていて、感じのいい青や黒の果実味、たっぷりのスパイスと土のニュアンス。絹のように滑らかなタンニンが十分。あと2〜3年はさらに熟成する。

Malbec Orzada—Ribera del Rio Claro マルベック・オルサダーリベラ・デル・リオ・クラロ ♀ $$ このマルベックにはブラックチェリーとブラックベリーのアロマ。控えめでエレガントなスタイル。バランスが取れており、しっかりとした構成で、あと1〜2年はさらに熟成する。

Syrah Orzada—Maipo Valley シラー・オルサダーマイポ・ヴァレー ♀ $$ この紫色のシラーは燻香、猟鳥獣肉、そして青い果実のブーケ。熟成が進んだ、よい味わい。カジュアルなワインで、今後4年ほどは楽しめる。

VIÑA PEÑALOLÉN *(Maipo Valley)* ヴィーニャ・ペナロレン（マイポ・ヴァレー）

Cabernet Sauvignon カベルネ・ソーヴィニヨン ♀ $$ このカベルネ・ソーヴィニヨンにはヒマラヤ杉、スパイスボックス、タバコ、レッド・

CHILE

カラントやブラック・カラントの香り。これが滑らかな口当たりでカジュアルなカベルネの味わいへと導く。しっかりとした骨格であと1～2年はさらに熟成する。赤や黒い果実の風味が豊かで、シナモンや土の香りも感じられ、中庸度の長さの後味。

PÉREZ CRUZ *(Maipo Valley)* ペレス・クルス（マイポ・ヴァレー）

Carménère Reserva Limited Edition カルムネール・レセルバ・リミテッド・エディション 🍷 $$　このカルムネールは、焦げた土や鉛筆の芯、ブルーベリーやブラックベリーのリキュールなどの素晴らしいアロマティックな香りの連なり。味わいにはスパイスやプラム、チョコレートなどの感じが表れているし、それが長くて果実味たっぷりの澄んだ後味へとつながっている。

Cot Reserva Limited Edition コット・レセルバ・リミテッド・エディション 🍷 $$　このレセルバには、魅力的なヒマラヤ杉やスパイスボックス、カシス、ブラックチェリーのブーケ。前向きでしなやかな複雑さのない味わいのこのワインは1～2年セラーで寝かせればさらにまろやかになるが、今でも楽しむことができる。

Syrah Reserva Limited Edition シラー・レセルバ・リミテッド・エディション 🍷 $$$　このシラーに顕著なのは、猟鳥獣肉やいぶした木、そしてブルーベリーの香り。これらがとてもスパイシーで胡椒の感じがする青い果物、そして滑らかな口当たり、軽いタンニン、程良い余韻を持ったミディアムからフルボディのワインへと導く。

POLKURA *(Colchagua Valley)* ポルクラ（コルチャグア・ヴァレー）

Syrah シラー 🍷 $$$　ポルクラのシラーは、素晴らしい燻香、猟鳥獣肉、青い果実の香り。よく熟成した香り豊かな味わいで、バランスがよくとれている。あと1～2年はさらに熟成する。飲み頃は2016年まで。

PORTA *(Bio-Bio Valley)* ポルタ（ビオ・ビオ・ヴァレー）

Pinot Noir Winemaker Reserva ピノ・ノワール・ワインメーカー・レセルバ 🍷 $$　中程度のルビー色のこのピノ・ノワールは、品種の特徴であるイチゴ、チェリー、そしてクランベリーのアロマ。それが中庸度の深みと長さへと続いている。

Sauvignon Blanc Reserva ソーヴィニヨン・ブラン・レセルバ 🍷 $　ポル

タのソーヴィニヨン・ブランは、ミネラル、グレープフルーツ、グーズベリーの華やかなブーケ。それがはっきりとした柑橘の風味と、生き生きとした酸味を持つミディアムボディの味わいへと続く。後味は長く、爽快。

QUINTAY *(Casablanca Valley)* キンタイ（カサブランカ・ヴァレー）

Sauvignon Blanc Clova ソーヴィニヨン・ブラン・クロバ ♀ $ このソーヴィニヨンは新鮮なハーブと柑橘類の香りがはっきりと出ていて、それがキリッとして生き生きとした柑橘系の風味を持つライトからミディアムボディのワインへと続く。後味はきれい。

Sauvignon Blanc Quintay ソーヴィニヨン・ブラン・キンタイ ♀ $ このソーヴィニヨン・ブランは上記のクロバより格調が高く複雑。重層的な風味と、長く果実味豊かな後味があり、この先1〜2年は楽しむことができる。

VIÑA REQUINGUA *(Curico Valley)* ヴィーニャ・レキングア（クリコ・ヴァレー）

Toro de Piedra Carménère-Cabernet Sauvignon トロ・デ・ピエドラ・カルムネール・カベルネ・ソーヴィニヨン ♥ $ このカルムネール・カベルネ・ソーヴィニヨンは前向きなスタイルに造られていて、年数よりもよく熟成して風味に溢れ、かどがとれている。今後数年間は楽しめる。

Toro de Piedra Syrah-Cabernet Sauvignon トロ・デ・ピエドラ・シラー・カベルネ・ソーヴィニヨン ♥ $ このシラー／カベルネ・ソーヴィニヨンには、魅力溢れる青や黒い果実の香り。それがたっぷりとしていて、スパイシーで、感じのいい味わいの果実味へ続く。深みがあり、気軽に飲める性格。

CASA RIVAS *(Maipo Valley)* カサ・リバス（マイポ・ヴァレー）

Carménère Gran Reserva カルムネール・グラン・レセルバ ♥ $ このカルムネールにはスパイスボックス、ブラックベリー、ブラックチェリーの素晴らしい香り。凝縮感、熟成感がありバランスも取れていて余韻も長い。今後4〜5年間は楽しめる。

SANTA CAROLINA *(Various Regions)* サンタ・カロリーナ（様々な地

区)

- **Chardonnay Reserva—Casablanca Valley** シャルドネ・レセルバーカサブランカ・ヴァレー ♀ $ この樽を使っていないシャルドネは白い果実のアロマ、リンゴや洋梨の風味。ほどよい深み。
- **Chardonnay Reserva de Familia—Casablanca Valley** シャルドネ・レセルバ・デ・ファミリアーカサブランカ・ヴァレー ♀ $$ このシャルドネは、上記のレセルバよりも充実感があり、よい深みと、凝縮感。
- **Sauvignon Blanc Reserva—Rapel Valley** ソーヴィニヨン・ブラン・レセルバーラペル・ヴァレー ♀ $ このソーヴィニヨン・ブランは、刈り立ての牧草と柑橘類のブーケ。ライトからミディアムボディ。すっきりとしたグレープフルーツとレモンライムの風味。酸が生き生きとしていて、果実感のある後味。

SANTA EMA *(Various Regions)* サンタ・エマ（様々な地区）

- **Amplus Cabernet Sauvignon—Cachapoal Valley** アンプラス・カベルネ・ソーヴィニヨンーカチャポアル・ヴァレー ♥ $$ このカベルネ・ソーヴィニヨンは、スパイスボックス、ブラック・カラント、ブラックベリーの魅力的な香り。その背後にチョコレートのニュアンス。スムースな口当たりで、前向きでカジュアルなワイン。バランスのいい、程良い長さで果実味のある後味。
- **Amplus Sauvignon Blanc—Leyda Valley** アンプラス・ソーヴィニヨン・ブランーレイダ・ヴァレー ♥ $$ このソーヴィニヨン・ブランには、グレープフルーツ、ライム、グーズベリーなどの秀逸なアロマの連なり、それに若干のミネラル。キリッとした程良い深みと風味。このよくバランスの取れたワインは、この先1年から1年半は楽しめる。

SANTA HELENA *(Various Regions)* サンタ・ヘレナ （様々な地区）

- **Cabernet Sauvignon Gran Reserva—Colchagua Valley** カベルネ・ソーヴィニヨン・グラン・レセルバーコルチャグア・ヴァレー ♥ $$ このカベルネ・ソーヴィニヨンは心地良いカシスとスグリのアロマ。前向きで、複雑でない味わい。スパイシーさと赤や黒い果実味がたっぷり。今後2〜3年は楽しめる。
- **Sauvignon Blanc Gran Reserva—Leyda Valley** ソーヴィニヨン・ブラン・グラン・レセルバーレイダ・ヴァレー ♀ $$ このソーヴィニヨン・

ブランはミネラル、グレープフルーツ、そしてグーズベリーの魅惑的なブーケ。それが複雑でしっかりとした果実風味の味わいへと移る。本格的な深みがあり、きれいな後味。

SANTA LAURA *(Colchagua Valley)* サンタ・ラウラ（コルチャグア・ヴァレー）

Chardonnay Reserve シャルドネ・リザーヴ ♀ $ このシャルドネには白桃やリンゴの心地良い芳香。ミディアムボディで、たっぷりとした果実味、よい酸味、そして中庸からやや長めの果実感のある後味。

SANTA RITA *(Various Regions)* サンタ・リタ（様々な地区）

Carbernet Sauvignon Medalla Real—Maipo Valley カベルネ・ソーヴィニヨン・メダーリャ・レアルーマイポ・ヴァレー ♀ $$$ メダーリャ・レアルはヒマラヤ杉や土、カシス、ブラック・カラントの香りの魅力的なブーケ。味わいは腰がしっかりしていて、申し分のない構成のワイン。今後1～2年はさらに熟成する。スパイシーで、赤や黒の果実味があり、深みもある。後味は中くらいから長め。

Carménère "120"—Rapel Valley カルムネール"120"ーラベル・ヴァレー ♀ $ このカルムネール"120"は実際の年数よりも熟成しており、カジュアル、親しみやすいワイン。たっぷりとした熟した果実味があり、とがったかどがない。

Chardonnay "120"—Aconcagua Valley シャルドネ"120"ーアコンカグア・ヴァレー ♀ $ この樽を使っていないシャルドネ"120"はキリッとしたリンゴや洋梨のアロマと風味。1年から1年半が飲み頃。

Sauvignon Blanc "120"—Lontue Valley ソーヴィニヨン・ブラン"120"ーロンテュ・ヴァレー ♀ $ このソーヴィニヨン・ブラン"120"は魅力のある春の花、柑橘類とレモンライムのブーケ。その後に続くのは、きれいな後味のきびきびとした爽快なワイン。

Sauvignon Blanc Floresta—Leyda Valley ソーヴィニヨン・ブラン・フロレスタ—レイダ・ヴァレー ♀ $$ 冷涼な気候のレイダ・ヴァレーで、第一級の技術で造られるフロレスタには、ミネラル、新鮮なハーブとグレープフルーツ、グーズベリーのブーケ。まろやかだが複雑さがあり、非常に素晴らしい深みと凝縮感をもつワイン。

Sauvignon Blanc Reserva—Casablanca Valley ソーヴィニヨン・ブラン・レセルバーカサブランカ・ヴァレー ♀ $ このソーヴィニヨンはフロ

レスタより少しアロマティックで味わいが重層的、かつリッチ。
Shiraz "120"—Maipo Valley シラーズ "120" —マイポ・ヴァレー 🍷 $
このシラーズ "120" は心地良い果実味のある若飲みのワイン。とがったところがなく、気軽に楽しめる造り。
Shiraz Reserva—Maipo Valley シラーズ レセルバーマイポ・ヴァレー 🍷 $$ このシラーズ・レセルバは上記のシラーより、内容が少し充実していて、骨格もしっかりしている。今後1〜2年間はさらに熟成する。しかし、この果実味のたっぷりしたワインは今でも楽しめる。

CASA SILVA *(Colchagua Valley)* カサ・シルバ（コルチャグア・ヴァレー）

Carménère Gran Reserva Los Lingues カルムネール・グラン・レセルバ・ロス・リンゲス 🍷 $$ このカルムネールは魅力的なブルーベリーのコンポート、黒いフランボワーズと土の香り。それらが甘い果実味があり、味が重層的で、素晴らしい凝縮感を持ち、前向きな性格のワインへと導いている。

Chardonnay Angostura Gran Reserva シャルドネ・アンゴスチュラ・グラン・レセルバ 🍷 $$ このグラン・レセルバは香ばしいオークの香り。レセルバよりはるかに深みがある。ここ1〜2年のうちに飲むべきワイン。

Chardonnay Reserva シャルドネ・レセルバ 🍷 $ こちらのシャルドネ・レセルバは、樽を使っていない。魅力的な青リンゴと洋梨のアロマ。素直なスタイル。1〜2年のうちに飲むこと。

Petit Verdot Gran Reserva プティ・ヴェルド・グラン・レセルバ 🍷 $$
このプティ・ヴェルドは燻香や湿った土、鉛筆の芯、ブラック・カラント、ブルーベリーの香り。味は重層的で風味に豊む。ばらばらな構成。今後3〜4年はさらに熟成する。2025年までは十分に楽しめる。控えめな価格に見合わない内容を提供。

Pinot Noir Reserva ピノ・ノワール・レセルバ 🍷 $ このピノ・ノワールはフランボワーズとチェリーのアロマ。品種特有のキャラクターがよく出ており、かなりの深みと複雑さも併せ持つ。

Sauvignon Blanc Reserva ソーヴィニヨン・ブラン・レセルバ 🍷 $ このソーヴィニヨン・ブランは素晴らしいグレープフルーツとレモンライムの香り。キリッとしてきれいで生き生きとした味わい。よくバランスが取れているこのワインは今後1年から1年半が飲み頃。

Syrah Gran Reserva Lolol シラー・グラン・レセルバ・ロロル 🍷 $$ こ

のロロルには、魅惑的なスパイスボックス、ブルーベリーと土の香り。しなやかな口当たりで、ほどよい深みと凝縮感。今後1～2年はさらに熟成する可能性を持つ。2015年までが飲み頃。

Viognier Lolol ヴィオニエ・ロロル ♀ $$　このヴィオニエ・ロロルはレゼルバよりリッチでクリーミーな味わい。それからわかるように、若飲みタイプ。

Viognier Reserva ヴィオニエ・レセルバ ♀ $　このレセルバには桃やアプリコットの華やかな香り。それが、生き生きとして凝縮感があり、スパイスと果実の風味豊かなワインへと誘う。それは今後1～2年が飲み頃であることを意味している。

VIÑA GARCES SILVA (AMAYNA) *(Leyda Valley)* ヴィーニャ・ガルセス・シルバ（アマイナ）（レイダ・ヴァレー）

Chardonnay シャルドネ ♀ $$　このシャルドネには、ミネラル、アーモンド、白桃、そして茹でた洋梨のアロマ。味わいはエレガントで、クリーミーな口当たり。風味が幾重にも層をなし、ブルゴーニュのグラン・クリュの白とよく似ている。この価格は儲けもの。

Sauvignon Blanc ソーヴィニヨン・ブラン ♀ $$　このソーヴィニヨン・ブランは新鮮な干草、グレープフルーツ、レモンライムと花のような香りの素晴らしいブーケ。滑らかな口当たりのこのワインには、果物のみずみずしさがあり、傑出した深みと凝縮感。長く澄んでいて果実味溢れる後味。

TABALI *(Limari Valley)* タバリ（リマリ・ヴァレー）

Reserva Especial レセルバ・エスペシアル ♟ $$$　このレセルバ・エスペシアルは、シラー、カベルネ・ソーヴィニヨンとメルロのブレンド。香りは燻香、ミネラル、青い果実とブラック・カラント。滑らかな口当たりのこのワインにはとても良い深みがあり、黒い果実の風味が味わいよく、満ち溢れる熟成感。中程度から長めの後味。飲み頃は今後6～8年間。

VIÑA TARAPACA *(Maipo Valley)* ヴィーニャ・タラパカ（マイポ・ヴァレー）

Cabernet Sauvignon Gran Reserva カベルネ・ソーヴィニヨン・グラン

・レセルバ ♛ $$　このカベルネには焦がしたオークとブルーベリー、ブラックチェリーの魅力的なアロマの一群。熟成が進んでいて、親しみやすい性格。甘い風味があり、タンニンは軽い。ほどよい深みときれいな後味。

Carménère Gran Reserva カルムネール・グラン・レセルバ ♛ $$　このみずみずしいグラン・レセルバには、ヒマラヤ杉、ミネラル、青い果実の香り。味は重厚的でよく熟成していて、熟したブルーベリーやブラックベリーの風味。非常に深みがあり、余韻も長い。十分にしっかりしていて、今後2～3年でより熟成する。

TERRUNYO *(Casablanca Valley)* テルーニョ（カサブランカ・ヴァレー）

Sauvignon Blanc Block 27 ソーヴィニヨン・ブラン・ブロック27 ♛ $$　このソーヴィニヨン・ブランは新鮮な干草やグレープフルーツ、レモンライム、グーズベリーの素晴らしいブーケ。これらに続いて表れるのがソーヴィニヨンに焦点をあてた、こってりとして熟した味わい。バランスが素晴らしく純粋で果実味溢れる後味。

MIGUEL TORRES CHILE *(Curico Valley)* ミゲル・トーレス・チリ（クリコ・ヴァレー）

Sauvignon Blanc Santa Digna ソーヴィニヨン・ブラン・サンタ・ディグナ ♛ $$　このサンタ・ディグナは新鮮なハーブや刈りたての草、グレープフルーツの集約したアロマ。キリッとしていて風味豊かで、バランスがよく取れている。今後1年から1年半が飲み頃。

LOS VASCOS *(Colchagua Valley and Casablanca Valley)* ロス・バスコス（コルチャグア・ヴァレーとカサブランカ・ヴァレー）

Chardonnay シャルドネ ♛ $　この樽を使っていないシャルドネは生き生きとした白い果実の香り、その背後にあるのはほんの少しのトロピカルフルーツ。上品な酸味を持ち、熟した果実味。今後2年間は楽しめるワイン。

Los Vascos Reserve ロス・バスコス・リザーヴ ♛ $$　このリザーヴは、カベルネ・ソーヴィニヨン、カルムネール、シラー、そしてマルベックとのブレンド。スパイスボックスやヒマラヤ杉、タバコ、カシス、そし

てブラックチェリーのブーケ。それらが感じのいい果実味がたっぷりとしたワインへと誘う。しかし後味の中にはいささか固いタンニンが。

Sauvignon Blanc ソーヴィニヨン・ブラン ♀ $　このソーヴィニヨン・ブランには、表情豊かなフレッシュハーブや柑橘系の香り。よく熟成してバランスが取れており、まろやか。心地良いスタイルのこの味わいがよいソーヴィニヨンは今後1年から1年半が飲み頃。

VENTISQUERO *(Maipo Valley and Casablanca Valley)* ヴェンティスケロ（マイポ・ヴァレーとカサブランカ・ヴァレー）

Cabernet Sauvignon Gran Reserva Único Luis Miguel カベルネ・ソーヴィニヨン・グラン・レセルバ・ウニコ・ルイス・ミゲル ♥ $$　このカベルネには表情豊かなスパイスボックス、カシス、ブラック・カラント、ブラックベリーのブーケ。これに続くのがミディアムからフルボディの構成がしっかりとしたワイン。豊かな果実味と充実感のあるタンニン。

Sauvignon Blanc Gran Reserva Queulat ソーヴィニヨン・ブラン・グラン・レセルバ・ケウラット ♀ $$　このグラン・レセルバにはミネラルと土の香り。そして柑橘系のアロマと風味。

Sauvignon Blanc Reserva ソーヴィニヨン・ブラン・レセルバ ♀ $　このレセルバには、心地良いグレープフルーツとレモンライムのアロマ。それがキリッとして爽快なワインへと導く。飲み頃は今後1年から1年半。

Sauvignon Blanc Root 1 Reserva ソーヴィニヨン・ブラン・ルート・1・レセルバ ♀ $$　このルート・1・レセルバは、名前の由来のとおり、接ぎ木をしていないブドウから造られたワイン。接ぎ木をされた仲間たちよりも少しだけ重みと深みがある。

Shiraz Gran Reserva Queulet シラーズ・グラン・レセルバ・ケウレット ♥ $$　このシラーズにはブルーベリーや胡椒の香り、それとともに様々なスパイスの香り。しなやかで、カジュアルなワイン。タンニンは抑制的。このよい味わいの凝縮感のあるワインは、今後5年間は楽しめる。

VERANDA *(Casablanca Valley)* ベランダ（カサブランカ・ヴァレー）

Cabernet Sauvignon-Carménère Apalta カベルネ・ソーヴィニヨン－カルムネール・アパルタ ♥ $$$　このカベルネ・ソーヴィニヨン・カルムネールには、魅力溢れるヒアラヤ杉やブルーベリー、ブラック・カラン

トの香り。実際の年数よりもよく熟成した味わい。ワインにはエレガントな個性があり、中身が充実している。今後1～2年間はさらに熟成する。

Chardonnay シャルドネ 🍷 $$ ベランダのシャルドネは、焼きリンゴ、洋梨のアロマ、そこにわずかなオークの香り。キリッとしていて生き生きとした味わいには木のニュアンスが上手に溶け込んでいる。今後1～2年は楽しめるシャルドネ。

Pinot Noir ピノ・ノワール 🍷 $$ このピノ・ノワールには、素晴らしいチェリーやフランボワーズの芳香。味わいは堅いが丸味を帯びてくれば傑出した飲み心地を与えるだろう。

VILLARD *(Casablanca Valley)* ビリャード（カサブランカ・ヴァレー）

Chardonnay Expresión Reserva シャルドネ・エクスプレシオン・レセルバ 🍷 $$ このシャルドネは、洋梨やリンゴの花のアロマ。それに続くのは、ほどほどの深みと熟した白い果実の風味。きれいな後味のワイン。

Pinot Noir Expresión Reserva ピノ・ノワール・エクスプレシオン・レセルバ 🍷 $$ このピノ・ノワールには、さわやかなチェリーとルバーブ（大黄）のアロマ。その背後にはかすかにシナモンの香り。味わいは少し辛いが、品種特有のキャラクターは十分に持っている。ほどほどの深みと凝縮感、そしてキリッとした後味。

Le Pinot Noir Grand Vin ル・ピノ・ノワール・グラン・ヴァン 🍷 $$$ このピノ・ノワールには、魅惑的なスパイスボックス、イチゴ、フランボワーズ、そしてルバーブ（大黄）の香り。エレガントで絹のように滑らかな口当たりと果実味溢れる後味。

Sauvignon Blanc Expresion Reserva ソーヴィニヨン・ブラン・エクスプレシオン・レセルバ 🍷 $$ このソーヴィニヨン・ブランには、柑橘系とグーズベリー、そして新鮮なハーブの素晴らしい香り。キリッとして味わいが際立ったソーヴィニヨンで、バランスもよくとれ、程良い深み。果実味たっぷりの後味。

VIU MANENT *(Leyda Valley)* ビュウ・マネント（レイダ・ヴァレー）

Sauvignon Blanc Reserva ソーヴィニヨン・ブラン・レセルバ 🍷 $$ このソーヴィニヨン・ブランには、魅力的なミネラルとフレッシュハーブ、柑橘類とレモンライムのブーケ。ミディアムボディで酸味の生き生きとしたワイン。凝縮感と、新鮮な風味があり、素晴らしい深み。きれいな

後味。

VIÑA VON SIEBENTHAL *(Aconcagua Valley)* ヴィニャ・ボン・シエベンタル（アコンカグア・ヴァレー）

Carménère Reserva Single Vineyard カルムネール・レセルバ・シングル・ヴィンヤード ▼ $$　このカルムネールは表情豊かなヒマラヤ杉や皮革、ブルーベリーとブラック・カラントのブーケ。滑らかな舌触りのワインで、スパイシーな青や黒の果実味。多汁質な風味と素晴らしい深みとバランスを持つ。しっかりとした構成で今後1～2年はさらに熟成する。

FRANCE | ALSACE, THE SAVOIE, AND THE JURA

アルザス、サヴォワ、ジュラ地方のバリューワイン

(担当　デイヴィッド・シルトクネヒト)

　アルザス、サヴォワ、ジュラ地方は、どれもフランス東部に位置する山がちなワイン生産地で、その驚くほど多彩で卓越したワイン(他の土地ではほとんど知られていないブドウから造られるものもある)は高価で、おおかたは生産地内で飲まれてしまっている。とは言え、この3地方は、探求と実験の労をいとわない人々にとっては、味の新発見となる驚きのバリューワインの供給源でもある。

アルザス——めくるめくアイデンティティーと素晴らしき見返り

　息をのむほど美しく、歴史を通じて争いの場となってきたこのフランスの一地方は、際立つまでの個性、うっとりするようなアロマ、魅惑の質感、そして長命という点にかけては、世界でも屈指のワインの故郷である。ブドウが育つ土壌と微気候、そして栽培家たちが追求する創造的なスタイルは言うに及ばず、ブドウ品種自体があまりにも多種多様であるために、地球上のどんな料理と合わせても、相乗効果を発揮すると言っても差し支えないだろう。ヴォージュ山脈が西側の降雨を遮り、そのためアルザスはフランスで最も乾燥した地方のひとつとなっている。しかしながら、そこを流れる河川と雪を被った頂が、山麓の斜面に植わるブドウの木に大量の地下水を供給し、その結果、山地とライン河に挟まれた狭隘な一帯はワイン造りの天国となった。たったひとつの公式アペラシオン(原産地管理呼称)がこの地方全域をカバーし、ほとんどすべてのワインにブドウ品種名を記したラベルが貼られている。

ラベル表示について：辛さの程度を示すワイナリー独自の記号や仕組みを導入している少数の栽培家を除いて、(本書で提供するような情報がなかったとしたら)目の前にあるアルザス・ワインが辛口なのか、あるいはかすかに甘口なのか、それを理解する術はない。混乱を引き起こしかねないもうひとつの原因は、典型的なアルザス風表記法のキュヴェや瓶が氾濫していることだ。それぞれのキュヴェ、ワインには独自の名称があり、数多い区画畑で、時期によって摘まれたブドウに関しても、別途の記載がある。(アルザスは高貴な甘口の"遅摘み"ワインも造っているが、そうしたワインはどれもが本書の価格帯のはるか上を行っている。)

ブドウ品種

建前上は低くみなされている**シャスラ**と**シルヴァネール**は、アルザスのほとんどのブドウと比較してもアロマの面での印象は劣る。しかしながら場所によっては——そしてとりわけ古木のものならば——極めて優れたワインを産することも可能である。こうしたワインは通常値が張らないから、本書で取り上げるワインの主力になっている。**ピノ・ブラン**あるいは"ピノ・ダルザス"は、実情をいえばブレンド・ワインを指すのが普通で、多くの場合、酸度の低い**オーセロワ**と本物のピノ・ブランのブレンドである。甘い芳香と、通常辛口の後味を特徴とするこうしたブレンド・ワインは、アルザスにおけるバリューワインのトップクラスに最も多く見られる。**リースリング**は、アルザスでも最高に複雑で長命なワインを生むが、かなり値頃感のあるワインも数多く提供してくれる。ピリッとした香草、樹脂、柑橘類の香りを特徴とする**ミュスカ・ダルザス**。リッチでかすかにスモーキー、肉厚な**ピノ・グリ**。そしてバラの花びら、ライチ、ベーコン脂、ミント、黒胡椒、茶系のスパイスのようなアロマに加え、贅沢な質感と豪華さを旨とする**ゲヴュルツトラミネール**。廉価なものは見当たらないが、これら3品種はアルザスで最高に能力を発揮する。土地で唯一の黒ブドウ、**ピノ・ノワール**は、その素晴らしい潜在能力を今、更に発揮している。また複数の品種をブレンドしたワインは、伝統復活の象徴にもなっている。

ヴィンテージを知る

初期の段階の試飲で分かったのは、2008年はアルザスでは極めて優れたヴィンテージだった。また2005年と2007年のヴィンテージは大成功だった一方で、2004年と2006年はなかなか難しい年となり、選択に際しては注意を要するワインになっている。

飲み頃

ピノ・ブランかシルヴァネールなら、収穫年から3～4年のうちに楽しもう。アルザスのリースリング、ピノ・グリ、ゲヴュルツトラミネール、ミュスカなら、どれも長命で、瓶内で発展することに関しては驚異的な能力を備えている。しかし本書の扱う価格帯では、こうした品種のトップクラス、あるいは最高に手応えのあるワインを楽しむことは出来ない。以下に記載のあるこれらの品種のワインは、4～6年のうちに飲んでしまって問題はない。

FRANCE | ALSACE, THE SAVOIE, AND THE JURA

サヴォワとジュラ——山とミステリー

ブルゴーニュのコート・ドールからソーヌ河流域を挟んで東を見ると、そこには"黄金の丘陵"の地理上の双子になる、ジュラの山々を望むことが出来る。晴れた日なら、南東方向にモン・ブランとサヴォワまでが見渡せる。約50から130キロメートルの距離を保ち、コート・ドール、マコン、ボジョレと並行するこれらの山々は、多様にして卓越したブドウの木々、微気候、ワイン造りの伝統の故郷である。だがフランス国内ですら、その多くはほとんど評価されていないのだから、国外では言うまでもない。

ほとんどの試飲者にとって、ジュラのクラシック・ワインは、"世界で最も"とまでは言わないにしても、フランスのどんなワインよりも風変わりである。モダンなスタイルに追従していない点で興味深い。心の視野を広げたいか、好奇心からにしても、この地を訪れた人は、多少なりともこの地のワインに口を付け、匂いを嗅いでみるべきだろう。結局は顔をしかめるだけに終わったとしても、確かな驚きというのがあるはずだ。**シャルドネ**（この地が原産地だと考えられている）と、ほどほどの価格の素晴らしい発泡性ワインを含む**ピノ・ノワール**には、数こそ少ないが爽快な果実味を備える愛すべきワインもある。それらは他産地のものにも比肩しうる。しかし多くの典型的なジュラのワインには、シェリーに見られる特異な酸化香と、樽の中のワイン表面に育つ微生物の膜が織りなす刺激的な作用が混ざり合っている。コート・デュ・ジュラのアペラシオンが（その中に少数の村のみに限定されるアルボワ、シャトー・シャロン、レトワールの3アペラシオンがある）、まるで傘のようにこの地方全体を覆っている。この同地方の高名なワインの多くに素材を提供しているのは、**サヴァニャン**という白ブドウ。また淡いが極めて香り高い**プルサール**と、濃い赤を特徴とする**トゥルソー**という2種類の珍しい赤ブドウも、同じ様に重要。

サヴォワは、さまざまなブドウ品種、畑、スタイルを散りばめた複雑なキルト生地のような土地で、まるで波打つカーペットの上にビーズ玉をまき散らしたかのようである。一般化が難しいものになっているのも、そのためである。**ジャケール**種から造られたワインを筆頭に、サヴォワは（アビム、アプルモン、アルバン、シニャンのアペラシオンで）爽やかで新鮮、繊細な、アルコール度の低いワインを産出しているが、これらはコスト・パフォーマンスの点では世界屈指のものになる。中には1248年にグラニエ山が村々をのみ込みながら崩壊した際の、大規模な地崩れの瓦礫の上で育つものもある。胡椒風味で素朴なシラーの原種、**モンドゥーズ**から造られるサヴォワの赤ワインは、気取らない軽いワインから凝縮感のあるタンニ

ンの強いワインまで幅広い。複雑で刺激味のある一群の白ワインは、土着品種の**アルテス**（別名ルーセット・ド・サヴォワ）から造られる。中でもジョンジューとマルステルの急峻なテラス状の畑のものは、注目に値する。ローヌ河北の多数の村々を統括するビュジェイは、驚くほどの広がりを持ち、卓越した、軽くて甘い発泡性の赤ワインでよく知られている。**シニャン・ベルジュロン**（ルーサンヌ）は、多くの場合、本書の価格帯に収まるものではない。

飲み頃

ジャケール種をベースにしたサヴォワのワインなら、通常入手可能なヴィンテージを若いうち、遅くても2年以内に楽しんでしまうこと。そのため、選択に際してヴィンテージによる特徴は大きな意味を持たない。ビュジェイを含むサヴォワの発泡ワインは、出来るだけ若いうちに楽しもう。モンドゥーズの赤ワインは4年あるいはそれ以上持続するため、2005年は現在最高の状態にある。アルテス（ルーセット・ド・サヴォワ）主体のワインの寿命はもっと長いが、酸化したような味わいがあるとすれば、それは（酸化）熟成によるものだ。新鮮なスタイルのジュラのシャルドネなら、ヴィンテージから2〜3年のうちに楽しむこと。酸化香を特徴とするジュラのクラシックなワインならば、少なくとも6〜8年は優に持続する。

■アルザス、サヴォワ、ジュラ地方の優良バリューワイン（ワイナリー別）

LUCIEN ALBRECHT *(Alsace)* ルシアン・アルブレヒト（アルザス）

- **Auxerrois Cuvée オーセロワ・キュヴェ** 🍷 $$ 樹齢が比較的高い木のブドウから造られたこのキュヴェは、その柑橘系の主旋律に、典型的な各種トロピカルフルーツと苦みを含む甘さが添えられている。
- **Pinot Blanc Réserve ピノ・ブラン・レゼルヴ** 🍷 $ かすかにクリーミーで飲みやすい、オーセロワ主体の爽快なワイン。心地良い柑橘類に溢れ、ほのかなミネラルのニュアンス。
- **Riesling Réserve リースリング・レゼルヴ** 🍷 $$ 花の芳香のためいっそう高まる柑橘類、赤いベリー類の果実味。ピリッとした爽快感と、通常ほんのわずかな甘みも。

FRANCE | ALSACE, THE SAVOIE, AND THE JURA

BARMÈS-BUECHER *(Alsace)* バルメ・ブシェール（アルザス）

Pinot Auxerrois ピノ・オーセロワ ♀ $$ ビオディナミ農法と時期は早いが完熟させてからの収穫が、たまらないほど果汁感豊かで爽快なワインを造り出した。スモーキーで味わいに富み、ナッツを想わせるアクセントがある。

LAURENT BARTH *(Alsace)* ローラン・バルト（アルザス）

Pinot d'Alsace ピノ・ダルザス ♀ $$$ 熟した核果、柑橘類、香草の香りが、果汁感豊かだが蜂蜜と十分な凝縮感を口中に感じるこのワインに、ほんのかすかな甘みを与えている。

PAUL BLANCK *(Alsace)* ポール・ブランク（アルザス）

Pinot Auxerrois ピノ・オーセロワ ♀ $$$ 熟した核果、柑橘類、甘い花が詰まっていて、うっとりするほど果汁感に富んでいるが、質感はクリーミー。蜂蜜とコーヒーを感じさせる後味。

PIERRE BONIFACE *(Savoie)* ピエール・ボニファス（サヴォワ）

Apremont Les Rocailles アプルモン・レ・ロカイユ ♀ $ 花の香り豊かで、ピリッとした風味、そして白亜のようなジャケール主体の爽やかなワイン。雨がちなヴィンテージだったのに、未熟なところはみじんも感じさせない。

Apremont Les Rocailles Prestige アプルモン・レ・ロカイユ・プレスティージュ ♀ $$ ボニファスの通常クラスのワインよりも中味での広がりに優れ、ミネラル感も豊富だが、なおかつ舌なめずりしたくなるほどの爽快感が。

Rousette de Savoie Les Rocailles ルーセット・ド・サヴォワ・レ・ロカイユ ♀ $$ ソバ粉、レモンオイル、白胡椒、花の芳香が、味わい深くかすかにオイリーな口中感を導き出す。

DOMAINE BOTT-GEYL *(Alsace)* ドメーヌ・ボット・ゲイル（アルザス）

Pinot d'Alsace ピノ・ダルザス ♀ $$ オーセロワとピノ・ブランばかり

でなく、ピノ・グリとピノ・ノワールをそれぞれ10〜12%配したこのワインは、相乗効果の賜のようなボットのオリジナルで、果実園と柑橘系の果物、花、ミネラルを感じさせる。

Pinot Gris Les Elements ピノ・グリ・レ・ゼレモン ♀ $$$ 切れ味と爽快感はむしろリースリング的だが、充実した豊かさを感じさせる。鮮やかなマンダリン・オレンジと桃の香り。塩気、肉厚、ナッツの味わいが底流に。ほんのわずかな甘みが感じ取れる。

Riesling Les Elements リースリング・レ・ゼレモン ♀ $$$ 桃、花、蜂蜜の香り。心地良い質感。味わい深く、塩気があり、刺すようなミネラル感。

PATRICK BOTTEX *(Savoie)* パトリック・ボテックス（サヴォワ）

Bugey-Cerdon La Cueille ビュジェイ・セルドン・ラ・クィーユ ♀ SD ♀ $$ 開放感のある深いピンク色、つまり甘口の発泡ワイン。通常のビールに比べてもアルコール度はわずかに高いだけ。赤い果実と黒い果実が不釣り合いなくらい凝縮し、誰にとってもうっとりするほど魅力的だが、ワイン通気取りに言わせれば我慢できない代物。

ALBERT BOXLER *(Alsace)* アルベール・ボクスレール（アルザス）

Sylvaner シルヴァネール ♀ $$$ この醸造所特有の、様式の洗練を見せるワイン。透明感溢れる果樹園の果物を感じさせる、爆発的な花の香り。みずみずしいがシャープで、太り型ではない。

AGATHE BURSIN *(Alsace)* アガット・ビュルザン（アルザス）

Riesling リースリング ♀ $$$ クリームの質感と鮮やかさのバランスに長けたこのリースリングには、紅茶、セージ、マスクメロン、柑橘類、桃の香りが溢れている。

Sylvaner シルヴァネール ♀ $$ 花のようなほろ苦さ、蜂蜜、スモーキー、クリーミーな質感、チョークのような白亜質、豊潤。若い醸造所の造る豊潤なバリューワイン。

HUBERT CLAVELIN *(Jura)* ユベール・クラヴラン（ジュラ）

FRANCE | ALSACE, THE SAVOIE, AND THE JURA

Crémant du Jura Brut-Comté Chardonnay Tête de Cuvée クレマン・デュ・ジュラ・ブリュット・コンテ・シャルドネ・テット・ド・キュヴェ 🍷 \$\$　素晴らしい値頃感で、きめも細かく、"伝統製法"で醸されたこの発泡ワインは、新鮮なリンゴ、小麦パンのトースト、レモンの皮、ゲンチアナ（りんどう。漢方では根が生薬だが、西洋では花がフラワー・エッセンス）、蜂蜜の味わいを提供してくれる。

MARCEL DEISS *(Alsace)* マルセル・ダイス（アルザス）

Pinot Blanc ピノ・ブラン 🍷 \$\$\$　ブレンドの名手である高名な造り手、ジャン・ミシェル・ダイスは、彼の造るオーセロワとピノ・ブランのブレンドに、ピノ・グリとピノ・ノワールを追加した。核果、スパイス、花、柑橘類のうっとりするようなアロマ、そして口中では絹の質感を醸し出すワインとなっている。

DIRLER-CADE *(Alsace)* ディルレ・カデ（アルザス）

Pinot ピノ 🍷 \$\$　この独特の異彩を放つ100％ピノ・ノワールは――（かすかな銅色の輝きの）白ワインに仕立てられている――、クリーミーだが後味に締まりがあり、種のある果物の香りが詰まっている。
Sylvaner Vieilles Vignes シルヴァネール・ヴィエイユ・ヴィーニュ 🍷\$\$\$　由緒ある畑のブドウで造ったこのワインは、セージ、柑橘類、ナッツ・オイル、リンゴの香り。グリセリンに富み、口の中ではクリーミー。シルヴァネールとしては希有な後味の透明感。

DOMAINE DUPASQUIER *(Savoie)* ドメーヌ・デュパスキエ（サヴォワ）

Rousette de Savoie Altesse ルーセット・ド・サヴォワ・アルテス 🍷 \$\$\$　洗練と謎めいたアロマ溢れるワインで、花、炒ったナッツ、ソバ粉、柑橘類の皮が混じり合い、後味は塩味と砕いた石を想わせる。

MICHEL FONNÉ *(Alsace)* ミシェル・フォネ（アルザス）

Muscat d'Alsace ミュスカ・ダルザス 🍷 \$\$　アルザスのミュスカというユニークな品種を手頃な値段で楽しめる、貴重な機会を提供してくれるワイン。刺激的な樹脂、ペパーミント、セージ、柑橘類の皮、アカシア、

コーヒーの香り。みずみずしいが活力がある。

Pinot Blanc Vignoble de Bennwihr ピノ・ブラン・ヴィニョーブル・ド・ベンウィール ♀ $ 驚くほど廉価で提供されているこのワインは、スイート・クローバーやリンゴの花、洋梨、柑橘類の皮、ヨード、茶系のスパイスといった、愛すべき典型的なアロマを醸し出す。その爽快さは広がりを見せ、抑えが利かないほど。

Pinot Gris Roemerberg Vieilles Vignes ピノ・グリ・レーマーベルグ・ヴィエイユ・ヴィーニュ SD ♀ $$$ ごく粒の小さいブドウから造られた、華麗、オイリーな豊潤さを備え、心地良く持続するピノ・グリ。肉厚で桃を想わせ、時にバラの花びらと茶系のスパイスのアロマ。

Riesling Vignoble de Bennwihr リースリング・ヴィニョーブル・ド・ベンウィール ♀ $$ クレソン、香草、柑橘類の皮をアクセントとする、熟した果樹園の果物。みずみずしく熟しているが繊細さも。時として甘さを感じさせるが、興味深いミネラル感も。

Riesling Rebgarten Vieilles Vignes リースリング・レーブガルテン・ヴィエイユ・ヴィーニュ ♀ $$$ ピンク・グレープフルーツと蜂蜜の芳香。口中では柑橘類が詰まった、みずみずしく絹のような爽快感。後味の豊潤さと快活さのバランスが、このまぎれもない辛口のリースリングの特徴となっている。

FRÉDÉRIC GIACHINO *(Savoie)* フレデリック・ジャキーノ（サヴォワ）

Abymes Monfarina アビム・モンファリーナ ♀ $$ センセーショナルなほど高品質・低価格という評価を受けているこのワインは、透明感、活力、柑橘類、核果の香り溢れるジャケール種から造られ、塩、白胡椒、白亜、海老の殻を感じさせる。飲むピッチも上がろうというもの。

Roussette de Savoie Altesse ルーセット・ド・サヴォワ・アルテス ♀ $$ レモンオイル、マジパン、キルシュの香りが、染み入るような辛味のこのアルテスに溢れている。

DOMAINE GRESSER *(Alsace)* ドメーヌ・グレッセール（アルザス）

Gewurztraminer Kritt ゲヴュルツトラミネール・クリット ♀ $$$ スイートピー、バラの花びら、スパイス、ライム、ココナッツが、このかすかにクリーミーで汁気が多く、ドライだが程良いアルコール度のゲヴュルツトラミネールの特徴となっている。後味は非常に爽快でアルカリ質

FRANCE | ALSACE, THE SAVOIE, AND THE JURA

や石を感じさせる。

Pinot Noir Brandhof ピノ・ノワール・ブランドホフ 🍷 $$$　このクラスのワインにしては、驚きの値頃感。爽快な赤い果実、かすかな苦み、酸味、塩気、味わい深く白亜質。

HUGEL *(Alsace)* ヒューゲル（アルザス）

Gentil ジョンティ 🍷 $　ブレンドというアルザスの伝統に忠実なヒューゲル家の姿勢が、燻製肉、香草、バラの花びら、そしてまたビロードの口当りを持つこのゲヴュルツトラミネールとシルヴァネール主体のワインに反映されている。リースリングが後味に鮮やかさを残してくれる。

Gewurztraminer ゲヴュルツトラミネール 🍷 $$$　広地域ＡＣワインとしては元気で力強さがあり、また本物の辛口でもあるこのワインは、信じがたいほど用途が広く、燻製肉、コーヒー、ミント、バラの花びら、セロリの種、黒胡椒を感じさせる。

Riesling リースリング 🍷 $$　口当りは絹のようだが爽快感のあるこのヒューゲルのベーシックなリースリングは、例によってライム、レモン、かすかな石油香、ナッツ・オイル、果物の種を感じさせ、後味はまったくもってドライ。

EMMANUEL HUILLON *(Jura)* エマニュエル・ウイヨン（ジュラ）

Arbois Pupillin Chardonnay アルボワ・プピヤン・シャルドネ 🍷 $$$チキン・ブイヨン、牡蠣、クラム・ジュース（ハマグリなどからとったジュース）、海水を想起させる（亜硫酸無添加の）このアルボワは、驚くほど味わい深く、垂涎のワイン。

DOMAINE DE L'IDYLLE *(Savoie)* ドメーヌ・ド・リディル（サヴォワ）

Arbin Mondeuse アルバン・モンドゥーズ 🍷 $$　モンドゥーズ入門には最適なワイン。桑の実、肉のブイヨン、黒胡椒の香り。活力に溢れほろ苦く、かすかに収斂味があってどんな飲み方をしてもいい。

Roussette de Savoie Altesse ルーセット・ド・サヴォワ・アルテス 🍷 $$　ハニーデューメロン、パイナップル、ラベンダー、レモンの皮、炒ったナッツ、シェリーあるいはジュラのワインに似たフロール酵母の刺激と、ナッツのような辛味が、後味に素晴らしい引き締まりを誇るこのワイン

の中に醸し出されている。

JOSMEYER *(Alsace)* ジョスメイエール（アルザス）

Pinot Blanc Mise du Printemps ピノ・ブラン・ミズ・ドゥ・プランタン ♀ \$\$\$ 「食べ物との相性が良く、優雅で、品種はオーセロワ」というオーナー、ジャン・メイエの長きにわたるテーマが、花、香草、柑橘類の皮、香り高いメロンと果樹園の果物の混じり合ったようなこのワインの中に、上手に表現されている。

ANDRÉ KIENTZLER *(Alsace)* アンドレ・キンツレール（アルザス）

Chasselas シャスラ ♀ \$\$ 乾し草、麦わら、花の香りを感じさせ、みずみずしく爽快で、かすかに塩気と白亜を感じさせるこのシャスラは、希有な素晴らしさを見せている。

Riesling Réserve Particulière リースリング・レゼルヴ・パティキュリエール ♀ \$\$\$ 甘美で味わい深い柑橘系、酸のある黒と赤のベリー類、ピリッとした浸透感、しっかりした腰、鮮やかさ、噛みごたえ、塩気、砕いた石を感じさせ、キンツレールが得意とする単一畑のリースリングを想起させる。

MARC KREYDENWEISS *(Alsace)* マルク・クライデンヴァイス（アルザス）

Pinot Blanc Kritt ピノ・ブラン・クリット ♀ \$\$ 有機農法のパイオニア、クライデンヴァイスのピノ・ブランとオーセロワのブレンドは、洋梨のシードルとセイヨウカズラを感じさせる。リッチで、しばしば印象的なほどクリーミーなこのワイン、その後味はみずみずしく、かすかな甘みすら感じさせない。

PAUL KUBLER *(Alsace)* ポール・キュブラー（アルザス）

Pinot Gris K ピノ・グリ K ♀ \$\$\$ ライチと燻製肉を感じさせる桃とマルメロのジャムの味わいが、完熟感がありフルボディだが、完全に辛口のこのピノ・グリの特徴となっている。

Riesling K リースリング K ♀ \$\$\$ このキュヴェは、典型的な心地良い柑橘類、塩気を感じさせるミネラル感、香草の刺激感を特徴とする。爽

FRANCE | ALSACE, THE SAVOIE, AND THE JURA

快でかなり繊細な方向へと進みつつある。そして正真正銘の辛口。

KUENTZ-BAS *(Alsace)* クンツ・バ（アルザス）

Auxerrois Collection オーセロワ・コレクシオン ♀ $$　クンツ・バの中では中級ワイン。白亜質土壌の斜面にある畑の古木のワイン。柑橘類の皮、赤い果実、燻香を感じさせ、愛撫するような、クリーミーで、しつこいくらいに果汁感が溢れる味わいには、持続力がある。

Riesling Collection リースリング・コレクシオン ♀ $$$　醸造所が契約するグラン・クリュ格の畑のブドウを組み入れている。メロン、核果、柑橘類の皮の取り合わせのアクセントとなっている、好奇心をそそられるミネラル感の中に、そのことが感じ取れる。

DOMAINE LABBÉ *(Savoie)* ドメーヌ・ラベ（サヴォワ）

Abymes アビム ♀ $　毎年大量のボトルが瓶詰めされるが、洋梨、クローバー、ライム、溶け込んだ白亜味、塩気、かすかに発泡性を感じさせ、素晴らしく用途の広い（時としてかすかに中辛口の）ジャケール。爽快感を失うことがない。

DOMAINE ALBERT MANN *(Alsace)* ドメーヌ・アルベール・マン（アルザス）

Auxerrois Vieilles Vignes オーセロワ・ヴィエイユ・ヴィーニュ ♀ $$　タンジェリン・オレンジ、蜂蜜、さまざまな花、ナッツ・オイル、麦芽の香り。豊潤な質感とこの品種には珍しい快活さのあいだの、素晴らしいバランス。絶対に買い逃さないように。

Crémant d'Alsace クレマン・ダルザス ♀♀ $$$　（下記の）マンのピノ・ブランと同じブレンドをベースにした、よりクリーミーでより快活なこのワインは、核果、花、柑橘類、ミネラルというような要素の沸き立つようなエッセンスを感じさせ、とてつもなく魅力的。世界で最も卓越して美味で、かつお手頃価格の、至宝のような発泡ワイン。

Gewurztraminer ゲヴュルツトラミネール SD ♀ $$$　バラの花びら、果樹園の果物、茶系のスパイス、かすかなスモーク香が、蜂蜜を感じさせる豊かさ、控えめな甘さ、この品種ではあまりお目にかかれない爽快さと混じり合っている。

Pinot Blanc ピノ・ブラン ♀ $$　抜きん出た高品質・低価格との評価を

受けるこのワインは、オーセロワと本物のピノ・ブランをブレンドしたもので、燻香と塩気を感じさせる。オレンジの花、種のある果物、柑橘類もかぐわしく、かすかにクリーミーだがうっとりするほどの果汁感に富む。

JEAN MASSON *(Savoie)* ジャン・マッソン（サヴォワ）

Apremont Cuvée Nicolas アプルモン・キュヴェ・ニコラ ♀ $$ マッソンが造る数多い単一畑のワインのひとつ。特徴的なレモン、グレープフルーツ、茶系のスパイス、生のアーモンドを感じさせ、蠟のような質感と、後味には白亜を感じるが果汁感に富む。

Apremont Vieilles Vignes アプルモン・ヴィエイユ・ヴィーニュ ♀ $$$ 重くて大き過ぎる瓶と淡い緑色のラベルが目立つが、花、柑橘類、種のある果物、ミネラルを感じさせるワイン。マッソンによって"デュ・シェークル"という名前で呼ばれているが、食事に合わせるに際しての応用範囲の広さには、驚かされることだろう。

Apremont Vieilles Vignes Traditionelle アプルモン・ヴィエイユ・ヴィーニュ・トラディシオネル ♀ $$ 花のエッセンスがいっぱいの、かすかに柑橘系で白亜を感じさせる、（ラベルは金色でも）マッソンのワインの中でいちばんシンプルなワイン。衝撃的な純粋さ、広がる果汁感、高揚感、活力を伴う（アルコール度11.5％）。ひと口飲めば虜になる。

MEYER-FONNÉ *(Alsace)* メイエール・フォネ（アルザス）

Gentil d'Alsace ジャンティ・ダルザス ♀ $ ミュスカ、ピノ・ブラン、少々のリースリングとゲヴュルツトラミネールという異端のブレンドから造られたメイエールのジャンティは、果汁感に富み、みずみずしく、かすかにスパイシーでコーヒーの香りも。

Pinot Blanc Vieilles Vignes ピノ・ブラン・ヴィエイユ・ヴィーニュ ♀ $$ このワインにはクリーミーさと爽やかさを伴う蜂蜜の豊かさが、嬉しくなるくらい上手に組み合わさっている。香草と煙香を感じさせる柑橘類、熟した核果の味わいを特徴とする。

Riesling Vignobles de Katzenthal リースリング・ヴィニョーブル・ド・カッサンタル ♀ $$$ ミュスカにも似たかすかなセージ、樹脂、オレンジの花、レモンの皮の香りに、滑らかな質感で果汁感に溢れ、たっぷりと豊かで心地良い味わいが続く。

FRANCE | ALSACE, THE SAVOIE, AND THE JURA

FRÉDÉRIC MOCHEL *(Alsace)* フレデリック・モシェル（アルザス）

- **Pinot Gris** ピノ・グリ 🍷 $$$　この品種のワインとしては珍しいくらい果汁感に富み、熟した桃、ほのかな赤いベリー類、薪を燃やした香りが。かすかにオイリーな質感。そして非常に興味深い香草とスパイスを醸し出している。
- **Riesling** リースリング 🍷 $$$　このワインはモシェルのグラン・クリュ畑が持つ素晴らしさを教えてくれる。生き生きとした柑橘系、ピリッとした香草、明らかな白亜質、石、塩気を感じさせる。
- **Sylvaner** シルヴァネール 🍷 $$　この一見地味な品種が、アルザス北部でどれほどまでに爽快で、実に興味あるものとなりうるかを証明してくれるワイン。ピリッとしたレモンの皮、洋梨の皮、そして香草が圧倒的。

DOMAINE DE MONTBOURGEAU *(Jura)* ドメーヌ・ド・モンブールジョ（ジュラ）

- **Crémant du Jura Brut** クレマン・デュ・ジュラ・ブリュット 🍷🍷 $$$　これもまたジュラのシャルドネから造られた、ずば抜けて素晴らしい値頃感の発泡ワイン。かすかなナッツ、花、ミネラル感、爽快な柑橘類を感じさせる。
- **Étoile Cuvée Spéciale** エトワール・キュヴェ・スペシアル 🍷 $$$　ジュラのクラシック・ワインに特有の酸化香を特徴とする、シャルドネ100％の卓越したワイン。樽の中で手つかずのまま5年間を過ごし、染み入るようで刺激のあるナッツと柑橘系を特徴とするワインになった。かすかなトーストとキャラメルも感じさせる。

DOMAINE DE L'ORIEL-GÉRARD WEINZORN *(Alsace)* ドメーヌ・ド・ロリール・ジェラール・ヴァインツォルン（アルザス）

- **L'Oriel** ロリール 🍷 $$　リースリング、ピノ・グリ、ゲヴュルツトラミネール、ミュスカをブレンドしたこのワインには、心地良い豊かさがあり、核果、柑橘類のクリーム、ナッツ・オイル、蜂蜜、バラの花びら、燻製肉が、控えめな甘さに支えられている。
- **Riesling** リースリング 🍷 $$$　熟した白桃、甘やかな柑橘類の香りに溢れ、ヴィンテージにもよるのだろうが、蜂蜜、白トリュフあるいは水仙の香りが織り込まれている。オイリー、ソフト、ビロードのような口中感のワインだが、爽快さを保っている。

フランス | アルザス、サヴォワ、ジュラ

ANDRÉ OSTERTAG *(Alsace)* アンドレ・オステルタッグ（アルザス）

Sylvaner Vieilles Vignes シルヴァネール・ヴィエイユ・ヴィーニュ ♀ $$
どことなくスモーキーで、肉厚、そして白亜を感じさせる。果汁感に富み、リンゴのような果実味、柔らかで蠟のような質感、そして後味は汁気に富む。食卓で大車輪の活躍をしてくれるだろう。

FRANK PEILLOT *(Savoie)* フランク・ペイヨー（サヴォワ）

Roussette du Bugey Montagnieu Altesse ルーセット・ド・ビュジェイ・モンタニュー・アルテス ♀ $$$　アルテスを知るための、印象的な入門ワイン。緑茶、マルメロ、クローバー、菩提樹の花、香草の香りを醸し出し、うっとりするような絹の舌触り、繊細さ、かすかに苦みがある。魅惑的で、食べものとの相性もいい。

ANDRÉ PFISTER *(Alsace)* アンドレ・プフィスター（アルザス）

Pinot Blanc ピノ・ブラン ♀ $$　熟したリンゴ、アーモンド、花の香りを醸すピノ・ブランは、若きメラニー・プフィスターの作。かすかに柑橘類の皮と蜂蜜の香りのある、果汁豊かなリンゴ、メロンの果実味が口いっぱいに広がる。
Riesling Silberberg リースリング・シルバーベルグ ♀ $$$　果樹園の果物、柑橘類、花、香草の香りに溢れたこのワインは、典型的なナッツ風味の豊潤さと熟した果実味のバランスに優れ、そこには香草の刺激味、酸味のある柑橘類、塩っぱいミネラル感が感じ取れる。後味には元気な持続力が。

ANDRÉ AND MICHEL QUENARD *(Savoie)* アンドレ & ミシェル・ケナール（サヴォワ）

Abymes アビム ♀ $$　花、柑橘類、かすかなミネラル感、低いアルコール度を特徴とするこのワインの爽快感は、この地の白亜質の土壌に由来する。
Chignin シニャン ♀ $$　ケナールのアビムのように一貫して爽快で、花、かすかなミネラル感のあるずば抜けて優秀なアルプスのワイン。

FRANCE | ALSACE, THE SAVOIE, AND THE JURA

DOMAINE RENARDAT-FÂCHE *(Savoie)* ドメーヌ・ルナールダ・ファシュ（サヴォワ）

Bugey-Cerdon ビュジェイ・セルドン 🍷 SD 🍷 $$$ 深いピンク色で、ベリーの香りに富み、アルコール度数の低いこの発泡性甘口ワインは、これを見て怖気をふるうワイン通気取りの者以外にとっては、ちょっとした御馳走となるだろう。

JEAN RIJCKAERT *(Jura)* ジャン・リジュカエール（ジュラ）

Arbois En Paradis Vieilles Vignes Chardonnay アルボワ・アン・パラディ・ヴィエイユ・ヴィーニュ・シャルドネ 🍷 $$$ リジュカエールの低価格のワインの中ではとりわけ拍手喝采がやまないワイン。鮮やかさ、複雑さ、刺激、持続力を備えた、尋常ではない豊かさを提供している。洋梨、花、ナッツ、柑橘類、謎めいた肉感とミネラル感を特徴とする。

Chardonnay シャルドネ 🍷 $$$ リジュカエールの古木のある契約畑のブドウで造ったとてつもないバリューワイン。しっかりと引き締まっていて、リンゴ、パイナップル、マンダリン・オレンジ、塩、柑橘類を感じさせ、持続的な刺激のある香草、花、キノコ、ミネラル感がある。

Côtes de Jura Les Sarres Chardonnay コート・ド・ジュラ・レ・サール・シャルドネ 🍷 $$$ リンゴ、ライム、パイナップル、ココナツの混じり合った芳香と風味に、刺激的なナッツとかすかなフィノ・シェリーのようなフロールが香るこのワインは、華やかで豊潤だが鮮やかなほど白く、いつまでも食卓を魅惑し続けることだろう。

CHARLES SCHLERET *(Alsace)* シャルル・シュルレ（アルザス）

Pinot Blanc ピノ・ブラン 🍷 $$$ ほぼオーセロワ主体のこのワインは噴き上がるような芳香があり、クリーミーでシャーベットのような柑橘類を感じさせる味わい。柔らかだが爽快な後味には、甘く香る香草のニュアンス。繊細さのお手本となるワインで、飲みやすさがどこまでも広がっていく。

JEAN-PAUL SCHMITT *(Alsace)* ジャン・ポール・シュミット（アルザス）

Pinot Gris ピノ・グリ 🍷 $$$ このワインのバランスには驚かされる。

残糖は低く、だがアルコール度は14％以下。熟した桃と柑橘類に溢れ、鮮やかさはまるでリースリングのよう。その一方でアルザスのピノ・グリ特有の燻香、スパイス、オイリーな豊潤さが保たれている。

Riesling リースリング 🍷 $$$ まったくの辛口で、風味は熟して面白く、しかしアルコール度数は12.5％。小生意気で鮮やか、細身だが、爽快な塩気、柑橘系、香草、アンズの果実味を持つこのリースリングなら、どんな料理と合わせても大丈夫。

SCHOFFIT *(Alsace)* ショフィット（アルザス）

Chasselas Vieilles Vignes シャスラ・ヴィエイユ・ヴィーニュ 🍷 $$ この品種から造られたどんなワインとも異なる味わい。香草、蜂蜜、燻製肉の香りを伴った、心地良く艶やかな豊潤さがピノ・グリと似ている。

Pinot Blanc Auxerrois Vieilles Vignes ピノ・ブラン・オーセロワ・ヴィエイユ・ヴィーニュ SD 🍷 $$$ 核果、柑橘類の皮、香草の惜しみないまでの香り。贅沢でクリーミーで、顕著な甘さがある。このワインは火打ち石、煙、かすかな苦みのために、より際立ったものになっている。

Riesling Harth Tradition リースリング・ハルト・トラディシオン SD 🍷 $$$ 豊かで、甘いアロマを放つ香草、甘美な柑橘類を醸し出し、リースリングにしては珍しいほどクリーミーな質感で、ほとばしるよう。どちらかといえば豪華な食事には向かないかもしれない。

PIERRE SPARR *(Alsace)* ピエール・スパール（アルザス）

Pinot Gris Réserve ピノ・グリ・レゼルヴ SD 🍷 $$ このワインは、ビロード、蜂蜜、豊かな核果を醸し出し、そこはかとなく甘く、かすかにスモーキー。スパールの多彩なラインナップに特徴的な、ソフトだがいささかぼやけたスタイルを感じさせる。

MARC TEMPÉ *(Alsace)* マルク・テンペ（アルザス）

Riesling Zellenberg リースリング・ツェレンベルグ 🍷 $$$ 見事なまでに豪奢で、蜂蜜、豊潤さを感じさせる、極めて印象的なニュアンスのリースリング。ビオディナミ農法の造り手マルク・テンペは、彼のスタイルであるシンコペーションのような強弱のリズムをこのワインでも踏襲している。

FRANCE | ALSACE, THE SAVOIE, AND THE JURA

ANDRÉ & MIREILLE TISSOT *(Jura)* アンドレ & ミレイユ・ティソー（ジュラ）

Arbois Selection アルボワ・セレクシオン 🍷 $$$　このジャンルの入門に最適なワイン。刺激のあるほろ苦い花、柑橘類の皮、ナッツ、白亜を感じさせるシェリーのような香りと、豊かで鮮やかな色合いのために幅広い料理と見事に調和する。

Crémant du Jura Brut クレマン・ドゥ・ジュラ・ブリュット 🍷🍷 $$　このピノ・ノワールとシャルドネを主体としたキュヴェは、価格の面で言えば世界最高の発泡ワインのひとつ。花盛りの温室に足を踏み入れたかのようなこのワインの香りは、ピリッと刺激的で、白亜を感じさせクリーミー、繊細に沸き上がる口中感、舌なめずりしたくなるよう。しかしそれがまったくもって刺激的な後味の味わいへと続いていく。

F. E. TRIMBACH *(Alsace)* F. E. トリンバック（アルザス）

Gewurztraminer ゲヴュルツトラミネール 🍷 $$$　トリンバックの"クラシック"なゲヴュルツトラミネールは、もっと多くの栽培家が見習うべき抑制と爽快感のお手本となるワイン。リッチだが引き締まり、辛口だがアルコール度は13.5%。燻製肉、セロリの種、海風、バラの花びら、スイートピーを特徴とする。

Pinot Gris Réserve ピノ・グリ・レゼルヴ 🍷 $$$　クリーミーな充実感に、なおかつ果汁感に富む爽快感も。桃、茶系のスパイス、燻製肉。麝香（ジャコウ）とかすかに白亜を感じさせる香り。普通なら2年ほどで出荷されることのないクラスのワインなので、要注目。

Riesling リースリング 🍷 $$　トリンバックが自社の"クラシックな"リースリングと呼ぶこのワインは、いつもながら食事に最適。鮮やかで果実感が溢れ、腰がしっかりした辛口。

Riesling Réserve リースリング・レゼルヴ 🍷 $$$　最高の畑数カ所のブドウで造ったこのワインには、柑橘類、核果（そしてその核肉）、花、香草が詰まり、活力、透明感、魅力的なかすかなミネラル感に、豊潤さが混じり合っている。トリンバックの深く濃密で、しかしより高価なキュヴェが、なぜアルザスの基準点となっているのかを教えてくれる。

JEAN VULLIEN & FILS *(Savoie)* ジャン・ヴュリアン & フィス（サヴォワ）

Roussette de Savoie ルーセット・ド・サヴォワ 🍷 $$$ オレンジの皮、ソバ粉、ナツメグ、炒ったヘーゼルナッツの刺激的な香りが、かすかにオイリーだが果汁感豊かで爽快な味わいへと続いていく。柑橘類の皮、白亜質、軽く炒ったナッツと穀類が特徴となっている。

DOMAINE WEINBACH *(Alsace)* ドメーヌ・ヴァインバック（アルザス）

Sylvaner Réserve シルヴァネール・レゼルヴ 🍷 $$$ どことなく葉っぱを感じさせる匂いのする温室さながらの香りが、鼻腔を満たす。口中は果汁豊かな柑橘類、ナッツ・オイル、香草や花のエッセンスで心地良く、ファレル家の高名な醸造所のこのワインに陶然となる。ほのかなほろ苦さ、甘美な爽快感、ミネラル感溢れる不可思議さと優美さも素晴らしい。

DOMAINE ZIND-HUMBRECHT *(Alsace)* ドメーヌ・ツィント・ウンブレヒト（アルザス）

Gewurztraminer ゲヴュルツトラミネール 🍷 $$$ 最高の畑の比較的若い木から造られたこのキュヴェのワインは、豊かさと優美さがいかに共存しうるかを証明してくれる。乾燥ハーブ、セロリの根、バラの花びら、海風、ベーコン脂を特徴とするまったくの辛口。フルボディだが、広がる果汁感とミネラルさえ感じさせるゲヴュルツトラミネール。

Pinot Gris ピノ・グリ 🍷 $$$ 高名な畑のブドウを惜しみなく使った結果が、スモーキー、スパイシー、刺激的で蜂蜜の豊潤さに満ちたこのワインに帰結している。マッシュルーム、ナッツ・オイル、あるいは麝香の忘れがたいニュアンスも感じられる。

Riesling リースリング 🍷 $$$ 複数の畑のブドウを早摘みして、まったくの辛口だが比較的低いアルコール度に仕立てられているこの広地域ワインは、アルザスで最も高名な醸造所の手になるもので、刺激的なほど香草の香りに富む。汁気たっぷりの柑橘類と桃、アプリコットなどの果実。樹脂、火打ち石、ナッツ、蜂蜜を感じさせる。

ボルドーのバリューワイン

(担当　ロバート・M・パーカー Jr)

有名アペラシオン（原産地管理呼称）の周辺

　数々の高品質ワインの量産、それらの国際的名声、その並はずれた熟成力などの点において、ボルドーは世界一偉大なワイン産地といえよう。しかし、誰もが称賛し、出版物やインターネットで紹介されるボルドーワインは、「バリューワイン選び」の必須価格25ドルをはるかに超えている。ボルドーの歴史的な威信は、そこがフランスの一流シャトーの格付けを行なった最初の主要ワイン産地だという事実に遡る。1855年、ボルドーは広大なメドック地区（ボルドー市の南のグラーヴ地域からの１シャトーも含む）で生産された諸ワインに対して格付けを行なった。以後150年間以上も、その１級から５級までの格付けが堅持され、唯一の変更は1973年にムートン・ロートシルトが２級から１級に格上げされただけである。やがて1959年からグラーヴでもワインの格付けが始まり、またサンテミリオンのワインも10年に１度格付けが実施されている。要するに、ボルドーの掘り出し物を賢く見つけようと思う人は、こうした格付けワインを基本的に除外しなければならない。格付け品はそもそも高価すぎて、「バリューワイン」とは呼べないからだ。トップ級シャトーの多くは、セカンド・ラベルの下に廉価版ワインを造っているが、それらの価格にしても、しばしばボトル25ドル以上なのである。

　そうはいうものの、高品質ワインを造り、世界的に影響力のある醸造学・技術革新・ブドウ栽培の中心地であるボルドーに、入手しうる掘り出し物が存在することは間違いない。ただし、消費者はさほど有名でないボルドーの村々について学ぶ必要があるだろう。サンテステフ、ポイヤック、サンジュリアン、マルゴー、ペサック・レオニャン、ポムロール、サンテミリオンは、ここでは忘れよう。これらのワインは偉大だが、その99％の価格は25ドル以上である。掘り出し物は、これら有名地域に隣接する知られざるアペラシオンから出現する。

　世界中の大金持ちは華麗なる銘柄品と有名アペラシオンにこだわるかもしれないが、少々の知識があれば、素晴らしい掘り出し物が見つかるのだ。特に2000年、2003年、そして2005年物には。次に列挙するものは、ドル相場にもよるが、25ドル以下で購入できる。

ヴィンテージを知る

2005年物は、常に高いプレミアムがつくだろう。間違いなく最高のヴィンテージである。だが、2004年または2006年の同等のワインを眺めてみると、完成度、熟成、純粋さが2005年ほどではないにしても、価格はたいてい半値であり、賢い買い物につながるのだ。もちろん、すべては消費者が判断することなのだが、質におけるヴィンテージのばらつきは、劇的に異なる価格に反映される。2004年物と2006年物は常に2005年物より安いが、それは、2005年は多くの場合、最高級のワインを産み出したからである。バリューワインを見つけるのが最も難しいヴィンテージは2007年だが、2008年物は(まだ樽内にあり、2010年までは市販されない)驚くべき品質のワインを産むだろう。

飲み頃

一般に、これらのワインの大半は早飲みタイプである。しかし、高貴な素性でないボルドーワインでも、驚くほど長持ちすることがある。私はそうしたマイナーなシャトーのワインの多くを8～10年間、最良状態に保ってきた。冷涼な環境で保存しさえすればよい。良い作柄の年(例えば、2000年、2003年、2005年)には、これらのワインの多くは2～3年で飲み頃に達し、さらに3～4年はその状態を保ち、実際にはその後もう5～6年保存できる。場合によっては、20年を経ても飲めるものがあるが、それは別の話だ。これらのワインは若いうちに賞味されることを想定している。やや劣る作柄の年(2004年、2006年、2007年)は、3～4年で飲むのがベスト。このことは掘り出し物発掘の励みになる。なぜなら消費者の多くは買ったらすぐ楽しみたいだろうし、これらのワインはその期待に応えてくれるのだ。

■ボルドーの優良バリューワイン(ワイナリー別)

DOMAINE DE L'A *(Côtes de Castillon)* ドメーヌ・ド・ラ(コート・ド・カスティヨン)

🍷 $$$　通常、メルロ／カベルネ・フラン／カベルネ・ソーヴィニヨンのブレンドが、瓶詰めされ、清澄処理も濾過もされない。これらの本格的に造られたフルボディのワインは10～12年間、甘美に味わえる。

FRANCE | BORDEAUX

D'AGASSAC　*(Haut-Médoc)*　ダガサック（オー・メドック）

🍷 $$$　優雅。ほとんどマルゴーのような花の香りが赤と黒の果実類の香りと溶け合い、さらに木と湿った土の気配もある。このミディアムボディのワインは、程良いタンニン味、美しい純粋感、頭がくらくらする後味。初期6～8年のあいだに飲み終えてしまうこと。

D'AIGUILHE　*(Côtes de Castillon)*　デギュイユ（コート・ド・カスティヨン）

🍷 $$$　見事なフルボディ、重層的、きわめて濃密なクラレット。メルロ主体で少量のカベルネ・フランを加えた絹のようなワインは、初期8～10年にわたり楽しむことができる。

D'AIGUILHE QUERRE　*(Côtes de Castillon)*　デギュイユ・ケール（コート・ド・カスティヨン）

🍷 $$$　コクが素晴らしいフルボディ、重層的な口当たり、口に含むとさまざまな多面的な味わいが出る。ほぼ40秒続く後味。当たり年のこのワインは、トップ級クリュのワインに優に匹敵しうる。初期10年のうちに賞味すること。

AMPELIA　*(Côtes de Castillon)*　アンペリア（コート・ド・カスティヨン）

🍷 $$$　アンペリアのワインは果実感に優れる。ミディアムボディ、卓越した酸味、精密さと純度、そして長い余韻。通常、セラーで1～2年寝かせるとさらに美味。約10年はおいしく飲める。

ARIA DU CHÂTEAU DE LA RIVIÈRE　*(Fronsac)*　アリア・デュ・シャトー・ド・ラ・リヴィエール（フロンサック）

🍷 $$$　シャトー・ド・ラ・リヴィエールの豪華なキュヴェ。メルロを主体とする濃い紫色で、ミディアムからフルボディ。この見事な口当たりのワインは、初期10年間に飲み終えるのがベスト。

AU GRAND PARIS　*(Bordeaux)*　オー・グラン・パリ（ボルドー）

🍷 $ フルーティで濃いルビー色、ミディアムボディ。地道な努力が、ハーブの気配とソフトな口当たりを生み出している。非常に独特とはいえないが、悪くない。

D'AURILHAC *(Haut-Médoc)* ドーリヤック （オー・メドック）

🍷 $$$ この紫がかったルビー色のワインは深く濃厚な色合い。ミディアムからフルボディ、そのリッチさは素敵。舌ざわりは絹のようだが、タンニンが目立つ。長い後味。比較的スケールの大きいこのワインは、クリュ・ブルジョワよりも格付けワインとの共通点が多い。10～15年のあいだに飲むこと。

BAD BOY *(Bordeaux)* バッド・ボーイ （ボルドー）

🍷 $ このバーゲン価格のボルドー・ブレンドは、しばしばホームランを放つ。絹のような舌ざわりのミディアムボディで、味は純粋、美味。最初の3～4年で飲むのがベスト。

BEAULIEU COMTES DE TASTES *(Bordeaux Supérieur)* ボーリュー・コント・ド・タスト（ボルドー・シュペリュール）

🍷 $$$ 通常は、半量のメルロに、カベルネ・フランとカベルネ・ソーヴィニヨンをブレンド。このセンセーショナルなワインは卓越した口当たり、ミディアムボディ、柔らかなタンニンを披露してくれる。初期の5～6年にわたり楽しめる優れもの。

BEL-AIR LA ROYÈRE *(Premières Côtes de Blaye)* ベ・レール・ラ・ロワイエール（プルミエール・コート・ド・ブライ）

🍷 $$ 魅力的な甘いスグリの香りとイチゴ風味が、この芳潤で絹のような口当たりのフルーティなワインから立ち現われる。初期の3～4年が美味で飲み頃。

BELLE-VUE *(Haut-Médoc)* ベル・ヴュー（オー・メドック）

🍷 $$$ 他のたいていのワインよりタンニンが強い。秀逸な果実味、ミデ

FRANCE | BORDEAUX

ィアムボディ、そして豊かな個性がある。瓶熟で1〜2年置くと、続く7〜8年のあいだ、楽しめる。

BERTINEAU ST.-VINCENT *(Lalande-de-Pomerol)* ベルティノー・サン・ヴァンサン（ラランド・ド・ポムロール）

🍷 $$$　早熟、フルーティ、見事なスタイルが特徴のこのワインは、一般にたっぷりのチョコレート風味、ベリー類の果実香、そして個性的スパイスと共に甘美で享楽的な口当たりを自慢にする。3〜5年間、おいしく飲める。

BOLAIRE *(Bordeaux Supérieur)* ボレール（ボルドー・シュペリュール）

🍷 $$$　驚くほど高比率のプティ・ヴェルド（39%）に、メルロとカベルネ・ソーヴィニヨンが結び合わされた結果、ボルドーでひときわ目立つワインとなった。目の覚めるような深み、コク、そして口当たりをもつミディアムボディ。一般に10年間はおいしく飲める。

BONNET *(Bordeaux)* ボネ（ボルドー）

Blanc ブラン 🍷 $　果物の塊のようなこのワインは、きびきびとした新鮮なスタイルと、豊かな果実味を持つ。できた年から1年以内に飲むのが理想的。

Divinus ディヴィヌ 🍷$$　ボネの贅沢なキュヴェであるこのワインは、通常メルロとカベルネ・ソーヴィニヨンの混合。ミディアムボディで、卓越した深みと余韻をもつフルーティさがある。

Réserve レゼルヴ 🍷 $$$　レゼルヴはかすかなハーブ、スパイス、ヒマラヤ杉の気配を示す。最初の3〜4年に楽しむこと。

BORD'EAUX *(Bordeaux)* ボル・ドー（ボルドー）

🍷 $　（ボルドーとしては）珍しいスクリューキャップ。100%のメルロ味が爆発するこのワインは、チョコレート風味、柔らかなタンニン、ミディアムボディ、そして素晴らしい純粋さをたっぷり見せる。箱に入った3リットル・バッグでも市販されているから、懐の寒いワイン愛好者に大いに喜ばれているはず。初期1〜2年のあいだに賞味すること。

フランス｜ボルドー

BOUSCAT *(Bordeaux Supérieur)* ブスカ（ボルドー・シュペリュール）

Cuvée Gargone キュヴェ・ガルゴン ▼ $$　ブスカのレギュラー商品は印象的なものが少ないが、このキュヴェ・ガルゴンは本格的な濃縮度、みごとな緻密さ、愛すべき口当たり、そして長くすっきりした後味をもつ。典型的なものは、3〜5年間、おいしく飲める。

BRANDA *(Puisseguin-St.-Émilion)* ブランダ（ピュイスガン・サンテミリオン）

▼ $$　フルーティなミディアムボディで、造りの良い、純粋で滑らかなクラレットをお探しの方は、サンテミリオンの「衛星」アペラシオンのひとつとして信頼できるこの生産者を見逃してはならない。このワインは4〜5年間、素敵な飲み心地を与えてくれる。

BRISSON *(Côtes de Castillon)* ブリソン（コート・ド・カスティヨン）

▼ $$$　甘草やスパイスや燻煙に混じって、顕著なブラックベリーとスグリの香りがグラスから飛び出してくる。ミディアムボディで、豊かなフルーティさを持ち、バランスの良いワイン。ふつう3〜6年間、おいしく飲める。

BRONDEAU *(Bordeaux)* ブロンドゥー（ボルドー）

▼ $$　廉価で美味なこのキュヴェは、濃厚なチェリーとスグリの果実香に富み、ミディアムボディの親しみやすい良さがある。酒齢の初期2〜3年のあいだに飲むこと。

CAMBON LA PELOUSE *(Haut-Médoc)* カンボン・ラ・プルーズ（オー・メドック）

▼ $$$　ブラックチェリー、燻煙、タバコ、スパイスなどのエキゾチックで華々しくフルーティなブーケを持つ。この芳醇でまろやかで豊かな赤ワインは、初期の5〜6年で飲むのが理想的。

FRANCE | BORDEAUX

CAP DES FAUGÈRES *(Côtes de Castillon)* カプ・デ・フォージェール（コート・ド・カスティヨン）

🍷 $$$　常にコート・ド・カスティヨンの最良ワインのひとつ。カプ・デ・フォージェールは典型的な重さ、深み、豊かさの結晶であり、それが放つ華々しい香りには黒い果実類、コーヒー、チョコレート、焦げたオークが感じられる。一般に、10年はもつ。

CHARMAIL *(Haut-Médoc)* シャルマイユ（オー・メドック）

🍷 $$$　精妙でセクシーなワインは、甘い果実感、まろかやかにこなれたタンニン、魅力的で豊潤な長い余韻を与えてくれる。このワインは一般に、10年間は美味。

LES CHARMES-GODARD *(Bordeaux)* レ・シャルム・ゴダール（ボルドー）

🍷 $$　この非常にフルーティな白は、トロピカルフルーツの香り、ほどよい酸味、ミディアムボディ、愛すべき純粋さを見せる。3～4年間、嬉しく飲める。

CITRAN *(Haut-Médoc)* シトラン（オー・メドック）

🍷 $$$　ブラック・カラントの果実香と溶け合った樽香、甘草、そして香料の一団が、この華やかで、極めてスタイルの良いボルドーワインのグラスから飛び出してくる。ミディアムボディでスパイシー。たっぷりのボディと果実感と深さを伴う。典型的なシトランは、10年間はおいしく飲める。

CLOS CHAUMONT *(Premières Côtes de Bordeaux)* クロ・ショーモン（プルミエール・コート・ド・ボルドー）

🍷 $$$　ミディアムからフルボディで、ビロードのようなタンニン、みずみずしい果実香味、そして角のとれた重層的な口当たり。このセクシーで誘惑的なワインは4～5年で飲むのがよいだろう。

CLOS L'ÉGLISE *(Côtes de Castillon)* クロ・レグリーズ（コート・ド・カスティヨン）

🍷 $$$　ジェラール・ペルスが造るワインの中で最も廉価なもののひとつ。クロ・レグリーズ（メルロが主体で、残りはカベルネ・ソーヴィニヨンとカベルネ・フラン）は、ミディアムボディ、溢れる果実香味、そしてまろやかな口当たりと後味をみせる。初期の5～6年にわたり楽しむことができる。

CLOS MARSALETTE　*(Pessac-Léognan)*　クロ・マルサレット（ペサック・レオニャン）

🍷 $$$　焙ったハーブ、炭の残り火、そして甘いチェリーとスグリのブーケを放つ。この優雅で軽やかなワインは、初期7～8年のあいだ、楽しむことができる。

CLOS PUY ARNAUD　*(Côtes de Castillon)*　クロ・ピュイ・アルノー（コート・ド・カスティヨン）

🍷 $$$　クロ・ピュイ・アルノーは例によって、ブラックチェリーの気配、強い果実感、口に含むとみごとな充実感とともに、砕石／ミネラルを想わせる個性を発揮する。7～8年はおいしく飲める。

CONFIANCE DE GÉRARD DEPARDIEU　*(Premières Côtes de Blaye)*　コンフィアンス・ド・ジェラール・ドパルデュー（プルミエール・コート・ド・ブライ）

🍷 $$$　俳優のジェラール・ドパルデューは、ベルナール・マグレ、醸造家ジャン・コルドー、ミシェル・ローランと共に、特別なキュヴェを創り出した。これはメドックの格付け第2級あるいは第3級に匹敵するような逸品で、ヒマラヤ杉、ブラック・カラント、タバコの葉、そしてスパイスボックスのような香りを発散する。1～2年の瓶熟を要し、その後10～15年にわたり飲むことができる。

LE CONSEILLER　*(Bordeaux)*　ル・コンセイエ（ボルドー）

🍷 $$$　アントル・ドゥ・メールの名もない村から生まれたこのセンセーショナルなワインは、焦げ臭、黒フランボワーズ、カシス、甘草、黒トリュフ、トーストしたパンなどの素晴らしいアロマを持つ。このおいしさが

濃縮されたワインは初期5〜7年のあいだ、多くの喜びを与えてくれるはずだ。

COUFRAN *(Haut-Médoc)* クーフラン（オー・メドック）

🍷 $$$　かすかなエスプレッソ・ローストや乾燥ハーブと混じった甘いチェリーの香りを発する。クーフランのボディはミディアムであることが多く、一部にタンニンが目立つものがある。10〜15年もつ。

COURTEILLAC *(Bordeaux Supérieur)* クルティヤック（ボルドー・シュペリュール）

🍷 $$　ミディアムボディで、甘みのあるタンニンと、素敵なフルーティさをもつ。典型的なものなら、初期5〜6年に飲むのが理想的。

CROIX DE L'ESPÉRANCE *(Lussac-St.-Émilion)* クロワ・ド・レスペランス（リュサック・サンテミリオン）
🍷 $$$　本格的に構成されたタンニンの強いクロワ・レスペランスは、しばしばその低く見られているアペラシオンを飛び越える。そして、通常はるかに高価なワインにしか見いだせない、黒い果実類や、森の地表や、焙ったハーブ、甘草などの凝縮された深みある風味を備えている。

CROIX MOUTON *(Bordeaux Supérieur)* クロワ・ムートン（ボルドー・シュペリュール）
🍷 $$$　たいしたことはないと思われているブドウ畑から生まれたスーパー・ボルドーのひとつ。メルロとカベルネ・ソーヴィニヨンのブレンドに、カベルネ・フラン／プティ・ヴェルド／マルベックが少しずつ加味されており、味わいは深く、精妙で、豊潤である。その出自と価格にしては素晴らしいこのワインは、初期の4〜5年内に飲まれるべき。

LA CROIX DE PERENNE *(Premières Côtes de Blaye)* ラ・クロワ・ド・ペレンヌ（プルミエール・コート・ド・ブライ）

🍷 $$$　恵まれた収穫年には、このミニ・ルパン（メルロが主体で、小量のカベルネ・フラン）はとびきり上等である。官能的で絹のような口当たりは驚くべき後味をもち、7〜8年にわたり甘美さを味わえるだろう。

LA CROIX DE PEYROLIE DE GÉRARD DEPARDIEU *(Lussac-St.-Émilion)* ラ・クロワ・ド・ペイロリー・ド・ジェラール・ドパルデュー（リュサック・サンテミリオン）

🍷 $$$　わっと押し寄せる素晴らしい果実風味は、中味で広がり、そして濃くて純粋感があり、舌ざわりの良い後味に至る。この多次元なワインはしばしば3〜5年の瓶熟を要し、その後は10年間ほど保存できる。

DALEM *(Fronsac)* ダレム（フロンサック）

🍷 $$$　ミディアムボディの、濃くて、酸味とタンニンがうまく調和したこのフロンサックは、一般に、10年またはそれ以上をかけて素敵に熟成していく。

DAUGAY *(St.-Émilion)* ドーゲイ（サンテミリオン）

🍷$$$　素直でありながら非常に魅力的かつフルーティな成果をみせる、このミディアムボディのワインは、収穫年に続く5〜6年以内に、賞味されるべき。

LA DAUPHINE *(Fronsac)* ラ・ドーフィーヌ（フロンサック）

🍷 $$$　みごとな純粋さ、均整、そして力強さと優雅さを持つ。センセーショナルな凝縮感と深みまで備えた、新鮮で豊満でソフトなフロンサック。しばしば10〜15年間はもつ。

LA DOYENNE *(Premières Côtes de Bordeaux)* ラ・ドワインヌ（プルミエール・コート・ド・ボルドー）

🍷 $$　清澄も濾過もされていないこのブレンド（約80％のメルロ、ほかにカベルネ・ソーヴィニヨンとカベルネ・フラン）は、砂とローム層土壌、スパイス・ウッド、湿った土などスケールの大きい楽しくなる香りを発し、おびただしい量のチェリー類やスグリという感じも受ける。悦楽的で官能的でありながら優雅で雑味がない。収穫年に続く3〜4年のあいだ、楽しむことができる。

D'ESCURAC *(Médoc)* デスキュラック（メドック）

FRANCE | BORDEAUX

🍷 $$　メドックの最良クリュ・ブルジョワのひとつ。優れた努力の結晶であるこのワインは、黒オリーブ、カシス、スパイスボックスの印象、複雑なヒマラヤ杉の香り、古典的スタイルのブーケをもたらす。そのミディアムボディには、卓越した純粋さ、リッチさ、力強さ、甘く感じるタンニン、みごとな果実香味、そして賞賛すべき深みが備わる。10年あるいはそれ以上もつ。

L'ESTANG　*(Côtes de Castillon)*　レスタン（コート・ド・カスティヨン）

🍷 $$　鄙びたアペラシオンで造られた味わい深いレスタンには、通常、深みのあるルビー色、赤や黒の果実類を想わせる強めのブーケがある。その香りには土、スパイス、少々の焙ったハーブも混じっている。柔らかな絹のように滑らかで、ミディアムボディの純粋さをもち、バランスの良いこのコート・ド・カスティヨンは、5〜6年は熟成できる。

FAIZEAU　*(Montagne-St.-Émilion)*　フェゾー（モンターニュ・サンテミリオン）

🍷 $$$　恵まれた収穫年には、モンターニュ・サンテミリオンで造られたこの100%メルロは、フルボディで円熟し、きれいに整っている。10年ほどおいしく飲める。

FERET-LAMBERT　*(Bordeaux Supérieur)*　フェレ・ランベール（ボルドー・シュペリュール）

🍷 $$　卓越したボルドー・シュペリュールのひとつであり、賞賛すべき純粋さ、ずば抜けた濃厚さ、少しも角のない長い余韻をもつ。このミディアムボディのワインは、初期7〜8年のあいだに賞味されるべき。

FERRAND　*(Pessac-Léognan)*　フェラン（ペサック・レオニャン）

🍷 $$$　このスタイリッシュで優雅なワインは、甘くて埃まみれの赤いチェリーとスグリが埋もれ火のように混じっている感じ。ミディアムボディで、絹のようなタンニンと、卓越した熟成度と純粋さも感じられる。初期7〜8年のうちに飲むこと。

FLEUR ST.-ANTOINE *(Bordeaux Supérieur)* フルール・サン・タントワーヌ（ボルドー・シュペリュール）

🍷 $$ ランクの低いアペラシオン生まれだが、しばしばその年のダークホースになる存在。このミディアムボディのワインは、たっぷりの果実味、こってりした口当たり、長いくらくらするような冴えた後味を持つ。初期の5～6年のあいだに飲むこと。

FOUGAS MALDORER *(Côtes de Bourg)* フーガ・マルドレール（コート・ド・ブール）

🍷 $$$ 通常、これらのワインには若いうちはタンニンの粗さが出るが、濃いルビー色で、チョコレートで包んだチェリーのような特段に甘い香りは誘惑的である。ミディアムボディで、構成がよく、驚くほど力強いこのワインは、7～8年はもつ。

FOUGÈRES LA FOLIE *(Pessac-Léognan)* フジェール・ラ・フォリー（ペサック・レオニャン）

🍷 $$$ この見事なペサック・レオニャンのワインは、柔らかなタンニン、口中の心地良い味わい、純粋感のある後味を示し、5～6年はおいしく飲める。

FUSSIGNAC *(Bordeaux)* フュジニャック（ボルドー）

🍷 $$ リッチな果実香味。まろやかでしなやかで、魅惑的なこのボルドー・シュペリュールは、3～4年おいしく飲める。

MAISON GALHAUD *(Bordeaux)* メゾン・ガロー（ボルドー）

🍷 $$$ 見事なボルドーらしい一品で、たっぷりのヒマラヤ杉、ブラック・カラント、チェリーの香りと共に甘草と土の気配も感じさせる。3～4年間が素敵な飲み頃。

GIGAULT *(Premières Côtes de Blaye)* ジゴー（プルミエール・コート・ド・ブライ）

FRANCE | BORDEAUX

🍷 **$$$** 華やかで魅惑的なブーケが、このミディアムボディのワインのグラスから飛び出す。グリセリンによるこってり感、溢れるフルーティさ、みごとな純粋さがあり、角ばったところがない。初期の3〜4年以内に飲まれるべき。

GIRONVILLE *(Haut-Médoc)* ジロンヴィル（オー・メドック）

🍷 **$$** このワインは卓越した口当たり、ミディアムボディ、20秒も続く素晴らしい後味を持つ。初期の5〜6年にわたり楽しんでいただきたい。

GRAND MOUËYS *(Premières Côtes de Bordeaux)* グラン・ムエイ（プルミエール・コート・ド・ボルドー）

🍷 **$$** 常に信頼できる生産者グラン・ムエイは、ミディアムボディで、リッチな果実香味をもつ魅力的なワインを造る。ワインにはブラック・カラント、甘草、炒ったハーブ、ローム層土壌の特色が詰まっている。初期の5〜6年で飲むのが良い。

GRAND ORMEAU *(Lalande-de-Pomerol)* グラン・オルモー（ラランド・ド・ポムロール）

Regular Cuvée レギュラー・キュヴェ 🍷 **$$$** グラン・オルモーのゆったりして飲みやすいレギュラー・キュヴェは、口に含むと豪華な濃縮感でいっぱいになる。この甘美な口当たりの、強くてまろやかなワインは、初期の7〜8年にわたり楽しまれるであろう。

Cuvée Madeleine キュヴェ・マドレーヌ 🍷 **$$$** キュヴェ・マドレーヌはレギュラー・キュヴェと同じような特色をもつが、より構成的で大地を感じさせ、熟成がわずかに遅い。1年余分に瓶で寝かせると、ぐんと良くなるようで、10年間は保存できる。

LES GRANDES-MARÉCHAUX *(Premières Côtes de Blaye)* レ・グランド・マルショー（プルミエール・コート・ド・ブライ）

🍷 **$$** ミディアムからフルボディ。ビロードのような口当たり、豊かな長い余韻をもつこのセンセーショナルなワインは、3〜4年間おいしく飲める。さらに通常7000ケース以上生産するので、入手も容易。

フランス | ボルドー

LES GRANDS CHÊNES (*Médoc*) レ・グラン・シェーヌ（メドック）

🍷 $$$　広さ25エーカーのこの素晴らしいシャトー（所有者はボルドーの夢想家ベルナール・マグレ）は、メルロとカベルネ・ソーヴィニヨンをブレンドし、しかもその組み合わせが予想よりはるかに優れたワインを生む。フルボディで内容の充実した、印象的な構成のワインには、甘く感じさせるタンニンをはじめ、多くの特徴と個性がある。初期の10～12年にわたり楽しめる。

LA GRAVIÈRE (*Lalande-de-Pomerol*) ラ・グラヴィエール（ラランド・ド・ポムロール）

🍷 $$$　ブラックチェリーのソフトでめくるめく豪華な果実感が、チョコレートやコーヒー豆の香りと混交し、やがて甘くてコクのある、芳醇で悦楽的な味わいがやってくる。このミディアムボディのワインは、初期の5～6年にわたり飲める。

GREE LAROQUE (*Bordeaux Supérieur*) グレ・ラロック（ボルドー・シュペリュール）

🍷$$$　この造りの良い、濃密なミディアムボディのワインは、ボルドーのアペラシオンの中のランクとしては低めのものになる。だが、ずば抜けた濃密さに澄んだタンニンが加わり、そして優れたグラーヴ地区のワイン（湿った石や火山性の灰の気配と、甘いチェリーとカシスの果実味）を想わせる香りが現われる。この逸品は初期の4～5年のあいだに楽しみたい。

GUERRY (*Côtes de Bourg*) ゲリー（コート・ド・ブール）

🍷 $$$　たっぷりの甘いチェリー、燻煙、チョコレートのような風味、フルボディ、かなりの豊満さ、長い絹のような後味。この華麗なワインは初期の6～8年のあいだに飲もう。

GUIONNE (*Côtes de Bourg*) ギオンヌ（コート・ド・ブール）

🍷 $$$　力強くリッチで濃密だが、絹のようなタンニンと素晴らしい濃縮

FRANCE | BORDEAUX

感を持つ。さらに、この地味なアペラシオンをはるかに超える血統の良さと複雑さを備える。これは初期の10年以内に飲むと、絶品となる可能性がある。

HAUT-BERTINERIE *(Côtes de Blaye)* **オー・ベルティネリ**（コート・ド・ブライ）

🍷 $$$ 柑橘、ミネラルが染み出てくるような青リンゴ、スイカズラの香味をふんだんに示す。このフルーティなミディアムボディのワインは、2〜3年以内に飲むのがベスト。

🍷 $$$ メルロ主体のこの赤ワインは、素晴らしく柔らかでフルーティである。

HAUT-BEYZAC *(Haut-Médoc)* **オー・ベイザック**（オー・メドック）

Haut-Médoc du Haut-Beyzac オー・メドック・デュ・オー・ベイザック
🍷 $$ ヒマラヤ杉、レッド・カラント、湿った土、それにスパイスボックスの魅力的なアロマを放つ。このミディアムボディの、純粋で柔らかなワインは、4〜5年間おいしく飲めるはずである。

I Second イ・スゴン 🍷 $$$ この赤ワインは、より暗色の果実類を想わせ、より深くよりリッチである。ミディアムからフルボディで、ずば抜けた熟成感と純粋さと余韻をもつ。初期の7〜8年で賞味すること。

HAUT-CANTELOUP *(Médoc)* **オー・カントループ**（メドック）

🍷 $$ 純粋感のあるミディアムボディで、果実の濃縮度も密さも抜群である。4〜5年、おいしく飲める。

HAUT-CARLES *(Fronsac)* **オー・カール**（フロンサック）

🍷 $$$ ミディアムボディで、骨格も純粋さもある。この将来が楽しみなワインを少なくとも1〜2年は瓶熟させること、そして続く12〜15年のうちに賞味することをお薦めしたい。

HAUT-COLOMBIER *(Côtes de Blaye)* **オー・コロンビエ**（コート・ド・ブライ）

🍷 $$ リッチな果実味のワインは、絹のような舌ざわりのミディアムボディで、非常に悦楽的な味わい。初期の4〜5年で飲むこと。

HAUT-MAZERIS *(Canon Fronsac)* オー・マズリ(カノン・フロンサック)

🍷$$$ 賞賛すべき純粋さ、深さ、口当たりが、このミディアムボディで骨格があり、タンニンの強いワインの中に見いだされる。初期の10〜15年で賞味すること。

HAUT-MOULEYRE *(Bordeaux)* オー・ムレール(ボルドー)

🥂 $$ メロン、柑橘類、グレープフルーツの魅力的な香りが、このシャトーで巧みに造られたミディアムボディの新鮮で辛口の白から出現する。
🍷 $$ このシャトーの赤は(通常、メルロとカベルネ・ソーヴィニヨンが同量のブレンド)、本格的なワインで、チェリー、ブラック・カラント、木炭の匂いで充実している。味わいには、非常に優れたボディ、純粋さ、そして余韻がある。

HORTEVIE *(St.-Julien)* オルトヴィ(サンジュリアン)

🍷 $$$ サンジュリアンがフルーツ爆弾を生み出すとすれば、これがそれであろう。ミディアムないしフルボディとみごとな純粋さで印象的に充実したこのワインは、新鮮でタンニンが強く、生きがいい。10〜15年あるいはそれ以上、おいしく飲めるはずである。

JAUGUE BLANC *(St.-Émilion)* ジョーグ・ブラン(サンテミリオン)

🍷 $$$ 今日、このアペラシオンものの中からバリューワインを探すのは難しい。このワインはミディアムボディで、コクがあり、絹のごとく滑らかである。初期の5〜6年で飲むこと。

LALANDE-BORIE *(St.-Julien)* ラランド・ボリー(サンジュリアン)

🍷$$$ 優雅でチャーミングで誘惑的なこのサンジュリアンは、森の地表、

スパイスボックス、そして土の特徴が混じり合った甘いカシス香味を持つ。初期の10年内に飲むべき美酒。

LARRIVAUX *(Haut-Médoc)* ラリヴォー（オー・メドック）

🍷 $$$　格調高いオー・メドックワイン。ミディアムボディで、卓越した強いフルーツ香味、魅力的な舌ざわり、賞賛すべき純粋さ、スパイシーだが比較的滑らかな後味。初期の10年で飲むこと。

LAUBES *(Bordeaux)* ローブ（ボルドー）

🍷 $$　メルロとカベルネ・ソーヴィニヨンで、セクシーな感じがする。モダンにして純粋、華麗なスタイルのワイン。初期の3～4年で飲むこと。

DES LAURETS *(Puisseguin-St.-Émilion)* デ・ローレ（ピュイスガン・サンテミリオン）

🍷 $$　このワインは、多量の甘いベリー、ヒマラヤ杉、スパイスボックス、甘草などの特徴をみせ、ミディアムボディで、絹のようなタンニンが、みごとに口いっぱいに広がる味わいを持つ。初期の4～5年で賞味すること。

LAUSSAC *(Côtes de Castillon)* ローサック（コート・ド・カスティヨン）

🍷 $$$　ローサックのワインには、スパイス、ハーブ香を帯びた黒い果実や、ビロードのようなタンニンが詰まっている。ミディアムボディのワインであり、これは初期4～5年での賞味に向く。

LYONNET *(Lussac-St.-Émilion)* リヨネ（リュサック・サンテミリオン）

🍷 $$　サンテミリオンの衛星地区の魅力的な成果。軽いタンニンが残るミディアムボディで、4～5年おいしく飲めるはずだ。

MA VÉRITÉ DE GÉRARD DEPARDIEU *(Haut-Médoc)* マ・ヴェリテ・ド・ジェラール・ドパルデュー（オー・メドック）

🍷 $$$　骨格があり、タンニンが強く、メルロ主体にカベルネ・フランとプティ・ヴィルドをブレンドした晩成型。この余韻が長く深く、濃縮されて力強いオー・メドックは、セラーに2～3年寝かせると良くなり、10～15年もつ。

MARSAU　*(Côtes de Francs)*　マルソー（コート・ド・フラン）

🍷 $$　ほとんどがメルロの、フルーティで柔らかなマルサウは、悦楽的でチャーミングなワインであり、初期の5～7年間で飲むのに向いている。

MARTINAT-EPICUREA　*(Côtes de Bourg)*　マルティナ・エピキュリア（コート・ド・ブール）

🍷 $$$　主体のメルロに若干のマルベックをブレンドしたもの。この華やかで豊かで悦楽的なワインは、初期の7～8年で楽しむこと。

MEJEAN　*(Graves)*　メジャン（グラーヴ）

🍷 $$$　クリーミーな口当たりは実にぜいたく。この豪勢なワインは、若いうちに、あるいはセラーで7～10年寝かせても、飲むことができる。

MESSILE AUBERT　*(Montagne-St.-Émilion)*　メシュ・オーベール（モンターニュ・サンテミリオン）

🍷 $$$　この思いきりフルーティなモンターニュ・サンテミリオンの重層的な味わいと傑出した個性は、大いなる喜びを5～6年は与えてくれるだろう。

MILLE-ROSES　*(Haut-Médoc)*　ミル・ローズ（オー・メドック）

🍷 $$$　メルロとカベルネ・ソーヴィニヨンのブレンド。このまろやかで、内容豊かな、柔らかいオー・メドックは、出来立てを飲めるし、5～6年置くこともできる。

MONT PERAT　*(Bordeaux)*　モン・ペラ（ボルドー）

🍸 $$　これは本格的な白ワインで、リッチで濃密なスイカズラとメロンの

香りを持ち、アロマや風味には木香がまったくない。ワインはきめが美しく、コクがあり、3〜4年のあいだに飲むのがベスト。

MOULIN HAUT LAROQUE *(Fronsac)* ムーラン・オー・ラロック（フロンサック）

🍷 $$$　ずば抜けた濃密さ、ミディアムからフルボディ、酸味とタンニンのみごとな一体化、そして長い後味が、このフロンサックを印象的にしている。出来上がってから10〜12年のうちに飲むこと。

MOULIN ROUGE *(Médoc)* ムーラン・ルージュ（メドック）

🍷 $$　このセクシーで、官能的で、暗いルビー色を帯びたメドックは、60％のメルロと40％のカベルネ・ソーヴィニヨンのブレンド。柔らかなタンニン、ビロードのような舌ざわり、ふんだんな果実とスパイスの香りが、人の心を惹きつけるワインになっている。瓶詰め後5〜6年、喜びを授けてくれるだろう。

MYLORD *(Bordeaux)* ミロー（ボルドー）

🍷 $　魅力的なプティ・ボルドーは好ましいスグリとチェリーの香りと、いくらかの繊細なスパイス、そして絹のようなみごとな口当たりを備える。この純粋で、中くらいの重みのワインは甘美そのもので、初期の1〜3年のあいだに賞味するのがベスト。

PATACHE D'AUX *(Médoc)* パターシュ・ドー（メドック）

🍷 $$　このカベルネを主体としたワインは、ミディアムボディ、快いスパイシーな性格、たっぷりの果実香および余韻を披露する。5〜10年以内に飲むこと。

PELAN *(Côtes de Francs)* ペラン（コート・ド・フラン）

🍷 $$　このワインは素晴らしい甘さ、ミディアムボディの質感、卓越した純粋さ、長いめくるめく後味を持つ。初期の5〜6年で飲むこと。

PERENNE *(Côtes de Blaye)* ペレンヌ（コート・ド・ブライ）

🍷 $$ ソーヴィニヨン・ブランが100％のこのワインは、イチジク、グレープフルーツ、メロンの素敵なブーケだけでなく、爽やかでうっとりする後味をみせる。初期の3～4年で飲むこと。

PERRON LA FLEUR *(Lalande-de-Pomerol)* ペロン・ラ・フルール（ラランド・ド・ポムロール）

🍷 $$$ ミディアムボディでまろやか、内容豊かなペロン・ラ・フルールは、甘いチェリーと熟れたイチゴ、微妙なハーブ、そしてコーヒーの香りを放ってくれる。初期の5～6年のあいだに飲むのがベスト。

PEY LA TOUR *(Bordeaux Supérieur)* ペイ・ラ・トゥール（ボルドー・シュペリュール）

🍷 $$ ペイ・ラ・トゥールは甘いチェリー、カシス、微妙なハーブ、ヒマラヤ杉、そしてスパイスボックス等のアロマを放つとともに、長い濃厚なアタックと中間味がある。その結果、単に「ボルドー」という広地域呼称アペラシオン・ワインだが、印象的でしなやかな口当たりのワインになっている。初期の2～3年で飲むこと。

PEYFAURES *(Bordeaux Supérieur)* ペイフォール（ボルドー・シュペリュール）

Regular cuvée レギュラー・キュヴェ 🍷 $$ とても良質で値段も手頃な、この愛らしいレギュラー・キュヴェは、濃いルビー色をして、甘いスグリとハーブの香りをもつ。初期の数年に消費されるのがベスト。

Dame de Coeur ダーム・ド・クール 🍷 $$$ ペイフォールの贅沢なキュヴェであるダーム・ド・クールは、多めの樽香とエキスを持っているが、私にはそれが良いことかどうか確信が持てない。タンニンが多めで、骨格はあり晩成なので、年とともに良くなりうる。しかし、このような低ランクのアペラシオンのワインについては、その点がいつも疑問である。

LE PIN BEAUSOLEIL *(Bordeaux Supérieur)* ル・パン・ボーソレイユ（ボルドー・シュペリュール）

🍷 $$$ ル・パン・ボーソレイユは驚くほどスケールが大きく、フルボデ

ィで、深みと濃密さを備えたワイン。ランクの低いアペラシオンとしては瞠目すべき成果と価格。5～7年間、おいしく飲める。

PLAISANCE ALIX *(Premières Côtes de Bordeaux)* プレザンス・アリックス （プルミエール・コート・ド・ボルドー）

🍷 $$$　高貴な血統でないシャトーで造られたものだが、そのカテゴリーをはるかに超えたまろやかで大らかで豪華なワイン。初期の5～6年に飲むこと。

POTENSAC *(Médoc)* ポタンサック（メドック）

🍷 $$$　超買い得のポタンサックには、甘い赤や黒の果実類の古典的なブーケと、同時にゴージャスな口当たりと純粋感がある。この濃密なミディアムボディのワインは、メドックのクリュ・クラッセに引けをとらない。その上、10～15年をかけて実に好ましく熟成する。とにかく印象的！

LA PRADE *(Côtes de Francs)* ラ・プラド（コート・ド・フラン）

🍷 $$$　このワインは、近隣のサンテミリオンの「ビッグ・ボーイズ（兄貴分・大物たち）」と楽に肩を並べられる。豪華なフルボディで、ビロードの口当たりや本物の濃縮感をもつ優れものであり、角ばったところは少しもない。瓶詰め後の5～7年のあいだに飲むこと。

PUYGUERAUD *(Côtes de Francs)* ピュイゲロー（コート・ド・フラン）

🍷 $$$　美しいきめと、濃い紫色の出来上がり。ブーケはタバコの葉、カシス、チェリー、炭の匂いを醸し出し、背後に樽香の気配もある。初期5～7年のあいだに飲むこと。

RECLOS DE LA COURONNE *(Montagne-St.-Émilion)* ルクロ・ド・ラ・クロンヌ （モンターニュ・サンテミリオン）

🍷 $$　このミディアムボディの熟成したワインは、魅力的な果実香味をもちながら即飲める良さがある。初期の4～5年のうちに賞味すること。

RECOUGNE *(Bordeaux Supérieur)* ルクーニュ（ボルドー・シュペリ

ュール）

Regular cuvée レギュラー・キュヴェ ♛ $$ このミディアムボディの、古いスタイルのボルドーは、古典的な燻煙、ヒマラヤ杉、森の地表、そして赤や黒のスグリの特徴的な匂いを放つ。

Terra Recognita テラ・ルコニータ ♛ $ セカンド・キュヴェのひとつ。美味なテラ・ルコニータは、やや複雑さに欠けるブーケと共に、フルーティな甘さ、ミディアムボディ、より素直な傾向の風味を呈する。

RICHELIEU *(Fronsac)* リシュリュー（フロンサック）

♛ $$$ この豪華でみごとなワインは、約3分の2のメルロと3分の1のカベルネ・フランのブレンド。豊潤な口当たり、絹のようなタンニン、そしてミディアムからフルボディ、長い余韻をもつ。10年あるいはそれ以上、飲める。

ROQUETAILLADE *(Graves)* ロックテーヤード（グラーヴ）

♛ $$$ この新進のシャトーで造られた甘美なワイン（ほとんどがソーヴィニヨン・ブランで、約10％がセミヨン）は、たっぷりのミネラルと熟れたメロンのような個性的な香り、素晴らしく純粋な果実感、ミディアムボディ、驚くほど長くて舌ざわりの良いドライな後味を持っている。4～6年間、おいしく飲める。

LA ROSE PERRIÈRE *(Lussac-St.-Émilion)* ラ・ローズ・ペリエール（リュサック・サンテミリオン）

♛ $$ このミディアムボディのワインは、そのつつましい育ちとアペラシオンを超越して、チェリーとイチゴの甘い果実香を放ち、かすかなコールタールと高品質な樽の気配を漂わす。初期の3～4年で飲むこと。

ROUILLAC *(Pessac-Léognan)* ルイヤック（ペサック・レオニャン）

♛ $$$ お値打ちな高品質ペサック・レオニャンを探す者は、上昇中のルイヤックに注目すべきであろう。このスタイリッシュで複雑なミディアムボディのワインは、強烈なフルーティさ、素晴らしい純粋さ、そして長くて華麗で滑らかな後味を持つ。初期の7～8年で飲むこと。

FRANCE | BORDEAUX

ST.-GENES *(Premières Côtes de Blaye)* サン・ジェン（プルミエール・コート・ド・ブライ）

🍷 $$ この円熟して酔わせるミディアムボディのワインは、特記に値する。絹のように滑らかなブレンドは約4分の3がメルロ、残りがカベルネ・フラン。3～4年以内に賞味すること。

STE.-COLOMBE *(Côtes de Castillon)* サント・コロンブ（コート・ド・カスティヨン）

🍷 $$ このリッチな果実香味をもち、ソフトで飲みやすいワインは、初期の4～5年で飲むこと。

SERGANT *(Lalande-de-Pomerol)* セルガン（ラランド・ド・ポムロール）

🍷 $$$ この魅力的なラランド・ド・ポムロールは、ミディアムボディで優雅、爽やかに造られている。3～4年間、楽しむことができる。

LA SERGUE *(Lalande-de-Pomerol)* ラ・セルグ（ラランド・ド・ポムロール）

🍷 $$$ この芳しいミディアムからフルボディの、濃縮されて絹の舌ざわりを持つラランド・ド・ポムロールは、7～8年間、豊かな喜びをふんだんに与えてくれる。

SOLEIL *(Puisseguin-St.-Émilion)* ソレイユ（ピュイスガン・サンテミリオン）

🍷 $$$ ソレイユのワインは、肉付きがよく、ふくよかな口当たり、ほどよい酸味、甘く感じるタンニンを披露してくれる。5～6年で賞味すること。

DOMAINE DES SONGES *(Bergerac)* ドメーヌ・デ・ソンジュ（ベルジュラック）

🍷 $$　この爽やかな、ライトからミディアムボディのベルジュラックは、快い新鮮さ、たっぷりの柑橘感、ミディアムボディの後味を示す。初期の2～3年で、飲むこと。

TAGE DE LESTAGES *(Montagne-St.-Émilion)*　タージュ・ド・レスタージュ（モンターニュ・サンテミリオン）

🍷 $$　豊かなミディアムからフルボディの口当たりに、果汁質の熟れたチェリーとブラック・カラントの果実香、湿った土の気配、焙ったハーブとスパイスの匂いが加わり、華麗なワインになっている。初期の4～5年に飲むこと。

THÉBOT *(Bordeaux)*　テボ（ボルドー）

🍷 $$　誘惑的で悦楽的なテボ（メルロが主体で、カベルネ・フランが少々）は、酒齢の初期数年のあいだに飲むように造られている。アペラシオン・ボルドーのような広地域ものワインから、これほどの良品を期待することはできない。

THIEULEY *(Bordeaux)*　ティユレ（ボルドー）

- **Regular cuvée** レギュラー・キュヴェ 🍷 $　素直なレギュラー・キュヴェは、フルーティで美味、角ばったところのない古典的なボルドーである。酒齢の初期の3～4年で飲むのがベスト。
- **Regular cuvée** レギュラー・キュヴェ 🍷 $　蜂蜜漬けのグレープフルーツまたは柑橘類のような風味の詰まったミディアムボディ。率直で美味なこの白ワインは、酒齢の初期2～3年以内に飲むのに向いている。
- **Cuvée Francis Courselle** キュヴェ・フランシス・クルセル 🍷 $$　もっと樽香を求める向きは、レギュラーよりも豊潤かつきめ細やかなスタイルを持つキュヴェ・フランシス・クルセルを試すとよい。これは、より新鮮で生気があるというわけではなく、2～3年は快適に飲める別の味わいという程度である。
- **Héritage de Thieuley** エリタージュ・ド・ティユレ 🍷 $$　新しいキュヴェであるエリタージュ・ド・ティユレは傑出している。濃厚で、リッチで、バランスもいい出来上がり。
- **Réserve Francis Courselle** レゼルヴ・フランシス・クルセル 🍷 $$$　レゼルヴ・フランシス・クルセルは、オークが強い可能性もあるが、ミデ

ィアムボディの熟成した魅力的な個性の中に、チョコレートとベリーの果実香味を覗かせている。

LE THIL COMTE CLARY *(Pessac-Léognan)*　ル・ティル・コント・クラリー（ペサック・レオニャン）

🍷 $$　蜂蜜漬けのグレープフルーツやパイナップルや湿った石の香味と、魅力的な口当たり、優れた果実感をもつボルドーの白を探している読者は、このワインを楽しまれることだろう。4～6年は飲む喜びを与えてくれるはずだ。

TIRE PÉ LA CÔTE *(Bordeaux)*　ティル・ペ・ラ・コート（ボルドー）

🍷 $$　この信頼できるシャトーは、優雅で、リッチな果実風味とミディアムボディのワインを造りあげている。それは甘草やブラック・カラントや森の地表の甘い匂い、優れた純粋感、そして重層的な満腔の味わいをもたらす。酒齢の初期の5～6年で飲むこと。

TOUR BLANCHE *(Médoc)*　トゥール・ブランシュ（メドック）

🍷 $$$　快適ではあるが、トゥール・ブランシェは花形スターではない。ミディアムボディで、良い構成と豊かな筋力をもつこのワインは、5～6年以内に飲むこと。

TOUR DE MIRAMBEAU *(Bordeaux)*　トゥール・ド・ミランボー（ボルドー）

🍷 $$$　ミディアムボディで、爽やかで辛口、飲むと生き返るようだが、明らかに短期賞味向け。この白は1～2年で飲むといちばん美味。

TOUR ST.-BONNET *(Médoc)*　トゥール・サン・ボネ（メドック）

🍷 $$$　グラン・ピュイ・ラコストのミニ版の趣で、カシスの果実味、魅力的なアロマ、贅沢で甘くフルボディの風味、さらに黒・ルビー・紫の色彩をもつトゥール・サン・ボネは、グラン・ピュイ・ラコストに比べたら値段はごくわずかに過ぎない。初期の5～7年に飲むこと。

LES TOURS SEGUY *(Côtes de Bourg)*　レ・トゥール・セギイ（コート・ド・ブール）

🍷 $　このミディアムボディの赤は、カシス、ツルコケモモ、チェリーのたっぷりな果実風味、ミネラルの気配、柔らかなタンニンと十分な酸味が詰まっている。4～5年で飲むこと。

TROIS CROIX *(Fronsac)*　トロワ・クロワ（フロンサック）

🍷 $$$　フルーティで驚くほど柔らかなこのワインは、卓越した濃密さと総合的なバランスを持っている。7～8年にわたり楽しめるだろう。

VALMENGAUX *(Bordeaux)*　ヴァルマンゴー（ボルドー）

🍷 $$　ほどほどの収穫年でも一貫した勝者であったこのワインは、はるかに有名なテロワールで生まれたかのような味を誇る。硬い角はひとつも見つからないので、4～5年にわたり楽しめるだろう。

VERDIGNAN *(Haut-Médoc)*　ヴェルディニャン（オー・メドック）

🍷 $$$　一貫して造りの良いクリュ・ブルジョワであるこのワインは、適度のタンニン、ミディアムボディ、優れた余韻と熟成度を見せている。初期の7～8年で飲むこと。

DE VIAUD *(Lalande-de-Pomerol)*　ド・ヴィオー（ラランド・ド・ポムロール）

🍷 $$$　この古典的な、骨格のあるワインはミディアムボディで、ずば抜けた濃密さと、軽～中程度のタンニンを持っている。少し瓶熟するとさらに良くなり、7～8年にわたりおいしく飲める。

LA VIEILLE CURE *(Fronsac)*　ラ・ヴィエイユ・キュール（フロンサック）

🍷 $$$　絶妙の濃密さ、フルボディの力、素敵なシンメトリー、純粋さ、口当たり、多次元の口腔に広がる味わいが、すべてこの途方もないワインの中に見いだされる。1～2年セラーで寝かせると、続く10年は飲める。

VIEUX CHÂTEAU PALON *(Montagne-St.-Émilion)*　ヴィユー・シャトー・パロン（モンターニュ・サンテミリオン）

🍷 $$$　この優雅なミディアムボディの、うまく造られた純粋なワインは、最低でも5〜6年は心地良く飲めるはずである。

VIEUX CLOS ST.-ÉMILION　*(St.-Émilion)*　ヴィユー・クロ・サンテミリオン（サンテミリオン）

🍷 $$$　早熟で、ビロードのように滑らかな、そして非常にフルーティなサンテミリオンを探す方は、この素朴で、ハーブと果実の風味の詰まった本品を試していただきたい。柔らかなタンニンが、この悦楽的なワインは初期の7〜8年で飲むのがベストであることを示唆している。

VILLARS *(Fronsac)*　ヴィラール（フロンサック）

🍷 $$$　この魅力的なフロンサックは非常に良い濃縮度、軽いタンニン、ミディアムボディを持つ。7〜8年で賞味すること。

VRAI CANON BOUCHE *(Canon Fronsac)*　ヴレ・カノン・ブーシェ（カノン・フロンサック）

🍷 $$$　このワインのフルボディの力強さ、センセーショナルな濃縮感と純粋さは、シャトーの真剣な努力の賜物である。ワインは15年かそれ以上かけて、みごとに熟成していくはずである。

ブルゴーニュとボジョレのバリューワイン

(担当　デイヴィッド・シルトクネヒト)

バリューワインはまだある！

　ブルゴーニュのワインは複雑なことで名高い。地球上で最も高価で神聖視されている一部の土地に適用されるブドウ畑の細かな格付けのことを考えれば、または高品質を達成するのに必要な無数の要素や、その過程で陥りがちな失敗について考えれば、その複雑さも納得できる。だが、ある意味ではブルゴーニュは単純だ。ほとんどの場合、2種のブドウ、赤には**ピノ・ノワール**、白には**シャルドネ**を用いるだけだから。栽培者と評論家は、テロワール、すなわち土壌と微気候から生まれるとされる風味の違いを常に言いたてる。だが、ひとつの例外を除いて、ブルゴーニュ全体は、石灰石と粘土という共通の主題において変化を見せるだけである。スタイルの面でも、たいていの醸造家と関係者は、ブルゴーニュワインには赤と白どちらにも一連の共通した理想をもつ点で一致する。すなわち澄んだ風味、印象深い香り、優しくコクのある口当たりと活力ある爽快さとのバランス、それに計り知れぬ神秘的魅力だ。ブルゴーニュは高価なことでも有名だが、たとえ廉価品であっても、上記の諸要素は理想として残るべきである。価格を問わずこれらを満たせないブルゴーニュ産品があまりに多いのも事実であるが。

主幹でない地区（サブ・リージョン）とその原産地管理呼称（アペラシオン）

　バリューワイン、すなわち「バリューワイン」の物差しを使うと、ブルゴーニュを特定の限られた方法で考察することになる。いわゆる**コート・ドール**、「黄金丘陵」は、コート・ド・ニュイとコート・ド・ボーヌの南北2区に分かれる――ブルゴーニュの古都ディジョンからこの地区のワインの中心地ボーヌを経由して約20km南までにおよび、ブルゴーニュの歴史に名高いピノ・ノワールとシャルドネ・ワインの大部分を生み出す。有名な村々の名は（当然そこにあるプルミエとグラン・クリュのリストも）高価格の象徴である。だがバリューワインで知られる村々もまだ存在し、北から南へマルサネ、フィサン、ペルナン・ベルジュレス、ショレイ・レ・ボーヌ、サン・ロマンなどが含まれる。さらに多くの一流コート・ドール生産者は、限定量だが、特徴あるシャルドネまたはピノ・ノワールワインを、自分の村名をラベルに入れず、単にブルゴーニュという広地域呼称を

使って販売している。ただしコート・ドール産の値打ち物の多くは、これとは異なった出所のものである。ブルゴーニュ・**アリゴテ**（ブルゴーニュの第2の白ブドウ）のラベルが付いたワインは、爽快だがコクのある口当たりが得られ、花やミネラルに言及したくなる複雑さを持ちうる。少数派の**ガメ**種ブドウは、ピノ・ノワールとブレンドすると、時として魅力的な、そして常に比較的安価なパストゥグラン・アペラシオンのワインを産み出す。

コート・ドールの南から、**コート・シャロネーズ**と総称される細長い丘の斜面が延びている。村名のアペラシオンとしてはブーズロン（アリゴテのみ）、ジブリ、メルキュレ、リュリィ、モンタニィ（シャルドネのみ）があり、北方の村ほどの名声はないが、ブルゴーニュにおける値打ち物の最上の供給源のひとつである。ここでもまた、私たちが関心をもつ値打ち物には、村名がなく単にブルゴーニュ（またはブルゴーニュ・アリゴテ）というアペラシオンを記したラベルが付いている。

さらに南へ移ると、起伏に富む石灰岩の丘陵と**マコン**の劇的に多様で平坦な地域に入る。ここは事実上シャルドネの世界的首都である（その揺りかごである可能性も高い。）この品種からの世界一の値打ち物産地と言えるほどで、コクと爽やかさの組み合わせに加え、かなりの深みを誇るワインを造る。いちばんよく見かけるのは、マコン・ヴィラージュのラベルのもので、一定の場合に許可される特定村名を付している（例えばマコン・ヴィレやマコン・ヴェルジゾン。）サン・ヴェラン、プイィ・フュイッセ、プイィ・ヴァンゼルなど、より格上で通常もっと高価なアペラシオンは、下記の値打ち物リストにはあまり登場しない。次のようなマコンのワイナリーとネゴシアンはすべて注目すべきシャルドネの値打ち物を提供している――ブレット・ブラザーズ、ドメーヌ・デ・ドゥー・ロッシュ（コロヴレ＆テリエ）、ドメーヌ・ド・ラ・フォヤールド、シャトー・ド・ラ・グレフィエール、ルイ・ジャド、ヴェルジェ。

マコンの南端から**ボジョレ**が始まり――ここでは**ガメ**種のブドウと花崗岩性の土壌が支配的――リヨン近くの北端で終わる。最近ボジョレの評判が下落し、逆風が吹いている。この40年以上、毎年アメリカには「ヌーボー」の泡立つ紫色の大波が押し寄せ、待ち受けるワイン市場をもつ幸運な生産者たちは現金をすぐ手にすることができた。大抵のフランスの醸造家が最初のオリ引きさえまだ終えていない時期にだ。悲しいかな、このワイン、要するにボジョレとして通用しているものの多くは、型にはまった方式で造られ、その結果果物の砂糖漬けよろしく、バナナ風船ガムの匂いがし、頭にのぼりやすく、時には頭痛を起こさせる類の、この地方の真の実力とはほとんど無縁の飲み物になり果てた。ボジョレ・ヌーボーの流行が

フランス｜ブルゴーニュとボジョレ

去って、この地域は深刻な経済危機に陥っている。しかし復活の種子と芽吹きは見えており、2、3の一匹狼の醸造者は造った製品を一瓶残らず売りつくす。こうした本格ワインを試していただきたい。そうすれば、なぜ1世紀前にはフルーリー、ムーラン・ナ・ヴァン、モルゴン等の今日のボジョレのクリュの最上品が、コート・ドール産のピノと価格でも名声でも互角に戦ったかが理解できよう。ボジョレのワインにはスタイル面で大きな幅があることを知っておけば、すべての最上のワイナリーから抜群の値打ち物が期待できる。重要なアペラシオンは「ボジョレ・ヴィラージュ」だが、同じボジョレ地区内でも白亜質土壌が多い南部のワインは、単に「ボジョレ」とラベルされている。単にボジョレだけを名乗る地区（これがアペラシオン・ボジョレ）内にさらに10のアペラシオン（2カ所以外はすべて個々の村名）があり、「ボジョレ・クリュ」と指定されている。これらは事実上すべて本書の価格指標の枠内に入る。ボジョレでは、また相当量のシャルドネも栽培され、その一部は傑出している。要するに、ボジョレで造られる最上のワインは驚くほど割安なのだ。特に次の生産者とネゴシアンからのワインを探してみよう——ジャン・マルク・ビュルゴー、ニコル・シャンリオン、ピエール・マリー・シェルメット（ドメーヌ・デュ・ヴィスー）、ドメーヌ・シェイソン、ミシェル・シニャール、クロ・ド・ラ・ロワレット、ジョルジュ・デコンブ、ベルナール・ディオション、ジョルジュ・デュブッフ、ルイ・ジャド（シャトー・デ・ジャックとシャトー・デ・リュミエールを含む）、マルセル・ラピエール、アラン・ミショー、ドミニク・ピロン、ポテル・アヴィロン、ドメーヌ・デ・テール・ドレ（ジャン・ポール・ブリュン）、ジャン・ポール・テヴネ、シャトー・ティヴァン、ジョルジュ・ヴィオルネリ。

パリとコート・ドールの中間地、すなわち他のブルゴーニュ地区よりもずっと西北にあたる地点に、**シャブリ**がある（近隣のブドウ畑を含めて「オーセール」または「ヨンヌ」と呼ばれる場合もある。）シャブリの町は、シャンパーニュ地方の南からロワール河の中部・東部を走りイギリス海峡を渡るキメリッジと呼ばれる含化石白亜地層上にある。ここが具現した最高のワインが正にシャブリであり、その世界的に有名な名称はひんぱんに模倣品に流用されてきた。真のシャブリの味わいは、同じブルゴーニュのずっと南で生まれる同系品を含め、他のいかなるシャルドネとも異なる。シャブリの特性、その名状しがたい香気と風味を形容するには、果実やベリー系ではなく、動物や鉱物系の語彙が必要だと思われる。シャブリの畑は4種に分類されるが、「グラン」と「プルミエ・クリュ」は価格からいって本書の対象とはならない。シャブリワイン全体とその中の値打ち物の圧倒的多数は、正式にはアペラシオン「シャブリ」である。「プティ

FRANCE | BURGUNDY AND BEAUJOLAIS

・シャブリ」として知られるグループは、より弱小の地区と土壌から生まれたものだが、それでも探し甲斐のある値打ち物をある程度含んでいる。また「シャブリ」の名を冠するワインを探すだけが能ではない。周辺地帯、とりわけ小都市オーセールや、シトリやヴェズレ等々の村は値打ち物の宝庫である。それらの大部分はブルゴーニュと表記されるが、アリゴテ種から造ったワインは（ブルゴーニュの他の地区と同様）「ブルゴーニュ・アリゴテ」のアペラシオンをラベルに付けている。シャブリとそれ以外のオーセール地区では、次の栽培者とネゴシアンが狙い目である——ジャン・マルク・ブロカール、ドメーヌ・ド・ラ・カデット、ギスラン＆ジャン・ユーグ・ゴワソ、ローラン・ラヴァンテュルー、アリス＆オリヴィエ・ド・ムール、ジルベール・ピク＆セ・フィス、ドメーヌ・セルヴァン。

ヴィンテージを知る：白

　ブルゴーニュの白では、ヴィンテージによって品質とスタイルの差が大きいことを考えに入れねばならない。2005年と2006年のコート・ドールとコート・シャロネーズはコクがあってアルコール度が高く（特に2006年物は2005年物よりさらに濃厚かつ官能的）、ブルゴーニュ全体として、またより涼しく知名度の低い村のもので特に成功をおさめた。一方、豊作だった2007年の白ワインは輝きと爽やかさに特色がある。

　マコンのヴィンテージも北方のそれとおおむね同傾向だが、年による違いがかなり重要となる場合もある。2006年はここはかなり厳しい年だったので、現時点では2007年物を優先した方がよい。（対照的に、2004年物は——比較的安価であり、もう飲み終えるべきではあるが——マコンではコート・ドールと同等またはそれ以上の出来ばえだった。）

　2004年物と2007年物そして2008年物は、シャブリの典型的な美点であるきりっとした透明感と、「ミネラル」としか形容しようのない特質を発揮している。一方、2005年と2006年のワイン（シャブリ史上最早期に収穫した２例）は、コクと高アルコール度に特色があり、しかも最上品では優雅・洗練・爽快さを保持している。

ヴィンテージを知る：赤

　ブルゴーニュの赤では、白以上に収穫年による品質とスタイルの差が大きいことを予期すべきである。成熟度と複雑さのバランスの点で、（比較的弱かった2004年に続いた）2005年ほど卓越したヴィンテージは少ない。この年は、広地域呼称（ジェネリック）ブルゴーニュを含む知名度の低い

アペラシオンにおいて優れ、熟成による将来性も通常より大きい。2006年物を一括するのは難しい。ピノの一部には高すぎるアルコール度、穏当なだけの風味、ぎこちないタンニンなどの難点があるが、出来のいいワインは（一部の広地域呼称アペラシオンも含めて）たっぷりの果実感、官能的、舌ざわり、繊細さを備えて、魅力的なのだ。2007年物は、深みにはやや欠けても、豊潤さと熟成を感じさせ、新鮮さ（時には鋭い果実味）に優れる。ブドウの熟成はコート・シャロネーズでは進みにくいことが多く、例えば2006年はコート・ドールのものより弱い。

ボジョレの最上品は2005年のワインでわかるように、濃厚で、熟した果実感を持ちながら真の深みを備える。2004、2005、2007年物はそう単純ではないが、特に後の2つのヴィンテージでは、よい立地の畑を持つ腕のよい栽培者は、とても表情豊かなワインを生む、きれいで熟したブドウを収穫することができた。

飲み頃：白

瓶熟成したブルゴーニュ白のプルミエおよびグラン・クリュの評判は近年急降下し、まるで意地悪なグレムリンの悪戯では、と思えるほどである。高価なブルゴーニュ白の早すぎる老化の原因はともかく、本書で推奨する手頃なワインは、コート・ドール、コート・シャロネーズ、マコンのどれであれ、2〜3年間は安心して楽しめるはずである。プルミエまたはグラン・クリュのシャブリは、（すべてが整えば！）素晴らしく熟成しうるが、プティ・シャブリと広地域シャブリは通常3〜4年のあいだに飲み切るべきだろう。（最良のヴィンテージでは、一流栽培者による単なるシャブリ表示ものは長持ちするし、さらに長期にわたり興味深く熟成することもありうる。）

飲み頃：赤

本書で推奨する広地域呼称または村名アペラシオンのブルゴーニュの赤では、例外的な最上品を除き、長期貯蔵はできないし、する価値もない。安全サイドとしては3〜4年以内に飲み切るよう考えるのがよい（抜群だった2005年物は例外。）一方、「ボジョレはできるだけ若いうちに飲み切らねばならない」という通念は単なる迷信である。広地域呼称ボジョレおよびボジョレ・ヴィラージュは、3〜4年以内に（果実感が生き生きしているうちに）飲むのがよいが、最上の醸造業者（特に、本章の大部分の推奨リストでコメントするような濃縮度や構成を持つ者）が造るクリュ・ボ

ジョレは、3〜5年間追跡してみると面白い。熟成の進んだものを選ぶかどうかは趣味の問題であり、合わせる料理の種類にもかかわってくる。

■ブルゴーニュとボジョレの優良バリューワイン（ワイナリー別）

BERTRAND AMBROISE *(Côte d'Or)*　ベルトラン・アンブロワーズ（コート・ドール）

Bourgonge ブルゴーニュ 🍷 $$$　広地域呼称ブルゴーニュにしては、驚くほど濃い色。生の黒い果実と石墨が詰まっている感じ。非常に苦甘く強い果実感、ミネラル、肉、タンニンが口を満たす。

HERVÉ AZO *(Chablis/Auxerre)*　エルヴェ・アゾ（シャブリ／オーセール）

Chablis シャブリ 🍷 $$$　ブロカール（下記参照）で造られるこのワインは柑橘感でいっぱいだが、完熟した年にはこれが熱帯果実の趣となる。かすかな白亜粉末と微妙な塩性のミネラルのタッチ、印象深い高揚感と余韻を持つ特有の後味。

JULIEN BARRAUD *(Mâcon)*　ジュリアン・バロー（マコン）

Mâcon-Chaintré Les Pierres Polies マコン・シャントレ・レ・ピエール・ポリー 🍷 $$$　人気醸造家ダニエルとマルティーヌ・バロー夫妻の息子が最近造り始めたこのワインは、濃密、洗練、澄明、それに気取らないリッチさを持つ。

JEAN-MARC BOILLOT *(Côte D'Or and Côte Chalonnaise)*　ジャン・マルク・ボワイヨ（コート・ドールとコート・シャロネーズ）

Montagny 1er Cru モンタニィ・プルミエ・クリュ 🍷 $$$　購入したブドウから造られるこのワインは、多肉多汁質の果樹園果実類、花の香り、柑橘の刺激、ナッツ・オイルなどを見事に感じさせる。クリーミーで豪華であっても、生気を失うことはない。

DANIEL BOULAND *(Beaujolais)*　ダニエル・ブーラン（ボジョレ）

Morgon Vieilles Vignes モルゴン・ヴィエイユ・ヴィーニュ ♛ $$$　この美酒は熟したカシスとブラックベリーに、生肉感、刺激的ハーブ、木の煙、かすかな海風が加わっている。生き生きして潤いある黒果実が、何かと解け合って口中を覆うようだ！

REGIS BOUVIER *(Côte d'Or)*　レジ・ブーヴィエ（コート・ドール）

Fixin フィサン ♛ $$$　コート・ドールの村名ワインの中でも、この稀に見る買い得品は、魅力的に引き締まり、よく濃縮された印象の割には、熟れた黒い果実類に混じって木の煙、塩漬けビーフの煮出し汁、それにヨードの香気を放つ。

DOMAINE DES BRAVES (PAUL CINQUIN) *(Beaujolais)* ドメーヌ・デ・ブラーヴ〔ポール・サンカン〕（ボジョレ）

Régnié レニエ ♛ $$　このワインの比較的淡い色は、優しく軽いタッチの舌ざわりを予告している。軽く塩を加えたイチゴのシフォン（卵白を泡立てて作ったケーキ）とナッツのペーストのブレンドにも似て、このワインは魅力的な風味に満ち、爽やかである。

BRETT BROTHERS *(Mâcon)*　ブレット・ブラザーズ（マコン）

Mâcon-Cruzille マコン・クリュジーユ ♛ $$$　遠い昔の古樹から生まれる、このエキスに富むマコンには印象的な肉厚のコクがある。口内を満たす強い柑橘感と果実味。微妙な燻煙、刺激性、塩性の複雑な風味。

Mâcon-Uchizy La Martine マコン・ユシジ・ラ・マルティーヌ ♛ $$　蜂蜜、ハッカ、ラヴェンダーの香味を帯びた温帯／熱帯果実の印象。クリーミーな口当たりなのに、病みつきになりそうな果汁感と生気。十分な余韻。

JEAN-MARC BROCARD *(Chablis/Auxerre)*　ジャン・マルク・ブロカール（シャブリ／オーセール）

Bourgogne Jurassique ブルゴーニュ・ジュラシーク ♛ $$$　ブロカールが「3地質」と呼ぶもの（シャブリ付近の3つの異なるタイプの土質のこと）から生まれた、この洗練された美味なシャルドネには、石灰岩、

FRANCE | BURGUNDY AND BEAUJOLAIS

スイートピー、キュウリ、白亜質、塩のタッチ。

Bourgogne Kimmeridgien ブルゴーニュ・キメリッジアン 🍷 $$$ 新鮮なチェリーとライムにかすかな防虫剤の香り。特有の白亜質が、口を満たす甘美な果実味および印象的な活気のある粘着感と溶け合う。

Bourgogne Portlandien ブルゴーニュ・ポルトランディアン 🍷 $$$ このワインは、親しみやすい肉煮出し汁のようなコクと滑らかなサテンの舌ざわりに加えて、砕石のような粉っぽい感触が口を満たす。

Saint-Bris サン・ブリ 🍷 $$$ ブルゴーニュには珍しいこのソーヴィニヨン・ブランのワインは、ブロカールの巨大な組織から生まれる。明るく爽やか、雑味なく透徹感があるが、刺激性のスグリ、ハーブ、柑橘感、それに粉っぽさに近い砕石の感触を併せ持つ。

BUISSON-CHARLES (*Côte d'Or*) ビュイソン・シャルル（コート・ドール）

Bourgogne Aligoté ブルゴーニュ・アリゴテ 🍷 $$ 驚くほど知られていないこのムルソー村の巨匠は、見栄えのしないアリゴテから梨の蒸留酒、レモンの刺激、それにハッカの香りを醸し出す。（このブドウにしては）驚くべきクリーミーな口当たり。冴えて潤いある後味。

JEAN-MARC BURGAUD (*Beaujolais*) ジャン・マルク・ビュルゴー（ボジョレ）

Beaujolais-Villages Château de Thulon ボジョレ・ヴィラージュ・シャトー・ド・テュロン 🍷 $ ビュルゴーのすべてのワインと同様、価格からは考えられないほど美味で複雑。このワインは口に含むと存在感があり、熟した濃密な赤い果実感、野バラの実の香味、深みのある骨髄のような肉厚さは忘れられない。

Morgon Les Charmes モルゴン・レ・シャルム 🍷 $$ 熟したプラム、チェリー、スミレの風味が鼻と口を満たす。生き生きして鮮烈かつ濃厚でたっぷりした果実感、絹のような舌ざわり、磨きあげられたタンニン。黒い果実類の真の深さ、骨髄、燻製肉、塩性ミネラル感をもった後味。

Morgon Côte de Py モルゴン・コート・ド・ピィ 🍷 $$$ 砕石感、刺激性で麝香（ジャコウ）のような花香、そして新鮮なザクロと赤フランボワーズの香りは、これに対応する冴えた酸味のある、だが花をまとったような熟成した味わいに移り、次いで清涼感と生気があり、興味深く誘惑

的でもある長い余韻がやって来る。

DOMAINE DE LA CADETTE （*Chablis/Auxerre*）ドメーヌ・ド・ラ・カデット（シャブリ／オーセール）

2006 Bourgogne Vézelay La Châtelaine 2006 ブルゴーニュ・ヴェズレ・ラ・シャトレーヌ 🍷 $$$　柑橘、核果とその核、チキン煮出し汁、砕いたエビ殻、各種ハーブと花々、これらが混じり合って微妙にクリーミーで、かつ抵抗しがたいほど爽やかな液となる。（ブルゴーニュはもとより）世界でもこれに比肩する品質対価格比を提供する品はほとんどない。造るのは、離れ地ヴェーズレに住むパイオニア、ジャン・モンタネ。

JEAN CALOT （*Beaujolais*）ジャン・カロ（ボジョレ）

Morgon Vieilles Vignes モルゴン・ヴィエイユ・ヴィーニュ 🍷 $$$　カロの数種のワインのうち、これは特に豊かに熟れた黒い果実類と梨の風味に、燻香とガメ種のニュアンスが加わり、アルカリ性ミネラル調の後味を示す。

NICOLE CHANRION （*Beaujolais*）ニコル・シャンリオン（ボジョレ）

Côte de Brouilly コート・ド・ブルイイ 🍷 $$$　赤フランボワーズの酸味、ルバーブ（大黄）、牛の骨髄、ハムホック（ハムのかかとの部分）を想わせる風味と、生気あふれる後味を示す。ボジョレのワインは単純だという主張への理想的な反論がここにある。

CHANSON PÈRE & FILS （*Beaujolais*）シャンソン・ペール＆フィス（ボジョレ）

Fleurie フルーリー 🍷 $$　ボーヌに本拠を構えるシャンソン社の最近の品質改良は、このフルーリーのように一部の優秀なボジョレにまで及んできた。このワインはたゆたうような紫プラム、炒りペカン（北米産クルミ）、大豆、それに湿った石の風味を持つ。

DOMAINE DE LA CHAPELLE （*Mâcon*）ドメーヌ・ド・ラ・シャペル（マコン）

FRANCE | BURGUNDY AND BEAUJOLAIS

Mâcon-Solutré-Pouilly マコン・ソリュトレ・プイイ 🍷 $$ 強い塩味、白亜質、冴えた柑橘感は、どちらかというとシャブリを想わせる。果皮の酸味、炒った穀物とナッツの苦みは、爽やかな後味に興を添える。

PIERRE - MARIE CHERMETTE (DOMAINE DU VISSOUX)
(Beaujolais) ピエール・マリー・シェルメット（ドメーヌ・デュ・ヴィスー）（ボジョレ）

Beaujolais Pierre Chermette ボジョレ・ピエール・シェルメット 🍷 $
シェルメットの見事な一貫性と値打ち感を持つ低硫黄ワイン群は、この塩と白亜質を帯びた、酸味あるチェリー（その核と花もろとも）の爽やかで軽快だが濃いエキスを含む一品で始まる。

Beaujolais Vieille Vignes Cuvée Traditionelle ボジョレ・ヴィエイユ・ヴィーニュ・キュヴェ・トラディショネル 🍷 $$ これほど軽いボディ（アルコール度11.5％）のワインとしては驚くほど暗い色調で、赤と黒の果実感と花の香りが充満。柑橘果皮の刺激性と塩性のミネラル風味が利いている。ダイナミックな内部の強さが、口内に爽やかで生き生きした余韻を残してくれる。

Fleurie Pierreux ブルイイ・ピエルー 🍷 $$$ よだれが出そうな黒と青の果実感は、果核、燻製肉、白亜土と薬用ヨードのはっきりした香味を帯びる。途方もなく濃縮されたこのワインは、飲み手を生き返らせる義務を忘れない。

Fleurie Les Garants フルーリー・レ・ギャラン 🍷 $$$ この凝縮力があり、よだれが出そうなフルーリーは、舌に染みつくカシス、プラム、苦い果核、それとわかるシナモンスパイス、塩と石の香味中に特有の磨きあげられたタンニンを含む。

Fleurie Poncié フルーリー・ポンシエ 🍷 $$$ 新鮮な黒フランボワーズとカシスの強い香りに、木の煙とひと振りの塩が加わったこのワインは、塩、石、ヨードとピートをちりばめた強い濃縮ベリーをありありと口に印象づける。

ROBERT CHEVILLON *(Côte d'Or)* ロベール・シュヴィヨン（コート・ドール）

Bourgogne Passetoutgrains ブルゴーニュ・パストゥグラン 🍷 $$$ 3分の2にはガメの古樹を使い、燻煙と褐色スパイスを加味した熟れたチ

ェリーとロースト肉の風味に満ちるワイン。コート・ドールの最良ワイナリーのひとつから手頃に入手できるごちそうだ。

DOMAINE CHEYSSON *(Beaujolais)* ドメーヌ・シェイソン（ボジョレ）

Chiroubles シルーブル ♥ $$ このクラスにしては、舌なめずりを誘うと同時に想像をかきたてる天啓の品質。その特色である熟した新鮮な赤フランボワーズに、オレンジ薄皮、白胡椒、ナッツ・オイル、そして「ミネラル」のアクセントが加味されている。

MICHEL CHIGNARD *(Beaujolais)* ミシェル・シニャール（ボジョレ）

Fleurie Les Mories フルーリー・レ・モリー ♥ $$$ こぼれるブルーベリーとブラックチェリーの果実感が、紅茶とチェリー核、ピート、酸味ある果皮の微妙な苦さと混じり、慰めと元気を交互に与えてくれる。

DOMAINE DAVID CLARK *(Côte d'Or)* ドメーヌ・デイヴィッド・クラーク（コート・ドール）

Bourgogne Passetoutgrains ブルゴーニュ・パストゥグラン ♥ $$$ 元F1エンジニアのクラークが造る、よく濃縮され、タンニンがほどよく利いたキュヴェは、素敵な赤果実感、微妙な猟鳥獣肉の風味、冴えて活力のある後味を見せてくれる。

CLOS DE LA ROILETTE *(Beaujolais)* クロ・ド・ラ・ロワレット（ボジョレ）

Fleurie フルーリー ♥ $$$ 「深みのあるボジョレ」が矛盾した表現でないことを証明するワインだ。アラン・クデールのとてもお値打ちな、歴史を誇るフルーリーは、とりわけ熟れた赤果実感、皮革、木の煙、炒ったナッツ、生の牛肉、コケ、湿った石の気配を示す。

DOMAINE DU CLOS DU FIEF *(Beaujolais)* ドメーヌ・デュ・クロ・デュ・フィエフ（ボジョレ）

FRANCE | BURGUNDY AND BEAUJOLAIS

Julienas ジュリエナス 🍷 \$\$\$　ミシェル・テートのジュリエナスは、明確でダイナミックな強さと、ほとんど白ワインに近い快活さと爽やかさを示し、赤フランボワーズ、ルバーブ（大黄）、燻製肉、ミネラル塩の風味から、大胆に舌に染み通る後味に至る。

BRUNO COLIN *(Côte d'Or)*　ブリュノ・コラン（コート・ドール）

Bourgogne ブルゴーニュ 🍷 \$\$\$　有名なシャサーニュ・モンラッシェ一族の分家が醸造する、コクのある口当たりと冴えた爽快さをバランスしたシャルドネ。

PIERRE-YVES COLIN *(Côte d'Or)*　ピエール・イヴ・コラン（コート・ドール）

Bourgogne ブルゴーニュ 🍷 \$\$\$　最適の場所にある古樹が、軽く焼いたリンゴ、マジパン、百合、レモンクリームの風味を生み出す。コクのある口当たりだが爽やか。

PHILIPPE COLLOTTE *(Côte d'Or)*　フィリップ・コロット（コート・ドール）

Marsannay Vieilles Vignes マルサネ・ヴィエイユ・ヴィーニュ 🍷 \$\$　満足感でいっぱいになる、稀に見るコート・ドールの買い得品。果汁質の新鮮な黒フランボワーズの香りの奥に、スイカズラ、ヨード、湿った石、大豆、きれいな赤身肉などの味が感じられる。

G. DESCOMBES *(Beaujolais)*　G・デコンブ（ボジョレ）

Morgon モルゴン 🍷 \$\$\$　こぼれんばかりの黒果実感が、退廃的な苦甘い花の香りと綾をなしている。この濃厚なワインは、焦点の定まった舌なめずりを誘う冴えた後味で終わる。瓶中での時間につれ、かびがついた動物性と鉱物性の深みが現われる。

GÉRARD DESCOMBES (DOMAINE LES CÔTES DE LA ROCHE) *(Beaujolais)*　ジェラール・デコンブ（ドメーヌ・レ・コート・ド・ラ・ロッシュ）（ボジョレ）

Juliénas ジュリエナス 🍷 $$$　熟れた黒フランボワーズの香りを持つが、その甘さはやや苦い果皮の収斂性と爽やかな塩性の刺激でうまく抑制されている。この生きがよく持続力あるワインはまさに喜びである。（ジェラール・デコンブと上記のジョルジュ・デコンブを混同しないこと。ジョルジュは、自分の名を単に「G」とサインする）

DOMAINE DES DEUX ROCHES（COLLOVRAY & TERRIER）
(Mâcon)　ドメーヌ・デ・ドゥー・ロッシュ　〔コロヴレ&テリエ〕（マコン）

Mâcon-Villages Plants du Carré　マコン・ヴィラージュ・プラン・デュ・カレ 🍷 $$　精力的なコンビ（驚くほどお値打ちのドメーヌ・アンテュニャックのワインも手がける——「ラングドック」の項参照）が造る、柑橘、蜂蜜、白亜質のワイン。かすかに樽味を帯びるが、あくまで果汁質のシャルドネ。

Saint-Véran サン・ヴェラン 🍷 $$$　「コロヴレ&テリエ」のラベルが付いたこのワインは、コクのある舌ざわりだが、控えめのメロン、柑橘、微妙なミネラルの混合的なニュアンスを示す。

BERNARD DIOCHON　*(Beaujolais)*　ベルナール・ディオション（ボジョレ）

Moulin-à-Vent ムーラン・ナ・ヴァン 🍷 $$$　リキュールのようなチェリーの果実感と燻製肉の風味は、特にこのワインが深みのあるコクを持ち、グリセリンに富むことを示す。しかし下にひそむ骨格が、熟成の可能性を示すことを試飲で気がつかなければならない。

BENOÎT DROIN　*(Chablis/Auxerre)*　ブノワ・ドロワン（シャブリ／オーセール）

Petit Chablis プティ・シャブリ 🍷 $$$　グラン・クリュであるレ・クロのずっと上の畑から得られる、この純粋で持続力あるワインは熟れた桃、新鮮なライム、それにかすかな砕石を想わせる。

JOSEPH DROUHIN　*(Côte d'Or, Chablis)*　ジョゼフ・ドルーアン（コート・ドール、シャブリ）

FRANCE | BURGUNDY AND BEAUJOLAIS

Bourgogne Laforet ブルゴーニュ・ラフォレ 🍷 $$ 有名ネゴシアンのドルーアンが出す他のワイン（下記）と同様、このピノも繊細にして頑固、ブルゴーニュ・ピノ・ノワールの魔法の力を見つけるための理想的な出発点となる。

Bourgogne Véro ブルゴーニュ・ヴェロ 🍷 $$$ ハイトーンな赤チェリー、生肉の赤身、ミネラル、花のエッセンス、それに絹のような舌ざわりは、ワインの出所がトップ級の村（2つのプルミエ・クリュをも含む）であることを示す。

Chorey-les-Beaune ショレイ・レ・ボーヌ 🍷 $$$ ハイトーンなチェリー／アーモンド、褐色スパイス、繊細な果核の苦み、純粋さ、塩気を、一貫して披露してくれる。繊細で透徹感がある、きわめて満足すべきワイン。

GEORGES DUBOEUF *(Beaujolais)* ジョルジュ・デュブッフ（ボジョレ）

Brouilly ブルイイ 🍷 $ ネゴシアンのジョルジュ・デュブッフによるボジョレがおびただしい種類と数に及んでいるのは、彼のワインがアメリカ市場において永続的なバリューワインであることを示している。特に、いつも青い果実感を持ち、舌なめずりを誘うこのブルイイのような瓶、いわゆる「フラワー・ラベル」仕込みのワインがその良い例。

Brouilly Domaine de Grand Croix ブルイイ・ドメーヌ・ド・グラン・クロワ 🍷 $$ 複数の生産者が造るデュブッフの多くの瓶詰め品のひとつ。このワインは、酸味を帯びる黒い果実感、口の奥に感じる花香、スパイス、そして塩味の要素で、口内を印象的にたっぷり満たす。

Chiroubles シルーブル 🍷 $ 繊細な優しさと誘惑的な牡丹の香り、そして熟れたベリーがいっぱい。

Fleurie フルーリー 🍷 $$ 黒い果実と湿った石の風味が詰まっており、それでいて魅力的で陽気、かつ繊細な感覚を保っている。

Fleurie Clos des Quatre Vents フルーリー・クロ・デ・カトル・ヴァン 🍷 $$ 生気があり、塩気とピリッとする刺激を帯びた、口内を覆いつくすワイン。ハイトーンなベリー香味が詰まっている。

Juliénas ジュリエナス 🍷 $ 花の香り、ベリー果実感がいっぱいで、コケと紅茶のアクセント。

Juliénas Château des Capitans ジュリエナス・シャトー・デ・カピタン 🍷 $$ 一貫してよく濃縮され、熟した黒い果実感と燻製肉の匂いを持つが、少々邪魔なタンニンを感じる時もある。

- **Morgon モルゴン** 🍷 $$ 森のイチゴ、チェリー、茴香、時に緑茶またはココア粉の香りと風味で人を魅惑し、塩味を帯びたおいしい肉系を基調とする後味を見せる。飲み手を爽快にする義務を決して忘れないワイン。
- **Morgon Domaine Jean Descombes モルゴン・ドメーヌ・ジャン・デコンブ** 🍷 $$ この快活なワインは一貫して堂々たるコクがあり、黒い果実味に満ち、その冴えと甘美さには抵抗しがたい。基調にある動物調と塩や湿った石の気配が、後味をより面白くする。
- **Moulin-à-Vent Domaine des Rosiers ムーラン・ナ・ヴァン・ドメーヌ・デ・ロジエ** 🍷 $$ 黒い果実の強い香りに、元気のわくような酸味と塩味を帯びる。本品はしばしば、ハーブと焙った肉の香味に加えて、印象的な舌ざわりの存在感と、後味の凝縮力をもたらす。
- **Moulin-à-Vent Tour de Bief ムーラン・ナ・ヴァン・トゥール・ド・ビエフ** 🍷 $$ このシャトーの瓶詰めワインは、たいてい黒い果実の濃縮された酸味に、塩味ナッツの感触が加わるのが特徴。

VINCENT DUREUIL-JANTHIAL (*Côte Chalonnaise*) ヴァンサン・デュルイユ・ジャンティアル（コート・シャロネーズ）

- **Bourgogne ブルゴーニュ** 🍷 $$$ この豪華だが生き生きしたシャルドネは、たっぷりの白桃、パパイヤ、パイナップルがココナツ、スパイス、樽からのヴァニラで彩られているのが特徴。
- **Bourgogne Aligoté ブルゴーニュ・アリゴテ** 🍷 $$ この驚くほどの買い得品は、柑橘、パイナップル、スイートコーン、ハーブ、ナッツ・オイル、チキン煮出し汁のコク、さらにアリゴテにしては驚くほどのクリーミーな口当たりがある。塩類、白亜、エビの殻という爽快感のわく後味をみせる。
- **Bourgogne Passetoutgrains ブルゴーニュ・パストゥグラン** 🍷 $$ ふっくらと熟成したワインで、とても純粋なフランボワーズとザクロの実、洗練されたタンニン風味を帯びる。豪勢な後味。ピノとガメのブレンドにしては驚くほど上質である。

BENOIT ENTE (*Côte d'Or*) ブノワ・アント（コート・ドール）

- **Bourgogne Aligoté ブルゴーニュ・アリゴテ** 🍷 $$$ チェリー蒸留酒、レモン、ピスタチオの匂い。かなり濃密だが冴えた味わいで、嬉しく元気がわくようなチェリーや柑橘の味と、白亜質の辛辣さを帯びた後味。

DOMAINE DE LA FEUILLARDE *(Mâcon)* **ドメーヌ・ド・ラ・フォヤールド**（マコン）

Saint-Véran Tradition サン・ヴェラン・トラディシオ 🍷**$$**　このキュヴェは、新鮮なリンゴ、レモン、白亜粉末などジャンル固有のアロマを放つ。口に含むと頑固な褐色スパイス、ミネラル系の塩、強い柑橘が際立つ。

Saint-Véran Vieilles Vignes サン・ヴェラン・ヴィエイユ・ヴィーニュ 🍷 **$$$**　とても古い樹から醸し出されるこのワインは、マスクメロン、果樹園果実、アーモンド、褐色スパイス、それに花の香りを帯びたコクのある滑らかな舌ざわり。白亜質、石、塩性ミネラルのアクセントが利いた後味を伴う。

JEAN-PHILIPPE FICHET *(Côte d'Or)* **ジャン・フィリップ・フィシェ**（コート・ドール）

Bourgogne ブルゴーニュ 🍷**$$$**　桃、ナッツ・オイル、それに苦甘い花の香りは、フィシェの看板である、クリーミーなコク（脂肪は全くない）と、計算どおりの果実とミネラル感、それに熟した鮮やかな酸味との相乗効果をみせる。

Bourgogne Aligoté ブルゴーニュ・アリゴテ 🍷**$$**　炒ったナッツと穀物の香り、明瞭な柑橘の刺激と白亜質のミネラル風味、そして実に興味をそそる肉系の深みを持つこのワインは、苦みのある野菜と合いそうだし、こってりしたソースとよい対比をなすだろう。

JEAN FOURNIER *(Côte d'Or)* **ジャン・フルニエ**（コート・ドール）

Marsannay Cuvée St.-Urbain マルサネ・キュヴェ・サン・ユルバン 🍷 **$$$**　愛すべきマルサネ入門ワイン。その核果と肉煮出し汁の風味は、想像をかきたてるように、果実の核、塩、石の香味に彩られている。後味はいつも興味深くかつ爽やか。

DOMAINE DES GERBEAUX *(Mâcon)* **ドメーヌ・デ・ジェルボー**（マコン）

Mâcon-Solutré Le Clos マコン・ソリュトレ・ル・クロ 🍷 **$$**　桃、花、それにヴァニラのアロマ。クリーミーなコクのある味わいに桃の種の苦

みが加わる。おりと白亜質の触感は、このワインがかなりのコクと深みを持つことを物語る。

Pouilly-Vinzelles Les Longeays プイイ・ヴァンゼル・レ・ロンジェイ 🍷 $$$　樽からくる焦げと煙の香気。熟れたリンゴの果実味は、柑橘薄皮と白亜質により補完されている。この価格のブルゴーニュ。白にしては、驚きのクリーミーな口当たり。堂々たる長い余韻の後味には、樽からのスパイスと燻煙の効果が重なっている。

VINCENT GIRARDIN　*(Côte d'Or)*　ヴァンサン・ジラルダン（コート・ドール）

Bourgogne Cuvée St.-Vincent ブルゴーニュ・キュヴェ・サン・ヴァンサン 🍷 $$$　ヴァンサン・ジラルダンの厖大なコレクション中のこのワインは、柑橘類、花、蜂蜜、スパイス、白亜質のミネラル感を、コクがありかつ爽やかな本体に混和している。

GHISLAIN AND JEAN-HUGUES GOISOT　*(Chablis/Auxerre)*　ギスラン&ジャン・ユーグ・ゴワソ（シャブリ／オーセール）

Bourgogne Aligoté ブルゴーニュ・アリゴテ 🍷$$ チキン煮出し汁、レモングラス、種のついたチェリー、バジル、レモン、種のついたミカンなどが、このワインの特徴の一部である。病みつきになりそうなみずみずしさ、滑らかな舌ざわり、ブドウの活力が束になっており、一貫して並はずれたバリューワインである。

Bourgogne Côtes d'Auxerre ブルゴーニュ・コート・ドーセール 🍷$$$　この瓶詰め品は特に、焦がしバター、マルメロ、黄プラム、アカシア、ライム、生姜を感じさせる。クリーミーだがピリッと爽やかなこのワインは、紛れもない白亜質ミネラルを帯びた、納得のいく余韻を与えてくれる。

MICHEL GOUBARD　*(Côte Chalonnaise)*　ミシェル・グーバール（コート・シャロネーズ）

Bourgogne Montavril ブルゴーニュ・モンタヴリル 🍷$$$　上品で酸味のある赤い果実感が、驚くほど塩気のある肉厚の、甘さとは縁のない基調の上に存在する。絹のように口に優しいこのワインは、比較的軽量ながら、豪勢でもある。

FRANCE | BURGUNDY AND BEAUJOLAIS

Bourgogne Mont Avril Fût de Chêne ブルゴーニュ・モンタヴリル・フュ・ド・シェヌ ♀ $$$　グーバールの極上キュヴェは、樽で寝かせたことで微妙に差をつけている。香りと風味はやや猟鳥獣肉風で、舌ざわりにはかすかなざらつき。塩気を帯びた酸味ある赤／黒の果実感は、爽やかで凝縮感のある後味に至る。

CHÂTEAU DE LA GREFFIÈRE *(Mâcon)* シャトー・ド・ラ・グレフィエール（マコン）

Mâcon-La Roche-Vineuse Sous le Bois マコン・ラ・ロッシュ・ヴィヌーズ・スー・ル・ボワ ♀ $$　その個性として、スイカズラ、新鮮なリンゴ、白亜粉末などの嬉しい香りを発する。爽やかな、絹のような舌ざわりで繊細。後味にはおり、白亜質、炒ったナッツと穀物の微妙な香味。

Mâcon-La Roche-Vineuse Vieilles マコン・ラ・ロッシュ・ヴィヌーズ・ヴィエイユ ♀ $$　クチナシ、パパイア、スイカズラ、ナツメグの匂いを特徴とする。申し分なく豪華でクリーミーで、それに白亜質と炒ったナッツと穀物のトーンが加わる。ピリッとした塩味が長く余韻を残す後味。

Saint-Véran サン・ヴェラン ♀ $$　塩気、ナッツ調、挽いた穀物の快いアロマと風味が特徴。どちらかというと軽量級。にもかかわらず快いクリーミーな舌ざわりで、断固たるミネラル性の後味を示す。

LOUIS JADOT *(Côte d'Or, Mâcon, and Beaujolais)* ルイ・ジャド（コート・ドール、マコン、ボジョレ）

Beaujolais ボジョレ ♀ $　ボジョレ地域南部の白亜層で造られるこのワインは、一貫して酸味ある赤い果実の特性と、鋭く鮮やかな、澄んで爽やかな後味をみせる。そこに砕石を感じると断言するテイスターがいるはずだ。

Beaujolais-Villages ボジョレ・ヴィラージュ ♀ $　よく目にする点では、ジャドのマコン・ヴィラージュをしのぐほどである。こぼれるばかりの黒い果実感は、柑橘薄皮の気配、果核の苦み、それにベリー果皮の酸味を帯びる。一貫して雑味なく爽やか、そしてガメ種と花崗岩の相乗効果が実に力強く表れている。

Bourgogne ブルゴーニュ ♀ $$$　桃としばしば赤ベリーの香り。クリーミーな口当たりと新鮮さのバランスに優れる。生き生きして快い刺激の後味。

Mâcon-Villages マコン・ヴィラージュ 🍷 $$ アメリカの店やレストランで、これほど見かけるブルゴーニュの白はほかにないだろう。常に冴えたリンゴのような果実感、花とミネラルの微妙な気配。そして熱っぽいアルコールや苦みとは無縁の、申し分ない果汁質の後味。

(LOUIS JADOT) CHÂTEAU DES JACQUES, CHÂTEAU DES LUMIÈRES *(Beaujolais)* (ルイ・ジャド)シャトー・デ・ジャック、シャトー・デ・リュミエール(ボジョレ)

Morgon モルゴン 🍷 $$$ このワインの鮮やかさ、赤い果実類の濃縮、そして塩性ミネラルの厚みに加えて、奥底の骨髄のような濃い肉煮出し汁はすべてとても印象的である。余韻が長く風味ある後味にひそむ燻煙と猟鳥獣肉の気配は、モルゴンの特徴。

Moulin-à-Vent ムーラン・ナ・ヴァン 🍷 $$$ この濃厚で構成の良い、多くの畑からのブレンドは、冴えたフランボワーズとザクロの果実感、骨髄のような深い肉厚さを示し、樽と塩が利いた後味を見せる。

JACKY JANODET (DOMAINE DES FINE GRAVES) *(Beaujolais)* ジャッキー・ジャノデ(ドメーヌ・デ・フィーヌ・グラーヴ)(ボジョレ)

Moulin-à-Vent ムーラン・ナ・ヴァン 🍷 $$$ 熟れたブラックチェリー、黒焦げ肉、チェリー核の苦みが香りの特質であり、豊富な果実感と骨髄のような深い肉質風味が、しっかりと中味の濃い表現で口を満たす。

MICHEL LAFARGE *(Côte d'Or)* ミシェル・ラファルジュ(コート・ドール)

Aligoté Raisins Dorés アリゴテ・レザン・ドレ 🍷 $$$ 大昔からの老樹に生ったブドウを枝で金色になるまで熟させると、熱帯の果実感と豊かな舌ざわりが生まれる。たいていの年のものが、まさしく蜂蜜のような後口をもたらすが、ワインが蜂蜜のようになる豊年においてさえ、芯にはいつも爽やかさと白亜質がある。

Bourgogne Aligoté ブルゴーニュ・アリゴテ 🍷 $$ ラファルジュのひときわ優れた赤と白の広地域呼称ワインのひとつで、見逃してはならない。飲めば身ぶるいするほど元気をくれる一品で、ミネラル分がしっかり含まれている印象だ。

FRANCE | BURGUNDY AND BEAUJOLAIS

Bourgogne Passetoutgrains ブルゴーニュ・パストゥグラン ♥$$　この爽やかで万能性のピノ／ガメのブレンドは、鮮やかで辛辣な酸味のあるチェリー香味と、猟鳥獣肉の気配を示す。そして後味には、肉スープ、木の煙、チェリーの核および鋭く焦点が定まった果実味がある。

Bourgogne Passetoutgrains L'Exception ブルゴーニュ・パストゥグラン・レクセプシオン ♥$$$　代々維持してきた古木から生まれたこのワインは、子孫の木から生まれたワインと同様に冴えて爽やかだが、深い肉質と黒ベリーの果実感に満ちており、それがかすかにオイリーな口当たりで増強される。

JEAN-CLAUDE LAPALU　*(Beaujolais)*　ジャン・クロード・ラパリュ（ボジョレ）

Beaujolais-Villages Vieilles Vignes ボジョレ・ヴィラージュ・ヴィエイユ・ヴィーニュ ♥$$　熟れた黒果実の濃さと強さ、ミネラルエキスの触感。肉厚で燻煙の深みがあり、このアペラシオンでは他に見つからない性質のもの。

MARCEL LAPIERRE　*(Beaujolais)*　マルセル・ラピエール（ボジョレ）

Morgon モルゴン ♥$$$　「ボジョレの原点に戻ろう」の父的存在が造るこのワインは、ハイトーンなベリー蒸留酒とハーブエキス、それに甘く刺激的な花の香気、森の地表と猟鳥獣肉の匂いが鼻を満たす。肉質とミネラルの複合風味が、一貫して爽やかで示唆に富む後味を際立たせる。

LOUIS LATOUR　*(Côte d'Or, Côte Chalonnaise, Chablis, Beaujolais)*　ルイ・ラトゥール（コート・ドール、コート・シャロネーズ、シャブリ、ボジョレ）

Montagny 1er Cru モンタニィ・プルミエ・クリュ ♀$$$　長期にわたって量産されたヒット作。この万能性シャルドネは、スイカズラ、梨の香り。甘美で洗練され、微妙にクリーミーな口当たり。白亜質と石系ミネラルの後味。

ROLAND LAVANTUREUX　*(Chablis/Auxerre)*　ローラン・ラヴァンテュルー（シャブリ／オーセール）

Chablis シャブリ 🍷$$$　通常、スグリ、ライム、梨、チェリーの香り。かすかな収斂性を示すことが多く、また熟成したヴィンテージでさえ、冴えてみずみずしく潑剌としている。

DOMAINE DE LA MADONE *(Beaujolais)* ドメーヌ・ド・ラ・マドーヌ（ボジョレ）

Beaujolais — Le Pérreon ボジョレ・ル・ペレオン 🍷$$　一貫して新鮮さ、純粋さ、生気を保つことに成功。軽量でソフトな感触だが、たっぷりの苦い黒果実感、刺激性のハーブ、胡椒、塩、白亜質も披露する。

FRÉDÉRIC MAGNIEN *(Côte d'Or)* フレデリック・マニアン（コート・ドール）

Bourgogne ブルゴーニュ 🍷$$$　チェリーとヴァニラの香りが、猟鳥獣肉の気配と混じり合う。口内では、やや粗野なタンニンと共に、濃厚で生き生きした黒果実感と、印象的に持続する肉質とミネラルの広がりを感じる。

MICHEL MAGNIEN *(Côte d'Or)* ミシェル・マニアン（コート・ドール）

Bourgogne Grand Ordinaire ブルゴーニュ・グラン・オルディネール 🍷$$$　家族経営を続けるネゴシアンのフレデリック・マニアン（前記参照）の威信と、単に「ブルゴーニュ」を出せない場所から生まれるこのワインは、舌が染まるようなピノで、基調にあるたっぷりのタンニンと十分に熟した甘い果実、それに樽のスパイシーな風味とが協調している。

JEAN MANCIAT *(Mâcon)* ジャン・マンシア（マコン）

Mâcon-Charnay Franclieu マコン・シャルナイ・フランリュー 🍷$$$　苦甘い花、レモン、それに湿った石の魅力ある香りは、印象的なコクと、触知できるエキスの味わいに移行し、塩性と白亜質の後味で終わる。

ALAIN MICHAUD *(Beaujolais)* アラン・ミショー（ボジョレ）

FRANCE | BURGUNDY AND BEAUJOLAIS

Brouilly ブルイイ 🍷 $$ この瓶には、常にハーブと褐色スパイスを帯びたブルーベリーが溢れる。後味には、苦い果皮、酸味のある果核、塩と湿った石などの爽やかな感じがある。

Brouilly Prestige Vieilles Vignes ブルイイ・プレスティージュ・ヴィエイユ・ヴィーニュ 🍷 $$$ 黒果実と胡椒がハーブのような味や香りに加わり、蒸留酒のような強くて豪華な触感をもたらす。冴えて透徹した、味覚にまといつく石舗装のような後味。

FRANÇOIS MIKULSKI (*Côte d'Or*) フランソワ・ミキュルスキ（コート・ドール）

Bourgogne Aligoté ブルゴーニュ・アリゴテ 🍷 $$ 大昔からの老樹で造ったこのワインは、熟れた梨の純粋なネクターとグレープフルーツの香り。洗練され、微妙にクリーミーなところがあるが、雑味のない爽やかな口当たり。白亜質と活力ある苦い柑橘皮の気配を持つ後味。

ALICE & OLIVIER DE MOOR (*Chablis/Auxerre*) アリス＆オリヴィエ・ド・ムール（シャブリ／オーセール）

Bourgogne Aligoté ブルゴーニュ・アリゴテ 🍷 $$ このアペラシオンものにしては驚きもの。パン生地のような厚みを感じるが、一貫して明るく元気なこのワインは、レモン種子、チェリーと炒ったアーモンド、チキン煮出し汁、ハーブの香気と風味を醸す。

Bourgogne Aligoté Vieilles Vignes ブルゴーニュ・アリゴテ・ヴィエイユ・ヴィーニュ 🍷 $$$ この古樹からのワインは、多汁質、凝縮感と複雑性を示し、めざましい花香、ハイトーンなアーモンド、ライチ、アンズ、パイナップルの香味が、形容しがたい繊細なミネラル風味と合体している。

Bourgogne Chitry ブルゴーニュ・シトリ 🍷 $$$ このシャルドネは、素敵なレモンの刺激、トーストしたプラリネ、ミカン薄皮、生姜とカルダモンの香味を、驚くべきコクのあるミネラル系ブロスとでもいうような本体に含んでいる。

SYLVAIN PATAILLE (*Côte d'Or*) シルヴァン・パタイユ（コート・ドール）

Bourgogne Passetoutgrains ブルゴーニュ・パストゥグラン 🍷 $$$ 大昔

からの老樹で造った抵抗できないほど美味なピノ／ガメのブレンドで、黒い果実感と炒ったナッツの風味がいっぱい。優しい口当たりだが、活力があり明快。

R. & L. PAVELOT (*Côte d'Or*) 　R. & L.パヴロ（コート・ドール）

Pernand-Vergelesses ベルナン・ベルジュレス 🍷 $$$ 　木と白亜質の感触を持つ、洗練されたシャルドネさながらのこの村名ワインが、これほど低価格で提供されるのは稀なことである。

PAUL PERNOT (*Côte d'Or*) ポール・ペルノ（コート・ドール）

Bourgogne ブルゴーニュ 🍷 $$$ 　果核と柑橘類のリッチさ。風味の良さ、塩と白亜系ミネラルの特質が層をなして重なる。甘美なクリーミーさと冴えた爽快さのバランスが良い。この信じられないほど買い得品の素晴らしい余韻は、3倍の価格で売られているたいていの村名ブルゴーニュ・コート・ドール白をしのぐ。

HENRI PERRUSSET (*Mâcon*) アンリ・ペリュセ（マコン）

Mâcon-Farges Vieilles Vignes マコン・ファルジュ・ヴィエイユ・ヴィーニュ 🍷 $$$ 　この古樹から生まれたワインは、一貫して、熟成度と魅力的口当たり、爽やかさと活力のあいだの巧みなバランスを披露する。

GILBERT PICQ ET SES FILS (*Chablis/Auxerre*) ジルベール・ピク&セ・フィス（シャブリ／オーセール）

Chablis Vieilles Vignes シャブリ・ヴィエイユ・ヴィーニュ 🍷 $$$ 　核果と柑橘類の甘美さが、甲殻類のような旨みがある塩性のミネラル感に裏打ちされている。スパイスとレモン種子のタッチで、活気ある後味に刺激が加わる。

DOMINIQUE PIRON (*Beaujolais*) ドミニク・ピロン（ボジョレ）

Fleurie フルーリー 🍷 $$$ 　燻製肉、熟れた黒フランボワーズ、モカの風味に、鉱石用語で表現したくなるような触知できる刺激味を加えたこのワインは、ボジョレにしては並はずれた堅固な凝縮力の後味を示す。

FRANCE | BURGUNDY AND BEAUJOLAIS

- **Morgon**モルゴン 🍷 $$$　ブラックチェリー、紅茶、そして猟鳥獣肉と燻製肉の風合いでできた複雑なアロマの混合物である。後味は、ハーブと胡椒の刺激的な香りを持つ。
- **Régnié**レニエ 🍷 $$　熟れたイチゴと炒ったナッツの香りを持つこのワインは、あからさまな果実感の代わりに魅力的な塩の陰影を見せて、真の活力ある後味で終わる。

CHÂTEAU DU PIZAY　*(Beaujolais)*　シャトー・デュ・ピゼ（ボジョレ）

- **Morgon**モルゴン 🍷 $　軽く煮た黒フランボワーズの甘い香りのある、この驚くほど廉価なモルゴンは、生き生きしてよく濃縮された印象の味わいに、燻製肉の気配が加わる。後味には塩性を帯びた黒い果実感。

DANIEL POLLIER　*(Mâcon)*　ダニエル・ポリエ（マコン）

- **Mâcon-Villages** マコン・ヴィラージュ 🍷 $$　とても手頃な価格の優秀品。リンゴとチェリーの花のアロマ、冴えた果汁質の柑橘感とナッツ・オイルの風味。後味では、複雑なミネラルの長い余韻が印象的。

POTEL-AVIRON　*(Beaujolais)*　ポテル・アヴィロン（ボジョレ）

- **Côte de Brouilly** コート・ド・ブルイイ 🍷 $$　有機栽培と樽熟成にこだわる、とても品質にうるさいネゴシアンが提供するこのワインは、ブルーベリー風味がいっぱいで、石墨か湿った石のような豊かなミネラル感を持つ。真の果汁質の爽やかさと、本格的な複雑さと凝縮感のあいだを優雅にバランスさせている。
- **Juliénas** ジュリエナス 🍷 $$　この本格的ワインは、新鮮な赤フランボワーズ、紫プラム、褐色スパイス、燻製肉の香気を持ち、よく濃縮され、酸味があるベリーの刺激と活力ある爽やかさを加味している。そしてスパイスと酸味、それに塩と石のミネラル性を帯びた後味。
- **Morgon Château-Gaillard Vieilles Vignes** モルゴン・シャトー・ガイヤール・ヴィエイユ・ヴィーニュ 🍷 $$$　花の香りと、深みある、骨髄とブラックチョコレートのようなコクがある。透明で果汁質で、胡椒とスパイスを帯びたベリー果実味が加わる。
- **Morgon Côte du Py Vieilles Vignes** モルゴン・コート・デュ・ピ・ヴィエイユ・ヴィーニュ 🍷 $$$　ブラックチェリー、紫プラム、コリアンダ

一、そしてオレンジ薄皮が、この緻密な構成を持つクリュ・ボジョレの香りの特徴。味覚では、酸味と刺激がある果皮や、塩性のミネラル質が活力を与えている。

Moulin-à-Vent Vieilles Vignes ムーラン・ナ・ヴァン・ヴィエイユ・ヴィーニュ ▼$$$　このワインは濃縮度が印象的で、きめまでが厚く詰まっている感じで、タンニンもはっきり感じられる。スパイス感あるブラックチェリーとプラムに加えて、深みがあって雑味のない肉質感を持つ。

MARION PRAL　*(Beaujolais)* マリオン・プラール（ボジョレ）

Beaujolais Cuvée Terroir ボジョレ・キュヴェ・テロワール ▼$　清浄感があり爽やか。甘く熟れた黒い果実と核果の香味でいっぱい。果皮の酸味による刺激と冴え、それに塩性ミネラル感が生気をもたらす。

JEAN RIJCKAERT　*(Mâcon)* ジャン・リケール（マコン）

Mâcon-Villages マコン・ヴィラージュ ♀$$　リケールの目標である控えめのアルコール、強度の樽香味を出さないこと、純粋度、透明度が一貫して維持されている。それは彼の数多い、これよりやや高価なワインと同様である。

JOËL ROCHETTE　*(Beaujolais Villages)* ジョエル・ロシェット（ボジョレ・ヴィラージュ）

Beaujolais-Villages ボジョレ・ヴィラージュ ▼$$　この楽しいボジョレは、甘い花の香り、きびきびと刺激的でやや酸味のあるブラックベリー風味、そして褐色スパイス体験を提供してくれる。口がさっぱりして、次のひと口が欲しくなること請け合い。

FRANCINE & OLIVIER SAVARY　*(Chablis/Auxerre)* フランシーヌ&オリヴィエ・サヴァリ（シャブリ／オーセール）

Chablis Vieilles Vignes シャブリ・ヴィエイユ・ヴィーニュ ♀$$$　安心して飲めるシャブリの単なる見本にとどまらず、このワインはチェリー類、マイヤーレモン、タイムの匂いがする。素敵なチェリーとレモンの果実感は、塩性と白亜質を帯び、その冴えとミネラル性にもかかわらず、艶やかな舌ざわりと快い充実感を誇っている。

FRANCE | BURGUNDY AND BEAUJOLAIS

DOMAINE SERVIN (*Chablis/Auxerre*) ドメーヌ・セルヴァン（シャブリ／オーセール）

- **Chablis Cuvée Les Pargues** シャブリ・キュヴェ・レ・パルグ 🍷 $$$　無濾過で瓶詰めも遅いこのキュヴェは、際立った立地条件の畑から生まれる。そのアンズ、チェリー、グレープフルーツの香味が、微妙な塩気を持つチキン煮出し汁、エビ殻エキスと混じり合い、その結果、価格からみて驚くほどの、深みがあり、ゆらめく透明さを持つ風味が生まれた。
- **Petit Chablis** プティ・シャブリ 🍷 $$　桃、ナッツ・オイル、百合の甘く熟れたアロマの次には、塩性の冴えた柑橘風味が続く。そして明白なミネラル性、柑橘類の薄皮、ハーブ、桃の皮などの香味を帯びた、元気のわく後味に至る。

DOMAINE DES SOUCHONS (*Beaujolais*) ドメーヌ・デ・スーション（ボジョレ）

- **Morgon Cuvée Lys** モルゴン・キュヴェ・リス 🍷 $$$　紫プラム、赤フランボワーズ、スミレの香り。生き生きして新鮮で冴えた味わい。この芳醇なクリュ・ボジョレは、最後は果皮のピリッとする酸味とかすかな燻煙（「ミネラル」と評する人もいるだろう）の刺激性の後味。

DOMAINE DES TERRES DORÉES (JEAN-PAUL BRUN) (*Beaujolais*) ドメーヌ・デ・テール・ドレ（ジャン・ポール・ブリュン）（ボジョレ）

- **Beaujolais L'Ancien Vieilles Vignes** ボジョレ・ランシアン・ヴィエイユ・ヴィーニュ 🍷 $$　この「古代の」製法へ敬意を表したワインは、信じがたいほどの値打ち物。酸味が鮮烈な黒い果実感。惜しみない花々の香気。塩と白亜のミネラル感は、活力ある、真に忘れがたい後味を示す。
- **Beaujolais Blanc Chardonnay** ボジョレ・ブラン・シャルドネ 🍷 $$　豪華な花束のような香りは、柑橘、核果、塩性、そして白亜質の香味を帯びる。ほとんど噛めるほどの充実した味わい。そして爽やかで軽快な、快い塩性の、帆立貝に似た風味の後味は、地球上にほんのわずかしかない最良のシャルドネの買い得品である。
- **Boujolais Rosé d'Folie** ボジョレ・ロゼ・ド・フォリー 🍷 $$　この抵抗しがたく甘美なワインは、ボジョレのロゼというあまり見かけない類のワ

インだが、塩と白亜を帯びた新鮮なフランボワーズとイチゴの香りに満ちる。

JEAN-PAUL THÉVENET *(Beaujolais)* ジャン・ポール・テヴネ（ボジョレ）

Morgon モルゴン 🍷 $$ チェリーの蒸留酒、オレンジ薄皮、木の煙、炒ったナッツ、紅茶とチェリー核が、このワインの豊満で官能的だが爽やかな後味に、苦甘さを加味している。

DOMAINE THIBERT PÈRE ET FILS *(Mâcon)* ドメーヌ・ティベール・ペール＆フィス（マコン）

Mâcon-Fuissé マコン・フュイッセ 🍷 $$ ライム、微妙に苦い果核、セージ、それに肉煮出し汁の香り。巧みに濃縮された味わい。充実した中身と明るい高揚感のよい組み合わせである。

Saint-Véran サン・ヴェラン 🍷 $$$ このまさに攻撃的シャルドネは、白桃、レモン、セージ、黒胡椒の香りがある。冴えて、うまく濃縮され、刺激性を備えたこのワインは、柑橘感、胡椒、白亜／石のミネラル感の後味を見せる。

CHÂTEAU THIVIN *(Beaujolais)* シャトー・ティヴァン（ボジョレ）

Côte de Brouilly コート・ド・ブルイイ 🍷 $$$ 塩気、燻製肉、杜松の実、酸味ある黒果実の香味が、この地味なボジョレの複雑なアロマチックな味わいに支配的な傾向。冴えたミネラル風味の後味は、時にたっぷりのタンニンを見せる。

VERGET *(Mâcon, Côte d'Or, Chablis/Auxerre)* ヴェルジェ（マコン、コート・ドール、シャブリ／オーセール）

Bourgogne Grand Élevage ブルゴーニュ・グラン・エルヴァージュ 🍷 $$$ 「正規の」ヴェルジェのブルゴーニュものより樽熟成が長いという待遇を受けている。豪華で、蜂蜜のように甘く、微妙にクリーミーだが決して重くない。

Bourgogne Terroir de Côte d'Or ブルゴーニュ・テロワール・ド・コー

FRANCE | BURGUNDY AND BEAUJOLAIS

ト・ドール 🍷 $$　核果や熱帯果実、炒ったナッツ、そしてしばしば赤ベリーの甘美な香味を誇る。ソフトな口当たり、みずみずしく爽やか、かなりの余韻。

Mâcon-Bussières Les Terreaux マコン・ビュシエール・レ・テロー 🍷 $$$　レモンとマスクメロンを想わせる、このワインのしばしば異国的な熟成風味が、爽やかな柑橘感と結びついている。レモン薄皮と塩の爽やかなタッチの後味。

Mâcon-Bussières Vieilles Viegnes de Monbrison マコン・ビュシエール・ヴィエイユ・ヴィーニュ・ド・モンブリゾン 🍷 $$$　大昔からの老樹が残っている小区画畑から得られるこのシャルドネは、リッチさ／中身の充実／爽やかさのあいだの見事なバランスを達成しているのが特徴。エキゾチックな果実感に、白亜質と塩性のミネラル感。ナッツの刺激と柑橘風味。

Mâcon-Bussiéres Vieilles Vignes du Clos マコン・ビュシエール・ヴィエイユ・ヴィーニュ・デュ・クロ 🍷 $$$　メロンと熱帯果実を想わせる熟成感に白亜と塩のアクセントが加わる、非常な濃縮度と余韻のワイン。

Mâcon-Vergisson La Roche マコン・ヴェルジソン・ラ・ロッシュ 🍷 $$$　完熟スモモ、フジウツギ、レモン、白亜粉末の香りが特徴。おおらかで非常にリッチだが、いつも爽やか。この一部だけ樽醗酵させるシャルドネは、かなりの微妙さと複雑さを併せ持つ。

Mâcon-Villages マコン・ヴィラージュ 🍷 $$　ネゴシアンのジャン・マリー・ギュファンは、このような単純なアペラシオンから驚くべき特性と濃度を引き出す手腕を持っている。このワインは、果実感と花香がこぼれんばかりで、しばしば驚くほどクリーミーで陽気な包容力をみせ、しかも常に十分爽やか、かつミネラル感を持つ。

M. J. VINCENT　(*Beaujolais and Mâcon*)　M. J. ヴァンサン（ボジョレとマコン）

Julienas Domaine Le Cotoyon ジュリエナス・ドメーヌ・ル・コトワヨン 🍷 $$$　シャトー・フュイッセのオーナーが造るこのワインは、冴えたブラックチェリーとブラックベリーの果実感があり、ボジョレにしては濃厚な味わい。素晴らしく冴えた、酸味を持つ、塩と白亜の舌ざわりの後味。

Pouilly-Fuissé Proprieté Marie-Antoinette Vincent プイイ・フュイッセ・プロプリエテ・マリー・アントワネット・ヴァンサン 🍷 $$$　メロン、リンゴ、グレープフルーツが混じり合うシャルドネの香りと味。洗練さ

れた口当たりと、蜂蜜のようなコク、冴えた柑橘味、そして白亜か石を想わせるニュアンスが結びついている。

GEORGES VIONERY　*(Beaujolais)*　ジョルジュ・ヴィオルネリ（ボジョレ）

Brouilly ブルイイ 🍷$$　たっぷりした黒と青の果実類の香り。豊かな味わいは、果皮の苦さと湿った石の香味を帯びる。模範的な持続性ある後味。
Côte de Brouilly コート・ド・ブルイイ 🍷$$　新鮮なブルーベリーのアロマがあり、しばしばリキュールのような濃厚さに支えられた味わい。石墨、炒ったナッツ、白亜、石の基調が加わって、とても味わいあるダイナミックで舌つづみを打たずにおれない後味。

CAVE DE VIRÉ　*(Mâcon)*　カーヴ・ド・ヴィレ（マコン）

Viré-Clessé Les Acacias ヴィレ・クレッセ・レ・ザカシア 🍷$$　ヴィレの協同組合製のこのワインは、新鮮なリンゴ、花、かすかな蜂蜜の香りを持つ。ソフトで安らぎを感じる、微妙にクリーミーでしかも爽やかな味わい。リンゴとレモンクリームにナツメグを振りかけ、蜂蜜をたらしたような後味。
Viré-Clessé Les Charlottes ヴィレ・クレッセ・レ・シャルロット 🍷$$　数少ない新樽で優遇されているこのワインは、クリーミーな優しさの底に堅固な構成を持つ。白亜のミネラル感。果皮、柑橘類、ハーブの活力ある香味。

ラングドックとルーションのバリューワイン

(担当　デイヴィッド・シルトクネヒト)

大いなる掘り出し物と大いなる野望

1980年代中頃に、フランス最古のこの2大ワイン生産地（その運勢は中世以来ずっと傾き続けていたようだ）に光を当てたものは、品質革新と掘り出し物ブームであり、それらがお互いを補強し合ってきた。ローヌ河の西および南のワイン生産地として地中海を大きく弧状に囲むラングドックとルーションは、一方では廉価ワインの供給地という市場の片隅のくぼみ的場所のワインというイメージと、他方では世界有数の興奮をもたらす美酒の里であるという再認識のゆるやかな高まりとのあいだにとどまっている。「ルーション」という呼称は最近まで、ワイン通の間でさえ、「ラングドックとルーション」という複合的な通称だけ知られてきた。現状は、両方合わせて約2000km²以上もある地域のどこかで造られた多くのワイン（あるいは両地方のブレンド）が、近年の法律により（多くのルーションワイン醸造者にとって残念なことに）単に「ラングドック」として出荷されている。にもかかわらず、ルーションを、このスペイン国境に近く、地中海とピレネー山脈の高嶺を見わたす約400km²ほどの土地（その中で多様に区分等級化されているが）をラングドックと別に考えることは、（生産者達の期待は言うまでもなく）気候的にみても文化的にみても十分な理由がある。さらに言えば、ルーションは今や、フランスで最も刺激的な（おそらく最後の）ワイン醸造のフロンティアであり、その埋蔵石油に魅せられたフランス各地や世界からの参入者で溢れているのだ。

ラングドックとルーションは、日照にこそ恵まれているが、干ばつに泣くことも多い。この不安定さはいろいろな問題をはらむため、熱を緩和して樹根を深く伸ばせるように、ブドウ品種・栽培場所・土壌を選ばねばならない。標高、地中海に近いこと、北および東に面する斜面、そして古樹も、このような被害を軽減する要素である。品質への意識から手摘みをする人（少数派）は注意深く摘果の時期を選んでいる。そうした努力によって、アルコールの強さだけでなく、生気を保ちながらも真に熟成したといえるワインが生まれうる。ラングドックの多くは、収穫を上げれば上げるほどそれに応じて価格も下がるという悪循環（手ぬるい法律や特別請願と相まって）に陥っている（生産者の暴動を呼びかねないレベルまで。）この循環を断ち切れない人々は、薄氷を踏むような経営を続けている。この

地方で起きている経済淘汰は厳しいものだが、ただワインが飲めればいいという世界の消費者達はその恩恵を受けている。一方で、厳格にブドウ品種を選び、恵まれた立地で栽培しているラングドックの生産者から、真に興奮させられる本格ワインが出現している。要するに、この広大な地域とそこで生産する者にとって、今は最良の時期であり最悪の時期でもあるのだ。

　ラングドックのいくつかの場所は、世界のワイン愛好家にとって未踏の地であるのと同じように、フランスのワイン諸法がまだ完全には及んでいない。しかし徐々に、法律の長い腕が伸びてきて、熱心すぎると言えるほどの階層化とルールを導入しており、その結果は混乱を招きかねない。新しい公式アペラシオンが急速に創設され、それらのほとんどは本質的に異なる地勢や微気候のワインを同じ傘の下に入れている。そうした現状について余計な混乱を生じないように配慮したため、以下の紹介は、ラングドックとルーションの最重要サブ・リージョンについて、かなり大胆な要約程度のものになっている。最も興味深いワインの多くは、公式アペラシオンの呼称を用いていない。なぜなら、多くの生産者は、ワインがどこで造られたかについてはあまり重きを置かず、役所のしばしば恣意的だったり妙案とは思えない規則に従うよりは、賢明にも自らがベストと思う品種やその使用比率を選んでいるからである。こうしたワインは一般にヴァン・ド・ペイというラベルで出荷されている。これら多数のヴァン・ド・ペイが包む地域は広範囲過ぎる関係で、その呼称がワインのスタイル、テロワール、微気候への手掛かりにはなりにくい。以下の簡単な案内ツアーでは、言及されるワインの数が非常に限られている。また本章の大部分をなす個々のワインの項目では、公認され普及するようになったアペラシオン・コントローレの呼称だけを、ワインの説明の中に記載している。

ブドウ品種
　グルナッシュ、シラー、ムールヴェドルという3種類の赤ワイン用ブドウが、南ローヌと同じように非常に重要。量的には少ないが、これに続くのが**カリニャン**（ローヌよりも大きな存在感をもつ）と**サンソー**。これら2つはたいてい藪仕立てで（株から生じる枝の中から主幹を選んで整枝するギローなどの垣仕立てと異なって、株から生じる枝を自由に伸ばす）、機械による収穫には向かないが、ここの激しい気候にはまず完璧に適応していて、その低い評価をはるかに超える品質が得られる。また、**クノワーズ**（まれには**テンプラニーヨ**または**マルベック**も）がいくつかの畑とワインで興味深い特色を出している。カベルネとメルロは広範に植えられているが、ラングドック

の最西端を除けば、たいていは素直で廉価な品種表示ものに使われている。2、3の涼しい場所では、ピノ・ノワールが有望である。

　白ワインは、ラングドックとルーションのワイン造りの実験的な、時にはまったくの無秩序な側面を代表するものになっている。いくつかの成功例（特にルーションで）はあるが、まだまだ例外的。ブドウ品種の組み合わせや植え替えは実に多様。多くはローヌの代表的な白ブドウである**マルサンヌ、ルーサンヌ、ヴィオニエ**のトリオを基本としている。伝統的な品種の**グルナッシュ・ブラン、ブールブーラン、ミュスカ、ロール**（別名ヴェルメンティーノ）、**クレレット**もまた、この広大な地域全般で登場している。ルーションではわくわくするワインが**グルナッシュ・グリ**と**マカボー**の特色を発揮している。**ピクプール**はブドウ名だが、沿岸部の一部で造られる強い匂いと塩分をもつ辛口ワインのアペラシオンにもなっている。ソーヴィニヨンとシャルドネの畑もまだ相当残っており、後者は西ラングドックのリムー地区（ここはブランケットと呼ばれるモーザックが伝統的な地域主品種）で重要である。しかし、その大部分は単なる「ヴァライエタル」（品種表示ワイン）として瓶詰めされ、その手のワイン群の広大な海で国際競争（もし力があれば）をする運命にある。

ラングドックとルーションのサブ・リージョン

　公式には、ラングドックはローヌ河の最下流の境界から始まる。ニームの東と南に位置する小石混じりのその風景はシャトーヌフ・デュ・パープと似ていて、ラングドックでもだいたい同じ赤と白のブドウを使用する。**コスティエール・ド・ニーム**（この地区名は、法律的に言えば、ローヌとラングドックの地域の両方に点在している）は、地上で最も驚くべきいくつかの赤バリューワインの産地である。

　25年ほど前に創設された**コトー・デュ・ラングドック**は、今や広大な包括的アペラシオンになっている。3行政区にまたがり、広範で異なる土壌と微気候を包含し、そして（少なくとも原則的に）ラングドックの最良ワインの相当部分をカバーしている（前述したように、その多くはアペラシオン・コントローレの条件を守って瓶詰めされたものではないが。）一部の沿岸地区では、伝統的にミュスカで造られた甘いワインが愛好され、なおも数々のアペラシオンで殿堂入りしている。しかし最近では、この地区でもドライな赤が評判を築きつつあり、その成果として、「コトー・デュ・ラングドック」を名乗る許可を得た村が輩出している。他のサブ・アペラシオンはもっと広範囲に分散している。例えば、モンペリエ市の南西の**グレ・ド・モンペリエ**（シラーを主体とするとても深みがあり高価なラン

グドック・ワインをいくつか生産しているサン・パルゴワールの町を含む)や、モンペリエ市のはるか北の**ピク・サン・ループ**がそうである。コトー・デュ・ラングドックの宣伝ポスターの申し子のようなピク(断崖)・サン・ループは、グルナッシュ、シラー、ムールヴェドルのブレンドに成功し、風の吹き抜けるドラマティックな岩の断崖にちなんだ名称にマッチする、品質のイメージと高値を創出した。モンペリエ市からかなり西のやや北寄りのサブ・アペラシオンである**テラス・デュ・ラルザック**もまた、ラングドックの最も深みのある幾つかのワインの里であり、ここはアニアン、ジョンキエール、モンペイルー、サン・サテュルラン等の村(その一部は「コトー・デュ・ラングドック」の呼称を許可されている)から成る。その南の都市ベジエに近づくにつれ、小さなエロー川の右岸に沿ってペズナス、ニザス、コー、ガビアンといった重要なワイン集落が現われる。(隣接する「ヴァン・ド・ペイ・コート・ド・トング」として知られる地区は、いくつかの傑出したバリューワインの里であり、また実験的な醸造でも興味深いが、一部がテーブルワインとして売られているに過ぎない。)モンペリエとベジエの中間の海岸沿いにある**ピクプール・ド・ピネ**というサブ・アペラシオンは、他のラングドックワインとは全く異なる、塩性の軽くて爽やかなバリューワインを供給する。ベジエの南とナルボンヌのすぐ東の海岸沿いに小山のような**ラ・クラプ**が横たわる。ここは元は島で、力強く熟成した赤ワインを造る優秀なワイナリーが数軒ある。

　ベジエの北西の山がちな一帯は、石が多く主として片岩性の土壌の上にあり、**フォージェール**と**サン・シニアン**(その南西部では、土壌は白亜質の粘土に変わる)というアペラシオンが隣接して続いている。ここのワインは、グルナッシュとカリニャンの助けを得たムールヴェドルとシラーのみごとな出来栄えが特徴。一部の村もまた優良ワインの中心地として認められ始めたが、そのいずれかが法的に評価されるかどうかは今後の問題である。サン・シニアンから西へ、オード川に並行にフランス内陸部に向かうと、**ミネルヴォア**の広大なアペラシオンに行き当たる。ここは特別に恵まれた微気候のミネルヴォア・ラ・リヴィニエールというアペラシオン・コントローレをもつ地区を含んでいる。ラングドックのこの地区では、堂々たるリッチで熟成したワインが理想である。ミネルヴォアの西の、古都であり現代の観光名所であるカルカソンヌ周辺では(カルバデスというアペラシオンを含む)、ローヌ渓谷の赤ブドウと、メルロと、ボルドーのカベルネのブレンドが支配的である。そしてオード川沿いの南、ラングドックのどこよりもはるかに冷涼な畑では、生産は主として発泡性ワイン(リムーというアペラシオンで有名)および非発泡性ワインのシャルドネとピノ・ノワールに向けられる。約40平方kmのブドウ畑を擁するミネルヴ

FRANCE | LANGUEDOC AND ROUSSILLON

ォアは大アペラシオンだが、**コルビエール**に比べるとちっぽけなもの。コルビエールはオード川の対岸に位置していて、面積はミネルヴォアの3倍、南の山地まで延びてルーション境界に達する。この広大な地域は多様で廉価でしばしば素朴な赤ワインで知られ、その最良品はなかなかの掘り出し物である。しかし、真に興奮するワインの穴場と造り手が、特に南コルビエールに存在する。それは南フランス最古のアペラシオンのひとつである**フィトー**で、沿岸部と内陸部の離れた2地域に分かれる。ここではカリニャンが支配的であるが、グルナッシュ、ムールヴェドル、そしてシラーも重要度を増している。

スペインとの国境をなす万年雪のピレネー山脈の裾に広がるルーションは、かつては北カタロニアであり、フランスやラングドックの住民とは異なる言語をもつ君主国の一地方であった。北方ではフィトーとコルビエールに接しているものの、ルーションの片岩・片麻岩・石灰岩などの地質学的複雑さや微気候の混在もまた、ここを独特なものにした。最も優勢なアペラシオンは**コート・ド・ルーション・ヴィラージュ**および**コート・ド・ルーション**。AC規則上、ヴィラージュが付く赤ワインに認定されるためには、異なる3種のブドウを必要とする（実際には、最高級ワインの多くがカリニャンとグルナッシュの2種だけの素晴らしい相乗効果に依存している。）グルナッシュ・グリ（この地方で最も興奮する白ワインの主体）は、両アペラシオンで認可されたブドウ品種リストに含まれていない。そして「コート・カタラン」というアペラシオンを設定したため、ひとつのまとまった地域として認識させることがこの地域では成功していない。その結果、多くの生産者が（意識的かつ集団的に）こうしたAC規則から逸脱している。ルーション北部のアグリー川沿いの重要なワイン村落にはヴァングロ、トータヴェル、**モーリー**等があり、このうちモーリーはグルナッシュで造った酒精強化ワインについて独自のアペラシオンを持っている。こことすぐ隣のラングドックの甘い酒精強化ワインであるミュスカは、**ミュスカ・ド・リヴザルト**として流通している。ラトゥール・フランス、モンネル、ベレスタ、そして高地のカルセは、新しい（そして2、3の老練な）才人たちの活気に満ちた集結地である。最近、サブ・アペラシオンの**コート・ド・ルーション・レザスプル**が、南部と、恐ろしく曲折し劇的に起伏する短くて細長い沿岸部のワインについて創設された。また、フランス南西端のスペインとの国境沿いには、重なり合うように古くから確立している**コリウール**（辛口が対象。赤はグルナッシュ、シラー、ムールヴェドルが支配的）および**バニュルス**（グルナッシュを主体とし、強化された甘いワインに対して）があり、これらは全体として最近のルーションのルネサンスの恩恵を受けてきた。

フランス | ラングドックとルーション

ヴィンテージを知る

微気候、土壌、ブドウ品種、ワイン造りの手法における膨大なヴァリエーションを考えると、広大なラングドックとルーションでのヴィンテージについて一般論を述べるのは困難極まる。ましてサブ・リージョンやサブ・アペラシオンについては、その何倍も難しい。しかし一般に、2007年は、高揚感やエネルギーを感じると同時に熟成とリッチさのある、特に刺激的なワインの当たり年となった。2006年の状況はそれほど幸運ではなかったが、ほとんどの地域で、熟練の醸造家はかなりの成功を収めた。2004年と干ばつに見舞われた2005年も多難ではあったが、どちらの年にも、多くの傑出したワインが造られている。

飲み頃

ラングドックのほとんどの白は、収穫後1〜2年以内に楽しむものがベスト。ただし、ルーションのグルナッシュ・グリを主体とする白の一部は、熟成の大きな可能性が証明されつつある。ラングドックまたはルーションの赤では、将来性についてのばらつきが大きい。大雑把な安全ルールは、たいていの廉価な赤は収穫年から2〜3年以内に楽しみ、より良いワインは10年またはそれ以上熟成する可能性があることを認識することだ。実際、多くのワイナリーはトップ級の品物は数年間、市場に出すことさえしない。ここはブドウ栽培とワイン造りのスタイルが急速に進化している世界の一部であり、それだけに、その進展を追いかけ、近年のヴィンテージから造られたワインのどれだけが、その熟成の可能性で私たちを驚かせるかを見極めるのも、楽しみとなろう。

■ラングドックとルーションの優良バリューワイン(ワイナリー別)

DOMAINE AIMÉ *(Minervois)* ドメーヌ・エメ(ミネルヴォア)

Minervois ミネルヴォア ♀ $$ このカリニャンとシラーとグルナッシュのブレンドは、プラム・ペースト、ビートの根、ブラックチョコレートの苦甘い風味、樹脂性のハーブなどの香味が特徴。そして驚くほど印象深い濃密さと凝縮感を伴う。薄っぺらい甘さのない熟成感。澄んでみずみずしいフルーティな後味。

FRANCE | LANGUEDOC AND ROUSSILLON

DOMAINE DES AIRES HAUTES *(Minervois)* ドメーヌ・デ・ゼール・オート（ミネルヴォア）

Malbec マルベック ♇ $　シャーベル兄弟は、この濃い紫のマルベックを含む並々ならぬ価値をもつワインを造る。エール・オートの宝庫からのエキゾチックなワインは、純粋な深い香りと熟した黒い果実の風味が特徴。引き締まった酸味と、つんとくる胡椒の刺激で、驚くほど爽快。

Minervois Les Combelles ミネルヴォア・レ・コンベル ♇ $　熟したチェリーとハーブの香り、ソフトで大らか。たまにかすかな熱さを感じるにせよ、このワイン特有の生きのいい持続感が後味に残る。

Minervois La Livinières ミネルヴォア・ラ・リヴィニエール ♇ $$　このキュヴェは普通、ヴァニラと褐色スパイスの気配をもつ熟した赤と黒の果実香味を放つ。表面的な甘さは控えめだが、豊かな満足感あり。動物と鉱物のニュアンスの後味。

Sauvignon Blanc ソーヴィニヨン・ブラン ♇ $　このソーヴィニヨンは、熟したメロン、パイナップル、グレープフルーツとハーブの香りが溢れんばかり。充実感と生き返る心地を与えてくれる。

MAS AMIEL *(Maury, Côtes du Roussillon-Villages)* マス・アミエル（モーリー、コート・デュ・ルーション・ヴィラージュ）

Côtes du Roussillon Le Plaisir コート・デュ・ルーション・ル・プレジール ♇ $$$　このグルナッシュ主体のキュヴェ（年によってはヴァン・ド・ペイとして瓶詰めされてきた）は、通常、イチゴとブラックベリーのアロマと風味を発揮。その純粋な果実感は、クリームのように繊細な口当たりと結びつき、褐色スパイス、ハーブ、大豆、白胡椒、砕石のニュアンスによって増大する。

Côtes du Roussillon-Villlages Notre Terre コート・デュ・ルーション・ヴィラージュ・ノートル・テール ♇ $$$　ムールヴェドルとシラーと小量のカリニャンを含むグルナッシュは、果実の砂糖漬け、煙香を帯びる紅茶、猟鳥獣肉、胡椒、ローズマリー、そしてチョコレートの風味が特徴。クリーミーで、肉厚の核芯、果実感たっぷりの後味には、塩性のうまみ、一抹の燻煙、そして砕石の印象がある。

Maury 10 Ans d'Age モーリー 10年 ⓢ ♇ $$$　この黄褐色の、樽熟され強化されたグルナッシュは、乾しチェリー、ココア粉、フランボワーズの蒸留酒、刺激性の樹脂と糖蜜の気配をもたらす。チェリー皮の辛辣さ

と潑剌たる酸味が、甘味が過剰になることを抑えている。その後味には、驚くほどふんだんに主役の黒い果実の個性がみえる。

Maury Vintage モーリー・ヴィンテージ ⑤ 🍷 $$$　黒フランボワーズとブラックチェリーの砂糖漬けが、この強化されたグルナッシュの中で、レモンの薄皮の菓子、白胡椒、苦いチョコレート、褐色スパイスの香味で飾られている。本品は、浮きたつような快感を持続させ、決して鼻につくことなく、堂々たる後味に至る。チョコレートとよく合う。ものは試し、挑戦を！

Muscat de Rivesaltes ミュスカ・ド・リヴザルト ⑤ 🍷 $$$　お菓子のような甘さやクリームのように豪華な舌ざわりだけでなく、人を元気にする活力と刺激を持つ。セージ、砂糖漬けレモンとグレープフルーツの皮、そしてオレンジの花が、この驚くべきワインの重要要素である。「甘いのは苦手」と思う人も、試してみるべきだ。

LE CLOS DE L'ANHEL *(Corbières)* ル・クロ・ド・ラネル（コルビエール）

Corbières Les Terrassettes コルビエール・レ・テラセット 🍷 $$　ブラックベリー、紫プラム、ブラックチェリーの香味を帯びた、冴えて上品な潑剌たるワイン。セージ、ローズマリー、黒胡椒と溶け合っている。本物の凝縮感のある後味。

DOMAINE ANTUGNAC *(Aude)* ドメーヌ・アンテュニャック（オード）

Chardonnay シャルドネ 🍷 $　ドメーヌ・デ・ドゥー・ロッシュ（ブルゴーニュの項参照）の所有者達によって造られたこのオード渓谷のワインには、新鮮なリンゴ、蜂蜜、刺激的なハーブ灌木の芳香がある。これは繊細なのに豊潤で、きびきびした爽やかさもあり、湿った石、白亜、塩などの鉱物性の不思議な感じをもたらす。

Pinot Noir ピノ・ノワール 🍷 $$　完全な満足を与えてくれる、古典的なピノの美点を樽で丹精した代表のようなワインで、値段の割には驚くべき高品質。熟しているが爽やかな酸味をもつ赤い果実類のフルーティさが、興味をそそる肉厚さと溶け合っている。澄んでいながらとろける口当たりや、高揚感のある印象が、美味な塩気を秘めた後味へと滑らかに移っていく。

FRANCE | LANGUEDOC AND ROUSSILLON

DOMAINE D'AUPILHAC *(Coteaux du Languedoc Montpeyroux)* ドメーヌ・ドーピヤック（コトー・デュ・ラングドック・モンペイルー）

Coteaux du Languedoc Montpeyroux コトー・デュ・ラングドック・モンペイルー 🍷 \$\$\$　シルヴァン・ファダの哲学を示すこのボトルは、熟した黒い果実類のフルーティさを、リッチな舌ざわり、深みのある肉付き、ミネラルの複雑さとともに実現したものとして、期待してよい。

Lou Maset ル・マセ 🍷 \$\$　新鮮なフランボワーズとチェリーの果実感に溢れ、白胡椒とハーブの風味を帯びる。なにか複雑さに欠けるとしても、心から舌つづみを打ちたくなる大らかさがそれを埋め合わせる。

MAS D'AUZIÈRES *(Coteaux du Languedoc)* マス・ドジエール（コトー・デュ・ラングドック）

Coteaux du Languedoc Les Éclats コトー・デュ・ラングドック・レ・ゼクラ 🍷 \$\$\$　ピク・サン・ループ付近で石灰岩の「かけら」（Les Éclatsの名称はこれに由来する）上で栽培される、このみずみずしく優雅で魅力的なセカンドワインは、口当たりのクリーミーさと陽気さのバランスが良い。煙香を帯び、熟した黒い果実類、ハーブ、豊かな肉煮出し汁の香味が特徴。

DOMAINE BAPTISTE-BOUTES *(Minervois)* ドメーヌ・バプティスト・ブート（ミネルヴォア）

Minervois ミネルヴォア 🍷 \$　これは一貫して、完熟した黒い果実類のフルーティさを持ち、甘草、胡椒、灌木ハーブ、ヴァニラに彩られる。注目すべき深み、優しいきめ、舌つづみを打つ後味。

MAS DE LA BARBEN *(Coteaux du Languedoc)* マス・ド・ラ・バルベン（コトー・デュ・ラングドック）

Coteaux du Languedoc La Danseuse コトー・デュ・ラングドック・ダンスーズ 🍷 \$\$\$　タンク育ちのグルナッシュとシラーのブレンド。この赤い果実類の砂糖漬けのような圧倒的で持続的な甘さは、肉、ハーブ、いぶした紅茶の葉などの香味を帯びる。

DOMAINE LA BASTIDE *(Corbières)* ドメーヌ・ラ・バスティード

フランス｜ラングドックとルーション

(コルビエール)

Syrah シラー 🍷 $　若木から造られたこのシラーは、赤フランボワーズと酸味のあるチェリーの風味が驚くほど口中に満ちる。後味には、肉質とハーブとチョコレートの風味。(後出のGUIREM DURAND／ギレム・デュランを参照。)

DOMAINE DE BAUBIAC *(Coteaux du Languedoc)* ドメーヌ・ド・ボービアック(コトー・デュ・ラングドック)

Coteaux du Languedoc コトー・デュ・ラングドック 🍷 $$　ビロードのような舌ざわりや、木蓮、甘草、焙った肉、ムールヴェドルの高い含有を示す塩気などの混合物とともに、黒い果実類の甘いフルーティさが飲み手に供される。

MAS DE BAYLE *(Coteaux du Languedoc)* マス・ド・バイル(コトー・デュ・ラングドック)

Coteaux du Languedoc Cuvée Tradition コトー・デュ・ラングドック・キュヴェ・トラディシオン 🍷 $　比較的軽いこのラングドックの赤には、生きのいい熟した赤フランボワーズ、牛の骨髄、芳しいハーブのアロマと風味がある。舌つづみを誘う甘美な果汁質に加えて、ほのかなスパイスとハーブの後味が続く。

DOMAINE BEGUDE *(Limoux)* ドメーヌ・ベギュード(リムー)

Limoux Chardonnay リムー・シャルドネ 🍷 $$　魅惑そのもの。花、柑橘類、果樹園の果物、そしてアーモンドの風味に溢れるこのワインは、冴えて爽やかながら、どこか官能的な口当たりを持ち、ミネラル感もちらつく。値段が3倍はするシャブリに負けない。

DOMAINE BERTRAND-BERGÉ *(Fitou)* ドメーヌ・ベルトラン・ベルジェ(フィトー)

Fitou Cuvée Ancestrale フィトー・キュヴェ・アンセストラル 🍷 $$　このキュヴェは一貫して、品質と価格の非凡な融和を求めてきた。忘れがたいほどハイトーンで円熟したワインは、熟れた黒い果実の一度飲んだ

FRANCE | LANGUEDOC AND ROUSSILLON

215

ら癖になりそうなジューシーさがこぼれんばかり。これに甘草、チョコレート、褐色スパイス、焙った肉、鉱物質のひとひねりが混じっている。

Fitou Origines フィトー・オリジーヌ 🍷 $ ブラックチェリー、焙った肉、茴香（ういきょう）、大豆、ローズマリーが特徴。ラングドックの赤にしては、みずみずしく抜群に爽快である。これは本当に舌に染み入る。

DOMAINE DE BILA-HAUT (M. CHAPOUTIER) *(Côtes du Roussillon-Villages)* ドメーヌ・ド・ビラ・オー（M・シャプティエ）（コート・デュ・ルーション・ヴィラージュ）

Occultum Lapidem オキュルトム・ラピデム 🍷 $$$ シャプティエ社の基本ボトル（上記）と同様のグルナッシュ／シラー／カリニャンのブレンドが特徴。口当たりが洗練されていて、ほどほどの余韻をもつ一方で、熟した黒い果実類、ハーブのエッセンス、言葉で表現できない「ミネラル・ダスト」などの純粋な相乗効果が表れている。

Les Vignes de Bila-Haut レ・ヴィーニュ・ド・ビラ・オー 🍷 $$ このビラ・オーで一番安いブレンド物は、すでに抜群の買い得品になっている。濃縮され洗練された爽快なワインは、ハーブの刺激、石と塩を想わせるミネラル感、そして黒い果実の滑らかな冴えを呈する。

DOMAINE DE BLANES *(Côtes du Roussillon)* ドメーヌ・ド・ブラーヌ（コート・デュ・ルーション）

Le Clot ル・クロ 🍷 $$ シラーが支配的なこのキュヴェは、チェリー蒸留酒、黒フランボワーズのジャムの甘いアロマを発散する。新鮮で、表面的な甘さとは無縁の芳醇な印象。申し分ない黒い果実味の凝集した後口は、褐色スパイスと、炒ったナッツの燻煙を帯びる。

Muscat Sec ミュスカ・セック 🍷 $$ 妥協のない辛口できりっとした、並はずれて多様なこのワインは、松ヤニ、オレンジピールのキャンディ、アプリコットなどの劇的に強烈なアロマを放ち、長い樹脂性のピリッとする後味。

BORIE LA VITARELLE *(St.-Chinian)* ボリ・ラ・ヴィタレル（サン・シニアン）

Saint-Chinian Les Terres Blanches サン・シニアン・レ・テール・ブランシュ 🍷 $$ シラーと少々のグルナッシュからなるこのワインは、絹

の舌ざわりの味わいの上に、黒フランボワーズとプラムのたっぷりの香味や、チョコレートとプロヴァンスのハーブ類の香りを取り込んでいる。奥底に、微妙な白亜質と、肉の感じがある。

MAS DES BRUNES *(Côtes de Thongue)* マス・デ・ブリュヌ（コート・ド・トング）

Cuvée des Cigales キュヴェ・デ・シガルス ♀$$　このシラーとグルナッシュのブレンドは、エステルのようなチェリー蒸留酒、燻煙、刺激性の砕石の匂いがする。果実感と口当たりに優れ、芳醇さと余韻に溢れる。

DOMAINE CABIRAU *(Côtes du Roussillon-Villages)* ドメーヌ・カビロー（コート・デュ・ルーション・ヴィラージュ）

Grenache Serge & Nicolas グルナッシュ・セルジュ&ニコラ ♀$$　輸入商ダン・クラヴィッツが扱うこのモーリーの畑のワインは、複雑さに欠けるとしても、芳醇きわまる果実風味の大らかさと、舌舐めずりするほどの後味とが、それを埋め合わせてくれる。

CHÂTEAU CABRIAC *(Corbières)* シャトー・カブリアック（コルビエール）

Corbières Marquise de Puivert コルビエール・マルキーズ・ド・ピュイヴェール ♀$$　樹脂性のハーブ、甘草、灌木の香りが酸味のあるベリー類とナッツ・オイルと混じり、やがて満足できるみずみずしい、口に残る後口に達する。このアペラシオンにしては、きわめて洗練された輝かしいワイン。

MAS CAL DEMOURA *(Coteaux du Languedoc Terrasses du Larzac)* マス・カル・ドムラ（コトー・デュ・ラングドック・テラス・デュ・ラルザック）

Coteaux du Languedoc l'Infidèle コトー・デュ・ラングドック・ランフィデル ♀$$$　この立派な設備をもつ生産者の主要な赤は、興味をそそる地元のハーブと灌木、熟しているが控えめな黒い果実類、深みのある肉付き、「ミネラル的」としか言いようのない匂い、そして心なごむ口当たり。

FRANCE | LANGUEDOC AND ROUSSILLON

L'Etincelle レタンセル 🍷 $$ みずみずしく満足すべき豪華さのこのワインは、シュナン・ブラン／グルナッシュ・ブラン／ミュスカ／ローサンヌから成るみごとに非正統的なブレンド。白桃、マルメロ、アカシア、メロン、クレソン、そして白胡椒の香りが特徴。

CHÂTEAU DE CALADROY (*Côtes du Roussillon-Villages*) シャトー・ド・カラドロワ（コート・デュ・ルーション・ヴィラージュ）

Côtes du Roussillon-Villages Les Schistes コート・デュ・ルーション・ヴィラージュ・レ・シスト 🍷 $$ タンク醸造されたグルナッシュ／カリニャン／シラーのブレンド。プラムのエキスとブラックベリー砂糖漬けのハイトーンなアロマ。グリセリンが豊かな、滑らかで満足できる味わいに、茴香と砕石が複雑さを加味する。たゆたう余韻がいい。

CALVET-THUNEVIN (*Côtes du Roussillon-Villages*) カルヴェ・テュヌヴァン（コート・デュ・ルーション・ヴィラージュ）

Constance コンスタンス 🍷$$ スター的存在の2社が提携したワイナリーで造られた驚きのバリューワイン。クレーム・ド・カシスや黒フランボワーズのジャムの甘く魅惑的なアロマを発散し、口腔にリキュールのリッチさ、ブラックチョコレート、エキゾチックな香辛料、ココナツ、コーヒー、さらに湿った石と鉛筆の鉛の味わいを残す。（なお、商標の関係で、2009年から「Thunevin-Calvet」のラベルで販売される。）

DOMAINE CAMP GALHAN (*Costières de Nîmes*) ドメーヌ・カン・ギャラン（コスティエール・ド・ニーム）

Amanlie アマンリー 🍷 $$ このヴィオニエとルーションのブドウのブレンドは、ぴり辛いクレソン、レモン薄皮、白胡椒、それに熟した桃などの風味。申し分ない豊潤さの一方で、洗練された清新さもとどめる。

Les Grès レ・グレ 🍷 $$$ ブラックチェリー、プラム、白檀、猟鳥獣肉、ローズマリー、木の煙香、石などを特徴とする生き生きしたブレンド。贅沢な、心和む口当たりと対比的にフルーティな輝き。

Les Perassières レ・ペラシエール 🍷 $ この官能的で、まといつくような、しかも素敵なみずみずしさと新鮮な果実感のあるブレンドは、白檀、燻製肉、プラム、ブラックベリー、甘草、そしてローズマリーの香味が特徴。

Sauvignon Blanc ソーヴィニヨン・ブラン 🍷 $ 柑橘類、ハーブ、そして花々の香りが、みずみずしく、純粋な果実感たっぷりのワインにみなぎる。価格が2倍のソーヴィニヨンに匹敵する。

MAS CARLOT (*Costières de Nîmes*) マス・カルロ（コスティエール・ド・ニーム）

Costières de Nîmes Les Enfants Terribles コスティエール・ド・ニーム・レ・ザンファン・テリブル 🍷 $$ ムールヴェドルとシラーをブレンドした信じがたいバリューワイン。甘いプラムとブルーベリーの砂糖漬けと、古典的な血のしたたる生肉のようなムールヴェドルの個性とが、印象的に並んでいる。タイムとローズマリー、ココア粉とヴァニラが興趣をさらに高め、果実感の冴えのおかげで華々しいリッチさにも飽きがこない。

Grenache—Syrah Cuvée Tradition グルナッシュ／シラー・キュヴェ・トラディシオン 🍷 $ 鳥獣肉臭と刺激性の煙香が、快いかすかにざらつく舌ざわりを伴う。後味に、一瞬の塩味、苦いハーブ、煮込んだカシスが感じられる。

Marsanne-Roussanne マルサンヌ・ルーサンヌ 🍷 $ 桃の産毛、花、ハーブ、蜂蜜の香りが混合したワインには興奮を覚える。ややオイリーな優しい口当たりと、人を惹きつけるみずみずしくて苦甘い、たゆたう余韻。

DOMAINE LA CASENOVE (*Côtes du Roussillon*) ドメーヌ・ラ・カズノーヴ（コート・デュ・ルーション）

La Colomina ラ・コロミナ 🍷 $$ このカリニャン／グルナッシュ／シラーのリッチで強いブレンドには、炒ったペカン（北米産クルミ）、ココア粉、紅茶、生姜、ハーブ、燻製肉の風味が溶け合っている。後味は、元気になる塩気と素晴らしい凝縮感。

MAS CHAMPART (*St.-Chinian*) マス・シャンパール（サン・シニアン）

St.-Chinian Causse de Bousquet サン・シニアン・コース・ド・ブスケ 🍷 $$$ その価格にしては、ラングドックで最も均整がとれ洗練されたワイン。この輝かしい強靭なキュヴェは、通常、甘美に熟した新鮮な黒い果実と、強く香るハーブと、燻製またはローストした肉、煮詰めたエビ

FRANCE | LANGUEDOC AND ROUSSILLON

殻ソースが特色。

CHAMPS DES SOEURS *(Fitou)* シャン・デ・スール（フィトー）

Fitou Bel Amant フィトー・ベル・アマン ♥ $$　ブラックベリーと牛肉の血の匂いがするこのワインは、肉汁と、酸味を持つが熟した黒い果実の味で口を満たす。また、ヨードと湿った石のようなミネラル風味が長く持続し、後味は精妙。

M. CHAPOUTIER （DOMAINE DE BILA-HAUT） M・シャプティエ（ドメーヌ・ド・ビラ・オー）（前記のDOMAINE DE BILA-HAUT／ビラ・オー参照）

MAS DES CHIMÈRES *(Coteaux du Languedoc)* マス・デ・シメール（コトー・デュ・ラングドック）

Coteaux du Languedoc コトー・デュ・ラングドック ♥ $$　このシラーを主体とするブレンドは、かなりの複雑さと繊細さをみせ、チェリーのエキス、甘草、セージ、黒胡椒、苦いチョコレートの風味。塩と煙のニュアンスが後味を楽しませて、もうひと啜りへの誘惑を強める。

PIERRE CLAVEL *(Coteaux du Languedoc)* ピエール・クラヴェル（コトー・デュ・ラングドック）

Cascaille カスカイユ ♀ $　この独特の美味な白のブレンドは、梨のネクター、柑橘類、ピリッとくるハーブ、ひと振りの塩を感じさせる。

Coteaux du Languedoc La Copa Santa コトー・デュ・ラングドック・ラ・コパ・サンタ ♥ $$$　この樽発酵で、シラーが支配的なブレンドは、一貫して、口内を満たす黒い果実とチョコレートのリッチな味わい。煙香、塩、かすかな樹脂のニュアンス。

Coteaux du Languedoc Les Garrigues コトー・デュ・ラングドック・レ・ガリーグ ♥ $$　ガリーグという名称から連想される香り（プロヴァンスのハーブと灌木が発する、藪と樹脂の混じったような匂い）がいっぱいで、ブラックチェリーやカシスの香味も帯びる。微妙に塩とトリフュの感じをもつ果汁質の飲みだしたら病みつきになる味わいで、実にクリーミーな口当たり。後味には、純粋なカシス、チェリー、そしてハー

ブの冴えた香味を感じる。
- **Le Mas** ル・マス 🍷 $ みずみずしい新鮮な果実感があり、比較的軽やか。グルナッシュ／カリニャン／シラー／サンソーのブレンドは、新鮮な赤い果実類の特集のような趣だが、これに燻製肉と樹脂性のハーブ、オレンジ薄皮の風味が加わる。後味は、たっぷりの爽快感と、かすかな白亜質の苦み。

CLOS BELLEVUE (FRANCIS LACOSTE) *(Muscat de Lunel)* クロ・ベルヴュー（フランシス・ラコスト）（ミュスカ・ド・リュネル）

- **Muscat de Lunel** ミュスカ・ド・リュネル ⑤ 🍷 $$ ラベルに収穫年が記載されていない。蜂蜜とオレンジの花の匂いがして、豊かで甘くしかも優雅な味わいに続く。蜂蜜、ヌガー、チョコレート、オレンジ皮の風味に満ちている。

DOMAINE DU CLOS DES FÉES *(Côtes du Roussillon-Villages)* ドメーヌ・デュ・クロ・デ・フェ（コート・デュ・ルーション・ヴィラージュ）

- **Côtes du Roussillon Les Sorcières** コート・デュ・ルーション・レ・ソルシエール 🍷 $$$ ここの入門レベルの赤（主としてカリニャンとグルナッシュ）は、ブラックチェリーの砂糖漬け、ミント、花、黒胡椒、焙ったクルミ、大豆の風味を呈する。後味に感じるジャムのような黒っぽい果実の風味は、ほとんど濡れた石か黒鉛のような触感をもたらす。
- **Vieilles Vignes Blanc** ヴィエイユ・ヴィーニュ・ブラン 🍷 $$$ 人気醸造家エルヴェ・ビゼルのグルナッシュを主体とする白は、真のオリジナリティを持つ。蜂蜜がしたたるようなコク、めくるめく忘れがたい花香、そしてほのかな甘さが、そのアロマやクリーミーで上品な口当たりを強めている。

CLOS MARIE *(Coteaux du Languedoc Pic St.-Loup)* クロ・マリ（コトー・デュ・ラングドック・ピク・サン・ループ）

- **Coteaux du Languedoc Cuvée Manon** コトー・デュ・ラングドック・キュヴェ・マノン 🍷 $$$ ラングドックの花形ワイナリーで造られたこの低価格ワインは、蜂蜜のようなコクと潑剌さを目指して、地元およびローヌの白ブドウを広範に組み合わせたもの。花、柑橘類、ミネラルのニ

FRANCE | LANGUEDOC AND ROUSSILLON

ュアンスをたっぷり含む。

Coteaux du Languedoc Pic St.-Loup L'Olivette コトー・デュ・ラングドック・ピク・サン・ループ・ロリヴエット ♥ $$$　このブレンドは、熟した黒い果実類の深みの見事な組み合わせ。鉱物、動物、そしてハーブのニュアンスを持つ。舌つつみを打ちたくなる生気としたたかさが、クロ・マリの名声の核心。

CLOT DE L'OUM (*Côtes du Roussillon-Villages*) クロ・ド・ルム（コート・デュ・ルーション・ヴィラージュ）

Côtes du Roussillon-Villages Compagnie des Papillons コート・デュ・ルーション・ヴィラージ・コンパーニ・デ・パピヨン ♥ $$$　カリニャンとグルナッシュの古樹から造られる。飲みだすと癖になりそうな多汁質のこの赤は、苦甘いカシス、湿った石、甘草、鉛の鉛筆、猟鳥獣肉、そして魅惑的な花の香味を呈する。後味は、塩、石、そして黒鉛。

COL DE LAIROLE（CAVE DE ROQUERBRUENN） (*St.-Chinian*) コル・ド・レロール（カーヴ・ド・ロックブラン）（サン・シニアン）

Coteaux du Languedoc コトー・デュ・ラングドック ♥ $　驚くほど廉価。生き生きして素朴で、かすかに猟鳥獣肉と黒果実の香味、ミディアムボディの赤。燻煙、樹脂、炒ったナッツの含みあり。

COL DES VENTS（COOPÉRATIVE DE CASTELMAURE） (*Corbières*) コル・デ・ヴァン（コーペラティヴ・ド・カステルモール）（コルビエール）

Col des Vents Corbières コル・デ・ヴァン・コルビエール ♥$　かすかにタイムとローズマリーを帯びた、熟したブラックチェリーと桑のアロマが、多重質で快い黒果実とハーブの詰まった味わいに至る。猟鳥獣肉と砕石を想わせる香味も帯びる。

MAS CONSCIENCE (*Coteaux du Languedoc Terrasses du Larzac*) マス・コンシアンス（コトー・デュ・ラングドック・テラス・デュ・ラルザック）

Le Cas ル・カ 🍷 $$$　リッチで多汁質。酒躯が引き締って優雅そのもののカリニャンは、ブラックベリー砂糖漬け、メープル・シロップ、茴香、甘草、ブラックチョコレート、そして炒ったナッツをはっきりと感じさせる。

CÔTE MONTPEZAT *(Coteaux du Languedoc)* コート・モンペザ（コトー・デュ・ラングドック）

Prestige Cabernet Sauvignon—Syrah プレスティージュ・カベルネ・ソーヴィニヨン／シラー 🍷 $$　熟したカシス、焙った肉、ハーブ、紅茶が、炒ったようなヴァニラや、樽からくる樹脂香と結びつき、リッチな舌ざわりと、驚くほど濃密でかすかに白亜質を感じさせる味が口いっぱいに広がる。

COUME DEL MAS *(Collioure and Banyuls)* クーム・デル・マス（コリウールとバニュルス）

Collioure Schistes コリウール・シスト 🍷 $$$　段々畑のグルナッシュ古樹から造られたワイン。リキュールのようなエンジン全開の味わい（ガス欠になりそう？。）ここの特質であるリッチな黒果実のスタイルを見せるが、透明感と基本的な多汁性も堅持する。

Folio フォリオ 🍷 $$$　グルナッシュ・ブラン／グリ／ヴェルメンティーノの魅力的なブレンドは、茴香、樹脂、新鮮なライム、海水の飛沫の匂いがする。豊満で官能的だが、あくまで澄んだ爽やかさも保つ。そして、ハーブと柑橘類と塩とヨードの香りの後味。

CHÂTEAU COUPE ROSES *(Minervois)* シャトー・クープ・ローズ（ミネルヴォア）

Minervois La Bastide ミネルヴォア・ラ・バスティード 🍷 $　セージ、マージョラム、樹脂、タール、杜松、黒フランボワーズの強い芳香をもつ。このグルナッシュを主体とするブレンドは、華々しいが口当たりはソフト。後味には、舌つづみを打ちたくなるような塩と刺激的なハーブの爽やかさがある。

Minervois Cuvée Vignals ミネルヴォア・キュヴェ・ヴィニャル 🍷 $$　グルナッシュ／シラーが支配的なこのブレンドは、舌にまとわりつく骨髄の肉味と、フライパンから滴り落ちるようなアロマが印象的。これにプ

FRANCE | LANGUEDOC AND ROUSSILLON

ラム、月桂樹の葉、茴香、マージョラムの風味が加わる。

DOMAINE DU COURBISSAC (*Minervois*) ドメーヌ・デュ・クルビサック（ミネルヴォア）

- **Eos** イオス 🍷 $ カリニャン古樹を主体とするこのブレンドは、アルザスのマルク・テンペが造る。熟した黒い果実類のフルーティさが溢れ、ほのかな燻煙、ミネラル感、麝香のような花の刺激を帯びる。口当たりは誘惑的で、後味にはきびきびした活力がある。
- **Minervois** ミネルヴォア 🍷 $$ この途方もないバリューワインは、飲みだすと癖になりそうな多汁質と信じられない甘美な黒果実感。魅惑的な（時には頽廃的な）花、動物、ハーブ、スパイス、そして鉱物のニュアンス。洗練された絹の舌ざわり。後味は口の隅々まで広がること請け合い。

CHÂTEAU CREYSSELS (*Picpoul de Pinet*) シャトー・クレイセル（ピクプール・ド・ピネ）

- **Picpoul** ピクプール 🍷 $ 核果と柑橘の香りがこぼれんばかりで、茴香と塩を帯びた多汁質の味わいは、飲みだすと癖になりそうだ。ひと啜りするたびに、このハイクラスで全シーズン向きの「冷蔵できる白」を手放せなくなるだろう。

JEAN-LOUIS DENOIS (*Limoux*) ジャン・ルイ・デノワ（リムー）

- **Chardonnay Brut Blanc de Blanc** シャルドネ・ブリュット・ブラン・ド・ブラン 🍾 $$ この価格で、これほど痛飲したくなり、これほど忘れがたい発泡性ワインを見つけるのは、難しい。柑橘類、ベリー類、花々、核果類のすべてが、アロマを競う。舌ざわりのコクは引き締まった爽快さと合体する。塩、白亜、ミネラル、細かい泡。洗練された後味がすべてを締めくくる。

DOMAINE DEPEYRE (*Côtes du Roussillon-Villages*) ドメーヌ・ドペイル（コート・デュ・ルーション・ヴィラージュ）

- **Côtes du Roussillon-Villages** コート・デュ・ルーション・ヴィラージュ 🍷 $$$ シラーの割合が高いこのブレンドは、カシス、ブルーベリー、

紅茶、トーストしたプラリネ、白檀などのアロマを誇る。コクのある成熟した味わいは、食欲をそそる肉付きと深みをみせる。浮き立つような生気が格別だ。

MAS DE LA DEVEZE (Côtes du Roussillon-Villages) マス・ド・ラ・ドゥヴェーズ（コート・デュ・ルーション・ヴィラージュ）

Côtes du RoussillonVillages 66 コート・デュ・ルーション・ヴィラージュ 66 ♥ $$$　名称はピレネー・オリエンタール県のフランス行政区番号に由来する。グルナッシュ／カリニャンを主体とする驚きを抑えきれないバリューワインは、チョコレートで包んだ黒い果実、紅茶、炒ったナッツの香味。石と燻煙のニュアンスが、豊潤にしてダイナミックな後味に興趣を添える。

DOMAINE DONJON (Minervois) ドメーヌ・ドンジョン（ミネルヴォア）

Minervois Grande Tradition ミネルヴォア・グランド・トラディシオン ♥ $　グルナッシュ主体のブレンドは、刺激的な燻煙と、砕石と焦げた木とブラックベリーとカシスの結合物の快い香りを放つ。舌ざわりは洗練され、薬品とハーブの苦みがあり、驚くべき高揚感とまとわりつくような印象。

Minervois Prestige ミネルヴォア・プレスティージュ ♥ $$　この樽熟シラー／グルナッシュは黒い果実の精髄のようで、それがチョコレート、樹脂性のハーブ、クルミ・オイル、ビーフ煮出し汁と混じり合っている。後味には生気とスタミナがある。

Minervois Rosé ミネルヴォア・ロゼ ♥ $　溢れんばかりの赤い果実とメロンの風味。ハーブ、塩分、胡椒の気配を帯びる。絹の舌ざわりのこのワインは、フルーツジュースのように甘い印象なので、「残存糖分がある」と言いたくなるかもしれない。だが、これはボーン・ドライ（極辛口）なのだ。

GUILHEM DURAND (Corbières) ギレム・デュラン（コルビエール）

Syrah シラー ♥ $　熟した赤い果実、ピリッとくる大黄、胡椒、ハーブ、褐色スパイスの風味がいっぱい。舌ざわりはリッチ。後味も生きがよく、舌つづみを誘う。このワインは、市場に溢れ返る廉価シラーの95％を恥

FRANCE | LANGUEDOC AND ROUSSILLON

じ入らせるだろう。（もうひとつのデュラン製シラーについては前記 DOMAINE LA BASTIDE／ドメーヌ・ラ・バスティード参照。）

ERMITAGE DU PIC ST.-LOUP *(Coteaux du Languedoc Pic St.-Loup)* エルミタージュ・デュ・ピク・サン・ループ（コトー・デュ・ラングドック・ピク・サン・ループ）

Coteaux du Languedoc Pic St.-Loup コトー・デュ・ラングドック・ピク・サン・ループ ♟ $$ 猟鳥獣肉、セージ、カシスの葉、黒い果実類の匂いをもち、口中に快い濃縮感を与える。元気の出る、タールや樹脂のような、ピリッとしたベリー類の冴える後味。

Coteaux du Languedoc Pic St.-Loup Cuvée Sainte Agnès コトー・デュ・ラングドック・ピク・サン・ループ・キュヴェ・サンタニェス ♟ $$$ シラーを主体とするブレンドは、新鮮な黒フランボワーズとカシス、苦いチョコレート、セージ、タイム、ミントの風味を満喫させてくれる。そして素晴らしい強烈な（時には熱く感じるほど）後味。

Coteaux du Languedoc Pic St.-Loup Cuvée Sainte Agnès コトー・デュ・ラングドック・ピク・サン・ループ・キュヴェ・サンタニェス ♟ $$$ 6種の白ワイン用ブドウのブレンドは、熟した桃、イチジク、蜂蜜、ローズマリー、ナッツ・オイル、生垣の花の素敵な香りを放つ。驚くほどの爽やかさと優雅さをもつ艶やかな味わい。後味には優れた濃縮感。

ÉTANG DES COLOMBES *(Corbières)* エタン・デ・コロンブ（コルビエール）

Corbières Bois des Dames コルビエール・ボワ・デ・ダーム ♟ $$$ 濃厚な樽熟したカリニャン／シラー／グルナッシュのブレンドは、ジャムのような黒い果実類、褐色スパイス、焦げた木などの甘い香りの混合物。

Corbières Tradition コルビエール・トラディシオン ♟ $ 煙香とハーブの気配をもつ、甘く熟した黒い果実の香味が口中を満たす。このワインは、コルビエール産品にありがちな重い土臭さ、猟鳥獣肉の匂いや過剰なリッチさが抑制されている。

Corbières Vieilles Vignes Bicentenaire コルビエール・ヴィエイユ・ヴィーニュ・ビサントネール ♟ $$ 理論的には上記の「トラディシオン」ボトルの格上だが、必ずしもより良いわけではない。よく熟した黒い果実類、腐植土、塩味のビーフ煮出し汁などがたっぷり。総じて洗練されたタンニン味を帯びる。

Viognier ヴィオニエ 🍷 $$ 贅沢な口当たり。このワインは、ぴり辛いクレソンや白胡椒に対して、アカシアを想わせる熟した桃の風味でバランスをとる。ヴィオニエ種にありがちな過剰なオイル感や苦さがなく、口内を爽やかにする。

CHÂTEAU L'EUZIÈRE *(Coteaux du Languedoc Pic St.-Loup)* シャトー・ルージエール （コトー・デュ・ラングドック・ピク・サン・ループ）

Coteaux du Languedoc Pic St.-Loup Almandin コトー・デュ・ラングドック・ピク・サン・ループ・アルマンダン 🍷 $$$ 桑の実、ブラックベリー、ラヴェンダー、ローズマリー、潮風などの香りをたっぷり放ち、また濃いビーフ煮出し汁の肉厚さまで見せる。このワインは元気のわく輝かしさと、価格にしては際立った深みを見せる。

DOMAINE FAURMARIE *(Coteaux du Languedoc Grès de Montpellier)* ドメーヌ・フォルマリー （コトー・デュ・ラングドック・グレ・ド・モンペリエ）

Coteaux du Languedoc Grès de Montpellier L'Ecrit Vin コトー・デュ・ラングドック・グレ・ド・モンペリエ・レクリ・ヴァン 🍷 $$$ 熟した黒い果実感と、牛の血、プラム、月桂樹の葉の風味とがみごとに一体化して、ムールヴェドルの高い比率を反映している。このワインは多汁質で強烈で、タール、樹脂、紅茶、独特の塩味などを暗示する後味に。

Coteaux du Languedoc Grès de Montpellier Les Mathilles コトー・デュ・ラングドック・グレ・ド・モンペリエ・レ・マティーユ 🍷 $$ ブルーベリーや燻製肉の匂いがし、価格にしては非常にリッチなワイン。苦甘い黒と青の果実類の印象的かつ控えめな後味で、その奥には湿った石のニュアンスもある。

CHÂTEAU FONT-MARS *(Picpoul de Pinet)* シャトー・フォン・マルス （ピクプール・ド・ピネ）

Coteaux du Languedoc Picpoul de Pinet コトー・デュ・ラングドック・ピクプール・ド・ピネ 🍷 $ ライムのキャンディ、ハニーデューメロン、何か褐色スパイスに近い風味、そして西瓜の皮のピクルスの匂いと味をもつ。この多汁質で、途方もなく華麗でエキゾチックな出来栄えのピク

FRANCE | LANGUEDOC AND ROUSSILLON

プールは、どんなテーブルも優雅なものにし、どんなワインオタクをもうならせるだろう。

LA FONT DE L'OLIVIER (*Côtes de Thongue*) ラ・フォン・ド・ロリヴィエ（コート・ド・トング）

Carignan Vieilles Vignes カリニャン・ヴィエイユ・ヴィーニュ 🍷 $　熟した桑の実とブラックベリー、煙でいぶしたクルミ、魅惑的な褐色スパイスが特徴。不当なほど人気のない品種から、この刺激的で生気があり芳醇なエッセンスを産み出したワインは、尊敬に値する。

CHÂTEAU FONTANÈS シャトー・フォンタネ（後出のLE TRAVERSES DE FONTANES／レ・トラヴェルス・ド・フォンタネを参照。）

DOMAINE DE FONTENELLES (*Corbières*) ドメーヌ・ド・フォントネル（コルビエール）

Corbières Cuvée Notre Dame コルビエール・キュヴェ・ノートル・ダーム 🍷 $$　このシラー／ムールヴェドル／カリニャンのブレンドは、プラム・ペースト、焙った肉、褐色スパイスの香りを放ち、みずみずしいフルーティさと充実した深みのある肉風味で味覚を喜ばせる。後味には舌つづみを打つ満足感。

DOMAINE DE FONTSAINTE (*Corbières*) ドメーヌ・ド・フォンセーント（コルビエール）

Corbières コルビエール 🍷 $　主としてカリニャンからなるこのワインは、ブラックチェリーのキャンディ、樹脂性のハーブ、そして猟鳥獣肉の風味をもつ。艶やかな口当たり。口の奥にたっぷりの花とベリーの甘い芳香を与える。底に肉と石が感じられる。

Corbières Réserve La Demoiselle コルビエール・レゼルヴ・ラ・ドモワゼル 🍷 $$　樹齢100年のカリニャンから生まれたワイン。濃い中身が詰まり、滑らかな口当たりのこのワインは、甘くエステルを感じさせる熟成感、果皮の苦い刺激、白亜のようなミネラル感、灌木ハーブ、そして肉煮出し汁が混じり合っている。

DOMAINE FOULAQUIER (*Coteaux du Languedoc Pic St.-Loup*) ドメーヌ・フラキエ（コトー・デュ・ラングドック・ピク・サン・ループ）

Coteaux du Languedoc Pic St.-Loup l'Orphée コトー・デュ・ラングドック・ピク・サン・ループ・ロルフェ 🍷$$　熟したチェリー、プラム、芳香をもつ花、褐色スパイスで満たされ、その奥には焙った肉、樹脂、ハーブ、塩などの香りが感じられる。威厳のある濃密さとしたたかさのある後味。なぜフラキエがラングドックきっての名酒で、しかも信じられないバリューワインであるかを証明してくれる。

Coteaux du Languedoc Pic St.-Loup Le Rollier コトー・デュ・ラングドック・ピク・サン・ループ・ル・ロリエ 🍷$$$　古樹のグルナッシュとシラーで造られたこのワインは、甘く、イチゴとプラムの蒸留酒のようなエステル感、プロヴァンスのハーブ類、樹脂、白亜、そして煮えくり返っている最中のスパイス。印象的な生気が持続する。

Coteaux du Languedoc Pic St.-Loup Les Tonillières コトー・デュ・ラングドック・ピク・サン・ループ・レ・トニリエール 🍷$$$　グルナッシュを主体とするこのブレンドは、ソプラノ的な純粋で透徹したベリー風味が特徴。花の芳香、刺激性ハーブ、絹のような口当たり。たくさんの魅力的な鉱物のニュアンス。

DOMAINE LA GALINIÈRE (*Minervois*) ドメーヌ・ラ・ガリニエール（ミネルヴォア）

Domaine La Galinière Cabernet Sauvignon ドメーヌ・ラ・ガリニエール・カベルネ・ソーヴィニヨン 🍷$　（ラングドックでの品質のばらつきを考えると）このワインは、カシス、チェリー、グリーン・ペパーコーン、広葉系ハーブの香りが強く、驚くほどに熟成し洗練されており、爽快。

Domaine La Galinière Merlot ドメーヌ・ラ・ガリニエール・メルロ 🍷$　一貫して、苦甘い果実やハーブや胡椒の素敵な香りと、多汁質でクリーンで、柔らかな触感と味わいとをもたらす。この真に円熟して潑剌たる後味は、メルロにこだわる向きには非常に興味ある選択となろう。

DOMAINE GARDIÈS (*Côtes du Roussillon-Villages*) ドメーヌ・ガルディエ（コート・デュ・ルーション・ヴィラージュ）

FRANCE | LANGUEDOC AND ROUSSILLON

Côtes du Roussillon Mas Las Cabes Rouge コート・デュ・ルーション・マス・ラ・カーブ・ルージュ 🍷 $$　赤フランボワーズ、チェリー、モカ、ヴァニラ、炒ったペカン、マージョラム、杉の香り。それらはこのシラー主体のブレンドが、後味を盛り上げる煙と塩のニュアンスを持つことを告げている。

Côtes du Roussillon-Villages Les Millères コート・デュ・ルーション・ヴィラージュ・レ・ミレール 🍷 $$$　この4品種ブレンドは、軽く煮た赤フランボワーズ、ザクロのシロップ、クルミ殻、杜松、微妙に混じったヴァニラとスパイスの香り。酸味のある赤い果実、樹脂、タール、カルダモン、そして胡椒が、目の覚めるおいしさで口腔を覆い、元気づけるように漂う。

Mas Las Cabes Blanc マス・ラ・カーブ・ブラン 🍷 $$　ミュスカに由来するオレンジの花、ミント、アプリコットの香味が支配的。そこに少々混ぜられたグルナッシュ・ブランとマカボーが、深みと豊かさを添える。たまらないほどの果汁味で、塩や燻煙という食欲と興味をそそるアクセントも帯びる。

DOMAINE GAUBY (*Côtes du Roussillon-Villages*) ドメーヌ・ゴビー（コート・デュ・ルーション・ヴィラージュ）

Côtes du Roussillon Blanc Les Calcinaires コート・デュ・ルーション・ブラン・レ・カルシネール 🍷 $$$　この絹のような口当たりの、ムールヴェドル／シャルドネ／マカボー／グルナッシュ・グリの贅沢なブレンドは、ルーションの開拓者である巨匠ジェラール・ゴビーによって造られた。このワインは、オレンジの花、パイナップル、ライム、ミント、ペルシャメロンを想わせ、ほのかに白胡椒と白亜も感じられる。

Côtes du Roussillon-Villages Les Calcinaires コート・デュ・ルーション・ヴィラージュ・レ・カルシネール 🍷 $$$　多汁質だがしっかりした舌ざわりもあるこの赤のブレンドは、濃縮された苦い黒と赤の果実感をもたらす。甘草、燻煙、塩、白亜、森林、肉などの複雑な香味。舌つづみを打ちたくなる強烈な湿った石の後味。

GAUJAL ST.-BON (*Picpoul de Pinet*) ゴージャル・サン・ボン（ピクプール・ド・ピネ）

Coteaux du Languedoc Picpoul de Pinet コトー・デュ・ラングドック・ピクプール・ド・ピネ 🍷 $　話題のバリューワイン。ピクプールの特徴

を最大限に生かしたワイン。活気ある味わいの中に、オレンジ薄皮、白胡椒、海の塩味のような風味が支柱になっている。爽やかな後味も抵抗しがたい。

DOMAINE GAUTIER *(Fitou)* ドメーヌ・ゴーティエ（フィトー）

Fitouフィトー ♥ $$　初期ブルースのややファンキー調なガメが、逞しくてちょっと粗野な味わいが広がる口中で、乾燥ベリー、焙った肉、刺激性のハーブ、炒ったナッツの香味と混じっている。強い後味のフィトー。

DOMAINE DU GRAND ARC *(Corbières)* ドメーヌ・デュ・グラン・ダルク（コルビエール）

Corbières Cuvée des Quarante コルビエール・キュヴェ・デ・カラント ♥ $$　カリニャンが重きをなすこのブレンドは、黒い果実類のリッチさ、面白いスパイシーさ、甘草、チョコレート、焙った肉を想わせる豪華な味わい。明快で、鮮やかで、果汁質の後味。

Corbières Nature d'Orée コルビエール・ナチュール・ドレ ♥ $　これは、ブラックベリー、紅茶、ブラックチェリー（核のシアン系の苦みが強い）が特徴。本当に舌に染みつくようで、かつ鮮烈。黒い果実のフルーティさと、舌つづみを打ちたくなる持続力がある。

Corbières Réserve Grand Arc コルビエール・レゼルヴ・グラン・ダルク ♥ $　ブラックベリー、甘草、木の煙の香りを持つこのワインは、ブラックベリーの砂糖漬けと、小粒の苦甘い甘草キャンディの味わい。タンニンはややあか抜けないにしても、口に染みつく強い後味。

DOMAINE DU GRAND CRÈS *(Corbières)* ドメーヌ・デュ・グラン・クレス（コルビエール）

Corbières Blanc コルビエール・ブラン ♀ $$$　一貫して素晴らしいこのルーサンヌとヴィオニエのブレンドでは、メロン、花々、梨、ピリ辛いクレソン、塩、そして白亜の香味が、濃厚な絹の舌ざわりと清々しいダイナミックさの混合の中に現われる。

Corbières Majeure コルビエール・マジュール ♥ $$$　シラーを主体とするこのキュヴェは、野バラの実、チェリー類、紫プラムの魅惑的な香りを醸し出す。また、うまく濃縮された溌剌として新鮮な、興味深いミネ

ラルの持続性。が、味覚に重いところは少しもない。

CHÂTEAU GRANDE CASSAGNE *(Costières de Nîmes)* シャトー・グランド・カサーニュ（コスティエール・ド・ニーム）

Costières de Nîmes Hippolyte コスティエール・ド・ニーム・イポリット ▼ $$ ダルデ兄弟の最良のシラー（ごく少量のムールヴェドル）のワイン。ブルーベリー砂糖漬けにローズマリーとマージョラムを加味したような感じを示す。猟鳥獣肉の風味が、豪華で充実した味わいの中に出現する。

Costières de Nîmes Rosé コスティエール・ド・ニーム・ロゼ ▼ $ ハーブ、黒胡椒、酸味のあるチェリー、生肉の微妙な匂い、風味ある塩とミネラルの気配がふんだんに感じられる。この多彩なロゼは、実際に終わることのなさそうな後味を誇る。

LA GRANGE DE QUATRE SOUS *(St.-Chinian)* ラ・グランジュ・ド・カトル・スー（サン・シニアン）

Les Serrottes レ・スロット ▼ $$$ マルベックと少量のカベルネ・フランをシラーに混ぜた正統的ではないブレンド。豊潤だが抑制されたブラックチェリーと焙った肉の風味が出ており、白胡椒、カルダモン、そして砕石の香味がアクセント。

GRANGE DES ROUQUETTE *(Costières de Nîmes)* グランジュ・デ・ルケット（コスティエール・ド・ニーム）

GSM ▼ $ このグルナッシュ／シラー／ムールヴェドルのブレンドは、この値段にしては、相当なリッチさを供する。熟したブラックベリー、ハーブ、黒胡椒、猟鳥獣肉の匂いが、果汁質で大らかな味わいに移行し、やがて塩、燻煙、ハーブを帯びたかすかに苦い後味に。

DOMAINE DES GRECAUX *(Coteaux du Languedoc Montpeyroux)* ドメーヌ・デ・グレコー（コトー・デュ・ラングドック・モンペイルー）

Coteaux du Languedoc Montpeyroux Terra Solis コトー・デュ・ラングドック・モンペイルー・テラ・ソリス ▼ $$$ グルナッシュを主体としたこのブレンドは、片岩の土壌ではしばしば出る埃っぽさと燻煙の特徴

を帯び、熟した黒い果実の豪華な味わい。持続して小気味よく浸透する刺激が、口腔に染みる爽やかさ。

MAD DE GUIOT (*Costières de Nîmes*) マ・ド・ギオー（コスティエール・ド・ニーム）

Costières de Nîmes Numa コスティエール・ド・ニーム・ニュマ ♟ $$$
古樹のシラーの模範例のようなワインは、焙ったか、いぶした肉、皮革、褐色スパイス、プロヴァンスのハーブ、煮つめた紫プラム、大黄、ブラックベリーの風味をもたらす。艶やかな舌ざわりと、かすかな樽臭さあり。

CHÂTEAU HAUT FABRÈGUES (*Faugères*) シャトー・オー・ファブレーグ（フォージェール）

Faugères Cuvée Tradition フォージェール・キュヴェ・トラディシオン ♟ $ キルシュ（チェリーの蒸留酒）かプリュネル（リンボクの蒸留酒）のような強い果実性をもち、いぶしたか炒ったナッツ風味を伴う。この生き生きして十分に熟成したブレンドには一抹の野暮ったさがあるが、その価格を考えると不平は言えない。

HECHT & BANNIER (*Various Regions*) エシュ&バニエ（様々な地区）

Côtes du Roussillon-Villages コート・デュ・ルーション・ヴィラージュ ♟ $$$ もしこれに、砕石または刺激のある灌木臭を嗅ぎとれないなら、あなたはそうした香りを嗅ぎとることはないだろう（グラスの中以外でも。）黒い果実、モカと褐色スパイスが、クリームのような味わいの中に生気を吹き込んでいる。ヨードと炒ったナッツの苦みが、きびきびした果汁質で、活力のある後味に付随旋律のような趣を添えている。

Minervois ミネルヴォア ♟ $$$ シラー／グルナッシュ／カリニャンのブレンドは、甘美な黒い果実、樹脂性のハーブ、苦いチョコレート、燻煙、鍋からしたたり出る肉のエッセンスが溶け合っている。本品はまた、クリーミーな口当たりと冴えた新鮮な果実感の素敵な対比を示し、この新しいネゴシアンでスペシャリストの並はずれたバリューワインの典型例。

Saint-Chinian サン・シニアン ♟ $$$ このシラー／グルナッシュ／ムールヴェドルのブレンドは、このアペラシオンが希求する高みをはっきり示す。煙、石、ナッツ・オイルの香りは、青と黒の果実類と肉の煮詰め

FRANCE | LANGUEDOC AND ROUSSILLON

汁が溢れる甘美で滑らかな口当たりの味わいに、果実核の苦さと鉱物性のヒントを与え、粘質の後味に面白みを添えている。

DOMAINE HEGARTY-CHAMANS *(Minervois)* ドメーヌ・エガルティ・シャマン（ミネルヴォア）

Minervois No.2 ミネルヴォア No.2 🍷 $$$　グルナッシュを主体とし、シラーで彩られたこのワインは、黒と青い果実の驚くべき豊潤さと華麗さおよび素晴らしい純粋さを出す。しかも、その新鮮さに加えて、鉱物、動物、ハーブのニュアンスも備える。（ここのキュヴェ番号システムは変更途上にある。しかし、ここの全ワインは推奨もの。）

Minervois No.3 ミネルヴォア No.3 🍷 $$　カリニャンとシラーを重用するこの鮮やかで多様なブレンドは、濃厚な黒い果実、ミントチョコレート、紅茶、甘草、樹脂性のハーブと、かすかな猟鳥獣肉の香味をもつ。

DOMAINE DE L'HORTUS *(Coteaux du Languedoc Pic St.-Loup)* ドメーヌ・ド・ロルチュ（コトー・デュ・ラングドック・ピク・サン・ループ）

Bergerie de l'Hortus Classique Blanc ベルジュリー・ド・ロルチュ・クラシーク・ブラン 🍷 $$　ルーサンヌ・シャルドネ／ソーヴィニヨン／ヴィオニエのブレンド。ロルチュのこの「セカンドワイン」は、かすかに苦いハーブと花のニュアンスが、基調をなすリンゴ、桃、アーモンド、柑橘類に重なり、最後に一抹の塩味を感じさせる。

Bergerie de l'Hortus Coteaux du Languedoc Pic St.-Loup ベルジュリー・ド・ロルチュ・コトー・デュ・ラングドック・ピク・サン・ループ 🍷 $$　主体のシラーにグルナッシュとムールヴェドルを加えたこのキュヴェは、ピク・サン・ループの開拓者ジャン・オルリアックの手腕がみごとに発揮されている。ブラックチェリー、胡椒、ナッツ・オイル、スミレ、灌木ハーブの香りが、鮮やかでミネラル感を帯びた味わいの特徴になっている。

LES JAMELLES *(Various Regions)* レ・ジャメル（様々な地区）

Chardonnay シャルドネ 🍷 $　アルカリ性、湿った石、褐色スパイス、そして焦げ臭を帯びた爽やかなリンゴのような果実感は、このリムー産ワインとはかけ離れた値段で売られている多くのシャルドネと比較したと

き、その真価を明らかにする。
- **Melot** メルロ ♀ $ レ・ジャメルのメルロは、この品種で造られた他の多くの廉価ワインが成しえていないことを実現している。そして、ブラックチェリー、ブラックチョコレート、シナモン、トマトの葉、腐植土、そして爛熟した花の香りや、滑らかな口当たりや果汁質の持続力を提供してくれる。

CHÂTEAU JOUCLARY *(Cabardès)* シャトー・ジュクラリー（カバルデス）

- **Cabardès Tradition** カバルデス・トラディシオン ♀ $$ この滑らかな口当たりは、西ラングドックにおけるローヌとボルドーのブドウの相乗効果の可能性を証明している。花、ナッツ・オイル、ハーブ、焙った肉の要素が、熟しているが控えめな色の濃い果実類の風味と溶け合っている。

DOMAINE LACROIX-VANEL *(Coteaux du Languedoc)* ドメーヌ・ラクロワ・ヴァネル （コトー・デュ・ラングドック）

- **Coteaux du Languedoc Fine Amor** コトー・デュ・ラングドック・フィヌ・アモール ♀ $$$ ヴァネルが理想としているサテンのような口当たりと、甘美さとを共に出そうとするためのブレンドは、比率は変動するが、好んでグルナッシュを用いている。そしてその熟した黒い果実の風味に、うっとりする花とハーブと紅茶と動物と鉱物の感じまで与えている。

DOMAINE LAFAGE *(Côtes du Roussillon)* ドメーヌ・ラファージュ （コート・デュ・ルーション）

- **Côte d'Est** コート・デスト ♀ $ 抵抗できない鮮やかで果汁質のグルナッシュ・ブラン／シャルドネ／微量のミュスカのブレンドは、花、茴香、セージ、炒ったナッツ、そして塩漬けした柑橘の風味を特徴とする。
- **Côte Grenache** コート・グルナッシュ ♀ $ イチゴ砂糖漬けとココア粉。刺激性の樹脂のようなハーブ、燻煙、白胡椒。飲みだすと癖になる果汁質で微妙にクリーミーな味わいは、グラスを手にしたら離せない信じがたいバリューワイン。
- **Côte Sud** コート・シュド ♀ $ プラム・ペースト、チェリー、ヨード、チョコレート、ラヴェンダー、甘草、毛焼きした肉、塩などの要素が、

FRANCE | LANGUEDOC AND ROUSSILLON

とても長い後味のこのワインを活気づけている。値段から見て、信じられないほどだ！

Côtes du Roussillon Cuvée Lea コート・デュ・ルーション・キュヴェ・レア ▼ $$ 絹の口当たり、微妙な塩味、深みのある青い果実感をもつこのシラー／グルナッシュ／カリニャンは、鮮明な果皮、甘草、マージョラム、ヨード、そして海の塩を感じさせつつ、長い余韻をもった後味に。

Cuvée Centenaire キュヴェ・サントネール ▽ $ 古樹のグルナッシュ・ブラン／グルナッシュ・グリ／わずかなマカボーのブレンドは、麝香のような花香や、グレープフルーツ果皮の香りを漂わせる。快活な柑橘、絹のようなリッチさ、かすかにオイリーな舌ざわりといった対比の妙もあって、飲み手の興味は尽きない。

Novellum Chardonnay ノヴェラム・シャルドネ ▽ $ ラファージュの広大な農地とキュヴェから生まれたワインは、クリーミーな口当たりと面白い鉱物性をもち、果汁質で新鮮な果実感を実現している。値段が2倍はする他のシャルドネの90％を顔色なからしめている。

DOMAINE LANCYRE (*Coteaux du Languedoc Pic St.-Loup*) ドメーヌ・ランシール（コトー・デュ・ラングドック・ピク・サン・ループ）

Coteaux du Languedoc Pic St.-Loup Vieilles Vignes コトー・デュ・ラングドック・ピク・サン・ループ・ヴィエイユ・ヴィーニュ ▼ $$$ このシラーとグルナッシュのブレンドは、ふたつのブドウがぴったりと結びつき、深みと生気がある。プラム、ブラックチェリー、ザクロのシロップが詰まり、さらに刺激的な樹脂のようなハーブ、木の煙、砕石、そしてヨードの香味を帯びる典型例。

Coteaux du Languedoc Rosé コトー・デュ・ラングドック・ロゼ ▽ $$ ただもう、地球上で最も秀逸なロゼのひとつ。このロゼの悪口を言ったら、グラスから届くすごい凝縮力で絞め殺されるかもしれない！ 酸味のある赤い果実、ピリッとするハーブ、燻製肉、そしてミネラル質は、あなたにいろいろなことを考えさせ、内省的に飲むようにさせる。

Roussanne ルーサンヌ ▽ $$ 花、ハーブ、麝香、柑橘類の果皮などの驚くほど浸透力のあるアロマを発する。腰がしっかりしていて元気がよく、桃のうぶ毛のような感じまで口の中に溢れる。後味は多面の扇風機のように複雑。

CHÂTEAU LASCAUX (*Coteaux du Languedoc Pic St.-Loup*) シャトー

・ラスコー（コトー・デュ・ラングドック・ピク・サン・ループ）

Coteaux du Languedoc コトー・デュ・ラングドック 🍷 $$ 赤い果実、燻製肉、大豆、そして刺激的なハーブの香味がいっぱい。このワインは、塩をした肉の風味で終わるが、時によっていくらか粗野なタンニンを感じる。

FAMILLE LIGNÈRES *(Corbières)* ファミーユ・リニエール（コルビエール）

Cabanon de Pascal カバノン・ド・パスカル 🍷 $$ この造り手の気持ちがほとばしるようなグルナッシュ主体のキュヴェは、熟したイチゴとフランボワーズの風味が豊かで、上品なハーブと柑橘薄皮の香りで飾られている。

MAS LUMEN *(Coteaux du Languedoc)* マス・ルーメン（コトー・デュ・ラングドック）

Coteaux du Languedoc Prélude コトー・デュ・ラングドック・プレリュード 🍷 $$$ この豪華なキュヴェは、たっぷりの黒と青の果実感をみせ、甘草、花々、東洋のスパイス、多様なハーブ、焙った肉、ミネラル質の塩、そして乗馬鞍の革の匂いで彩られ、最後には素晴らしい余韻がたゆたう。

MAXIME MAGNON *(Corbières, Fitou)* マキシム・マニオン（コルビエール、フィトー）

Corbières Campagnes コルビエール・カンパーニュ 🍷 $$$ 花と新鮮な黒果実の芳香や、高揚感と爽快感が、口にみなぎる味覚と洗練された口当たりと一体になっている。カリニャン古樹から造られたこのワインは、ナッツ、ミネラル質、ハーブの驚くばかりの複雑さの後味。

Corbières Rozeta コルビエール・ロゼッタ 🍷 $$$ 酸味のある赤と黒のフランボワーズ、海水のような塩分、そして燻製肉の香味に満ちている。豊潤そのもののエキス、口蓋を覆いつくすが優雅で低硫黄のこのキュヴェは、ラングドックでも有数の個性的なおいしさと爽やかさをもつワイン。

FRANCE | LANGUEDOC AND ROUSSILLON

CHÂTEAU MARIS *(Minervois)* シャトー・マリス（ミネルヴォア）

Syrah La Touge シラー・ラ・トゥージュ ♛ $$$　マリスは驚嘆すべき理想の熟成度を実現している。ワインがくどかったり、通常15～16％という高いアルコール度による熱っぽさや粗さを感じさせたりして、飲み手を裏切ることはない。この豪華で端正なキュヴェは、黒や青の果実、チョコレート、大豆、砕いた黒胡椒、エスプレッソ、そして燻製肉の風味をもたらす。

DOMAINE MASSAMIER LA MIGNARDE *(Minervois)*　ドメーヌ・マッサミエール・ラ・ミニャルド（ミネルヴォア）

Carignan Expression カリニャン・エクスプレシオン ♛ $$$　濃密なのに実に果汁質なこの樽発酵のカリニャンは、クルミ・オイル、ブラックチョコレート、樹脂、そして甘く熟した黒い果実の香味を特徴とし、かすかに塩と白亜を帯びる。

Cuvée des Oliviers キュヴェ・デ・ゾリヴィエ ♀ $　ソーヴィニヨン・ブランでこれだけの熟成度と果汁質を備えさせるのは（ミント、レモン、花、そしてほのかな桃とメロンの感じが特徴）、ラングドックでは容易なことではない。そして信じられないこの価格！

Minervois Cuvée Aubin ミネルヴォア・キュヴェ・オーバン ♛ $$　このグルナッシュ主体のキュヴェは、塩と胡椒をふった熟した黒い果実、めくるめく花の芳香、灌木ハーブ、そして肉煮出し汁の風味で口中をいっぱいにする。

Tenement de Garouilhas テヌマン・ド・ガルーイラス ♛ $$$　シラー／カリニャン／グルナッシュを樽熟成させたこのブレンドは、煮た果実、炒ったナッツとアーモンド、スパイス、ココナツ、ロースト肉、そしてチョコレートの華やかなごった混ぜ。スプーンで食べたくなるほど！

CHÂTEAU DE MATTES-SABRAN *(Corbières)* シャトー・ド・マット・サブラン（コルビエール）

Corbières Clos du Redon コルビエール・クロ・デュ・ルドン ♛ $$　このシラーは、途方もなくリッチな味わいの上に、黒胡椒をふったチェリーのリキュールを重ねた趣を典型とする。その甘さは、底流にある赤身の肉、刺激的なセージ、チェリーの核のかすかで快い苦みによって程よく整えられている。

Corbières Dionysos コルビエール・ディオニソス 🍷 $$ ブラックチェリー、カルダモン、トーストしたプラリネの香りが、感動的にリッチだが過剰なまでに果汁質な口当たりへと変わる。ビーフ煮出し汁とチョコレートの申し分ない香味は、熟した黒い果実の風味と溶け合っている。

Corbières Le Viala コルビエール・ル・ヴィアラ 🍷 $ リッチな（重すぎるほどだ）味わいに、煮詰めた大黄やスパイスをふった黒い果実の香味が備わり、冬に重用されるワインになっている。

LAURENT MIQUEL (*St.-Chinian*) ローラン・ミケール（サン・シニアン）

Viognier ヴィオニエ 🍷 $ 桃とアカシアの古典的なアロマ。こってりとして、絹のようで、リッチな果実味のある口当たり。このワインは、ヴィオニエ種の安いワインにありがちな粗雑さ、過剰なオイル感、そして苦さをうまく抑えている。

CHÂTEAU MORGUES DU GRÈS (*Costières de Nîmes*) シャトー・ムルグ・デュ・グレ（コスティエール・ド・ニーム）

Costières de Nîmes Capitelles des Morgues コスティエール・ド・ニーム・カピテル・デ・ムルグ 🍷 $$$ 容赦ないほど濃密だが実によく磨きこまれている。舌に染み入るようなこのシラーとグルナッシュは、大らかなカシス、黒胡椒、甘草、樹脂、チョコレート、そして焙った肉の風味。

Costières de Nîmes Les Galets Doré コスティエール・ド・ニーム・レ・ガレ・ドレ 🍷 $ このグルナッシュ・ブランと小量のルーサンヌのブレンドは、スイカズラ、スイセン、桃、マスクメロン、白胡椒などの驚くべき芳香を放つ。そして滋味溢れる、微妙にオイリーで、とても鮮烈な後味へと向かう。

Costières de Nîmes Les Galets Rosé コスティエール・ド・ニーム・レ・ガレ・ロゼ 🍷 $ このシラー主体のロゼは、新鮮で酸味のある赤フランボワーズやハーブ類を思いきり蓄えてきたらしい。舌つづみを打たせる爽快さと艶があり、しかも軽さが（アルコール度13.5％にもかかわらず）ひとまとめになったワイン。塩、石、焙った肉の感じが複雑さを加えている。

Costières de Nîmes Les Galets Rouge コスティエール・ド・ニーム・レ・ガレ・ルージュ 🍷 $ この果汁質で率直な、舌を染めるシラー／グルナッシュ／ムールヴェドル／カリニャンのキュヴェは、カシスとブラッ

FRANCE | LANGUEDOC AND ROUSSILLON

クベリーの風味が特色で、チョコレートの苦みとプロヴァンスのハーブの刺激も帯びる。

Costières de Nîmes Terre d'Argence コスティエール・ド・ニーム・テール・ダルジャン 🍷 $$　シラーとグルナッシュの古樹から造られたこのワインは、濃密かつ細やかに磨きこまれた味わいが印象的で、紫プラム、甘草、杜松、セージなどの香味が持続するのが特色。

Terre d'Argence テール・ダルジャン 🍷 $$　桃、アプリコット、百合、アカシアの強い香りを持つヴィオニエとルーサンヌのブレンド。味もそれらにふさわしく豪華で、重いとさえ言える印象。後味にかすかなクレソンと白胡椒のような感じが出る。

MOURREL AZURAT *(Fitou)* ムーレル・アジュラ（フィトー）

Fitou Mourrel Azurat フィトー・ムーレル・アジュラ 🍷 $　マッサミエ・ラ・ミニャルド（前記参照）の優秀なチームによって造られたもので、驚くべきバリューワイン。熟したプラム、刺激性のハーブ、皮革、そして塩と石のミネラル性の香りが、この廉価品の中に複雑さを醸し出す！

MAS MUDIGLIZA *(Côtes du Roussillon)* マス・ミュディグリザ（コート・デュ・ルーション）

Côtes du Roussillon Carminé コート・デュ・ルーション・カルミネ 🍷 $$　若い立派な醸造所から生まれた、絹のような、ややオイリーなグルナッシュ。卓越した深み、精妙さ、洗練度を発揮して、黒フランボワーズ、ブラックチョコレート、焙った肉、ローズマリー、ラヴェンダー、そして甘く煙がかった機械油を想わせる。

CHÂTEAU DE NAGES *(Costières de Nîmes)* シャトー・ド・ナージュ（コスティエール・ド・ニーム）

Costières de Nîmes Cuvée Joseph Torres コスティエール・ド・ニーム・キュヴェ・ジョゼフ・トレス 🍷 $$$　みごとに濃縮されてリッチな、アニス酒と黒胡椒の香りを帯びるシラーのブレンド。いかにしてバランスと透明感と洗練さを保ちながら、華やかで、甘くフルーティな、高い熟成度の、樽熟されたワインを造るかのお手本である。

Costières de Nîmes Réserve コスティエール・ド・ニーム・レゼルヴ 🍷 $
赤ベリーのエッセンスの中に紅茶とハーブを閉じこめたという点では、

リキュールのようなワイン。この甘美で、口の中がいっぱいになるようなグルナッシュ主体のブレンドは、飲みだしたら癖になるような甘く熟した果実味の後味。

CHÂTEAU DE LA NÉGLY *(Coteaux du Languedoc la Clape)* シャトー・ド・ラ・ネグリー（コトー・デュ・ラングドック・ラ・クラプ）

Coteaux du Languedoc La Clape La Brise Marine コトー・デュ・ラングドック・ラ・クラプ・ラ・ブリーズ・マリン ♀ $$ ブールブーラン／ルーサンヌ／マルサンヌのキュヴェは、熟したハニーデューメロン、ミント、プロヴァンスのハーブ類、蜂蜜などの香りを発散。そして、活気と均衡を与えるような、ハーブや果皮の刺激や酸味をもつ後味。

Coteaux du Languedoc La Clape La Côte コトー・デュ・ラングドック・ラ・クラプ・ラ・コート ♀ $$ ラングドックで最も豊潤なワインのいくつかを手がける、シャトー・ド・ラ・ネグリーの濃密で力強い入門者レベルのブレンド。塩入りのプラム・ペースト、ブラックチェリーのリキュール、樹脂性のハーブ、そしていぶし焦がした猟鳥獣肉の風味。

LA NOBLE *(Carcassonne)* ラ・ノーブル（カルカッソンヌ）

La Noble Chardonnay ラ・ノーブル・シャルドネ ♀ $ このオーブ川流域のシャルドネは、常に驚くべきバリューワインの代表例。新鮮な青リンゴ、タイム、クローバー、塩味アーモンドの香りは、冴えた果汁質の味わいを、驚くほどリッチな舌ざわりで活気づける。

CHÂTEAU D'OR ET DE GUEULES *(Costières de Nîmes)* シャトー・ドール＆ド・ギュール（コスティエール・ド・ニーム）

Costières de Nîmes Rouge Sélect コスティエール・ド・ニーム・ルージュ・セレクト ♀ $$ 濃密さと過熟さと絹の口当たりの、異常現象的な価値をもつ逸品。このワインは、甘い果実砂糖漬けの母体に、燻煙と猟鳥獣肉のような香り、チェリー核のような刺激性のハーブ香、それに砕石の複雑さが加わる。

CHÂTEAU D'OUPIA *(Minervois)* シャトー・ドゥーピア（ミネルヴォア）

FRANCE | LANGUEDOC AND ROUSSILLON

Minervois Tradition ミネルヴォア・トラディシオン 🍷$$$　このカリニャンが支配的なブレンドは、果汁質で苦甘いブラックベリーの果実味、チョコレート、そして味付けレバー風味をもち、たっぷり舌を包みこむ。しかも、もうひと啜りをそそる新鮮さと、ハーブやミネラルの面白みがある後味。

L'OUSTAL BLANC *(Minervois)* ロスタル・ブラン（ミネルヴォア）

Naïck ナエック 🍷$$　ロスタル・チームによる典型的なカリニャン主体のブレンドは、AC法規制の関係で、ラベルには収穫年でなく数字が書かれている。度を越すほど華麗で、その価格にしてはありえないほど豊潤。リキュールと思えるほどカシス、プルーン、白レーズン、紅茶、シナモン、そしてナツメグの風味が特徴的。

DOMAINE PECH REDON *(Coteaux du Languedoc La Clape)* ドメーヌ・ペシュ・ルドン（コトー・デュ・ラングドック・ラ・クラプ）

Coteaux du Languedoc La Clape Les Cades コトー・デュ・ラングドック・ラ・クラプ・レ・カード 🍷$$　このカリニャンが高比率のキュヴェは、引き締まる酸味、洗練されたタンニンを持ち、黒フランボワーズ、黒胡椒、炒ったクルミ、ハーブなどの風味も備える。

Coteaux du Languedoc La Clape L'Épervier コトー・デュ・ラングドック・ラ・クラプ・レペルヴィエ 🍷$$$　このグルナッシュ／シラー／カリニャンのブレンドは、熟成過剰ぎみだが、輪郭が美しい。白亜質を帯び、キルシュに浸した乾燥チェリーと、きれいなタンニンに支えられたクレーム・ド・カシスのようなところが特徴。

YANNICK PELLETIER *(St.-Chinian)* ヤニック・ペルティエ（サン・シニアン）

Saint-Chinian l'Oiselet サン・シニアン・ロワズレ 🍷$$$　濃厚なチェリーと黒フランボワーズの果実感が、褐色スパイス、しばしば片岩土壌を連想させる種類の刺激性の煙香を帯びている。多汁質で、甘苦さがかなり強く、そして磨き上げられたタンニン。

PEÑA *(Côtes du Roussillon-Villages)* ペニャ（コート・デュ・ルーション・ヴィラージュ）

Cuvée de Peña キュヴェ・ド・ペニャ 🍷 $ この小さな協同組合のワインは、お値打ちという点でほとんど無敵。シラー／カリニャン／グルナッシュのブレンドには、樹脂と燻煙のアロマの刺激と、熟した紫プラムとブラックベリー風味がある。後味は、やや噛み応えがあるが、舌舐めずりしたくなる。

Cuvée de Peña Rosé キュヴェ・ド・ペニャ・ロゼ 🍷 $ このグルナッシュとシラーのブレンドのロゼは、イチゴ、チェリー、ハーブ、アーモンド、そして石の香りがこぼれんばかり。若くて元気がよく、果実質で溢れんばかりの味わいと余韻には、舌つづみを打ちたくなる。

Viognier Ninet de Peña ヴィオニエ・ニネ・ド・ペニャ 🍷 $ アカシア、桃、梨、そして南国の果実の香りがいっぱい。果汁質で甘美。生気を与える塩とほのかな胡椒の刺激を伴う。ふわっとした花の香りを長く漂わせる。

DOMAINE DE LA PETITE CASSAGNE (*Costières de Nîmes*) ドメーヌ・ド・ラ・プティット・カサーニュ(コスティエール・ド・ニーム)

Costières de Nîmes コスティエール・ド・ニーム 🍷 $$ 驚くほどリッチで、風味に富み、抜群のバランス。このセンセーショナルなバリューワインには、ブラックチェリー、炒った栗、マージョラム、そしてブラックチョコレートの香味が詰まり、肉とピート(泥炭)のような感じがする底味。

PLAN DE L'OM (*Coteaux du Languedoc*) プラン・ド・ロム (コトー・デュ・ラングドック)

Coteaux du Languedoc Miejour コトー・デュ・ラングドック・ミエジュール 🍷 $$$ 主としてグルナッシュとシラー。これは通常、控えめなイチゴ、白胡椒、ラヴェンダーとマージョラムが特徴。後味は果汁質で、胡椒のピリ辛さと、やや苦い果皮の縁のようなほろ苦さが感じられる。

Coteaux du Languedoc Paysage コトー・デュ・ラングドック・ペイザージュ 🍷 $$ 複雑さにおいて極致ではないが、かすかに苦い黒い果実、樹脂、そして褐色スパイスなどが、深く豊かに持続する風味を備える。

DOMAINE DES PERRIÈRES (MARC KREYDENWEISS) (*Costières de Nîmes*) ドメーヌ・デ・ペリエール〔マルク・クライデン

FRANCE | LANGUEDOC AND ROUSSILLON

ヴァイス〕（コスティエール・ド・ニーム）

Costières de Nîmes コスティエール・ド・ニーム 🍷 $$ カリニャン古樹（シラーとグルナッシュと共に）の潜在力を示す好例。肉とハーブと鉱物のニュアンスを、圧倒的な豊満さの中に収めている。

CAVE DE POMEROLS *(Picpoul de Pinet)* カーヴ・ド・ポムロール（ピクプール・ド・ピネ）

Picpoul de Pinet Hugues Beaulieu ピクプール・ド・ピネ・ユーグ・ボーリュー 🍷 $ クローバー、レモン、海の微風が匂いたつ。高揚感をもたらすこの清涼剤は、果汁質と、塩と白亜を感じさせる柑橘類の風味を備えているので、理想的な「冷蔵庫の白」。

DOMAINE DU POUJOL *(Coteaux du Languedoc)* ドメーヌ・デュ・プージョル（コトー・デュ・ラングドック）

Coteaux du Languedoc Podio Alto コトー・デュ・ラングドック・ボディオ・アルト 🍷 $$$ プラムとチェリーの香味が、それらのかすかな果核の苦み、スミレ、皮革、そしてハーブと溶け合っている。この多汁感が溢れんばかりのワインには、動物的また鉱物的なタッチが加わる。

Coteaux du Languedoc Rosé コトー・デュ・ラングドック・ロゼ 🍷 $$ 新鮮な赤フランボワーズ、ベーコン、そして挽きたての黒胡椒の香りが、この癖になるほど鮮やかで、多汁質なところが実に官能的なワインにみなぎる。

DOMAINE DE POULVALREL *(Costières de Nîmes)* ドメーヌ・ド・プールヴァレル（コスティエール・ド・ニーム）

Costières de Nîmes コスティエール・ド・ニーム 🍷 $$ この飲みやすく楽しいシラー／グルナッシュは、熟したプラム、カシス、黒フランボワーズ、刺激的なハーブ、ココアの粉、甘いスパイス、黒胡椒、そしてすっきりした肉味を呈す。

Costières de Nîmes Les Perrottes コスティエール・ド・ニーム・レ・ペロット 🍷 $$$ この感動するほど濃密で、上手に磨きあげられたシラー／グルナッシュは、カシス、チョコレート、ミント、燻製肉の風味を出す。かすかに海草の植物性を想わせるアルカリも含む。

PUECH AURIOL *(Coteaux du Languedoc)* ピュエシュ・オリオール（コトー・デュ・ラングドック）

- **Ad Hoc** アド・ホック 🍷 $　熟したカシス、ブルーベリー、白檀、ヨード、炒ったナッツ、焙った肉などのアロマが、同じように多様な組み合わせの風味に移り、塩と微妙に苦みをもつ黒い果実感の後味で終わる。
- **Puech Auriol** ピュエシュ・オリオール 🍷 $$　高度に濃縮されたこのカリニャン主体のブレンドは、刺激的なハーブや炒ったナッツと混じった、果汁質で爽やかな黒と青の果実類の香味をみせる。後味には、ヨード、チェリー核、白亜が加わる。

DOMAINE PUIG PARAHY *(Côtes du Roussillon)* ドメーヌ・ピュイグ・パライ（コート・デュ・ルーション）

- **Côtes du Roussillon Le Fort Saint-Pierre** コート・ド・ルーション・ル・フォール・サン・ピエール 🍷 $$　このキュヴェは塩漬け紫プラム、黒い果実類、チョコレート、そして生肉の香味が特徴。主要素である果汁質の果実味、洗練されたタンニン、そしてその肉風味は、間違いなく非常に古い樹を用いたことと、ムールヴェドルを用いたことに起因する。
- **Côtes du Roussillon Georges** コート・ド・ルーション・ジョルジュ 🍷 $　熟して生気ある黒い果実類の抵抗しがたい香味は、ブラックチョコレートとナッツ・オイルの感じも含む。サテンのような口当たりと爽やかさを持つこの赤は、南ルーションの素敵な風光を感じさせる。

DOMAINE PUYDEVAL *(Carcassonne)* ドメーヌ・ピュイドヴァル（カルカッソンヌ）

- **Puydeval** ピュイドヴァル 🍷 $　カベルネ・フラン／若干のシラー／メルロの珍しい組み合わせのこのワインは、ソフトで、申し分なく芳醇。桑、クルミ・オイル、ビート根、茴香、そしてかすかに苦い果実核の風味が特色。

CHÂTEAU DE RIEUX *(Minervois)* シャトー・ド・リュー（ミネルヴォア）

- **Minervois** ミネルヴォア 🍷 $$　素敵な深みのあるブラックチェリーが、

FRANCE | LANGUEDOC AND ROUSSILLON

乾燥マッシュルーム、タイム、マージョリー、そして焙った肉の香味と混じり合い、この見事に洗練された果汁質のブレンドに充満している。

CHÂTEAU RIGAUD *(Faugères)* シャトー・リゴー（フォージェール）

Faugères フォージェール 🍷 $　クロード・グロの指導による新プロジェクト。シャトー・リゴーのシラーとグルナッシュを基調としたフォージェールは、燻煙に包まれた黒果実のアロマ、サテンのような口当たり、深くリッチな味わいを見せる。2007年にデビューしたこのワインは、度胆を抜かれるバリューワイン。5〜6年瓶で寝かせれば、興味深いものに熟成するだろう。

DOMAINE RIMBERT *(St.-Chinian)* ドメーヌ・ランベール（サン・シニアン）

Le Chant de Marjolaine ル・シャン・ド・マジョレーヌ 🍷 $$$　カリニャン古樹で造られたこのワインは、一貫して、苦甘い黒い果実、ビートの根、ハーブの香りが主体で、つんとくる燻煙と砕石の匂いを帯びる。この風味はいつも、空気にさらすと良くなる。

St.-Chinian Les Travers de Marceau サン・シニアン・レ・トラヴェール・ド・マルソー 🍷 $$$　このブレンドは、たいてい乾燥チェリーおよび燻煙や砕石のような刺激性の香りが特徴。これに焙った肉と灌木ハーブの風味、そして（本来の果実味を損なわない程度に）塩や石を感じさせる後味。

LE ROC DES ANGES *(Côtes du Roussillon-Villages)* ル・ロック・デ・ザーンジュ（コート・デュ・ルーション・ヴィラージュ）

Côtes du Roussillon-Villages Segna de Cor コート・デュ・ルーション・ヴィラージュ・セーニャ・ド・コール 🍷 $$$　この立派な醸造所のセカンドワインは、色の濃いベリー類、猟鳥獣肉、樹脂性のハーブ、炒ったナッツ、石と塩のような鉱物性のニュアンスを見せる。

DOMAINE SAINT ANTONIN *(Faugères)* ドメーヌ・サン・タントナン（フォージェール）

Faugères Magnoux フォージェール・マヌー 🍷 $$$　シラーを多用したこ

のブレンドは、プラム、苦甘いブラックチェリー、そしてタイムやローズマリーを贅沢に使った肉煮出し汁の匂いがする。これらの全てが、洗練された口当たり、ミネラル性の塩、すっきりした肉質感という快く豊かな味わいを形成する。

Faugères Tradition フォージュール・トラディシオン 🍷$$ ラングドックの最も驚くべきお値打ちワインのひとつ。新鮮な黒フランボワーズ、燻煙、引き締まる塩味、そして石屑の香りがグラスから飛び出すかのようだ。そして、鮮やかな黒い果実、快い肉質、石や塩のような風味のあいだで、素晴らしいバランスを打ち出す。

CHÂTEAU SAINT-GERMAIN *(Coteaux du Languedoc)* シャトー・サン・ジェルマン（コトー・デュ・ラングドック）

Coteaux du Languedoc コトー・デュ・ラングドック 🍷$ このワインは、チェリーのキャンディ、褐色スパイス、そしてオレンジ・リキュールの素晴らしいエステル風の香りを放つ。味わいはぽってりした果実質だが、年数が経つと、そのアルコール度のせいで潤いが失せることがある。

DOMAINE ST.- MARTIN DE LA GARRIGUE *(Coteaux du Languedoc Grès de Monpellier)* ドメーヌ・サン・マルタン・ド・ラ・ガリーグ（コトー・デュ・ラングドック・グレ・ド・モンペリエ）

Coteaux du Languedoc Blanc コトー・デュ・ラングドック・ブラン 🍷$$ 5種の白ブドウの微妙にクリーミーなブレンドであり、樹脂やハーブの風味とともに、その名にちなんだガリーグ（南仏の灌木林）を散歩でもしているような、蜂蜜や花々の香りが特徴。果汁質のアプリコット、レモン薄皮、褐色スパイスも感じられる。

Coteaux du Languedoc Bronzinelle コトー・デュ・ラングドック・ブロンズィネル 🍷$$ 焙った猟鳥獣肉、ブラックチェリー、大豆、ブラックチョコレートの匂い。この芳醇で塩性が際立つキュヴェは、たっぷりの快いタンニンが舌を包み、ココアと褐色スパイスの香味を帯びた後味に。

Coteaux du Languedoc Rosé コトー・デュ・ラングドック・ロゼ 🍷$ 滋味にあふれ微妙にオイリーで楽しいこのロゼワインは、塩をふった西瓜のような味がし、底流には骨髄のような肉質風味が感じられる。

Coteaux du Languedoc Tradition コトー・デュ・ラングドック・トラディシオン 🍷$ この驚くほど廉価なカリニャンとシラーのブレンドは、

FRANCE | LANGUEDOC AND ROUSSILLON

黒フランボワーズ、ローズマリー、塩、湿った石などの香味を出し、冴えた、癖になりそうな果実質の後味に至る。

Picpoul de Pinet ピクプール・ド・ピネ 🍷 $ 樹脂、グレープフルーツの皮、クローブの匂いがするこのワインは、口を爽快感（このアペラシオンの第一使命）でいっぱいにするし、白亜と塩の秀逸な味わいの持続性を見せる。

CHÂTEAU SAINT ROCH *(Maury, Côtes du Roussillon-Villages)* シャトー・サン・ロック（モーリー、コート・デュ・ルーション・ヴィラージュ）

Côtes du Roussillon Chimères コート・デュ・ルーション・シメール 🍷 $$ 畏怖すべきジャン・マルク・ラファージュ（前記参照）の手がけるもうひとつの超バリューワイン。モーリー地区で生まれるこのリッチかつ優雅なブレンドは、クリーミーな黒い果実感、百合、ココア粉、白胡椒、ナッツ・ペーストの風味、そして一抹の燻煙をも披露する。

DOMAINE SARDA-MALET *(Côtes du Roussillon)* ドメーヌ・サルダ・マレ（コート・デュ・ルーション）

Côtes du Roussillon Le Sarda コート・デュ・ルーション・ル・サルダ 🍷 $$ 紅茶、ブラックチェリー、花の芳香、ハーブ、褐色スパイス、炒ったナッツ、そしてヴァニラは、この甘美で爽やかなバリューワインの変わらぬテーマである。

DOMAINE LA SAUVAGEONNE *(Coteaux du Languedoc)* ドメーヌ・ラ・ソヴァジョンヌ（コトー・デュ・ラングドック）

Coteaux du Languedoc Pica Broca コトー・デュ・ラングドック・ピカ・ブロカ 🍷 $$ グルナッシュとシラーを主体とし、煮た黒フランボワーズや苦いチョコレートの香味をみせる。バックボーンはベーコンと牛の血。味覚を満たし、熱情と生気と持続力をもつこのワインは、しばしば片岩土壌の地域と関連する煙香の刺激の後味が。

Coteaux du Languedoc Les Ruffes コトー・デュ・ラングドック・レ・リュフ 🍷 $ この力強いキュヴェは、一貫して、黒フランボワーズ、ラヴェンダー、そして黒胡椒の匂いがする。果汁質の甘いフランボワーズ、甘草、ラヴェンダー、燻製肉と胡椒などの合体した風味が、舌ざわりも

滑らかに流れこむ。

DOMAINE DES SOULANES *(Côtes du Roussillon-Villages)* ドメーヌ・デ・スーラーヌ（コート・デュ・ルーション・ヴィラージュ）

Côtes du Roussillon-Villages Sarrat del Mas コート・デュ・ルーション・ヴィラージュ・サラ・デル・マス 🍷 $$$　炒ったクルミ、プラリネ、刺激性のある砕石をアクセントとする、よく熟れた黒果実の香味をもたらす。クリーミーな舌ざわり。ナッツ風味の後口が微妙に甘い。

Cuvée Jean Pull キュヴェ・ジャン・プール 🍷 $$　黒い果実類の香味が典型的に出ており、底流には石、塩、焙った肉の感じもある。このワインは甘美さと生気の両方をうまく実現している。

DOMAINE TABATAU *(St.-Chinian)*　ドメーヌ・タバトー（サン・シニアン）

Saint-Chinian Lo Tabataire サン・シニアン・ロ・タバテール 🍷 $$$　プラム、ブラックベリー、焦げた肉、いぶした紅茶、月桂樹の葉、黒胡椒が特徴。洗練されたタンニンと印象的な強い後味。

DOMAINE DES TERRES FALMET *(St.-Chinian)*　ドメーヌ・デ・テール・ファルメ（サン・シニアン）

Carignan カリニャン 🍷 $　このワインは開花するのに空気を必要とし、ブラックベリーやブルーベリーの風味と、ナッツ・オイルとアロマに満ちた樹木の素晴らしい芳香を放出する。そして後味には、果汁質が申し分ない持続性をもつ。

Saint-Chinian l'Ivresses des Cimes サン・シニアン・リヴレス・デ・シーム 🍷 $$　カシス、チョコレート、ブラックチェリーの香味がこぼれんばかりで、パン焼き用スパイス風味を伴う。舌ざわりにかすかなざらつきを感じることもあるが、嬉しくなるくらい優雅で、後味の果実味はなんの苦もなく流れ出る。

THUNEVIN-CALVET テュヌヴァン・カルヴェ　（前記のCALVET-THUNEVIN／カルヴェ・テュヌヴァン参照）

FRANCE | LANGUEDOC AND ROUSSILLON

LA TOUR BOISÉE *(Minervois)* ラ・トゥール・ボワゼ（ミネルヴォア）

Minervois ミネルヴォア 🍷 $　グルナッシュ／カリニャン／サンソーで造られたこの立派な醸造所の基本の瓶詰品は、いつも、新鮮な黒い果実の香りと味がするし、時にはバーチビール（樺の皮のエキスを含む清涼飲料）や、焙った肉か炒ったナッツの感じが出る。舌に訴えかける果汁味と、元気の出る塩の感じの後味。

Minervois Blanc ミネルヴォア・ブラン 🍷 $　マルサンヌに少々のマカボー、万能薬ミュスカの一滴を混ぜたブランドは、メロン、セージ、アプリコット、オレンジの花の香りが漂う。そして舌には、ハーブを帯びたメロンの果実味と、蠟のように繊細な滑らかさを感じる。最後はハーブ、柑橘薄皮、一抹の蜂蜜の味わいの後味に。

Minervois Cuvée Marielle et Frédérique ミネルヴォア・キュヴェ・マリエル&フレデリック 🍷 $$　このキュヴェはシラーとムールヴェドルを加えたもの。ハーブやミネラルや動物のニュアンスと一緒に、（樽味なしに）豊満で純粋で甘い黒果実の風味を閉じ込めている。空気中で開花するよう、時間を与えること！

DOMAINE DE LA TOUR PENEDESSES *(Coteaux du Languedoc)* ドメーヌ・デ・ラ・トゥール・ペネデス（コトー・デュ・ラングドック）

Coteaux du Languedoc Cuvée Antique コトー・デュ・ラングドック・キュヴェ・アンティーク 🍷 $$　この立派な醸造所の途方にくれるほど長いワイン・リストの中でも、一貫した最良品のひとつ。褐色スパイス、大豆、ココア粉、樹脂の風味に彩られて、チェリーとブラックベリーのリキュール感がこぼれんばかり。滑らかで甘く、印象的にリッチな後味が、全速力で駆け抜ける。

Coteaux du Languedoc les Volcans コトー・デュ・ラングドック・レ・ヴォルカン 🍷 $$$　2007年までは、やや異なる配合の「モンテ・ヴォルカニーク（火山）」という名で知られたブレンド。このスパイシーな黒果実感をもつキュヴェは、ボリューム感のあるリキュール風で、その名のとおり大爆発しそうな印象。たまに、粗さと熱っぽさが後味に忍び入る。

DOMAINE DE LA TOUR VIEILLE *(Collioure, Banyuls)* ドメーヌ・ド・ラ・トゥール・ヴィエイユ（コリウール、バニュルス）

Collioure La Pinède コリウール・ラ・ピネード 🍷 $$$　この豪華でしかも冴えたグルナッシュとカリニャンのブレンドは、たっぷりの黒フランボワーズと苦甘いチェリーの香りを、ヨード、チェリー核、胡椒、炒ったナッツ、チョコレート、それに塩漬け肉の風味と一緒に、披露してくれる。

Collioure Puig Ambeille コリウール・ピュイグ・アンベイユ 🍷 $$$　この口腔を覆いつくすようなグルナッシュ／カリニャン／ムールヴェドルのブレンドは、おびただしい花々と黒果実のアロマを発する。それは肉厚な強さに支えられ、ハーブ、ヴァニラ、樹脂、そして湿った石の気配ももつ。

Collioure Puig Oriole コリウール・ピュイグ・オリオール 🍷 $$$　深みがあり充実している。熟した黒果実感が詰まっている。オーバー・トーンになっているラヴェンダーと樹脂の香り。この驚くべきバリューワインでは、塩やヨードのようなミネラル味と褐色スパイスがすべて、輝くばかりに優雅で並はずれて長い余韻に、複雑な良さをもたらしている。

LES TRAVERSES DE FONTANES (*Coteaux du Languedoc Pic St.-Loup*) レ・トラヴェルス・ド・フォンタネ（コトー・デュ・ラングドック・ピク・サン・ループ）

Cabernet Sauvignon カベルネ・ソーヴィニヨン 🍷 $$　顕著なプルーンと乾燥チェリーの風味も、このワインの塩性の後味も、特にカベルネ固有のものではない。しかし、同じことは多数の、もっと味が劣り、もっと高価な、温暖地のカベルネ製品についても言える。

JEAN-LOUIS TRIBOULEY (*Côtes du Roussillon-Villages*) ジャン・ルイ・トゥリブレ（コート・デュ・ルーション・ヴィラージュ）

Les Bacs Vieilles Vignes レ・バク・ヴィエイユ・ヴィーニュ 🍷 $$$　疑いなく、世界で最も途方もないバリューワインの部類に入るワイン。このモーリー産のグルナッシュ・カリニャンは、クリーミーで、目立って濃厚で、しかも優雅な黒フランボワーズのジャム、チョコレート、タール、ナッツペースト、褐色スパイス、砕石などの考えられないような豊潤さを出している。

CHÂTEAU DE VALCOMBE (*Costières de Nîmes*) シャトー・ド・ヴ

FRANCE | LANGUEDOC AND ROUSSILLON

ァルコンブ（コスティエール・ド・ニーム）

Costières de Nîmes Syrah-Grenache Tradition コスティエール・ド・ニーム・シラー・グルナッシュ・トラディシオン ♥ $　カシス、ローズマリー、ブラックチョコレート、そして焙った肉の香味は、このアルコール度が高めで煮た果実感をもつ赤の、実に感動的な強さと持続力とを物語る。

VILLA SYMPOSIA *(Coteaux du Languedoc)*　ヴィラ・サンポジア（コトー・デュ・ラングドック）

Coteaux du Languedoc l'Equilibre コトー・デュ・ラングドック・レキリーブル ♥ $$$　その価格で購入できる最も洗練されて複雑なラングドックワインのひとつ。とても甘い果実味と人の心を和ませる豪華さ。これに動物／植物／鉱物の複雑さとニュアンスに富んだおいしい後味が伴う。

CHÂTEAU VIRGILE *(Costières de Nîmes)*　シャトー・ヴィルジル（コスティエール・ド・ニーム）

Costières de Nîmes コスティエール・ド・ニーム ♥ $　たっぷりのブラックチェリーとフランボワーズ、苦甘い甘草と杜松、そしてココア粉の風味が、強いタンニンにもかかわらず、この独創的に円熟した濃厚なワインにみなぎっている。

WALDEN *(Côtes du Roussillon)*　ウォールデン（コート・デュ・ルーション）

Côtes du Roussillon コート・デュ・ルーション ♥ $$　エルヴェ・ビゼルのソローへの尊敬と、アグリ渓谷の古樹への挨拶とでも言うべきワイン。黒っぽい果実類、燻製肉、炒ったナッツ、塩と砕石のミネラル性などを想わせる素敵な風味が出ている。

ロワール河流域のバリューワイン

(担当　デイヴィッド・シルトクネヒト)

掘り出し物の花園

　ロワール河の流域は「フランスの掘り出し物の花園」である。全長が1120kmのこの河の半分以上の流域で、河岸から32km以内の傾斜面にブドウ畑が連なっている。一部の畑はこの地域の固有種を使っているが、大部分の畑ではフランス各地から数世紀をかけて導入された諸品種が育つ。地上の他のどこかに、これほど安くて独自のおいしさをもつワインを造れる場所が仮にあるとしてもその数は少ないし、ここほどスタイルの幅広さで私たちを（魔法にかけるとまでは言わずとも）迷わせる場所もそうはないだろう。

　ロワールの諸ワインは、総じて率直で大らかな性格をもち、食べ物との相性も良い。他方で、歴史的にも地理的にも重層的な起源を反映した深さを秘めていることも多い。この地域のリーダー達が（世界的規模をもつワイン業者を含めて）造る最上級クリュのワインでさえ、きわめて穏当な価格を維持している。また、この美しい地域には、まだ購入することが出来る素晴らしいブドウ栽培地があるから国の内外から、多くの若い才能をもつ人達が引き寄せられている。ただ、広大なロワール地域には、興味深いワインを造ろうという熱意に欠ける産地が多いだけでなく、60以上のアペラシオンのどこにも生彩に欠けるワインがおびただしく存在する。その点で、アメリカの消費者はフランスの消費者より有利である。何十というフランスワイン専門の輸入商が、膨大な範囲のロワールの高品質ワインから代表品を選別してくれるからである。

　多様なのは、ロワールのブドウとスタイルだけではない。そのアペラシオンも多様で、地域指定には重複がある。この概説では、各生産地域について考慮しつつ、関連するブドウの品種を含めれば十分であろう。ある地域またはあるブドウから造られたワインを探すのに便利なように、本章の主要部において推奨されたり簡単に記述されているワインの生産者は、主要なワインタイプごとに、以下に列挙しておく。

地域とブドウ品種

　ナントのロワール河口近くに広がる巨大なブドウ畑は、大部分は**ミュスカデ**の名前を伴う4つのサブ・アペラシオンに分かれていて、極辛口の白

の軽いワインが圧倒的に多い。(ブドウはムロン・ド・ブルゴーニュだが、このブドウ自体は「ミュスカデ」と呼ばれることが多い。)この低価格で、独特のおいしさを持ち、複雑さを潜ませ、食べ物との相性も良いワインのグループは、ほかにはそう見られないだろう。アルコール度数12%以下でありながら、ミュスカデのように快適で熟成もよく、爽やかで食欲を刺激する辛口ワインはあまり例がない。それを「裸のワイン」と考えてみよう。アルコール、残留糖分、オーク、ボディ、または明白な果実のアロマがなくても、衣服や化粧の助けなしに私たちを誘惑するとしたら、それは自然の力でうまく構成されていて欠点もないからなのだろう。

次に挙げる醸造家から目を離さないでもらいたい。必ず報われるはずだ(失敗はあるかもしれないが、大失敗ということはない。)セルジュ・バタール、ドメーヌ・ド・ボールガール、シャトー・ド・ラ・ブルディニエール、クロード・ブランジェル、アンドレ・ミシェル・ブレジョン、シャトー・ド・シャスロワール、シャトー・ド・ラ・シェスネール、エリック・シェヴァリエ(ドメーヌ・ド・ロージャルディエール)、ジルベール・ション、シャトー・デュ・クレライ、ドメーヌ・ド・ラ・ショーヴィニエール、ミシェル・デロモー、ドメーヌ・デ・ドリス、ドメーヌ・ド・レキュ(ギイ・ボサール)、シャトー・ド・ラ・フェッサルディエール、ドメーヌ・ジラルデリー、ドメーヌ・グラ・ムートン、ジャック・ガンドン、ドメーヌ・エルボージュ、ジョゼフ・ランドロン—ドメーヌ・ド・ラ・ルーヴェトリー、ドメーヌ・リュノー・パパン、ドメーヌ・ド・ラ・ペピエール(マルク・オリヴィエ)、ドメーヌ・ド・ラ・キラ、シャトー・ド・ラ・ラゴティエール。

ミュスカデ地区の上流では、アンジェの町からソーミュール近隣まで、河岸に沿う約113kmのブドウ畑が続き(ミュスカデと同じように)、その多くは30km以上南まで広がっている。ここで圧倒的に多い白ブドウは**シュナン・ブラン**で、辛口または貴腐ワインになる。広域名アペラシオンの**アンジュー**と**ソーミュール**を名乗るワインに加えて、この地域ではサブ・アペラシオンの**サヴニエール**の辛口ワインと**コトー・デュ・レイヨン**の貴腐ワインが出される(これらの甘口ワインで本書の設定価格に該当するのはごくわずかなので、そのサブ・アペラシオンはここでは無視する。)これらの地域で栽培されるシュナン・ブランは、世界で最も深みと熟成価値のあるワインになる可能性が高く、どうもこの品種と場所にだけユニークな魔法が働くようだ。生き生きとしてよだれの出そうな酸味をみせる一方で、ボリューム感と濃密さが感じられる。

アンジューとソーミュールでは、白のバリューワイン提供者は、ドメーヌ・デ・ボマール、ドメーヌ・カディ、ドメーヌ・デュ・クローゼル、シ

ャトー・デプレ、ドメーヌ・オー・モワーヌ、ルネ&アグネス・モス、ドメーヌ・リシュー、シャトー・スーシェリ、シャトー・ド・ヴィルヌーヴ等である。

ロワールの中央部——正式にはまとめて**トゥーレーヌ**と呼ばれる——も、シュナン・ブランから生まれる辛口・中辛口から貴腐ワインまで、多くの卓越したワインの故郷である。最も有名なのは**ヴーヴレ**だが、隣の**モンルイ**も優れたワインを誇る。北方の小さな支流沿いの**コトー・デュ・ロワール**（綴りはLoireではなく、eがないLoir）と、その中の独立AC地区である**ジャスニエール**は、かつての名産地で育っていたロワールの古樹が驚くべき復活を遂げたいくつかの場所のひとつである。ヴーヴレとモンルイの最上級ワインは本書の価格枠をぐんと超えるが、それ以外のシュナンを基調とするワインは、驚異のバリューワインの世界に属する。しかし選択眼がきわめて重要になる。なぜなら未熟あるいは過収穫のシュナンはいやな苦みをもつことがあるし、また、今や経済的理由からロワールで主流となっている機械摘みに、このブドウはどうも完全にはなじまないからである。ここのバリューワイン提供者は、ドメーヌ・アリアス、ドメーヌ・デ・ゾービュイジエール、ドメーヌ・ド・ベリヴィエール、ドメーヌ・ブラジリエ、ドメーヌ・ル・ブリソー、ディディエ&カトリーヌ・シャンパロー、ドメーヌ・ド・ラ・シャリエール（ジョエル・ジグ）、ローラン・シャトネ、レジ・クリュシェ、ドメーヌ・ドレタン、ジュリアン・フエ、パスカル・ジャンヴィエール、ドメーヌ・レ・ロジュ・ド・ラ・フォリー、アレクサンドル・モンムソー、ヴァンサン・ランボー、ベネディクト・ド・リック、ロッシュ・デ・ヴィオレット、ドメーヌ・ド・ラ・タイユ・オー・ルー（ジャッキー・ブロ）等である。

シュナン・ブランの赤のいとこである**ピノー・ドーニス**は、最近、2、3の選ばれた造り手（特にコトー・デュ・ロワール）を得て、本格的でとても個性のある赤ワインを造れることを証明してきた。しかしアンジェとソーミュールの主たる赤ワイン用ブドウは**カベルネ・フラン**である。ロワールの赤ワインの3大アペラシオンは、**ソーミュール・シャンピニー、ブルグイユ**、そして**シノン**。土壌、場所、意図するスタイルなどにより、これらのワインは爽やかでシンプルで冷やして飲むのが理想的なものから、リッチで複雑で深いものまでさまざまである。全体としてこれらの評判も一律ではない。なぜなら（よくあるように）未熟果であれば、痩せた植物性を呈することがあるからだ。だが、最上であれば、ロワールのカベルネ・フランは、甘く軽やかな花の芳香、絹の口当たり、ナッツやスパイスの刺激、それに黒い果実の豊潤さと新鮮さとの無類のコンビネーションをもたらしてくれる。

FRANCE | LOIRE VALLEY

真の買い得品を入手するには、次の造り手をお試しいただきたい。イャニック・アミロー、ベルナール・ボードリー、シャトー・ド・ラ・ボヌリエール、カトリーヌ＆ピエール・ブルトン、ドメーヌ・ド・ラ・ビュット（ジャッキー・ブロ）、ドメーヌ・ド・ラ・シャンテリュースリー、シャトー・デュクーレーヌ、シャトー・ガイヤール、シャルル・ジョゲ、フレデリック・マビロー、マノワール・ド・ラ・テト・ルージュ、ドメーヌ・ド・ノワール、ドメーヌ・ド・パリュス、ドメーヌ・ド・ラ・ペリエール、フィリップ・ピシャール（ドメーヌ・ド・ラ・シャペル）、ジャン・マリー・ラフォール、ラ・スゥルス・デュ・リュオー、シャトー・ド・ヴォゴドリー、そしてシャトー・ド・ヴィルヌーヴ。

広大なロワール中流部は、シュナン・ブランや純粋なカベルネ・フランから造られたものではないが、買い得品の一連隊を抱えている。トゥール市の東では、大部分のワインが単に「トゥーレーヌ」と表記され、白用のブドウは通常**ソーヴィニヨン・ブラン**である。赤用は通常カベルネ・フランとピノ・ドーニスに加えて、**ガメとマルベック**（地元ではコットと呼ばれる）と**ピノ・ノワール**で特徴をつけたブレンドである。2、3の個々のアペラシオンもそのワインにふさわしい評価を得つつあるが、最も注目すべきは**シュヴェルニー**である（不思議なことに、ここの白は主力のソーヴィニヨン・ブランにシャルドネをブレンドしなければならない。）いくつかの真に成功しているトゥーレーヌ・ソーヴィニヨン・ワインは、近くの名高いサンセールやプイイ・フュメで造られるものの75％よりもずっと美味で興味深いが、価格は半分である。そして国際舞台でも楽に競争できる。

トゥーレーヌの赤ブレンドは知名度こそ低いが、その多くは魅惑的である。トゥーレーヌの白または赤の超バリューワインは、次の造り手をお試しいただきたい：パスカル・ベリエ、ミカエル・ブージュ、フランソワ・カザン（ル・プティ・シャンボール）、クロ・ロッシュ・ブランシュ、クロ・デュ・テュ・ブッフ、ドメーヌ・デ・コルビリエール、ドメーヌ・ド・ラ・ギャルリエール、ドメーヌ・デ・ユアール、アンリ・マリオネ（ドメーヌ・ド・ラ・シャルモワーズ）、ジャン・フランソワ・メリオー、ジャッキー・プレイ、ティエリー・ピュズラ、シャトー・ド・ラ・プレル、ヴァンサン・リシャール、ドメーヌ・デュ・サルヴァール。

ロワール河がオルレアンから東に弧を描く一帯は、ソーヴィニヨン・ブランの牙城であり、隣り合う有名アペラシオンの**サンセール**や**プイイ・フュメ**を含んでいる。このふたつは有名であるとともに、その多くは抜群のバリューワイン。河から少し内陸に入りサンセールに接して**ムヌトー・サロン**のアペラシオンがある。さらに西の少し外れにある**リュイイ**と**カンシー**は廉価ながら時に素晴らしいワインを生産する。ロワールのこの一帯で

は少数派のピノ・ノワールが、しばしば愉快なロゼに、ときどき軽やかな赤に、たまに本格的と自負しうる赤に仕立てられる。高い収穫量と一般化した機械による摘果の裏で、東ロワールのソーヴィニヨンの多くの品質が落ちている。なぜならソーヴィニヨン・ブランは、シュナン・ブラン以上に、過剰収穫や未熟の悪影響を受けやすく、硬いかどや、グリーンペーパー、アスパラガス、刈り草、ツゲ、あるいは猫の尿などの攻撃的な臭いを帯びてしまうからだ。同じ地域で同じブドウから生まれた最良のワインと比べると、その違いはとても大きい！

手はじめに次に挙げる生産者のソーヴィニヨンから探してみよう：ミシェル・バイィ、フランシス・ブランシェ、ジェラール・ブーレイ、ミシェル・ブロック、アラン・カイユブルダン、ジャック・カロワ、セレスタン・ブロンドー、ダニエル・ショタール、セルジュ・ダグノー、ドメーヌ・フアシエール、フルニエ・ペール＆フィス、フィリップ・ジルベール、ベルトラン・グライヨ、ドメーヌ・ジャマン、クロード・ラフォン、バロン・ド・ラドゥセット、ドメーヌ・マルドン、ティエリー・メルラン・シュリエ、レジ・ミネ、ジェラール＆ピエール・モラン、アンリ・ナテー、アンドレ・ヌヴー、アンリ・ペレ、フィリップ・ポルティエ、イポリット・ルヴェルディ、ジャン・ルヴェルディ、パスカル＆ニコラ・ルヴェルディ、マティアス・ロブラン、ジャン・マックス・ロジェ、ジャン・クロード・ルー、エルヴェ・セガン、F・ティネル・ブロンドレ、ラ・トゥール・サン・マルタン、そしてドメーヌ・デ・ヴュー・プリュニエ。

ヴィンテージを知る

霜やその他の要素が重なって、2007年と2008年のミュスカデの収穫はひどく少なかったが、品質はまずまずだった。ソーヴィニヨン・ブランは、例年になくソフトだった2005年、あるいは疑いなくバラツキがあった2006年（エキゾチックに完熟したものもある）と対照的に、2007年と2008年は酸度が比較的高く、完熟させるのに努力を要した。シュナン・ブランは2005年は大成功だったが、2004年と2006年は雨に泣かされたヴーヴレとモンルイから、上出来の場所（すぐ近くのサブリージョンのコトー・デュ・ロワールでも）までバラツキがあった。2007年と2008年のヴィンテージもかなりの難題をもたらしたが、成功例も多い。（貴腐ワイン造りの特別な難題は、ここで私たちが心配する必要はない。そうしたワインのほぼ全ては、本書の価格上限をはるかに超えている。）2005年はロワールのカベルネ・フランと赤一般にとって最高の作柄であった。その後の２年間はこれに遠く及ばないので、両年にできたワインは注意深く選ばなければならな

飲み頃

 広く流布する「常識」に反して、造りの良いミュスカデ・ワインは、通常3年までは賞味に値する。少しの例外（その大部分はもっと高価）はさておき、ロワール・ソーヴィニヨンもまた、その収穫年から3年以内に賞味するのがベスト。これに対して、シュナン・ブランの白は、はるかに長い期間にわたりみごとな熟成を遂げることがしばしばで、実際、最上のロワール・シュナンは世界で最も長命なワインの部類に入っている。お値打ち部門での無難なルールを言えば、シュナンは（辛口であれ中辛口であれ）5年以内に飲むのが良い。ただし、残糖のあるものは、一般により長い時間をかけてより優雅に熟成する。ロゼおよびフルーティなスタイルの赤は2年以内に賞味すべきだが、もっと本格的なブルグイユ、シノン、ソーミュール・シャンピニー（これにはお値打ち価格のものも若干含まれる）は、少なくとも4～6年間寝かせる価値がある。だが事実上どんな場合でも、若いロワールワインには生き生きした果実味あるいは（特にミュスカデの場合）微発泡性をもった快活な直截さがあり、それらは新しいときに最も強い。というわけで、多くの人がこれらのワインをできるだけ若いうちに飲むことになる、その美点を存分に楽しむために。

■ロワールの優良バリューワイン（ワイナリー別）

DOMAINE ALLIAS *(Vouvray)* ドメーヌ・アリアス（ヴーヴレ）

Vouvray Demi Sec ヴーヴレ・ドミ・セック SD ♀ $$ マルメロ、柑橘、緑茶、花、それにさまざまなミネラルを想わせる香りを醸し出す。奥ゆかしい甘さ、絹の口当たり、豊潤なコクと冴えた柑橘感の共存、そして忘れがたい固執感がある。

YANNICK AMIRAULT *(Bourgueil)* イャニック・アミロー（ブルグイユ）

Bourgueil La Coudraye ブルグイユ・ラ・クードライエ ♀ $$$ アミローの数々の異なる商品のうち、これは新鮮なブラックベリー、ブルーベリー、それに機械油の匂いがする。舌にはリッチな果実味とわくわくする

果汁質。素敵な花の香りと、塩とセージの気配とが口の奥でひとつになる。きりっとした純粋な果実性の後味には、浮ついた甘さは少しもない。

DOMAINE DES AUBUISIÈRES *(Vouvray)* ドメーヌ・デ・ゾービュイジエール（ヴーヴレ）

Vouvray Brut Méthode Tradionelle ヴーヴレ・ブリュット・メトード・トラディショネル ♇ $$　この食事に向く発泡性ワインは、レモンオイル、ひと振りの塩、刺激性の花などの香りで鼻をくすぐる。舌には、白亜、塩、アルカリ。適度に細かな泡の触感があり、蜂蜜と苦甘い柑橘オイルの感じが印象的にまとわりつく。

Vouvray Cuvée Silex ヴーヴレ・キュヴェ・シレックス ♇ $$　この地球上で最も偉大なバリューワインの候補者から、花と甘いハーブ、ふんだんな柑橘と果樹園果実の匂いがぱっと放たれる。大波が押し寄せるように花の芳香および塩と石のミネラル感がはっきりと舌に届く。究極の精妙さと雄弁な複雑さで、心も舌も生き返るようだ。

Vouvray Demi-Sec Cuvée Les Girardières ヴーヴレ・ドミ・セック・キュヴェ・レ・ジラルディエール SD ♇ $$　この中辛口のキュヴェは、果樹園果実とハーブ系の花の蒸留酒を想わせ、マルメロ砂糖漬けやアーモンド・ペーストの香りはフレンチ・ペーストリーを連想させる。甘美にフルーティで、ほの甘く、蜂蜜漬けのようで、クリーミー。心和むリッチさと軽快さをもつ後味。

MICHEL BAILLY *(Pouilly-Fumé)* ミシェル・バイイ（プイイ・フュメ）

Pouilly-Fumé Les Loges　プイイ・フュメ・レ・ロジェ ♇ $$　とりわけ純粋で控えめなこのプイイ・フュメは、まったく苦みがなく、あくまで爽やか。数多のハーブ、花、ミネラルのニュアンスが特徴。

SERGE BATARD *(Muscadet)* セルジュ・バタール（ミュスカデ）

Muscadet Côtes de Grandlieu Les Hautes Noëlles ミュスカデ・コート・ド・グランリュー・レ・オート・ノエル ♇ $　新鮮なライム、海の飛沫、白亜粉末と挽いた小麦の匂い。このサテンの舌ざわりのミュスカデには、甘美でシュナン・ブドウに似たようなマルメロの実や、花々の香りが詰まり、同時にいろいろなミネラル質の感じが出ている。

FRANCE | LOIRE VALLEY

BERNARD BAUDRY *(Chinon)* ベルナール・ボードリー （シノン）

Chinon Les Granges シノン・レ・グランジュ 🍷 $$$　たっぷりとした黒い果実香、塩味、微妙な肉味、快いナッツの刺激、磨きあげられたタンニンの美味。これはベテラン醸造家の手になるシノンへの優れた入門ワイン。

DOMAINE DES BAUMARD *(Savennières)* ドメーヌ・デ・ボマール (サヴニエール)

Savennières サヴニエール 🍷 $$$　火を吹き消したキャンドル芯、マルメロ、花、麝香、海の飛沫などのアロマが、濃密でリッチな舌ざわりなのに明るく爽やかなこのワインの、魅惑的なうっとりする要素。サヴニエールへの入門。

DOMAINE DE BEAUREGARD *(Muscadet)* ドメーヌ・ド・ボールガール （ミュスカデ）

Muscadet de Sèvre et Maine sur Lie ミュスカデ・ド・セーヴル＆メーヌ・シュール・リー 🍷 $　ほのかなメロン、桃、白亜粉末のアロマを備え、このワインはミュスカデにしては驚くほど豪勢である。だが、切れの良さや爽快さに欠けることはない。

PASCAL BELLIER *(Cheverney)* パスカル・ベリエ （シュヴェルニー）

Cheverney シュヴェルニー 🍷 $　梨、ナッツ・オイル、キャラウェイ（ヒメ茴香）、ハッカ、白胡椒、麝香のような花の香り、ミネラル性の塩などの香味が、この快い爽やかさと生気を帯びた、印象的なまでに固執感のあるソーヴィニヨンの特徴。

DOMAINE DE BELLIVIÈRE *(Coteaux du Loir)* ドメーヌ・ド・ベリヴィエール （コトー・デュ・ロワール）

Coteaux du Loir l'Effraie コトー・デュ・ロワール・レフレ 🍷 $$$　花、マルメロ、桃、ナッツ・オイル、スパイス、そして数多のミネラル質の香り。ロワールの優れたパイオニア達が手がけた、この抜群に艶やかな

口当たりで、豊満だが躍動的なシュナンに、注目を集めている。

Coteaux du Loir Le Rouge Gorge コトー・デュ・ロワール・ル・ルージュ・ゴルジュ ♎ $$$　ピノー・ドーニスから生まれたこのワインは、酸味のあるチェリー、バラ、アーモンド、精妙なハーブ、鋭い胡椒とスパイスが特徴。輝かしく爽快で、しかもかすかにクリーミーなこのワインは、秘めたる爆発的な後味を誇る。

FRANCIS BLANCHET *(Pouilly-Fumé)* フランシス・ブランシェ（プイイ・フュメ）

Pouilly-Fumé Calcite プイイ・フュメ・カルシット ♎ $$　身を引き締め、元気づける、ほとんど舌を刺すように刺激性の強いワイン。柑橘、ハーブ、パッションフルーツ、グーズベリーなどの香味を特徴とするこのアペラシオンへの、申し分のない入門ワイン。

Pouilly-Fumé Vieilles Vignes プイイ・フュメ・ヴィエイユ・ヴィーニュ ♎ $$$　小石の多い白亜質の土地の古樹から生まれた、この鮮やかで腰の強いキュヴェは、柑橘類の強い風味、ハーブの刺激を見せる。後味には塩、砕石の感じが出る。

Pouilly-Fumé Silice プイイ・フュメ・シリス ♎ $$$　フリント質に富む土壌で生まれた、飲みだすと癖になりそうな果汁質と、かすかな燻煙と、舌を誘惑するソーヴィニヨン。これは通常、スグリ、グーズベリー、ハイトーンなハーブ類、花々（スイカズラ、百合、アイリス）の香りが特徴。

CHÂTEAU DE LA BONNELIÈRE *(Chinon, Touraine)* シャトー・ド・ラ・ボンヌリエール （シノン、トゥーレーヌ）

Chinon シノン ♎ $$　このシャトーの主要ボトル。濃密さが印象的で、ブラックベリー、桑の実、炒ったクルミ、そしてハッカのアロマを帯びる。洗練されたタンニン味が舌をまんべんなく覆い、生姜や胡椒の小気味よい辛みもまとわりつく。

Chinon Rive Gauche シノン・リヴ・ゴーシュ ♎ $　酸っぱいが熟したチェリーとブラックベリーの香味がこぼれんばかりで、パン焼き用スパイス類や炒ったナッツの気配を感じる。興味深く活気のある味わい。冴えた黒果実感に、スパイスと胡椒の刺激のある後味。

MIKÄEL BOUGES *(Touraine)* ミカエル・ブージュ （トゥーレーヌ）

FRANCE | LOIRE VALLEY

Touraine Côt [Malbec] Les Côtes Hauts トゥーレーヌ・コット（マルベック）・レ・コート・オー 🍷 $ 驚くほど濃い紫色のこのワインは、グラスから黒フランボワーズの鮮やかな果実感が飛び出す。それから、一見タンニンを含まないような様子だが、白ワインの爽快感と、生き生きした塩の風味が飲み手を驚かす。

Touraine Sauvignon La Pente de Chavigny トゥーレーヌ・ソーヴィニョン・ラ・パント・シャヴィニー 🍷 $ 樹脂性のハーブ、茴香、柑橘の芳香をもち、おいしいハニーデューメロン、酸味のあるグーズベリーの風味が溢れる。そして元気づける塩の香味の後味。

GÉRARD BOULAY *(Sancerre)* ジェラール・ブーレイ（サンセール）

Sancerre サンセール 🍷 $$$ ハーブや花や柑橘や、果樹園・黒・南国の果実類の香味を発散する。このブーレイの果汁質で、口いっぱいに溢れるような快活なサンセールは、口当たりに真に微妙なニュアンスを見せる点が典型的。

CHÂTEAU DE LA BOURDINIÈRE *(Muscadet)* シャトー・ド・ラ・ブルディニエール（ミュスカデ）

Muscadet de Sèvre et Maine sur Lie ミュスカデ・ド・セーヴル＆メーヌ・シュール・リー 🍷 $ 柑橘、果樹園の果実類が、この果汁質で、爽快で、率直なワインに支配的。このジャンルのものとしては廉価品の代表例。

CLAUDE BRANGER *(Muscadet)* クロード・ブランジェル（ミュスカデ）

Muscadet de Sèvre et Maine sur Lie Les Gras Moutons ミュスカデ・ド・セーヴル＆メーヌ・シュール・リー・レ・グラ・ムートン 🍷 $$ その価格にしては驚くほどの複雑さを持つワイン。繊細で果汁質だが同時にゆったりして口いっぱいに満ちる。それは柑橘、ヨード、ブロスのようなハーブ、シャブリのような肉煮出し汁の味わいを残す。

DOMAINE BRAZILIER *(Coteaux du Vendômois)* ドメーヌ・ブラジリエ（コトー・デュ・ヴァンドモワ）

Coteaux du Vendômois Tradition コトー・デュ・ヴァンドモワ・トラディシオン 🍷 $$ このカベルネ・フラン／ピノー・ドーニス／ピノ・ノワールの興味深く爽やかなブレンドは、トゥーレーヌのあまり知られていないアペラシオンのもの（コトー・デュ・ヴァンドモワは支流のロワールの最南端地区。）炒ったペカン、新鮮なブラックベリー、生の牛肉、熟れたトマト、それにチェリーの核の苦みが持ち味。

ANDRÉ-MICHEL BRÉGEON *(Muscadet)* アンドレ・ミシェル・ブレジョン（ミュスカデ）

Muscadet de Sèvre et Maine sur Lie ミュスカデ・ド・セーヴル＆メーヌ・シュール・リー 🍷 $ 生アーモンド、柑橘、花、核果などが微妙に相互作用した香り。クールで冴えた、爽やかな果実味が身上。塩とカキ殻のミネラル性がみなぎり、洗練されたニュアンスを持つワインに仕上がっている。

CATHÉRINE & PIERRE BRETON *(Bourgueil)* カトリーヌ＆ピエール・ブルトン（ブルグイユ）

Bourgueil Galichets ブルグイユ・ガリシュ 🍷 $$$ かすかに苦くて新鮮な赤と黒の果実香味が、たいてい微妙な褐色スパイスと混じり合っている。腰はしっかりしているが、果汁質の舌への印象の奥には、白亜または湿った石の気配。

Bourgueil Trinch! ブルグイユ・トリンチ！ 🍷 $$$ その名が示すように（グラスを触れ合わせて「乾杯！」の意味）、これはみんなを若々しくする。カシスとブラックベリーの果実香味、ちょっぴりブラックチョコレートの味、元気を呼ぶ塩気と酸味。

DOMAINE LE BRISEAU *(Coteaux du Loir)* ドメーヌ・ル・ブリゾー（コトー・デュ・ロワール）

La Pangée ラ・パンジー 🍷 $ ピノー・ドーニスとガメの芳しい赤果実感がみなぎるブレンド。癖になる、ほとんど生のブドウに近い果汁質。

MICHEL BROCK *(Sancerre)* ミシェル・ブロック（サンセール）

FRANCE | LOIRE VALLEY

Sancerre Le Coteau サンセール・ル・コトー ♀ $$$　たっぷりの柑橘、果樹園の果実、そしてハーブ類が、申し分なく潑剌たる強さと弾むような新鮮さをもたらす。

DOMAINE DE LA BUTTE *(Bourgueil)* ドメーヌ・ド・ラ・ビュット（ブルグイユ）

Bourgueil Le Pied de la Butte ブルグイユ・ル・ピエ・ド・ラ・ビュット ♀ $$$　このジャッキー・ブロの最もシンプルなキュヴェは、新鮮なブラックベリー、桑の実、かすかな猟鳥獣肉の匂いがする。透明さと輝きとともに滑らかさも見せる。（後出のDomaine de la Taille Aux Loups参照）

DOMAINE CADY *(Coteaux du Layon)* ドメーヌ・カディ（コトー・デュ・レイヨン）

Coteaux du Layon コトー・デュ・レイヨン Ⓢ ♀ $$$　この発酵タンクで育てたレイヨンは、シュナンで造った貴腐ワインへの入門ワイン。スパイス入り果樹園果実の砂糖漬けと蜂蜜風味の中に、快さと繊細さの組み合わせを醸し出す。最後は、バランスのとれた甘さとミネラルの風味の後味。

ALAIN CAILBOURDIN *(Pouilly-Fumé)* アラン・カイユブルダン（プイイ・フュメ）

Pouilly-Fumé Cuvée de Boisfleury プイイ・フュメ・キュヴェ・ド・ボワフルーリー ♀ $$$　スグリ、ミント、キャットニップ（イヌハッカ）と花の芳香が特徴。柑橘、ハーブ、塩や砕石のミネラル性などを想わせる後味が長い。

JACQUES CARROY *(Pouilly-Fumé)* ジャック・カロワ（プイイ・フュメ）

Pouilly-Fumé プイイ・フュメ ♀ $$$　強い柑橘とハーブ感が、燃えるように鮮やかで、新鮮で、刺激的。このワインは、魅力的な塩や石のニュアンスを含む本物の凝縮力をもち、心から「ほほう！」と感嘆するプイイ・フュメ。

FRANÇOIS CAZIN（LE PETIT CHAMBORD）*(Cheverney)* フランソワ・カザン（ル・プティ・シャンボール）（シュヴェルニー）

Cheverney シュヴェルニー ♀ $$　このワインはほぼ確実に世界で最良のソーヴィニヨンのバリューワイン。通常はレモン、タラゴン、白桃、ナッツ・オイルの香りを、そして時にはグーズベリーまたは赤果実の感じも発散。甘美な熟成感と爽やかな輝きとが組み合わされており、想像をかきたてるミネラルの要素も持つ。

CÉLESTIN-BLONDEAU *(Sancerre)* セレスタン・ブロンドー　（サンセール）

Sancerre Cuvée des Moulins Bales サンセール・キュヴェ・デ・ムーラン・バル ♀ $$$　ペパーミント、花々、梨、マルメロ、ライム薄皮、クレソンの混じった味わいの中に、甘い生き生きしたものが香る。この明るく優雅なサンセールは、白亜質の石の微粉でいっぱいのように思われる。

DIDIER & CATHERINE CHAMPALOU *(Vouvray)* ディディエ & カトリーヌ・シャンパロー（ヴーヴレ）

Vouvray ヴーヴレ ♀ $$　熟した果樹園果実、柑橘、ハーブ・エッセンス、褐色スパイスの香味を、かろうじて気づく程度の甘さが支えている。いつも洗練されて滑らかで、しかもエーテルのように繊細でミネラル感のあるこのシュナンは、ヴーヴレへの完璧な入門ワイン。

Vouvray Cuvée des Fondraux ヴーヴレ・キュヴェ・デ・フォンドロ SD ♀ $$　やや甘い、樽熟成のこのヴーヴレは、通常、タルカムパウダー、マルメロ、蜂蜜、ハイトーンなハーブ、蜜蝋、そしてアカシアのうっとりする混合物。クリーミーで、サテンのような触感。ものすごく高揚する後味。

DOMAINE DE LA CHANTELEUSERIE *(Bourgueil)* ドメーヌ・ド・ラ・シャンテリュースリー　（ブルグイユ）

Bourgueil Cuvée Alouettes ブルグイユ・キュヴェ・アルエット ♀ $$　トーストしたプラリネとブラックベリーの匂いが、磨き抜かれたタンニン

FRANCE | LOIRE VALLEY

と果実香味の尽きない流れを伴う。苦いハーブ、ブラックチョコレート、大豆、ヨードの風味が口いっぱいに広がる後味。

Bourgueil Cuvée Vieilles Vignes ブルグイユ・キュヴェ・ヴィエイユ・ヴィーニュ ▽ $$ 腰はしっかりしているが果汁質の冴えた味わいで、磨きぬかれたタンニン性を帯びる。口いっぱいに満ちるブラックベリー、プラム、炒ったナッツの風味は、生気、エネルギー、粘性をもつ後味。

DOMAINE DE LA CHARRIÈRE *(Coteaux du Loir)* ドメーヌ・ド・ラ・シャリエール （コトー・デュ・ロワール）

Jasnières Clos du Paradis ジャニエール・クロ・デュ・パラディ ▽ $$$
リンゴ、マルメロ、レモン、そして桃が、塩を示唆する海の微風と素敵に相互作用して、このシュナンのワインにかすかにオイリーな舌ざわりとしなやかに沁みわたる後味を持たせている。

Jasnières Clos St.-Jacques ジャニエール・クロ・サン・ジャック ▽ $$$
古樹から生まれたこの味覚を覆うシュナンには、アルカリ性の、海のような神秘的深さをもつアロマと風味、ハイトーンなナッツの刺激、それによだれの出そうな熟したマルメロの印象。

CHÂTEAU DE CHASSELOIR COMTE LELOUP DE CHASSELOIR *(Muscadet)* シャトー・ド・シャスロワール・コント・ルルー・ド・シャスロワ （ミュスカデ）

Château de Chasseloir Comte Leloup de Chasseloir Muscadet de Sèvre et Maine sur Lie Cuvée des Ceps Centenaires シャトー・ド・シャスロワ・コント・ルルー・ド・シャスロワ・ミュスカデ・ド・セーヴル＆メーヌ・シュール・リー・キュヴェ・デ・セップ・サントネール ▽ $$
大昔の老樹から造られた、とんでもなく長い名前を持つこのミュスカデは、地球上で最も目を見張らされるバリューワインのひとつ。白亜粉末、白いトリュフ、ハーブ、そしてシャブリのようなチキン煮出し汁の風味がある。それはこのワイン特有のスリムだが鮮やかで、焦点があ合った、微妙に苦い、断固たるミネラルの個性を示すもの。

LAURENT CHATENAY *(Montlouis)* ローラン・シャトネ（モンルイ）

Montlouis Sec Les Maisonettes モンルイ・セック・レ・メゾネット ▽ $$$ 盛り沢山の花々と果樹園果実（ボタンや桃）の香味が、独特の塩

の要素と連動している。それが、エキスそのものから生まれたかのようなかすかな苦さを中和するのに役立っている。

DOMAINE DE LA CHAUVINIÈRE *(Muscadet)* ドメーヌ・ド・ラ・ショーヴィニエール（ミュスカデ）

Muscadet de Sèvre et Maine sur Lie ミュスカデ・ド・セーヴル&メーヌ・シュール・リー ♀ $ リッチで、むしろシュナン的なこのミュスカデは、柑橘、花、ハーブの香りをふんだんに放ち、また熟した果実味が滴るような快く長い後味をもつ。

DOMAINE DES CHESNAIES *(Bourgueil)* ドメーヌ・デ・シェネイ（ブルグイユ）

Bourgueil Rosé ブルグイユ・ロゼ ♀ $$ 桑の実、ブラック・カラント、新鮮なホウレンソウ、ナッツ・オイルを想わせる、この果汁質で繊細かつ爽やかなロゼは、果皮の刺激的なトーンや焙ったナッツの苦みを伴った後味が残る。

Bourgueil Vieilles Vignes ブルグイユ・ヴィエイユ・ヴィーニュ ♀ $$ 古樹がもたらす真の深みに加えて、印象的な真の余韻がある。ふんだんなブラックベリーの果実味は、ナツメグ、緑茶、ヨード、新鮮なホウレンソウの風味。

CHÂTEAU DE LA CHESNAIRE *(Muscadet)* シャトー・ド・ラ・シェスネール（ミュスカデ）

Château de la Chesnaire Muscadet de Sèvre et Maine sur Lie シャトー・ド・ラ・シェスネール・ミュスカデ・ド・セーヴル&メーヌ・シュール・リー ♀ $ ミュスカデにおける巨大なシェロー・カレ社の製品の中での低価格品。飲みだすと癖になりそうな果汁質をもち、花やハーブと混じった甘美な果核および柑橘類に海の微風がアクセントになっている。

ERIC CHEVALIER（DOMAINE DE L'AUJARDIÈRE）*(Muscadet)* エリク・シュヴァリエ（ドメーヌ・ド・ロージャルディエール）（ミュスカデ）

Fié Gris フィエ・グリ ♀ $$$ ソーヴィニヨンの特殊な変種のフィエ・グ

リ（ミュスカデの中で育っているが）の昔からの古樹で造られた。ワインは、白亜を帯び、パイナップル、ハッカ、グレープフルーツ、グーズベリー、それに白桃の甘美で爽快な香味。

GILBERT CHON *(Muscadet)* ジルベール・ション（ミュスカデ）

Château de la Salominière Muscadet de Sèvre et Maine sur Lie シャトー・ド・ラ・サロミニエール・ミュスカデ・ド・セーヴル＆メーヌ・シュール・リー ♀ $ アプリコットの花、グレープフルーツ、マルメロなどの魅惑的な要素と、時には苦い黒果実の香味とで、飲み手の興味を引く。生き生きした果汁質で、酸味のある果実皮や白亜のピリッとした味わいが口をいっぱいにする。

Clos de la Chapelle Muscadet de Sèvre et Maine sur Lie クロ・ド・ラ・シャペル・ミュスカデ・ド・セーヴル＆メーヌ・シュール・リー ♀ $ 花と新鮮なライムが、素敵な精度、切れの良さ、透明感で、舌に滑りこみ、ライムと桃の母体に、活気あるミネラルの決め手となっている。

DANIEL CHOTARD *(Sancerre)* ダニエル・ショタール（サンセール）

Sancerre サンセール ♀ $$$ レモン、潮風、ほのかなハーブと花の匂い。このワインは、柑橘類や、混じり気のない微妙な塩や白亜やピートなどの存在感ある味わいの上に、その興味深い花の芳しさを漂わせ、それが飲み手を生き返らせる。

CHÂTEAU DU CLERAY (SAUVION) *(Muscadet)* シャトー・デュ・クレライ（ソーヴィオン）（ミュスカデ）

Muscadet de Sèvre et Maine sur Lie Cardinal Richard ミュスカデ・ド・セーヴル＆メーヌ・シュール・リー・カルディナル・リシャール ♀ $$ ソーヴィオン社の多数の商品のうちでも特別な選良品。この驚くほど濃厚でスケールの大きいミュスカデは、新鮮な柑橘と核果、ほのかな蜂蜜、白亜とヨードの感じが特徴。

Muscadet de Sèvre et Maine sur Lie Réserve Haute Culture ミュスカデ・ド・セーヴル＆メーヌ・シュール・リー・レゼルヴ・オート・キュルテュール ♀ $$ 比較的フルボディで豊潤なもうひとつのミュスカデは、桃の果実味が詰まっている。それに塩とたくさんの花や葉の香りが加わり、温室の中を歩く気分。

CLOS ROCHE BLANCHE *(Touraine)* クロ・ロッシュ・ブランシュ（トゥーレーヌ）

Touraine Cabernet トゥーレーヌ・カベルネ 🍷 $$　新鮮な桑の実とブラックベリー、皮革とタバコの香味が特徴で、ヨード分に富むロブスターの殻のミネラル質でいっぱい。この素敵な有機栽培のワインは、渇きを癒やすという務めを決して忘れない。

Touraine Gamay トゥーレーヌ・ガメ 🍷 $$　ふんだんな新鮮なイチゴとチェリーの香味は、まるで紅茶とチェリー核の上で浸漬されたような感じ。このワインのかすかな苦みは、たっぷりとした果実味を申し分なく引き立てる。その絹の口当たりと、果汁質でほのかにナッツめく後味は、次のひと啜りを促さずにはおかない。

CLOS DU TUE-BOEUF *(Touraine, Cheverny)* クロ・デュ・テュ・ブッフ（トゥーレーヌ、シュヴェルニー）

Cheverny Frileuse シュヴェルニー・フリリューズ 🍷 $$　このワインには柑橘、メロン、トーストしたキャラウェイ、ローストしたピーナッツの風味。おいしくて元気のでる柑橘感と塩気は、クリーミーな舌ざわりと相まって、魅惑的な緊張を生み出す。

Cheverny Rouillon シュヴェルニー・ルイヨン 🍷 $$　腰はしっかりしているが果汁質のこのピノ・ノワールとガメのブレンドは、木の燻香、ピート、シナモンのスパイス、湿った石などの香味に、チェリーとプラムの酸味がハイライトになっている。

Touraine Sauvignon トゥーレーヌ・ソーヴィニヨン 🍷 $$　この硫黄の使用を控えたワインは、ライム、キャラウェイ、パースニップ（オランダボウフウ）、ほのかな蜂蜜の匂い。このアペラシオンにしては甘美で濃密。舌にはナッツ、キャラウェイ、キャラメル・シロップを薄くからめたオランダボウフウかセロリ、それに柑橘薄皮のような味わいが満ちる。

DOMAINE DU CLOSEL *(Savennières)* ドメーヌ・デュ・クローゼル（サヴニエール）

Savennières La Jalousie サヴニエール・ラ・ジャルジ 🍷 $$$　このアペラシオンとしては破格の濃密さをもつ。果汁質の柑橘類と果樹園果実の香味を、口当たりのリッチさや、数多くのハーブとミネラル（塩、白亜、

FRANCE | LOIRE VALLEY

牡蠣殻)の複雑さに結びつけたワインになっている。

DOMAINE DES CORBILLIÈRES *(Touraine)* ドメーヌ・デ・コルビリエール(トゥーレーヌ)

Touraine Cabernet トゥーレーヌ・カベルネ 🍷 $ バルブー家の驚くほどクリーミーだが元気づけてくれる果汁質のカベルネは(彼らの非凡なソーヴィニヨンには少し負けるが)、トーストしたプラリネ、軽く煮たブラックベリー、チェリーの核、機械油、そして甘草の風味が特徴。

Touraine Sauvignon トゥーレーヌ・ソーヴィニヨン 🍷 $ このジャンルのパイオニアが造った、豊潤にして爽快なソーヴィニヨンは、驚くほど一貫したバリューワインの典型。飲む気を強くそそり、ハニーデューメロンか白桃の純粋かつ熟した香味がいつも爆発する。新鮮なライムとオレンジ、クレソン、パッションフルーツ、メグサハッカ、そして焙ったキャラウェイとナッツの風味がアクセント。

CHÂTEAU DU COULAINE *(Chinon)* シャトー・デュ・クーレーヌ(シノン)

Chinon シノン 🍷 $$ 酸味のあるブラックベリー、焙ったナッツ、褐色スパイス、ビートの根の風味に、ほのかな花香とコーヒーの苦みのアクセントが加わる。塩気がその爽やかな後味をいっそう強くする。

RÉGIS CRUCHET *(Vouvray)* レジ・クリュシェ (ヴーヴレ)

Vouvray Demi-Sec ヴーヴレ・ドミ・セック SD 🍷 $$$ ふんだんな花香、スパイスの利いた果樹園果実、ラノリン、苦甘い柑橘類オイルの個性などが、かなり高い残糖とうまく一体化し、洗練された味わいに結びつく。

SERGE DAGUENEAU *(Pouilly-Fumé)* セルジュ・ダグノー(プイイ・フュメ)

Pouilly-Fumé Les Pentes プイイ・フュメ・レ・パント 🍷$$$ リッチで背筋をぞくっとさせるこのキュヴェワインは、熟したハニーデューメロン、梨、ライム、ハーブエキスなどの豪華なアロマを発し、多汁質のメロンと果樹園果実の味わいに至る。典型的なものは、セージ、梨の種、ローストしたコーヒー、柑橘薄皮、それに焙ったキャラウェイに彩られ

る。

DOMAINE DÉLETANG *(Montlouis)* ドメーヌ・ドレタン（モンルイ）

Montlouis Demi-Sec Les Batisse モンルイ・ドミ・セック・レ・バティス SD 🍷 \$\$\$　ドレタンの多くのキュヴェのうち、これには甘美な柑橘やハーブの甘いアロマがあふれる。またグーズベリーの渋い凝縮感が、ヌガーや果実砂糖漬けの菓子的トーンと良い対照をなす。

MICHEL DELHOMMEAU *(Muscadet)* ミシェル・デロモー（ミュスカデ）

Muscadet de Sèvre et Maine sur Lie Cuvée Harmonie ミュスカデ・ド・セーヴル＆メーヌ・シュール・リー・キュヴェ・アルモニー 🍷 \$　梨、マルメロ、ライムの芳香を放つ——シュナンが少しブレンドされたかのように——この豊潤だが爽快なキュヴェは、リッチなナッツ・オイル、果樹園果実、塩、風味の良いミネラル感などで、真の深みを誇る。

Muscadet de Sèvre et Maine sur Lie Cuvée Saint Vincent ミュスカデ・ド・セーヴル＆メーヌ・シュール・リー・キュヴェ・サン・ヴァンサン 🍷 \$　クールで爽快で優しい柑橘味がこのミュスカデでは支配的であり、加えて梨、塩、白亜の感じを帯びる。飲みだすと癖になる果汁質の後味には、梨の皮と柑橘薄皮のかすかだが活気ある辛辣な苦さが加味されている。

DOMAINE DES DORICES *(Muscadet)* ドメーヌ・デ・ドリス（ミュスカデ）

Muscadet de Sèvre et Maine sur Lie Cuvée Choisie ミュスカデ・ド・セーヴル＆メーヌ・シュール・リー・キュヴェ・ショワジー 🍷 \$　ライムの果実香と白亜の匂いがし、蜂蜜や燻煙の感じがあり、また古樹の成分が白亜系の濃密さに反映されている。この爽快なワインには、舌つづみを打ちたくなるライム、塩、砕石などの香味の濃縮がみられる。

Muscadet de Sèvre et Maine sur Lie Grande Garde ミュスカデ・ド・セーヴル＆メーヌ・シュール・リー・グランド・ガルド 🍷 \$\$　文字どおり「とって置き用」のキュヴェ——通常、ボトルで2年寝かせただけで販売される——である。まったく驚きのバリューワイン。さまざまな花

FRANCE | LOIRE VALLEY

（しばしばリンドウとクローバー）、ハーブの甘いエッセンス、海水と湿った石のミネラル要素などファンタスティックなアロマのカクテル。

Muscadet de Sèvre et Maine sur Lie Hermine d'Or ミュスカデ・ド・セーヴル&メーヌ・シュール・リー・エルミン・ドール ♀ $ グーズベリー、ホワイト・カラント、イラクサ、ライム皮、そしてハーブの香りは、洗練されて微妙にクリーミーだが、素晴らしい純粋さや驚くべき塩と白亜と石の後味という輝かしく爽快な味わいをもたらしてくれる。

DOMAINE DE L'ÉCU *(Muscadet)* ドメーヌ・ド・レキュ（ミュスカデ）

Muscadet de Sèvre et Maine sur Lie Expression de Gneiss ミュスカデ・ド・セーヴル&メーヌ・シュール・リー・エクスプレシオン・ド・グネス ♀ $$ ギイ・ボサールのキュヴェらしく個性的で、きわめて果汁質に富む爽快なワインだが、香りには表現しがたいミネラル香が支配的。元気づけるような塩分とハーブの酸味をもつ後味。

Muscadet de Sèvre et Maine sur Lie Expression de Granite ミュスカデ・ド・セーヴル&メーヌ・シュール・リー・エクスプレッシオン・ド・グラニート ♀ $$ ギイ・ボサールの3種類の土壌から生まれたこの3組のミュスカデほど、価格に比べて魅惑的で美味なワインはそうあるものではない。飲むと癖になる果汁質、サテンのような舌ざわりを持つ花崗岩的体質で、新鮮なライム、茴香、タンジェリン・オレンジの薄皮、そして花の香りがする。ほとんど蜂蜜のようだが、爽快。そして味わいにヨード、牡蠣殻、柑橘薄皮のニュアンスも帯びる。

Muscadet de Sèvre et Maine sur Lie Expression d'Orthogneiss ミュスカデ・ド・セーヴル&メーヌ・シュール・リー・エクスプレシオン・ドルトグネス ♀ $$ このキュヴェはローストして塩をふったピーナッツ、柑橘薄皮、そして刺激的な麝香のような花の匂いがして、興味深い。塩、白亜、ピーナッツが、柑橘とチキン煮出し汁の爽やかな味わいに溶け込むような感じ。

CHÂTEAU D'ÉPIRE *(Savennières)* シャトー・デピレ（サヴニエール）

Savennières サヴニエール ♀ $$ マルメロ、ライム、ブッドレア（フジウツギ）の香りとともに、アロマの中にさえはっきりと牡蠣殻や潮風のミネラルが感じられる。この濃厚そのものでしかも冴えたサヴニエールは、

まとわりつく結晶残滓を含むミネラル・スープのようだ。

Savennières Cuvée Speciale サヴニエール・キュヴェ・スペシアル ♀ $$$ 同等の標準的サヴニエールよりもずっと熟成し、より豪華なこのワインは、異国的な花の香りを放つ。年によっては、控えめな甘さの気配をみせる。

CHÂTEAU DE LA FESSARDIÈRE *(Muscadet)* シャトー・ド・ラ・フェッサルディエール（ミュスカデ）

Muscadet ミュスカデ ♀ $ ミュスカデの中でも名の通ったセーヴル＆メーヌのサブリージョンの外で生まれたこのワインは、新鮮なライムや花の香りが飛び出す。かすかにクリーミーだが爽やかで、湿った石を想わせる後味。

DOMAINE FOUASSIER *(Sancerre)* ドメーヌ・フアシエール（サンセール）

Sancerre Les Grands Goux サンセール・レ・グラン・グー ♀ $$$ 6つのフアシエール・キュヴェは、たいていどれも推薦できるが、これは特に塩をふった柑橘とハーブの元気づけられるような香りを帯び、ソフトな傾向はあるが、果汁質は十分。

Sancerre Les Romains サンセール・レ・ロマン ♀ $$$ 火打ち石土壌で造られたこのキュヴェは、生き生きして刺激的で、飲む気をそそるサテンの舌ざわり。ホワイト・カラント、花の芳香、グレープフルーツ、パイナップル、そしてハーブの香りが特徴。

JULIEN FOUET *(Saumur)* ジュリアン・フエ（ソーミュール）

Saumur ソーミュール ♀ $$ このセンセーショナルなバリューワインは、新鮮なライム、黄プラム、麝香、ヒヤシンスの花のようなアロマをこれ見よがしに放つ。その輝かしさは、電気ショックでも受けたように強烈。飲み手の味覚の全領域に、ライム、グレープフルーツ、黄プラム、白桃、塩、白亜、美味なエビ殻のミネラルの要素がどっと流れ込む。

FOURNIER PÈRE & FILS *(Sanceree, Pouilly-Fumé)* フルニエ・ペール＆フィス（サンセール、プイイ・フュメ）

FRANCE | LOIRE VALLEY

- **Pouilly-Fumé Les Caillots** プイイ・フュメ・レ・カイヨ ♀$$$　驚くほど複雑ではないが、並はずれて中身が充実した、冴えて引き締まったワイン。パイナップル、刺激的なハーブ、ナッツ・オイル、そして燻煙の香り。
- **Sancerre Les Belles Vignes** サンセール・レ・ベル・ヴィーニュ ♀$$$　柑橘、ミント、グーズベリー、カシスの香りが特徴。絹の口当たりと触知しうるエキス感。クリーンで爽やかな後味。
- **Sauvignon** ソーヴィニヨン ♀$$　柑橘、核果、ハーブなどの誘惑的に合体した香りが、クリーミーな口当たりと甘美で爽やかなミネラルを帯びたような味わいを特徴づける。

CHÂTEAU GAILLARD *(Saumur)* シャトー・ガイヤール（ソーミュール）

- **Saumur** ソーミュール ♀$$　ビオディナミ農法で育てた古樹から造られたワイン。黒い果実類、ビート根、焙ったナッツ、木の燻煙などを含む優れた強さと冴えを見せる味わい。好感がもてる、舌つづみものの後味。

DOMAINE DE LA GARRELIÈRE *(Touraine)* ドメーヌ・ド・ラ・ギャルリエール（トゥーレーヌ）

- **Touraine Cendrillon** トゥーレーヌ・サンドリオン ♀$$$　この立派な醸造所で最良のソーヴィニヨンものは、実は樽発酵された少量のシャルドネと（通常）シュナンのブレンド。花とハーブの香りで始まり、ナッツ・オイルとよだれの出そうな柑橘感が続く。
- **Touraine Sauvignon** トゥーレーヌ・ソーヴィニヨン ♀$$　AC上は単なる広地域呼称トゥーレーヌのものだが、その格から飛び抜けているこのワインは、通常、花やハッカや白亜粉末に飾られた甘美な柑橘の香りを放つ。そのブドウ品種や地域からみると、意外なほど豪華で甘美な濃密さがある。後味は、大らかでリッチだが爽やかで、魅惑的なミネラルの面白さも持つ。

DOMAINE GILARDERIE *(Muscadet)* ドメーヌ・ジラルデリー（ミュスカデ）

- **Domaine Gilarderie Muscadet de Sèvre et Maine sur Lie** ドメーヌ・ジラルデリー・ミュスカデ・ド・セーヴル&メーヌ・シュール・リー ♀$

ハーブと白亜を帯びた、果樹園果実の素敵な純粋さ。このワインは、味覚にゆきわたるシャブリのようなミネラル感と、舌つづみを打ちたくなる長い余韻を持つ。

PHILIPPE GILBERT *(Menetou-Salon)* フィリップ・ジルベール（ムヌトー・サロン）

Menutou-Salon ムヌトー・サロン 🍷 $$$　花、レモン薄皮、蜂蜜、ハーブ、白亜粉末などのほのかだが魅惑的な香り。驚くほど濃厚で際立って滑らかだが、あくまで果汁質で元気を呼ぶ口いっぱいの柑橘、花、ハーブ類の香味へと導かれる。

BERTRAND GRAILLOT *(Coteaux du Giennois)* ベルトラン・グライヨ（コトー・デュ・ジャンノワ）

Coteaux du Giennois コトー・デュ・ジャノワ 🍷 $　プイイ・フュメの北のあまり知られていない地区で造られる。この興味深いソーヴィニヨンのお買い得品は、白亜感が強く、柑橘、キャラウェイ、パイナップル、それにパッションフルーツの香味が特徴。

DOMAINE GRAS-MOUTONS *(Muscadet)* ドメーヌ・グラ・ムートン（ミュスカデ）

Domaine Gras-Moutons Muscadet de Sèvre et Maine sur Lie ドメーヌ・グラ・ムートン・ミュスカデ・ド・セーヴル&メーヌ・シュール・リー 🍷 $　この古樹から生まれたキュヴェは、通常、花、ハーブ、メロン、柑橘薄皮など多様なブーケを発する。多汁質の果実感、さまざまなミネラルのニュアンスで味覚を満たし、後味は清々しくしかも熟した甘さを持ち、一角にはミネラルの量感あり。

JACQUES GUINDON *(Muscadet)* ジャック・ガンドン（ミュスカデ）

Coteaux d'Ancenis コトー・ダンスニ 🍷 $　このガメ種のロゼは、芳しい花香と酸味のあるベリーの、すっきりした辛口。毎夏、発売が楽しみなご馳走。

Muscadet Coteaux de la Loire sur Lie Prestige ミュスカデ・コトー・ド

FRANCE | LOIRE VALLEY

・ラ・ロワール・シュール・リー・プレスティージュ 🍷 $　マルメロ、リンゴ、梨、時には黒い果実類、蜜蠟、いろいろなハーブ、杜松、塩、白亜と湿った石などの香味が満載。常に人を喜ばせ、心をとらえる。

DOMAINE HERBAUGES *(Muscadet)* ドメーヌ・エルボージュ（ミュスカデ）

Muscadet Côtes de Grandlieu Château de Lorière ミュスカデ・コート・ド・グランリュー・シャトー・ド・ロリエール 🍷 $　ライム、パイナップル、梨、そして灌木ベリーや花々の香りが温室で混じったような芳しさ。ショブレ家のワインの中でもこれは「クラシック」よりも柔らかいが、たっぷりとした果汁質と塩をひと舐めしたような後味。

Muscadet Côtes de Grandlieu Classic ミュスカデ・コート・ド・グランリュー・クラシック 🍷 $　ジェロームとリュック・ショブレが手がける多種のワインのひとつ。甘美で、鮮やかで、甲殻類のミネラル質の感じが濃厚。飲めば体液の循環を良くし、想いを次の食事の楽しみに転じてくれること請け合い。

Muscadet Côtes de Grandlieu Clos de la Fine ミュスカデ・コート・ド・グランリュー・クロ・ド・ラ・フィーヌ 🍷 $　この豪華だが爽やかなミュスカデは、柑橘、核果、イースト、穀物（少し小麦ビールのような）、ジャスミン、アーモンド、塩、白亜などの、独特かつ微妙にクリーミーな組み合わせ。

Muscadet Côtes de Grandlieu Clos de la Sénaigerie ミュスカデ・コート・ド・グランリュー・クロ・ド・ラ・セネジュリ 🍷 $　塩気があり、石を舐めるような、刺激的ナッツ味のこのミュスカデは、素晴らしい滋味と真の持続力をもつ。

DOMAINE DES HUARDS *(Cheverney)* ドメーヌ・デ・ユアール（シュヴェルニー）

Cheverney シュヴェルニー 🍷 $　このアペラシオンに典型の、キャラウェイ、ライム、ミントそして潮風の香りと、洗練され微妙にワックスがかった舌ざわりを見せる。控えめなナッツ味、焙ったキャラウェイ、わずかに苦いハーブ香味の後味。

Cour-Cheverney François 1er クール・シュヴェルニー・フランソワ・プルミエ 🍷 $$　古代からのブドウ樹ロモランタンで造られている。麝香、ピート、柑橘薄皮、アルカリ系ミネラル等の興味深い特徴をみせる。

断固とした辛口で、舌つづみを誘う柑橘性と塩性の後味。

DOMAINE JAMAIN *(Reuilly)* ドメーヌ・ジャマン（リュイイ）

Reuilly Pierre Plates リュイイ・ピエール・プラト ♀ $$ 　刺激的に浸透するハーブと柑橘薄皮が、灌木の茂みや果樹園果実の甘美な香りや、元気を出させる塩や白亜のミネラルの感じとよく協調している。この並外れたお買い得品のソーヴィニヨンは、飲み手を小躍りさせてくれるだろう。

PASCAL JANVIER *(Coteaux du Loir)* パスカル・ジャンヴィエール（コトー・デュ・ロワール）

Jasnières ジャニエール ♀ $$$ 　美味溢れるこの信じがたい廉価のシュナンは、純粋で洗練され、クールな果実味と爽やかさを持つ。飲み手に花、果樹園果実、柑橘、塩、砕石などの風味のシャワーを浴びせかける。舌つづみを打たせる浸透感と勢いをもつ後味。

Jasnières Cuvée du Silex ジャニエール・キュヴェ・デュ・シレックス ♀ $$$ 　ジャンヴィエールの最良の畑から生まれた絹の舌ざわりのシュナンは、ゆらめく魅力で五感に訴える。熟したマルメロ、ヒヤシンス、梨、ライチ、新鮮なレモンなどの香味が、塩、石、牡蠣殻、まったく名状しがたいミネラル性の香りと対をなしている。

CHARLES JOGUET *(Chinon)* シャルル・ジョゲ（シノン）

Chinon Cuvée de la Cure シノン・キュヴェ・ド・ラ・キュール ♥ $$$ 　ハーブの刺激と黒焦げ肉の感触が、多汁質の黒果実の濃縮感に加わる。このワインは普通、ここの「ジョゲ・プティット・ロッシュ」銘柄のものよりもタンニンを強く感じさせる。

Chinon les Petites Roches シノン・レ・プティット・ロッシュ ♥ $$ 　新鮮なブラックベリーと桑の実の香り。よく焦点の定まった、タンニンが精妙で、元気のわく酸味の味わいが印象的。舌つづみを誘う果汁質は、このひたすら美味なカベルネ・フランの特徴。

BARON PATRICK DE LADOUCETTE *(Pouilly-Femé)* バロン・パトリック・ド・ラドゥセット　（プイイ・フュメ）

Sauvignon Blanc ソーヴィニヨン・ブラン ♀ $$ 　プイイ・フュメとサン

FRANCE | LOIRE VALLEY

セールで、名声と高価格で知られる生産者のもの。ソーヴィニヨン・ブランへの入門書になるこのワインは、タイ・バジル、クレソン、ライムの香り。果汁質の柑橘、核果、砕石を想わせる独特の味わいで口がいっぱいになる。

CLAUDE LAFOND *(Reuilly)* クロード・ラフォン（リュイイ）

Reuilly Clos Fussay リュイイ・クロ・フュッセイ ♀ $$ このアペラシオンにしては抜群にソフトで大らかだが、刺激や果汁質の爽やかさにも事欠かない。元気がわき、口中が洗われるようなハーブ、白亜、そして果皮が、後味の特徴。

JOSEPH LANDRON *(Muscade)* ジョゼフ・ランドロン（ミュスカデ）

Domaine de la Louvetrie Muscadet de Sèvre et Maine le Fief du Breil ドメーヌ・ド・ラ・ルーヴェトリ・ミュスカデ・ド・セーヴル&メーヌ・ル・フィーフ・デュ・ブレーユ ♀ $$ まるで温室に鼻を突っこんだように、花と葉のさまざまなアロマを感じる。口に含むと実にクリーミーで、熟した梨やマルメロとともに持続する花やハーブや肉煮出し汁のアクセントを伴う。塩、白亜、ヨード、酸味の利いた果実皮による凝縮感もある。

Domaine de la Louvetrie Muscadet de Sèvre et Maine sur Lie Cuvée Domaine ドメーヌ・ド・ラ・ルーヴェトリ・ミュスカデ・ド・セーヴル&メーヌ・シュール・リー・キュヴェ・ドメーヌ ♀ $ ジョゼフ・ランドロンのキュヴェの多くは、それぞれ特有の主張をする。軽い土壌の若い樹から生まれたこのワインは、塩気のある肉とハーブ煮出し汁の香味をもち、その強烈な塩味と柑橘感で元気がわく。

Domaine de la Louvetrie Muscadet de Sèvre et Maine sur Lie Hermine d'Or ドメーヌ・ド・ラ・ルーヴェトリ・ミュスカデ・ド・セーヴル&メーヌ・シュール・リー・エルミン・ドール ♀ $ 古樹から造られた、味覚に染みつくような、驚くほどパン生地の感じがするキュヴェ。カボチャ、桃、花、ヨード、肉煮出し汁、そして刺激的なライム薄皮の風味が混じり合っている。

Muscadet de Sèvre et Maine Clos de la Carizière ミュスカデ・ド・セーヴル&メーヌ・クロ・ド・ラ・カリジエール ♀ $ 昔の石切り場から生まれたこの陽気なミュスカデには、埃っぽい塩の匂いがある。レモン、メロン、夏のカボチャ、そして肉スープの風味。舌つづみを誘う持続力

は、無数のミネラルのニュアンスを帯びる。

Muscadet de Sèvre et Maine Haute Tradition ミュスカデ・ド・セーヴル＆メーヌ・オート・トラディシオン ♀ $$$　この樽発酵のキュヴェは、ミネラル、酵母菌、微妙な樽香、果実感などの素晴らしい混合物。果皮の苦さと木の樹脂香がまろやかな味わいの中で好ましく一体化し、穏やかで控えめな後味に移っていく。

DOMAINE LES LOGES DE LA FOLIE *(Montlouis)* ドメーヌ・レ・ロジェ・ド・ラ・フォリー（モンルイ）

Montlouis Demi-Sec モンルイ・ドミ・セック SD ♀ $$$　蜂蜜、ラヴェンダー、マルメロ、そして白亜粉末。甘美だが果汁質で爽やか。このワインは、マルメロ・ペーストとヴァニラクリームが口内を覆い、炒ったナッツ、苦いチョコレート、キニーネの風味がそれをさらに引き立てる。

Montlouis Méthode Traditionelle Brut モンルイ・メトード・トラディシオネル・ブリュット ♀ $$　さまざまな発泡ワインのうちのこの買い得品は、マルメロ、ヴァニラ、花などの官能的な香りやチェリー・クリームソーダの感じが勝っている。しかし、後味はドライ。

DOMAINE LUNEAU-PAPIN *(Muscadet)* ドメーヌ・リュノー・パパン（ミュスカデ）

Muscadet de Sèvre et Maine sur Lie Clos des Allées Vieilles Vignes ミュスカデ・ド・セーヴル＆メーヌ・シュール・リー・クロ・デザレ・ヴィエイユ・ヴィーニュ ♀ $$　リュノー・パパンのミュスカデ群は、白では世界有数のバリューワイン。リンゴの花、リンゴ種子、レモンと蜂蜜の香り。甘美な果実感と、ミュスカデにしては驚くほどのビロードのようなきめ。後味は、真の濃密さとナッツ・オイルのコクを持ちながらも、爽快さを極める。

Muscadet de Sèvre et Maine sur Lie Clos des Noëlles ミュスカデ・ド・セーヴル＆メーヌ・シュール・リー・クロ・デ・ノエル ♀ $$$　老いて収量の減ったブドウ樹から生まれ、リッチで豪華でありながら爽快。出荷を遅らせたこの興味をそそるキュヴェは、ナッツ・オイル、白亜と石、果樹園果実、花などの万華鏡のようで、しかも深いアロマを放つ。

Muscadet de Sèvre et Maine sur Lie L d'Or ミュスカデ・ド・セーヴル＆メーヌ・シュール・リー・エル・ドール ♀ $$$　このアペラシオンにしては衝撃的なほどリッチなワイン。マルメロと花と潮風の香りがする

FRANCE | LOIRE VALLEY

このミュスカデは、マルメロ、蜂蜜、ハーブ、白亜粉末、湿った石、そして塩などがみごとに口中を覆う濃縮度に達している。

FRÉDÉRIC MABILEAU *(St.-Nicolas-de-Bourgueil)* フレデリック・マビロー（サン・ニコラ・ド・ブルグイユ）

Saint-Nicolas-de-Bourgueil Les Rouillères サン・ニコラ・ド・ブルグイユ・レ・ルイエール ♥ $$ 桑の実や灌木の香りがするこのワインは、ナッツの深みや、塩、白亜、胡椒のようなミネラルの変調が、ここの土壌でカベルネ・フランにどこまで可能性があるかを示すものだ。

MANOIR DE LA TÊTE ROUGE *(Saumur)* マノワール・ド・ラ・テト・ルージュ （ソーミュール）

Saumur Bagatelle ソーミュール・バガテル ♥ $$ 緑色系ハーブ、ナツメグ、クルミと共に、ブルーベリーの香りがふわっとグラスから漂う。口に含むと、快い甘美さ、純粋さ、洗練が感じられる。後味は、精妙に一体化されたタンニンと白亜のニュアンスを帯びる。

DOMAINE MARDON *(Quincy)* ドメーヌ・マルドン（カンシー）

Quincy Cuvée Tres Vieilles Vignes カンシー・キュヴェ・トレ・ヴィエイユ・ヴィーニュ ♀ $$ このアペラシオンの基準からみると、とても甘美で洗練されているワイン。刺激的なセージや柑橘の皮、塩をふったメロン、ブラック・カラントの風味を示す。

HENRY MARRIONET (DOMAINE DE LA CHARMOISE) *(Touraine)* アンリ・マリオネ （ドメーヌ・デ・ラ・シャルモワーズ）（トゥーレーヌ）

Touraine Sauvignon トゥーレーヌ・ソーヴィニヨン ♀ $$ メロン、黄プラム、ライム、オランダボウフウ、キャラウェイの香りが、核果のエキス、白亜、塩、焙ったキャラウェイとハーブ等のたっぷりした豪勢な味わいを導く。そしてほのかにトーストのような感じがして、ピリッとした苦みの後味。

JEAN-FRANÇOIS MÉRIEAU *(Touraine)* ジャン・フランソワ・メリ

オー（トゥーレーヌ）

Touraine Côt Les Cent Visages トゥーレーヌ・コー・レ・サン・ヴィサージュ ♡$$　このマルベックで造ったワインは、煙っぽい炒ったナッツが加わったブラック・カラントとブラックベリーの香り。口中の味わいには黒胡椒、酸味のあるブラックベリーの皮、炒ったナッツ、そして生の牛肉味が鮮やかにみなぎる。

Touraine Sauvignon Les Arpents des Vaudons トゥーレーヌ・ソーヴィニヨン・レ・ザルパン・デ・ヴォードン ♡$　ミント、ディル、ライム、キャラウェイの香り。このクラスにしては際立ってリッチな口当たりで、しかも爽やかな柑橘味があり、白亜や塩のミネラル感ももつ。どちらかと言えば、トゥーレーヌ・マルガリータに似た後味。

THIERRY MERLIN-CHERRIER (*Sancerre*) ティエリー・メルラン・シュリエ（サンセール）

Sancerre サンセール ♡$$$　豊潤でありながら繊細。相当なリッチさを持ちながら透明感と切れの良さもある。鮮明な柑橘、ハーブ、白胡椒、白亜、ミネラル系塩味が浸透し、持続する。

RÉGIS MINET (*Pouilly-Fumé*) レジ・ミネ（プイイ・フュメ）

Pouilly-Fumé Vieilles Vignes プイイ・フュメ・ヴィエイユ・ヴィーニュ ♡$$$　グーズベリー、スグリ、イラクサを伴う火打石のアクセントを持つアロマや、ブーケの中にみられる緑茶感が、持続力があり充実していて、しかも明るい爽快感のある味わいを導く。グーズベリー、塩、白亜、炒ったキャラウェイ、果樹園果実を帯びた味わい。

DOMAINE AUX MOINES (*Savennières*) ドメーヌ・オー・モワーヌ（サヴニエール）

Savennières—Roche Aux Moines サヴニエール・ロッシュ・オー・モワーヌ ♡$$$　ここのように伝説的で偉大な醸造元からのワインがこの低価格で得られることは稀である。たゆたう花香、マルメロ、ナッツ・オイル、砕石、柑橘オイル、苦いハーブ、たまにトリュフや白胡椒などの香味を期待できる。鐘の音が響き合うように、フルーティさと強いミネラル感が鮮やかに共鳴し、あなたを恍惚とさせるだろう。

FRANCE | LOIRE VALLEY

ALEXANDRE MONMOUSSEAU *(Vouvray)* アレクサンドル・モンムソー（ヴーヴレ）

Vouvray Clos le Vigneau ヴーヴレ・クロ・レ・ヴィニョー ♀ $$　有名な酒商モンムソー家族の一員が造る、この単一畑のワインは、マルメロ、メロン、ヒアシンス、ハーブの香りを発する。味わいはソフトになりがちだが、果汁質がたっぷりで、中辛口であることはめったにない。

GÉRARD & PIERRE MORIN *(Sancerre)* ジェラール＆ピエール・モラン（サンセール）

Sancerre Vieilles Vignes サンセール・ヴィエイユ・ヴィーニュ ♀ $$$　アメリカ市場向けのこのキュヴェは、ややオイリーで、口蓋を覆う甘美さと爽やかさの中に、ミントのようなハイトーンなハーブ、柑橘、そして果樹園果実のフルーティさを持つ。このアペラシオンのワインのクラシックな典型。

RENÉ & AGNÈS MOSSE *(Anjou)* ルネ＆アグネス・モス（アンジュー）

Anjou アンジュー ♀ $$　この硫黄の使用を控えているキュヴェは、澱、ラノリン、柑橘と南国の果実、樽からくる軽い燻煙などの香り。クリーミーで滑らかな口当たりで、ワインは優しく流れて喉の奥に消えるが、リッチなナッツ風味をあとに漂わせる。

HENRY NATTER *(Sancerre)* アンリ・ナテー（サンセール）

Sancerre サンセール ♀ $$$　柑橘、核果、花、キャラウェイ、炒ったナッツ、そしてさまざまなハーブの甘美さが、この微妙にクリーミーで濃厚なサンセールの特徴。塩と白亜を舐めたような後味。

ANDRÉ NEVEU *(Sancerre)* アンドレ・ヌヴー（サンセール）

Sancerre Le Grand Fricambault サンセール・ル・グラン・フリカンボー ♀ $$$　ヌヴー家の各種の仕込みワインの中で、かろうじてそう高価でないワイン。わずかに刺すような感じを持つが、グーズベリーとレッ

ド・カラントやイラクサの融合が、爽やかで鮮やか。舌つづみを誘うような塩味を帯びた爽やかな後味。

DOMAINE DE NOIRE *(Various Regions)* ドメーヌ・ド・ノワール（様々な地区）

- **Chinon Rosé** シノン・ロゼ 🍷 $$ ジャン・マックス・マンソーのワインは、ロゼでさえアルコール度14％を超すことがある。だからといって、飲みだすと癖になるような果汁質が薄れることはない。実際、このワインは、ベリー、盛りの花、ハーブの香味が溢れんばかり。シノンのロゼの中での大成功例（シノンは赤中心でロゼはそう多くない。）
- **Chinon Soif de Tendresse** シノン・スワフ・ド・タンドレス 🍷 $$ この最近発売されたキュヴェは、熟して果汁質な黒果実のカベルネ・フランの恵みを、それを知る人にも知らぬ人にも等しく授けてくれる。一抹の快い冷気を感じさせ、黒クルミとハーブの刺激的な後味。
- **Chinon Cuvée Élégance** シノン・キュヴェ・エレガンス 🍷 $$$ このキュヴェは活気があって鮮やかな黒果実感をよく保ち、それが爽やかな塩味、刺激的な炒ったナッツ味、ロースト肉的な性格とよく連携している。

DOMAINE DE PALLUS *(Chinon)* ドメーヌ・ド・パリュス（シノン）

- **Chinon Les Pensées de Pallus** シノン・レ・パンセ・ド・パリュス 🍷 $$$ 微妙な酸味の赤と黒の果実味や炒ったナッツ味がいっぱいで、深みがあり、骨髄や肉が持つ甘さも備える。このカベルネは優雅で、控えめで、澄んで果汁質で、微妙な燻煙感がある。そしてスパイシー。

HENRY PELLÉ *(Menetou-Salon)* アンリ・ペレ（ムヌトー・サロン）

- **Menetou-Salon** ムヌトー・サロン 🍷 $$ ペレのこの基本キュヴェは、（時に痩せていたり、腰がしっかりしすぎることがあっても）活気があり妙味をみせてくれるし、このアペラシオンへの手引きになる。

DOMAINE DE LA PÉPIÈRE (MARC OLLIVIER) *(Muscadet)* ドメーヌ・ド・ラ・ペピエール（マール・オリヴィエ）（ミュスカデ）

- **Muscadet de Sèvre et Maine sur Lie** ミュスカデ・ド・セーヴル＆メーヌ・シュール・リー 🍷 $ オリヴィエ独特の美味な諸キュヴェのうちでも、

FRANCE | LOIRE VALLEY

これは微妙な花香を含んだ、新鮮なリンゴとアーモンドの香りを放つ。驚きの絹の舌ざわりだが、味わいは新鮮で生き生きしている。ナッツ・オイルと、皮に酸味のある果樹園果実とを想わせる点が、印象的。

Muscadet de Sèvre et Maine sur Lie Clos des Briords ミュスカデ・ド・セーヴル＆メーヌ・シュール・リー・クロ・デ・ブリオール ♀ $$ 大昔からの古樹で造られたこのワインは、塩や白亜や石と相まって、果樹園果実、ナッツ、ハーブと花の香味を誇る。驚くほどの凝縮力にもかかわらず、かどや厳しいところはない。

Muscadet de Sèvre et Maine sur Lie Cuvée Eden ミュスカデ・ド・セーヴル＆メーヌ・シュール・リー・キュヴェ・エデン ♀ $$ この比較的新しいキュヴェは、かなりの果実味のリッチさ、魅惑的な花香と柑橘の妙味と牡蠣殻、そして湿った石のミネラル的性格をもつ。

DOMAINE DE LA PERRIÈRE *(Chinon)* ドメーヌ・ド・ラ・ペリエール（シノン）

Chinon Vieilles Vignes シノン・ヴィエイユ・ヴィーニュ ♀ $$$ このひたすら美味なシノンは、軽く煮た（あるいはキャンディ化した）ブラックベリーとカシスの香味が口いっぱいに広がる。

PHILIPPE PICHARD (DOMAINE DE LA CHAPELLE) *(Chinon)* フィリップ・ピシャール（ドメーヌ・ド・ラ・シャベル）（シノン）

Chinon Les Trois Quartiers シノン・レ・トロワ・カルティエ ♀ $$ 新鮮で果汁質のブラックチェリー、ほろ苦いチェリーの核、そして炒ったナッツが支配的。このキュヴェは、渇きを癒やす果実味の下に潜むタンニンの後味で終わる。

PHILIPPE PORTIER *(Quincy)* フィリップ・ポルティエ（カンシー）

Quincy カンシー ♀ $$ 新鮮なハーブとパッションフルーツの香りがするし、しばしばかすかなクリーミーさと、爽やかな輝きとが混じり合う。舌には柑橘とリンゴ、湿った石やハーブの風味が満載。

CHÂTEAU DE LA PRESLE *(Touraine)* シャトー・ド・ラ・プレル（トゥーレーヌ）

Touraine Gamay トゥーレーヌ・ガメ ♇ $ この地味なガメ・ワインは、新鮮な桑の実、プラム、炒ったヒッコリーの香味を備えていることで、ありきたりのボジョレの枠を超えた面白さを飲み手に与えることを証明した。つるつるする絹の舌ざわり。快いナッツの刺激をもつ後味。

Touraine Sauvignon トゥーレーヌ・ソーヴィニヨン ♇ $ 途方もなく低価格でありながら美味なこのワインは、レモン、ペパーミント、グーズベリーが先制攻撃をしかける。次いで顎を沈めるような衝撃的かつ驚異的な右フックをくり出し、やがて塩の匂いのひと嗅ぎで、あなたを正気にもどす。

JACKY PREYS *(Touraine)* ジャッキー・プレイ（トゥーレーヌ）

Fié Gris フィエ・グリ ♇ $$ ソーヴィニヨン原種とでもいうべき大昔からの古樹から生まれたワイン。クリーミーな粘りにもかかわらず爽やかで、刺激性のハーブ、樹脂、柑橘薄皮、炒ったナッツ、キャラウェイ、塩、メロン、キンカン、パイナップルの風味が特徴。

THIERRY PUZELAT *(Touraine)* ティエリー・ピュズラ（トゥーレーヌ）

Touraine Pineau d'Aunis トゥーレーヌ・ピノー・ドーニス ♇ $$$ チェリーとシナモンが甘く匂う。飲みだすと癖になる果汁質。深い果実味（ほとんどリキュールのようだ。）魅惑的な褐色スパイス、口内で甘い花の薫香、そしてうまく一体化した紅茶のような渋さが詰まっている。これこそが「マイナー」とされがちだが、嬉しい本格派のロワールの赤への説得力ある弁論になる。

DOMAINE DE LA QUILLA *(Muscadet)* ドメーヌ・ド・ラ・キラ（ミュスカデ）

Muscadet de Sèvre et Maine sur Lie ミュスカデ・ド・セーヴル&メーヌ・シュール・リー ♇ $$ 新鮮な柑橘、刺激的なミネラルの感じ、口いっぱいになる果汁質、このアペラシオンにしては、しばしばアルコールが強い充実したボディを期待できる。

JEAN-MARIE RAFFAULT *(Chinon)* ジャン・マリー・ラフォー（シノン）

FRANCE | LOIRE VALLEY

- **Chinon** シノン 🍷 $$ この絹のような舌ざわりの基本ボトルは、ヴァニラ、チョコレート、チェリーの核の苦さを帯びた、黒い果実感でいっぱい。
- **Chinon Clos d'Isoré** シノン・クロ・ディソレ 🍷 $$$ リッチな口当たりで、非常に濃縮されていて、ブラックチェリー、ブルーベリー、ハーブ、花、生牛肉の複雑なメドレーを奏でる。ヨードやチェリー核の香味をも帯び、また基底には白亜や湿った石も感じられる。
- **Chinon Les Galuches** シノン・レ・ガリュッシュ 🍷 $$$ 黒果実味がビーフ・スープ、ヨード、苦いチェリー種子の香味と混じり合っている。果汁質で、鮮やかで、かすかに塩味を帯びるこのワインは、熟しているが若々しい酸味の果実味を保っている。

CHÂTEAU DE LA RAGOTIÈRE *(Muscadet)* シャトー・ド・ラ・ラゴティエール（ミュスカデ）

- **Muscadet de Sèvre et Maine sur Lie** ミュスカデ・ド・セーヴル＆メーヌ・シュール・リー 🍷 $ ラゴティエールの黒いラベルのミュスカデは、たっぷりの柑橘味や核果やナッツの風味と、塩と白亜のミネラルを示す。とても果汁質でかつ汎用的だが、「本格的」な面を欠くことはない。

VINCENT RAIMBAULT *(Vouvray)* ヴァンサン・ランボー（ヴーヴレ）

- **Vouvray** ヴーヴレ 🍷 $$ このボトルは辛うじてわかる残糖感をもつ後味。マルメロ、柑橘薄皮、ナツメグ、そしてリンゴの香りがする。リッチな果実味と爽快感のある滑らかさが、素敵な対照をなしている。
- **Vouvray Sec** ヴーヴレ・セック 🍷 $$ マルメロ、ヴァニラ、ハーブのエキス、ナッツ・オイル、海水などのすべてが、生き生きして、あくまで果汁質で、また塩と石を交互に感じさせるこのシュナン・ブランの特徴。

HIPPOLYTE REVERDY *(Sancerre)* イポリット・ルヴェルディ（サンセール）

- **Sancerre** サンセール 🍷 $$$ 梨、ライム、ハニーデューメロン、芳しい花、オレガノ、そして白胡椒の香味が、この甘美なまでに果汁質のソーヴィニヨンの特徴。鮮やかな柑橘感と爽やかな塩味の後味にはぞくぞくさせられる。

フランス｜ロワール河流域

JEAN REVERDY *(Sancerre)* ジャン・ルヴェルディ（サンセール）

Sancerre La Reine Blanche サンセール・ラ・レーヌ・ブランシュ 🍷 $$$
この見事に濃縮された、溌剌として爽快なソーヴィニヨンは、グーズベリー、白グレープフルーツ、多様なハーブなどが、切れの良さ、透明さ、そして燻煙感のあるプイイ・フュメ独特の刺激に結びついている典型例。

PASCAL & NICOLAS REVERDY *(Sancerre)* パスカル&ニコラ・ルヴェルディ（サンセール）

Sancerre Cuvée Les Coûtes サンセール・キュヴェ・レ・コート 🍷 $$$
強く張りつめていて、時には若さによる厳しさも出すが、たいていは透徹して生気がある。柑橘とハーブの刺激を体現したような、このサンセールは、そのアペラシオンへの最も安易な手引きではないかもしれない。だが、ぜひともお試しを！

VINCENT RICHARD *(Touraine)* ヴァンサン・リシャール（トゥーレーヌ）

Touraine Sauvignon トゥーレーヌ・ソーヴィニヨン 🍷 $ 新鮮なレモンとオレンジが、ディル、ミント、クレソンと混じった香りがする典型例。このワインは意外にも、クリーミーな触感を伴う豊かなナッツ・オイルの香りを呈するが、後味は爽やかで塩味を感じさせる。

DOMAINE RICHOU *(Anjou)* ドメーヌ・リシュー（アンジュー）

Anjou Sec Chauvigné アンジュー・セック・ショーヴィーネ 🍷 $$ 魅惑的な花の芳香、冴えた柑橘感、赤ベリーのニュアンス、そしてさまざまなミネラルが表出。この明るい、コンパクトで爽快なシュナンは、元気のわく苦みが後味で感じられる。

Coteaux de l'Aubance La Grande Selection コトー・ド・ローバンス・ラ・グランド・セレクシオン SD 🍷 $$$ 高貴なリッチさを備えるが、価格はほどほど。このワインは、花香に彩られたクリーミーで重層的な果実味を舌にもたらす。うまく緩和されたほのかな甘さを伴う。

FRANCE | LOIRE VALLEY

MATTHIAS ROBLIN *(Sancerre)* マティアス・ロブラン（サンセール）

Sancerre サンセール ♀ $$$　比較的粘土の多い土壌から生まれた、舌ざわりが魅力的なサンセールは、柑橘、ハーブ、緑茶、そして石油の微香が特徴。

ROCHERS DES VIOLETTES *(Montlouis)* ロッシュ・デ・ヴィオレット（モンルイ）

Montlouis Demi-Sec モンルイ・ドミ・セック [SD] ♀ $$$　この微妙に甘いシュナンは、柑橘、ヴァニラ、花（リンゴとシナノキ）の豪華な薫香をもつ。砕石と蜂蜜の気配を帯びた、果汁質いっぱいのワインは、元気の出る、しかも心なごむ滑らかさを達成している。

Montlouis Sec Cuvée Touche Mitane モンルイ・セック・キュヴェ・トゥシュ・ミターヌ ♀ $$$　ライム、蒸留したブルーベリー、花、ハーブ、マルメロ、シャブリによくあるチキン煮出し汁の香味を呈し、ヨード、白亜粉末、そして面白いブルーベリーのエキゾチックな感じも帯びる。透明かつ純粋、刺激と活力がある。濃密でありながら軽快。ワインは味覚を堪能させ、興趣と爽快さを残してくれる。

JEAN-MAX ROGER *(Sancerre, Menetou-Salon)* ジャン・マックス・ロジェ（サンセール、ムヌトー・サロン）

Menetou-Salon Morogues Le Petit Côte ムヌトー・サロン・モログ・ル・プティ・コート ♀ $$$　ミントと緑茶の芳香をもつ、この消費者に嬉しいソーヴィニヨンは、穏やかだがはっきりした果汁質の印象的な味わい。そして微妙なハーブとミネラルの香味と共に後味に残る。

Sancerre Les Caillottes サンセール・レ・カイヨット ♀ $$$　刺激性のハーブ、スグリ、メロン、果樹園果実の香味を特徴とするこのサンセールは、甘美で果汁質。時にはやや締まりに欠けるが、心なごむ魅力的な熟成感を備え、なおかつ爽快。

JEAN-CLAUDE ROUX *(Quincy)* ジャン・クロード・ルー（カンシー）

Quincy カンシー ♀ $$$　マスクメロン、熟した梨、麝香めく花の香りが、グラスから耽美的に立ちのぼる。オイリーな口当たりが優雅なソーヴィ

ニヨンの魅惑を倍加するが、このずば抜けた買い得品はミネラルの興趣と爽快さを堅持している。

BENEDICTE DE RYCKE *(Coteaux du Loir)* ベネディクト・ド・リック（コトー・デュ・ロワール）

Coteaux du Loir Tradition コトー・デュ・ロワール・トラディシオン ♈ $$$　レモン皮とキニーネと花の香りを持つこのキュヴェは、柑橘皮や白亜粉末をよく感じさせ、口いっぱいに広がる充実した個性がある。果汁質で、塩味を感じさせる後味。

DOMAINE SAINT NICOLAS *(Fièfs Vendéens)* ドメーヌ・サン・ニコラ（フィエフ・ヴァンデアン）

Fièfs Vendéens Jacques フィエフ・ヴァンデアン・ジャック ♈ $$$　大西洋を眺めて育ち、樽熟成されたピノ・ノワール。生肉、酸っぱいチェリー、チェリーの核、ヨード等のアロマが、熟した、清々しい酸味のある果実味にどっと重なる。白亜とヨードの風味も帯びる。

DOMAINE DU SALVARD *(Cheverny)* ドメーヌ・デュ・サルヴァール（シュヴェルニー）

Cheverny シュヴェルニー ♈ $　このあまり知られていないアペラシオンのために、アメリカへの親善使節をしばしば務めてきた。溌剌として果汁質で、しかもとても滋味がある。塩やキャラウェイや白亜の抑揚をつけた柑橘、果樹園果実、そして根菜類の風味の申し分ない深み。

HERVÉ SÉGUIN *(Pouilly-Fumé)* エルヴェ・セガン（プイイ・フュメ）

Pouilly-Fumé プイイ・フュメ ♈ $$$　ふんだんな白桃、カシス、花、刺激性のハーブの香りが、強く濃縮された絹の舌ざわりの豪勢で官能的な味わいに溶け入り、ちらちら光る石床の上を透明に流れるようだ。

CHÂTEAU SOUCHERIE *(Anjou)* シャトー・スーシェリ（アンジュー）

Coteaux du Layon コトー・デュ・レイヨン ⑤ ♈ $$$　ピエール・イヴ・

ティジューと息子達が手がけた、この豪華なのに著しく廉価な貴腐ワインのシュナン・ブランには、マルメロや梨の砂糖漬けのような特徴がある。百合とガーデニア、蜂蜜とチョコレート。ミントと柑橘薄皮の風味が、繊細さと舌つづみを打たずにはいられない飲み心地を堅持する。

LA SOURCE DU RUAULT *(Saumur-Champigny)* ラ・スゥルス・デュ・リュオー（ソーミュール・シャンピニー）

Saumur-Champigny ソーミュール・シャンピニー ♥ $$ このカベルネは、純粋で熟して冴えたブラックベリーの果実味を誇る。これにセージ・オイルと生姜の刺激、イナゴマメ、褐色スパイス、塩、そして白亜系ミネラルの印象が加わり、文字どおり舌なめずりを誘うその残照をあなたの唇に残すだろう。

DOMAINE DE LA TAILLE AUX LOUPS *(Montlouis, Vouvray)* ドメーヌ・ド・ラ・タイユ・オー・ルー（モンルイ、ヴーヴレ）

Montlouis Sec Les Dix Arpents モンルイ・セック・レ・ディ・ザルパン ♀ $$$ ジャッキー・ブロの樽熟シャルドネのうちで最も廉価なこのワインは、花、柑橘、メロン、果樹園果実の素敵な香り。高揚感や優雅さとともに、柑橘薄皮の苦みおよび石や塩のミネラル性を微妙に帯びた後味へと駆けのぼる。

Vouvray Sec Les Caburoches ヴーヴレ・セック・レ・キャビュロッシュ ♀ $$$ リンゴの花とマスクメロンが香るこのワインは、熟して繊細に白亜を帯びたメロンと果樹園果実の純粋さとが口を満たす。後味には、かすかなアルカリ性の苦さと砕石のニュアンスがある。

F. TINEL-BLONDELET *(Pouilly-Fumé)* F・ティネル・ブロンドレ（プイイ・フュメ）

Pouilly-Fumé L'Arret Buffatte プイイ・フュメ・ラレ・ビュファット ♀ $$$ 刺激性のハーブ、胡椒、そして柑橘の香味が、開放的で優雅でみずみずしいスタイルの中に現われ、その明快さ、切れの良さ、冴えはみごと。

Pouilly-Fumé Genetin プイイ・フュメ・ジュヌタン ♀ $$$ 熟れた果樹園果実、甘くアロマチックなハーブ、そして砕石が、このアペラシオンの高邁な手本の中で、主要な役割を演じている。

フランス｜ロワール河流域

LA TOUR SAINT-MARTIN *(Menetou-Salon)* ラ・トゥール・サン・マルタン（ムヌトー・サロン）

Menetou-Salon Morogues ムヌトー・サロン・モログ ♀ $$　柑橘薄皮、パッションフルーツ、かすかに苦いハーブ、メロン、時にグーズベリーの匂いがするこのワインは、ほとんど常に、その冴えた酸味を補ういい意味での官能的舌ざわりを発揮する。

CHÂTEAU DE VAUGAUDRY *(Chinon)* シャトー・ド・ヴォゴドリー（シノン）

Chinon シノン ♀ $$　ミント、シントウガラシ、そして塩味をもつ鮮やかなブラックベリーは、よく磨きあげられたタンニンをバックボーンにしている。後味の中でも、たっぷりの黒果実味が優位を保っている。

Chinon Rosé シノン・ロゼ ♀ $$　酸味はあるが熟したブラックベリー、牡丹、炒ったナッツ、塩とアルカリ系のミネラルなどの香味が、渇きを癒しながら優しい舌ざわりを保つこのワインに一陣の風味をもたらす。この分野への輝かしい賛歌である。

DOMAINE DES VIEUX PRUNIERS *(Sancerre)* ドメーヌ・デ・ヴュー・ブリュニエ　（サンセール）

Sancerre サンセール ♀ $$$　グリーンハーブ、柑橘、そしてシャブリにあるようなチキン煮出し汁的な性格。この洗練された、精妙で快適なサンセールは、とても割安な価格をぐんと上回るメリットを与えてくれる。

CHÂTEAU DE VILLENEUVE *(Saumur and Saumur-Champigny)* シャトー・ド・ヴィルヌーヴ　（ソーミュールとソーミュール・シャンピニー）

Saumur ソーミュール ♀ $$　生き生きした濃密さを持つシュナン・ブラン名品の典型例。このワインは白亜粉末を練り込んだかと思われるほどで、同時に、マルメロ、蜜蠟、柑橘皮、そして花の香味が詰まっている。

Saumur-Champigny ソーミュール・シャンピニー ♀ $$$　熟したブラックベリーと桑の実のこぼれるほどの香味が期待できる。ナッツ・オイル、刺激的な燻煙感と、スパイシーなラタキアタバコ、それに燻製肉の風味

が、クリーミーな舌ざわりと冴えた新鮮な果実感との、素晴らしい対比を生んでいる。

プロヴァンスのバリューワイン

(担当　デイヴィッド・シルトクネヒト)

ロゼ以外も、なかなかいい

プロヴァンスで産出されるワインの4分の3以上はロゼであり、そのほとんどは地元で、地元民とそこに群がってくる旅行者によって飲まれている。彼らがいかに手当たり次第に飲むかは、ピンク色のおぞましき駄酒が大洋のごとく存在することで証明されている。しかし、アメリカ人のワイン愛好家がプロヴァンスを無視することは、残念なばかりでなく、誤りでもある。まずは、わずかだが上級ものは地球上で最も興味深くおいしいロゼになる。そればかりでなく、一連の極めて美味で手頃な赤(および、わずかな白)があるからである。

リュベロンや南ローヌの住民に、フランスのどこに住んでいるか聞いてみよう。「プロヴァンス」という答えが返ってくることが多い。この大雑把な言い方によれば、プロヴァンスはフランス地中海沿岸部の大部分とローヌ渓谷の多くを含むことになる。しかし、公式のフランスワイン地区としては、地中海デルタのちょっと上のローヌ川左岸に始まり、東はイタリアとの国境、北はアルプスの先端まで延びる。これだけでも十分に広いではないか！　プロヴァンスでは、いくつかの公式なアペラシオンだけが(そこのワインはほとんどが高価すぎてここで述べるに値しない)個々の村や、村の中の小さなグループを対象にしている。しかし、大部分は、数個の巨大なアペラシオンの傘下に入るのだ。その中でも、最も広いのがコート・ド・プロヴァンスである。

ブドウ品種

この地区に遍在する辛口ロゼの主要品種は、南ローヌあたりによく見られるブドウで、特に、フランス地中海沿岸部全域でロゼ用に使われる**サンソー**と**グルナッシュ**が重用される。これらに地元プロヴァンスの品種**ティブラン**が少量加えられることもある。20世紀後半においてプロヴァンスの赤ワインが進化したため、南ローヌでよく見られるブドウ品種——**グルナッシュ、シラー、ムールヴェードル、カリニャン**——と、**カベルネ・ソーヴィニヨン**との素晴らしい相乗作用が見られる。プロヴァンスの数個のアペラシオンでは、その成果が反映されている。プロヴァンスの白も、南ロ

ーヌと同じブドウ品種——よく知られた**グルナッシュ・ブラン、マルサンヌ、ルーサンヌ**および**ヴィオニエ**など——を使っている。もっと優れた役割は**クレレット**と**ヴェルメンティーノ**（別名ロール）が担っている。ここでも南西フランスのブドウ、つまり、**ソーヴィニヨン・ブラン、ユニ・ブラン**、そしてたまに**セミヨン**がしっかりと根を張っている。プロヴァンスのブドウ畑は広大で、地中海沿岸からアルプスの麓まで広がっているので、スタイルと好まれるブレンドは多岐にわたる。赤ワインではカベルネ、シラーおよびグルナッシュの変種が支配的だが、沿岸部ではグルナッシュとムールヴェードルが好まれる。プロヴァンスの豊かな陽光は、ワインに熟した風味と、概ね13.5%以上のアルコール含有量を与えているが、重すぎることはほとんどない。

そして、もちろん……コルシカを忘れてはいけない！

アメリカ人のワイン愛好家で、コルシカのワインがしばしば驚くほど美味で複雑になることを知らない人は、できることなら試しに飲んでみるべきだ。もっとも、米国で出回っているコルシカ・ワインは比較的少ないことを認めざるをえないが。ワインは、この島の外辺部のほぼ全域で造られているが、最も著名な生産地は島の北端と南端にある。白の主要品種は**ヴェルメンティーノ**で、**ミュスカ**と**ユニ・ブラン**が補っている。一方、赤は**カリニャン、グルナッシュ**および**シラー**に加えて——**ニエルッキオ、スキッアカレッロ、ガルカジョル**など数種のコルシカ固有のブドウを使っていると言っても差し支えないだろう。こうした種類のブドウの性格が、ユニークな微気候と非常に誇り高い地元民と相まって、地球上の他のどこにも見当たらないような数々のワインを生み出している。それは大胆で、時には、岩と藪だらけの地勢を反映しているように思われるという点で野性的とも言えるワインである。特に、クロ・テッディ、ドメーヌ・グランジョロ、ドメーヌ・レッチア、ドメーヌ・マイストラッチを探すとよい。

ヴィンテージを知る

微気候、土壌、ブドウ品種、および栽培方法が極めて多様であることを考えると、プロヴァンスとコルシカのヴィンテージの性格を一般論で片付けるのは、事実上不可能である。しかし、2007年が一般的に高品質であったことは特筆に値する。

飲み頃

ほとんどのプロヴァンスのロゼは、瓶詰め後1年以内に飲むといちばん楽しめる。しかし、非常に良いワイン(アメリカ本土で未だに25ドル以下で買えるものもある)は、2、3年寝かせておく価値がある。赤をひとことで言うのは不可能である。しかし、25ドル以下では、一般に収穫後3～6年以内に飲むのがいちばん美味なワインを買うことになる。

■プロヴァンスとコルシカの優良バリューワイン (ワイナリー別)

CHÂTEAU DES ANNIBALS *(Coteaux Varois)* シャトー・デ・ザニバル (コトー・ヴァロワ)

Coteaux Varois Rosé Suivez-Moi Jeune Homme コトー・ヴァロワ・ロゼ・シュイヴェ・モワ・ジュヌ・オム 🍷 $$ このサンソーとグルナッシュのブレンドの、愛らしい淡い色は、ワインの繊細さ、洗練さ、および白ワインのような性格を予言している。桃やレモン、樹脂質のハーブ、刺激的な花の香りに続いて、清々しく豊潤だが軽い風味が現われる。後味は桃の綿毛と、ハーブオイルと、白亜によって触覚がさらに活性化される。

DOMAINE LA BLAQUE *(Coteaux de Pierrevert)* ドメーヌ・ラ・ブラク (コトー・ド・ピエールヴェール、オート・プロヴァンス県)

Viognier ヴィオニエ 🍷 $$ 悲しいほどに濫用された品種を、清々しく感じられるほど繊細で果汁質に表表している。アカシア、白桃、白胡椒の香りがする。すっきりとした白亜のような後味。

Coteaux de Pierrevert Rosé コトー・ド・ピエールヴェール・ロゼ 🍷 $ グルナッシュとサンソーにごく少量のシラーとヴェルメンティーノを加えたブレンド。アルプ・ド・オート・プロヴァンスという適切な名前のついた地区で造られるこのロゼは、常に果実味がみずみずしく——熟したスイカを想わせる——人がすぐに惚れ込むような果汁質がある。

Coteaux de Pierrevert コトー・ド・ピエールヴェール 🍷 $ センセーショナルなほどお買い得で、口いっぱいに風味が満ちる、入門レベルのラ・ブラク家の赤。これは、熟したブラックベリーと牛の生の肝臓とのコンビネーションに、茶色のスパイスの香りがわずかに添えられている。それが、お茶とココアパウダー、ヨード、美味な小海老の殻で補強されて

いるという点で、ローヌのコルナス（高価な！）を想い起こさせる。

CLOS TEDDI *(Corsica [Patrimonio])* クロ・テッディ（コルシカ［パトリモニオ］）

Patrimonio Tradition パトリモニオ・トラディション ⚲ $$$　そこへ行くのが不可能なほど荒々しく、岩だらけの北の乾燥地から誕生したマリー・ブリジット・ポリのワイン。きめが油のようにリッチだが、爽快感を起こさせるほど明るい白（ヴェルメンティーノから造られる）は、柑橘類、野生のハーブ、木の煙および砕かれた石の魅惑的な相互作用を見せる。

Patrimonio Tradition パトリモニオ・トラディション ♥ $$$　乾燥させたハーブの刺激的なアロマと苦味を帯びた甘い花の香りから、舌でしっかり味わえるハーブのエッセンスと牛の髄とまぎれもない石のミネラルさまでが、忘れられないほど強烈に混じり合っている。

MAS DE LA DAME *(Les Baux de Provence)* マス・ド・ラ・ダム（レ・ボー・ド・プロヴァンス）

Les Baux de Provence La Gourmande レ・ボー・ド・プロヴァンス・ラ・グルマンド ♥ $$　ヴァン・ゴッホによって不朽の名声を与えられた急峻なアルピーユ山脈から生まれた、グルナッシュとシラーのブレンド。ハーブと黒胡椒の香りがする、果汁質で果実味に溢れる入門者向けのワイン。

DOMAINE DU DRAGON *(Côtes de Provence)* ドメーヌ・デュ・ドラゴン（コート・ド・プロヴァンス）

Côtes de Provence Rosé コート・ド・プロヴァンス・ロゼ ⚲ $$　メロンと、梨と、かすかにハーブの香りのするピリッとした赤いフランボワーズが特徴。この溢れるばかりにフルーティで、ソフトで、白ワインのようなロゼは、単純だが豊かな満足感を与えてくれる。

Côtes de Provence Hautes Vignes コート・ド・プロヴァンス・オート・ヴィーニュ ♥ $　このセンセーショナルなお買い得ワイン——ムールヴェードル、カベルネ・ソーヴィニョン、シラー、およびグルナッシュの多様なブレンド——は、通常、熟したプラム、フランボワーズ、ローストした肉、苦いハーブ、磯の風味を表している。タンクで熟成させた赤

にしては、驚くほどリッチなきめで、後味は真に人の心をとらえる。

Côtes de Provence Cuvée Saint-Michel コート・ド・プロヴァンス・キュヴェ・サン・ミッシェル ♥ $$　樽で１年熟成させた、この風味豊かで洗練されたブレンド（一般的にはシラーとカベルネに、グルナッシュとムールヴェードルが加えられる）の特徴は、ブラックベリー、カシス、干しプラム、フェンネル、パースニップ、およびローストした肉である。

MAS DE GOURGONNIER *(Les Baux de Provence)* マス・ド・グルゴニエ（レ・ボー・ド・プロヴァンス）

Les Baux de Provence レ・ボー・ド・プロヴァンス ♥ $$　米国向けにブレンドされたマス・ド・グルゴニエのこの赤ワインは、収穫年ごとにブドウ品種の混合割合が著しく異なる。熟した黒い果実と、猟鳥獣肉と、はっきりプロヴァンスを想い起こさせるハーブは常に存在する。

DOMAINE DE GRANJOLO *(Corsica [Porto Vecchio])* ドメーヌ・ド・グランジョロ（コルシカ[ポルテ・ヴェッキオ]）

Porto Vecchio ポルテ・ヴェッキオ ♀ $$　まさにコルシカ南端の砂浜に育ったこの艶やかながらも爽やかなヴェルメンティーノは、クレソンと、茶色のスパイス、アプリコット、柑橘類の皮、メロンを混ぜ合わせ、いつまでも続く後味を持つ。

DOMAINE LECCIA *(Corsica [Patrimonio])* ドメーヌ・レッチア（コルシカ[パトリモニオ]）

Y.L. Y.L. ♥ $$$　ラベルには、生産者を示す手段としてイヴ・レッチアのイニシャルだけが筆記体で記されている。この活気に富む濃密なブレンドは、バラの花びら、紅茶、およびフェンネルの花粉と混じり合った赤いラズベリーとイチゴの砂糖煮が特徴。どことなく魅惑的な化石と海を想わせるところがある。

DOMAINE MAISTRACCI *(Corsica [Corse Calvi])* ドメーヌ・マイストラッチ（コルシカ[コルス・カルヴィ]）

Corse Calvi e Prove コルス・カルヴィ・e・プローヴ ♥ $$$　グルナッシュと、ニエルッキオと、少量のシラーのブレンド。濃縮し、舌で味を探

させるようなこのワインは、プルーン、なつめ椰子、チョコレート、ローズヒップ、野生のフェンネル、ローズマリーの魅惑的な混合と、刺激的な海風と汗を想わせる。

CHÂTEAU DU ROUËT *(Côtes de Provence)* シャトー・デュ・ルーエ（コート・ド・プロヴァンス）

Côtes de Provence Rosé Cuvée Esterelle コート・ド・プロヴァンス・ロゼ・キュヴェ・エステレル 🍷 $$ ルーエの5つもあるロゼの中で、このワインは、通常、メロン、ブラックベリー、ルバーブ（大黄）、ハーブ、および胡椒がアロマチックにみずみずしく混じり合い、触覚が刺激される後味に。

Côtes de Provence Rosé Cuvée Réservée コート・ド・プロヴァンス・ロゼ・キュヴェ・レゼルヴ 🍷 $$ このワインは、エステレルより肉厚で、風味があり、濃密だが、新鮮味が足りない。官能をくすぐるイチゴとハーブと含塩物が口中を満たし、後味が印象的なほど濃密になることを知らせてくれる。

CHÂTEAU DE ROQUEFORT *(Côtes de Provence)* シャトー・ド・ロックフォール（コート・ド・プロヴァンス）

Côtes de Provence Rosé Corail コート・ド・プロヴァンス・ロゼ・コライユ 🍷 $$ この革新的で才能あるワイン醸造業者は、クレレットとヴェルメンティーノを彼の"ローヌ"の赤にブレンドし、果汁感があり口いっぱいに風味が広がるが、軽く活気溢れるロゼを造った。赤いラズベリーとハーブと塩と白亜が混じり合った風味がある。

TRIENNES *(Coteaux d'Aix-en-Provence)* トリエンヌ（コトー・ディクス・アン・プロヴァンス）

Les Aureliens Rouge レ・ゾーレリアン・ルージュ 🍷 $$$ ブルゴーニュの有名なセイス家（ドメーヌ・デュジャック）のプロジェクト。このカベルネとシラーのブレンドは、赤い果実の大らかさと、ローストした肉と、ハーブだけでなく、その磨かれた洗練さが特筆もの。

CHÂTEAU LES VALENTINES *(Côtes de Provence)* シャトー・レ・ヴァレンタイン（コート・ド・プロヴァンス）

Côtes de Provence Rosé コート・ド・プロヴァンス・ロゼ🍷$$$　辛口で、肉厚で、かすかにハーブとミネラルを帯びたこのロゼは、赤ワインのお茶濁しや副産物とはかけ離れている。ここのロゼの取り組みは真剣で、その結果は決して赤に劣らない。

フランス南西部のバリューワイン

(担当　デイヴィッド・シルトクネヒト)

"フランスの南西部"という言葉は——少なくともワインに関しては——"ボルドーを除くフランスの南西部地方のすべて"を表す略称のようなもの。従って、著しく多様な地域とブドウ品種が含まれているので、手頃な価格で極めて美味なワインが誕生するところをいくつか述べるにとどまることになる。

ドルドーニュ川に沿って行くとボルドーのすぐ上流に**ベルジュラック**と**モンバジャック**の両村とそのワインがある。ここでは辛口ワインと甘口貴腐ワイン用にセミヨンとソーヴィニヨン・ブランを主に使っている。甘口貴腐ワインは、ソーテルヌや場合によっては世界的レベルのこの手のワインよりはるかに安価である。たくさんの無名の原産種が、トゥールーズ市の北および西に当たる、**デュラ、マルマンデ、フロントン、ガイヤック地区**などのワインに使われている。またトゥールーズの北西、ロット川の両岸には**カオール**があり、伝統的にマルベック(地元では"オーセール"と呼ばれている)を使い、お買い得品を求める人々の注意を引くに値するさまざまな赤ワインを出している。西の大西洋に向かうと(アルマニャックのブランディ地区を囲むように)広大な地域が広がる。ここのユニ・ブラン、コロンバール、グロ・マンサン、ソーヴィニヨン・ブラン、シャルドネから造られる安価な白ワインは**コート・ド・ガスコーニュ**として瓶詰めされている。ここの南に、マディランがあるが、地元のブドウ品種タナの潜在的獰猛さとタンニンの強烈さは、カベルネ・ソーヴィニヨンやカベルネ・フランのような品種を追加して和らげることにより、ある程度まで調整される。同じことが、さらに南に位置するイルレギーのバスク地区の赤ワインにも当てはまる。マディランの隣の地区で造られる白(アペラシオン・パシュラン・デュ・ヴィック・ビル)は、グロ・マンサンとプチ・マンサン(たまにアリュフィアットも)を主に使う。これらの品種はまた、南のピレネー山脈の麓にあるジュランソンの、麝香の香りがして、官能的で、神秘的なほど複雑な辛口ワインと、遅摘み甘口ワインのベースにもなっている。

ヴィンテージを知る

微気候、土壌、ブドウ品種、栽培方法、およびスタイルの著しい多様性

を考えると、このガイドブックの範囲内でフランスの広大な南西部のヴィンテージの性格をひと括りに述べるのは不可能である。

飲み頃

南西部のフランスワインの赤は、かなりたくましく、6年以上瓶熟させる価値のあるものが多い。白は——甘口を除いて——若いうちに飲むように造られているのがほとんどである。人気のあるコート・ド・ガスコーニュはできるだけ若いうち、もちろん1年以内に飲んだ方がいい。

■フランス南西部の優良バリューワイン（ワイナリー別）

DOMAINE ARRETXEA (*Irouléguy*) ドメーヌ・アレチェア（イルレギー）

Irouléguy イルレギー ♀ $$$ 腰が強いが、きめが細かく、口の中に粘膜のように張り付く感じの、タナと2種のカベルネのブレンド。黒い果物、ヨード、封蠟、焼いた赤い肉、およびタールが特徴的に現われる。

CHÂTEAU D'AYDIE（LAPLACE） (*Madiran*) シャトー・ダイディ（ラプラス）（マディラン）

Château d'Aydie Madiran シャトー・ダイディ・マディラン ♀ $$$ このタナをベースにした赤ワインは、リッチで、たくましく、苦く、石のように硬いミネラルでいっぱいの黒い果実を想わせる。

CHÂTEAU BARRÉJAT (*Pacherenc, Madiran*) シャトー・バレジャ（パシュラン、マディラン）

Pacherenc du Vic Bilh パシュラン・デュ・ヴィック・ビル ♀ $ 菊と、水仙と、柑橘類の油のアロマの後に、麝香（ジャコウ）と、甘く切ない花のエッセンスと見事に混じり合う油のように滑らかなきめが続く。

Madiran マディラン ♀ $$ ブラックベリーと、キルシュ（チェリーの蒸留酒）と、ナッツ・オイルと、ブッドリア（フジウツギ属の高木）が、この熟した、飲み手に優しい、著しくしなやかなマディランを特徴づけている。

FRANCE | FRANCE'S SOUTHWEST

DOMAINE BELLEGARDE *(Jurançon)* ドメーヌ・ベルガルド（ジュランソン）

Jurançon Cuvée La Pierre Blanche ジュランソン・キュヴェ・ラ・ピエール・ブランシュ 🍷 $$ このプチ・マンサンをベースにした白ワインは、水仙、ミント、白胡椒、オレンジ、レモンの皮、麝香、トーストしたひまわりの種、グラスから立ち上る木の煙などを連想させる。最初のひとくちで、油のような滑らかなきめと突き通すような刺激性にしっかりととらえられ、その後はワインから手を離すことができなくなる。

DOMAINE LA BERANGERAIE *(Cahors)* ドメーヌ・ラ・ベランジュレ（カオール）

Cahors Cuvée Maurin カオール・キュヴェ・モーラン 🍷 $$ タンクで熟成させたこのマルベックは、きめの細やかなタンニンに裏打ちされた果汁質のカシスとニワトコと、かすかに腐植土と黒胡椒とヨードを想わせる多面的な後味を持つ。

DOMAINE BORDENAVE *(Jurançon)* ドメーヌ・ボルドゥナーヴ（ジュランソン）

Jurançon Sec Souvenirs d'Enfance ジュランソン・セック・スーヴェニール・ダンファンス 🍷 $$ 神秘的で、あまりにも知られていないジュランソンへの入門ワイン。この油のようにリッチでしかも快活なワインは、レモン・オイルと、麝香と、黒胡椒香味。さらには、長く、心地良い味わいがあり、塩分を含み、香味の強い、胡椒のようにピリッとした後味。

Jurançon Moelleux Harmonie ジュランソン・モワルー・ハルモニ [S] 🍷 $$$ 麝香と、オレンジの花と、マッシュルームの香りが混じり合う退廃的でエキゾチックなアロマ。このワインは、クリーミーで油のように滑らかで、オレンジ・リキュールとナッツペーストのような風味が、高い割合で残っている糖分に引き立てられる。

DOMAINE CASSAGNOLES *(Côtes de Gascogne)* ドメーヌ・カサニョール（コート・ド・ガスコーニュ）

Côtes de Gascogne コート・ド・ガスコーニュ 🍷 $ このいくつものブドウ品種をブレンドしたワインは、かすかな草の香りだけでなく、はっきりとした塩のにおいがして、爽やかで溌剌とした風味がその後に続く。新鮮なライムと、塩、セージ、胡椒が快い刺激性の後味をもたらしている。

Côtes de Gascogne Sauvignon コート・ド・ガスコーニュ・ソーヴィニヨン 🍷 $ このワインは、草と塩と新鮮なライムのアロマと風味があるが、類似のワインよりも生気と大らかさがある。ハニーデューメロンとミントの香りが、爽やかで魅惑的なアロマを持つ。冷蔵庫で保管するのに良い白。

DOMAINE CAUHAPÉ *(Jurançon)* ドメーヌ・コアペ（ジュランソン）

Jurançon Chante des Vignes ジュランソン・シャント・デ・ヴィーニュ 🍷 $$$ この地区で最も有名なワイン醸造業者が造るグロ・マンサン100％のワイン。特徴は、パイナップルで、ほのかな蜂蜜と、麝香と、茶色のスパイスによって引き立てられている。かすかに油のような味がする。わずかな苦みが蜂蜜のようなリッチさとバランスを保っている。

CHÂTEAU LA COLOMBIÈRE *(Fronton)* シャトー・ラ・コロンビエール（フロントン）

Fronton Cuvée Coste Rouge フロントン・キュヴェ・コスト・ルージュ 🍷 $$$ この刺激的でタンニンの多い品種ネグレットは、四川胡椒とフェンネルと焼いたナッツの強烈なアロマを放ち、次に胡椒と煙で射抜かれた黒いフルーツとハーブの濃縮物が口いっぱいに広がる。

CLOS LA COUTALE *(Cahors)* クロ・ラ・クタル（カオール）

Cahors カオール 🍷 $$ サテンのようなきめをもち、明らかに濃密でありながら、後味は澄み切っている。マルベックと少量のメルロをブレンドしたこのワインは、白胡椒とカルダモンを振りかけて黒ずむまで煮込んだフルーツ、ナッツ・オイル、クロクルミ、蒸し煮したフェンネル、およびダークチョコレートで口中を満たす。

DOMAINE ETXEGARAYA *(Irouléguy)* ドメーヌ・エトシャガラヤ（イルギー）

FRANCE | FRANCE'S SOUTHWEST

- **Irouléguy イルレギー** 🍷 $$$ タナとカベルネ・フランとマルベックのブレンドで、黒っぽく、噛めるようなこのワインは、熟したマルベリーとブラックベリーが、セージと、ツゲと、焼いてスモーキーなナッツと入り混じった香りがする。塩を振って、かすかにいぶした、苦みのある黒いフルーツの感じが残る。
- **Irouléguy Lehengoa イルレギー・ルアンゴア** 🍷 $$$ 古いタナのブドウから造られるこの不吉なほど黒いスモーキーなワインは、塩、白亜、濡れた石、赤い甘草、および焼いたナッツと結びついた苦みのある黒い果実味が、中へ中へと、持続的に濃縮されている。

CHÂTEAU FLOTIS (Fronton) シャトー・フロティス（フロントン）

- **Fronton Carré Violet フロントン・カレ・ヴィオレ** 🍷 $ ネグレットをベースにしてブレンドしたこのワインは、料理した黒い果実が、焼いたナッツと、猟鳥獣肉と、いぶした肉と混じり合い、やがて人の心をしっかりとらえる印象的な後味となる。

DOMAINE GENOUILLAC (Gaillac Burgale) ドメーヌ・ジュヌイヤック（ガイヤック・ブリュガル）

- **Gaillac Burgale ガイヤック・ブリュガル** 🍷 $$ シラーと地元品種デュラとフェル・セルヴァドゥとのブレンド。この不透明で好ましい粒状のきめを持つワインは、熟した紫色のプラム、黒い甘草、ラヴェンダー、焙ったナッツ、および燻した肉を想い起こさせる。

GRANDE MAISON (Bergerac, Monbazillac) グランド・メゾン（ベルジュラック、モンバジャック）

- **Bergerac Sec Sophie ベルジュラック・セック・ソフィー** 🍷 $$ ソーヴィニョンとセミヨンのブレンドで、メロン、ライム、イチジクなど多彩さを見せるこのワインは、このアペラシオンと価格にしては珍しいリッチさと洗練さを表わしている。
- **Monbazillac Cuvée des Anges モンバジャック・キュヴェ・デ・ザンジェ** ⑤ 🍷 $$$ このワインは、信じられないような価格ながら、真の貴腐の性格をもつ。焼いたブリオッシュ（卵入りの軽くて甘いパン）、麝香、白トリュフ、クチナシ、蜂蜜、そして砂糖漬けの柑橘類の皮の香りがグ

ラスから立ち上り、リッチで、クリーミーで、広がりをもち、しかも——驚くべきことに——宙に舞うような感じさえ与える。

CHÂTEAU HAUT MONPLAISIR *(Cahors)* シャトー・オー・モンプレジール（カオール）

- **Cahors カオール** ♇ $$ このマルベック100％のベーシックなワインは、熟したブラック・ラズベリーとマルベリーに満ち、かすかにカルダモンと、白胡椒とピートを想わせる。後味は、清々しく活気溢れる塩分と、スモーキーな刺激性と、舌を刺すような辛味がある。
- **Cahors Prestige カオール・プレスティージュ** ♇ $$$ ヒマラヤ杉と茶色のスパイスとオガクズの香りは、樽熟成を意味する。もっとも、このきめの細かいワインは、根本的に、塩と、スパイスと、胡椒っぽい熟した黒い果実の濃縮を目指していることに疑いはない。

DOMAINE LA HITAIRE *(Côtes de Gascogne)* ドメーヌ・ラ・イテール（コート・ド・ガスコーニュ）

- **Côtes de Gascogne Les Tours コート・ド・ガスコーニュ・レ・トゥール** ♇ $ グラッサ家のいくつかの醸造所で造られる数多くのガスコーニュ・ワインの中で、このブレンドは、油のように滑らかなきめを水分の多い新鮮なレモンで割ったような口当たりで、マスクメロンとハーブを想い起こさせる。

DOMAINE DE MÉNARD *(Côtes de Gascogne)* ドメーヌ・ド・メナール（コート・ド・ガスコーニュ）

- **Côtes de Gascogne Colombard-Sauvignon コート・ド・ガスコーニュ・コロンバール・ソーヴィニヨン** ♇ $ このワインは、安価なガスコーニュの白にしては性格がはっきり出ている。活気に満ち、清々しさは人がたちまち好むほどで、ライムとメロンとグーズベリーとハーブが強調されている。

CHÂTEAU MONTESIER *(Bergerac)* シャトー・モンテシエ（ベルジュラック）

- **Bergerac La Tour de Montesier ベルジュラック・ラ・トゥール・ド・モ

ンテシエ ♀ $　新鮮なライムと、ミントと、蜂蜜と、オレンジの皮の香りがする、この信じられないほどのお買い得ワインは、味覚を活気づけ、晴れ晴れとさせてくれる。後味は、満足できる果汁質と、柑橘類の油のかすかな苦みがある。

Bergerac Montesier La Tour ベルジュラック・モンテシエ・ラ・トゥール ♀ $$　上記のワインより野心的で樽熟成させたソーヴィニヨン主体のこのワインは、レモンの皮、キャラウェイ、焼いた穀物、ナッツ、スパイス、およびハーブを特徴とし、堂々と想わせるほどリッチで、かすかに油っぽいが、絶えず元気を与えてくれる。

MOUTHES LE BILHAN *(Côtes de Duras)* ムート・ル・ビアン（コート・ド・デュラ）

Côtes de Duras La Pie Colette コート・ド・デュラ・ラ・ピー・コレット ♥ $$　このメルロのワインは、想いがけない潤沢さと爽やかさを持つ。わずかにいぶしたような、熟したカシスとブラックベリーを特徴とし、ブラックオリーブと、焼いたナッツと、塩水を想わせる魅惑的な後味となる。

PRODUCTEURS PLAIMONT *(Côte St.-Mont, Côtes de Gascogne, Madiran, Pacherenc)* プロデュクトゥール・プレモン（コート・サン・モン、コート・ド・ガスコーニュ、マディラン、パシュラン）

Pacherenc du Vie Bilh パシュラン・デュ・ヴィック・ビル SD ♀ $$　かすかに油っぽく、麝香と花の香りがする、いわく言いがたい魅力を持つグロ・マンサンは、魅惑的で、用途の広い、中辛口のワインを造る。

Madiran 1907 マディラン1907 ♥ $$　マディランのアペラシオンが現在の規模に拡張された日付にちなんで名付けられた。タナとカベルネのブレンド。このワインは、新鮮さを保ち、タンニンを和らげ、その結果、この種のワインの入門として飲みやすくなっている。

DOMAINE DE POUY *(Côtes de Gascogne Blanc)* ドメーヌ・ド・プイ（コート・ド・ガスコーニュ・ブラン）

Domaine de Pouy Côtes de Gascogne ドメーヌ・ド・プイ・コート・ド・ガスコーニュ ♀ $　この爽やかだが、かすかに油っぽく、どこにでもあるユニ・ブランとコロンバールのブレンドは、イヴ・グラッサが造って

いる。かなり頭をクラッとさせるライムの刺激とタンジェリン・オレンジの皮、茶色のスパイス、塩味がかったグーズベリー、およびピート（泥炭）の風味が現われる。

DOMAINE DE RIEUX *(Côtes de Gascogne)* ドメーヌ・ド・リュー（コート・ド・ガスコーニュ）

Domaine de Rieux Côtes de Gascogne ドメーヌ・ド・リュー・コート・ド・ガスコーニュ ♀ $　グラッサの造るこの爽やかなユニ・コロンバールのブレンドは、ミュスカのようなオレンジの花と、蜂蜜と、ハーブの香り、アニセット酒と、グーズベリーと、柑橘類の油の風味。いつも冷蔵庫に保管しておくといいワイン。

DOMAINE SARRABELLE *(Gaillac)* ドメーヌ・サラベル（ガイヤック）

Gaillac Saint-André ガイヤック・サン・アンドレ ♥ $$　この土地固有のブドウ品種フェル・セルヴァドゥから造る。密度が高く、きめ細やかなこのワインは、苦みはあるが甘美で、生姜、セージ、樽味がかった赤い果実とともに、血の滴るビーフを想わせる。

DOMAINE DU TARIQUET *(Côtes de Gascogne)* ドメーヌ・デュ・タリケ（コート・ド・ガスコーニュ）

Sauvignon Blanc ソーヴィニヨン・ブラン ♀ $　イヴ・グラッサが造るこのワインは、アプリコットと、麝香と、パッションフルーツの香りがする。魅力的に熟したところが、かすかな油っぽさでさらに高められている。後味にアプリコットの種のわずかな苦みが伴う。

Chardonnay—Sauvignon Domaine Coté Tariquet シャルドネ―ソーヴィニヨン・ドメーヌ・コテ・タリケ ♀ $　リンゴと、熟したハニーデューメロンと、ライムと、カシスが、この際立って美味で異端のブレンドワインを特色づけている。このワインは軽やかさの中に、かすかなクリーミーさばかりでなく、果実味をみごとに引き立てているさりげない甘さを伴っている。

TOUR DES GENDRES *(Bergerac)* トゥール・デ・ジャンドル（ベルジュラック）

FRANCE | FRANCE'S SOUTHWEST

Bergerac Classique ベルジュラック・クラシク 🍷 $$ ベルジュラックと有機栽培のパイオニア、リュック・ド・コンティのワイン。みずみずしく、人の心をとらえ、爽やかだが豊潤なきめのこのワインは、柑橘類の皮と樹脂質のハーブのほのかな香り。簡素で純粋なセミヨンとソーヴィニヨンから造っている。

ローヌ渓谷のバリューワイン

(担当　ロバート・M・パーカー Jr)

　過去数年のドルの下落がなければ、サン・ジョセフとクローズ・エルミタージュのような北ローヌのワインもまだ25ドル以下の値がついていただろう。歴史が繰り返せば、いつの日か、ドルは立ち直り、このワインは今日よりもお買い得になるだろう。サン・ジョセフとクローズ・エルミタージュは北ローヌの二大アペラシオンで、最良の掘り出し物がある。それは要するにこのふたつの地区のブドウ栽培地が広く、優れた小地区とされるエルミタージュや、コート・ロティ、コンドリュウ、コルナスなどの非常に高価なワインに見られる名声も希少価値もないからである。しかし、北ローヌの生産者の中には、より名声度の高いアペラシオンの外でコート・デュ・ローヌを造る者もいて、こういうワインは25ドル以下で手に入るのである。

　つましい消費者にとって何十年ものあいだ、偉大な供給源のひとつであり、これからもそうあり続ける宝の山は、南ローヌのコート・デュ・ローヌとコート・デュ・ローヌ・ヴィラージュのアペラシオンものである。ブドウ栽培地が約4万ヘクタール以上で、数えきれないほどのテロワールと微気候を持つ。品質のほとんどが大きな協同組合で管理されているため、品質は、風味がなくつまらないワインから、非常に良い、さらに秀逸なものまでさまざまである。読者は、醸造元で瓶詰めされたワインに注目すべきである。標準以上の成果を出す生産者たちが、素晴らしいワインを造り、二束三文で売っているからである。また、いくつかの協同組合には、アメリカ輸入業者の専門家が選りすぐった特別注文のワインもあり、豪勢なワインを造っている。コート・デュ・ローヌのワインは、実質的に95％以上が赤であるが、白もロゼも造られている。さらに、コート・デュ・ローヌとコート・デュ・ローヌ・ヴィラージュの魅力は、2002年の悪天候と猛烈に暑く異常だった2003年の後に、何年も非常に良い年が続いたという事実によって高められている。

ヴィンテージと飲み頃

　2004年は良い年であり、2005年は秀逸で、2006年は少なく見ても非常に良い年であった。南ローヌにとって2007年が過去30年の中で最も偉大な年だった！　ほとんどの場合、こういうワインは溢れんばかりの若さがある

ときに飲むように造られている。もっとも、コート・デュ・ローヌとコート・デュ・ローヌ・ヴィラージュの非常に良いドメーヌの赤ワインは、10年か、それ以上もつものもある。

時によっては25ドル以下で手に入る南ローヌのアペラシオンは、ヴァケラスと、たまに、ジゴンダス、ラストー、リラック、そして、もちろんタヴェルのロゼである。シャトーヌフ・デュ・パープは忘れた方がいい。ワインは偉大かもしれないが、もはや25ドル以下にはならない。さらに、ほとんどのヴァケラス、ジゴンダス、あるいは、もっと甘いボーム・ド・ヴニーズもお買い得品というには高すぎる傾向にある。しかし、いくらかは見つかるだろう。

最後に、白とロゼについては、2007年も2008年も優れた年。2007年の赤は白眉。2006年は非常に良く、2005年は秀逸で、2004年は良い。それより古いものは、注意すべきだ。

■ローヌ渓谷の優良バリューワイン（ワイナリー別）

DOMAINE ALARY *(Cairanne)* ドメーヌ・アラリー（ケランヌ）

Côtes du Rhône Font d'Estevans コート・デュ・ローヌ・フォント・デステヴァン ♥ $$$ 深みがありリッチで、アラリーの他のワインより黒い果実の風味を持ち、頭をくらくらさせるような、みずみずしい赤ワイン。

Côtes du Rhône Font d'Estevans コート・デュ・ローヌ・フォント・デステヴァン ♀ $$$ アラリーのいちばん古いブドウの木から造ったワイン。シャブリのような芳香の後に、ミディアムボディの、新鮮で生き生きとしたワインを味わえる。

Côtes du Rhône La Gerbaude コート・デュ・ローヌ・ラ・ジェルボード ♥ $ 果実味がリッチで、ミディアムボディ、エレガントで、複雑な赤。

Vin de Pays Roussanne La Grange Daniel ヴァン・ド・ペイ・ルーサンヌ・ラ・グランジェ・ダニエル ♀ $ ルーサンヌ100％で造られたこの白ワインは、良い酸味、新鮮なバラの花びら、花のような香り、中くらいのボディを表し、後味は新鮮で、フルーティで、樫樽で熟成させた徴候は全然ない。

DOMAINE DE L'AMAUVE *(Séguret)* ドメーヌ・ド・ラモーヴ（セグレ）

Côtes du Rhône-Villages Séguret Réserve コート・デュ・ローヌ・ヴィラージュ・セグレ・レゼルヴ ▼ $$$　純粋で、ミディアムボディのこのコート・デュ・ローヌ・ヴィラージュは、しなやかで、絹のようなきめの個性を表す。

CHÂTEAU LES AMOUREUSES *(Côtes du Rhône)* シャトー・レ・ザムルーズ（コート・デュ・ローヌ）

Côtes du Rhône La Barbare コート・デュ・ローヌ・ラ・バルバール ▼ $$$　大部分のコート・デュ・ローヌよりも最高級のシャトーヌフ・デュ・パープの方に多くの共通点を持つ、センセーショナルなワイン。フルボディで、純粋で、深みがある。

Côtes du Rhône Les Charmes コート・デュ・ローヌ・レ・シャルム ▼ $$$　生き生きとした、胡椒風味のあぶったハーブと甘いベリーの風味がふんだんにあり、ミディアムからフルボディ、最前線のスタイルに素晴らしい純粋さがある。

Côtes du Rhône Cuvée Spéciale コート・デュ・ローヌ・キュヴェ・スペシャル ▼ $$$　非常に純粋でエレガントなこのコート・デュ・ローヌは、スパイシーでミディアムからフルボディ。

DOMAINE D'ANDÉZON *(Côtes du Rhône)* ドメーヌ・ダンデゾン（コート・デュ・ローヌ）

Côtes du Rhône コート・デュ・ローヌ ▼ $　愛すべききめと、爽やかな酸があり、ミディアムからフルボディで、後味は長く、滑らかである。

Côtes du Rhône-Villages La Granacha Signargues コート・デュ・ローヌ・ヴィラージュ・ラ・グラナチャ・シニャルグ ▼ $$$　卓越したフルボディの赤。正確さ、明確さ、濃縮度が素晴らしい。

DOMAINE LES APHILLANTHES *(Côtes du Rhône)* ドメーヌ・レ・ザフィラント（コート・デュ・ローヌ）

Côtes du Rhône コート・デュ・ローヌ ▼ $$　ビストロやビアレストラン向けの正直な赤ワイン。

Côtes du Rhône Cairanne L'Ancestrale du Puits コート・デュ・ローヌ・ケランヌ・ランセストラル・デュ・ピュイ ▼ $$$　ケランヌは大地の香りがし、タンニンの構成がほとんどブルゴーニュと同じになることがあ

FRANCE | RHÔNE VALLEY

るが、このワインは、胡椒とスパイスが混じり合ったチェリーの風味がたっぷりとある。

Côtes du Rhône Les Cros コート・デュ・ローヌ・レ・クロ 🍷 $$$ 深みがあり、この生産者のワインの中ではいちばん墨のように黒い色をし、嚙めるようで、エスプレッソ用に煎ったコーヒー豆と、ブラックベリーの香りがする。しかし、この生産者の他のワインが持っている複雑さとプロヴァンス風の性格はない。

Côtes du Rhône-Villages Les Galets コート・デュ・ローヌ・ヴィラージュ・レ・ガレ 🍷 $$$ この際立って素晴らしいレ・ガレは、複雑で、ミディアムからフルボディで、とげとげしさがない。

DOMAINE D'ARBOUSSET *(Côtes du Rhône)* ドメーヌ・ダルブッセ（コート・デュ・ローヌ）

Côtes du Rhône コート・デュ・ローヌ 🍷 $$ この堅固で率直なコート・デュ・ローヌは、絹のような、官能的なワインで、最初の数年のあいだに飲むこと。

MAISON ARNOUX & FILS *(Vacqueyras)* メゾン・アルノー＆フィス（ヴァケラス）

Vacqueyras Seigneur de Lauris ヴァケラス・セニョール・ド・ローリ 🍷 $$$ 力強く、濃密で、印象的なほど恵まれたこのヴァケラスは、深みがあり、タンニンの渋みが強く、構成のしっかりした、濃厚な赤ワイン。甘いブラックチェリーとブラックベリーの果実味が素晴らしいレベルに達している。

Vacqueyras Vieux Clocher ヴァケラス・ヴュー・クロッシェ 🍷 $$$ 非常に良い酸味とともに、大地の香り、甘草、ブラックチェリー、プラムのような果実味を豊富に持ち、魅力的な甘いタンニンもある。

BARGEMONE *(Coteaux d'Aix-en-Provence)* バルジェモン（コトー・デクス・アン・プロヴァンス）

Coteaux d'Aix-en-Provence コトー・デクス・アン・プロヴァンス 🍷 $ これは長年にわたりフランスの最も美味なロゼのひとつである。発売後6〜9カ月のうちに飲むこと。

Coteaux d'Aix-en-Provence コトー・デクス・アン・プロヴァンス 🍷 $

コトー・デクス・アン・プロヴァンスの白は、さくさくっとした白いフルーツと柑橘類を連想させ、新鮮な酸、ミディアムボディ、および良い後味を示す。

Coteaux d'Aix-en-Provence Cuvée Marina コトー・デクス・アン・プロヴァンス・キュヴェ・マリナ 🍷 $$ この生産者の新たなワインであるキュヴェ・マリナは、ふつうのコトー・デクス・アン・プロヴァンスよりも、わずかながらもっとフルで、シラーのブレンドの割合も少し多い。

Coteaux d'Aix-en-Provence Cuvée Marina コトー・デクス・アン・プロヴァンス・キュヴェ・マリナ 🍷 $$ このキュヴェ・マリナの赤は、わずかな樽味とともに、しっかり詰め物でもしたような感じと、魅力的なベリーの果実味を持ち、かすかに濡れた石を想わせ、後味はスパイシー。

Coteaux d'Aix-en-Provence Cuvée Marina コトー・デクス・アン・プロヴァンス・キュヴェ・マリナ 🍷 $$ キュヴェ・マリナの白は、魅力的なライトボディからミディアムボディのスタイルで、レモンの花と、マルメロ、甘草、ホワイト・カラントのアロマを醸し出す。

DOMAINE BASTIDE DU CLAUX *(Côtes du Luberon)* ドメーヌ・バスティード・デュ・クロー（コート・デュ・リュベロン）

Malacare Côtes du Luberon マラカール・コート・デュ・リュベロン 🍷 $$ このミディアムからフルボディの、驚くほどピノ・ノワールに似たワインは、コート・デュ・リュベロンが新鮮さばかりでなく、複雑さを持つ可能性を示している。

LA BASTIDE ST.-DOMINIQUE *(Côtes du Rhône)* ラ・バスティード・サン・ドミニク（コート・デュ・ローヌ）

Côtes du Rhône Jules Rochelonne コート・デュ・ローヌ・ジュール・ロッシュロン 🍷 $$$ このコート・デュ・ローヌは、真面目なワインである。セクシーで、丸みがあり、ミディアムからフルボディ。

Côtes du Rhône-Villages コート・デュ・ローヌ・ヴィラージュ 🍷 $$ このコート・デュ・ローヌ・ヴィラージュは、ソフトで、丸みがあり、魅力的。

DOMAINE DE LA BASTIDONNE *(Côtes du Ventoux)* ドメーヌ・ド・ラ・バスティドン（コート・デュ・ヴァントー）

FRANCE | RHÔNE VALLEY

Les Coutilles Côtes du Ventoux レ・クーティル・コート・デュ・ヴァントー ▼ $$　このレ・クーティルは、適度のタンニンと、かすかな樽香と、プロヴァンスのハーブと混じり合った豊富なブラックチェリーとスグリを連想させる。

Les Puits Neufs Côtes du Ventoux レ・ピュイ・ヌフ・コート・デュ・ヴァントー ▼ $$$　本物のスターとも言えるこの高価なワインは、ミディアムからフルボディで、絹のように滑らかである。

DOMAINE BEAU MISTRAL *(Rasteau)* ドメーヌ・ボー・ミストラル（ラストー）

Côtes du Rhône-Villages St.-Martin コート・デュ・ローヌ・ヴィラージュ・サン・マルタン ▼ $$$　古い木のグルナッシュ45％と古い木のシラーとほんの少量のムールヴェードルで構成されている。この素晴らしいワインは、胡椒のようにピリッとして、大地の香りがし、濃密で、紫色で、フルボディで、頭がくらくらとする。南ローヌとプロヴァンスで造られる最高級赤ワインの芳香を持っている。

Côtes du Rhône-Villages Rasteau コート・デュ・ローヌ・ヴィラージュ・ラストー ▼ $$$　このラストーは、リッチで、フルーティで、それなりの酸と熟したタンニンを持つ。

Côtes du Rhône-Villages Rasteau Cuvée Florinaelle コート・デュ・ローヌ・ヴィラージュ・ラストー・キュヴェ・フロリネル ▼ $$$　"通常の"ラストーと比べ、このラストーは、スタイルは似ているが、もっとボディがフルで、リッチさと深みがあり、構成がしっかりしていて、タンニンも多い。セラーで2〜3年寝かせると良くなるが、12〜15年の間おいしく飲める。

CHÂTEAU BEAUCASTEL *(Rhône Valley)* シャトー・ボーカステル（ローヌ渓谷）

Beaucastel Côtes du Rhône Coudoulet ボーカステル・コート・デュ・ローヌ・クードレ ▼ $$$　開放的で、風味に広がりがあり、フルボディで、とげとげしいところがないワイン。その見事な果実の純粋さと、長くスパイシーで頭にクラッとくる後味によって、プロヴァンスのエッセンスを瓶に詰めたと言えるほど。

Beaucastel Côtes du Rhône Coudoulet ボーカステル・コート・デュ・ローヌ・クードレ ▽ $$$　この白は、卓越したワインになる可能性がある。

辛口で、ミディアムボディで、良い酸と素晴らしい新鮮さを持ち、樫樽の影響は全くない。風味が良く、食べ物との相性もいい。

Perrin et Fils Côtes du Rhône ペラン・エ・フィス・コート・デュ・ローヌ ▼ $ このペラン・エ・フィス・コート・デュ・ローヌは、愛すべき、しなやかなきめのワインで、後味はまろやかで大らか。

Perrin et Fils Côtes du Rhône Réserve ペラン・エ・フィス・コート・デュ・ローヌ・レゼルヴ ▼ $ このワインは、新鮮さに優れ、中味で感じる生き生きとしたリッチさがあり、後味に良い酸味とスパイスを持つ。

Perrin et Fils Côtes du Rhône Réserve ペラン・エ・フィス・コート・デュ・ローヌ・レゼルヴ ▽ $ この白は、ミディアムボディで、ドライで、フルーティなスタイルの中に、素敵なネクタリンと、アプリコット、セイヨウスイカズラを連想させるものがある。

Perrin et Fils Côtes du Rhône-Villages ペラン・エ・フィス・コート・デュ・ローヌ・ヴィラージュ ▼ $ エレガントなミディアムボディのワインで、卓越したアロマと、良い深みと肉付き、長い余韻がある。

Perrin et Fils Côtes du Rhône-Villages Vinsobres Les Cornuds ペラン・エ・フィス・コート・デュ・ローヌ・ヴィラージュ・ヴァンソーブル・レ・コルニュ ▼ $$ 南ローヌの北部の、標高が高く気候が涼しい畑に生まれた素晴らしく新鮮で生き生きとしたこのワインは、ミディアムボディで、純粋で、エレガントで、非常にブルゴーニュ的。

DOMAINE DES BERNARDINS (*Côtes du Rhône-Villages*) ドメーヌ・デ・ベルナルダン(コート・デュ・ローヌ・ヴィラージュ)

Côtes du Rhône-Villages Beaumes-de-Venise コート・デュ・ローヌ・ヴィラージュ・ボーム・ド・ヴニーズ ▼ $$ このワインは、エレガンスと、良い深み、甘い黒いフランボワーズ、胡椒、大地の香り、スパイスの特徴とともに、印象的な新鮮さとレーザー光線のような透明さを表す。

Doré des Bernardins Dry Muscat VdP ドレ・デ・ベルナルダン・ドライ・ミュスカ・VdP ▽ $ この完全に辛口のミュスカは、華麗な花と桃のようで、辛口で、潑剌として、新鮮で、美味、個性溢れるワイン。誕生後1年のあいだに飲むこと。

DOMAINE BOISSON (*Cairanne*) ドメーヌ・ボワソン(ケランヌ)

Domaine Boisson Côtes du Rhône ドメーヌ・ボワソン・コート・デュ・ローヌ ▼ $$ ねじ込み口金(フランスでは珍しい)の栓を使っている

FRANCE | RHÔNE VALLEY

このワインは、美味で、セクシーなプロヴァンスのフルーツ爆弾。ミディアムからフルボディで、みずみずしく、フルーティ。

Domaine Boisson Côtes du Rhône-Villages Cairanne ドメーヌ・ボワソン・コート・デュ・ローヌ・ヴィラージュ・ケランヌ 🍷 $$$　この卓越したワインは、濃厚で噛めるほどであるとともに、エレガントで、純粋で、風味豊か。

Domaine Boisson Côtes du Rhône-Villages Cairanne l'Exigence ドメーヌ・ボワソン・コート・デュ・ローヌ・ヴィラージュ・ケランヌ・レグズィジャーンス 🍷 $$$　圧倒的な果実味をもつワインで、驚くべき複雑さと、絶妙なバランスと、全ての要素の完璧な調和を備えている。

Domaine Boisson Côtes du Rhône-Villages Cairanne Clos de la Brussière Massif d'Uchaux ドメーヌ・ボワソン・コート・デュ・ローヌ・ヴィラージュ・ケランヌ・クロ・ド・ラ・ブルシエール・マシフ・デュショー 🍷 $$$　この赤ワインの豊富な果実味は、その構造と見事に釣り合っている。深みがあり、噛めるようで、フルボディ、超純粋で、華麗なきめを持つ。

Alain Boisson Côtes du Rhône-Villages Cairanne Cros de Romet アラン・ボワソン・コート・デュ・ローヌ・ヴィラージュ・ケランヌ・クロ・ド・ロメ 🍷 $$$　このワインは、贅沢なレベルの果実味と、人の心をつかんで離さない大地の香りとスパイスとを結びつけている。その結果、信じられないほど複雑で爆発的なアロマと驚くべき果実味とリッチさを持ったワインとなっていて、すべてがフルボディで、完璧に構成されたスタイルの中に表れている。

DOMAINE BRAMADOU *(Roaix)* ドメーヌ・ブラムドゥ（ロエ）

Roaix Côtes du Rhône-Villages ロエ・コート・デュ・ローヌ・ヴィラージュ 🍷 $$　ミディアムボディで、純粋で、エレガントなスタイルで造られ、とげとげしいところがなく、ただ一心にプロヴァンス風ワインであることを主張している。この驚くほどソフトで深いルビー色のこのワインは、ビストロのような場所で早いうちに飲むべきである。

ANDRÉ BRUNEL *(Côtes du Rhône)* アンドレ・ブリュネル（コート・デュ・ローヌ）

Côtes du Rhône Sommelongue Massif Duchaux コート・デュ・ローヌ・ソムロング・マシフ・デュショー 🍷 $$　ほぼグルナッシュだけで造ら

フランス｜ローヌ渓谷

れるこのワインは、深みに優れ、はっきりとしたプロヴァンスのスタイルの中に胡椒と"ガリグ（地中海沿岸の雑灌木林）"らしさが入り混じった甘いブラックチェリーを連想させる。

DOMAINE DE LA BRUNÉLY *(Vacqueyras)* ドメーヌ・ド・ラ・ブリュネリ（ヴァケラス）

Vacqueyras ヴァケラス ▼ $$$　魅力的で、フルーティで、エレガントなこの赤ワインは、ピノ・ノワールに似たスタイルを持っているが、その古典的プロヴァンス的な性格から、南ローヌで造られたものであることが確信できる。

DOMAINE DU CAILLOU *(Côtes du Rhône)* ドメーヌ・デュ・カイユ（コート・デュ・ローヌ）

Côtes du Rhône Bouquet des Garrigues コート・デュ・ローヌ・ブーケ・デ・ガリグ ▼ $$$　このワインはプロヴァンスのエッセンスのような風味がある。スパイシーで、胡椒のようにピリッとして、ラヴェンダーとあぶったハーブの香りと、たっぷりとしたキルシュ酒（チェリーの蒸留酒）の匂いと黒い果実味を持っている。

PHILIPPE CAMBIE *(Côtes du Rhône)* フィリップ・カンビ（コート・デュ・ローヌ）

Côtes du Rhône Calendal コート・デュ・ローヌ・カランダル ▼ $$$　見事に熟し、ミディアムからフルボディで、純粋さが際立っていることが、この愛すべきコート・デュ・ローヌの特徴となっている。

DOMAINE CHAMFORT *(Vacqueyras)* ドメーヌ・シャンフォール（ヴァケラス）

Vacqueyras ヴァケラス ▼ $$$　とびきり上等のこのワインは、フルボディで、ブルーベリーと、ブラックベリーと、大地の力強い風味を示す。深みがあり、噛めるようで、顕著だが甘いタンニンと、頭がクラッとするスパイシーな後味を伴う。

CHAPOUTIER *(Rhône Valley)* シャプティエ（ローヌ渓谷）

FRANCE | RHÔNE VALLEY

Coteaux de Tricastin La Ciboise コトー・ド・トリカスタン・ラ・シボワーズ 🍷 $ ビストロ・スタイルのラ・シボワーズは、果実味主体のワイン。軽くて、がぶ飲みや単純なピクニックには最適。ほぼグルナッシュだけで造られている。

Coteaux de Tricastin Château des Estubliers コトー・ド・トリカスタン・シャトー・デ・エステュブリエ 🍷 $$ シャプティエの優れたシャトー・デ・エステュブリエは、極上の黒トリュフで有名な地区で造られたもの。素晴らしい果実味があり、熟していて、ミディアムからフルボディで、個性と品格に溢れている。

Côtes du Rhône Belleruche コート・デュ・ローヌ・ベルルーシュ 🍷 $ 美味。率直でフルーティなスタイルで、良いボディと魅惑的なアロマを伴う。

Côtes du Rhône Belleruche コート・デュ・ローヌ・ベルルーシュ 🍷 $ このワインは、美味で果実味があり、すっきりして、ミディアムボディ。はち切れんばかりの個性と品格を持っている。食物と相性が良く、最初の数年のあいだに飲むのがよい。

Crozes Hermitage Les Meysonnières クローズ・エルミタージュ・レ・メゾニエ 🍷 $$ シャプティエのワインの中では、とてもお買い得のひとつ。甘いブラックベリーと、"プロヴァンスのハーブ"と、ブラックベリーの香りが漂う匂い、爽やかな酸味、甘く熟したベリーの風味、ミディアムボディ、そしてソフトな後味が自慢。

Crozes Hermitage La Petite Ruche クローズ・エルミタージュ・ラ・プティ・リューシュ 🍷 $$ 果実味がいっぱいのこのワインは、魅力的な香り、熟した、ミネラルかオレンジのような風味、優れた純粋性、潑剌としたドライな後味を表す。数年、おいしく飲める。

Gigondas ジゴンダス 🍷 $$$ このワインは、ほぼグルナッシュだけの完全に果梗除去したブドウから造られる。良いミネラルと春の花ばかりでなく大地の香りがする。

Les Granges de Mirabel レ・グランジェ・ド・ミラベル 🍷 $ これは火山土壌から生まれたワイン。安価なヴィオニエだが、ブラインドテイスティングをするとコンドリュウで通るだろう。

Rasteau ラストー 🍷 $$$ 焦げた大地と、チョコレートをかぶせたベリーと、胡椒と、スパイスが全てこの魅力的なワインに含まれている。

St.-Joseph Deschants サン・ジョセフ・デジャン 🍷 $$$ サン・ジョセフのレギュラーボトルのレ・デジャンには、個性と、風味の強い酸、幾分清涼な気候の赤い果実味があり、その背後に石のように硬いミネラルを

感じる。美味で、ネゴシアンのブレンドにしては期待以上の充実感。

St.-Joseph Deschants サン・ジョセフ・デジャン 🍷 $$ このエレガントで新鮮な白は、ドライで、フルーティで、ミディアムボディのスタイルに、蜜で甘くした柑橘類とともに素晴らしいオレンジとネクタリンを連想させるものがある。

G.A.E.C. CHARVIN (Côtes du Rhône) ガエク・シャルヴァン(コート・デュ・ローヌ)

Côtes du Rhône Le Poutet コート・デュ・ローヌ・ル・プーテ 🍷 $$ お買い得品を探している人にとって、注目すべきワイン。この赤は、豊富なキルシュ酒と見事な熟し方とミディアムボディを表し、とげとげしさがなく、プロヴァンスの個性と魂をたっぷりと見せる。

Vin de Pays à Côté ヴァン・ド・ペイ・ア・コテ 🍷 $ シャルヴァンの最新のワイン。グルナッシュ50%とメルロ50%のブレンドが、コミカルな映画『サイドウェイ』の影響で人気が出た。このア・コテ(フランス語で「サイドウェイ」の意味)は、非常に魅力的で、肉付きがよく、猟鳥獣肉のにおいのするブラックチェリーとチョコレートのような果実味が、ヒマラヤ杉と甘いチェリーと入り混じって、驚くほど良いワインとなっている。

CHAVE (négociant label) (Côtes du Rhône) シャーヴ〔ネゴシアン・ラベル〕(コート・デュ・ローヌ)

Côtes du Rhône Mon Coeur コート・デュ・ローヌ・モン・クール 🍷 $$$ とびきり素晴らしい純粋さときめとリッチさを持つセンセーショナルなワイン。

AUGUSTE CLAPE (Rhône Valley) オーギュスト・クラップ(ローヌ渓谷)

Côtes du Rhône コート・デュ・ローヌ 🍷 $$ コルナスのすぐ外の地区でシラーを使って造られた。ミディアムボディで、純粋で、自然な個性の中で、焦げた大地と黒い果実の特徴をたっぷりと表している。

St.-Péray サン・ペレ 🍷 $$ マルサンヌ種主体のサン・ペレは、魅力的なホワイト・カラントの芳香と、柑橘類の油と、石のようなリキュールの性格を示し、それらが結びついてまぎれもなくシャブリに似た個性を生

FRANCE | RHÔNE VALLEY

み出している。
Vin des Amis Vin de Table (nonvintage) ヴァン・デ・アミ・ヴァン・ド・ターブル（ノンヴィンテージ）🍷 $ お買い得品を探している人は、常に、ヴァン・デ・アミというクラップ社の格下げされたシラーをチェックするとよい。この年号表示のないワインは、クラップの最高級のコルナス・ワインほど複雑さはないが、そういうワインにたまたま似ているだけではない何かを持っている。

CLOS CHANTEDUC *(Côtes du Rhône)* クロ・シャンテデュック（コート・デュ・ローヌ）

ドメーヌ・サンタ・デュックのイヴ・グラが、優れたレストラン批評家、フードライターのパトリシア・ウェルズの為にこのワインを造っている。
Côtes du Rhône コート・デュ・ローヌ 🍷 $$ "ガリグ"の古典的な特徴、挽きたての胡椒、キルシュ酒、甘草、およびスパイスを表すこの複雑なワインは、プロヴァンスの野外市場のエッセンスのようなにおいがする。

DOMAINE LA COLLIÈRE *(Rasteau)* ドメーヌ・ラ・コリエール（ラストー）

Côtes du Rhône コート・デュ・ローヌ 🍷 $$ フルボディの豊潤さと、重層的で新鮮でみずみずしい口当たりを持つ特筆すべき赤。
Côtes du Rhône Cuvée Oubliée コート・デュ・ローヌ・キュヴェ・ウーブリエ 🍷 $$$ 濃厚で、リッチで、みずみずしいこのワインは、飛び抜けた強烈さとフルボディの力を誇示している。
Côtes du Rhône-Villages Rasteau コート・デュ・ローヌ・ヴィラージュ・ラストー 🍷 $$$ この優れたコート・デュ・ローヌ・ヴィラージュ・ラストーは、フルボディで、力強い濃密さを示し、肉厚で、広がりがある、充実したワイン。

DOMAINES DES COTEAUX DES TRAVERS *(Rhône Valley)* ドメーヌ・デ・コトー・デ・トラヴェール（ローヌ渓谷）

Cairanne ケランヌ 🍷 $$$ このワインの驚くほど果汁質で、フルーツ指向のスタイルは、このアペラシオンのほとんどのワインが持つあからさまとも言える土臭さとスパイス性とは袂を分かつ。魅惑的で、リッチで、肉付きがよく、驚くほどの深みと余韻を持つモダンスタイルのケランヌ。

Rasteau ラストー 🍷 $$$　このラストーのベーシックなワインは、素晴らしく強烈な果実味を誇り、白いチョコレートと大地を想わせるだけでなく、甘草とブラックチェリーをも連想させる。

Rasteau Cuvée Prestige ラストー・キュヴェ・プレスティージュ 🍷 $$$　グルナッシュが主要品種であることは明らか。この赤ワインは、偉大な果実味と、フルボディと、ぜいたくなきめを持っているが、より高い酸度と、厳しく、堅固で、男性的なタンニンも現われる。

DOMAINE COURBIS *(St.-Joseph)* ドメーヌ・クルビ（サン・ジョセフ）

St.-Joseph サン・ジョセフ 🍷 $$$　ドメーヌ・クルビのサン・ジョセフは、熟したチェリーとイチゴ、軽いタンニン、およびエレガントな個性が現われる。このアペラシオンのリッチでスタイリッシュなワインの見本ともいうべきワイン。

DOMAINE LE COUROULU *(Vacqueyras)* ドメーヌ・ル・クルリュ（ヴァケラス）

Vacqueyras Cuvée Classique ヴァケラス・キュヴェ・クラシク 🍷 $$$　最高の南ローヌものを探しているのなら間違いなくお買い得。このワインは、信じられないほどの純粋さとリッチさだけでなく、口の中に粘膜のように張り付く感じの強烈な風味も併せ持つ。ミディアムからフルボディで、肉付きがよく、純粋である。

CROS DE LA MÛRE *(Côtes du Rhône)* クロ・ド・ラ・ミュレ（コート・デュ・ローヌ）

Côtes du Rhône コート・デュ・ローヌ 🍷 $$　甘いジャムのような果実味に溢れる風味と、素晴らしいブーケと、絹のようなタンニンと、新鮮な濃密さを備えたセンセーショナルなコート・デュ・ローヌ。

DELAS FRÈRES *(Rhône Valley)* ドラ・フレール（ローヌ渓谷）

Côtes du Rhône St.-Esprit コート・デュ・ローヌ・サン・エスプリ 🍷 $　色がもっと黒いスタイルのコート・デュ・ローヌ。ミディアムからフルボディの、熟した、果実味の美味で、純粋なスタイルの中に、ブルーベ

FRANCE | RHÔNE VALLEY

リーと、ブラックベリーと、タールと、チョコレートを連想させるものがある。

- **Côtes du Ventoux** コート・デュ・ヴァントー 🍷 $　主要品種がグルナッシュで少量のシラーとカリニャンがブレンドされているこのビストロ・スタイルの赤は、飲み始めに風味を感じるフルーティなワイン。魅惑的で官能的。
- **Vacqueyras Domaine des Gênets** ヴァケラス・ドメーヌ・デ・ジェネ 🍷 $$$　ヴァケラスにしては珍しいコンビネーションだが、シラーとグルナッシュが同量ブレンドされたこのフルボディのワインは、背景のラヴェンダーと"ガリグ"だけでなく、ブラックベリーとカシスの果実味。

DOMAINE DES ESCARAVAILLES *(Rasteau, Roaix, and Cairanne)*
ドメーヌ・デ・エスカラヴェイユ（ラストー、ロエ、ケランヌ）

- **Les Antimagnes Côtes du Rhône** レ・ザンティマーニュ・コート・デュ・ローヌ 🍷 $　すごいお買い得。このワインは、ミディアムボディで、しなやかなきめの、おいしいスタイルを持った古典的なコート・デュ・ローヌである。
- **Cairanne Le Ventabren** ケランヌ・ル・ヴェンタブレン 🍷 $$$　ミディアムボディで、レ・ザンティマーニュより少し新鮮で、もっとブルゴーニュに近いスタイル。
- **Rasteau Heritage** ラストー・ヘリタージュ 🍷 $$$　シャトー・ラヤスのワインに似たキルシュ酒またはラズベリーの要素を持つ大評判のワイン。素晴らしい純粋さ、ミディアムからフルボディ、および偉大な余韻と熟成を示す。
- **Rasteau La Ponce** ラストー・ラ・ポンス 🍷 $$$　ラストーの高地の畑からとれたグルナッシュとシラーのブレンド。このワインは、フルボディの力と強烈さが特徴。
- **Roaix Les Hautes Granges** ロエ・レ・ゾート・グランジェ 🍷 $$$　本物のオールドファッションのコート・デュ・ローヌ・ヴィラージュ。豊富なラヴェンダーの香りにカシスと森の床の匂いが混じっている素晴らしいワイン。豪華で非常にプロヴァンスらしい（南のシラーが必ずしもこうなるわけではない）。

DOMAINE DE L'ESPIGOUETTE *(Vacqueyras)* ドメーヌ・ド・レスピグエット（ヴァケラス）

Vacqueyras ヴァケラス 🍷 $$$　このヴァケラスは、印象的なほど恵まれ、フルボディで、ジューシー。非常に個性的で、いかにもプロヴァンスらしいばかりでなく、ミディアムからフルボディ。

DOMAINE DE FERRAND *(Côtes du Rhône)* ドメーヌ・ド・フェラン（コート・デュ・ローヌ）

Côtes du Rhône Vieilles Vignes コート・デュ・ローヌ・ヴィエイユ・ヴィーニュ 🍷 $$$　フェランのコート・デュ・ローヌは、シャトーヌフ・デュ・パープと性格の上で共通するところが多い。それほど濃密性も長寿の可能性もないが、黒っぽい果実とあぶったハーブと肉汁が混じり合った香料、海草、潮風の複雑な香りを醸し出す。

FERRATON *(Crozes-Hermitage)* フェラトン（クローズ・エルミタージュ）

Côtes du Rhône Samorens コート・デュ・ローヌ・サモレン 🍷 $　グルナッシュ・ブランがブレンドのほとんどを占めるこのワインは、豊富な柑橘類と、かすかな白桃を想わせ、風味のある、ミディアムボディの、新鮮で、生き生きとしたスタイル。

Crozes-Hermitage La Matinière クローズ・エルミタージュ・ラ・マティニエール 🍷 $$$　純粋な魅力と洗練さを備えたこのワインは、あぶったハーブと大地の香りが混じり合った、みごとなイチゴとチェリーの果実味。

Crozes-Hermitage La Matinière クローズ・エルミタージュ・ラ・マティニエール 🍷 $$$　フルーティでフルボディのワイン。2～4年間、あるいは、それ以上の可能性もあるが、おいしく飲める。

DOMAINE FONDRECHE *(Côtes du Ventoux)* ドメーヌ・フォンドレシュ（コート・デュ・ヴァントー）

Côtes du Ventoux Éclat コート・デュ・ヴァントー・エクラ 🍷 $$　このスーパーワインは、ルーサンヌ、グルナッシュ、ブールブーラン、クレレットのブレンドである。溌剌とした酸味は、コート・デュ・ヴァントーの品質が見事に向上しつつある証拠であり、まだ貴重な宝の発見があるはずだ。

Côtes du Ventoux Fayard コート・デュ・ヴァントー・フェイヤール 🍷

FRANCE | RHÔNE VALLEY

$$ カリニャン、ムールヴェードル、シラー、それに大量のグルナッシュのブレンドで、非常に満足感のある可愛らしいワイン。決して飲み飽きることはない。

Côtes du Ventoux Nadal コート・デュ・ヴァントー・ナダル 🍷 $$$ 大部分が古い木のグルナッシュ（1936年に植えられた木）と古い木のシラーで、残りがムールヴェードルのブレンド。この赤ワインは、フルボディで、肉付きがよく、リッチ。

Mas Fondreche Côtes du Ventoux O'Sud マ・フォンドレシュ・コート・デュ・ヴァントー・オ・シュド 🍷 $$ この率直で、ピクニックスタイルのワインは、噛めるようなフランボワーズとチェリーの果実味をたっぷりと備え、ハーブと胡椒とスパイスの風味がありながら、のんびりとした個性を持つ。

LA FONT DE PAPIER *(Vacqueyras)* ラ・フォン・ド・パピエ（ヴァケラス）

Vacqueyras ヴァケラス 🍷 $$$ 良いヴィンテージでは、濃密で、タンニンが豊かで、力強く、10年間にわたって飲めるワインになりうる。それほど成功しない年でも、率直で、一面的で、数年にわたり楽しく飲めるワインになりうる。

DOMAINE DU FONTENILLE *(Provence)* ドメーヌ・デュ・フォンテニール（プロヴァンス）

Côtes du Luberon コート・デュ・リュベロン 🍷 $ 超アロマチックなワイン。胡椒、大地、ブラックチェリー、そして埃っぽいローム土をたっぷりと連想させる。このワインの果実味と大地を想わせる感じとスパイスの香りは、プロヴァンスの古典的な特徴。非常に恵まれた資質を持ち、ミディアムからフルボディで、素晴らしい純粋さと深みを備えたこのワインは、2～3年間はおいしく飲めるはずだ。

DOMAINE FONT SARADE *(Vacqueyras)* ドメーヌ・フォン・サラド（ヴァケラス）

Vacqueyras Cuvée Classique ヴァケラス・キュヴェ・クラシク 🍷 $$$ ミディアムからフルボディで、しなやかなきめのヴァケラス・キュヴェ・クラシクは、美味で、純粋で、バランスのよい赤ワイン。

Vacqueyras Cuvée Prestige ヴァケラス・キュヴェ・プレスティージュ 🍷 $$$ このヴァケラス・キュヴェ・プレスティージュは異論が多い。新樽で熟成し、確かにしっかり凝縮し、良く造られている。しかし、ヴァケラスとしてはどこか典型的ではない。樽味もある程度までは融和するだろうが、祖母の時代のヴァケラスではない。

DOMAINE LA FOURMONE *(Vacqueyras)* ドメーヌ・ラ・フルモーヌ（ヴァケラス）

Vacqueyras Trésor du Poète ヴァケラス・トレゾール・デュ・ポエ 🍷 $$$ 主要品種がグルナッシュで、わずかにシラーがブレンドされているこの美味なワインは、ミディアムからフルボディで、甘美で、新鮮で、純粋。

CUVÉE DES GALETS *(Côtes du Rhône)* キュヴェ・デ・ガレ（コート・デュ・ローヌ）

Côtes du Rhône Terre du Mistral コート・デュ・ローヌ・テール・デュ・ミストラル 🍷 $ まるで二束三文という値段で売られているこの素晴らしいコート・デュ・ローヌは、たくさんの胡椒、ラヴェンダー、"ガリグ"、キルシュ酒、甘草だけでなく、甘さも備えている。

Vin de Pays de Gard ヴァン・ド・ペイ・ド・ガール 🍷 $ 甘いチェリーと、胡椒と、スパイスの香りの中にグルナッシュの特徴がたっぷり表れているこのビストロ・スタイルの良い赤ワインは、ミディアムボディで、のんびりしたスタイルの中に甘美な果実味。

DOMAINE LA GARRIGUE *(Côtes du Rhône)* ドメーヌ・ラ・ガリグ（コート・デュ・ローヌ）

Côtes du Rhône Cuvée Romaine コート・デュ・ローヌ・キュヴェ・ロメーヌ 🍷 $$ 樹齢60～90年の古い木から輸入業者エリック・ソロモンのために特別に造らせたワインで、コート・デュ・ローヌのあるべき資質が全て備わっている。フルボディで、リッチなこのワインは、甘美で頭がクラッとする。特筆に値するワインだが、これを購入する読者は、エリック・ソロモンの細長いラベルがついていることを確認すること。ずっと後で瓶詰めされた同じワインが、他のマーケットで売られているからである。そういうワインは、新鮮さをかなり失っていると私は思う。

Vacqueyras ヴァケラス 🍷 $$$ ヴァケラス（大部分のグルナッシュとわ

FRANCE | RHÔNE VALLEY

ずかなムールヴェードルのブレンド）もエリック・ソロモンのために特別に瓶詰めしたワイン。深みがあり、フルボディ、強烈で、素晴らしい純粋さと、重層的な口当たり、そして頭がクラッとする後味。

JEAN-MICHEL GÉRIN *(Rhône Valley)* ジャン・ミシェル・ジェラン（ローヌ渓谷）

- **Syrah Vin de Pays** シラー・ヴァン・ド・ペイ ♥ $ フランスのビストロやビアレストランで気楽に飲むために造られた赤ワイン。
- **Viognier Vin de Pays** ヴィオニエ・ヴァン・ド・ペイ ♀ $ ジェランの造るヴィオニエは、心地良いが、隣人のミシェル・オジェと比べると全然良くない。

ÉTIENNE GONNET DE FONT DU VENT *(Côtes du Rhône)* エティエンヌ・ゴネ・ド・フォン・デュ・ヴァン（コート・デュ・ローヌ）

- **Côtes du Rhône Confidentia** コート・デュ・ローヌ・コンフィデンシア ♥ $$$ このコンフィデンシアは、ビッグで、リッチで、墨のように黒いコート・デュ・ローヌ。甘いタンニンと、低い酸度、豊富なブラックベリーと炭の匂いが染み込んだ果実味があり、かすかにラヴェンダーの香り。
- **Côtes du Rhône Notre Passion** コート・デュ・ローヌ・ノートル・パッション ♥ $ ノートル・パッションは、セクシーで、豪奢で、凝縮して、丸みがある、大らかなスタイルを持ち、フルボディでたくさんのイチゴとブラックチェリーの果実味。
- **Côtes du Rhône Les Promesses** コート・デュ・ローヌ・レ・プロメス ♥ $ グルナッシュとシラーとムールヴェードルのブレンドであるこのレ・プロメスは、同じ生産者の他のワインよりもエレガントで、軽く、浅薄。

DOMAINE GRAMENON *(Côtes du Rhône)* ドメーヌ・グラムノン（コート・デュ・ローヌ）

- **Côtes du Rhône** コート・デュ・ローヌ ♥ $$ グルナッシュ100％のワイン。ブルゴーニュのような、スモーキーな、動物のような、ピノ・ノワールのような香り。同時に、たっぷりとしたブラックチェリーの果実味、広がりのあるソフトなきめ、素晴らしい純粋さ、心身を爽快にしてくれ

る、果実味のおいしい、ベルベットのような口当たり。

Côtes du Rhône Ceps Centenaires La Mémé コート・デュ・ローヌ・セップ・セントネール・ラ・メメ ▼ $$$　樹齢100年以上のグルナッシュから造られる。愛すべきミディアムからフルボディの、果実味溢れるワイン。

Côtes du Rhône A. Pascal コート・デュ・ローヌ・A・パスカル ▼ $$$　このA・パスカルは、上記のワインより痩せていて、厳しいスタイルのワインだが、ゆったりとした深みがある。

Côtes du Rhône Sierra du Sud コート・デュ・ローヌ・シエラ・デュ・シュッド ▼ $$$　自然で、職人技を感じさせるワイン。深みのある色と、たっぷりとしたキルシュの香りを出す。

DOMAINE LES GRANDS BOIS *(Côtes du Rhône)* ドメーヌ・レ・グラン・ボワ（コート・デュ・ローヌ）

Côtes du Rhône Trois Soeurs コート・デュ・ローヌ・トワ・スール ▼ $　ビッグで、フルボディで、豊かなコート・デュ・ローヌ。

Côtes du Rhône-Villages Cairanne Cuvée Maximilien コート・デュ・ローヌ・ヴィラージュ・ケランヌ・キュヴェ・マクシミリアン ▼ $$　このビッグなワインは、素晴らしい強烈さときめばかりでなく、フルボディの口当たりを持つが、とげとげしいところは全然ない（ワインの3分の1はムールヴェードルで造られているにもかかわらず）。みごとな果実味ばかりでなく高貴な甘さと蔗糖甘味成分（ワインは完璧にドライ）がある。

Côtes du Rhône-Villages Cuvée Philippine コート・デュ・ローヌ・ヴィラージュ・キュヴェ・フィリピン ▼ $$　南ローヌ渓谷を華麗に表現したこのワインは、純粋で、濃密で、きらびやか。風味が口の中をいっぱいにして、とげとげしいところはない。

Côtes du Rhône-Villages Rasteau Cuvée Marc コート・デュ・ローヌ・ヴィラージュ・ラストー・キュヴェ・マルク ▼ $$$　極めてフルボディで、筋肉質で、濃密だが、硬さも収斂性もない。超濃縮型の、素晴らしく純粋なワインで、恐るべき集中性と活力。

DOMAINE GRAND NICOLET *(Rasteau)* ドメーヌ・グラン・ニコレ（ラストー）

Côtes du Rhône コート・デュ・ローヌ ▼ $$　二束三文で売られていると

言いたいすごいワイン。フランボワーズとチェリーと大地の香りを持ち、ルビーまたは紫がかった色の、深みのあるこのワインは、プロヴァンスらしさを醸し出している。

Rasteau Vieilles Vignes ラストー・ヴィエイユ・ヴィーニュ 🍷 $$$ このワインは、グルナッシュの古木に由来する濃い紫色で、噛めるような、甘い花の果実味がある。素晴らしいきめと非常なリッチさとともに、恐るべき強烈さと余韻を持っている。もしこれがシャトーヌフ・デュ・パープのワインであったなら、2、3倍の値段で売れるだろう。通常、発売後2～3年たたなければ最適な飲み頃に達しない素晴らしいワイン。

Rasteau Les Esqueyrons ラストー・レ・エスキロン 🍷 $$$ 基本的には単一畑のラストーと同じ。このワインはグルナッシュが主役。非常にリッチで、素晴らしい強烈さと、純粋さと、深み。

DOMAINE GRAND VENEUR (*Côtes du Rhône*) ドメーヌ・グラン・ヴヌール（コート・デュ・ローヌ）

Domaine Grand Veneur Côtes du Rhône-Villages Les Champauvins ドメーヌ・グラン・ヴヌール・コート・デュ・ローヌ・ヴィラージュ・レ・シャンポーヴァン 🍷 $$ 常に成功しているこの南フランスの古典的なワインは、純粋で、ミディアムからフルボディの、熟した、愛すべきスタイルを持つ。

Grand Veneur (Alain Jaume) Côtes du Rhône Réserve グラン・ヴヌール（アラン・ジョーム）・コート・デュ・ローヌ・レゼルヴ 🍷 $$ このミディアムボディのコート・デュ・ローヌ・レゼルヴは、甘いキルシュ酒の果実味と、人の心を惹き付けるきめを見せるが、硬さはない。

Grand Veneur (Alain Jaume) Côtes du Ventoux Les Gélinottes グラン・ヴヌール（アラン・ジョーム）・コート・デュ・ヴァントー・レ・ジェリノット 🍷 $ これはフランスの古典的なヴァン・ド・プラジール（楽しむワイン）。ソフトで、愛らしく、複雑ではないが、ミディアムボディで果実味がたっぷり。ワインのことをいろいろ考えるのではなく、飲むための素敵なワイン。

Grand Veneur (Alain Jaume) Lirac Clos de Sixte グラン・ヴヌール（アラン・ジョーム）・リラック・クロ・ド・シクステ 🍷 $$$ このリラックには、アラン・ジョームの他のワインよりも、もっとタンニンとミネラル質としっかりした構造が見られる。

Grand Veneur (Alain Jaume) Vacqueyras Grande Classique グラン・ヴヌール（アラン・ジョーム）・ヴァケラス・グラン・クラシク 🍷 $$$

過小評価されているアペラシオンで造られた、魅力的な、みずみずしい、非常に良いワイン。

GUIGAL *(Rhône Valley)* ギガル（ローヌ渓谷）

Côtes du Rhône コート・デュ・ローヌ 🍷 $ ギガルの赤のコート・デュ・ローヌは、多くの日常ワインの中で主要商品となってきている。フルボディで、濃密で、噛めるようで、熟していて、驚くほど口いっぱいに広がる果汁質でベルベットのようなきめを持つ。

Côtes du Rhône コート・デュ・ローヌ 🍷 $ ドライで、非常にスパイシーで、味わいのあるこのコート・デュ・ローヌのロゼは、常に成功している。

Côtes du Rhône コート・デュ・ローヌ 🍷 $ これは驚くべきワイン。白桃とタンジェリン・オレンジの皮が入り混じった素晴らしいスイカズラを連想させ、ミディアムボディで、溌剌として、果実味主体のスタイルに、優れた酸味と深みが伴っている。

DOMAINE DE LA JANASSE *(Côtes du Rhône)* ドメーヌ・デ・ラ・ジャナス（コート・デュ・ローヌ）

Côtes du Rhône コート・デュ・ローヌ 🍷 $$ 優れたきめ、ミディアムボディ、ソフトなタンニン、および低い酸度が非常に甘美なスタイルのワイン。

Côtes du Rhône コート・デュ・ローヌ 🍷 $$ 北のミネラル風味のシャブリのような印象を与えるハイクラスの辛口の白。このワインはミディアムボディで美味。

Côtes du Rhône Les Garrigues コート・デュ・ローヌ・レ・ガリグ 🍷 $$$ 素晴らしい純粋さと見事なきめと驚くほど長い後味をもつこのワインは、非常にお買い得な超大物コート・デュ・ローヌ。

Côtes du Rhône-Villages Terre d'Argile コート・デュ・ローヌ・ヴィラージュ・テール・ダルジール 🍷 $$ 南ローヌの中で、他のものより素晴らしく安価なワインのひとつは、ジャナスのコート・デュ・ローヌ・ヴィラージュ・テール・ダルジールである。これは基本的に"粘土質土壌"という意味。ワインは深みがあり、ミディアムからフルボディ。

Vin de Pays Terre de Bussière ヴァン・ド・ペイ・テール・ド・ビュシエール 🍷 $$ 熟して、ミディアムボディで、優れた酸と新鮮さを持つこのワインは、複雑ではないが、堅固で、口中に風味が満ち溢れる。

Viognier Vin de Pays ヴィオニエ・ヴァン・ド・ペイ 🍷 $$ ヴァン・ド・ペイだがコンドリュウと言っても通る。はるかに安価の素晴らしいワイン。このとびきり上等のミディアムボディのワインは、とてつもなく素敵な地酒で、実際の価値より安値。

DOMAINE LAFOND *(Côtes du Rhône)* ドメーヌ・ラフォン（コート・デュ・ローヌ）

Côtes du Rhône Roc-Épine コート・デュ・ローヌ・ロク・エピーヌ 🍷 $ 早く瓶詰めしたビストロ・スタイルのワイン。フルーティでソフト。

Lirac La Ferme Romaine リラック・ラ・フェルム・ロメーヌ 🍷 $$ ラヴェンダーやプロヴァンスの他のハーブを連想させ、胡椒とブラックチェリーの果実味をたっぷり持っている。スタイルはミディアムボディで、楽しめるように構成されている。

Lirac Roc-Épine リラック・ロク・エピーヌ 🍷 $$ 上記のコート・デュ・ローヌ・ロク・エピーヌと瓜二つだが、もっとボディと果実味と凝縮感がある。

Tavel Roc-Épine タヴェル・ロク・エピーヌ 🍷 $$ 秀逸なこのタヴェルのロゼは、ドライで、フルボディで、わずかに厳しいところがあり、驚くべき強烈さだけでなくこの上ない純粋さをも持っている。この逸品は最初の6〜9カ月のあいだに楽しむべき。

PATRICK LESEC SELECTIONS *(Rhône Valley)* パトリック・ルセック・セレクシオン（ローヌ渓谷）

Costières de Nîmes Gilbelle コスティエール・ド・ニーム・ジルベール 🍷 $$ このコスティエール・ド・ニーム・ジルベールは、ヴァン・ド・プラジール（楽しむワイン）である——ソフトで、フルーティで、まろやかで、非常に味わいがあり、いかにもプロヴァンスらしい。

Costières de Nîmes Vieilles Vignes コスティエール・ド・ニーム・ヴィエイユ・ヴィーニュ 🍷 $$ 深みがありリッチで、硬さや粗野なところがないルセックのコスティエール・ド・ニーム・ヴィエイユ・ヴィーニュは、10年間にわたって楽しむことができる。

Côtes du Rhône Bouquet コート・デュ・ローヌ・ブーケ 🍷 $ この素晴らしいワインは、素敵なあぶったハーブ、焦げた大地、チョコレートのような特徴、印象的な熟し方、ミディアムからフルボディ、そして長い後味。

Côtes du Rhône Cuvée Richette コート・デュ・ローヌ・キュヴェ・リシェット 🍷 $$ やや堅固で、黒っぽいルビー色のワイン。ほかのワインと比べて硬く均質的だが、よく造られている。

Côtes du Rhône-Villages Beaumes-de-Venise コート・デュ・ローヌ・ヴィラージュ・ボーム・ド・ヴニーズ 🍷 $$ このコート・デュ・ローヌ・ヴィラージュ・ボーム・ド・ヴニーズは、ミディアムボディで、プロヴァンスらしい性格を備えている。

Côtes du Rhône-Villages Rasteau Vieilles Vignes コート・デュ・ローヌ・ヴィラージュ・ラストー・ヴィエイユ・ヴィーニュ 🍷 $$$ これは、力強く、肉付きがよく、粗野で、まだ発達しきれていないワインの可能性がある。フルボディで、タンニンはまだ解決しきれていない面を持つ。通常は、数年寝かせると良くなる。

Côtes du Rhône-Villages Rubis コート・デュ・ローヌ・ヴィラージュ・ルビー 🍷 $$ プロヴァンスの古典的なビストロタイプの赤。このミディアムボディのワインは、果実味が豊富で、非常に美味。

Petite Crau プティ・クロー 🍷 $ これはフランス人が"ヴァン・ド・ターブル"（テーブルワイン）と呼んでいるワインだが、楽しむワインでもある。濃密で、ルビー色もしくは紫色で、ずんぐりして、肉付きがよく、この価格帯のワインにしては驚くほどの個性と精髄が込められている。

Vacqueyras Vieilles Vignes ヴァケラス・ヴィエイユ・ヴィーニュ 🍷 $$$ この古典的なヴァケラス・ヴィエイユ・ヴィーニュは、エレガントで、高貴で、深みのあるワイン。7～8年はとてもよく熟成する。

LA MAGEANCE (*Côtes du Rhône*) ラ・マジャンス（コート・デュ・ローヌ）

Visan ヴィサン 🍷 $$ グルナッシュ80%とシラー20%のブレンドで、タンクと古い木の大樽（フードル）で熟成させている。この美味で、清澄も濾過もしていないワインは、深みのあるルビー色または紫色で、大地らしさと胡椒とブラックベリーとチェリーの果実味をたっぷりともち、フルボディで、人に愛されるようなきめがあり、アルコールと酸とタンニンが完璧に融合されている。収穫後4～5年間おいしく飲める。

Visan Vieilles Vignes ヴィサン・ヴィエイユ・ヴィーニュ 🍷 $$ グルナッシュ（樹齢60年の木）90%とシラー（樹齢35年の木）10%で構成されているこのワインは、甘草と、あぶったハーブと、大地の香りが入り混じった甘いブラックベリーとブラック・カラントを想わせる。非常に資

FRANCE | RHÔNE VALLEY

質に恵まれ、しなやかで、ミディアムからフルボディ、純粋で、きめが印象的、後味が長い。

CHÂTEAU DE MANISSY *(Rhône Valley)* シャトー・ド・マニシイ（ローヌ渓谷）

Côtes du Rhône-Villages Lirac コート・デュ・ローヌ・ヴィラージュ・リラック ♀ $$ このまろやかで新鮮で生き生きとしたリラックのワインの中には、素晴らしいエレガンスと円熟味と新鮮さがあり、甘いベリーの果実味、あぶったハーブ、胡椒、および大地らしさがふんだん。

Côtes du Rhône-Villages Tavel コート・デュ・ローヌ・ヴィラージュ・タヴェル ♀ $$ グルナッシュを主要品種とするクレレット、シラー、サンソーのブレンド。真面目な、極辛口のロゼで、かすかな厳しさとともに、たくさんの新鮮なイチゴとチェリーを想わせ、そこに春の花と大地の香りが入り混じっている。骨太で、男性的で、わずかにタンニンの渋みが強い。

MAISON DU MIDI *(Côtes du Rhône)* メゾン・デュ・ミディ（コート・デュ・ローヌ）

Côtes du Rhône-Villages Plan de Dieu コート・デュ・ローヌ・ヴィラージュ・プラン・ド・デュー ♀ $$$ 濃密で、しっかり中身が詰まっているこのワインは、フルボディで、リッチで、心が躍るようで、勢いが強いコート・デュ・ローヌ・ヴィラージュ。

Côtes du Rhône-Villages Rasteau コート・デュ・ローヌ・ヴィラージュ・ラストー ♀ $$$ このひときわ優れたラストーは、フルボディで、筋肉質で、頭がクラッとする。

DOMAINE DE MARCOUX *(Châteauneuf-du-Pape)* ドメーヌ・ド・マルコー（シャトーヌフ・デュ・パープ）

Côtes du Rhône コート・デュ・ローヌ ♀ $$ この非常に良い楽しめるワイン、コート・デュ・ローヌは、マルコーのワインの中でも安価な方に含まれている。エレガントで、ミディアムボディ。

Domaine La Lorentine Lirac ドメーヌ・ラ・ローランタン・リラック ♀ $$ アルメニエ家がリラックで購入したこの最も新しいドメーヌ・ラ・ローランタンは、深く、リッチで、味わいのある性格。

フランス｜ローヌ渓谷

MARTINELLE *(Côtes du Ventoux)* マルティネル（コート・デュ・ヴァントー）

Côtes du Ventoux コート・デュ・ヴァントー 🍷 $$$ 　良く造られた、魅力的な価格のワイン。ビストロやビアレストランの飲み物として理想的。甘く、噛めるようなイチゴとチェリーの果実味を持ち、海草と下生えの灌木をかすかに想わせるところがある。魅力的で、早い時期に飲める。

MAS DE BOISLAUZON *(Côtes du Rhône)* マス・ド・ボワローゾン（コート・デュ・ローヌ）

Côtes du Rhône-Villages コート・デュ・ローヌ・ヴィラージュ 🍷 $$ 　このワインは、一貫して良く造られ、胡椒と、ブラック・カラントと、チェリーが入り混じった素敵なローム土壌質の感じ。

MAS DES BRESSADES *(Costières de Nîmes)* マ・デ・ブレサド（コスティエール・ド・ニーム）

Costières de Nîmes Cuvée Excellence コスティエール・ド・ニーム・キュヴェ・エクセレンス 🍷 $ 　100％樽熟成させたシラーで造られているこのコスティエール・ド・ニーム・キュヴェ・エクセレンスは、高いタンニン含有量と厳しい個性を含め、他のワインほど楽しくないという性格を見せることもあるが、初口の後に現われるアロマチックさは、魅力的なものになる傾向がある。

Vin de Pays Gard Cabernet Sauvignon/Syrah ヴァン・ド・ペイ・ガール・カベルネ・ソーヴィニヨン／シラー 🍷 $$ 　このワインは魅力と果実味に溢れている。酸味がワインに新鮮さと活気を与え、その性格を形作っている。このミディアムボディの、素直なワインには、甘いブラックチェリーとブラック・カラントの果実味がたっぷり。

Vin de Pays Gard Roussanne/Viognier ヴァン・ド・ペイ・ガール・ルーサンヌ／ヴィオニエ 🍷 $$ 　ヴァン・ド・ペイ・ガール・ルーサンヌ／ヴィオニエ（それぞれ同量）の中のルーサンヌは、新しい樫樽でしばらく過ごす。その結果、ミディアムボディの、活気に溢れた、きらびやかなスタイルの中に、レモン・オイル、ライチの実、ゆでた熱帯のフルーツの魅力的なブーケが生まれる。

FRANCE | RHÔNE VALLEY

MAS DE GUIOT (*Costières de Nîmes*) マ・ド・グィオー（コスティエール・ド・ニーム）

Costières de Nîmes Alex コスティエール・ド・ニーム・アレックス ▼ $$
輸入業者の息子の名前にちなんで名をつけたコスティエール・ド・ニーム・アレックスは、この地区で紹介するワインの中では最もビッグで、優れた純粋性と深みのほかに、素晴らしく重層的な口当たり。

Costières de Nîmes Numa コスティエール・ド・ニーム・ヌマ ▼ $$　野心的で、非常に資質に恵まれたコスティエール・ド・ニームは、シラー100%で造られ、"バリク樽"（約200リットル入り）で熟成。

Vin de Pays Cabernet Sauvignon/Syrah ヴァン・ド・ペイ・カベルネ・ソーヴィニヨン／シラー ▼ $　軽めのスタイルのヴァン・ド・ペイのカベルネ・ソーヴィニヨン／シラーは、ソフトな果実味がたっぷりあり、構成上の論点もないし甘いタンニンという問題もない。

Vin de Pays Grenache/Syrah ヴァン・ド・ペイ・グルナッシュ／シラー ▼ $　このワインは、シンプルで、堅固で、楽しいが、一面的である。

Vin de Pays Gard Syrah/Grenache ヴァン・ド・ペイ・ガール・シラー／グルナッシュ ▼ $　ほぼ同量のグルナッシュとシラーのブレンドである、このヴァン・ド・ペイ・ガール・シラー／グルナッシュ（米国以外ではキュヴェ・トラディションとして販売）は、噛めるようで、新鮮で、生き生きとして、優れた純粋性と、風味の強い酸味と、長くて頭がクラッとする後味。

MAS CARLOT (*Costières de Nîmes*) マス・カルロ（コスティエール・ド・ニーム）

Clairette de Bellegarde クレレット・ド・ベルガルド ♀ $　クレレットで造った秀逸なワインだが、1年ぐらいしか持たないだろう。しかし、最初の12カ月のあいだに飲めば、素晴らしい白い柑橘類と蜜のように甘い梨の特徴が現れるだけでなく、生き生きわくわくするような酸味と新鮮さがある。驚くべき"小さな"ワインである。

Costières de Nîmes Les Enfants Terribles コスティエール・ド・ニーム・レ・ザンファン・テリーブル ▼ $　このワインは、たっぷりとした果実味とともに、とびきりの純粋さと新鮮さと、ミディアムボディで味わいのある甘美な個性も持ち合わせている。

Vin de Pays d'Oc Cabernet Sauvignon/Syrah ヴァン・ド・ペイ・ドック・カベルネ・ソーヴィニヨン／シラー ▼ $$　"バリク樽"で熟成させた

ボルドーのように仕立てられたこのワインは、カベルネの持つカシスの性格を持つとともに、かすかにミントと香料とヒマラヤ杉の香りを放つため、メドックのクリュ・ブルジョワジーと簡単に間違えられる可能性がある。熟していて、見事な果実味ばかりでなく、印象的な純粋さと長い余韻がある。

Vin de Pays d'Oc Marsanne/Roussanne ヴァン・ド・ペイ・ドック・マルサンヌ／ルーサンヌ ♀ $ この溌剌とした白ワインは、バラの花びらと熱帯のフルーツの香りを連想させ、優れたきめと円熟さ、および新鮮な酸を持っている。

Vin de Pays d'Oc Syrah/Grenache ヴァン・ド・ペイ・ドック・シラー／グルナッシュ ♀ $ このワインはコスティエール・ド・ニームで造られたものだが、ラベルに品種名を載せているため、マス・カルロはこのワインにヴァン・ド・ペイの名称をつけざるをえない。ベリーのエレガントな果実味と、良い円熟味と、ミディアムボディを持っているため、ビストロやビアレストランの食事に合わせると理想的。

CHÂTEAU MAS NEUF *(Costières de Nîmes)* シャトー・マス・ヌフ（コスティエール・ド・ニーム）

Costières de Nîmes Tradition コスティエール・ド・ニーム・トラディション ♀ $ このミディアムボディのワインは、正直なビストロ・スタイルの赤で、プロヴァンスのハーブ、チェリー、イチゴおよび甘草を想い起こさせる。

Costières de Nîmes Tradition コスティエール・ド・ニーム・トラディション ♀ $ 新鮮で、ミディアムボディのエレガントなワインで、最初の6〜9カ月のあいだに飲むのがいちばん美味。

Costières de Nîmes Tradition La Mourvache コスティエール・ド・ニーム・トラディション・ラ・ムルヴァッシュ ♀ $$$ ムールヴェードルとグルナッシュを同量ブレンドした興味をそそられるラ・ムルヴァッシュは、印象的。スパイシーで、リッチで、ミディアムボディのこのワインは、甘いタンニンと長い後味。

DOMAINE LA MILLIÈRE *(Côtes du Rhône)* ドメーヌ・ラ・ミリエール（コート・デュ・ローヌ）

Côtes du Rhônes-Villages Vieilles Vignes コート・デュ・ローヌ・ヴィラージュ・ヴィエイユ・ヴィーニュ ♀ $$ この優れた生産者は、非常に

FRANCE | RHÔNE VALLEY

美味で安価なコート・デュ・ローヌ・ヴィラージュを出している。わずかに厳しく痩せぎすなこともあるが、それでも非常に良く、ほとんどブルゴーニュのコート・ド・ボーヌの第一級ワインのような味わい。

LA MONARDIÈRE *(Vacgneyras)* ラ・モナルディエール（ヴァケラス）

Vacqueyras Les 2 Monardes ヴァケラス・レ・2・モナルデ ♇ $$$　この美味でエレガントなワインは、適度に強烈なブーケの中で、キルシュ酒とスパイスボックスのアロマが混じり合っている古典的なプロヴァンスの"ガリグ"の香りを放っている。印象的なレベルの果実味と、良い酸味と、甘いタンニン。

CHÂTEAU DE MONTMIRAIL *(Vacqueyras)* シャトー・ド・モンミライユ（ヴァケラス）

Vacqueyras Cuvée des Deux Frères ヴァケラス・キュヴェ・デ・デュー・フレール ♇ $$$　ミディアムからフルボディのこのヴァケラス・キュヴェ・デ・デュー・フレールは、快楽的で、絹のようなきめの、果実味主体のワインである。

Vacqueyras Cuvée de l'Ermite ヴァケラス・キュヴェ・ド・レルミット ♇ $$$　みずみずしく、頭がカッとする、魅惑的な赤ワイン。

DOMAINE DE LA MORDORÉE *(Côtes du Rhône)* ドメーヌ・ド・ラ・モルドレ（コート・デュ・ローヌ）

Côtes du Rhône コート・デュ・ローヌ ♇ $$　このワインは、良いタンニンと、新鮮な酸味と、ミディアムボディで純粋で新鮮で生き生きとした風味を持ち、それが舌に長い余韻として残る。

Côtes du Rhône コート・デュ・ローヌ ♇ $$　この生産者のタヴェルのロゼ（下記）と同じぐらい良いが、ずっと安価なのが、コート・デュ・ローヌ・ロゼ。新鮮で、ミディアムからフルボディで、素晴らしい深みと長い余韻を持つこの見事なロゼは、発売後1年以内に飲んだ方がいい。

Côtes du Rhône Dame Rousse コート・デュ・ローヌ・ダム・ルス ♇ $　コート・デュ・ローヌにしては、筋肉質と濃密さをたっぷりもっており、4～5年を越したあたりで飲むのがいちばん美味。もっとも10年もつ可能性もある。

Lirac Dame Rousse リラック・ダム・ルス ♇ $$　スパイシーで、ミディ

アムからフルボディ、構成がしっかりしているが、リッチで、フルで、非常に印象的。

Tavel タヴェル 🍷 $$$　南フランスで造られるこれもまた秀逸なロゼ。豊かなキルシュ酒とスパイスの特徴、溢れるばかりの果実味、ミディアムからフルボディ、そして堂々たる後味を見せる。このまじめなワインは、ロゼ単独で有名なこのアペラシオンにぴったりである。最初の6〜9カ月のあいだに楽しむのがいい。

DOMAINE DE MOURCHON *(Séguret)* ドメーヌ・ド・ムルション（セグレ）

Côtes du Rhône-Villages Séguret Tradition コート・デュ・ローヌ・ヴィラージュ・セグレ・トラディション 🍷 $$$　この生産者のコート・デュ・ローヌは、華麗に造られている。純粋で、リッチで、見事なきめで、味わいがあり、プロヴァンスのワインが持つべきすべての要素を持っている。ここのお買い得品であるコート・デュ・ローヌ・ヴィラージュ・セグレ・トラディションは、輝かしいワインで、たくさんの青と黒のフルーツと、高い割合のタンニンを含むが、口当たりは甘く、味わいがある。非常に資質に恵まれたワイン。

MOURGUES DU GRÈS *(Costières de Nîmes)* ムルギュ・デュ・グレ（コスティエール・ド・ニーム）

Costières de Nîmes Capitelles des Mourgues コスティエール・ド・ニーム・カピテル・デ・ムルギュ 🍷 $$$　通常、この生産者の最上の仕込み物であるカピテル・デ・ムルギュは、フルボディで、大地を感じさせるリッチさ。

Costières de Nîmes Les Galets Dorés コスティエール・ド・ニーム・レ・ガレ・ドレ 🍷 $　溌剌とした、アロマチックなワインで、果実味と、ドライで新鮮な個性と、良い酸味。大衆を喜ばせるこのワインは、いろいろな料理と一緒に楽しめる。

Costières de Nîmes Les Galets Rouge コスティエール・ド・ニーム・レ・ガレ・ルージュ 🍷 $　フルボディで、果実味とグリセリン、良い酸味、新鮮さ、およびワインに対する造り手のイメージがにじみ出てくる。最初の2〜4年のあいだに飲んだ方がよい愛すべき赤ワイン。

Costières de Nîmes Terre d'Argence コスティエール・ド・ニーム・テール・ダルジャンス 🍷 $$　陽光あふれるプロヴァンスのエッセンスを瓶

FRANCE | RHÔNE VALLEY

に詰めた味わいが常に変ることがなくて、頼り甲斐のあるワイン。このワインは胡椒風味があって、スパイシー。熟したチェリーの果実味が満載されているようで、タンニンは絹のように滑らか。

Costières de Nîmes Terre d'Argence Blanc コスティエール・ド・ニーム・テール・ダルジャンス・ブラン 🍷 $$ この非常に良いテール・ダルジャンスは、ミディアムボディで、ドライで、爽やかなスタイルを持ち、ガレ・ドレと比べ驚くほど抑制されている。

CHÂTEAU DE NAGES *(Costières de Nîmes)* シャトー・ド・ナージュ（コスティエール・ド・ニーム）

Costières de Nîmes Joseph Torres コスティエール・ド・ニーム・ジョセフ・トレス 🍷 $$$ ふっくらとして、肉付きがよく、フルボディで、絹のようなきめの、美味なワイン。

DOMAINE L'OLIVIER *(Côtes du Rhône)* ドメーヌ・ロリヴィエ（コート・デュ・ローヌ）

Côtes du Rhône-Villages コート・デュ・ローヌ・ヴィラージュ 🍷 $$ グルナッシュ主体のこのコート・デュ・ローヌ・ヴィラージュは、深みがあり、ミディアムボディで、うっとりするほどフルーティ。

Côtes du Rhône-Villages l'Orée du Bois コート・デュ・ローヌ・ヴィラージュ・ロレ・デュ・ボワ 🍷 $$$ 兄弟（コート・デュ・ローヌ・ヴィラージュ）の持つ複雑さには欠けるが、もっと色が黒く、モダンなスタイルのワイン。しかし、豊かな資質に恵まれ、果汁質で、リッチ。

DOMAINE DE L'ORATOIRE ST.-MARTIN *(Cairanne)* ドメーヌ・ド・ロラトワール・サン・マルタン（ケランヌ）

Côtes du Rhône-Villages Cairanne Cuvée Prestige コート・デュ・ローヌ・ヴィラージュ・ケランヌ・キュヴェ・プレスティージュ 🍷 $$$ 南ローヌで造られたこの古典的なプロヴァンスの赤は、素晴らしい甘味、フルボディ、リッチな味わい、飛び抜けた純粋さと長い余韻。

Côtes du Rhône-Villages Cairanne Haut-Coustias コート・デュ・ローヌ・ヴィラージュ・ケランヌ・オー・クスティア 🍷 $$$ 良い果実味、フルボディの力、および賞賛に値する濃さとグリセリンを持つこのワインは、深みがあり、長い後味を持ち、リッチで、フルボディ。

Côtes du Rhône-Villages Cairanne Réserve des Seigneurs コート・デュ・ローヌ・ヴィラージュ・ケランヌ・レゼルヴ・デ・セニョール 🍷 $$$
このドメーヌを経営する2人の兄弟、フレデリックとフランソワ・アラリの素晴らしさを声高に讃える見事なワイン。賞賛に値するきめと、純粋さと、余韻と、フルボディ。

CHÂTEAU PARADIS *(Coteaux d'Aix-en-Provence)* シャトー・パラディ（コトー・ディクス・アン・プロヴァンス）

Terre des Anges テール・デ・アンジュ 🍷 $　令名に輝くワイン醸造学者フィリップ・ガンビが造った顧客向けのワイン。カベルネ・ソーヴィニヨンとグルナッシュとソーヴィニヨン・ブランの興味深いブレンドのこのワインは、素晴らしい新鮮さと、ドライで溌剌とした風味とともに、メロン、柑橘類、イチゴおよび他のベリーの果実味をふんだんに持つ。

Tradition トラディション 🍷 $　カベルネ・ソーヴィニヨン55％、グルナッシュ35％、シラー10％のブレンドのこの誂えのワインは、濃い紫色を呈し、フルボディのブラック・カラントのリキュール、甘草、タバコの葉、およびスパイスボックスの香りと、甘いタンニン、新鮮な酸味、見事なきめと余韻。

DOMAINE DU PÉGAÜ *(Côtes du Rhône)* ドメーヌ・デュ・ペゴー（コート・デュ・ローヌ）

Domaine du Pégaü Plan Pégaü (nonvintage) ドメーヌ・デュ・ペゴー・プラン・ペゴー（ノンヴィンテージ）🍷 $　良質のテーブルワイン。スパイシーで、深みがあり、果実味が豊かで、2～3年はおいしく飲める。

Domaine du Pégaü Pegovino/Plume Bleue VdP d'Oc ドメーヌ・デュ・ペゴー・ペゴヴィーノ／プリュム・ブルー・VdP・ドック 🍷 $$　ペゴヴィーノ／プリュム・ブルー・VdP・ドックは、ワインが売られる場所によって、ペゴヴィーノかプリュム・ブルーのどちらかの名前になる。あぶったハーブ、新しい馬具用の牛のなめし革、ブラックチェリー、スグリ、およびローム土などの特徴を示す古典的なプロヴァンスのワイン。味わいがあり、大地を想わせ、個性に溢れている。

Féraud-Brunel Côtes du Rhône-Villages フェロー・ブリュネル・コート・デュ・ローヌ・ヴィラージュ 🍷 $$　フェロー・ブリュネルの名前を持つこの輝かしいコート・デュ・ローヌ・ヴィラージュは、フルボディの、甘美な赤ワイン。

FRANCE | RHÔNE VALLEY

Féraud-Brunel Côtes du Rhône-Villages Rasteau フェロー・ブリュネル・コート・デュ・ローヌ・ヴィラージュ・ラストー 🍷 $$$ 豊富なタンニンに対し、ワインの構造のバランスをとるために必要な果実味を十分に持つ、飛び抜けて素晴らしいワイン。

Sélection Laurence Féraud Côtes du Rhône-Villages Séguret Les Pialons セレクシオン・ローランス・フェロー・コート・デュ・ローヌ・ヴィラージュ・セグレ・レ・ピアロン 🍷 $$$ ピアロン村で造られる見事なワイン。ふんだんな果実味と胡椒とスパイスだけでなく、プロヴァンスの良さも出している。

CHÂTEAU PESQUIE *(Côtes du Ventoux)* シャトー・ペスキエ（コート・デュ・ヴァントー）

Côtes du Ventoux Quintessence Rouge コート・デュ・ヴァントー・カンテサンス・ルージュ 🍷 $$$ ペスキエの最上級のワインであるカンテサンスは、南フランスの冷涼気候での古典的なシラー。高地のためワインは偉大な酸味とともに、アカシアの花の傑出したブーケ、リキュールのクレム・ド・カシス、ブラックベリー、タール、甘草、およびスパイスを身に帯びている。深みがあり、フルボディで、重層的なこのワインは、華麗である。

Côtes du Ventoux Les Terrasses Rouge コート・デュ・ヴァントー・レ・テラス・ルージュ 🍷 $ 清澄も濾過もしていないこのレ・テラス・ルージュは、アメリカ人輸入業者エリック・ソロモンのために造られた特別仕込みのワインである。深みがあり、フルボディで、ベルベットのようなタンニンと、良い酸と、長い後味を持っていて、最初の4〜5年のあいだに飲むべきすごいワイン。

LE PLAN VERMEERSCH *(Côtes du Rhône)* ル・プラン・ヴェルメルシュ（コート・デュ・ローヌ）

Côtes du Rhône Classic Red コート・デュ・ローヌ・クラシク・レッド 🍷 $ 大部分のグルナッシュと少量のカリニャンで構成されるこのワインは、挽いた黒胡椒と、ブラックチェリーと、スグリの豊かなアロマ、および葉と、砂と、大地の香り。

Côtes du Rhône Classic White コート・デュ・ローヌ・クラシク・ホワイト 🍷 $ 溌剌とした、レモンとリンゴの香りがするワインで、かすかなホワイト・カラントの香りと強い酸味がある。この新鮮で、生き生き

としたワインは、最初の1年のあいだに飲むのがいちばん美味。

Coteaux du Tricistan GT-V コトー・デュ・トリカスタン GT-V ♇ $$$
コトー・デュ・トリカスタンのこのGT-V（ヴィオニエ100%）は、白桃と未熟なアプリコットの驚くほどスタイリッシュでエレガントなブーケと、良い酸味と、素晴らしい新鮮さ。

DOMAINE DE POULVAREL *(Costières de Nîmes)* ドメーヌ・ド・プルヴァレル（コスティエール・ド・ニーム）

Costières de Nîmes rouge コスティエール・ド・ニーム・ルージュ ♇ $$
このきめがリッチなワインは、シラーの要素が香りも風味も支配する北ローヌのワインに味わいが近い。ブラックベリーと、甘草と、タールを連想させるだけでなく、見事な果実味があり、ミディアムからフルボディ。

Costières de Nîmes rosé コスティエール・ド・ニーム・ロゼ ♇ $ グルナッシュ90%、シラー10%の繊細で、スタイリッシュで微妙なブレンド。このライトからミディアムボディのロゼは、驚くほどのミネラル性と新鮮さだけでなく、微妙な陰影があるが控えめなスタイル。

Costières de Nîmes Les Perrottes コスティエール・ド・ニーム・レ・プロット ♇ $$ シラー70%、グルナッシュ30%の濾過をしていないブレンドで、タンクと小さな樽で寝かされる。これは驚くほど知的なワインで、花と、青と黒のフルーツのニュアンスがたっぷり。ミディアムからフルボディで、良い構造を持ち、樽の影響でゆっくり進化するような、熟成に向いたスタイル。10年間おいしく飲めるはずだ。

DOMAINE DE LA PRÉSIDENTE *(Cairanne)* ドメーヌ・ド・ラ・プレジデント（ケランヌ）

Cairanne Galifay ケランヌ・ガリフェ ♇ $$$ このワインは、大地を想わせるタンニンがあるが、優れた成熟さ、ミディアムボディ、そして10年間は熟成する可能性を持つ。

Cairanne Grands Classiques ケランヌ・グラン・クラシク ♇ $$$ ケランヌ・グラン・クラシクは、熟していて、後味が長く、スタイルの上でガリフェに似る傾向がある。ミディアムボディで、非常にプロヴァンスらしいワイン。

Cairanne Partides ケランヌ・パルティド ♇ $$$ このグループの中では、最もエレガントでブルゴーニュに似たワイン。ミディアムボディで、潑

FRANCE | RHÔNE VALLEY

刺として、心身を爽快にしてくれる。

Côtes du Rhône Velours Rouge コート・デュ・ローヌ・ヴェルール・ルージュ 🍷 $$ フルボディの特筆すべきコート・デュ・ローヌ。相当量ブレンドされたシラーが、間違いなく、ブラックベリーとタールを連想させ、個性と本性とプロヴァンスらしさもたっぷり。

Côtes du Rhône-Villages Grands Classiques コート・デュ・ローヌ・ヴィラージュ・グラン・クラシク 🍷 $$ かなり味わいのある、活力全開のコート・デュ・ローヌで、7〜8年間おいしく飲める。

CHÂTEAU RAYAS (*Côtes du Rhône*) シャトー・ラヤス（コート・デュ・ローヌ）

La Pialade Côtes du Rhône ラ・ピアラード・コート・デュ・ローヌ 🍷 $$$ この軽い赤は、ソフトなビストロ・スタイルのワインで、プラムとチェリーを連想させるが、深みと複雑さはほとんどない。

DOMAINE LA RÉMÉJEANNE (*Côtes du Rhône*) ドメーヌ・ラ・レメジャンヌ（コート・デュ・ローヌ）

Côtes du Rhône Les Arbousiers コート・デュ・ローヌ・レ・アルブジエ 🍷 $$$ 上級のピノ・ノワールに生き写しだが、価格は5分の1。初めにエレガントなベリーの果実味と森の床と胡椒の特徴を示し、やがてキルシュ、甘いタンニン、そして新鮮な酸味をたっぷり持ったワインになる。

Côtes du Rhône Les Chevrefeuilles コート・デュ・ローヌ・レ・シェーブルフュイユ 🍷 $$ コート・デュ・ローヌにしては見事な凝縮感を見せるこのワインは、まろやかで、深みがあり、完璧な構造。

Côtes du Rhône Terre de Lune コート・デュ・ローヌ・テール・ド・リュヌ 🍷 $$ このリッチなコート・デュ・ローヌ・テール・ド・リュヌは、アカシアの花と、ブラックベリー、チョコレート、ラヴェンダーの驚くほど複雑な香りを放つ。

Côtes du Rhône-Villages Les Églantiers コート・デュ・ローヌ・ヴィラージュ・レ・ゼグランティエ 🍷 $$$ このワインは、花のようなカシスの印象（おそらくブレンドに含まれるシラーによる）、ミディアムボディ、およびこの生産者の他のワインより多くのタンニンを持っている。

Côtes du Rhône-Villages Les Genevrières コート・デュ・ローヌ・ヴィラージュ・レ・ジェネヴリエール 🍷 $$$ 果実味主体の、華麗なほどふ

っくらしたワインで、新鮮な酸味と、豊富なイチゴとチェリーと、かすかに胡椒を想わせるスパイシーな後味。

DOMAINE DE LA RENJARDE *(Massif d'Uchaux)* ドメーヌ・ド・ラ・ランジャルド（マシフ・デュショー）

Côtes du Rhône-Villages Massif d'Uchaux コート・デュ・ローヌ・ヴィラージュ・マシフ・デュショー 🍷 $$ このミディアムボディの、エレガントな赤は、最初の数年のあいだに飲み干してしまうのがいちばんいい。

Côtes du Rhône-Villages Massif d'Uchaux Réserve du Cassagne コート・デュ・ローヌ・ヴィラージュ・マシフ・デュショー・レゼルヴ・デュ・カサーニュ 🍷 $$ ランジャルドの最高級ワイン、コート・デュ・ローヌ・ヴィラージュ・マシフ・デュショー・レゼルヴ・デュ・カサーニュは、ミディアムボディで、胡椒のようにピリッとして、スパイシーで、美味なワイン。

CHÂTEAU DES ROQUES *(Vacqueyras)* シャトー・デ・ロケス（ヴァケラス）

Vacqueyras ヴァケラス 🍷 $$$ このワインの成分はすべて、ヴァケラスの石灰岩土壌からもたらされる。フルーティで、ミディアムボディ。

DOMAINE ROGER SABON ET FILS *(Côtes du Rhône)* ドメーヌ・ロジェ・サボン・エ・フィス（コート・デュ・ローヌ）

Côtes du Rhône コート・デュ・ローヌ 🍷 $ サボンの安価なコート・デュ・ローヌは、お買い得品を探している賢い消費者にとっては掘り出し物。みずみずしく、果実味が豊富で、親しみやすいスタイルのワインで、ビストロやビア・レストランに理想的。

CHÂTEAU SAINT COSME *(Côtes du Rhône)* シャトー・サン・コム（コート・デュ・ローヌ）

Côtes du Rhône コート・デュ・ローヌ 🍷 $ ヴィンテージによっては、ここのコート・デュ・ローヌはシラー100％で造られる。実は、このワインは、このジゴンダスにある生産者がジゴンダスの畑のものだけでな

FRANCE | RHÔNE VALLEY

くヴァンソーブルとラストーから購入したワインとブレンドして造る、格下げされたワインである。通常は、あまり複雑ではなく、口いっぱいに風味が広がり、非常にしなやかなきめを持ち、非常にふくよか。

Côtes du Rhône コート・デュ・ローヌ ♀ $ 驚くべきワイン。ミディアムボディで、新鮮で、生き生きして、南ローヌの辛口の白では例外的なお買い得品。

Côtes du Rhône Les Deux Albions コート・デュ・ローヌ・レ・ドゥー・アルビオン ♀ $$ 約半分がシラーで、あとはグルナッシュとムールヴェードルとカリニャンのブレンド。非常に才能あるジゴンダスの経営者、ルイ・バリュオールが、さらに白ブドウのクレレットを10%ブレンドし、黒いフルーツの性格にギガル・コート・ロティエ・ラ・ムーランにも似た花のような複雑さを与えた。ふくよかな、肉付きのよい、美味なワイン。

Côtes du Rhône Le Poste コート・デュ・ローヌ・ル・ポスト ♀ $$ クレレット100%で造られるこの特筆すべきワインは、リッチで、ミディアムからフルボディで、偉大なフィネスと複雑さと繊細さを持っている。クレレットは瓶熟成には向かないという世評があるから、最初の数年のうちに飲んでしまった方がよい。

Côtes du Ventoux Domaine de le Crillon コート・デュ・ヴァントー・ドメーヌ・ド・ラ・クリヨン ♀ $$ グルナッシュ100%だがブルゴーニュのスタイルで造ったこのワインは、若く、エレガント。この生産者の他のワインほど重みと活力はないが、魅力的。

Little James Basket Press Vin de Table (nonvintage) リトル・ジェームズ・バスケット・プレス・ヴァン・ド・ターブル（ノンヴィンテージ） ♀ $$ グルナッシュ主体のこのセクシーで熟したワインは、驚くべきお買い得品。濃くて、グリセリンで肉厚感を出したスタイルの中にブラックチェリーの果実味がたっぷりとある。フルボディで、みずみずしく、最初の数年で飲むのが最適。

DOMAINE SAINT-DAMIEN (*Gigondas*) ドメーヌ・サン・ダミアン（ジゴンダス）

Côtes du Rhône コート・デュ・ローヌ ♀ $$ この正直なコート・デュ・ローヌは、気楽で、ミディアムボディで、とても感じがよく造られている。

Côtes du Rhône Le Bouveau コート・デュ・ローヌ・ル・ブーヴォー ♀ $$ 絹のようなきめを持つ、ミディアムからフルボディのこのコート・

デュ・ローヌは、口いっぱいに風味が広がる快楽的な赤ワイン。

Côtes du Rhône Vieilles Vignes コート・デュ・ローヌ・ヴィエイユ・ヴィーニュ 🍷 $$$ これはいともたやすく、傑出したシャトーヌフ・デュ・パープとして通る。深みがあり、フルボディで、見事なきめと、驚くべきリッチさと、長い後味を持つ。輝かしいコート・デュ・ローヌ。

DOMAINE SAINT GAYAN *(Côtes du Rhône)* ドメーヌ・サン・ガヤン（コート・デュ・ローヌ）

Côtes du Rhône コート・デュ・ローヌ 🍷 $$ 下藪と、胡椒と、イチジクとが入り混じった甘いキルシュを想わせるこのワインは、エレガントで、ミディアムボディで、肉付きがよい。

SAINT JEAN DU BARROUX L'OLIGOCÈNE *(Côtes du Ventoux)* サン・ジャン・デュ・バルー・ロリゴセーヌ（コート・デュ・ヴァントー）

Côtes du Ventoux コート・デュ・ヴァントー 🍷 $$$ 有機農法とビオディナミ農法を結合させて造った結果、ほとんどがグルナッシュ、幾分のシラー、残りがカリニャンとサンソーのブレンドで造った華麗なワインが誕生。偉大なコート・ロティを想わせるブーケを放つ。口に含むと、ソフトで、ビロードのようで、ミディアムからフルボディ、純粋で、エレガントで、エキゾチック。

SANTA DUC SÉLECTIONS *(Côtes du Rhône)* サンタ・デュック・セレクシオン（コート・デュ・ローヌ）

Côtes du Rhône Les Quatres Terres コート・デュ・ローヌ・レ・カトル・テール 🍷 $$$ 4つの異なった村のブドウから造られるこのワインは、心をわくわくさせるよりも、慎み深い。

Roaix Les Crottes ロエ・レ・クロット 🍷 $$ 本書の紹介リストの中の真の宝石は、ほとんど世に知られていないロエという片田舎で造られたこのコート・デュ・ローヌ・ヴィラージュ。このロエ・レ・クロットは、優美そのもので、美味なプロヴァンスのコート・デュ・ローヌが持つべき要素をすべて持っている。非常に古い木、特に、グルナッシュの古木から造られたのは明らか。二束三文で売られている驚くべきワイン。

Sablet Le Fournas サブレ・ル・フルナス 🍷 $$ シャブリのようなサブレ

FRANCE | RHÔNE VALLEY

・ル・フルナスは、新鮮で、豊富なミネラルと白い柑橘類とともに、かすかにマルメロを想わせる。美味な辛口の白。

Les Plans Vin de Pays レ・プラン・ヴァン・ド・ペイ🍷$　単純で純粋という点でビア・レストラン向けの良い赤。迫力あるイチゴとチェリーの果実味が胡椒とラヴェンダーによって引き立てられている（フランス人のいう"食いしん坊のワイン"）。

CHÂTEAU DE SÉGRIES *(Côtes du Rhône)* シャトー・ド・セグリエス（コート・デュ・ローヌ）

Côtes du Rhône コート・デュ・ローヌ🍷$　このミディアムボディのコート・デュ・ローヌは、ほぼグルナッシュで造られた古典的なワイン。

Côtes du Rhône Clos de l'Hermitage コート・デュ・ローヌ・クロ・ド・レルミタージュ🍷$$$　大評判のこのクロ・ド・レルミタージュは、フルボディで、筋肉質で、濃密なワイン。

Lirac リラック🍷$$　秀逸。黒い果実がリッチで、非常にプロヴァンスらしく、ミディアムボディ。

Tavel タヴェル🍷$$　イチゴ／キルシュが溢れんばかりの華麗なタヴェルは、フルで、非常に表情豊かである。完全に快楽的な刺激に満ちたこのワインは、10～12カ月のあいだ素晴らしくおいしく飲める。

CHÂTEAU SIGNAC *(Chusclan)* シャトー・シニャック（シュスクラン）

Côtes du Rhône-Villages Chusclan Combe d'Enfer コート・デュ・ローヌ・ヴィラージュ・シュスクラン・コム・デンフェ🍷$$　ミディアムボディで、構成が素晴らしく、バランスが良く、純粋である。

Côtes du Rhône-Villages Chusclan Terra Amata コート・デュ・ローヌ・ヴィラージュ・シュスクラン・テラ・アマタ🍷$$$　ミディアムからフルボディで、甘美な果実味、甘いタンニン、長く広がりのある後味。

DOMAINE DE LA SOLITUDE *(Côtes du Rhône)* ドメーヌ・ド・ラ・ソリテュード（コート・デュ・ローヌ）

Côtes du Rhône コート・デュ・ローヌ🍷$　胡椒のような"ガリグ"の印象が、このミディアムボディで、楽しく、ビストロ・スタイルのコート・デュ・ローヌを満たしている。

DOMAINE LA SOUMADE (Côtes du Rhône) ドメーヌ・ラ・スマド（コート・デュ・ローヌ）

Cabernet Sauvignon Vin de Pays カベルネ・ソーヴィニヨン・ヴァン・ド・ペイ 🍷 $$　深みがある、ミディアムからフルボディの、このカベルネ・ソーヴィニヨンVdPは、ボルドーをベースとするカベルネの複雑さに欠けるが、口いっぱいに風味が広がり、どっしりとしている。

Merlot Vin de Pays メルロ・ヴァン・ド・ペイ 🍷 $$　メルロVdPは、ミディアムボディの、正直な、肉付きの良いスタイルにソフトなタンニンを与え、たっぷりとしたきめとふっくらとした口当たり。

Côtes du Rhône Les Violettes コート・デュ・ローヌ・レ・ヴィオレット 🍷 $$$　このリストの中で最も大きな掘り出し物は、しばしばこのコート・デュ・ローヌ・レ・ヴィオレットである。ギガルのミニ版のラ・ムーランに似ることもある。バラ、ライチの実、スイカズラ、カシス、および甘いチェリーのエキゾチックで香り高いブーケを持つ。このふくよかで、肉付きが良く、深みがあり、快楽的なワインは、予想をはるかに超える複雑さを持っている。

TARDIEU-LAURENT (Rhône Valley) タルデュ・ローラン（ローヌ渓谷）

Côtes du Luberon Bastide コート・デュ・リュベロン・バスティード 🍷 $$　エレガントで正直なワイン。あまり複雑さはないが、楽しいビア・レストラン・スタイルの赤である。

Côtes du Rhône コート・デュ・ローヌ 🍷 $$　これもビストロ・スタイルの赤で、ほぼグルナッシュで造られている。良い酸味と、暗いルビー色と、イチゴとブラックチェリーに似せたような果実味。

Côtes du Rhône Guy Louis コート・デュ・ローヌ・ギ・ルイ 🍷 $$$　ほぼグルナッシュでシラーを加えたブレンド。このワインは、リッチで、フルボディで、ふっくらとした肉付きが華麗。

Côtes du Rhône-Villages Les Becs Fins コート・デュ・ローヌ・ヴィラージュ・レ・ベック・ファン 🍷 $$$　このワインは、ミディアムボディで、丸みがあり、大らかなスタイルの中に、おいしいブラック・カラントとブラックベリー。

CHÂTEAU DES TOURS (Côtes du Rhône) シャトー・デ・トゥール（コート・デュ・ローヌ）

Côtes du Rhône コート・デュ・ローヌ 🍷 $$ この素晴らしいコート・デュ・ローヌは、ミディアムからフルボディのワインで、驚くべきリッチさと、開放的な口当たりと、魅惑的で絹のようなきめを持つ。最も良くできたものは、10年間もおいしく飲める。

Côtes du Rhône コート・デュ・ローヌ 🥂 $$ グルナッシュ・ブラン100％のこの傑出した白のコート・デュ・ローヌは、見事なほど濃密でリッチなばかりでなく、複雑なブーケとフルボディの口当たり。

Vin de Pays ヴァン・ド・ペイ 🍷 $$ フルーティで美味、ソフトなこのヴァン・ド・ペイは、すごくお買い得。

Vin de Pays ヴァン・ド・ペイ 🥂 $$ この白のヴァン・ド・ペイ（大部分がクレレット）は、ミディアムボディの、フルーティさが美味なスタイルで、白い柑橘類と、未熟なバナナと、かすかに花を想わせる魅力的な香り。

DOMAINE DU TUNNEL (STÉPHANE ROBERT) *(St.-Péray)* ドメーヌ・デュ・テュネル（ステファン・ロベール）（サン・ペレ）

St.-Péray サン・ペレ 🥂 $$$ ルーサンヌ100％の、この閃光のような、スタイリッシュな白は、素晴らしくリッチで、最高のグランクリュのブルゴーニュのような印象を与える。驚くほど良い酸味と、印象的なミネラル性があり、大きな花と熱帯果物を連想させる。

PIERRE USSEGLIO *(Côtes du Rhône)* ピエール・ユッセリオ（コート・デュ・ローヌ）

Panorama Vin de Table (nonvintage) パノラマ・ヴァン・ド・ターブル（ノンヴィンテージ）🍷 $ ほぼ全てがメルロで、ほかに南ローヌの品種がいくつかブレンドされているこのワインは、フルーティで、最初の2～3年のあいだに飲むのが理想的。

Côtes du Rhône コート・デュ・ローヌ 🍷 $ この優れたコート・デュ・ローヌは、魅力的な、ビロードのようなワインで、3～4年の間おいしく飲める。

GEORGES VERNAY *(Condrieu)* ジョルジュ・ヴェルネ（コンドリュウ）

Viognier Vin de Pays Le Pied de Samson ヴィオニエ・ヴァン・ド・ペイ・ル・ピエド・ド・サムソン ♀ $ これは、美味で、正直、かつ率直なヴィオニエ。アプリコットと、蜂蜜と、桃を想わせるものがたっぷり。ミディアムボディだが、この生産者のコンドリュウ地区ワインが持つミネラル性と複雑さに欠ける。しかし、良く造られており、発売後1年で飲むのが理想的。

CHÂTEAU VESSIÈRE (*Costières de Nîmes*) シャトー・ヴェシエール（コスティエール・ド・ニーム）

Costières de Nîmes Red コスティエール・ド・ニーム・レッド ♥ $ このシラー70％、グルナッシュ30％のブレンドは、濃いルビー色で、かすかな甘草と、大地と、胡椒が入り混じった甘いベリーの果実を連想させる。完璧なビストロまたはビアレストラン向けの赤で、最初の1～2年のあいだに飲むべきワイン。

Costières de Nîmes Rosé コスティエール・ド・ニーム・ロゼ ♀ $ シラー75％、グルナッシュ25％を組み合わせたこの生き生きとしたロゼは、ドライで、溌剌とした、純粋な個性の中に、キルシュとフランボワーズがふんだんにある感じ。

Costières de Nîmes White コスティエール・ド・ニーム・ホワイト ♀ $ ルーサンヌ85％、グルナッシュ15％からなるこのミディアムボディの白ワインは、花のような、蜂蜜漬けの柑橘類と、メロンを豊かに想起させるばかりでなく、かすかに未熟な桃を想わせるところがある。新鮮で、樽の影響を少しも感じさせないところをみると、完全にタンクで熟成させたことは明らか。

J. VIDAL-FLEURY (*Ampuis*) J.ヴィダル・フルーリー（アンピュイ）

Côtes du Rhône Le Pigeonnier コート・ドゥ・ローヌ・ル・ピジョニエ ♥ $$ 深みがあってフルボディのこのワインは、3～4年のあいだに飲むべき豪華なスタイルのコート・ドゥ・ローヌ。

Côtes du Rhône (Viognier) コート・ドゥ・ローヌ（ヴィオニエ）♀ $$ ヴィダル・フルーリーのコート・ドゥ・ローヌ（ヴィオニエ）は傑作。果実味が豊かなスタイルをもち、溌剌としてミディアムボディのこのワインは、非常にお得な価格のすごいヴィオニエである。

Côtes du Rhône-Villages コート・ドゥ・ローヌ・ヴィラージュ ♥ $ このコート・ドゥ・ローヌ・ヴィラージュは、古典的なプロヴァンスの特

FRANCE | RHÔNE VALLEY

徴、ミディアムボディ、および賞賛すべき果実味と、ドライハーブと、スパイスの香り。

Côtes du Ventoux コート・デュ・ヴァントー 🍷 $ ビストロ向けの美味な赤ワインで、頭にクラッとくるアルコールと、たっぷりとした甘いカシスとチェリーの果実味と、肉付きの良い後味。

Crozes-Hermitage (red) クローズ・エルミタージュ（レッド）🍷 $$$ 赤のクローズ・エルミタージュは、軽く、ミディアムボディで、楽しいが、心をわくわくさせることはない。

Crozes-Hermitage (white) クローズ・エルミタージュ（ホワイト）🍷 $$$ この白のクローズ・エルミタージュ（マルサンヌ100%）は、新鮮で生き生きとしているが、正直で単純。

St.-Joseph サン・ジョセフ 🍷 $$$ すっきりと造られ、真っ正直で、フルーティ。

DOMAINE DE LA VIEILLE JULIENNE *(Châteauneuf-du-Pape)* ドメーヌ・ド・ラ・ヴィエイユ・ジュリアンヌ（シャトーヌフ・デュ・パープ）

Côtes du Rhône コート・デュ・ローヌ 🍷 $$$ クレレット、グルナッシュ・ブラン、マルサンヌ、ヴィオニエ、およびブールブーランのブレンドで造られた面白い白ワイン。潑刺として、エレガントで、フルーティ。

Côtes du Rhône Lieu-Dit Clavin コート・デュ・ローヌ・リュー・ディット・クラヴァン 🍷 $$ このワインは傑出する可能性がある。コート・デュ・ローヌよりもまじめなシャトーヌフ・デュ・パープのような味わいがある。ミディアムからフルボディで、絹のようなタンニンがあり、口当たりはふっくらとしてみずみずしい。通常は5〜7年間おいしく飲めるが、時には10年間ももつこともある。

Vin de Pays ヴァン・ド・ペイ 🍷 $ ヴィエイユ・ジュリアンヌのヴァン・ド・ペイは、正直で、驚くほどビッグなワイン。豊かな果実味、タンニン、純粋さを持つ。複雑ではないが、口いっぱいに風味が満ち、余韻が残る赤ワイン。

DOMAINE DE VIEUX TÉLÉGRAPHE *(Côtes du Ventoux)* ドメーヌ・ド・ヴュー・テレグラフ（コート・デュ・ヴァントー）

Le Pigoulet de Brunier ル・ピジュレ・ド・ブリュニエ 🍷 $ お買い得品を探す賢い消費者は、常にル・ピジュレ・ド・ブリュニエが出すワイン

を当てにしてよい。このワインはほとんどがコート・デュ・ヴァントーで造られている。フルーティな、ミディアムボディの、ビストロ・スタイルの赤で、すぐに飲んだ方がいい。

VIGNERONS DE CARACTÈRE *(Vacqueyras)* ヴィニュロン・ド・カラクテール（ヴァケラス）

Vacqueyras Chemin des Rouvières ヴァケラス・シュマン・デ・ルヴィエール ▼ $$ ここのワインのすべてと同じように、この赤のスタイルは、フルーティで、品質が良く、直ちに魅力を発揮する。

Vacqueyras Cuvée Seigneur de Fontimple ヴァケラス・キュヴェ・セニョール・ド・フォンティンプル ▼ $$ ほとんどがグルナッシュで、あとはシラーとムールヴェードルのブレンドのこのワインは、豊かなチェリーの果実味と、酸味と、たっぷりとした魅力。

Vacqueyras Domaine des Bastides d'Éole ヴァケラス・ドメーヌ・デ・バスティッド・デオル ▼ $$ この生産者のほかのワイン同様、このワインも果実味に溢れ、みずみずしく、出来上がってから3～5年のあいだにいちばんおいしく飲める。

Vacqueyras Domaine Bessons Dupré ヴァケラス・ドメーヌ・ベッソン・デュプレ ▼ $$ フルーティで、良く造られたヴァケラス。

Vacqueyras Les Bois du Ménestrel ヴァケラス・レ・ボワ・デュ・メネストレル ▼ $$ 商業ベースのスタイルだが、正直で、一面的ながら、ソフトさが良く、楽しい。

Vacqueyras Domaine de la Curnière ヴァケラス・ドメーヌ・ド・ラ・キュルニエ ▼ $$ ドメーヌ・ド・ラ・キュルニエも、私のお気に入りのこの生産者のワインの中に入っている。

Vacqueyras les Hauts de Castellas ヴァケラス・レ・オー・ド・カステラ ▼ $$ この美味なレ・オー・ド・カステラは、ソフトで、熟していて、ミディアムからフルボディ。

Vacqueyras Domaine les Mas du Bouquet ヴァケラス・ドメーヌ・レ・マ・デュ・ブーケ ▼ $$ このリストの中で私のお気に入りのひとつ。このドメーヌ・レ・マ・デュ・ブーケは、豪華である。

Vacqueyras Domaine la Pertiane ヴァケラス・ドメーヌ・ラ・ペルティアン ▼ $$ これもまたフルーティな、商業用スタイルの、楽しい赤ワイン。

Vacqueyras Domaine de la Soleïade ヴァケラス・ドメーヌ・ド・ラ・ソレイアド ▼ $$ 軽く、ミディアムボディで、楽しい。

Vacqueyras Marquis de Fonséguille ヴァケラス・マルキ・ド・フォンセキーユ🍷$$　これもまた、正直で、シンプルな赤ワイン。

Vacqueyras Vallon des Sources ヴァケラス・ヴァロン・デ・スールス🍷$$　ヴィンテージによっては、この生産者のワインの中で私のお気に入りだった。豊かな果実味があり、素晴らしく強烈で、見事に熟し、ミディアムからフルボディで、絹のようなタンニンがある。

ドイツのバリューワイン

(担当 デイヴィッド・シルトクネヒト)

リースリンクの王国

　ドイツ・ワインの国際的名声は、リースリンクによって築かれてきた。リースリンクといえば最高に多様で複雑な味わいを持ち、熟成させるに値する世界有数のワインの一部を支えてきた品種だが、なにもそれだけにとどまらない。ヴィンテージに加えて、育った場所をも（畑レベルに至るまで）明確に映し出す。この点でもリースリンクにかなう品種は、あったとしてもごくわずかだ。バリューワイン紹介という目的を考慮して、本書では対象をドイツでもリースリンクで知られる産地に限定することにした。すぐれて高品質低価格なドイツ・ワインの多くを産み出しているのがこの品種であり、アメリカで売られている高品質なドイツ・ワインの圧倒的大多数を（ラベルに必ずその名が記されている）リースリンクのワインが占めているというのが、その理由である。

　アメリカで売られているドイツのリースリンクの大部分は、ドイツのワイン規制の標準によるところの辛口（トロッケン trocken）ではない。ドイツの消費者は、（一部のワインの中身がどんなに酸っぱく渋くとも、またどんなにバランスを欠いたものであったとしても）ワインのラベルに書かれたトロッケンという表示をまるで品質を保証するお墨付きのように扱っている。しかし、アメリカ人消費者はそんな偏見を拒否するだけの味覚を持ち合わせている。品質の基準をあらわす鍵となるのはバランスだ。ドイツのリースリンクは、アルコール度7％ほどの低いものから14％くらいの高いものまで、そして残糖に関しては数グラムから100グラム、あるいはそれ以上どんなタイプのワインでも、調和のとれたバランスに優れるワインを産み出す点では群を抜いている（あるいは、最低でも元気のいい緊張感に溢れたワインを産み出している。）実際、世界中のどこを見ても、単独のブドウ品種がこんなにも多様なスタイルを造り上げている場所はほかにない。トロッケンというラベルが貼られたドイツのリースリンクなら、そのほとんどすべてが美味な本物の辛口ワインで、時として頑ななくらい、過度に辛口だと考えておいて間違いはない（とはいえ、ここで推薦したワインはその限りではない。）ハルプトロッケン halbtrockenとラベルにあるワインは、これもまた事実上の辛口（ラベルに記載されることが多くなっている、ファインヘルプ feinhelbという用語も同じようなものだが、明確に定義するにはあまりにも弾力性に富む用語で、翻訳不可能であるの

GERMANY

は言うまでもない）である。トロッケンあるいはハルプトロッケンという言葉がラベルにない場合、瓶の中のワインの甘さにはかなりの差があっても不思議ではなく、また実際にそのようになっている。しかし最良のワインには、残糖のバランスをとる（あるいは覆い隠す）桁外れの能力がある。こうした中辛口ワインは本質的にあまり食事向きではないという考え方もあるのが、それもまた偏見に過ぎず、冒険心溢れるワイン愛好家からは即座に反駁の声が上がることだろう。

ドイツのワイン規制がそのワインに押しつけている、さらなる専門用語がいわゆるプレディカートである。発酵前のブドウ果汁に加糖していないワインの場合、"リースリンク"という言葉の次に、カビネット、シュペートレーゼ、アウスレーゼ、ベーレンアウスレーゼ、トロッケンベーレンアウスレーゼのいずれかの名称が続いている（その中でも樹上で氷結したブドウには、アイスヴァインという名称が付加される。）これら一連の等級は、収穫時の最少糖度だけを基準に決められている（出来上がったワインの糖度ではない。カビネット、シュペートレーゼ、アウスレーゼとも極辛口から甘口まで幅広い。）酸度、エキス分、ブドウ果皮の発展など、実際に風味を決定する要因が、プレディカートの栄称を付与する際に考慮されることはないのだ。加えて発酵前の加糖はタブーではなく、時には有益ですらある。だから、プレディカートであれその他のどんな名称であれ、それらを品質のお墨付きのごとく一括りにしてはならない。

現実に何をカビネット、シュペートレーゼ、あるいはアウスレーゼとするかは、生産者が各自決めているのである。とはいえ、一般的にカビネットが一番軽く、より豊潤で熟した味わいがシュペートレーゼ（甘口の場合は同じラインのカビネットよりも甘い）、そしてアウスレーゼは非常に熟していて、しばしば貴族的な甘口に移行する。（ベーレンアウスレーゼのブドウの糖分は上記のものより重くて高く貴族的な甘口ワインになるようになっているので、本書の上限価格の3倍あるいはそれ以上をつける価値あるワインとなる。）生産者たちは規制の枠組みにかなり失望しているため、今日ではその多くが自分たちの造る最高クラスのワインにも、ラベルにプレディカートという表示を記さずに販売しているほどだ。スタイルを理解する上でより有益な指針となるのはアルコール度数だろう。ボディに関して、また11%以下のワインの場合、少なくともかすかに甘口かどうかの指針となってくれるのがアルコール度数なのである。

本書がカバーする価格帯のワインは、プレディカートの付かないものと、またプレディカート付きならラベルにカビネットと記されたワインのと2種類を、大体対象にしている（シュペートレーゼに言及する頻度は低い。）バリューワインを求める人にとって嬉しいのは、プレディカートの

最下位に位置し、比較的軽い味わいのカビネット・リースリンクが、値頃感を感じさせてくれることだろう。きちんとした醸造所産の広地域もののリースリンクのクヴァリテーツヴァイン（Q.b.A.、つまりプレディカートなしのワイン）は、一括ひとからけ物、ブレンド物、さらにはブレンドしない物などを含め、生産者の選択の違いはあるが、入門用ワインとして提供されることが多い。卓越したリースリンクよりも下のクラスのワインなど造ったこともないような、最高の名声を享受する醸造所でさえ、ほぼ例外なく驚きのお手頃価格でこうした名刺代わりのワインを販売している。その結果、本書でも、ドイツのトップクラスの生産者のほぼ全員から、少なくとも1種類のワインが紹介される結果となった。トップクラスのドイツ産リースリンクは、食事との相性が抜群なだけではない。前例のない値頃感、そしてセラーに何年も閉じこめたままでも、または抜栓して冷蔵庫に入れておいたとしても、信頼に足る本物の持久力を消費者に届けてくれるワインなのである。

他のブドウ品種

　リースリンクがドイツのスポットライトを独占している一方、本書で触れたリースリンク栽培地域でも、数多くの品種が現状を活気づけている。これにはピノ・ノワール、ピノ・ブラン、ピノ・グリなどあらゆるピノ種、そして時としてシャルドネまでもが含まれる。交配種のショイレーベは、記憶に残るような美味で、セージ、ピンク・グレープフルーツ、ブラック・カラントの芳香溢れる、桁外れに素晴らしいアロマのワインを——特にプファルツで——造っている。たまにプファルツでお目にかかる品種、リースラナー　Rieslanerは、ドイツの混沌とした交配種の世界にあっては珍しい成功例といえるだろう。ムスカテラーはゲヴュルツトラミネール（ウムラウト抜きで表記するお隣のアルザスに比べると、ドイツではかなり少ない）と同じで、ほとんど評価に値しない。シルヴァーナーは、ドイツの働き頭。昔から面白味に欠けると考えられてきたが、同品種から造られた素晴らしいワインのおかげで注目を集めつつあるところだ。あまり触れない方がいいかもしれないが、栽培面積でリースリンクに次ぐミュラー・トゥルガウ（別名リーファナー　Rivaner）は、注目に値するドイツ・ワインを造ることはほとんどない。また通常ラベルにその名を明記することもない。ブドウ産地を明記していないようなドイツ・ワインについては、まず疑ってかかること。そのこと自体が、ワインの正体がお薦め品とはほど遠いということを物語っているのだから。

生産地

　ドイツのリースリンクの主要産地は、まるで鎖のように連なっている。第二次大戦後、一時ドイツの首都だったボン郊外から南に広がる**ミッテルライン**には、**ラインガウ**が続く。大まかに言えば、ライン河がわずかのあいだ東から西へと流れている部分の右岸に位置する、南向きの斜面のことである。その対岸（とそこからかなり離れた内陸部）には**ラインヘッセン**が広がる。ラインヘッセンの南には**プファルツ**（あいだに広い平野が挟まっているために、このあたりの畑とライン河は数キロ以上も離れている）が続き、フランスとの国境の先はアルザスとなる。本書で扱うドイツの産地の中では比較的温暖なプファルツは、リースリンク以外の品種から造られる興味深いワインの割合が最も高い。ラインガウの西端近くでライン河に合流するのが**ナーエ**川だが、その中流・下流域はほとんどブドウ畑と言っても過言ではない。とてつもなく急峻な粘板岩の斜面が立ち上がり、蛇行しながら流れる長い**モーゼル**川は、フランス国境から始まり、ドイツ国内に入ってからルクセンブルク国境に沿って流れ、コブレンツ（ミッテルラインの北部）でライン河に合流する。**ザール**川は、ドイツにおけるローマ帝国の拠点トリーアの上流でモーゼル川に合流し、合流地点の数キロ手前からは卓越したリースリンクの重要な産地が続いている。トリーアから少し下ったところでモーゼルに合流する、短い**ルーヴァー**川の数キロにわたる流域もまた同様だ（以前は"モーゼル・ザール・ルーヴァー"という呼称が使われていたが、2008年からは"モーゼル"とだけ表記することも可能となった。）

　通常モーゼル、ザール、ルーヴァーとナーエのリースリンクには、高めの酸と他のものより繊細な骨格があり、ナーエとミッテルラインのものは、時としてスタイル的にモーゼルとライの中間といったところ。産地がどこであれ——とは言っても、岩の多い比較的冷涼な上記の産地ではなおのこと——"ミネラル"という表現に訴えないで、これらのワインの特徴を捉えることはほぼ不可能。ラインガウのワインは、尊敬の的だったがよそよそしくもあり、その点でワイン界の貴族として歴史的に名声を享受してきた。ラインヘッセンあるいはプファルツのリースリンクは一般的によりフルボディで、冷涼な産地に比べて酸もいくぶん低めだが、ヴィンテージ、畑、造り手によってはもちろん例外も多い。

ヴィンテージを知る

　ドイツの多くの生産者は2008年と2007年の両年を、1998年に始まった前

例のない高い熟度を特徴とするヴィンテージ後の、"通常"への回帰と捉えている。これら直近2年の収穫では、繊細なカビネットのリースリングと、美味でミネラル感溢れるように見えるベーシック・クラスのワインが、ここ数年の品薄状態を脱してまたしても大量に出回った。そのためバリューワインを求める消費者にとっては、最高に都合のいいヴィンテージとなっている。2006年のヴィンテージはきわめて変化に富んでいる。中でも、モーゼルの貴族的な甘口ワイン（しかしながらその価格は、本書のターゲットのはるか上を行っている）と、大成功を収めたいくつかのナーエのワインが印象的なまでに際立っている。2005年のヴィンテージは一様に良好から秀逸といったところで、モーゼル、ザール、ルーヴァー、ナーエでは特に好ましい。リースリングに多少の切れ味と酸を求める人なら、2008年と2007年だけではなく、2004年も好みに合うだろう。これらの年のワインは全生産地を通じて素晴らしい凝縮感と刺激的なエネルギーを誇るが、ソーヴィニョン風の刺激的な柑橘類と香草が前面に出ているため、ワイン愛好家のあいだでも好みが分かれるところだ。

　低価格帯のものであっても、トップクラスの生産者と畑が産出するドイツのリースリングが、長命かつ比較的保存の変化に強いことを前提とすると、市場に出回る古いヴィンテージの中にも、価格を気にするワイン愛好家なら絶対に見逃せないカテゴリーが存在する。2000年は避けた方が無難だろう。誕生からして問題が多く、今や盛りを過ぎている。しかし2001年（中でもモーゼル中流域のもの）は卓越したヴィンテージ。リースリングを栽培するドイツの全産地の2002年は魅力的で謎に満ち、いまだに圧倒的に爽快で、事実その多くが（1998年がそうであったように）数年間を閉じこもって過ごした殻から出てきたばかりのようだ。他の西ヨーロッパ同様、2003年の熱波と乾燥は、豊潤さとボディの点で前例のない変わり種ワインを造り出したが、しかしそのすべてがバランスに優れ爽快というわけではない。

飲み頃

　原則として、プレディカートの付かないドイツのリースリングは、収穫から6～8年以内、辛口（トロッケン）だったらそれより多少早めに飲んでしまうこと。とは言え、本来の果実味が最も凝縮している若いうちに、その一部を楽しまない手はない。単一畑のカビネットやシュペートレーゼなら、一般的にトロッケンの場合は5～7年、残糖によってバランスが取られている場合は、10年以上は大丈夫だ。残糖が高い場合、ワインは6～8年を過ぎた頃にはより辛口になってくる。熟しているが比較的酸度の低

いヴィンテージには、こうした一般ルールの例外もしばしば起こりうる。1999年のように、往々にして早めに花が開きすぐにしぼんでしまうこともあり、これはおそらく2003年と2006年にも当てはまるだろう。

■ドイツの優良バリューワイン（ワイナリー別）

ANSGAR-CLÜSSERATH *(Mosel)* アンスガー・クリュッセラート（モーゼル）

Trittenheimer Apotheke Riesling Kabinett トリッテンハイマー・アポテーケ・リースリンク・カビネット ⟨SD⟩ ♀ $$$ 若きエーファー・クリュッセラートの手になるこの繊細なワインは、典型的な花、果実、ミネラルなどの個性を表現する。空気に触れてからも瓶内でも、本領を発揮させるには時間が必要。

C. H. BERRES *(Mosel)* C. H. ベレス（モーゼル）

Ürziger—Würzgarten Riesling Kabinett ユルツィガー・ヴュルツガルテン・リースリンク・カビネット ⟨SD⟩ ♀ $$$ モーゼルが生んだ、新たなる才能が造るワイン。繊細、甘美、レッドベリーと柑橘類の風味に富む。

VON BEULWITZ *(Ruwer)* フォン・ボイルヴィッツ（ルーヴァー）

Kaseler Nies'chen Riesling Kabinett カーゼラー・ニッシュン・リースリンク・カビネット ⟨SD⟩ ♀ $$$ クラシックで赤いベリー類の風味に富み、スパイシー、花、かすかな甘さを感じさせるルーヴァーのリースリンクは、ホテルとレストランを経営するヘルベルト・ヴァイスの作。

VON BUHL *(Pfalz)* フォン・ブール（プファルツ）

Deidesheimer Keiselberg Riesling Kabinett trocken ダイデスハイマー・カイゼルベルク・リースリンク・カビネット・トロッケン ♀ $$ このバランスに優れた辛口リースリンクには、典型的なメロンと核果が詰まっている。引き締まっていて、まったくのフルボディだが、一貫して爽快。後味の香りには、塩味、石、アルカリあるいは白亜を感じさせるものがある。

Deidesheimer Leinhöhle Riesling Kabinett halbtrocken ダイデスハイマー・ラインヘーレ・リースリンク・カビネット・ハルプトロッケン 🍷 $$　柑橘類、スイートコーン、アロマティックな香草、舌鼓を打ちたくなるような塩味が、この心地良く爽快なワインの鍵となっている。透明感、軽味、高揚感を備えた濃密さには、並はずれたバランスが見受けられる。フォン・ブールのリストにはハルプトロッケンしか残されていないが、このリースリンクは世界で最も用途が広く、きわめて魅力的で複雑なバリューワインであることに変わりはない。

Riesling Kabinett Armand リースリンク・カビネット・アーマント SD 🍷 $$　明らかな甘さの中にもバランスを求める人々のため、異なる畑のブドウをブレンドしたワイン。汁気の多い果核がある果実味に溢れ、麝香、茶色のスパイス、薪の煙の香りを帯びていることも多い。

DR. BÜRKLIN-WOLF *(Pfalz)* ドクター・ビュルクリン・ヴォルフ（プファルツ）

Riesling trocken リースリンク・トロッケン 🍷 $$　凝縮感にすぐれ、多面的（核果、香草、ミネラルを強く感じる）なこのベーシックなリースリンクには、この高名な造り手に特徴的な緻密さと原材料の素晴らしさが、実に楽しげに映し出されている。

CLEMENS BUSCH *(Mosel)* クレメンス・ブッシュ（モーゼル）

Riesling Kabinett trocken リースリンク・カビネット・トロッケン 🍷$$$　ひどく曲がりくねっていて、しかも急峻なモーゼル川の下流に沿って位置する、トップクラスの畑の広地域名ワイン。印象的な中身の充実感、かすかに滑らかで柔らかく、そして豊潤さ（この特徴はアルコール度12～13%のワインによく見られる。）しかし上品で洗練され、ミネラル感もある。

A. CHRISTMANN *(Pfalz)* A. クリストマン（プファルツ）

Riesling trocken リースリンク・トロッケン 🍷 $$$　卓越した畑のブドウを原料としたこの広地域名ワインのリースリンクは、歯切れのいい凝縮感、引き締まった酸、示唆に富むニュアンスを醸し出している。こうした要素は、この高名な醸造所のすべてのワインの典型的特徴となってい

る。

JOH. JOS. CHRISTOFFEL *(Mosel)* JOH. JOS. クリストフェル（モーゼル）

Erdener Treppchen Riesling Kabinett エルデナー・トレップヒェン・リースリンク・カビネット SD ♀ $$$　ベテランのクリストフェルは（メンヒホフのローベルト・アイマエルとの共同作業で——下記参照のこと）、豪奢・光沢に、透明感のある風味が溶け込むリースリンクを造り上げた。煙香を感じさせるタンジェリン・オレンジとササフラス（北米産の黄色い樹液の木。ルートビールの原料）の感じが風味に味わいを添えている。

Ürziger Würzgarten Riesling Kabinett ユルツィガー・ヴュルツガルテン・リースリンク・カビネット SD ♀ $$$　イチゴとキウイの香りが特徴。この偉大な生産者の偉大な畑が持つクラシックな表現で、向かう所敵なしのワイン。豊潤な質感と風味が、まさに無重力状態と結びついているさまは驚異的。

CLÜSSERATH-WEILER *(Mosel)* クリュッセラート・ヴァイラー（モーゼル）

Trittenheimer Apotheke Riesling Alte Reben トリッテンハイマー・アポテーケ・リースリンク・アルテ・レーベン ♀ $$$　比較的フルボディだが（この醸造所に特徴的なアルコール度12%）、爽やかな輝きと魅力的なニュアンスを持つこのワインは、純粋に辛口のモーゼル産リースリンクとは何かを教えてくる点で印象的。

DR. CRUSIUS *(Nahe)* ドクター・クルジウス（ナーエ）

Crusius trocken クルジウス・トロッケン ♀ $$　オーセロワ、シルヴァーナー、リースリンク、ミュラー・トゥルガウから造られた、柔らかく愛想のいいこの仕込み物は、惜しみなく豊かにして優美で、これぞナーエといったニュアンスを持っている。

Traiser Riesling トライザー・リースリンク SD ♀ $$$　頼もしいほど汁気に富み、果実味が詰まった惜しみなく豊かなリースリンク。抑えた甘みがあり、ワインだけで楽しむのに最適。

KURT DARTING *(Pfalz)* クルト・ダールティンク（プファルツ）

Riesling Kabinett リースリンク・カビネット SD 🍷 $$ 純粋さと、大胆不敵なほどの果実味を前面に出したワイン造りをするダールティンク。ワインの持つ豊かさを瓶に詰め、その率直な甘さで、地元の流儀に逆行するワインとなっている。それを教えてくれるのが、この広地域名ワインのカビネット。

DR. DEINHARD *(Pfalz)* ドクター・ダインハルト（プファルツ）

Ruppertsberger Reiterpfad Riesling Kabinett ルッパーツベルガー・ライタープファート・リースリンク・カビネット SD 🍷 $$ 中辛口と辛口のヴァージョンも、このワイン同様、この村特有の桃の果実味と刺激的な土のにおいに溢れたワインとなっている。

SCHLOSSGUT DIEL *(Nahe)* シュロスグート・ディール（ナーエ）

Dorsheimer Riesling trocken ドルスハイマー・リースリンク・トロッケン 🍷 $$$ 高名な生産者が造る入門クラスのリースリンク。純粋で洗練され、満足できる汁気に富んだメロン、柑橘類、赤いベリー類、香草を感じさせる。中身の充実感と優美さのあいだの、並はずれたバランス。

HERMANN DÖNNHOFF *(Nahe)* ヘルマン・デーンホフ（ナーエ）

Riesling リースリンク 🍷 $$$ 詰め込まれた躍動感と透明感に、ミネラル感すら想わせる熟した果実味が混じり合う。この広地域名ワインのリースリンクは、偉大な産地と著名な造り手を鮮やかに眺め渡せる窓のようなワイン。

EMRICH-SCHÖNLEBER *(Nahe)* エムリッヒ・シェーンレーバー（ナーエ）

Riesling Lenz リースリンク・レンツ 🍷 $$$ このリースリンクは実においしそうな赤いベリー類、柑橘類、花の香りに満ち、かすかな甘みを感じさせ、豊かなニュアンスを届けてくれる。何度でもグラスを重ね、「どうしてこの値段で……」といぶかしく思えるほど。
Riesling trocken リースリンク・トロッケン 🍷 $$ 花、柑橘類、核果、

かすかにスモーキーな香りが混じり合い、充実感と爽快な軽さのバランス（アルコール度11.5％ほど）が桁違いなほど印象的。この驚くほどバリュー感のあるワインは、職人技と素晴らしい斜面の畑双方を、妥協なきまでに映し出している。

ROBERT EYMAEL (MÖNCHHOF) *(Mosel)* ローベルト・アイマエル（メンヒホーフ）（モーゼル）

Erdener Treppchen Riesling Spätlese Mosel Slate エルデナー・トレップヒェン・リースリンク・シュペートレーゼ・モーゼル・スレート ⓢ ♀ $$$ 石斧のような岩がラベルに描かれた"モーゼル・スレート"は、モーゼルでも驚くほどのバリューワインのひとつ。熟した柑橘類と豊潤なトロピカルフルーツに加えて、薬草系リキュールのシャルトルーズのような香草のエッセンスを醸し出している。

Ürziger Würzgarten Riesling Kabinett ユルツィガー・ヴュルツガルテン・リースリンク・カビネット ⓢⒹ ♀ $$ このワインでは、クリームのような滑らかさと率直な甘みに、繊細さと清涼感が結びついている。

FUHRMANN-EYMAEL (WEINGUT PFEFFINGEN) *(Pfalz)* フーアマン・アイマエル（ヴァイングート・プフェッフィンゲン）（プファルツ）

Riesling Kabinett Pfeffo リースリンク・カビネット・プフェッフォ ♀ $$$ 刺激的にスパイシー、スモーキー、どんな飲み方も出来る中辛口のワイン。

GIES-DÜPPEL *(Pfalz)* ギース・デュッペル（プファルツ）

Bundsandstein Riesling trocken ブントザントシュタイン・リースリンク・トロッケン ♀ $$$ 南プファルツの素晴らしい斜面でフォルカー・ギースが造る一連のワインは、表現力に富み、念入りに仕上げられ、そして低価格。これらのワインは、3種類の土壌に由来する劇的な相違を教えてくれる。この砂岩土壌生まれの艶やかできびきびしたリースリンクには、かすかな塩気、果物の種、魅惑的な花の香りの感じ。

Muschelkalk Riesling trocken ムッシェルカルク・リースリンク・トロッケン ♀ $$$ この辛口リースリンクでは、滑らかな柔らかさに透明感と爽快感が結びついている。熟した核果の風味を醸し出し、まったくもっ

て不可思議なミネラル感を伴う。

Rotliegendes Riesling trocken ロートリーゲンデス・リースリンク・トロッケン ♀ $$$ ピリッとしてスモーキー。踏みつけた香草だけでなく、ブドウが育つ赤いスレート状の岩が刻印されているかのよう。この元気な辛口リースリンクは、精妙さにも事欠かない。

GRANS-FASSIAN *(Mosel)* グランス・ファシアン（モーゼル）

Trittenheimer Apotheke Riesling Kabinett トリッテンハイマー・アポテーケ・リースリンク・カビネット SD ♀ $$ 活力に満ち、率直なまでに甘口で、トロピカルフルーツが溢れるリースリンク。

MAXIMIN GRÜNHAUS (VON SCHUBERT) *(Ruwer)* マキシミーン・グリューンハウス（フォン・シューベルト）（ルーヴァー）

Maximin Grünhäuser Abstberg Riesling マキシミーン・グリューンホイザー・アプストベルク・リースリンク SD ♀ $$$ このグリューンハウスのベーシック・ワインは、辛口でないにしても、とても甘いとも言い難い。このワインでは、豊かな桃の果実味が強調され、若干の残糖によってより高められた汁気の多さが、いつまでも消えることがない。

Maximin Grünhäuser Abstberg Riesling trocken マキシミーン・グリューンホイザー・アプストベルク・リースリンク・トロッケン ♀ $$$ この有名な醸造所は、丘陵地に隣接する3カ所の畑を独占しているが、彼らのトップクラスの畑から（その中では低価格だが）、長熟型でかすかにミネラルと核果を感じさせる、典型的な辛口ワインを造り出している。

Maximin Grünhäuser Herrenberg Riesling マキシミーン・グリューンホイザー・ヘレンベルク・リースリンク SD ♀ $$$ このワインでは、かすかな甘みが茶色スパイスといった典型的な要素を引き出し、ベースとなっている実に美味で豊かな果汁感を、さらに素晴らしいものにしている。香草とミネラルというような異質的要素が釣り合いをとっていて、魅力的。

Maximin Grünhäuser Herrenberg Riesling trocken マキシミーン・グリューンホイザー・ヘレンベルク・リースリンク・トロッケン ♀ $$$ この醸造所は以前からプレディカートなしのワインの品質に自信を持っている。このワインは刺激的なほど香草を感じさせ、スモーキー、砕いた石の感じが広がるリースリンクとなっていて、とても用途が広い。

GERMANY

GUNDERLOCH *(Rheinhessen)* グンダーロッホ（ラインヘッセン）

Gunderloch Riesling trocken グンダーロッホ・リースリンク・トロッケン ▽ $$ （トップクラスの畑からの）広地域名を冠したこのリースリンクは、燻製肉、柑橘類、石の味わいが口いっぱいに広がり続ける。かくも信頼の出来る、辛口リースリンクのバーゲン・ワインが、この世界のどこに存在するであろうか？

Riesling Kabinett Jean Baptiste リースリンク・カビネット・ジャン・バプティスト [SD] ▽ $$ かすかに中辛口で、桃とタンジェリン・オレンジの芳香が香るこのワインは、グンダーロッホのラインナップの中でも重要な位置を占めている。軽さと躍動感を伴うクリームのような滑らかさで、心地良く釣り合いがとれているのが特徴。

FRITZ HAAG *(Mosel)* フリッツ・ハーク（モーゼル）

Riesling リースリンク [SD] ▽ $$$ 果汁感と汁気に富み、汚れなく、豊かな果実味と充実感に富み、しかも生き生きと優美な中辛口リースリンク。その生産者あるいはブドウが育つ畑がどんなに上質かを、味覚に刻みこんでくれることだろう。

Riesling trocken リースリンク・トロッケン ▽ $$$ モーゼルにはこの醸造所以上に高名な醸造所は存在しないが、今でもそう高くないほどほどの値を付けた広地域名ワインのリースリンクを造り続けている。特徴的な果実と石が織りなすダイナミックな相互作用、そしてそれをまとめる職人技が、この醸造所の他のすべてのワインと共通している。

WILLI HAAG *(Mosel)* ヴィリー・ハーク（モーゼル）

Brauneberger Juffer Riesling Kabinett ブラウネベルガー・ユッファー・リースリンク・カビネット [SD] ▽ $$ このワインを飲むたびに、非の打ち所がなく純粋で、果汁感溢れる爽快感、お手頃価格のおいしさに出会える。（例年、多数のボトルがこの名前で出回っていることに注意。ワインの長い公式認証番号の後ろから2番目の数字が、特定のロット番号となっている。）

REINHOLD HAART *(Mosel)* ラインホルト・ハールト（モーゼル）

Riesling Haart to Heart リースリンク・ハールト・トゥ・ハート 🍷 $$
かのピースポーター・ゴルトトレップヒェンの畑でトップに立つ栽培農家が瓶詰めしたこのワインは、手頃な価格で用途が広い。実質的に辛口ワインで、豊潤だが爽快、メロン、トロピカルフルーツ、ナッツ・オイル溢れるリースリンク。

VON HÖVEL (Saar) フォン・ヘーフェル（ザール）

Oberemmeler Hütte Riesling Kabinett オーバーエンメラー・ヒュッテ・リースリンク・カビネット ⑤ 🍷 $$$ 抜きん出て美味で信じられないほど安価なこのワインは、ヘーフェルの素晴らしい独占所有畑のもので、豊かな花、種のある果実、スパイス、ミネラル感のある独特な味わいを醸し出している。

Riesling Balduin von Hövel リースリンク・バルドゥイン・フォン・ヘーフェル ⑤⑥ 🍷 $$ エーバーハルト・フォン・クーナウが造る広地域名リースリンクは、高いアルコール度、十分な果実味、そして爽快さ、価格の面でもとびきりのワイン。

Scharzhofberger Riesling Kabinett シャルツホフベルガー・リースリンク・カビネット ⑤ 🍷 $$$ いつもながらのクリーミーな質感、率直な甘さのヘーフェルのリースリンク・カビネットは、それでもなお高揚感、繊細さ、そして本物の爽快感を保ち続け、それを確かめるためにも絶対に飲んでみること。

HEXAMER (Nahe) ヘクサマー（ナーエ）

Meddersheimer Rheingrafenberg Riseling Quarzit メッダースハイマー・ライングラーフェンベルク・リースリンク・クヴァーツィット ⑤⑥ 🍷 $$$ グラスの中のワイン同様、データの数字を見ても驚異のワイン。残糖レベルと酸、どちらをとっても高く、片方だけではひどく神経に障るが、一緒になると刺激的なほど活力に満ちてくる。

JOHANNISHOF（H. H. ESER）(Rheingau) ヨハニスホーフ（H. H. エーザー）（ラインガウ）

Johannisberger Hölle Riesling Kabinett trocken ヨハニスベルガー・ヘレ・リースリンク・カビネット・トロッケン 🍷 $$$ 口当たりはリッチだが少しばかり生真面目で、明らかに石を感じさせる個性を持つ（カビネ

ットにしては）比較的フルボディの辛口リースリンク。その用途の広さで、食卓で大活躍なのは証明済み。

Johannisberger Riesling Kabinett G ヨハニスベルガー・リースリンク・カビネット G SD 🍷 $$$　かなりの残糖を残して瓶詰めされるラインガウ・カビネットは、最近では比較的少なくなっている。しかしヨハニスフホーフのそれは、必然的とも言えるほどスケールの大きい表現を生き生きと見せつけている。（"G" とはゴールダッツェルという畑の名前を表す。）

Johannisberger Riesling Kabinett S ヨハニスベルガー・リースリンク・カビネット S SD 🍷 $$$　有名なシュロス・ヨハニスベルクの上の方にあるシュヴァルツェンシュタインの畑から産み出される、この用途の広いリースリンクは、果実味、石、スパイスに溢れている。

JUSTEN (MEULENHOF) *(Mosel)* ユステン（マイレンホーフ）（モーゼル）

Erdener Treppchen Riesling Kabinett エルデナー・トレップヒェン・リースリンク・カビネット SD 🍷 $$　愛想良く典型的なやや辛口ぎみ。このモーゼル・リースリンクは、しばしばひとつのヴィンテージからかなりのものがこの名前で瓶詰めされている。

KARLSMÜHLE (PETER GEIBEN) *(Ruwer)* カールスミューレ（ペーター・ガイベン）（ルーヴァー）

Kaseler Nies'chen Riesling Kabinett カーゼラー・ニッシェン・リースリンク・カビネット SD 🍷 $$$　ルーヴァーの急峻な赤粘板岩の斜面からガイベンが造る、クラシックなリースリンク。何があっても買い逃さないように（"甘口" ワインに対する偏見は持たないように。この形容詞が想い起こさせるワインとははど遠いものだから。）

Lorenzahöfer Mäuerchen Riesling Kabinett ロレンツヘーファー・モイアーヒェン・リースリンク・カビネット SD 🍷 $$$　汁気が多くかすかに甘口、煙に包まれ、スパイスを感じさせる赤いベリー類の感じに溢れる。ルーヴァーの中辛口リースリンクに特有の美点を備えた典型的ワイン。

KELLER *(Rheinhessen)* ケラー（ラインヘッセン）

Grüner Silvaner trocken グリューナー・シルヴァーナー・トロッケン ♀
$$ 長いこと顧みられることのなかったシルヴァーナーの、近年の伝統復活を体現するようなワイン。香草とミネラルのような特徴に満ち、爽快だがボディのあるこのワインは、食卓での用途の広さも桁外れ。

Riesling Kabinett Limestone リースリンク・カビネット・ライムストーン ⑤ ♀ $$ このカビネットは、典型的な蜂蜜、レモン、洋梨、茶色のスパイスがにじみ出ている。アルコール度８％以下、率直なまでに甘みの強度はあるがほとんど重みを感じさせない。

Riesling trocken リースリンク・トロッケン ♀ $$ 人気の生産者の造る広地域名リースリンク。木の負担を減らすために本格的な収穫前に摘み取った熟した房で造られる。核果風味に溢れ、きわめて充実し、そして一貫して汁気に富み、小気味良い爽快感を提供してくれる。

KERPEN *(Mosel)* ケルペン（モーゼル）

Graacher Himmelreich Riseling Kabinett feinherb グラーハー・ヒンメルライヒ・リースリンク・カビネット・ファインヘルプ ♀ $$$ 核果、ナッツ・オイル、それを引き立てるクリームのような滑らかさ（この醸造所のほとんどのリースリンクの特色）、重みを感じさせることなく中身の充実感を醸し出すワイン。魅力的で、様々な場面で活躍してくれることだろう。

Wehlener Sonnenuhr Riesling Kabinett ヴェーレナー・ゾンネンウァー・リースリンク・カビネット ⑤Ⓓ ♀ $$$ 実質的にケルペンの旗印的ワイン。花、ヴァニラ、リンゴ、ナッツ・オイル、濡れた石が特徴。味わいは繊細でかすかに甘く、このワインが育つ畑がトップクラスであることを証明してくれる。

AUGUST KESSELER *(Rheingau)* アウグスト・ケッセラー（ラインガウ）

Estate Riesling エステート・リースリンク ⑤Ⓓ ♀ $$$ ケッセラーの醸造元詰めのこの広地域名リースリンクは（アウグスト・ケッセラーの筆記体が目印）、その資質に関して非の打ち所のないリューデスハイムの畑の産。桃、ヴァニラ、茶色のスパイスが、このクリーミーで爽快な嬉しくなるようなワインの特徴となっている。

Rheingau ラインガウ ♀ $$ 「ラインガウ」という広地域名ワイン。余計な装飾を省いたラベルのこのワインは、ロルヒ周辺の混じり気のない粘

板岩の斜面で育つリースリンクとシルヴァーナーを合わせたもので、用途が広く、辛口の驚くほどのバリューワイン。かすかにクリーミー、落ち着きがあり、汁気が多く繊細。洋梨、香草、ナッツ・オイルが特色。

Riesling Kabinett trocken リースリンク・カビネット・トロッケン ♀$$$
辛味があり、味わいに富んだ、しばしば呆れるほど元気だが常に断固として辛口のこのワインは、ロルヒの急峻な粘板岩の斜面育ち。

Riesling R リースリンク R SD ♀ $$ ラベルをほとんど覆い尽くすような"R"の文字が目立つワイン。選りすぐりの素材と高いアルコール度数を特徴に、ケッセラーがラインガウのワインの高価格帯の戦場へと送り出した秘密兵器。率直なほど甘く、しばしば紛れもない蜂蜜とエキゾティックさを感じさせるこのワインは、それでもなお一貫して果実味に溢れ、爽快。

REICHSGRAF VON KESSELSTATT (*Mosel, Saar, and Ruwer*) ライヒスグラーフ・フォン・ケッセルシュタット（モーゼル、ザール、ルーヴァー）

Graacher Riesling trocken グラーハー・リースリンク・トロッケン ♀$$$
キビキビとして、ナッツ、石を感じさせるワイン。ケッセルシュタットが独占所有するこの名高い畑から、かなり少量だが造られている。本物の凝縮感、スモーキーで濡れた石のミネラル感があり、食卓で生きるワイン。

Kaseler Riesling trocken カーゼラー・リースリンク・トロッケン ♀ $$$
塩気、柑橘類、酸の強い赤いベリー類の風味を持つルーヴァーのリースリンク。典型的なほっそり型だが、爽快感が実においしそうで、驚くほど用途が広い。

Ockfener Bockstein Riesling Kabinett オックフェナー・ボックシュタイン・リースリンク・カビネット SD ♀ $$$ 比較的甘口だが非の打ち所ないバランスのこのワインは、有名なボックシュタインの畑の最高級ワインの特徴である、豊かなオレンジの花とトロピカルフルーツを醸し出す。

Wiltinger Gottesfuss Riesling Kabinett feinherb ヴィルティンガー・ゴッテスフース・リースリンク・カビネット・ファインヘルプ ♀ $$$ ナッツを感じさせ、味わい深く、核果、果物の種やミネラル感が広がるリースリンク。畑はザールでもトップクラスのひとつ。

Wiltinger Riesling trocken ヴィルティンガー・リースリンク・トロッケン ♀ $$$ ザール第一級の畑のブドウから造られ、核果、ナッツ、香草、

塩が魅力的に混じり合ったような典型的ワイン。

R. & B. KNEBEL *(Mosel)* R. & B. クネーベル（モーゼル）

Riesling Trocken von den Terrassen リースリンク・トロッケン・フォン・デン・テラッセン 🍷 $$$　4つの異なる畑のブドウをブレンドしたこのワインは、この価格にしては印象的なくらい複雑。質感はオイリーで、アルコール度数13.5%あるいはそれ以上にも達し、何か食べながら飲むようにしよう。

KOEHLER-RUPPRECHT *(Pfalz)* ケーラー・ルプレヒト（プファルツ）

Kallstadter Steinacker Riesling Kabinett halbtrocken カルシュタッター・シュタインアッカー・リースリンク・カビネット・ハルプトロッケン 🍷 $$$　元気がよく、実質的に辛口のこのワインは、ピリッとした核果、スパイスのジンジャー、燻香が詰まっていて、栽培責任者のベルント・フィリッピの素晴らしく特徴的なスタイルを描き出している。

KRÜGER-RUMPF *(Nahe)* クリューガー・ルンプフ（ナーエ）

Riesling Kabinett リースリンク・カビネット SD 🍷 $$　単一畑のリースリンク・カビネットを含む、クリューガー・ルンプフのワインのコレクションがあまりに雑多。どのワインでも、文字どおりグラスの中で果実味と花の香りが弾け飛ぶ、と言っておくのが無難だろう。

PETER-JAKOB KÜHN *(Rheingau)* ペーター・ヤーコブ・キューン（ラインガウ）

Oestricher Lenchen Riesling Kabinett エストリッヒャー・レンヒェン・リースリンク・カビネット SD 🍷 $$$　印象的な花のアロマを醸し出すワイン。中身の充実感と優しい質感が、透明感、爽快感、繊細さと結びついている。残糖と酸のバランスが桁外れで、そのため食事の時に飲んでもワインだけで楽しんでも、その力量が甘さを心の中のどこか遠くの方に追いやってしまう。

Oestricher Riesling trocken エストリッヒャー・リースリンク・トロッケン 🍷 $$　因習打破主義者の造るこのワインは、一方で中身の充実感と

絹のような質感、またもう一方で透明感、爽快感、優美さのあいだで愛すべきバランスが保たれている。

Riesling trocken Quarzit リースリンク・トロッケン・クヴァルツィット ♀ $$$　頑固に辛口で、一貫して汁気に富み、鮮やか、そしてエネルギー溢れるこのワインの名がなぜ鉱物（Quarztiは石英）に由来するのか、ひと口テイスティングすればすぐに理解できる。

JOSEF LEITZ *(Rheingau)* ヨーゼフ・ライツ（ラインガウ）

Riesling Dragonstone リースリンク・ドラゴンストーン SD ♀ $$　刺激的な凝縮感、あるいはドイツのリースリンクが得意とする、緊張感のある溌剌とした酸と高いレベルの残糖の桁外れのバランス。この点に関しては、リューデスハイマー・ドラヘェンシュタインの畑から名を取ったこのワイン以上のものはない。味わい深いライム、桃、ピンク・グレープフルーツ、レッドカラント、茶色のスパイスが、滲み入ると同時に繊細な風味の中にうかがうことができる。

Riesling Eins Zwei Drei リースリンク・アインス・ツヴァイ・ドライ ♀ $$　アメリカ市場をターゲットに、卓越した値頃感のリースリンクを集めたライツの野心的な品揃えの中の最新作。アルコール度は12％ほど。爽やか、汁気に富み、絹の質感ある刺激的な煙、石、塩気、核果が詰まっている。

Rüdesheimer Klosterlay Riesling Kabinett リューデスハイマー・クロースターライ・リースリンク・カビネット SD ♀ $$　アルコール度は10％ほどで典型的。高い残糖はおおむね隠されているこのワインは、桃、チェリー、ヴァニラ、レモン・クリーム、茶色のスパイスが口中を惜しみなく満たしてくれる。

Rüdesheimer Magdalenenkreuz Riesling Spätlese リューデスハイマー・マグダレーネンクロイツ・リースリンク・シュペートレーゼ S ♀ $$$　ライツのバリューワインの中では最高に豊潤な味わい（だがなお繊細）のリースリンク。洗練され、かすかにオイリーな感触と明らかな甘みを伴った本物の果実味が集う、お祭りのように賑やかなワイン。

SCHLOSS LIESER *(Mosel)* シュロス・リーザー（モーゼル）

Riesling リースリンク SD ♀ $$　リンゴ、メロン、香草のエッセンスが、果実感に富み、透明だが驚くほど豊潤な味わいと一体となり、茶色のスパイス、炒ったナッツ、濡れた石を感じさせる典型的な後味へと続いて

いく。

Riesling Kabinett リースリンク・カビネット ⑤ 🍷 $$$　若い頃はしばしば酵母が目立つ、トーマス・ハークが造るリーザーのワイン。典型的に繊細で残糖も高いが、この広域地名ワインのカビネットですら、花、核果のエッセンス、砕いた石が素敵に溢れている。

LINGENFELDER *(Pfalz)*　リンゲンフェルダー（プファルツ）

Bird Riesling バード・リースリンク 🍷 $　信頼出来る買いブドウから造ったバーゲン価格の中の一本。用途の広いこのリースリンクは、汁気に富み、プファルツに特有の独特の塩気を感じさせる味わいがある。

CARL LOEWEN *(Mosel)* カール・レーヴェン（モーゼル）

Leiwener Klostergarten Riesling Kabinett ライヴェナー・クロスターガルテン・リースリンク・カビネット ⑤D 🍷 $$$　ローストしたカボチャと果物のスカッシュ――蠟のような質感がそうした印象を強くしている――の風味を醸す傾向のあるワイン。後味には控えめな甘み、爽快な塩気、高揚感、優美さが。

DR. LOOSEN *(Mosel)* ドクター・ローゼン（モーゼル）

Bernkasteler Lay Riesling Kabinett ベルンカステラー・ライ・リースリンク・カビネット ⑤D 🍷 $$$　ローゼンは、当惑してしまうほど手頃な値段で、価格に敏感な消費者にリッチなワインを提供している。畑の違いがはっきり分かる中辛口のカビネット類もそれに含まれる。これは黒いチェリー、スパイスが詰まったライの畑の特色が溢れるワイン。

Erdener Treppchen Riesling Kabinett エルデナー・トレップヒェン・リースリンク・カビネット ⑤D 🍷 $$$　ササフラス（楠の一種の根皮）、甘草、ミカン、スパイスが、トレップヒェンの畑の縮図とも言えるこのワインの特徴となっている。

Graacher Himmelreich Kabinett feinherb グーラーハー・ヒンメルライヒ・カビネット・ファインヘルプ 🍷 $$$　実質的に辛口。鮮やかな柑橘系、ピリッとした辛味があり、凝縮したミネラル感に、素晴らしい用途の広さ。

Riesling Blue Slate リースリンク・ブルー・スレート 🍷 $$　風味はかなり深く、中身の充実感（アルコール度数12.5%）を感じさせるリースリ

ンク。優美さと爽快感も混じり合う。

Riesling Dr. L リースリンク Dr. L ⑤ℹ︎ ♀ $ 買いブドウから造られた、一貫して爽快で、集中力があり、豊富な果実味と控えめな甘さのこのワインは、ドクター・ローゼンとモーゼル産リースリンク全体にとって名刺代わりとなってくれる素晴らしいワイン。

Ürziger Würzgarten Kabinett ユルツィガー・ヴュルツガルテン・カビネット ⑤ℹ︎ ♀ $$$ イチゴとキウイがベースに感じられるこのワインは、みずみずしいと同時に繊細でもある。

Wehlener Sonnenuhr Kabinett ヴェーレナー・ゾンネンウァー・カビネット ⑤ℹ︎ ♀ $$$ この畑のトレードマークとなっているこのワインは、ヴァニラ・クリームと新鮮なリンゴを感じさせるむしろシュペートレーゼの特徴である豊潤さを繊細さと高揚感と結びつけつつ、ローゼンのカビネット仲間と同じ道を行く。

ALFRED MERKELBACH *(Mosel)* アルフレート・メルケルバッハ(モーゼル)

Erdener Treppchen Riesling Spätlese エルデナー・トレップヒェン・リースリンク・シュペートレーゼ ⑤ ♀ $$$ あからさまといえるほどに甘いが、活力があり渇きを癒やしてくれるこのシュペートレーゼには、オレンジ、ミカン、刺激のある香草、かすかな燻香が漂っている。

Kinheimer Rosenberg Riesling Kabinett キンハイマー・ローゼンベルク・リースリンク・カビネット ⑤ℹ︎ ♀ $$ 生産したワインのほとんどをアメリカに輸出しているメルケルバッハ兄弟は、バリューワインの驚異の造り手。洋梨とリンゴ風味に溢れ、極めて柔らかく繊細なこのワインも、その中の一本。

Kinheimer Rosenberg Riesling Spätlese キンハイマー・ローゼンベルク・リースリンク・シュペートレーゼ ⑤ ♀ $$$ メルケルバッハのトレップヒェンあるいはヴュルツガルテンに比べるとかなり劣るものの、果樹園の果実に溢れ、スレート質土壌を感じさせるモーゼルのリースリンク。

Ürziger Würzgarten Riesling Auslese ユルツィガー・ヴュルツガルテン・リースリンク・アウスレーゼ ⑤ ♀ $$$ イチゴ・ジャム、柑橘類のマーマレード、蜂蜜、スパイスが、このめったにないワインの特徴となっている。つまり多くの一流醸造所のカビネットとはほとんど変わらない値段の、クラシックなモーゼル産アウスレーゼ。

Ürziger Würzgarten Riesling Kabinett ユルツィガー・ヴュルツガルテン

・リースリンク・カビネット SD 🍷 $$　新鮮なイチゴ、柑橘類、ミネラルとしか形容しようがないかすかな香りが、これを信じられないほど爽快で、グラスを置くのも難しいようなワインに仕立て上げている。

Ürziger Würzgarten Riesling Spätlese ユルツィガー・ヴュルツガルテン・リースリンク・シュペートレーゼ S 🍷 $$$　赤いベリー類の香りのリースリンク。その豊潤さと繊細さの組み合わせは、まるで重力に逆らうかのよう。（メルケルバッハの各種ワインは、樽番号だけで識別されていることも多い。）

MESSMER *(Pfalz)*　メスマー（プファルツ）

Muskateller Kabinett ムスカテラー・カビネット 🍷 $$$　素晴らしく魅力的で、信じられないくらい用途の広いこのジャンルを知るためのワインとしては、珍しく手頃な価格。香草、柑橘類の皮の刺激的な味わいと塩っぽい独特の風味が、分析でもほんのわずかに記録された甘みによって支えられている。

Riesling Kabinett Muschelkalk リースリンク・カビネット・ムシェルカルク 🍷 $$$　白亜質の土壌からその名が付いたワイン。用途が広く、十分にキビキビとして、核果の味わいで溢れ、プファルツのもてなしの心が口いっぱいに広がる。

Riesling Kabinett trocken Schiefer リースリンク・カビネット・トロッケン・シーファー 🍷 $$$　光沢のある質感と豊潤な風味だが、プファルツの辛口ワインの標準からすると鮮やかで繊細なリースリンク。畑はこの地方では珍しい粘板岩土壌。

THEO MINGES *(Pfalz)*　テオ・ミンゲス（プファルツ）

Felminger Bischofskreuz Riesling Kabinett フェルミンガー・ビショッフスクロイツ・リースリンク・カビネット SD 🍷 $$$　花、果物、スパイス、ミネラルが口の中いっぱいに広がるように充満する、かすかに甘口のこのカビネットは、モーゼルのリースリンクに似た変わり種で、その類似は表面的なものにとどまらない。

Gleisweiler Hölle Riesling Kabinett trocken グライスヴァイラー・ヘレ・リースリンク・カビネット・トロッケン 🍷 $$$　このワインは例によって新鮮なメロンと果樹園の果物の香りに溢れ、果物の皮、味わい深い柑橘類の外皮、刺激のある香草に特徴的な酸を感じさせ、"ミネラル"以外に表現に窮するような感覚で飾られている。

GERMANY

Riesling halbtrocken リースリンク・ハルプトロッケン ♀ $$ 実質的に辛口で残糖が低く、そのため同ラインの1リットル瓶入りトロッケンに比べて、核果とスパイスの香りがそれほど目立たないものになっている。

Riesling trocken リースリンク・トロッケン ♀ $$ 1リットル瓶で売られているこのワインは、汁気に富み、柑橘類、塩気、スモーキーな感覚が口に広がる、土臭いプファルツの美徳を体現している。

MARKUS MOLITOR *(Mosel, Saar)* マルクス・モリター（モーゼル、ザール）

Bernkastler Badstube Riesling Kabinett ベルンカストラー・バートシュトゥーベ・リースリンク・カビネット SD ♀ $$$ ベルンカステル特有の黒い果実風味に加え、クリーミーな豊潤さと華やかさが、ありえないほど贅沢なモーゼル・リースリンクを造り上げている。（モリターのシュペートレーゼが予算の範囲内なら、そちらも買い逃さないように。）

Riesling Kabinett feinherb リースリンク・カビネット・ファインヘルプ ♀ $$ 驚きのバリューワインを数多く擁する、モリターの長い商品リスト。そこには、辛口と、（今のところは）実際の辛口の2種類の広域名ワインがリストアップされている。心地良い質感があり、中身の方はかなりの太り型。多くのワイン愛好家はこれをモーゼルと思わないだろう。

Wehlener Sonnenuhr Riesling Kabinett ヴェーレナー・ゾンネンウァー・リースリンク・カビネット SD ♀ $$$ モリターの幅広い品揃えの中の他のワインに比べても、ヴェーレナー・ゾンネンウァーの畑が支えるこれらのワインは、クリーミーで豊潤、モーゼルにしては比較的酸が低いスタイル。

Zeltinger Sonnenuhr Riesling Kabinett ツェルティンガー・ゾンネンウァー・リースリンク・カビネット SD ♀ $$$ 大ぶりでビロードのような口当たりだが、アルコール度の低いこのワインは、モーゼルでも最も偉大な畑を映し出し、ナッツ・オイルと核果の豊潤さに溢れる。

GEORG MOSBACHER *(Pfalz)* ゲオルク・モスバッハー（プファルツ）

Riesling Kabinett trocken リースリンク・カビネット・トロッケン ♀ $$ 気取らない、キビキビとしたプファルツの美点に溢れる広域名ものワイン、素晴らしい用途の広さは保証済み。

ドイツ

VON OTHEGRAVEN *(Saar)* フォン・オテグラーフェン（ザール）

Wiltinger Kupp Riesling Kabinett feinherb ヴィルティンガー・クップ・リースリンク・カビネット・ファインヘルプ ▽ $$$ 非常に充実感のある中身に、優雅さと軽いアルコール度が溶け合う事実上辛口のワイン。ザールの辛口と辛口に近いリースリンクによく見られるように、食事との相性の良さとはどういうことなのかを教えてくれる。

FRED PRINZ *(Rheingau)* フレート・プリンツ（ラインガウ）

Hallgartner Jungfer Riesling Kabinett ハルガルトナー・ユングファー・リースリンク・カビネット SD ▽ $$$ 花、赤いベリー類、柑橘類の芳香を放ち、精妙さと適度で欠点のないバランスの甘みを誇るワイン。

Riesling trocken リースリンク・トロッケン ▽ $$ 買いブドウから造られたこの超お値打ちワインは、プリンツの一貫した高水準を反映し、花、塩と白亜を感じさせるかなりのミネラル感を醸し出している。

RATZENBERGER *(Mittelrhein)* ラッツェンベルガー（ミッテルライン）

Riesling Kabinett trocken リースリンク・カビネット・トロッケン ▽ $$ ラッツェンベルガーが常に出している、単なる驚きのバリューワイン的なものにはほど遠い。ブイヨン（ブロス）を想わせる。柑橘類と冬野菜で作った"石のスープ"といった感じ。どことなく一級のシャブリ・クリュを想わせるが、値段の方はその3分の1。

Steeger St. Jost Kabinett halbtrocken シュテーガー・ザンクト・ヨースト・カビネット・ハルプトロッケン ▽ $$$ 用途は驚くほど広く、溢れんばかりの花、香草、柑橘類、ミネラルの相互作用を醸し出しているワイン。爽快感と口を満たす凝縮感が、滑らかで柔らかい質感と繊細さに結びついている。それに加えて非の打ち所のないバランス。

MAX. FERD. RICHTER *(Mosel)* マックス・フェルド・リヒター（モーゼル）

Graacher Domprobst Riesling Kabinett feinherb グラーハー・ドムプロープスト・リースリンク・カビネット・ファインヘルプ ▽ $$$ この畑

GERMANY 375

特有のナッツを感じさせる深みと、豊潤だがかすかなざらつきを感じさせるリヒターのスタイルが、完璧な形でお互いを高め合っている。

Graacher Himmelreich Riesling Kabinett グラーハー・ヒンメルライヒ・リースリンク・カビネット SD 🍷 $$$　このワインの豊かな柑橘類、花、塩気、石といった味わいが、ベルンカステルの町のかなり上に位置する単一区画を映し出している。

Mühlheimer Sonnenlay Riesling Kabinett feinherb ミュールハイマー・ソンネンライ・リースリンク・カビネット・ファインヘルプ 🍷 $$$　リヒターのリースリンクでは、その惜しみない豊かさと値頃感が、時として欠けることのある精妙さを補っている。このようにあまり知られていない畑のものなら、とりわけ試飲に値する。

Veldenzer Elisenberg Riesling Kabinett フェルデンツァー・エリーゼンベルク・リースリンク・カビネット SD 🍷 $$$　モーゼル渓谷の冷涼な畑のこのワインは、酸に富んだ黒い果実、ピンク・グレープフルーツ、ブラッド・オレンジのような甘美で甘い香りの柑橘類を、その典型的な特徴としている。

Wehlener Sonnenuhr Riesling Kabinett ヴェーレナー・ゾンネンウァー・リースリンク・カビネット SD 🍷 $$$　"日時計"の名をもつこの偉大な畑に特徴的な、異様なほどの鮮やかさと明らかな石の表現が感じ取れる。

SCHLOSS SAARSTEIN *(Saar)* シュロス・ザールシュタイン（ザール）

Pinot Blanc ピノ・ブラン 🍷 $$$　リンゴ、ナッツ、爽快感のある濡れた石を感じさせる。もっと多くのモーゼルやザールの造り手が、どうしてこの品種を植えないのだろうと不思議になるほどに。

Schloss Saarstein Riesling シュロス・ザールシュタイン・リースリンク 🍷 $$　爽やかで、一飲しただけでミネラルが十分な、実質的に辛口のリースリンク。アサンブラージュ（品質均一化のためブレンド）と瓶詰めを外注することで、価格も安く生産量も多い。

SCHÄFER-FRÖHLICH *(Nahe)* シェーファー・フレーリッヒ（ナーエ）

Riesling リースリンク 🍷 $$　実質的に辛口のこの醸造所産リースリンクは、常に並はずれたバリューワインである。果物、花、ミネラル、スパ

イスが万華鏡のように相互作用を織りなす。染み入るようで活力を感じさせる滑らかに柔らかい質感。加えていかにもおいしそうな爽快感も。

SCHMITT-WAGNER *(Mosel)*　シュミット・ヴァーグナー(モーゼル)

Longuicher Maximiner Herrenberg Riesling Kabinett　ロンギッヒャー・マキシミナー・ヘレンベルク・リースリンク・カビネット　SD ☖ $$
かすかに甘く、赤いベリー類、柑橘類、砕いた石で飾られたリースリンクで、かつては有名だった古い秀逸畑のもの。

SELBACH-OSTER *(Mosel)*　ゼルバッハ・オスター（モーゼル）

Riesling Kabinett リースリンク・カビネット　SD ☖ $$$　ゼルバッハの造る、汁気が多く柑橘系の広地域名ものカビネットは、モーゼルのリースリンク入門用の気の利いたワインで、価格も手頃。

Zeltinger Himmelreich Riesling Kabinett halbtrocken ツェルティンガー・ヒンメルライヒ・リースリンク・カビネット・ハルプトロッケン ☖ $$$　用途が広く、爽快なこの辛口リースリンクは、まるで砕いた粘板岩とミネラル塩で固められたかのよう。はっきり感じ取れる中身の充実感に、優雅さと精妙さが混ざり合っている。

Zeltinger Schlossberg Riesling Kabinett ツェルティンガー・シュロスベルク・リースリンク・カビネット　SD ☖ $$$　ゼルバッハの造る多くの素晴らしいバリューワイン同様、畑をドラマティックに反映しているワイン。このワインの場合には、黒く焦げたスモーキーな香りと、核果、柑橘類、本物の石を感じさせ、軽量級のアルコール度にしては驚異の凝縮感。

SPREITZER *(Rheingau)*　シュプライツァー（ラインガウ）

Oestricher Doosberg Riesling Kabinett　エストリッヒャー・ドースベルク・リースリンク・カビネット　SD ☖ $$$　花、緑、果物でいっぱいの温室と果樹園の果物を感じさせるこのワインは、その繊細さ、洗練、爽快感、巧みにバランスのとれた甘みで、まるでモーゼルのよう。

Oestricher Lenchen Riesling Kabinett　エストリッヒャー・レンヒェン・リースリンク・カビネット　SD ☖ $$$　しばしばアルコール度8％以下にもなる、率直なまでにフルーティーだが実に爽快で、際立ってミネラル感の強いカビネット。単独で楽しむワインとしても魅力的。

GERMANY

WEINGUT STEIN *(Mosel)*　ヴァイングート・シュタイン（モーゼル）

Riesling trocken リースリンク・トロッケン 🍷 $$$　ライム、ミカンを連想させる香り。ヒリヒリした感触があり爽快だが、まさしく"石のスープ"の趣と、口に満ちるミネラル感がある。この比類なく辛口のリースリンク、アルコール度数は10.5%くらいだが、熟した味わいを愉しめる。

GÜNTER STEINMETZ *(Mosel)*　ギュンター・シュタインメッツ（モーゼル）

Mühlheimer Sonnenlay Riesling feinhelb ミュールハイマー・ソンネンライ・リースリンク・ファインヘルプ 🍷 $$$　樽で熟成させたこのリースリンクは、シュタインメッツのスタイルを披露してくれる。つまり幅広く、豊潤な質感、そして（モーゼルの標準からすると）比較的酸が低く、忘れがたいミネラル感に加えて後味の長さは本物。

Verdenzer Grafschafter-Sonnenberg feinhelb　フェルデンツァー・グラーフシャフター・ゾンネンベルク・ファインヘルプ 🍷 $$$　表現力豊かで用途が広く、実質的に辛口で、核果、ナッツ・オイル感に溢れたリースリンクは、前世紀ならたいていは"クラシックなシュペートレーゼ"とラベルに書かれ、賞賛されていたはず。

J. & H. A. STRUB *(Rheinhessen)*　J. & H. A. シュトゥルプ（ラインヘッセン）

Niersteiner Brückchen Kabinett ニアシュタイナー・ブリュックヒェン・カビネット ⟨SD⟩ 🍷 $$　いつもながらに果樹園の果物とスイートコーンがいっぱいに詰まり、しばしばヴァニラ、タルカム・パウダー、白亜質の粉を感じさせるこの甘美で汁気が多いカビネットは、品質、価格共に非常に魅力的。

Niersteiner Paterberg Spätlese　ニアシュタイナー・パターベルク・シュペートレーゼ ⟨S⟩ 🍷 $$$　アロマティックな香草のエッセンスがソーヴィニョンにも似て、鮮やかな柑橘類と塩気のあるミネラル感が、甘みにもかかわらずこのワインに活力を与えている。単独で味わうばかりでなく、食卓にも載せたい。

Riesling Soil to Soul リースリング・ソイル・トゥ・ソウル ⟨SD⟩ 🍷 $$　シュトゥルプの控えめな甘口ハウス・ワインの最新作は、2つの畑を混ぜ

合わせたもの。柑橘類、核果、アロマ溢れる香草、白亜、タルカム・パウダーの相乗効果を出すのに成功している。

ST. URBANS-HOF *(Mosel and Saar)* ザンクト・ウルバンス・ホーフ（モーゼル、ザール）

Ockfener Bockstein Riesling Kabinett オックフェーナー・ボックシュタイン・リースリンク・カビネット SD 🍷 $$$ オレンジの花の芳香、スパイシーで、果樹園の果物とトロピカルフルーツが詰まり、甘さは率直なほど。

Piesporter Goldtröpfchen Kabinett ピースポーター・ゴルトトレップフヒェン・カビネット SD 🍷 $$$ カシス、トロピカルフルーツ、ナッツ・オイルが詰まった、かの高名な畑の模範的ワイン。過剰なほど豊潤だが、重さを感じさせない。

Riesling リースリンク SD 🍷 $$ この醸造所のリースリンクは、非の打ち所のない畑のブドウと醸造技術によって造られる。花、香草、熟した核果、柑橘類、塩、砕いた石が溢れる。

Urban Riesling ウルバン・リースリンク 🍷 $ ウルバンス・ホーフの所有者兼醸造技師、ニック・ヴァイスが買いブドウから造った、非の打ち所のないバランスの新作ワイン。典型的な辛口の味わいで、爽快感のあるこのモーゼルは驚きの低価格。

DANIEL VOLLENWEIDER *(Mosel)* ダニエル・フォレンヴァイダー（モーゼル）

Wolfer Goldgrube Riesling Kabinett ヴォルファー・ゴルトグルーベ・リースリンク・カビネット SD 🍷 $$$ 若々しい酵母の香り、繊細、軽ろやか、その上に絹の質感。フォレンヴァイダーの造る他のワイン同様、かつては高名だった畑を独力で復興させたことを高らかに証明してくれるワイン。

VAN VOLXEM *(Saar)* ファン・フォルクセン（ザール）

Riesling Saar リースリンク・ザール 🍷 $$$ 若きアウトサイダー、ロマン・ニエヴォドニツァンスキーの野心的で異端のスタイル（低い酸、クリーミー、濃厚）はザールを震撼させている。花を感じさせ、魅惑の質感を持つこのベーシック・ワインにも、彼の野心とスタイルは見事に表

現されている。

DR. HEINZ WAGNER *(Saar)* ドクター・ハインツ・ヴァーグナー（ザール）

Saarburger Rausch Riesling Kabinett ザールブルガー・ラウシュ・リースリンク・カビネット SD ♀ \$\$\$　核果と柑橘類に溢れ、軽いがエキス分豊かなこのカビネットは、ヴァーグナーらしくはないものの（そのほとんどのワインは辛口なので）、輸出向けの品揃えとしては典型的。

WAGNER-STEMPEL *(Rheinhessen)* ヴァーグナー・シュテンペル（ラインヘッセン）

Riesling trocken リースリンク・トロッケン ♀ \$\$　鮮やかでリンゴを感じさせ、かすかに石と塩の爽快感のあるこのワインを飲んでみれば、これが1リットル瓶で売られている訳が理解できるだろう。要するに、750ミリリットルでは足りないということ。

Silvaner trocken シルヴァーナー・トロッケン ♀ \$\$\$　世界でも屈指の素晴らしい白のバリューワインのひとつ。若きスター、ダニエル・ヴァーグナーのシルヴァーナーは甘美な洋梨、リンゴを感じさせ、ナッツ・オイルの豊潤さで下支えされ、塩気と刺激のある燻香が入り交じっている。

WEEGMÜLLER *(Pfalz)* ヴェーグミュラー（プファルツ）

Riesling Kabinett trocken リースリンク・カビネット・トロッケン ♀ \$\$\$
ほとんどの年で、シュテファニー・ヴェーグミュラーは3種類の単一畑のリースリンク・カビネットを瓶詰めしている。そのどれもが透明感、爽快感、豊かな柑橘類、核果、スパイス、ミネラル塩の風味を醸し出している。

Scheurebe trocken ショイレーベ・トロッケン ♀ \$\$\$　ミント、セージ、ブラック・カラント、ピンク・グレープフルーツが、光沢があり、きわめてフルボディなこの辛口ワインを形作っている。アロマが高く驚くほど用途の広いこの品種は、今日では甘口に仕立てられることが多い。

Weisser Burgunder trocken ヴァイサー・ブルグンダー・トロッケン ♀ \$\$\$　豊潤で、ナッツを想わせるが優美で爽快なこのピノ・ブランは、並はずれて用途が広い、高品質低価格ワイン。

DR. WEHRHEIM *(Pfalz)* ドクター・ヴェアハイム（プファルツ）

- **Riesling Kabinett trocken Bundsandstein** リースリンク・カビネット・トロッケン・ブントサントシュタイン ▽ $$$　透明感があり染み込むような柑橘類に、核果、いい意味での素晴らしい充実感、そして一貫した活力と爽快感を届けてくれるワイン。
- **Silvaner trocken** シルヴァーナー・トロッケン ▽ $　この１リットル瓶は、世界で最も素晴らしいバリューワインの中でも、十指に数えられるものだろう。シルヴァーナーとしては並はずれた鮮やかさ、快活さ、ミネラル感だが、ビロードのようで明らかに超豊潤。

FLORIAN WEINGART *(Mittelrhein)* フローリアン・ヴァインガルト（ミッテルライン）

- **Schloss Fürstenberg Riesling Kabinett** シュロス・フュルステンベルク・リースリンク・カビネット SD ▽ $$$　一貫した花の香り。軽いが謎めいたところがあり、手に取るように分かる中身の充実感。熟した酸によって命が吹き込まれているこのワインは、ローレライの斜面と若き才能フローリアン・ヴァインガルトの造るワインの魅力へと誘ってくれる窓のよう。

WEINS-PRÜM *(Mosel)* ヴァインス・プリュム（モーゼル）

- **Graacher Domprobst Riesling Kabinett** グラーハー・ドムプロープスト・リースリンク・カビネット SD ▽ $$$　畑が造り出す違いについて教えてくれるワイン。偉大なドムプロープストの畑に特有の、典型的なナッツのリッチさと核果の感じを醸し出す。
- **Graacher Himmelreich Riesling Kabinett** グラーハー・ヒンメルライヒ・リースリンク・カビネット SD ▽ $$$　透明感、繊細さ、率直な甘みが、すべてのプリュムのワインに共通するカテゴリーの括りになっている。ヒンメルライヒの畑からは、リンゴ、柑橘類、黒い果実、ピリッとした後味を楽しもう。
- **Wehlener Sonnenuhr Riesling Kabinett** ヴェーレナー・ゾンネンウァー・リースリンク・カビネット SD ▽ $$$　この畑に典型的なリンゴ、ヴァニラ、クリームのような滑らかさ、磨きあげ（決して爽快感を失っていない）が、極めてむき出しの形で表現されている。

GERMANY

WEISER-KÜNSTLER *(Mosel)* ヴァイザー・キュンストラー（モーゼル）

Enkircher Ellergrub Riesling Kabinett エンキルヒャー・エレルグループ・リースリンク・カビネット SD 🍷 \$\$\$　長いこと忘れられていたこの急峻な畑のワインに典型的に表れる、香草、花の芳香。それに加えて純粋な洋梨のネクター、愛すべき絹の質感と漂う軽快感。絶妙な判断が造り出したほとんど気づかない程度の甘みがあり、濡れた石を鮮やかに想い起こさせる後味。

Riesling feinherb リースリンク・ファインヘルプ 🍷 \$\$　この実質的に辛口のリースリンクは、みずみずしい甘草、砕いた石、レモンの皮、みなぎるハニーデューメロンを感じさせる。この醸造所に特有の酵母と炭酸ガスの若々しい香りを保っている。

Trabacher Gaispfad Riesling Kabinett トラバッハー・ガイスプファート・リースリンク・カビネット SD 🍷 \$\$\$　この夫婦の共同作業（2005年から）により、不当にも忘れられていた畑は権威を取り戻した。トラバッハーにある急な"山羊の小道"を歩いてみれば、繊細さを美徳とするモーゼル・リースリンクの畑を一望できることだろう。

ZILLIKEN *(Saar)* ツィリケン（ザール）

Ockfener Bockstein Riesling Kabinett オックフェナー・ボックシュタイン・リースリンク・カビネット SD 🍷 \$\$\$　オレンジの花、トロピカルフルーツの香りのこのボックシュタインには、電流をチャージしたような非の打ち所がないバランスがあるが、ツィリケンが得手とする、とてつもなく糖の高いリースリンクにまとめ上がっている。

Riesling Butterfly リースリンク・バタフライ 🍷 \$\$\$　ツィリケン所有の急峻な粘板岩のザールベルクのブドウ畑から造られた、この用途の広いワインは、ビロードのような口当りに味わいは実質的に辛口で（アルコール度11.5％ほど）、"ミネラル"という用語の限界をぐんと広げている。

Saarburuger Rausch Riesling Kabinett ザールブルガー・ラウシュ・リースリンク・カビネット SD 🍷 \$\$\$　典型的なチェリー、アーモンド、柑橘類、スパイスの芳香に溢れる。活力があり、並はずれて良心的な値段のこの酒は、驚異のバランスを誇っている。

ギリシャのバリューワイン

(担当　マーク・スキアーズ)

　ギリシャは、安くて良いワインを狙っている人にとっては宝の山である。コンクールで賞をとっているようなワインもいくつかはあるが、そのようなワインでもほとんどが50ドル以下。特に白ワインやデザートワインでも25ドル以下の優れた品質のものがいとも簡単に見つかる。消費者に必要なのはほんの少しの敬意と注意を払うことだ。そうすれば非常に人気のある土着のブドウ品種、特に4大品種をすぐによく知ることになるだろう。4大品種とは、赤ワイン用のXinomavro（クシノマヴロ）とAgiorgitiko（アギオルギティコ）、そして白ワイン用のAssyrtiko（アシルティコ）とMoschofilero（モスホフィレロ）である。もちろんソヴィニョン・ブラン、シラーや、カベルネ・ソヴィニヨンを上手に使ってワイン造りしているのを目の当たりにするだろうが、土着の品種もまたそれぞれの個性を持ち、ワインに新たな風味を与えているのだ。

　ひとつ言語で注意しなくてはならないのは、ギリシャ語の綴りには何通りかが存在するということ。（ブドウ品種においてもしかり。）AssyrtikoやXinomavroそしてAgiorgitikoはだいたいにおいて標準的な綴りと言えるが、（同じ品種を指して）AsirtikoやAsyrtico、XynomavroやAgiogitikoなども散見される。これらの綴りを統一しようという話も出ている。私は消費者の混乱を避けるために、常にそのワインのラベルに書かれている綴りを使っている。

産地とブドウ品種

　ギリシャではいたる所で安くて良いワインに出会える。ギリシャは小さな国でありながら、いくつもの産地があちこちに散らばっている。ギリシャのワインの等級制度やテロワールについて事細かに述べるよりも、ここではいくつかの有名な産地を4大品種に関連付けながら説明することにしよう。**サントリーニ**はアシルティコという品種でよく知られている。習慣とワイン法により、サントリーニとラベルに記されたワインは全てアシルティコから造られている。フィロキセラ以前のサントリーニの畑のブドウで造られ、樽を使っていないアシルティコのワインは、ギリシャのワインの中でも最高と言えるし、コストパフォーマンスも最高である。異例とも

言えるが、トップクラスの造り手のものでも、25ドル以下のものがほとんどなのだ。このワインは力強く、熟成が楽しみな白ワインである。またアシルティコはほど良い深さと親しみやすさのある、よりおだやかな持ち味のワインになりうる別の面も持っている。**ネメア**はギリシャの中でも最も重要な赤ワインの産地で、アギオルギティコで有名である。アギオルギティコのワインは果実味が豊かで溢れんばかりの風味があり、万人受けのする良い味わいで、誰もが好きになる。よい造り手にかかるとこれらのワインはさらにしっかりとした構成になり、シンプルでフルーティなワインではなく、複雑味のあるものとなる。最高のものは、とにかく味わい深い。標高の高いところにある産地**マンティニア**はモスホフィレロが主力。モスホフィレロから造られるワインはチャーミングでエレガントで繊細な、完璧な夏用のワイン。ライバルは（ポルトガルの）ヴィーニョ・ヴェルデだろう。北の方にはクシノマヴロで知られる**ナウッサ**があり、ここもギリシャの赤ワイン産地として著名なところ。クシノマヴロから出来るワインは力強く、濃く、酸味とタンニンが豊か。しかし同時に扱いの難しいブドウでもあり、時々粗野なワインが出来ることもある。

　デザートワインのカテゴリーにはギリシャのベストワインと言えるものがある。チャーミングで価格も高くなく、「ボーム・ド・ヴーニーズ」（南仏）を真似したスタイルのマスカットは、とても楽しいワインで、価格は通常10ドル程度である。驚くべきヴィンサントは熟成するとさらに良くなる。香りのよいマヴロダフニも含め、この手のものは安い価格のものを探すのは難しい。とにかくどれも飲んでいて楽しいワインである。

ヴィンテージを知る

　ギリシャのヴィンテージは造り手ごとに詳細に語らないで一般化するのは難しい。この点については、ギリシャのワインとワイナリーが進化を遂げていることと、ギリシャのテロワールが山間部の多い広い地域にわたっていることとの双方を考慮に入れなくてはならない。ある地域ではいつ収穫したかが問題になるし、またほかの地域、たとえばサントリーニなどは他に比べて一貫性がある。これを書いている時点で、市場に出回っている2005〜07年の赤ワインと白ワイン、07年と08年の白ワインに良いものをたくさん見てきた。07年の赤ワインも特に北の方のクシノマヴロは良い。最近のヴィンテージで最も批判されるべきは2002年である。このヴィンテージのワインが値引きされて、まだ店の棚に並んでいるのを目の当たりにすることもあるかもしれない。

飲み頃

ギリシャで人気のある土着品種は、熟成についてのポテンシャルがそれぞれ全く違う。モスホフィレロ（そしてよく似た白ワイン用品種アシリやロディティス）は若飲みに適している。ほとんどのワインは出荷時か、収穫日から1～3年のあいだには飲むべきである。良い造り手のアギオルギティコは長持ちするが、低価格帯のものは概ね柔らかくフルーティなスタイルなので、収穫日から3～6年のあいだに飲むのが良い。アシルティコは瓶熟する白ワインだが、しないことも多い。最高の造り手たちのものは10年かそれ以上もつが、ほとんどは1年から2年くらいが飲み頃であろう。酸化しやすい傾向のある品種なので、取扱いに注意が必要である。クシノマヴロの典型的なものはよく熟成するし、多くの低価格帯のワインでさえ5年から8年、もしくはそれ以上長持ちする。もちろん何事にも例外はあるが。

■ギリシャの優良バリューワイン（ワイナリー別）

ACHAIA CLAUSS *(Patras)* アチャイア・クラウス（パトラス）

Muscat of Patras マスカット・オブ・パトラス ⑤ ♀ $　南仏のボーム・ド・ヴーニーズ風のワイン。甘口だが甘すぎはしない。ほど良い凝縮感と深み。

BOUTARI *(Santorini, Mantinia, and Naoussa)* ブターリ（サントリーニ、マンティニア、ナウッサ）

Grand Reserve Naoussa グランド・リザーヴ・ナウッサ ♀ $$$　口中では控え目だが、普通のナオウサよりもしっかりとした構成があり、後味も良い。エレガントで土っぽさもあり、華やかさもある。いくぶん粗野なところもある。

Moschofilero モスホフィレロ ♀ $$　軽やかで華やか。アルコール度は11%でボディは繊細。素晴らしくフルーティで非常に魅力的、そして風味豊かな後味。

Naoussa ナウッサ ♀ $$　全てクシノマヴロ。実際のヴィンテージよりも熟成しているように感じられる。エレガントで華やかさがある。後味の最初にはタンニンと土のニュアンス。

Santorini サントリーニ ♀ $$　このアシルティコには素晴らしく華やかな

後味がある。木質というより草質で、へりの周りに酸が充満し、それが持続力を備えさせている。明るくチャーミング。

Vinsanto ヴィンサント ⑤ $$$ 甘く、いくぶん衰え気味。熟成する価値のあるシンプルなおいしさ。このみずみずしく肥沃なワインの味わいは掌握力があり、甘みと果実味がその中を跳ねまわる。

COSTA LAZARIDIS *(Drama)* コスタ・ラザリディス（ドラマ）

Amethystos アメシストス ♀ $$ ほとんどがソヴィニヨン・ブランで、それにアシルティコとセミヨンのブレンド。軽く、とても上品だが、草の香りも非常に強い。

Chardonnay (Château Julia) シャルドネ（シャトー・ジュリア）♀ $$ フレッシュで比較的軽く、開放的で親しみやすいワイン。少し空気に触れさせることでよりフルーティさがよく出ておいしくなる。

Sauvignon Blanc "Amethystos" ソヴィニヨン・ブラン「アメシストス」♀ $$ 樽発酵、シュール・リー方法で熟成させたこのソヴィニヨン・ブランは、比較的ゆったりとしたワインで、よく熟しており、肉づきのよい感じ。先のアメシストスのソヴィニヨン・ブラン・ブレンドと比べて、驚くほど草っぽさが少ない。

EMERY *(Rhodes)* エメリー（ロードス）

Athiri Mountain Slopes アシリ・マウンテン・スロープス ♀ $$ 次に登場するアシリ・ロードスよりも普及しており注目されている。しかし必ずしも毎年良い出来という訳ではない。

Athiri "Rhodos" アシリ「ロードス」♀ $ エレガントなパワーがある、デリケートなブドウでうまく造られているワイン。

GAI'A *(Peloponnese and Santorini)* ガイア（ペロポネスとサントリーニ）

Nótios ノーショズ ♀ $ モスホフィレロとロディティスのブレンド。ハーブ系のツンとくる香りがあり、中身はデリケート。キリッとしていて、食欲をそそるが、後味は酸味が強くて、やや口がすぼまるような感じ。

Thalassitis サラシティス ♀ $$ ギリシャのアシルティコのワインの中で最も優れた低価格ワインのひとつ。どちらかというと鋼のようなワイン。力強く、舌を刺す感じ。2008年ヴィンテージから値上がりした。

GENTILINI *(Cephalonia)* ジェンティリーニ（セファロニア）

Aspro Classic アスプロ・クラッシック ♀ $$ このワインは他のワインを引き離す個性をもっている。ソヴィニヨン・ブランは他の品種の中に溶け込んでおり、ハーブや草の香りよりも辛口でメロンの風味に変わっている。

GREEK WINE CELLARS *(Patras)* グリーク・ワイン・セラーズ（パトラス）

Muscat-Samos マスカット・サモス ⓢ ♀ $ 愛らしいボーム・ド・ヴーニーズ・スタイルのマスカット。アロマティックで、どちらかというと甘口の方だが、酸味もある。
Roditis "Asprolithi" (Oenoforos) ロディティス「アスプロリティ」（オエノフォロス） ♀ $ 樽を使っていない、軽く、すっきりとした味わいで、やや刺激的。花の香りが心地良い。

HATZIDAKIS *(Santorini)* ハツィダキス（サントリーニ）

Santorini サントリーニ ♀ $$$ 明るく愛らしく、口中いっぱいに溢れる感じで、長く後味がただよう。何か力強さを感じさせる。
Vinsanto ヴィンサント ⓢ $$$ 非常に甘く、リッチで美味。アルコール度数は13％で、最初に押し寄せる果実味と甘みには心を奪われる。

DOMAINE HATZIMICHALIS *(Atalanti Valley & Opontia Locris)* ドメーヌ・ハツィミカリス（アタランティ・ヴァレー＆オポンティア　ロクリス）

Domaine Hatzimichalis Estate ドメーヌ・ハツィミカリス・エステート ♀ $ アシリとアシルティコ、ロボラのブレンド。よく組み立てられたワインで、ボディもあり、後味もよい。このワインの質は口中を覆う味わいの全てと関わっている。
Veriki ヴェリキ ♀ $$$ シャルドネとロボラ半々のブレンド。この樽を使っていないワインは抜群に優れていて、同時に価格はリーズナブル。洗練された深みを持つ。充実感があり荘重。

DOMAINE KARYDAS *(Naoussa)* ドメーヌ・カリダス（ナオウサ）

GREECE

Xinomavro クシノマヴロ 🍷 $$$　小さなブティックワイナリーから生まれた見事なワイン。このブドウの典型的な様相を生かしているだけでなく、洗練された果実味と、ある程度の口当たりの良さをうまく結び付けている。

MERCOURI ESTATE *(Pisatis and Ilia)* メルコウリ・エステート（ピサティスとイリア）

Antares アンタレス 🍷 $$$　ほとんどがムールヴェドルのこのワインは、猟獣肉の香りがあり、それが味わいにも強く通じている。フランスに典型的なムールヴェドルのスタイル。

Folói フォロイ 🍷 $$　ロディティス（85%）とヴィオニエのブレンド。軽やかで華やか。やや繊細さもあるがシンプルでチャーミングなワイン。良い味わいで、キリッとしている。よだれがでそうな後味。

Rosé "Lampadias" ロゼ「ランパディアス」🍷 $　ミディアムボディの辛口。キリッとした味わいだが、よく熟しており、果実味と風味が豊か。完璧なバランス。

MORAITIS *(Paros)* モライティス（パロス）

Parios Oenos パリオス・オエノス 🍷 $$　全てモネムヴァシア。フレッシュでピュア、中味は繊細。素朴清純で、陽気なところもある。

Sillogi Moraiti ソロッジ・モライティ 🍷 $$　アシルティコとマラゴウジアのブレンド。刺激的で軽く、アルコール度数は低め（12.5%）。キリッとして、生き生きとした明るいワイン。チャーミングで爽やか。

CHRISTOFOROS PAVLIDIS *(Drama)* クリストフォロス・パヴリディス（ドラマ）

"Thema" テーマ 🍷 $$　ほとんどがソヴィニヨン・ブランで占められているワイン。クラッシックでカットグラスのような感じのソヴィニヨンが前面に出るが、アシルティコがそれにブレーキをかけ、ボディと特徴を与えている。

SANTO WINES *(Santorini)* サント・ワインズ（サントリーニ）

Assyrtiko アシルティコ ♀ $$$　ゆったりと落ち着いていてサントリーニの果実味が豊かなワイン。ちょっとスティールのような硬さを見せることがしばしばあるが、ほど良い深みと、心地良い丸を確かに持っている。

SEMELI *(Peloponnese)* セメリ（ペロポネス）

Agiorgitiko Rosé アギオルギティコ・ロゼ ♀ $　辛口で初めはピリッとくるピンク色のワインだが、それは見かけだけで、実は親しみやすいワイン。

Mountain Sun マウンテン・サン ♀ $　標高の高いところのロディティス10％（標高274メートル以上）と、モスホフィレロ（標高122メートル以上）のブレンド。ハーブの香りがあり、刺激的で快活。むしろ暖かい気候のワイン。若いうちによく冷やして飲むのに適している。

DOMAINE SIGALAS *(Santorini)* ドメーヌ・シガラス（サントリーニ）

Asirtiko/Athiri アシルティコ／アシリ ♀ $　良い深みと、肉づきの良さを感じさせるワイン。飲み終わりには酸味からくる強さが感じられる。

Santorini サントリーニ ♀ $$$　全てアシルティコ。先のアシルティコ・アシリのブレンドに深みが加わり、よりリッチになっている。

SKOURAS *(Peloponnese and Nemea)* スコウラス（ペロポネスとネメア）

Moschofilero モスホフィレロ ♀ $　明るく華やかで、下記のベーシックなブレンドの白ワインよりも強度が出る。また後味はさらに良く、繊細さがあり、とても美味。

Saint George セント・ジョージ ♥ $　非の打ちどころのないブレンドで、極めて優美な雰囲気を持つ。華やかで明るく、チャーミングで良い味わい。後味には掌握力がある。マセラシオン・カルボニックを施していないボジョレーのようだ。

Skouras White スコウラス・ホワイト ♀ $　ロディティスとモスホフィレロのブレンド。華やかで草のニュアンスがある。かなりの深みがあり、後味にはみずみずしさが感じとれる。

Viognier "Cuvée Larsinos" ヴィオニエ「キュヴェ・ラルシノス」♀ $$
軽く、やや繊細だが、はかないというよりもエーテルのような精妙さを

感じさせ、本物のヴィオニエのスタイルになっている。愛らしい香りで、よく焦点の合ったワイン。

THIMIOPOULOS *(Macedonia)* シミオポウロス（マケドニア）

"Uranos" Xinomavro 「ウラノス」クシノマヴロ 🍷 $$$　これはモダンなスタイルのクシノマヴロ。あなたの手元でさらに熟成させることができる際立ったワイン。2時間ほどデキャンタージュすることで、より複雑さのあるワインとなる。

TSELEPOS *(Mantinia)* テレポス（マンティニア）

Moschofilero モスホフィレロ 🍷 $$$　キリッとして、みずみずしいワイン。草のニュアンスがあり、やや軽め。しっかりとした酸味があり、それが果実味をより際立たせている。

UNION OF WINEMAKING COOPERATIVES OF SAMOS *(Samos)* ユニオン・オブ・ワインメイキング・コーポラティブ・オブ・サモス（サモス）

Muscato "Vin Doux" モスカート「ヴァン・ドゥー」 S 🍷 $$　ギリシャのほかのモスカートのワインよりもやや高価格。同時に通常のものの上をいく品質でもある。驚くほどの粘性と蜂蜜のニュアンス、そしてただ美味な果実味が感じられる。

Samena Golden サメナ・ゴールデン 🍷 $　マスカットから出来ている典型的な刺激のあるワイン。軽くてドライ、かなりキリッとしている。

VAENI NAOUSSA *(Naoussa)* ヴァエニ・ナウッサ（ナウッサ）

Damascenos (a.k.a. Damaskinos) ダマセノス（ダマスキノス） 🍷 $$$　全てクシノマヴロで、ヴァエニのラインナップの中では特異な存在。樽熟成でよく熟しており、クシノマヴロにしては落ち着いたモダンなスタイル。

Xinomavro クシノマヴロ 🍷 $$　軽く、華やかでアルコール度数は比較的低い。ここのラインナップの中では、価格と価値のバランスがいちばん良いもののうちのひとつ。

VATISTAS *(Laconia)* ヴァティスタス（ラコニア）

Asproudi/Assyrtiko アスプロウディ／アシルティコ ♀ $$ 　比較的素直なワイン。しかし丸味はあり、口中が心地良い。ほど良い深みと、しっかりとした酸味。

VOLCAN WINES *(Santorini)* ヴォルカン・ワインズ（サントリーニ）

Koutsoyiannopoulos コウツオイアノプロス ♀ $$$ 　全てアシルティコ。口中がビロードのような口当たりでいっぱい。同時に明るく、ややキリッともしている。洗練され長く漂う後味。

ITALY 391

イタリアのバリューワイン

(担当　アントニオ・ガッローニ)

　値頃感のあるワインを幅広く消費者に提供しているという点で、イタリアと肩を並べる国は数少ない。爽やかでミネラル感溢れるアルト・アディジェの白ワインから、香り高いピエモンテのネッビオーロ酒、そして豊潤で骨太なカンパーニャの赤ワインに至るまで、イタリアはどんな味覚や予算も満足させるワインを、幅広く造っている。最高の値頃感のワインを見つけだすためには、多くの場合、誰もが飛びつく品種と産地以外にも探りを入れてみる必要がある。もちろんイタリアという国の底力を考えると、これはまさに挑戦に値する。絶対多数の消費者には馴染みの薄い、1000から2000とも言われる固有のブドウ品種を擁している国なのだから。さらには、イタリアのワイン産地の多様性を考慮に入れてみよう。シチリアの乾燥した砂漠のような酷暑の地から、遠くアルト・アディジェのアルプス性微気候に至るまで、イタリアはありとあらゆる産地を包み込む。それに一連の優良ヴィンテージが加わって、今日の市場は数百もの魅力的なワインで文字どおり溢れ返っている。25ドル以下で入手可能な上に、大きな喜びも運んでくれるワインばかりだ。

イタリア・ワインを知る

　この上なく素晴らしいイタリア・ワインだが、イタリアではワインと食べ物がある程度表裏一体になっている。それに匹敵するのはフランスくらいのものだということは、覚えておいた方がいいだろう。イタリア人が食事抜きでワインを飲むことは稀で、たまに食前酒（アペリティーヴォ）を飲むときでさえ、常に食べ物と一緒に飲まれている。心にとめておくべきは、イタリア・ワインを最大限に楽しむ秘訣のひとつは、同じ地方の料理とワインを組み合わせるということだ。例えばイノシシのソースであえたパスタに添えられた1杯のキアンティ、あるいは新鮮な魚や甲殻類と一緒に飲むヴェルメンティーノ以上の何かを求めようとしても、それは無理な相談というもの。読者が食事に供するワインを探しているのなら、以下のページも大いに参考となるだろう。しかし食事抜きで楽しむワインを探すのが目的なら、もっと身構えなくても楽しめる他産地のワインがある。この点に関しては、消費者も御存知だろう。

ワイン産地
ピエモンテ

　もし純粋に多様性を追求するというのなら、バリューワインの領域でピエモンテを超えるワインを見つけるのはとてつもなく難しい。昨今の市場でつけているバローロやバルバレスコの高値を思うと、にわかには信じられないかもしれないが、ピエモンテが素晴らしく多様で高品質のワインを手頃な価格で提供しているということは、動かしがたい事実なのである。ピエモンテのお値打ち品を探す際の目安だが、可能ならば最高の造り手による安直なエントリー・レベルのワインにこだわってみて欲しい。バローロとバルバレスコの造り手なら、高級ワインに注ぐのとまったく同じ手間暇をかけて、ドルチェットやバルベーラを造っているのが普通だ。こうしたエントリー・レベルのワインは、造り手の持つ多様なスタイルを知るにあたって、最高の入門ワインとなってくれるだろう。

　アルネイス（この名前のブドウから造るピエモンテのワイン）は食前酒もしくは夏に飲むものとして非の打ち所のないワインだが、その花を感じさせる個性と繊細な果実味は、収穫から1年のうちに楽しんでしまった方がいい。ドルチェットはピエモンテの日常飲みワイン。最良のものなら熟した黒い果実、ミネラル、スパイスが極めて豊かなので、それほど頻繁に飲んでいないのが自分でも不思議なくらいだ。25ドル以下の価格帯のバルベーラの多くは爽やかなスタイルで、オーク樽もほとんど、あるいはまったく使われていない。2006年のように完熟感を特徴とする年のワインは、とりわけ大らかで肉厚だ。アルバ近郊の町々のバルベーラは、ミネラル感を特徴とするアスティ周辺のものよりも、多くの場合もっと丸みを帯びてしなやかだが、本領を発揮させると、どちらも優れた品質のワインに仕上がる。最上のネッビオーロは、兄にも例えられるバローロとバルバレスコの持つすべての資質を備えている、その小型版といったところ。そして最後に、一杯のモスカートほど食事の締めくくりに相応しいものはない。残念なことに市場にはモスカートが大海原の如く溢れていて、どのモスカートも所詮は同じようなものだろうと長いこと思われてきた。これはまさしく誤解というものだ。偉大なモスカートを造るのであれば、どんな偉大なワインとも変わらぬくらい、ありとあらゆることが必要となってくる。つまり第一級の畑、低収量、そして中でも一番大切となってくるのは、熱心な造り手が持つビジョンと情熱ということだ。

トスカーナ

　品種の多様性だけを見ると、ピエモンテ、カンパーニャ、サルデーニャ

に及ぶべくもない。しかし驚くほど多くの、おいしくて値頃感のあるワインが揃っている点で、トスカーナは多様性の欠如を補っている。トスカーナの強みは赤ワイン、中でもサンジョヴェーゼをベースとしているワインだ。読者に数多くの選択肢を与えてくれるのが、トスカーナという産地なのである。

イタリア北部

　カンパーニャ（イタリア中央南部ナポリ周辺のワイン）を例外として、**トレンティーノ・アルト・アディジェ**ほど、イタリアの白ワインを幅広く探訪するのに絶好の土地はない。土着品種をとっても、また国際品種をとっても、アルト・アディジェは選択肢の広さで抜きん出た存在だ。そのワインは傾向として鋼、ミネラル感に富み、加えて華麗な芳香と品種の特徴がどっさり詰まっている。中心となっているのは、ピノ・ブラン、ピノ・グリージョ、シルヴァネール、ケルネル、そしてテルメーノの町で発見されたゲヴュルツトラミネールである。

　ヴェネトは、数多くの魅力的なワインの故郷だ。発泡性のプロセッコは食前酒として素晴らしく、食事を始めるワインにはもってこいの存在。"甘い生活 la dolce vita"とも形容される、イタリア式ライフ・スタイルの喜びを体現したようなワインである。ヴェネトのもうひとつの偉大な白ワインは、ガルガネーガをベースにしたソアーヴェだろう。悪評紛々だった時期もあるものの、今では注目に値する数多くの素晴らしい白ワインが造られている。もちろんヴェネトは、ヴァルポリチェッラ、アマローネ、素晴らしい甘口ワインも多数造っている。ただそうしたワインのほとんどが予算内に収まらない。一方、25ドル以下のカテゴリーの中にも、美味なヴァルポリチェッラが数多く存在している。読者も探すことが出来るだろう。ソアーヴェ同様ヴァルポリチェッラも、過去にはイメージの低下に苦しんだ。しかし現在では、その品質に相応しい名声を新たに築きつつある。

　近年スポットライトを浴びているのが**フリウリ**だ。その結果、値頃感のあるワインを探すのはますます難しくなっている。フリウリで育つ主な品種は、白ではリボッラ、フリウラーノ（かつてはトカイの名で通っていた）、ソーヴィニョン、シャルドネ、ピノ・グリージョ、赤ではメルロ、カベルネ、レフォスコ、スキオペッティーノ、ピニョーロがあり、ピコリット（ラマンドーロとも呼ばれる）は、甘口ワインを造る品種のひとつ。**ロンバルディア**には発泡ワインで有名なフランチャコルタ、そしてヴァルテッリーナという２カ所の重要なD.O.C.G.（統制保証付原産地呼称地区）がある。ヴァルテッリーナではキアヴェンナスカ（ネッビオーロのこと）

という土地のブドウを陰干しし、アマローネと同じスタイルのワインに仕立てる習慣があり、最良のワインは個性豊かだが、悲しいかな、こうしたワインのほとんどは25ドルという価格帯に収まらない。**エミリア・ロマーニャ**は本格ワインの世界でさほどの注目を集めていない産地だが、注目に値する面白いワインを毎年テイスティングしている。ランブルスコは軽んじられることの多いワインで、しかし最良のワインには探訪してみる価値がある。エミリア・ロマーニャでは、優良から秀逸といったクラスのサンジョヴェーゼも生産されている。

イタリア中部・南部

カンパーニャという産地の魅力は、まさに尽きることがない。きわめて表現力豊かな数多くの固有品種、ユニークなテロワール、数千年も遡るワイン造りの歴史に恵まれたカンパーニャは、今まさに見いだされようとしている宝石さながらの産地である。

白ワインの中では、フルーティなファランギーナが抜きん出ているとは言え、品質重視の造り手のものに限られる。ミネラルが前面に出るグレコ・ディ・トゥーフォは食事に最適なワインで、特に生魚や魚介類との組み合わせは最高だ。フィアーノ・ディ・アッヴェリーノは通常グレコよりも丸みがあって柔らかいものの、素晴らしい複雑さを醸し出している。赤ワインの中で、頂点に君臨するのはアリアーニコ（またはアッリアアニコと発音。）この魅力的な固有品種の持つ、ユニークな品質を閉じこめたエントリー・レベルのワインを、読者も数多く目にすることになるだろう。

シチリアもまた、魅力的なワインを幅広く造る力を持つ、もうひとつの産地である。白ワインなら、香り高くアロマ豊かなインソリア、カタラットのような素晴らしい土着の品種に読者は的を絞ってみるといい。ネーロ・ダーヴォラは、その潜在能力の発掘が始まったばかりの赤ワイン用ブドウである。まるでピノ・ノワールのような薄い色合いで繊細なワインも造れるし、また大柄でフルボディの、狩猟肉を感じさせるワインを造ることも可能だ。エトナ山麓の高地で栄えるネレッロ・マスカレーゼは、ピノやネッビオーロに似た赤ワインを造る。悲しいかなこうしたワインをこの価格帯の中に見いだすのは、依然として難しい。**サルデーニャ**のワインの驚きの品質には、私は魅了され続けている。サルデーニャほど白ブドウのヴェルメンティーノが納得の出来映えに仕上がる場所はほかにない。香り高くフローラルな白ワイン、ヴェルメンティーノは、上手に造ると価格の割にとてつもなく素敵なワインとなる。この島の多くの赤ワイン用品種には、ただただ驚くばかりだ。モニカ、ボヴァーレ・サルド、そして中でもカン

ノナウ（グルナッシュ）は、優れて豊潤で、深みのあるワインを造り出す。

　マルケ（イタリア中央東部のアドリア海沿い）では白のヴェルディッキオが最も有名だが、この地方は美味な赤ワインも造っている。**アブルッツォ**（マルケの南隣り）はバリューワインの一大産地。この地で育つ主要ブドウ品種モンテプルチャーノ・ダブルッツォ（トスカーナ地方の有名な地名のモンテプルチャーノと無関係なので、混同しないように）は、かつてのような粗く野暮ったいワインからはほど遠くなっている。現在、最高のモンテプルチャーノは果汁感に溢れふくよかで、果実味も豊かだ。モンテプルチャーノで造るロゼ、チェラスォーロは、きわめて特別のワインにもなる。白のトッレビアーノもまた、ますます注目に値する結果を生みつつあるところだが、早飲み型のワインだろう。**ウンブリア**（イタリア中央部の中心。山岳地帯）では、時として面白いワインとなるオルヴィエートを例外として、赤ワインが優れている。ウンブリアで最も興味深い原産地呼称はモンテファルコで、そこの土着品種サグランティーノは、特徴溢れるワインを造ることも可能だ。残念ながらこれらのワインの価格は25ドルを優に上回る。しかし最高の造り手のエントリー・レベルの赤ワイン（ロッソ）なら、入門用ワインとしてなかなかに美味。

　プーリア（イタリア南部、アドリア海側）はイタリアでも最も魅力的な新興産地のひとつだ。土着のネグロアマーロとプリミティーヴォ（カリフォルニアのジンファンデルの原種）は、その潜在能力のすべてをいまだ発揮していない赤ブドウのひとつに数えられる。**バジリカータ**（イタリア南端部中央）では、中でもヴルトゥで造られる赤ワイン、アリアーニコが注目に値する。**カラブリア**（イタリア南部東側）は我が道を行く南イタリアのもうひとつの産地だが、近年では土着のガリオッポから造られたワインの数々が、とてもおいしくなってきた。

ヴィンテージを知る

　大まかに言えば、イタリアの赤ワインに関しては、2006年と2007年が非常に成功した年となっている。2006年のワインは、しっかりとした構成に支えられた熟した果実味が詰まった、大柄で線の太いワイン。2007年はもっとアロマ豊かで柔らかいが、酸が低いことがその主な原因だ。双方のヴィンテージとも、ピエモンテとトスカーナのワインは一級品。2005年のヴィンテージは冷涼な年だったので、トップクラスの生産者のものから注意深く選択する必要がある。南イタリアの赤ワインでは、ヴィンテージによる違いが傾向としてそれほど大きくない。それは北部より安定した天候に起因する。2006、2007年ともにイタリアのすべての主要産地から多くの卓

越したワインが生まれたが、よく熟した2007年よりも2006年の方が、バランスの点でわずかながら優れているだろう。

飲み頃

イタリアのバリューワインの大部分は、蔵出し直後に楽しむように造られている。赤ワインなら数年は熟成可能で、キアンティやネッビオーロの中には10年以上たってもあっと言わせてくれるようなものもある。いずれにしても、もちろん例外も存在する。イタリアのエントリー・レベルの白ワインは若飲み型に仕立てられているので、蔵出し直後に飲むのが好ましい。ほとんどのワインは、供する30分前に抜栓するとおいしくなる。

■イタリアの優良バリューワイン（ワイナリー別）

ABBAZIA DI NOVACELLA *(Alto Adige)* アッバツィア・ディ・ノーヴァチェッラ（アルト・アディジェ）

Sylvaner シルヴァネール ♀ $$$　品種特有の果実味が幾層にも表現され、その中に愛すべき細部の要素とニュアンスが感じられるワイン。

ABBAZIA SANTA ANASTASIA *(Sicily)* アッバツィア・サンタ・アナスタシア（シチリア）

Nero d'Avola ネーロ・ダーヴォラ ♥ $$　可愛らしく重層的なワイン。黒い果実、甘草、ミントが豊かで、ネーロ・ダーヴォラの特徴である狩猟肉の香りも。

Passomaggio パッソマッジョ ♥ $$$　フルボディで構成の良い骨格を土台に、ジャムのような黒い果実、燻煙香、タールがたっぷりと詰まった印象的な赤ワイン。ネーロ・ダーヴォラとメルロのまさに魅惑のブレンド。

ABBONA *(Piedmont)* アッボーナ（ピエモンテ）

Dogliani Papà Celso ドリアーニ・パパ・チェルソ ♥ $$　熟した黒い果実が層をなすように溢れる、深い色合いのワイン。引き締まったタンニンの構造に支えられているため、蔵出しから最低でも数年間はとてもおい

しく飲める。現在ドリアーニで造られている最も素晴らしいワインのひとつであることに、疑いの余地はない。

Barbera d'Alba Rinaldi バルベーラ・ダルバ・リナルディ 🍷 $$$　色の濃い赤い果実、焦がしたオーク樽、スパイスの重なりの中に見られる素晴らしい量感と豊かさ。最初はフレンチ・オークの小樽、次いでスロヴォニア樫の大樽で熟成されている。

ACCORDINI *(Veneto)*　アッコルディーニ（ヴェネト）

Valpolicella ヴァルポリチェッラ 🍷 $$$　無条件に美しく喜びに溢れたワインで、香り高く新鮮な果実味、土、タールではち切れんばかり。第一級のヴァルポリチェッラ。

Valpolicella Ripasso ヴァルポリチェッラ・リパッソ 🍷 $$$　フルボディで広がりがある。ブラックチェリー、タバコ、甘い焦がしたオーク樽、グリルした香草の香りが溢れる。

ALARIO *(Piedmont)*　アッラーリオ（ピエモンテ）

Dolcetto di Diano Montagrillo ドルチェット・ディ・ディアーノ・モンタグリッロ 🍷 $$　型にはまらないスタイルで、素晴らしく熟し、強烈なブラックベリー、ブルーベリー、カシス、ミネラル、スパイスの香りが豊か。市場に出回っている中でも、最良のドルチェットの一本。

ALLEGRINI *(Veneto)*　アッレグリーニ（ヴェネト）

Soave ソアーヴェ 🥂 $$　細身で集中力のあるスタイルのソアーヴェ（ガルガネーガ80％、シャルドネ20％。）

Valpolicella Classico ヴァルポリチェッラ・クラシコ 🍷 $$　このヴァルポリチェッラには魅力的な野生の香草、ローズマリー、チェリーの香りがたっぷりと感じられ、スタイル的にはミディアムボディ。

Palazzo della Torre パラッツォ・デッラ・トッレ 🍷 $$$　ジャムのようなダークチェリー、チョコレート、スパイス、甘い焦がしたオーク樽の香りが詰まった、贅沢で大らかな赤ワイン（コルヴィーナ・ヴェロネーゼ70％、ロンディネッラ25％、サンジョヴェーゼ5％で、その一部は干しブドウ。）

La Grola ラ・グローラ 🍷 $$$　潰した花、フランボワーズ、ミネラル、甘いスパイスの魅力的な香りに、卓越した余韻と絹のような質感のタン

ニン(コルヴィーナ・ヴェロネーゼ70％、ロンディネッラ15％、シラー10％、サンジョヴェーゼ5％。)

GIOVANNI ALMONDO *(Piedmont)* ジョヴァンニ・アルモンド（ピエモンテ）

Roero Arneis Vigne Sparse ロエーロ・アルネイス・ヴィーニェ・スパルセ ♀ $$$　熟した桃、アーモンド、燻煙香、ミネラルを感じさせる、ミディアムボディのスタイルのアルネイス。

Langhe Nebbiolo ランゲ・ネッビオーロ ♀ $$$　香り高い赤い果実とスパイスが、しなやかで女性的なスタイルの中でまとまりを見せ、引き締まっているが優雅なタンニンが骨格を支える。最高の状態で飲むためには、蔵出し後1年ほどの瓶熟が必要。

ELIO ALTARE *(Piedmont)* エリオ・アルターレ（ピエモンテ）

Dolcetto d'Alba ドルチェット・ダルバ ♀ $$$　ジャムのように色濃いブルーベリー、甘草、タールが詰まったこのフルボディのドルチェットは、ピエモンテ屈指の造り手による本格的なワイン。

ALTESINO *(Tuscany)* アルテシーノ（トスカーナ）

Rosso di Altesino ロッソ・ディ・アルテシーノ ♀ $$　黒い果実、土、ハーブの香りが魅力的な、親しみやすく爽やかな赤ワイン（サンジョヴェーゼ80％、メルロとカベルネ20％をステンレスタンクで熟成。）

AMBRA *(Tuscany)* アンブラ（トスカーナ）

Trebbiano トレッビアーノ ♀ $　親しみやすく気軽なこの白ワインは、品種の特徴とも言える蜂蜜風味の桃とカンタロープ・メロン（ヨーロッパ原産の網メロン）を感じさせる。

Rosato di Toscana ロザート・ディ・トスカーナ ♀ $　夏に楽しむには打ってつけの、美味で爽やかなロザート（ロゼ。）

Barco Reale di Carmignano バルコ・レアーレ・ディ・カルミニャーノ ♀ $$　重々しく寡黙なこのワインには、強烈なブラックチェリー、燻煙香、土の香りが詰まっている（サンジョヴェーゼ75％、カベルネ・ソーヴィニョン10％、カナイオーロ10％、メルロ5％。)

ITALY

Carmignano Santa Cristina in Pilli カルミニャーノ・サンタ・クリスティーナ・イン・ピッリ ♛ $$$ とても愛らしく上品なワインで、甘く香る果実、土、煙香、タバコが層をなし、重さを感じさせない繊細なスタイルを保ちながら、口腔へと流れ込む。美しく小振りなカルミニャーノ。

Carmignano Montefortini カルミニャーノ・モンテフォルティーニ ♛ $$ このカルミニャーノは、メントール（ハッカ脳）やバルサムのような芳香の中に、より上質な凝縮感と集中力を醸し出す。それに加えてグラスの中で開く、土、皮革、煙香、熟した黒い果実の香り。大柄で豊潤なワイン。

ANSELMI *(Veneto)* アンセルミ（ヴェネト）

San Vincenzo サン・ヴィンチェンツォ ♙ $ 香り高く、フローラルな白ワインで、蜂蜜、花、アンズ、ミネラルが惜しみないほど豊か。（ガルガネーガ80％、シャルドネ15％、トレッビアーノ5％。）

Capitel Foscarino カピテル・フォスカリーノ ♙ $$ 可愛らしく重層的なこの白ワインは、花、メロン、燻煙香、アンズの素晴らしい芳香を内に秘める。

Capitel Croce カピテル・クローチェ ♙ $$$ オーク樽で熟成させたこのワインは、蜂蜜を感じさせ、香り高い。アンズの豊かな芳香、オーク樽が一層のボリューム感を加えている。

ANTICHI VIGNETI DI CANTALUPO *(Piedmont)* アンティーキ・ヴィニェーティ・ディ・カンタルーポ（ピエモンテ）

Nebbiolo Il Mimo ネッビオーロ・イル・ミーモ ♙ $ ピエモンテ北部を産地とするこのネッビオーロのロゼは、かすかな土、赤いチェリー、バラの花びら、ミネラルの香りの中に華麗な甘さを隠し持つ。きわめて優美で複雑で、純粋種の美点を有り余るほど備えた上級ロゼ。

ANTONIOLO *(Piedmont)* アントニオーロ（ピエモンテ）

Nebbiolo Coste della Sesia ネッビオーロ・コステ・デッラ・セシア ♛ $$ 山の香草、ミント、松などの典型的なアロマが、ふくよかな果実の核の香りを引き立てている。この部類のものとしては出来すぎで、ピエモンテの北に位置するガッティナーラ産ネッビオーロ入門としても最適。

ARALDICA *(Piedmont)* アラルディカ（ピエモンテ）

La Luciana ラ・ルチアーナ ♀ $$　中程度の量感を持つこの素敵なガヴィ（ピエモンテのD.O.C.G.）は、花、白桃、蜂蜜の魅力的な香りを感じさせる。

Barbera d'Asti Albera バルベーラ・ダスティ・アルベーラ ♥ $　このアスティ産バルベーラは、色の濃い赤い果実の核を感じさせ、かすかなタールと甘草が、ピエモンテのこの地域のワイン特有の、複雑さとミネラル感を加味している。

ARGIANO *(Tuscany)* アルジャーノ（トスカーナ）

Non Confunditur ノン・コンフンディトゥール ♥ $$$　濃い色のプラム、チェリー、燻煙香、タール、香草、甘草が詰まった、太り型で極めて熟したワイン。モンタルチーノ屈指の造り手のひとりが造っている。（カベルネ・ソーヴィニョン40％、サンジョヴェーゼ20％、メルロ20％、シラー20％。）

ARGILLAE *(Umbria)* アルジッラエ（ウンブリア）

Grechetto グレケット ♀ $$　調和のいい愛すべき白ワインは、その果実味に華麗な芳香が隠されている。

Sinuoso シヌオーゾ ♥ $$　ふくよかで果汁豊かな赤ワインは、素晴らしく熟した黒い果実、土、チョコレート、焦がしたオーク樽を感じさせる。フレンチ・オークの小樽で熟成させた丘陵地のカベルネ・ソーヴィニョンとメルロ。

ARGIOLAS *(Sardinia)* アルジオラス（サルデーニャ）

S'elegas セレガス ♀ $$　土着のヌラグス種から造られたこのミディアムボディの白ワインは、表現力豊かな芳香を放ちながら、開くと、豊潤で蜂蜜を感じさせる果実味へと溶け込んでいく。

Costamolino コスタモリーノ ♀ $$　とても素敵な白ワインで、香り高い芳香で飾られた果実味とミネラルが層をなし、グラスから流れ出る。他の土着品種も少々入っているが、ヴェルメンティーノ主体。

Is Argiolas イス・アルジオラス ♀ $$$　丘陵地の畑のヴェルメンティーノ100％から造られたこのワインは、華麗で柔らかな質感があり、ボリュームと深みも十分。

- **Serra Lori** セッラ・ローリ 🍷 $$ 土着の赤ワイン品種（カンノナウ、モニカ、カリニャーノ、ボヴァーレ・サルド）のブレンド。熟した果実味、甘い香草、甘草のエキゾチックで野性的な表現の中にも、力強さを見せる。
- **Perdera** ペルデラ 🍷 $$ 美味で温かみ溢れる赤ワイン。色の濃いレッドチェリー、砕いた黒胡椒、スパイス、甘草、香草の香りが豊か。（モニカ90％、カリニャーノ5％、ボヴァーレ・サルド5％と、すべて土着品種。）
- **Costera** コステーラ 🍷 $$ 重量感があり大らかなこのワインは、黒い果実、猟鳥獣肉、土、ミント、スパイス、香草、ベーコン脂に溢れる。（カンノナウ90％、カリニャーノ5％、ボヴァーレ・サルド5％。）

AZELIA *(Piedmont)* アゼリア（ピエモンテ）

- **Dolcetto d'Alba Bricco dell'Oriolo** ドルチェット・ダルバ・ブリッコ・デッロリオーロ 🍷 $$ 優美でフローラルなドルチェット。まるでピノのような赤い果実を感じさせることもしばしば。

BADIA A COLTIBUONO *(Tuscany)* バディア・ア・コルティブォーノ（トスカーナ）

- **Chianti Classico** キアンティ・クラシコ 🍷 $$$ この愛らしく繊細なワインは、活力に満ちたダークチェリー、土、スパイス、皮革、タバコの香りの中に、いつもながらの卓越した透明感を醸し出している。（サンジョヴェーゼ90％、カナイオーロ10％。）

BAGLIO DI PIANETTO *(Sicily)* バリオ・ディ・ピアネット（シチリア）

- **Ficiligno** フィチリーニョ 🍷 $$ このヴィオニエとインソリアのブレンドでは、桃、メロン、ピリッとしたレモンの皮のかすかな香りに、愛らしいフローラルな香りが現われる。

BARBA *(Abruzzo)* バルバ（アブルッツォ）

- **Montepulciano d'Abruzzo Vasari** モンテプルチャーノ・ダブルッツォ・ヴァザーリ 🍷 $ フルボディの大らかな赤ワイン。卓越した純粋さ、豊

かな黒い果実、素晴らしい全体のバランスを提供してくれる。

Montepulciano d'Abruzzo Colle Morino モンテプルチャーノ・ダブルッツォ・コッレ・モリーノ 🍷 $　コッレ・モリーノは、ヴァザーリよりも熟したスタイルのモンテプルチャーノ。ミディアムボディだが豊潤な風味を持つスタイルの中に、煙、甘草、土、タール、ブラックチェリーが魅力的に混じり合う。

BASTIANICH *(Friuli Venezia Giulia)* バスティアニッチ（フリウリ・ヴェネツィア・ジュリア）

Friulano フリウラーノ 🍷 $　非常に心地良く、柔らかい質感の白ワイン。熟した桃、ミント、花などの品種特有の香りを伴う。

BATZELLA *(Tuscany)* バツェッラ（トスカーナ）

Bolgheri Mezzodì ボルゲリ・メッゾディ 🍷 $$$　グラニー・スミス種のリンゴ（酸味の多い青リンゴ）、ミネラル、花の香りが高く表現され、愛すべきミネラル感がワインの骨格を形作っている。（ヴィオニエ70%、カベルネ・ブラン30%。一部はオーク樽で熟成され、頻繁にバトナージュ（樽内撹拌）される。）

Bolgheri Peàn ボルゲリ・ペアン 🍷 $$$　黒い果実、プラム、燻煙香、野生の香草に、柔らかい質感の親しみやすい個性。（カベルネ・ソーヴィニョン70%、カベルネ・フラン30%を12カ月間オーク樽で熟成。）

BENANTI *(Sicily)* ベナンティ（シチリア）

Bianco di Caselle ビアンコ・ディ・カセッレ 🍷 $$$　土着品種のカッリカンテから造られたこの白ワインには、リッチな質感の果物味、ミネラル、燻煙香、炒ったナッツ類を混ぜ合わせたような面白さがあり、集中したミディアムボディの骨格に支えられている。

Rosso di Verzella ロッソ・ディ・ヴェルゼッラ 🍷 $$$　エトナ山麓のこの赤ワインは、甘いチェリーと花、それに加えてシチリアのこの地方のワインに特有な、繊細で女性的な個性を感じさせる。（ネレッロ・マスカレーゼとネレッロ・カップッチョ。）

BERTANI *(Veneto)* ベルターニ（ヴェネト）

ITALY

Valpolicella Valpantena Secco-Bertani ヴァルポリチェッラ・ヴァルパンテーナ・セッコ・ベルターニ ♛ $$　このヴァルポリチェッラは、ミディアムボディのスタイルの中に、狩猟肉、燻煙香、焼けた土、スパイス、ダークチェリーを感じさせる。同ワイナリーのアマローネの醸造過程で出た搾りかすを使って、"リパッソ"という二次的な工程を施したワイン。

BISCI *(Marche)*　ビーシ（マルケ）

Verdicchio di Matelica ヴェルディッキオ・ディ・マテーリカ ♛ $$　豊かな質感を持つ、フルボディの白ワイン。蜂蜜を感じさせるその果実味に、さまざまな味わいで変化をつけた新たな顔を覗かせながら、グラスの中で常に姿を変え続ける。標高の高い畑のブドウが、このワインに華麗な芳香と目を見張る新鮮さを与えている。

BISOL *(Veneto)*　ビゾル（ヴェネト）

Jeio Valdobbiadene Brut Prosecco ジェイオ・ヴァルドッビアーデネ・ブリュット・プロセッコ ♛♛ $$　抜きん出た爽快感、活力、新鮮味を感じさせるプロセッコ。青リンゴ、花、甘いスパイスの香りに加え、素晴らしいエネルギーと調和も。

BOCCADIGABBIA *(Marche)*　ボッカディガッビア（マルケ）

Rosso Piceno ロッソ・ピチェーノ ♛ $$　大らかで温かみのある赤ワイン。黒い果実、土、グリルした香草、燻煙香を感じさせるニュアンスが染み込んでいる。（等量のサンジョヴェーゼとモンテプルチャーノを、フレンチ・オークの旧樽で10カ月熟成。）

IL BORRO *(Tuscany)*　イル・ボッロ（トスカーナ）

Pian di Nova ピアン・ディ・ノーヴァ ♛ $$　この落ち着きのある女性的なワインでは、フローラルで香り高く表現豊かな芳香が、熟した赤い果実、スパイス、甘い焦がしたオーク樽の香りに溶け込んでいく。（シラーとサンジョヴェーゼ。）

F. BOSCHIS *(Piedmont)*　F. ボスキス（ピエモンテ）

Barbera del Piemonte バルベーラ・デル・ピエモンテ 🍷 $$ 極めて熟した黒い果実、スパイス、メントールを感じさせるニュアンスが、この果実味が前面に出る素朴なバルベーラから漂ってくる。

Dogliani Vigna dei Prey ドリアーニ・ヴィーニャ・デイ・プレイ 🍷 $$$ 力強く構成のよいドルチェットで、果実味が豊か。(後出の) サン・マルティーノよりも若干複雑さに欠けるものの、直截で分かりやすい個性がある。

Dogliani Sorì San Martino ドリアーニ・ソリ・サン・マルティーノ 🍷 $$$ 初めのうちこそヴィーニャ・デイ・プレイよりも控えめなサン・マルティーノだが、ミネラル感たっぷりの大量の黒い果実を伴い口中ではじける。ドリアーニ産ドルチェットの模範のような、素晴らしい余韻と豊潤さを醸し出す。

BRAIDA *(Piedmont)* ブライダ (ピエモンテ)

Barbera d'Asti Montebruna バルベーラ・ダスティ・モンテブルーナ 🍷 $$$ 爽快で活気に満ちたこのバルベーラは、華麗なブラックチェリー、メントール、ミネラルに溢れ、グラスの中で発展するバルサムの香りが続く。ワイナリーのエントリー・レベルのバルベーラだが、樽熟成させているため、一番クラシックなワインに仕上がっている。

Il Bacialè イル・バチャレ 🍷 $$$ 柔らかな質感の熟したワインで、たっぷりの果実味に親しみやすい個性。(バルベーラ60%、ピノ・ノワール20%、カベルネ・ソーヴィニョン10%、メルロ10%。)

Moscato d'Asti Vigna Senza Nome モスカート・ダスティ・ヴィーニャ・センツァ・ノーメ 🍷Ⓢ🍷 $$ 爽やかな青リンゴ、スパイス、花の香りが、大らかでクリーミーな質感のワインから立ち上る。ピエモンテで一番有名なデザート・ワインの中でも、豪華な一本。

Brachetto d'Acqui ブラケット・ダックィ 🍷Ⓢ🍷 $$$ モスカートほど知られていないが、ブラケット種も素晴らしいワインを造り出す能力を備える。この愛らしい赤の発泡ワインは、ミディアムボディの骨格に赤い果物の甘い砂糖漬け、ベリー類、シナモン、甘草が感じられる。チョコレートをベースにしたデザートや、火を通した果物 (生の果物ではないという意味) を使ったスイーツなど、モスカートよりも若干こってり感のあるものに合わせても可。

BRANCAIA *(Tuscany)* ブランカイア (トスカーナ)

ITALY

Tre トレ 🍷 $$ ワイナリーが所有するキアンティ・クラシコとマレンマの３カ所の畑のサンジョヴェーゼ80％、メルロ10％、カベルネ・ソーヴィニョン10％をブレンド。黒い果実、皮革、スパイス、フレンチ・オークの小樽の魅力的な香り溢れる素敵なワイン。

BRICCO MONDALINO *(Piedmont)* ブリッコ・モンダリーノ（ピエモンテ）

Barbera del Monferrato Superiore バルベーラ・デル・モンフェッラート・スーペリオーレ 🍷 $$ この樽熟成のバルベーラは、一筋縄ではいかないワイン。鋭いミネラル感を伴う果実味が大らかに表現されているが、これはピエモンテのこの地区のワインに共通する特徴。

BRIGALDARA *(Veneto)* ブリガルダーラ（ヴェネト）

Valpolicella Classico ヴァルポリチェッラ・クラシコ 🍷 $ 柔らかく肉感的なヴァルポリチェッラは、タバコと土の香りに溶け合うような、色の濃いレッドチェリーを感じさせる。近づきやすく気軽なスタイル。

BRUNI *(Tuscany)* ブルーニ（トスカーナ）

Syrah シラー 🍷 $$ ダークプラム、タール、ベーコン、狩猟肉の香りがグラスから立ち上る、豊潤でフルーティな赤ワイン。

Poggio d'Elsa ポッジョ・デルザ 🍷 $ 色の濃い赤い果実、香草、スパイスが詰まったサンジョヴェーゼとカベルネ・ソーヴィニョン。

Morellino di Scansano Marteto モレッリーノ・ディ・スカンサーノ・マルテート 🍷 $$ マルテートはフルボディで力強いモレッリーノ。甘いオーク樽が溶け込んだブラックチェリーの香りの中に、驚異の持続力を醸し出す。（サンジョヴェーゼ85％、メルロ15％をフレンチ・オークの小樽で熟成。）

BUCCI *(Marche)* ブッチ（マルケ）

Verdicchio Classico dei Castelli di Jesi ヴェルディッキオ・クラシコ・デイ・カステッリ・ディ・イエージ 🍷 $$$ ミネラルが前面に来るヴェルディッキオ100％のこのワインは、フローラルな芳香と白桃の果実味の

中に品種に特有の表現を醸し出し、その個性には集中力も感じられる。造り手のスタイルを知るには絶好の、愛すべきワイン。

Rosso Piceno Pongelli ロッソ・ピチェーノ・ポンジェッリ ♛ $$$　味わい深く、果実味が前面に出ている赤ワインで、軽めでシンプルな食べ物には最適。サンジョヴェーゼとモンテプルチャーノ。

CA'BIANCA *(Piedmont)*　カ・ビアンカ（ピエモンテ）

Gavi ガヴィ ♛ $$　この魅惑の白ワインがグラスの中で開くほどに、豊かな芳香が蜂蜜を感じさせるアンズと桃の香りを導き出す。リッチで大らかなスタイルのガヴィ。

Barbera d'Asti Antè バルベーラ・ダスティ・アンテ ♛ $$　甘く、充実感と表現力に富むこのバルベーラは、密度が濃く果実味が際立つ。フローラルで赤い果実が豊かで、素晴らしい余韻と見事な全体のバランスも。

Barbera d'Asti Superiore Chersi バルベーラ・ダスティ・スーペリオーレ・ケルシ ♛ $$$　暗く寡黙なワインで、舗装用タール、ブラックチェリー、スパイス、焦がしたオーク樽のエキス分が染み込んでいる。

CABERT *(Friuli Venezia Giulia)*　カベルト（フリウリ・ヴェネツィア・ジュリア）

Pinot Nero ピノ・ネーロ ♛ $$　柔らかな質感のスタイルの中に、きれいで品種特有の果実味が。魅力的な甘みを秘めている。またイタリアのこの地方の特徴であるヘリの堅さや香草の香りなどは、みじんも感じさせない。

Refosco dal Peduncolo Rosso レフォスコ・ダル・ペドゥンコロ・ロッソ ♛ $　色の濃い赤い果実、スパイス、野生の香草、炒ったコーヒー豆の香りすべてが、味わい深く親しみやすいこのレフォスコから漂ってくる。

CAGGIANO *(Campania)*　カッジャーノ（カンパーニャ）

Aglianico dell'Irpinia Taurì アリアーニコ・デッリルピニア・タウリ ♛ $$　このエントリー・レベルの美しい赤ワインは、黒い果実、皮革、タバコ、甘いスパイス、香草を感じさせ、それらすべてが桁外れの優美さをもって迫ってくる。

LE CALCINAIE *(Tuscany)*　レ・カルチナイエ（トスカーナ）

Vernaccia di San Gimignano ヴェルナッチャ・ディ・サン・ジミニャーノ ♀ $$ 白桃、ミネラル、燻煙香、土の香りが感じ取れる、卓越した複雑さ。最高に素晴らしいヴェルナッチャ。

Chianti Colli Senesi キアンティ・コッリ・セネージ ♥ $$ ミディアムボディのクラシックな骨格に、活気に満ちたブラックチェリーの果実味。有機栽培のサンジョヴェーゼ、コロリーノ、カナイオーロから造られている。

CAMIGLIANO *(Tuscany)*　カミリアーノ（トスカーナ）

Rosso di Montalcino ロッソ・ディ・モンタルチーノ ♥ $$$ 柔らかく気軽なこの赤ワインは、熟した黒い果実、皮革、スパイスを醸し出す。

CANELLA *(Veneto)*　カネッラ（ヴェネト）

Prosecco Conegliano プロセッコ・コネリアーノ ♀♀ $$ フローラルで香り高いアンズとスパイスが、正確かつ上手に仕立てられたこのプロセッコから立ち上る。

CANTELE *(Puglia)*　カンテレ（プーリア）

Negroamaro Rosato ネグロアマーロ・ロザート ♀ $ 甘いレッドチェリー、イチゴ、香草が、この精妙で用途の広いロゼから姿を現わす。

Salice Salentino Riserva サリーチェ・サレンティーノ・リセルヴァ ♥ $ ふくよかで果汁に富み、非常に熟した赤ワイン。値段の割に素晴らしい品質。（ネグロアマーロ85％、マルヴァジア15％をオークの旧樽で熟成。）

Primitivo プリミティーヴォ ♥ $ 甘く熟した果実味たっぷりの、愛想のいいワイン。

CANTINA DEL TABURNO *(Campania)*　カンティーナ・デル・タブルノ（カンパーニャ）

Falanghina ファランギーナ ♀ $$ アロマ溢れる素敵な白ワイン。素晴らしい芳香を内に秘め、愛すべきバランスも。

Fiano Beneventano フィアーノ・ベネヴェンターノ ♀ $$ 大らかな果実

味が、ユニークでミネラルを強く感じさせる香りと結び付き、このカンパーニャ産ワインをたまらなく魅力的にしている。
- **Greco** グレコ ♀ $$　ワイナリーの白ワインの中で、最も張りつめた集中力がある。
- **Rosso Beneventano Torlicoso** ロッソ・ベネヴェンターノ・トルリコーゾ ♀ $　柔らかな質感の素敵なワイン。アリアーニコの持つ繊細で上品な側面が、新鮮なベリー類と花の香りの中に写し出されている。
- **Aglianico Fidelis** アリアーニコ・フィデリス ♀ $$　この楽しいアリアーニコは、濃い色の赤い果実とタバコの香りをたっぷりと醸し出し、卓越した純粋さに加え、口腔での後味の長さがある。（アリアーニコ90％、サンジョヴェーゼ10％。）

CANTINA DI TERLANO *(Alto Adige)*　カンティーナ・ディ・テルラーノ（アルト・アディジェ）

- **Pinot Bianco** ピノ・ビアンコ ♀ $$　テルラーノのワインの中でも、エントリー・レベルとしていつもながら素晴らしいワインのひとつ。グラスの中で花開くほどに、甘く心地良いアロマが白桃の香りに溶け合い、スタイルには集中力とミネラル感が溢れる。
- **Pinot Grigio** ピノ・グリージョ ♀ $$$　非常に楽しく、香り高いピノ・グリージョ。アルト・アディジェのエッセンスを集めたよう。ピノ・ビアンコよりも若干重く、丸みがある。
- **Chardonnay** シャルドネ ♀ $$$　鋼のように張りつめたシャルドネで、グラスの中で重みとボリューム感を増す。アルト・アディジェの真髄のようなミネラル感とテロワールを写し続けている。また、きわめて気持ちのいいワインでもある。
- **Müller Thurgau** ミュラー・トゥルガウ ♀ $$$　エントリー・レベルのワインの中で目玉となるもうひとつの白ワイン。華麗でフローラルな芳香が桃とミントの中に溶け込み、終わりの方にはかすかにガソリンの香りが残る。
- **Terlaner** テルラネール ♀ $$　ピノ・ビアンコ60％にシャルドネ30％、ソーヴィニョン・ブラン10％をブレンドしたテルラネール・クラシコ。ジャスミン、蜂蜜、甘い果実味があり、ソーヴィニョンが圧倒的なアロマを、そしてシャルドネがボディを与えている。

CANTINA ROTALIANA *(Alto Adige)*　カンティーナ・ロタリアーナ（アルト・アディジェ）

ITALY

Teroldego Rotaliano テロルデーゴ・ロタリアーノ 🍷 $$$　豊潤でフルボディで、黒い果実、燻煙香、ミネラル、鉄、狩猟肉の香りが豊か。かなり温かみのあるワインなので、おいしく飲むには食べ物が必要。

CAPRAI *(Umbria)*　カプライ（ウンブリア）

Montefalco Rosso モンテファルコ・ロッソ 🍷 $$$　可愛らしく女性的なワイン。香り高いアロマと柔らかな赤い果実が、洗練されたスタイルの中に感じられる。ウンブリア州モンテファルコ地区の指導的造り手、マルコ・カプライのワインを知るには絶好。

LA CARRAIA *(Umbria)*　ラ・カッライア（ウンブリア）

Orvieto Classico Superiore Poggio Calvelli オルヴィエート・クラシコ・スペリオーレ・ポッジョ・カルヴェッリ 🍷 $$　グレケット50%、シャルドネ25%、プロカニコ25%をブレンドし、フレンチ・オークの小樽で短期間熟成。期待どおり、図抜けてリッチで大らかなスタイルのオルヴィエート。果実味に複雑さを加味している、蜂蜜のニュアンスも心地良い。

Tizzonero ティッツォネーロ 🍷 $　フレンチ・オークの小樽で熟成させた、モンテプルチャーノとサンジョヴェーゼのブレンド。幅広いアロマと風味のスペクトルから、色濃い側面を醸し出す傾向がある。土、皮革、燻煙香も感じられる。

CASCINA BONGIOVANNI *(Piedmont)*　カシーナ・ボンジョヴァンニ（ピエモンテ）

Langhe Arneis ランゲ・アルネイス 🍷 $$　かなり豊潤で質感豊かなスタイルのアルネイス。蜂蜜を感じさせる果実味、花、燻煙香の素敵な香りが、みずみずしい骨格から現われる。

CASCINA CHICCO *(Piedmont)*　カシーナ・キッコ（ピエモンテ）

Roero Arneis Anterisio ロエロ・アルネイス・アンテリージオ 🍷 $$　白桃、ミント、ミネラルの香りの中に、優れた複雑さと集中力が見られる。

CASCINA TAVIJN *(Piedmont)* カシーナ・タヴィーン（ピエモンテ）

Barbera d'Asti バルベーラ・ダスティ 🍷 $$$　このバルベーラは品種特有の狩猟肉を感じさせるが、温かみのある素朴なスタイルの中にも、素晴らしい複雑さとバランスがある。

CASCINA VAL DEL PRETE *(Piedmont)* カシーナ・ヴァル・デル・プレーテ（ピエモンテ）

Barbera d'Alba Serra de' Gatti バルベーラ・ダルバ・セッラ・デ・ガッティ 🍷 $$$　柔らかい質感で果汁に富むこのバルベーラは、可愛らしくフローラルな芳香と果実味が豊かで、心地良く愛想の良いスタイル。

CASTELLO BANFI *(Tuscany)* カステッロ・バンフィ（トスカーナ）

Rosso di Montalcino ロッソ・ディ・モンタルチーノ 🍷 $$$　美味で香り高いロッソには、大らかな赤い果実味と人を引きつける個性がある。

CASTELLO DELLE REGINE *(Umbria)* カステッロ・デッレ・レジーネ（ウンブリア）

Rosso di Podernovo ロッソ・ディ・ポデルノーヴォ 🍷 $　サンジョヴェーゼ80％、シラー10％、モンテプルチャーノ10％の魅力的なブレンド。風味豊かなウンブリアの赤ワインには色の濃い赤い果実が豊かで、シラーがそこに一層の深みと丸みを与えている。

CASTELLO DI BOSSI *(Tuscany)* カステッロ・ディ・ボッシ（トスカーナ）

Chianti Classico キアンティ・クラシコ 🍷 $$　このキアンティ・クラシコから現われるニュアンスの一部には、甘い黒い果実、スパイス、タバコ、焦がしたオーク樽の香りがあげられる。100％サンジョヴェーゼから造られ、蔵出し前に標準よりも長く熟成されている。

CASTELLO DI FONTERUTOLI *(Tuscany)* カステッロ・ディ・フォンテルートリ（トスカーナ）

Poggio alla Badiola ポッジョ・アッラ・バディオラ ♥ $$ サンジョヴェーゼ70％、メルロ30％のブレンドは柔らかい質感に仕立てられ、熟した黒い果実豊かな心地良いスタイル。

CASTELLO DI LUZZANO *(Emilia-Romagna)* カステッロ・ディ・ルッツァーノ（エミリア・ロマーニャ）

Tasto di Seta タスト・ディ・セータ ♥ $$$ この魅惑の白ワインがグラスの中で花開くほどに、青リンゴ、ジャスミン、花、蜂蜜の香りの中に、ワイルドで香り高いアロマが美しく織り込まれていく。タスト・ディ・セータはマルヴァジア・ディ・カンディア種から造られている。

"Carlino" Bonarda Oltrepò Pavese "カルリーノ"ボナルダ・オルトレポー・パヴェーゼ ♥♥ $$ ワイナリーの最高のボナルダをセレクトして造られたこの赤ワインは、黒い果実、スパイス、チョコレート、ミネラル感の中に、卓越した調和とバランスを感じさせる。柔らかな質感の、すこぶる魅力的な個性もある。

Bonarda Oltrepò Pavese ボナルダ・オルトレポー・パヴェーゼ ♥♥ $$ この風変わりな赤ワインは、果実味豊かで、楽しく愛嬌があるのも特徴。発泡性の赤ワイン、ボナルダ・オルトレポー・パヴェーゼのほとんどは、地元で消費されている。

CASTELLO DI MONSANTO *(Tuscany)* カステッロ・ディ・モンサント（トスカーナ）

Chianti Classico キアンティ・クラシコ ♥ $$ このレベルにしては上品で優雅なキアンティ。甘く熟した果実味の中に愛すべき重さを醸し出している。

Chianti Classico Riserva キアンティ・クラシコ・リセルヴァ ♥ $$$ レッドベリー、香草、潰した花、スパイスといった特徴をあらわす。精妙なタンニンに加え、直截なキアンティ・クラシコに比べるとより凝縮していて深みもある。

CASTELLO DI NIPOZZANO *(Tuscany)* カステッロ・ディ・ニッポッツァーノ（トスカーナ）

Chianti Rúfina Riserva キアンティ・ルーフィナ・リセルヴァ ♥ $$$ 標高の高いルーフィナ産のこのキアンティは、2004年のようなヴィンテー

ジには最高のワインとなる。上手に仕立てられたダークチェリー、メントール、スパイス、土、燻煙香。だが、2005年のような冷涼なヴィンテージになると、果実味がなかなか熟さないことも。

CASTELLO MONACI (Puglia)　カステッロ・モーナチ（プーリア）

Primitivo Piluna プリミティーヴォ・ピルーナ 🍷 $　活気があって純粋なこの赤ワインは、ダークチェリー、甘い香草、甘草、タバコが幾重にも重なりながら口中で輝く。イタリア版ジンファンデル。プリミティーヴォ種のワインを飲んだことのない読者なら、入門としてこれ以上相応しいワインはない。卓越した調和も素晴らしい。

Negroamaro Maru ネグロアマーロ・マル 🍷 $　乾しイチジク、プラム、チェリー、スパイス、香草、タバコの香りが、品種の特徴をたっぷり醸し出すこのエキゾチックな赤ワインから立ち上る。

Salice Salentino Liante サリーチェ・ソレンティーノ・リアンテ 🍷 $　ネグロアマーロ80％、マルヴァジア20％をブレンドしたこのワインもまた素晴らしい。非常に甘く熟したスタイルに仕上がっていて、プラム、プルーン、皮革、タール、燻煙香、土の香りを醸し出す。

CASTELVERO (Piedmont)　カステルヴェーロ（ピエモンテ）

Cortese コルテーゼ 🍷 $　青リンゴ、洋梨、花の芳香のある、爽快でピリッとした風味のワイン。気軽に飲むには最適。

Barbera バルベーラ 🍷 $　品種特有の色の濃い赤い果実が、ふくよかで気楽なスタイルによく映えるバルベーラ。この価格帯のバルベーラによくあることだが、若干粗いところはあるものの、非常に心地良いワイン。

CATALDI MADONNA (Abruzzo)　カタルディ・マドンナ（アブルッツォ）

Trebbiano d'Abruzzo トレッビアーノ・ダブルッツォ 🍷 $$$　ミネラル感が強いスタイルで、また背後に隠れるかすかな白桃とジャスミンを感じさせるトレッビアーノ。

Cerasuolo チェラスオーロ 🍷 $$$　華麗で上手に構成されたこのロゼは、バラの花びら、ミネラル、土を想わせるアロマと風味を典型的に醸し出す。卓越した深みに、爽快ですがすがしい酸もあり、長く満足感溢れる後味がそれを締めくくる。

Montepulciano d'Abruzzo モンテプルチャーノ・ダブルッツォ ▽ $$$
美味で口の中に満ちてくるような赤ワイン。すさまじい凝縮感と持続力を、熟した黒い果実、土、甘草の中に醸し出している。すこぶる調和に優れたモンテプルチャーノ。

CAVALLOTTO *(Piedmont)* カヴァロット（ピエモンテ）

Dolcetto d'Alba Vigna Scot ドルチェット・ダルバ・ヴィーニャ・スコット ▽ $$ 同ワイナリーの代名詞であるバローロと同じ、カスティリオーネ・ファレットの丘陵地の畑から生まれる素晴らしいドルチェット。口の中に押し寄せる、熟した大量の果実味を感じる点では典型的とも言えるワインだが、ミネラル感が持続するため、華麗なバランスと均衡に優れたワインになっている。

Dolcetto d'Alba Vigna Melera ドルチェット・ダルバ・ヴィーニャ・メレーラ ▽ $$$ 大柄でフルボディのこのドルチェットは、非常に熟した黒い果実、チョコレート、甘草、スパイスが豊かだ。素晴らしい凝縮感に加え、同ワイナリーのドルチェット・ダルバ・ヴィーニャ・スコットには若干劣るものの、優雅さと調和も備える。ヴィーニャ・メレーラは平均樹齢40年のブドウから造られ、樽で熟成されている。

Langhe Freisa Bricco Boschis ランゲ・フレイザ・ブリッコ・ボスキス ▽ $$$ このフレイザは、熟した赤い果実、ミント、スパイス、ミネラルが醸す甘く上品な表現を感じさせながら、グラスから立ち上る。しばしば狩猟肉の香りをさせる品種だが、ここではみじんも感じさせない。

Langhe Nebbiolo Bricco Boschis ランゲ・ネッビオーロ・ブリッコ・ボスキス ▽ $$$ 爽快で香り高いネッビオーロ。品種の特徴が豊かで、早飲み用として最適。

CECCHI *(Tuscany)* チェッキ（トスカーナ）

Chianti キアンティ ▽ $ この爽快でフローラルなキアンティは、鮮やかなレッドチェリーの果実味と、繊細で女性的な個性を見せている。

Chianti Classico キアンティ・クラシコ ▽ $$ キアンティ・クラシコには普通のキアンティよりも色濃い個性があり、ブラックチェリー、タール、甘草が惜しみなく表現されている。

CESANI *(Tuscany)* チェザーニ（トスカーナ）

Vernaccia di San Gimignano ヴェルナッチャ・ディ・サン・ジミニャーノ ♀ $$ かなり豊潤で、蜂蜜を感じさせるスタイルのヴェルナッチャ。素晴らしい完熟感と華麗で柔らかい質感を特徴とする個性を醸し出している。

CEUSO *(Sicily)*　チェウソ（シチリア）

Scurati Rosso スクラーティ・ロッソ ♥ $$ この魅力的なネーロ・ダーヴォラは、ジャムのような黒い果実、甘草、カシス、野生の香草が詰まっている。ふくよか、フルボディ、そして強烈なワインで、多くの喜びをもたらしてくれる。

MICHELE CHIARLO *(Piedmont)*　ミケーレ・キアルロ（ピエモンテ）

Gavi ガヴィ ♀ $$ かなりフルボディのスタイルのガヴィで、透明感と細部の要素よりもリッチな質感の方が優先されている。
Barbera d'Asti Superiore Le Orme バルベーラ・ダスティ・スーペリオーレ・レ・オルメ ♥ $ この美味で香り高いバルベーラは、熟した赤い果実、ミネラル、スパイスを基調に、素晴らしい調和を醸し出している。
Moscato d'Asti Nivole モスカート・ダスティ・ニヴォレ ♀ S ♀ $ 白桃、ジャスミン、ミントの香りが、ピエモンテで最も有名なデザート・ワインの中でも味わい深いこの一本から立ち上る。

CHIONETTI *(Piedmont)*　キオネッティ（ピエモンテ）

Dolcetto di Dogliani Briccolero ドルチェット・ディ・ドリアーニ・ブリッコレーロ ♥ $$$ ミネラルが溶け込んだ熟した黒い果実、チェリー、タール、燻煙香、花の香りが、この味わい深いドルチェットから立ち上る。
Dolcetto di Dogliani San Luigi ドルチェット・ディ・ドリアーニ・サン・ルイージ ♥ $$ よりふくよかで滑らかなスタイルのドルチェット。構成が良く、調和のとれたスタイルの中にも、大らかな果実味が強調されている。

CIACCI PICCOLOMINI D'ARAGONA *(Tuscany)*　チャッチ・ピッコローミニ・ダラゴーナ（トスカーナ）

ITALY

Poggio della Fonte ポッジョ・デッラ・フォンテ 🍷 $ モンタルチーノでも屈指のワイナリーが造る、きわめてふくよかで果汁豊かな、果実味に富んだワイン。(サンジョヴェーゼ、カベルネ、メルロをフレンチ・オークの旧樽で熟成。)

LE CINCIOLE *(Tuscany)*　レ・チンチョーレ (トスカーナ)

Chianti Classico キアンティ・クラシコ 🍷 $$$　フローラルな芳香が、ほのかなタバコ、枯葉、メントールの香りを伴う鮮やかな赤い果実を導き出し、グラスの中で素敵なキアンティ・クラシコへと発展する。

DOMENICO CLERICO *(Piedmont)*　ドメニコ・クレリコ (ピエモンテ)

Langhe Dolcetto Visadì ランゲ・ドルチェット・ヴィサディ 🍷 $$　深い色合いでフルボディのドルチェットには、色の濃いジャムのような果実が詰まっていて、バローロの伝説的造り手のスタイルをそのまま写し取っている。

COCCI GRIFONI *(Marche)*　コッチ・グリフォーニ (マルケ)

Pecorino Colle Vecchio ペコリーノ・コッレ・ヴェッキオ 🍷 $$$　重層的なミネラル、セージ、ミント、熟した果実味のおかげで、ひたすら素晴らしいペコリーノになっている。

Rosso Piceno Le Torri Superiore ロッソ・ピチェーノ・レ・トッリ・スーペリオーレ 🍷 $$　美味で活力あるこの赤ワインは、レッドチェリー、土、甘草、野生の香草、ミネラル、タバコの香りが豊か。引き締まっているが絹のようなタンニンが、それらすべてを支えている。(モンテプルチャーノとサンジョヴェーゼ。)

ELVIO COGNO *(Piedmont)*　エルヴィオ・コーニョ (ピエモンテ)

Dolcetto d'Alba ドルチェット・ダルバ 🍷 $$$　たくましいタンニンが構築する爽快なブーケと熟した黒い果実は、この素晴らしく美味なドルチェットの中に見られる要素のほんの一部にすぎない。

COL DI BACCHE *(Tuscany)* コル・ディ・バッケ（トスカーナ）

Morellino di Scansano モレッリーノ・ディ・スカンサーノ 🍷 $$ 美味で口中で広がりを見せる赤ワインには、爽快で活力ある果実味と魅力的なワインらしい個性が溢れる。優しく味わい深いこのワインが、モレッリーノとは何かを教えてくれるだろう。

COL D'ORCIA *(Tuscany)* コル・ドルチャ（トスカーナ）

Rosso di Montalcino ロッソ・ディ・モンタルチーノ 🍷 $$$ 可愛らしく熟した赤い果実と親しみやすい個性を持つ、爽快でワインらしいロッソ。モンタルチーノの一流ワイナリーの作。

COL VETORAZ *(Veneto)* コル・ヴェトラツ（ヴェネト）

Prosecco di Valdobbiadene Brut プロセッコ・ディ・ヴァルドッビアーデネ・ブリュット 🥂🥂 $$ 純粋で喜びに満ちたこのプロセッコは、香り高い桃、爽やかな青リンゴ、甘いスパイスが溢れている。ヴェネトの有名発泡ワインの中でも、美味であること間違いなし。

COLLE MASSARI *(Tuscany)* コッレ・マッサーリ（トスカーナ）

Montecucco Rosso Rigoleto モンテクッコ・ロッソ・リゴレート 🍷 $$ このサンジョヴェーゼ主体のワインは、香り高く鮮やかな赤い果実、スパイス、タバコを感じさせ、後味には素晴らしい余韻と魅力的でフローラルな高揚感も。

COLLESTEFANO *(Marche)* コッレステーファノ（マルケ）

Verdicchio di Matelica ヴェルディッキオ・ディ・マテーリカ 🥂 $$ 鮮やかで上品な白ワイン。上手に仕上がった芳香と、爽やかでピリッとした風味の果実味が豊か。マルケで最も名高い白ワインの中でも、最高に素晴らしい一本。

COLOSI *(Sicily)* コロージ（シチリア）

Sicilia Rosso シチリア・ロッソ 🍷 $ ワイナリーのエントリー・レベルの

ネーロ・ダーヴォラは、口中で広がりを見せる驚異の赤ワイン。黒い果実、チョコレート、華麗な芳香の凝縮感が豊か。

Nero d'Avola ネーロ・ダーヴォラ ♥ $$ 華麗でフルボディのネーロ・ダーヴォラは、甘いダークチェリー、メントール、セージ、花ではち切れんばかり。ワイナリーの最高のブドウから造られている。

COLTERENZIO *(Alto Adige)* コルテレンツィオ（アルト・アディジェ）

Pinot Grigio Classic ピノ・グリージョ・クラシック ♀ $$ 喜びに溢れたアルト・アディジェの白ワイン。舞い上がるような芳香、きれいで上手に構築された果実味に恵まれ、口中で素晴らしく発展しながら花開く。

Pinot Bianco Classic ピノ・ビアンコ・クラシック ♀ $ 青リンゴ、桃、土、ミネラル、花、燻煙香が、美しくエネルギッシュな白ワインから立ち上る。

Pinot Bianco Weisshaus ピノ・ビアンコ・ヴァイスハウス ♀ $$ ぴんと張りつめている感じで、焦点の合った青リンゴ、花、燻煙香、ミネラルが感じられる。後味は活力に満ち爽快。

Pinot Grigio Puiten ピノ・グリージョ・プイテン ♀ $$ この大らかでみずみずしいピノ・グリージョは、芳香で飾られた果実味の重なりを持つ。この品種に対する評価をいやしめるような、過度に商業的なピノ・グリージョが存在することを、読者に忘れさせてくれる白ワイン。

COLTIBUONO *(Tuscany)* コルティブォーノ（トスカーナ）

Cancelli カンチェッリ ♥ $ ふくよかで果汁豊かな赤ワイン。魅力的で香り高い果実味が、気軽に飲むには最適。（サンジョヴェーゼとシラー。）

Chiati Cetamura キアンティ・チェタムラ ♥ $ 甘い黒い果実、皮革、スパイス、タバコが、このミディアムボディのワインから立ち上る（サンジョヴェーゼとカナイオーロ。）

Chianti Classico Selezione RS キアンティ・クラシコ・セレツィオーネ RS ♥ $$ この美味で気軽なワインは、素晴らしい活力と重層的に表現された活力ある黒い果実を感じさせる。

CONTERNO FANTINO *(Piedmont)* コンテルノ・ファンティーノ（ピエモンテ）

Dolcetto d'Alba Bricco Bastia ドルチェット・ダルバ・ブリッコ・バスティア 🍷 $$$　ミディアムボディからフルボディで肉厚なこのドルチェットは、香り高い熟した黒い果実、スパイス、ミネラルの中に、惜しみないほどの華麗な余韻と優美さを醸し出す。バローロの最高の造り手のひとりによる偉大なドルチェット。

Barbera d'Alba Vignota バルベーラ・ダルバ・ヴィニョータ 🍷 $$$　果実味が強いワインで、称賛に値するこの造り手の個性が詰まっている。

CONTINI *(Sardinia)*　コンティーニ（サルデーニャ）

Tonaghe Cannonau di Sardegna トナーゲ・カンノナウ・ディ・サルデーニャ 🍷 $$$　この温かみ溢れる美味な赤ワインは、素朴だが活力あるブラックチェリーと香草の香りが心地良い。

COPPO *(Piedmont)*　コッポ（ピエモンテ）

Gavi La Rocca ガヴィ・ラ・ロッカ 🍷 $$$　可愛らしく香り高い白ワイン。爽快で鮮やかなスタイルの中に、品種の特徴を豊かに表現している。

Barbera d'Asti L'Avvocata バルベーラ・ダスティ・ラッヴォカータ 🍷 $$　ミディアムボディで樽熟成されたこのワインは、活力ある赤い果実、土、燻煙香、メントールの重なりを見せ、素晴らしいバランスと落ち着きがある。

Barbera d'Asti Camp du Rouss バルベーラ・ダスティ・カンプ・デュ・ルス 🍷 $$$　ワイナリー最高の畑から造った、極めて熟したこのバルベーラは、果汁豊かで先進的な印象を与える。大らかな果実味を引き立たせる皮革、スパイス、甘い焦がしたオーク樽の香りも。ラッヴォカータと魅力的なコントラストとなっていて、優劣という意味ではなく、異質なワインといえるだろう。

GIOVANNI CORINO *(Piedmont)*　ジョヴァンニ・コリーノ（ピエモンテ）

Barbera d'Alba バルベーラ・ダルバ 🍷 $$　ふくよかで大らかなこの赤ワインは、極めて熟した黒い果実、鉛筆の芯、スパイスに富み、それに加えて甘みをも感じさせるのは、フレンチ・オークの小樽で数カ月熟成させたため。

ITALY

RENATO CORINO *(Piedmont)* レナート・コリーノ（ピエモンテ）

Barbera d'Alba バルベーラ・ダルバ 🍷 $$ 爽快で活力あるバルベーラ。焦がしたオーク樽の香りが溶け合う甘い黒い果実に富み、信じられないほど美味なスタイル。

MATTEO CORREGGIA *(Piedmont)* マッテオ・コッレッジャ（ピエモンテ）

Roero Arneis ロエーロ・アルネイス 🍷 $$ きっちりと引き締まり、ミネラル感が強いアルネイスで、火打ち石、メントール、煙の卓越した香りが。

Barbera d'Alba バルベーラ・ダルバ 🍷 $$ 甘く果汁に富むバルベーラ。ジャムのような黒い果実、ミネラル、燻煙香、甘草、舗装用タールが豊か。1年間をフレンチ・オークの旧樽で熟成させ、このため肉感的で大らかな質感となっている。

Anthos アントス 🍷 S 🍷 $$ ブラケット種から造られた、エキゾチックな赤ワイン。砂糖漬けのチェリー、甘い薬草、スパイスの空気のように軽い香りが口の中に漂う。ロエーロの砂岩土壌が、このワインに素晴らしく魅惑的な女性的でフローラルな資質を与えている。

CORTE DEI PAPI *(Lazio)* コルテ・デイ・パーピ（ラツィオ）

Cesanese del Piglio チェザネーゼ・デル・ピリオ 🍷 $$ チェザネーゼ・ダッフィーレ種とチェザネーゼ・コムーネ種というラツィオ固有の品種から造られた、果実味たっぷりの風味豊かな赤ワイン。

CORTE GIARA *(Veneto)* コルテ・ジャーラ（ヴェネト）

Soave Pagus ソアーヴェ・パグス 🍷 $ 絹のような精妙なソアーヴェ。土着品種のガルガーネガにシャルドネを20％組み入れ、モダンなスタイルの仕上げ。

Valpolicella Ripasso ヴァルポリチェッラ・リパッソ 🍷 $$$ 新品の皮革、スパイス、炒ったコーヒー豆のほのかな香りが、このヴァルポリチェッラ・リパッソから浮かび上がる。

GIUSEPPE CORTESE *(Piedmont)* ジュゼッペ・コルテーゼ（ピエモ

ンテ）

Dolcetto d'Alba Trifolera ドルチェット・ダルバ・トリフォレラ 🍷 $$ 積極的で香り高いタイプのドルチェット。赤い果実とスパイスが溢れる。

Barbera d'Alba バルベーラ・ダルバ 🍷 $$ 極めて熟した華麗なアロマを、肉厚な熟した果実味と共に醸し出すバルベーラ。

Langhe Nebbiolo ランゲ・ネッビオーロ 🍷 $$ ランゲ・ネッビオーロは、香り高い芳香に加えて甘いレッドチェリー、花、スパイスの香りを、ミディアムボディのスタイルの中に表現する。若いネッビオーロに求められるすべての資質を備えている。

COSTARIPA *(Lombardy)* コスタリーパ（ロンバルディア）

Pievecroce Lugana ピエーヴェクローチェ・ルガーナ 🍷 $$ トッレビアーノ・ディ・ルガーナ種のこのワインには、魅力的で香り高い果実味と生き生きとした酸のバランスが良好。わずかにオーク樽を使用し、このワインに一層の丸みを与えている。素晴らしいガルダ湖産のワイン。

CUSUMANO *(Sicily)* クズマーノ（シチリア）

Nero d'Avola ネーロ・ダーヴォラ 🍷 $ 爽快で親しみやすいこのネーロ・ダーヴォラは、魅力的な熟した赤い果実の核と、この品種に特有の少しばかり野性的な香りが漂う。

Benuara ベヌアーラ 🍷 $$ ベヌアーラ（ネーロ・ダーヴォラとシラー）では、果実味、甘草、タールが色濃い個性を表現していて、ネーロ・ダーヴォラ以上の優れたボディがある。

D'ALESSANDRO *(Tuscany)* ダレッサンドロ（トスカーナ）

Cortona Syrah コルトーナ・シラー 🍷 $$$ 爽快でワインらしい味わいのシラーで、魅力的な黒い果実、花、スパイス、メントールを感じさせる。イタリアでこの品種に最も適性のある産地のひとつで造られている。

DAMILANO *(Piedmont)* ダミラーノ（ピエモンテ）

Barbera d'Alba バルベーラ・ダルバ 🍷 $$$ 柔らかく優しい口当たりのこのバルベーラは、そのアロマと風味の中に素晴らしい仕上がり感を見

せている。
- **Nebbiolo d'Alba** ネッビオーロ・ダルバ 🍷 $$$　果実味を強く感じさせるこの愛らしいネッビオーロは、品種の特性を上手に醸し出し、フレンチ・オークの小樽の香りが溶け合っている。

DI GIOVANNA *(Sicily)*　ディ・ジョヴァンナ（シチリア）

- **Gerbino Rosso** ジェルビーノ・ロッソ 🍷 $$　この華麗なワインは、重層的な黒い果実、スパイス、甘い香草、カシス、ミネラルを、その優雅なスタイルの中に醸し出す。（カベルネ・ソーヴィニョン、メルロ、ネーロ・ダーヴォラ、シラーをフレンチ・オークの小樽で熟成。）
- **Nerello Mascalese** ネレッロ・マスカレーゼ 🍷 $$　近時、再評価されている固有品種が醸す、とりわけ大らかで深みのある風味。黒い果実、下草、土、燻煙香の愛らしい香りに、しなやかな個性と上手に混じり合ったタンニンが加わる。

DI MAJO NORANTE *(Molise)*　ディ・マーヨ・ノランテ（モリーゼ）

- **Sangiovese** サンジョヴェーゼ 🍷 $　非常に熟して溌剌としたこのサンジョヴェーゼは、先進的で、ふくよかな果実味たっぷりな上、土、スパイス、タバコの香りも。
- **Ramitello Rosso** ラミテッロ・ロッソ 🍷 $$　純粋で人を引きつけるところのある赤ワイン。甘く香り高いアロマと重層的なダークチェリー、煙、土、タールの香り。（プルニョーロとアリアーニコをクセのつかない大樽とステンレスタンクで熟成。）
- **Aglianico Contado** アリアーニコ・コンタード 🍷 $$　モリーゼ産アリアーニコによる素晴らしく模範的なワイン。黒い果実、黒胡椒、野生の香草がどっさり。ワイナリーでは18カ月の時間をかけながら、様々な大きさのオーク樽でコンタードを熟成させている。
- **Cabernet** カベルネ 🍷 $　ふくよかな果実味、メントール、下草の香りがたくさん詰まった美味なワイン。スタイルはしなやかで果汁に富む。

CAMILLO DONATI *(Emilia-Romagna)*　カミッロ・ドナーティ（エミリア・ロマーニャ）

- **Malvasia dell'Emilia** マルヴァジア・デッレミーリア 🍷 $$$　この発泡性の辛口白ワインはマルヴァジア・カンディアから造られ、泡こそ出て

いるが品種特有のアロマと風味を醸し出している。若干曇った色合いは、このワインのように極めて自然のスタイルで造られたワインに共通したもの。

Lambrusco dell'Emilia ランブルスコ・デッレミーリア 🍷🥂 $$$　大柄で、果実味が前面に出るランブルスコ。めったにない素晴らしい凝縮感。

EINAUDI *(Piedmont)*　エイナウディ（ピエモンテ）

Dolcetto di Dogliani ドルチェット・ディ・ドリアーニ 🍷 $$$　この華やかで香り高いワインは、品種特有の甘い果実味がはじける。このワインが持つ贅沢な黒い果実味にもかかわらず、とりわけ優美で上品なスタイルのドルチェット。ドリアーニでも指導的な造り手によって生まれるワイン。

FALESCO *(Umbria and Lazio)*　ファレスコ（ウンブリア／ラツィオ）

Vitiano Rosso ヴィティアーノ・ロッソ 🍷 $　サンジョヴェーゼ、メルロ、カベルネ・ソーヴィニョンをブレンドしたこのワインは、幾重ものふくよかで熟した果実味を持つ。フレンチ・オークの小樽の甘い香りが混ざり合い、その個性は滑らかでスタイリッシュ。

Merlot メルロ 🍷 $$　素晴らしい深みと内に秘めた甘さを持つワイン。フルボディでリッチな質感の骨格から、黒い果実、チョコレート、スパイス、フレンチ・オークの小樽の香りが波のように押し寄せる。リッカルド・コタレッラはメルロの名手として知られているが、まさにそれを証明するようなワイン。

FANTI *(Tuscany)*　ファンティ（トスカーナ）

Sant'Antimo Rosso サンタンティモ・ロッソ 🍷 $$　この潑剌とした魅惑のワインでは、柔らかな質感を持つ華麗な骨組みの中に、素晴らしく熟した果実味が感じ取れる。（サンジョヴェーゼ、メルロ、カベルネ・ソーヴィニョンをフレンチ・オークの小樽で熟成。）

Rosso di Montalcino ロッソ・ディ・モンタルチーノ 🍷 $$$　魅力的で肉厚なワインで、甘く黒い果実のビロードのような核も。モンタルチーノの畑のブドウから。

FARNESE *(Abruzzo)*　ファルネーゼ（アブルッツォ）

ITALY

Pecorino Casale Vecchio ペコリーノ・カサーレ・ヴェッキオ ♀ $$ 大らかで優しい口当たりの白ワイン。素晴らしい豊かさを、熟した桃、花、ミネラルの中に感じさせる。

Cerasuolo チェラスォーロ ♀ $ モンテプルチャーノ・ダブルッツォ種から造られたこのロゼは、生き生きとしたミネラル感に溢れ、鮮やかな赤い果実に支えられている。

Montepulciano d'Abruzzo モンテプルチャーノ・ダブルッツォ ♀ $ この活力ある楽しい赤ワインには、スパイスの利いたダークチェリーの果実味がいっぱい。

FATTORIA DEI BARBI *(Tuscany)* ファットリア・デイ・バルビ（トスカーナ）

Rosso di Montalcino ロッソ・ディ・モンタルチーノ ♀ $$ 鮮やかな赤い果実が文字どおり炸裂する華麗なワインで、爽快なスタイルの酸に支えられている。素晴らしいワインを造り続けるモンタルチーノの歴史あるワイナリーの作。

FATTORIA DEL CERRO *(Tuscany)* ファットリア・デル・チェッロ（トスカーナ）

Rosso di Montepulciano ロッソ・ディ・モンテプルチャーノ ♀ $$ ミディアムボディのワインで、熟した赤い果実の核を感じる柔らかい質感。トスカーナの歴史的産地のひとつであるモンテプルチャーノから。

FATTORIA DI FÈLSINA *(Tuscany)* ファットリア・ディ・フェルシナ（トスカーナ）

Chianti Classico キアンティ・クラシコ ♀ $$$ 活気のある甘く熟した果実味が豊かな、美しくふくよかなキアンティ。人を引きつけてやまないスタイルの中に、愛すべき深みが感じられる。トスカーナのエリート生産者による努力の結晶。

FATTORIA DI MAGLIANO *(Tuscany)* ファットリア・ディ・マリアーノ（トスカーナ）

Morellino di Scansano Heba モレッリーノ・ディ・スカンサーノ・エーバ 🍷 $$$　この本格的なモレッリーノでは、豊かな甘い赤い果実、フランボワーズ、花、スパイスの香りがグラスから爆発する。タンニンは引き締まっていると同時に、ワインのフルボディの生地に上手に織り込まれている。常に第一級のワイン。

FATTORIA BRUNO NICODEMI (*Abruzzo*)　ファットリア・ブルーノ・ニコデミ（アブルッツォ）

Cerasuolo チェラスォーロ 🍷 $$　爆発的な芳香と華麗な質感に、集中力のある大量の果実味が詰まったロゼ。

Montepulciano d'Abruzzo モンテプルチャーノ・ダブルッツォ 🍷 $$　深い色でフルボディのこのワインは、熟した黒い果実、土、焦がしたオーク樽の甘い香りに溢れる。極めて心地良いスタイルの中に、素晴らしいバランスと豊かな個性を醸し出す。

Montepulciano d'Abruzzo Notari モンテプルチャーノ・ダブルッツォ・ノターリ 🍷 $$$　この大らかなモンテプルチャーノでは、豊かなジャムのような黒い果実、チョコレート、ヴァニラ、焦がしたオーク樽の甘い香りがグラスの中ではじける。

FATTORIA LA PARRINA (*Tuscany*)　ファットリア・ラ・パッリーナ（トスカーナ）

Rosso Parrina ロッソ・パッリーナ 🍷 $$　可愛らしく女性的なサンジョヴェーゼで、赤い果実を支える絹のようなタンニン。

FATTORIA LA RIVOLTA (*Campania*)　ファットリア・ラ・リヴォルタ（カンパーニャ）

Taburno Falanghina タブルノ・ファランギーナ 🍷 $$　このカンパーニャの白ワインは、桁外れの複雑さを柑橘類の皮、ミント、ミネラルの風味の中に醸し出し、とてつもないエネルギーと活力を備える。

FATTORIA LE PUPILLE (*Tuscany*)　ファットリア・ラ・プピッレ（トスカーナ）

Poggio Argentato ポッジョ・アルジェンタート 🍷 $$$　鋼、ミネラルを

ITALY

感じさせるこの白ワインには、素晴らしい余韻と魅惑の後味がある。(ソーヴィニョンとトラミネール。)

FATTORIA LE TERRAZZE *(Marche)* ファットリア・レ・テッラッツェ(マルケ)

Rosso Conero ロッソ・コーネロ 🍷 $$$ このロッソ・コーネロは、爽快で果実味が強いスタイルに仕立てられ、スミレ、燻煙香、土、塩漬け肉、黒い果実を感じさせる。(モンテプルチャーノ種を樽熟成。)

FATTORIA SAN LORENZO *(Marche)* ファットリア・サン・ロレンツォ(マルケ)

Verdicchio Classico di Gino ヴェルディッキオ・クラシコ・ディ・ジノ 🍷 $$ 豊潤な風味でフルボディを特徴とするこの白ワインは、蜂蜜風味の果物の魅力的な香りと、人を引きつける圧倒的な個性を醸し出す。若干遅摘みすることで、豊潤なスタイルのワインになっている。

Verdicchio dei Castelli di Jesi Classico Superiore, Vigna della Oche ヴェルディッキオ・デイ・ヴィーニ・カステリ・ディ・イェージ・クラシコ・ヴィーニャ・デッレ・オーケ 🍷 $$$ 甘く洗練され、そして上品なヴェルディッキオ。豪奢な熟した果実味とフルボディの個性。

FATTORIA ZERBINA *(Emilia-Romagna)* ファットリア・ゼルビーナ(エミリア・ロマーニャ)

Sangiovese di Romagna Ceregio サンジョヴェーゼ・ディ・ロマーニャ・チェレージオ 🍷 $ 柔らかく心地の良いエミリア・ロマーニャ産の赤ワイン。魅力的なレッドチェリー、スパイス、タバコ、土の香りが、この可愛らしくミディアムボディのサンジョヴェーゼから感じ取れる。

Sangiovese di Romagna Superiore Torre di Ceparano サンジョヴェーゼ・ディ・ロマーニャ・スーペリオーレ・トッレ・ディ・チェパラーノ 🍷 $$$ 目を見張るほど華麗なワインで、血統のよさを感じさせる。焦がしたオーク樽、ミント、燻煙香、タールの香りと重なり合いながら、豊かな黒い果実が姿を現わす。素晴らしい完成度の、調和のいいスタイル。

FERRARI *(Trentino)* フェッラーリ(トレンティーノ)

- **NV Brut** NV（ノン・ヴィンテージ）・ブリュット 🍷🍷 $$$ ミディアムボディのトレンティーノ産発泡ワイン。張りつめた集中力のあるスタイルに、白桃、花、煙、ミネラルの香り。

FEUDI DI SAN GREGORIO *(Campania)* フェウディ・ディ・サン・グレゴーリオ（カンパーニャ）

- **Fiano di Avellino** フィアーノ・ディ・アヴェッリーノ 🍷 $$$ このカンパーニャ産白ワインには、愛すべき調和を見せる熟した黄桃の香りが織り込まれ、まるで豪奢な布地のよう。
- **Aglianico Rubrato** アリアーニコ・ルブラート 🍷 $$ 可愛らしく、柔らかな質感の赤ワイン。幾重もの黒い果実、燻煙香、タール、焦がしたオーク樽の甘さを伴って、グラスの中から立ち上る。

FEUDO MONTONI *(Sicily)* フェウド・モントーニ（シチリア）

- **Grillo** グリッロ 🍷 $ 熟した白桃、ミント、花の香り豊かな、美しく香り高い白ワイン。
- **Catarratto** カタラット 🍷 $$ グリッロよりも明らかに熟したスタイル。かすかに土、ミネラルが混じる黄桃の魅力的な香りが、グラスから立ち上る。
- **Nero d'Avola** ネーロ・ダヴォラ 🍷 $$ ミディアムボディで重量感を感じさせない骨格に、熟した赤い果実、スパイス、ミントの愛らしい香りが繊細なワイン。

IL FEUDUCCIO *(Abruzzo)* イル・フェウドゥッチョ（アブルッツォ）

- **Montepulciano d'Abruzzo Fonte Venna** モンテプルチャーノ・ダブルッツォ・フォンテ・ヴェンナ 🍷 $$ 大らかでふくよかなこの赤ワインは、極めて熟したレッドチェリー、土、燻煙香の中に、クラシックなモンテプルチャーノ種の香りを醸し出している。

FIRRIATO *(Sicily)* フィッリアート（シチリア）

- **Nero d'Avola Chiaramonte** ネーロ・ダヴォラ・キアラモンテ 🍷 $$
甘くふくよかなこのワインは果実味豊か。スタイル的には親しみやすく、果汁に富んでいる。

ITALY

FONTALEONI *(Tuscany)* フォンタレオーニ（トスカーナ）

Vernaccia di San Gimignano ヴェルナッチャ・ディ・サンジミニャーノ ♀ $ 蜂蜜風味の白桃とカンタロープ・メロンの香りを醸す可愛らしいワイン。大らかでざっくばらんな魅力。

Chianti Colli Senesi キアンティ・コッリ・セネージ ♥ $ この美味なキアンティは、ヴェルナッチャとまったく同じスタイルに仕立てられ、非常にふくよかで、果汁豊かな果実味にフローラルなアロマが溶け込んでいる。

NINO FRANCO *(Veneto)* ニーノ・フランコ（ヴェネト）

Prosecco di Valdobbiadene Rustico プロセッコ・ディ・ヴァルドッビアーデネ・ルスティコ ♀♀ $$$ 白桃、花、甘いスパイスのクラシックな香りを醸す、お手本のようなプロセッコ。ヴィンテージなしのプロセッコとしては最高の部類。

FROZZA *(Veneto)* フロッザ（ヴェネト）

Prosecco di Valdobbiadene Spumante Extra-Dry Col dell'Orso プロセッコ・ディ・ヴァルドッビアーデネ・スプマンテ・エクストラ・ドライ・コル・デッロルソ ♀♀ $ 幾層もの香り高い果実味と共に口中に流れ込む、豊潤な質感のプロセッコ。読者が出会うワインの中でも、最高のヴェネト産発泡ワイン。

ETTORE GERMANO *(Piedmont)* エットレ・ジェルマーノ（ピエモンテ）

Dolcetto d'Alba Pra di Pò ドルチェット・ダルバ・プラ・ディ・ポー ♥ $$ 卓越した透明感と明確さを、その品種特有のアロマと風味の中に醸し出すドルチェット。

Barbera d'Alba バルベーラ・ダルバ ♥ $$ 柔らかい質感を持ち、ワインらしさを感じさせるワインで、ふくよかな赤い果実が豊か。

BRUNO GIACOSA *(Piedmont)* ブルーノ・ジャコーザ（ピエモンテ）

Dolcetto d'Alba ドルチェット・ダルバ 🍷 $$$　潰した花、フランボワーズ、ミネラルの芳香を放つ愛すべきワイン。シンプルで気軽なスタイルに造られ、それでもなお細部まで充実し、素晴らしい余韻にきれいな後味。

Dolcetto d'Alba Falletto ドルチェット・ダルバ・ファッレット 🍷 $$$　活力に満ち、きらめくような果実味がジャムのように詰まった、豊潤なドルチェット。卓越した構成に支えられている。甘草とメントールのニュアンスが立ち上り、それが一層の複雑さを与えている。ジャコーザの伝説的バローロと同じ、セッラルンガの畑から造られている。

GINI *(Veneto)*　ジーニ（ヴェネト）

Soave Classico ソアーヴェ・クラシコ 🍷 $$　この豪奢なワインがグラスの中で開くほどに、香り高いアロマがアンズとミネラルを導き出す。（ガルガネーガ100%。）

BIBI GRAETZ *(Tuscany)*　ビービー・グラーツ（トスカーナ）

Bianco di Casamatta ビアンコ・ディ・カザマッタ 🍷 $　ミント、ミネラル、白桃、スパイスの香りは、この美味な白ワインから姿を現わすアロマと風味のほんの一部に過ぎない。（トスカーナの海岸線にあるボルゲリの畑のヴェルメンティーノ100%。）

Casamatta カザマッタ 🍷 $$　熟した赤い果実が愛らしく表現されている、まったくもって美味なサンジョヴェーゼ。爽快なフローラルな香りが溶け込んでいる。

ROCCOLO GRASSI *(Veneto)*　ロッコロ・グラッシ（ヴェネト）

Soave Superiore Vigneto La Broia ソアーヴェ・スーペリオーレ・ヴィニェート・ラ・ブロイア 🍷 $$$　この魅力的なヴェネト産白ワインは、砕いた岩、ミネラル、白桃、燻煙香のエッセンスを、シャブリを想わせる集中的で直線的なスタイルの中に醸し出している。

SILVIO GRASSO *(Piedmont)*　シルヴィオ・グラッソ（ピエモンテ）

Dolcetto d'Alba ドルチェット・ダルバ 🍷 $$　この美味なワインには品種特有の本物の果実味が豊かで、ドルチェットがあるべき姿を過不足なく

表している。
Barbera d'Alba バルベーラ・ダルバ 🍷 $$ 爽快でワインらしさがある。花と小さな赤い果実が愛らしく表現されている。

GIACOMO GRIMALDI *(Piedmont)*　ジャコモ・グリマルディ（ピエモンテ）

Dolcetto d'Alba ドルチェット・ダルバ 🍷 $$ 力強く構成の良いドルチェットで、メントールを感じさせる黒い果実、甘草、スパイスが詰まり、モンフォルテの町にある古い畑のエッセンスをそっくりそのまま写し出している。

GULFI *(Sicily)*　グルフィ（シチリア）

Carjcanti カリカンティ 🍷 $$ 溌剌として大らかなこの白ワインには、爆発的な芳香が感じられ、熟した黄色いアンズと桃の香りへと溶け込んでいる。燻煙香と焦がしたオーク樽によって下支えされ、それが複雑さを加味している。（カッリカンテとアルバネッロ。）

Nero d'Avola Rossojbleo ネーロ・ダーヴォラ・ロッソイブレオ 🍷 $ 色の濃いチェリー、ミント、花、スパイス、甘草が詰まった、ずんぐりとしたシチリア産赤ワイン。

HILBERG-PASQUERO *(Piedmont)*　ヒルバーグ・パスクェーロ（ピエモンテ）

Barbera d'Alba バルベーラ・ダルバ 🍷 $$$ 親しみやすく、ワインらしさのあるワインで、ブルーベリー、ブラックベリー、タール、甘草の香りがはじけんばかり。

Vareij バレイ 🍷 Ⓢ 🍷 $$ まったくもって汚れなく、美しいワイン。その果実味には、野生の香草、ホットワイン用スパイス、花といったような、ブラケット種のブドウに典型的な香りが溶け込み、口の中をやさしくくすぐる。

ICARDI *(Piedmont)*　イカルディ（ピエモンテ）

Barbera d'Asti Tabarin バルベーラ・ダスティ・タバリン 🍷 $ この美味なバルベーラは、豊かな香り高い黒い果実を感じさせる。加えてアステ

ィのワインにしては珍しい、優美なタンニンと印象的な丸みが。

Barbera d'Asti Surì di Mù バルベーラ・ダスティ・スリ・ディ・ム 🍷 $$$ 果汁豊かで勢いのあるモダンなスタイルのバルベーラ。タール、甘草、極めて熟した黒い果実、焦がしたオーク樽の芳香。

ICARIO *(Tuscany)* イカリオ（トスカーナ）

Rosso di Montepulciano ロッソ・ディ・モンテプルチャーノ 🍷 $$ この大らかな赤ワインは、焦がしたオーク樽の甘さと花の芳香と溶け合う、極めて熟した黒い果実を感じさせ、それに加えて素晴らしい深みと調和も。

INAMA *(Veneto)* イナマ（ヴェネト）

Soave Classico ソアーヴェ・クラシコ 🍷 $$ このソアーヴェ・クラシコは、豊潤な質感の骨格の中にアンズ、蜂蜜、花、アーモンドを感じさせる。大らかなスタイルのソアーヴェで、若干アロマの複雑さを犠牲にしているが、それでもなおすこぶる美味。

Sauvignon Vulcaia ソーヴィニョン・ヴルカイア 🍷 $$$ このユニークなソーヴィニョンは、品種の特徴であるかすかな青リンゴ、ミント、花の香りが溶け込み、いかにもヴェーロナ風のミネラル感も感じられる。

Carménère Più カルメネーレ・ピウ 🍷 $$$ 美味で調和のとれた赤ワイン。熟した黒い果実、土、タバコ、皮革、スパイスの魅力的な香りに溢れている。（カルメネーレ、メルロ、ラボーゾ・ヴェロネーゼ。）

LATIUM MORINI *(Veneto)* ラティウム・モリーニ（ヴェネト）

Soave Campo Le Calle ソアーヴェ・カンポ・レ・カッレ 🍷 $ 美味で楽しいソアーヴェ。香り高く、蜂蜜のような芳香がグラスから立ち上り、豊潤で熟した黄桃の香りが続く。

Valpolicella Superiore Campo Prognài ヴァルポリチェッラ・スーペリオーレ・カンポ・プロニャイ 🍷 $$$ 強烈だが柔らかい質感のこのワインは、大らかな芳香、極めて熟した黒い果実と焦がしたオーク樽を感じさせる。

MACULAN *(Veneto)* マクラン（ヴェネト）

ITALY

- **Pino & Toi** ピノ＆トイ ♀ $ この魅力的なワインは、親しみやすいライトボディのスタイルの中に、香り高い豊かな果実味を醸し出す。（トカイ、ピノ・ビアンコ、ピノ・グリージョ。）
- **Costadolio** コスタドーリオ ♀ $ 暑い夏に食前酒として楽しめる、繊細で香り高いロゼ。
- **Brentino** ブレンティーノ ♀ $$$ 優美なアロマが、甘い黒い果実、香草、焦がしたオーク樽の味わいに溶け込む。（メルロとカベルネ・ソーヴィニョン。）
- **Dindarello** ディンダレッロ ♀ ⓢ $$$ 柑橘類、オレンジの皮、スパイス、アカシア、蜂蜜といった多くのエキサイティングな要素がグラスの中で発展するほどに、この美しいワインはその個性の深みを明らかにする。ピエモンテ産モスカート特有のフローラルなアロマを、ヴェネトの甘口ワインの持つ潤な質感と結びつけたようなスタイルに仕上がっている。（モスカート・フィオール・ダランチョ。）

MALVIRÀ *(Piedmont)* マルヴィラ（ピエモンテ）

- **Roero Arneis Renesio** ロエロ・アルネイス・レネシオ ♀ $$$ 火打ち石とミネラルが前面に出た白ワインで、白桃、花、燻煙香がしっかりと表現されている。
- **Roero Arneis Trinità** ロエロ・アルネイス・トリニタ ♀ $$$ トリニタでは、アンズ、燻煙香、焦がしたオーク樽の甘さの中に、一層の甘みと成熟感が感じ取れる。

GIOVANNI MANZONE *(Piedmont)* ジョヴァンニ・マンゾーネ（ピエモンテ）

- **Dolcetto d'Alba Le Ciliegie** ドルチェット・ダルバ・レ・チリエージェ ♀ $ 非常に愛らしく素直なドルチェット。プラムのような黒い果実とスミレの香りに加えて、果汁の豊かさも魅力的。
- **Dolcetto d'Alba Superiore La Serra** ドルチェット・ダルバ・スーペリオーレ・ラ・セッラ ♀ $$ マンゾーネのドルチェットの中でも大ぶりなワイン。美しいバランスと構成を特徴とするこのワインは、素敵なバルサムのニュアンスを備え、それが黒い果実の核、スパイス、タールの香りを引き立てている。

MARCARINI *(Piedmont)* マルカリーニ（ピエモンテ）

Dolcetto d'Alba Fontanazza ドルチェット・ダルバ・フォンタナッツァ 🍷 $$ 丸みがあり、口当たりの優しいスタイルのドルチェット。大らかな黒い果実、ミント、スパイスすべてが、ワインの持つミディアムボディの骨組みの中に織り込まれている。

Moscato d'Asti モスカート・ダスティ 🍷S🍷 $$ そのフローラルな芳香、スパイス、爽やかな青リンゴの香りの中に、上質な余韻とバランスを醸し出している。

Barbera d'Alba バルベーラ・ダルバ 🍷 $$ 柔らかくフルーティな赤ワイン。かすかに感じ取れる花、スパイス、黒い果実、香草の香りが楽しい。

Langhe Nebbiolo Il Crutin ランゲ・ネッビオーロ・イル・クルティン 🍷 $$$ 乾燥させたバラ、チェリー、甘い香草が、このミディアムボディのワインから姿を現わす。

GIUSEPPE MASCARELLO *(Piedmont)* ジュゼッペ・マスカレッロ（ピエモンテ）

Dolcetto d'Alba Santo Stefano di Perno ドルチェット・ダルバ・サント・ステーファノ・ディ・ペルノ 🍷 $$$ 伝統的手法で造られたこのドルチェットは、バローロのトップ生産者の作。果実味の持つ豊かさを完全に輝かせるには、多少空気に触れさせる必要がある。

MASSOLINO *(Piedmont)* マッソリーノ（ピエモンテ）

Dolcetto d'Alba ドルチェット・ダルバ 🍷 $$ きれいで爽快なミネラル感が、このとても可愛らしく大らかなドルチェットの骨格を造っている。この地方でも最高に優れたドルチェットに数えられることが多い。

Barbera d'Alba バルベーラ・ダルバ 🍷 $$$ ふくよかで果汁豊かな赤ワインで、桁外れの上品さと優美さを醸し出す果実味に溢れる。

Moscato d'Asti モスカート・ダスティ 🍷S🍷 $$$ 品種特有の可愛らしいアロマと風味があり、全体のバランスも上等。

MASTROBERARDINO *(Campania)* マストロベラルディーノ（カンパーニャ）

Greco di Tufo Novaserra グレコ・ディ・トゥーフォ・ノーヴァセッラ

🍷 $$$　きれいで集中力のあるグレコ・ディ・トゥーフォ。火打ち石のようなミネラル感、白桃、グレープフルーツ、ミント、花の香りが素晴らしい。

Fiano di Avellino Radici フィアーノ・ディ・アヴェッリーノ・ラディーチ 🍷 $$$　土、燻煙香といった個性が際立つ。生き生きとしたミネラル感によって中和された、甘く熟した果実味があり、長い後味まで続いていく。（前記の）グレコ・ディ・トゥーフォ・ノーヴァセッラより、典型的に大らかな味わい。

MAZZEI *(Sicily)*　マッツェイ（シチリア）

Zisola ジゾラ 🍷 $$$　濃い色合いの寡黙なワイン。ネーロ・ダーヴォラの、より野性的で動物的な側面を、黒い果実、土、セージ、ミントの香りの中に見せている。

MAZZI *(Veneto)*　マッツィ（ヴェネト）

Valpolicella Superiore ヴァルポリチェッラ・スーペリオーレ 🍷 $$　この愛すべきヴァルポリチェッラは、砂糖漬けの赤い果実、フランボワーズ、花、焦がしたオーク樽、スパイスの香りの中に、素晴らしいバランスと均整を醸し出している。

LA MEIRANA *(Piedmont)*　ラ・メイラーナ（ピエモンテ）

Gavi di Gavi La Meirana ガヴィ・ディ・ガヴィ・ラ・メイラーナ 🍷 $$$　大らかでミディアムボディのガヴィ。豊潤な質感だが爽やかなスタイルに仕立てられ、蜂蜜風味のアンズ、花、スパイスの奥に、華麗な芳香を感じさせている。

MOCALI *(Tuscany)*　モカーリ（トスカーナ）

Morellino di Scansano Suberli モレッリーノ・ディ・スカンサーノ・スベルリ 🍷 $$　ダークチェリーと焦がしたオーク樽の甘さが、このふくよかで果汁豊かな赤ワインから現われる。

I Piaggioni イ・ピアッジョーニ 🍷 $$　ダークチェリー、焦がしたオーク樽、燻煙香、タール、スパイスに富む、美味なサンジョヴェーゼ。豊潤で量感のあるスタイルに造られている。

MOCCAGATTA *(Piedmont)* モッカガッタ（ピエモンテ）

Barbera d'Alba バルベーラ・ダルバ 🍷 $$$　香り高い芳香が、きわめて豊潤で果実味が強いこのバルベーラの特徴。バルバレスコを造らせたら右に出るものはないワイナリーの作。

MOLETTIERI *(Campania)* モレッティエーリ（カンパーニャ）

Irpinia Aglianico Cinque Querce イルピニア・アリアーニコ・チンクェ・クェルチェ 🍷 $$$　線が太く潑剌としたこのアリアーニコには、濃い色の赤い果実、花、スパイス、皮革、黒胡椒の香りが詰まっている。チンクェ・クェルチェは、カンパーニャで最も著名な品種の美徳を知るための素晴らしい入門ワインで、この地方屈指の造り手の作。

MAURO MOLINO *(Piedmont)* マウロ・モリーノ（ピエモンテ）

Langhe Rosso Dimartina ランゲ・ロッソ・ディマルティーナ 🍷 $$　美味でバランスの美しいこの赤ワイン。果実味がたっぷり。（バルベーラ。）

Barbera d'Alba バルベーラ・ダルバ 🍷 $$　柔らかい質感で、ふくよかなバルベーラ。爽快なスタイルに色の濃い赤い果実がいっぱい。

IL MOLINO DI GRACE *(Tuscany)* イル・モリーノ・ディ・グラーチェ（トスカーナ）

Chinati Classico キアンティ・クラシコ 🍷 $$　爽快で香り高いキアンティ・クラシコ。レッドベリーの果実味の中に感じられる、愛すべきバランスと落ち着き。

MONTE ANTICO *(Tuscany)* モンテ・アンティーコ（トスカーナ）

Monte Antico モンテ・アンティーコ 🍷 $　先進的で果汁感溢れる赤ワイン。黒い果実が豊かな、大らかで魅惑的なスタイルには、素晴らしい深みとふくよかさが感じられる。モンテ・アンティーコは、トスカーナから毎年のように信じがたいバリューワインを送り出している。

ITALY

MONTI *(Abruzzo)* モンティ（アブルッツォ）

Montepulciano d'Abruzzo モンテプルチャーノ・ダブルッツォ 🍷 $$ ふくよかで果汁が多く、樽熟成のこのモンテプルチャーノは、ジャムのようなダークチェリー、スパイス、下草の香りに溢れる。

MORGANTE *(Sicily)* モルガンテ（シチリア）

Nero d'Avola ネーロ・ダーヴォラ 🍷 $$ 美味で勢いのあるワイン。ジャムのようなダークチェリー、ミネラル、ミント、スパイス、タール、チョコレートが染み込んでいる。シチリアのトップ生産者の作。

GIACOMO MORI *(Tuscany)* ジャコモ・モーリ（トスカーナ）

Chianti キアンティ 🍷 $$$ ミディアムボディの繊細なキアンティ。フローラルで香り高いアロマと爽快な酸が溶け込む、鮮やかな赤い果実を感じさせる。

MORISFARMS *(Tuscany)* モリスファームス（トスカーナ）

Vermentino ヴェルメンティーノ 🍷 $$$ スタイル的にかなりフルボディのヴェルメンティーノ。青リンゴ、燻煙香、ミント、野生の香草が豊か。
Morellino di Scansano モレッリーノ・ディ・スカンサーノ 🍷 $$ このモレッリーノは人を引きつけるところのある赤ワインで、ふくよかで熟した果実味が溢れる。トスカーナでも最も期待される新興産地、スカンサーノの真髄を集めたようなワイン。

LA MOZZA *(Tuscany)* ラ・モッツァ（トスカーナ）

Morellino di Scansano I Perazzi モレッリーノ・ディ・スカンサーノ・イ・ペラッツィ 🍷 $$ このセクシーで果汁豊かなモレッリーノは、果実味、下草、燻煙香、甘草のニュアンスがたっぷりで、それらが大らかで、ふくよかな骨格から浮かび上がってくる。桁外れに複雑でバランスに優れたモッレリーノ。

MURI-GRIES *(Alto Adige)* ムーリ・グリエス（アルト・アディジェ）

- **Müller-Thurgau** ミュラー・トゥルガウ 🍷 $$ 親しみやすく柔らかい質感の白ワイン。そのアロマと風味の中に、愛すべき細部の要素を併せ持つ。
- **Lagrein Rosato** ラグレイン・ロザート 🍷 $ 一見ミディアムボディに見えるこのワインは、重なり合う甘い果実味、花、スパイスを感じさせ、柔らかい質感を持つ骨格から、それらが徐々に姿を現わす。毎年のように、イタリアでも最高に魅力的なロゼのひとつとなっている。
- **Lagrein** ラグレイン 🍷 $$ 豊かで積極的なラグレインは、大らかな果実味と柔らかくビロードのような個性を持つ。

MUSELLA *(Veneto)*　ムゼッラ（ヴェネト）

- **Valpolicella Superiore Vigne Nuove di Musella** ヴァルポリチェッラ・スーペリオーレ・ヴィーニェ・ヌォーヴェ・ディ・ムゼッラ 🍷 $ 鮮やかなレッドチェリーの果実味の中に、驚異の透明感と集中力を見せるヴァルポリチェッラ。
- **Valpolicella Superiore Ripasso** ヴァルポリチェッラ・スーペリオーレ・リパッソ 🍷 $$ ムゼッラが造るもうひとつのワインには、信じられない調和があり、熟した黒い果実、皮革、スパイス、甘草が詰まっている。少しだけフレンチ・オークの小樽を使い、そしてアマローネの搾りかす（リパッソ方式として知られる）と共に二次発酵させることで、魅力的な厚みと内なる圧倒的な甘みを醸し出している。
- **Monte del Drago** モンテ・デル・ドラーゴ 🍷 $$$ 色濃く極めて熟したこのワインは、素晴らしい深みと豊潤さを、ジャムのようなブラックベリー、野生の香草、溶けた舗装用タール、スパイスの中に醸し出す。この柔らかな質感のワインは、空気にさらすことで素晴らしい内部の甘さと豊かな全体の調和を明らかにする。（カベルネとコルヴィーナ。）

NINO NEGRI *(Lombardy)*　ニーノ・ネグリ（ロンバルディア）

- **Valtellina Superiore Quadrio** ヴァルテッリーナ・スーペリオーレ・クァドリオ 🍷 $$$ 香り高いチェリー、スパイス、野生の香草が、ミディアムボディで極めて優美なロンバルディア州ヴァルテッリーナ産のこのワインに繊細に織り込まれる。キアヴェナスカ（ネッビオーロの現地名）とメルロのブレンドも面白く、樽で熟成させている。

ANDREA OBERTO *(Piedmont)*　アンドレア・オベルト（ピエモンテ）

ITALY

Dolcetto d'Alba ドルチェット・ダルバ 🍷 $$$　豊潤で凝縮感のあるこのドルチェットは、黒い果実の中に卓越した深みと純粋さを感じさせ、メントールとスパイスの香りが一層の複雑さを与えている。

Barbera d'Alba バルベーラ・ダルバ 🍷 $$$　センセーショナルな黒フランボワーズ、甘草、スパイスの香りと共に、口の中で炸裂するバルベーラ。

OCONE *(Campania)*　オコーネ（カンパーニャ）

Falanghina ファランギーナ 🍷 $$　華麗な芳香を醸し出すファランギーナ。大らかな杏仁、桃、ジャスミンの香りへと姿を変える芳香は、とても愛らしいミネラル感に支えられて、このワインにバランスと調和を与えている。

Aglianico アリアーニコ 🍷 $$　親しみやすいスタイルのアリアーニコ。濃い色のベリー類、スパイス、ミネラル、香草の香りが強調され、後味は魅力的で爽快。

PAITIN *(Piedmont)*　パイティン（ピエモンテ）

Dolcetto d'Alba Sorì Paitin ドルチェット・ダルバ・ソリ・パイティン 🍷 $$　可愛らしく、ミディアムボディのドルチェット。表現力豊かな芳香と魅力的な濃い赤い果実。バルバレスコの名手のひとりが造るワイン。

IL PALAZZINO *(Tuscany)*　イル・パラッツィーノ（トスカーナ）

Chianti Classico Argenina キアンティ・クラシコ・アルジェニーナ 🍷 $$$　このミディアムボディのキアンティは、爽快でフローラルな個性の中に、素晴らしい透明感と明快さをのぞかせている。

PALAZZONE *(Umbria)*　パラッツォーネ（ウンブリア）

Orvieto オルヴィエート 🍷 $　爽やかでミネラル感のあるワイン。ウンブリアで最も有名な白ワインの真髄を、そっくりそのまま写し取ったかのよう。

Grechetto グレケット 🍷 $　さらなる質感の重みと熟成度を、魅力的で大らかなスタイルの中に見せる。多くの称賛者を獲得するはず。

Orvieto Classico Superiore Terre Vineate オルヴィエート・クラシコ・スーペリオーレ・テッレ・ヴィネアーテ ♁ $$　豊潤な質感のこのワインは、重層的な果実味と長くきれいな後味を備える（プロカニコ、グレケット、ヴェルデッロ、マルヴァジア、ドゥルペッジョというすべて固有品種からの選りすぐり。）

PALLADIO *(Tuscany)*　パッラーディオ（トスカーナ）

Chianti キアンティ ♇ $　このトスカーナ産赤ワインには、たっぷりの熟した黒い果実が、親しみやすい気楽な個性とともに詰まっている。

MARCHESI PANCRAZI *(Tuscany)*　マルケージ・パンクラーツィ（トスカーナ）

San Donato サン・ドナート ♇ $$　ピノ・ノワールとガメという異色のブレンド。鮮やかで上品なアロマと風味。

PARUSSO *(Piedmont)*　パルッソ（ピエモンテ）

Langhe Bianco ランゲ・ビアンコ ♁ $$$　豊潤な質感の、大らかなソーヴィニョン。熟した桃、ミント、燻煙香、かすかなオーク樽の香りが溢れる。

Dolcetto d'Alba Piani Noce ドルチェット・ダルバ・ピアーニ・ノーチェ ♇ $$$　フローラルなレッドベリー、燻煙香、土の香りが、まるでブルゴーニュのようなスタイルを持つこのドルチェットに姿を現わす。マルコ・パルッソが造るワインの典型。

PECCHENINO *(Piedmont)*　ペッケニーノ（ピエモンテ）

Dolcetto di Dogliani San Luigi ドルチェット・ディ・ドリアーニ・サン・ルイージ ♇ $$$　愛らしく爽快なこのドルチェットは、品種特有のきれいな果実味と愛すべき全体のバランスを見せる。ドルチェットのトップ生産者のスタイルを知るには、打ってつけの美味なワイン。

PEDERZANA *(Emilia-Romagna)*　ペデルツァーナ（エミリア・ロマーニャ）

ITALY

Lambrusco Grasparossa ランブルスコ・グラスパロッサ ♇♇ $$　爆発的で、果実味が前面に出ているワイン。驚きのスタイルが口の中に流れ込む。エミリア・ロマーニャ産の発泡赤ワイン、ランブルスコの中でも、最高に素晴らしい一本だろう。

PELISSERO *(Piedmont)*　ペリッセーロ（ピエモンテ）

Dolcetto d'Alba Munfrina ドルチェット・ダルバ・ムンフリーナ ♇ $$
活力に溢れ、純粋なドルチェット。黒い果実、スパイス、メントールの香りには、優れた複雑さも。

Dolcetto d'Alba Augenta ドルチェット・ダルバ・アウジェンタ ♇ $$
美しく香り立つ、フルボディのこのドルチェットでは、大らかな果実味が引き締まった構造と結びついている。樽熟成されたアウジェンタは、ワイナリーの造るどのドルチェットよりもクラシック。

Barbera d'Alba Piani バルベーラ・ダルバ・ピアーニ ♇ $$$　フルボディで極めて熟したバルベーラであるピアーニは、色の濃いジャムのような果実味と焦がしたオーク樽の甘い香りの中に、卓越した凝縮感を感じさせ、タンニンは絹のよう。

PERRINI *(Puglia)*　ペッリーニ（プーリア）

Salento サレント ♇ $$　信じられないほど魅力的な赤ワイン。色の濃い野生のチェリー、フランボワーズ、甘い香草、スパイスの香りがいっぱい。（ネグロアマーロとプリミティーヴォ。）

Primitivo プリミティーヴォ ♇ $$$　サレントほどリッチな質感はないにしても、プリミティーヴォには品種の持つ特徴がよく出ている。素晴らしい透明感と精密さを伴う、タバコ、燻煙、甘い香草、野生のチェリーの愛らしい香り。

ELIO PERRONE *(Piedmont)*　エリオ・ペッローネ（ピエモンテ）

Barbera d'Asti Tasmorcan バルベーラ・ダスティ・タスモルカン ♇ $$
このバルベーラは、熟した赤い果実とミネラルのような第1アロマの爆発を伴いながら、文字どおりグラスからはじけ飛ぶ。

Moscato d'Asti Sourgal モスカート・ダスティ・スールガル ♇ Ⓢ ♇ $$
クリーミーな質感のワイン。爽やかな青リンゴ、ミント、花、スパイスなど、品種特有のクラシックな印象の中に、卓越した余韻と精妙さが感

Moscato d'Asti Clarté モスカート・ダスティ・クラルテ 🍷⑤🍷 $$$　ミネラルを凝縮させたようなモスカート。典型的なフローラルな果実味よりも、燻煙香、土、灰が強く表現されている。豊潤でフルボディのスタイル。

Bigaro ビガーロ 🍷⑤🍷 $$$　ロゼの色合いのこのデザート・ワイン（モスカートとブラケット）は、フローラルな赤フランボワーズ、シナモン、花、甘い香草の香りに加え、それ以外のアロマと風味もたっぷり。いつだってお気に入り。

PETILIA *(Campania)*　ペティリア（カンパーニャ）

Greco di Tufo グレコ・ディ・トゥーフォ 🍷 $$　丸みのある果実味を強く感じさせるスタイルのグレコなのに、直線的な推進力もあり、それがこのグレコをこれほど魅力的な白ワインにしている。

Fiano di Avellino フィアーノ・ディ・アヴェッリーノ 🍷 $$　桁外れな優美さと資質を持つワイン。熟した果実味の中にとてつもない豊かさを垣間見せ、さらに燻煙とミントのかすかな香りのために、一層複雑なワインとなっている。

PETRA *(Tuscany)*　ペトラ（トスカーナ）

Zingari ジンガリ 🍷 $　美味で気楽なワイン。愛らしい芳香と魅力的に詰まった濃い赤い果実の核、燻煙香、タール、甘草の香り。（メルロ、シラー、プティ・ヴェールド、サンジョヴェーゼ。）

Ebo エボ 🍷 $$$　野生の香草、土、落ち葉を想わせるエキゾチックなアロマが、熟した黒い果実、甘草、新品の皮革、燻煙、黒胡椒の重層的な香りを導く。（カベルネ・ソーヴィニョン、サンジョヴェーゼ、メルロの大部分を大樽で熟成させ、そのごく一部をフレンチ・オークの小樽で熟成。）

PIAZZANO *(Tuscany)*　ピアッツァーノ（トスカーナ）

Chianti キアンティ 🍷 $　爽快でワインらしいキアンティ。ふくよかな黒い果実、チョコレート、スパイスの香り。

Chianti Rio Camerata キアンティ・リオ・カメラータ 🍷 $$　調和のとれた美しいこのキアンティは、ふくよかで魅力的。甘い黒い果実に富む。

ITALY

PIEROPAN *(Veneto)* ピエロパン(ヴェネト)

Soave Classico ソアーヴェ・クラシコ ♀ $$ この品のある優美なソアーヴェは、熟した桃、燻煙香、土の芳香を放つ。ソアーヴェの名手のひとりが造る、お手本のようなワイン。(ガルガネーガ、トッレビアーノ・ディ・ソアーヴェ。)

PODERE LA MERLINA *(Piedmont)* ポデーリ・ラ・メルリーナ(ピエモンテ)

Gavi di Gavi ガヴィ・ディ・ガヴィ ♀ $$ 香り高い芳香が、抑え気味に表現された優美な果実味を導き出す。透明感と精密さが印象的な、魅力的で柔らかい質感のワイン。

PODERI COLLA *(Piedmont)* ポデーリ・コッラ(ピエモンテ)

Dolcetto d'Alba Pian Balbo ドルチェット・ダルバ・ピアン・バルボ ♥ $$ 繊細で女性的なドルチェットには、可愛らしいレッドベリー、花、メントール、スパイスの香りが。

PODERI SAN LAZZARO *(Marche)* ポデーリ・サン・ラッザーロ(マルケ)

Rosso Piceno Superiore Podere 72 ロッソ・ピチェーノ・スーペリオーレ・ポデーレ 72 ♥ $$$ 果汁が多く大らかな赤ワインには、ふくよかで親しみやすいスタイルに仕立てられた甘い黒い果実がどっさり。(サンジョヴェーゼ、モンテプルチャーノをフレンチ・オークの小樽で熟成。)

POGGIO AL TESORO *(Tuscany)* ポッジョ・アル・テゾーロ(トスカーナ)

Vermentino Solosole ヴェルメンティーノ・ソロソーレ ♀ $$$ 絹のように滑らかで、大らかな白ワイン。表現豊かな香り高い果実味を、バランスと余韻を与える酸が下支えしている。トスカーナ沿岸部のマレンマ産。

POGGIO ARGENTIERA *(Tuscany)* ポッジョ・アルジェンティエー

ラ (トスカーナ)

Morellino di Scansano Bellamarsilia モレッリーノ・ディ・スカンサーノ・ベッラマルシリア 🍷 $$ 活力があって味わい深いワイン。黒い果実、甘草、甘い香草、タバコの香りが豊か。

POGGIO BERTAIO *(Umbria)*　ポッジョ・ベルタイオ（ウンブリア）

Stucchio ストゥッキオ 🍷 $$$ ミディアムからフルボディのこのワインは、洗練された芳香に加えて皮革、土、ダークチェリー、スパイスが大らかに表現されている。（サンジョヴェーゼ100％をフレンチ・オークの小樽で熟成。）

POGGIO SAN POLO *(Tuscany)*　ポッジョ・サン・ポーロ（トスカーナ）

Rubio ルビオ 🍷 $$ 爽快でふくよかなワイン。甘い黒い果実が、温かみのある大らかなスタイルに満ちてくる。
Rosso di Montalcino ロッソ・ディ・モンタルチーノ 🍷 $$$ この繊細でフローラルなサンジョヴェーゼは、小さな赤い果実とスパイスの素敵な香りを届けてくれる。

POGGIONOTTE *(Sicily)*　ポッジョノッテ（シチリア）

Nero d'Avola ネーロ・ダーヴォラ 🍷 $$ この滑らかでスタイリッシュなシチリア産赤ワインは、熟したダークチェリーが優美に表現されていて、また甘い焦がしたオーク樽、タール、甘草の重層的な香りも。美しく、洗練されたネーロ・ダーヴォラ。

POLIZIANO *(Tuscany)*　ポリツィアーノ（トスカーナ）

Rosso di Montepulciano ロッソ・ディ・モンテプルチャーノ 🍷 $$ 心地良く親しみやすいこのトスカーナの赤ワインは、爽快で香り高いアロマと、小粒な赤い果実の繊細な香りを提供する。

PRA *(Veneto)*　プラ（ヴェネト）

ITALY

Soave Classico ソアーヴェ・クラシコ ♀ $ この繊細で女性的なソアーヴェは、青リンゴ、花、スパイスの芳香に溢れ、可愛らしいミネラル感によって支えられている。

Soave Staforte ソアーヴェ・スタフォルテ ♀ $$$ 頻繁に澱をかき立てながら澱と共に6カ月熟成させたことで、ガルガネーガという品種の持つアロマと果実味がより豊潤に凝縮されたワイン。

PRATESI *(Tuscany)* プラテージ（トスカーナ）

Locorosso ロコロッソ ♥ $ この可愛らしくアロマ豊かなワインは、香り高いブラックチェリーの中に愛すべき透明感と爽快感を醸し出す。（カルミニャーノ地区のサンジョヴェーゼ100％をフレンチ・オークの小樽で熟成。）

PRUNOTTO *(Piedmont)* プルノット（ピエモンテ）

Dolcetto d'Alba ドルチェット・ダルバ ♥ $$ 大ぶりでフルボディのドルチェットで、香り高い黒い果実がたっぷり。

Barbera d'Asti Fiulot バルベーラ・ダスティ・フューロー ♥ $$ この愛らしく魅力的なバルベーラは熟した赤い果実を感じさせ、素晴らしい余韻に加えて、アスティのワインの看板となっている鮮やかな酸がある。

Morellino di Scansano モレッリーノ・ディ・スカンサーノ ♥ $$ 果汁に富んだミディアムボディのモレッリーノは、熟した果実味が豊かで、トスカーナのマレンマ地区の持つ温かみとボリューム感をそっと教えてくれる。

QUATTRO MANI *(Abruzzo)* クァトロ・マーニ（アブルッツォ）

Montepulciano d'Abruzzo モンテプルチャーノ・ダブルッツォ ♥ $ 力強く、口の中で広がりを見せるワインで、ダークチェリーと土の香りが豊か。

LE RAGOSE *(Veneto)* レ・ラゴーゼ（ヴェネト）

Valpolicella Classico Superiore Ripasso Le Ragose ヴァルポリチェラ・クラシコ・スーペリオーレ・リパッソ・レ・ラゴーゼ ♥ $$$ ダークチェリー、プラム、製パン用スパイス、燻煙香、土の香りが、ヴェネト

の指導的ワイナリーが造るこの美しく樽熟成したヴァルポリチェッラから漂う。

Valpolicella Classico Superiore Ripasso Le Sassine ヴァルポリチェッラ・クラシコ・スーペリオーレ・リパッソ・レ・サッシーネ 🍷 $$$　繊細で、装飾を省いたヴァルポリチェッラ。可愛らしいレッドチェリー、土、タバコの香りも。

Valpolicella Classico Superiore ヴァルポリチェッラ・クラシコ・スーペリオーレ 🍷 $$$　本当に楽しませてくれるこのヴァルポリチェッラは、洗練されて調和のとれたスタイルの中に、きれいで極めて熟した風味を感じさせる。

FRATELLI REVELLO *(Piedmont)*　フラテッリ・レヴェッロ（ピエモンテ）

Barbera d'Alba バルベーラ・ダルバ 🍷 $$$　ピエモンテのトップ生産者が造る、輝かしいバルベーラ。果汁豊かな赤い果実には、豊かな純粋さと調和が感じられる。

BARONE RICASOLI *(Tuscany)*　バローネ・リカーソリ（トスカーナ）

Chianti Classico キアンティ・クラシコ 🍷 $$　ふくよかで大らかなワイン。柔らかい質感の黒い果実と、気軽で親しみやすいのが特徴。

RIECINE *(Tuscany)*　リエチネ（トスカーナ）

Chianti Classico キアンティ・クラシコ 🍷 $$$　モダンなキアンティ・クラシコで、焦がしたオーク樽が溶け込んだ、色の濃い赤い果実に溢れる。柔らかい質感の、熟したスタイル。

RIETINE *(Tuscany)*　リエティーネ（トスカーナ）

Chianti Classico キアンティ・クラシコ 🍷 $$　重量感があり、モダンなスタイルのこのワインは、甘い黒い果実、焦がしたオーク樽、スパイスが豊か。スタイルはフルボディで、果実味が前面に出ている。

ROAGNA *(Piedmont)*　ロアーニャ（ピエモンテ）

Dolcetto d'Alba ドルチェット・ダルバ ▼ $$ この装飾を省いたドルチェットは、メントール、甘草、スパイスの空気のように精妙な第3アロマ（熟成香）の方を、ドルチェットによく見られる明らかな果実味よりも大切にする。ピエモンテで最も伝統に忠実な造り手による、美味なワイン。

ALBINO ROCCA *(Piedmont)*　アルビーノ・ロッカ（ピエモンテ）

Rosso di Rocca ロッソ・ディ・ロッカ ▼ $$ バルバレスコの第一級の造り手による、魅力的な赤ワイン。ミディアムボディで親しみの持てるスタイルの中に、熟成香とたくさんの熟した果実味が豊かに表現されている。（ネッビオーロ、バルベーラ、カベルネ・ソーヴィニョン。）

Dolcetto d'Alba Vignalunga ドルチェット・ダルバ・ヴィーニャルンガ ▼ $$ 柔らかく、口当たりの優しいワインで、色の濃い赤い果実と魅力的な個性がいっぱい。

Barbera d'Alba Gepin バルベーラ・ダルバ・ジェピン ▼ $$$ 華麗で絹のようなバルベーラ。しっかりと熟した黒い果実の中に、きれいで香り高いアロマが極めてスムースに溶け込んでいる。

GIOVANNI ROSSO *(Piedmont)*　ジョヴァンニ・ロッソ（ピエモンテ）

Dolcetto d'Alba Le Quattro Vigne ドルチェット・ダルバ・レ・クァトロ・ヴィーニェ ▼ $$ 大ぶりでフルボディのドルチェット。ロッソが本拠を置くセッラルンガのワインのスタイルを大いに志向した造りになっている。

SALADINI PILASTRI *(Marche)*　サラディーニ・ピラストリ（マルケ）

Rosso Piceno ロッソ・ピチェーノ ▼ $ 柔らかい質感の赤ワイン。熟した果実味、タバコ、スパイスが波のように口の中に打ち寄せる。

Rosso Piceno Superiore Vigna Piediprato ロッソ・ピチェーノ・スーペリオーレ・ヴィーニャ・ピエディプラート ▼ $ 活力あるダークチェリー、プラム、甘草、タバコ、タールが、深みがあって風味豊かなこのワインから立ち上る。（モンテプルチャーノとサンジョヴェーゼ。）

Rosso Piceno Superiore Vigna Montetinello ロッソ・ピチェーノ・スー

ペリオーレ・ヴィーニャ・モンテティネッロ ▼ $$ 　上記のピエディプラートよりも寡黙なワイン。土、鉄、タバコ、メントール、ダークチェリーの香り。（モンテプルチャーノとサンジョヴェーゼを樽熟成。）

Rosso Piceno Superiore Vigna Montepranodone ロッソ・ピチェーノ・スーペリオーレ・ヴィーニャ・モンテプランドーネ ▼ $$$ 　このワイナリーのロッソ・ピチェーノの中では最も構成がしっかりしているワインのモンテプランドーネは、素晴らしい活力をそのダークチェリー、プラム、スパイス、甘い焦がしたオーク樽の香りの中に醸し出す。（モンテプルチャーノとサンジョヴェーゼをフレンチ・オークの中樽で熟成。）

Rosso Pregio del Conte ロッソ・プレージョ・デル・コンテ ▼ $$ 　甘くオープンな芳香が、極めて熟した色の濃い赤い果実、スパイス、焦がしたオーク樽の柔らかい質感を導き出す。肉感的で、遅摘みのブドウから造られた赤ワイン。（モンテプルチャーノとアリアーニコをフレンチ・オークの小樽で熟成。）

SALCHETO *(Tuscany)* 　サルケート（トスカーナ）

Chianti Colli Senesi キアンティ・コッリ・セネージ ▼ $ 　気楽でフルーティなキアンティで、愛すべきバランスを備える。

Rosso di Montepulciano ロッソ・ディ・モンテプルチャーノ ▼ $$$ 　この大らかな赤ワインは重層的で甘さを感じさせ、黒い果実、スパイス、メントール、土の香りも。

LE SALETTE *(Veneto)* 　レ・サレッテ（ヴェネト）

Valpolicella ヴァルポリチェッラ ▼ $$ 　優しい口当たりで調和に満ちたこのワインでは、甘く魅力的な芳香が、柔らかい質感の熟した赤い果実の核へと変わっていく。すべてが偉大なヴァルポリチェッラのあるべき姿を写している。

SAN FABIANO *(Tuscany)* 　サン・ファビアーノ（トスカーナ）

Chianti Putto キアンティ・プットー ▼ $$ 　爽快で、いかにもワインらしいキアンティ。全体のバランスも良好。

SAN FELICE *(Tuscany)* 　サン・フェリーチェ（トスカーナ）

ITALY

- **Chianti Classico Riserva Il Grigio** キアンティ・クラシコ・リセルヴァ・イル・グリージョ ♛ $$$　ミディアムボディの気楽なキアンティで、ベリー類、花、スパイスがほのかに香り、いつもながらの上質な爽快感と活力を醸し出している。
- **Poggibano** ポッジバーノ ♛ $$$　黒い果実、燻煙香、甘草、タールの中に、素晴らしい余韻と秘めた甘みを感じさせる。（トスカーナのマレンマ地区のメルロとカベルネを、フレンチ・オークの小樽で熟成。）

SAN FRANCESCO (Calabria)　サン・フランチェスコ（カラブリア）

- **Cirò Rosso Classico** チロ・ロッソ・クラシコ ♛ $　固有のガリオッポ種から造られた、実に美味でエキゾチックなワイン。シナモン、お香、レッドチェリー、乾しイチジクの奥に、素晴らしい香りが隠れる。

SAN GIORGIO A LAPI (Tuscany)　サン・ジョルジョ・ア・ラーピ（トスカーナ）

- **Chianti Classico** キアンティ・クラシコ ♛ $$$　この愛らしく中程度の量感を持つキアンティ・クラシコには、魅力的な熟した赤い果実が溢れる。

SAN MICHELE APPIANO (Alto Adige)　サン・ミケーレ・アッピアーノ（アルト・アディジェ）

- **Pinot Bianco** ピノ・ビアンコ ♙ $$　アロマ豊かで爽やかなピノ・ビアンコ。香り高い白桃に、ミネラル感が持続する。
- **Pinot Bianco Schulthauser** ピノ・ビアンコ・シュルトハウザー ♙ $$　より丸みがあって豊潤なスタイルのピノ・ビアンコ。燻煙香、土の重層的な香りが、複雑さを加味している。
- **Pinot Grigio Anger** ピノ・グリージョ・アンガー ♙ $$　丸みがあり、柔らかいスタイルのピノ・グリージョで、素晴らしい明快さと透明感を持つ。
- **Riesling Montiggl** リースリング・モンティッグル ♙ $$$　品種の持つアロマと風味よりも、アルト・アディジェの特徴を表現しているユニークなワイン。時間をかけると、内に秘めた愛すべき甘さと共に、熟した桃、柑橘類、ライムの皮の愛らしい香りがグラスの中に現われる。

LUCIANO SANDRONE (Piedmont)　ルチアーノ・サンドローネ（ピ

エモンテ)

Dolcetto d'Alba ドルチェット・ダルバ 🍷 $$$　表現豊かな芳香と甘い黒い果実の核が、この深い色で凝縮感のあるドルチェットから流れ出る。バローロの伝説的造り手の作。

SANTADI (Sardinia)　サンタディ（サルデーニャ）

Vermentino Villa Solais ヴェルメンティーノ・ヴィッラ・ソライス 🍷 $　愛すべき優美さ、バランス、落ち着きを感じさせるヴェルメンティーノ。美しく表現されたアロマが、絹のように洗練されたタンニンに支えられ、熟した桃の香りを導く。

Vermentino Cala Silente ヴェルメンティーノ・カラ・シレンテ 🍷 $$　熟した果実味の甘やかで重層的な表現を旨とする白ワインで、愛すべきミネラル感に下支えされている。ヴィッラ・ソライスよりもスタイル的にフルボディ。

Carignano del Sulcis Tre Torri カリニャーノ・デル・スルチス・トレ・トッリ 🍷 $　甘い砂糖漬けの果物、香草、ミント、スパイスのエッセンスが溶け込んだ、魅力的なロゼ。風味の強い食べ物に対抗するだけの重量感がある。

Monica di Sardegna Antigua モニカ・ディ・サルデーニャ・アンティグア 🍷 $　洗練された優美な赤ワイン。ダークチェリー、土、燻煙香といった風味が、グラスの中から幾重にも立ち上る。

Carignano del Sulcis Grotta Rossa カリニャーノ・デル・スルチス・グロッタ・ロッサ 🍷 $　大ぶりで果実味が前面に出たワインで、特徴と個性が溢れている。モニカ・ディ・サルデーニャ・アンティグアよりも若干柔らかな質感で滑らかだが、同様にエキサイティング。

PAOLO SARACCO (Piedmont)　パオロ・サラッコ（ピエモンテ）

Moscato d'Asti モスカート・ダスティ 🍷 Ⓢ 🍷 $$　モスカートのお手本のようなこのワインは、ライムの皮、洋梨、青リンゴ、花、ミネラルたっぷりで、そのスタイルは焦点があっていて、信じられないくらい純粋。この地方で最も見事な造り手による、基準点となるモスカート。

Moscato d'Autunno モスカート・ダウトゥンノ 🍷 Ⓢ 🍷 $$　ピエモンテの有名なデザート・ワインの中でも、ユニークで魅力的。大らかなスタイルに造られていて、熟した果実味、燻煙香、土、ミネラルの中に偉大

な質感の豊かさを追求している。

SCACCIADIAVOLI *(Umbria)*　スカッチャディアーヴォリ（ウンブリア）

Montefalco Rosso モンテファルコ・ロッソ　🍷 $$　ウンブリアのモンテファルコ地区が産するこの魅力的な赤ワインは、そのミディアムボディの骨組みの中に、潰した花、レッドチェリー、スパイス、野生の香草の魅力的な香りをたっぷりと感じさせる。（サンジョヴェーゼ、サグランティーノ、メルロ。）

PAOLO SCAVINO *(Piedmont)*　パオロ・スカヴィーノ（ピエモンテ）

Langhe Bianco ランゲ・ビアンコ 🍷 $$$　ソーヴィニョンとシャルドネをブレンドしたユニークなワイン。ソーヴィニョン特有の品種のアロマが混じり合った、ミネラル、セージ、白桃のニュアンスを豊かに感じさせる。

Rosso ロッソ 🍷 $$　ふくよかで果汁感溢れるこのワインは、魅力的なジャムのような赤い果実とスパイスを感じさせ、調和のとれたスタイル。ピエモンテでも常に一流であり続ける造り手による偉大なバリューワイン。（ネッビオーロ、ドルチェット、バルベーラ、カベルネをオークの旧樽で熟成。）

Dolcetto d'Alba ドルチェット・ダルバ 🍷 $$$　大らかでフルボディのワイン。フローラルでスパイスを感じさせる香りが、いかにも果実味が強いスタイルに複雑味を与えている。

SCUBLA *(Friuli Venezia Giulia)*　スクーブラ（フリウリ・ヴェネツィア・ジュリア）

Friulano フリウラーノ 🍷 $$$　ミネラルが前面に出た集中力のある白ワインで、持続力とバランスが素晴らしい。花と香草が溶け込む白桃の香りが、この純粋で豪奢なワインから浮かび上がる

Sauvignon ソーヴィニョン 🍷 $$$　フリウラーノと同じような張りつめたスタイルに仕立てられている。表現力豊かな果実味の織りなす生地に、品種特有のアロマが溶け込む。

FRATELLI SEGHESIO *(Piedmont)*　フラテッリ・セゲーシオ（ピエ

モンテ)

- **Dolcetto d'Alba Vigneto della Chiesa** ドルチェット・ダルバ・ヴィニェート・デッラ・キエーザ ♇ $$　驚くほど大らかなワイン。大きくフルボディのこの赤ワインは、活力あるダークチェリーの香りがグラスからはじけ、極めて熟しているが、バランスが美しくとれたスタイル。
- **Barbera d'Alba** バルベーラ・ダルバ ♇ $$$　豊潤な質感のこのワインは、果実味が際立つスタイルに造られ、ワイナリーにとって名刺代わりのような存在となっている。

SELLA E MOSCA (*Sardinia*)　セッラ・エ・モスカ（サルデーニャ）

- **Vermentino di Sardegna La Cala** ヴェルメンティーノ・ディ・サルデーニャ・ラ・カーラ ♀ $　舞い上がる香り高いアロマと爽やかできれいな果実味を持つ、クラシックなヴェルメンティーノ。
- **Cannonau di Sardegna Riserva** カンノナウ・ディ・サルデーニャ・リセルヴァ ♇ $　スタイル的にはライトからミディアムボディ。果実味をあからさまに表現するよりも、空気のように軽く、香り高いアロマの方を強調している。
- **Carignano del Sulcis Riserva Terre Rare** カンノナウ・デル・スルチス・リセルヴァ・テッレ・ラーレ ♇ $$$　このカリニャーノは、野生の狩猟肉のようなアロマと風味が組み合わさっているのが特徴で、甘い赤い果実が支配的。

SELVAPIANA (*Tuscany*)　セルヴァピアーナ（トスカーナ）

- **Chianti Rufina** キアンティ・ルーフィナ ♇ $$$　素晴らしい精妙さを持つ純粋なキアンティ。ほかに例を見ない複雑さとニュアンスが、ブラックチェリー、皮革、甘草、タール、ミント、スパイスの中に感じられる。すべてを兼ね備えたワインで、最高のヴィンテージのものなら上品に熟成することも可能。

SOTTIMANO (*Piedmont*)　ソッティマーノ（ピエモンテ）

- **Dolcetto d'Alba Bric del Salto** ドルチェット・ダルバ・ブリック・デル・サルト ♇ $$　優美で精妙なこのドルチェットは、バルサムのようなニュアンスがあり、色の濃い赤い果実の核、スパイス、ミネラルに包ま

れている。バルバレスコを造らせたら右に出るものはいない若手が造る、第一級のワイン。

Maté マテ 🍷 S 🍷 $$ イチゴジャム、スパイス、甘口のアマーロ（イタリア産リキュール）に使われる薬草、ピンクペッパーの実などのエキゾチックな香りが、このミディアムボディだが凝縮感のあるワインから立ち上る。若干冷やして供するのが最高で、上質のサラミとプロシュットに合わせると理想的（ブラケット。）

Langhe Nebbiolo ランゲ・ネッビオーロ 🍷 $$$ バルバレスコを造る多くの造り手たちにとって、ランニングコストを提供してくれるワイン。レッドチェリー、花、スパイスの香りは、このランゲ・ネッビオーロの中に典型的に見られる風味のほんの一部分。

LA SPINETTA (Piedmont) ラ・スピネッタ（ピエモンテ）

Moscato d'Asti Bricco Quaglia モスカート・ダスティ・ブリック・クァリア 🍷 S 🍷 $$ 香り高い果実味と大らかで魅力的な個性を持つ、表現豊かなワイン。ピエモンテ屈指の造り手により、確実に卓越したワインになっている。

LA SPINETTA (Tuscany) ラ・スピネッタ（トスカーナ）

Il Nero di Casanova イル・ネーロ・ディ・カサノーヴァ 🍷 $$$ このミディアムからフルボディの赤ワインは、黒い果実たっぷりの魅力的で大らかな個性を持つ。

SPORTOLETTI (Umbria) スポルトレッティ（ウンブリア）

Assisi Rosso アッシージ・ロッソ 🍷 $$ この魅力的なワインは、スパイス、タバコ、甘い焦がしたオーク樽の香りの溶け込んだ、魅力的で鮮やかな赤い果実を醸し出す。（サンジョヴェーゼ、メルロ、カベルネ・ソーヴィニョン。）

STELLA (Abruzzo) ステッラ（アブルッツォ）

Trebbiano d'Abruzzo トレッビアーノ・ダブルッツォ 🍷 $ 白桃、花、土の香りすべてが、この小ぶりだが味わい深いトレッビアーノから伝わってくる。

Montepulciano d'Abruzzo モンテプルチャーノ・ダブルッツォ 🍷 $ プラムを感じさせる調和のとれたこのワインは、燻煙、タール、灰、ダークチェリーの魅力的な香りを醸し、余韻とバランスも良好。

SUAVIA *(Veneto)*　スアヴィア（ヴェネト）

Soave Classico ソアーヴェ・クラシコ 🍷 $$ 大らかでフルボディのスタイルのソアーヴェ。熟した黄色い果実、燻煙香、土、ミネラルの中に、複雑さとこの丘陵地の畑の特徴を醸し出している。

TAMELLINI *(Veneto)*　タメッリーニ（ヴェネト）

Soave ソアーヴェ 🍷 $$ 優美で豊潤な果実味に恵まれた華麗なワイン。空気に触れると土、燻煙香が立ち上る。張りつめ、焦点の合ったソアーヴェの幅広い個性が現われるにつれ、より一層の複雑さが加えられていく。

Soave Classico Le Bine de Costiola ソアーヴェ・クラシコ・レ・ビーネ・デ・コスティオーラ 🍷 $$$ ミディアムからフルボディで、柔らかい質感のソアーヴェ。かすかなフレンチ・オークの香りを背後に感じさせながら、熟した砂糖漬けのアンズの核と花の香りが姿を現わす。（樹齢35年の古木のガルガネーガ100％。）

TASCA D'ALMERITA *(Sicily)*　タスカ・ダルメリータ（シチリア）

Regaleali Bianco レガレアーリ・ビアンコ 🍷 $ 柔らかい質感の大らかな白ワイン。ジャスミン、白桃、甘いスパイスの素敵な香り。（インソリア、カタラット、グレカニコ。）

Leone レオーネ 🍷 $$ カタラットとシャルドネをフレンチ・オークの小樽で熟成。カタラットがこのワインに芳香を与える一方、シャルドネはその果実味に一層の肉付きを与える。

Nozze d'Oro ノッツェ・ドーロ 🍷 $$$ インソリアとソーヴィニヨンのブレンドは、フローラルでアロマ高く、柔らかな蜂蜜を感じさせる果実味の中にリッチな質感が感じられる。

Nero d'Avola Regaleali ネーロ・ダーヴォラ・レガレアーリ 🍷 $$ 温かみ溢れるこの赤ワインは、黒い果実、香草、土の中に魅力的なふくよかさを醸し出す。果汁が多く、優れたスタイルを感じさせる。

Nero d'Avola Lamuri ネーロ・ダーヴォラ・ラムーリ 🍷 $$$ 絹のよう

な質感の赤ワインで、赤い果実、花、スパイス、焦がしたオーク樽といったまるでピノのような表現を持つ。果実味がとりわけ高く香るワインだが、その一方で精妙なタンニンが桁外れに上品な果実味を支えている。

TENIMENTI ANGELINI *(Tuscany)* テニメンティ・アンジェリーニ（トスカーナ）

Vino Nobile di Montepulciano Tre Rose ヴィーノ・ノービレ・ディ・モンテプルチャーノ・トレ・ローゼ 🍷 $$$　上手に表現された濃い色の赤い果実の核に、爽快で香り高い芳香が溶け込んでいく。このミディアムボディのヴィーノ・ノービレは、卓越した余韻と複雑さを見せる。

TENUTA BELGUARDO *(Tuscany)* テヌータ・ベルグァルド（トスカーナ）

Serrata セッラータ 🍷 $$　ふくよかで果汁の多いこのワインは、甘い焦がしたオーク樽が溶け込んだ、濃い色の赤い果実を豊かに感じさせる。（サンジョヴェーゼとアリカンテをフレンチ・オークの小樽で熟成。）

TENUTA DI CAPEZZANA *(Tuscany)* テヌータ・ディ・カペッツァーナ（トスカーナ）

Sangiovese サンジョヴェーゼ 🍷 $　黒い果実がはじける、楽しく果汁豊かなワイン。
Barco Reale di Carmignano バルコ・レアーレ・ディ・カルミニャーノ 🍷 $$　熟した黒い果実、土、ミネラルの香り豊かな素敵なワイン。スタイルはミディアムボディ。（サンジョヴェーゼ中心に、カベルネ、カナイオーロ。）

TENUTA DI GHIZZANO *(Tuscany)* テヌータ・ディ・ギッザーノ（トスカーナ）

Il Ghizzano イル・ギッザーノ 🍷 $$　この味わい深い赤ワインは、ふくよかな黒い果実の核、新品の皮革、スパイスの香りがあり、魅力的。（サンジョヴェーゼとメルロ。）

TENUTA LE QUERCE *(Basilicata)* テヌータ・レ・クェルチェ（バジ

イタリア

リカータ)

Aglianico del Vulture Il Viola アリアーニコ・デル・ヴルトゥレ・イル・ヴィオラ 🍷 $$ ミディアムボディのこのワインは、ダークチェリー、野生の香草、メントールの中に、このユニークな品種の野生の部分を写し出している。素晴らしい持続力に、長くきれいな後味。

TENUTA RAPITALÀ *(Sicily)* テヌータ・ラピタラ(シチリア)

Nero d'Avola Campo Reale ネーロ・ダーヴォラ・カンポ・レアーレ 🍷 $ 爽快でワインらしいワイン。香り高く、甘い赤い果実と絹の質感を持つ開放的な個性がはじける。

Nadir ナディール 🍷 $$ 大らかで深い風味のシラー。ダークチェリー、下草、甘草、土、香草、甘い焦がしたオーク樽の香りが豊か。

Nuhar ヌハール 🍷 $$ ワインがその繊細で落ち着きのある個性を表わすほどに、香り高いアロマが、砂糖漬けのように甘い果実の核の香りを導き出していく。(ネーロ・ダーヴォラとピノ・ノワール。)

TENUTA SAN GUIDO *(Tuscany)* テヌータ・サン・グィド(トスカーナ)

Le Difese レ・ディフェーゼ 🍷 $$$ ふくよかで果汁に富むワインで、豊富な甘い黒い果実、燻煙香、下草のニュアンスに恵まれている。トスカーナ屈指のワイナリーの作。

TENUTA STATTI *(Calabria)* テヌータ・スタッティ(カラブリア)

Gaglioppo ガリオッポ 🍷 $$ 美しく優美なこのワインは、極めて熟したダークチェリーと、南部のワインとしては並はずれた澄んだ透明感がグラスからはじける。

Arvino アルヴィーノ 🍷 $$$ ミント、カシス、スパイス、甘い黒い果実が、プラムを感じさせるこの落ち着いた赤ワインから立ち上る。(ガリオッポとカベルネ・ソーヴィニョンをフレンチ・オークの小樽で熟成。)

TENUTA DI TAVIGNANO *(Marche)* テヌータ・ディ・タヴィニャーノ(マルケ)

ITALY

Verdicchio dei Castelli di Jesi Misco ヴェルディッキオ・デイ・カステッリ・ディ・イエージ・ミスコ ♀ $ このヴェルディッキオは、香り高い桃、アンズ、ミントの中に、華麗な質感の豊かさを醸し出している。熟度と優美さのあいだの愛すべきバランスが印象的。卓越して純粋で、長くきれいな後味。

Verdicchio dei Castelli di Jesi Classico Superioro Misco Riserva ヴェルディッキオ・デイ・カステッリ・ディ・イエージ・クラシコ・スーペリオル・ミスコ・リセルヴァ ♀ $$ 開放的でフルボディのヴェルディッキオ。甘いアンズ、ミント、蜂蜜がたっぷりで、ミスコよりも凝縮感がある

TERRE DEI RE *(Basilicata)* テッレ・デイ・レ（バジリカータ）

Aglianico del Vulture Vultur アリアーニコ・デル・ヴルトゥレ・ヴルトゥール ♛ $$$ ヴルトゥレ地区の大きく筋骨たくましいこのアリアーニコは、大らかで果実味の強いスタイルに仕立てられている。バジリカータ産アリアーニコの素晴らしい一例。

TENUTA DELLE TERRE NERE *(Sicily)* テヌータ・デッレ・テッレ・ネーレ（シチリア）

Etna Bianco エトナ・ビアンコ ♀ $$ エトナ・ビアンコは熟したスタイルに仕立てられ、燻煙と土の香りが、時間と共にグラスの中に浮かび上がる。（カッリカンテ、カタラット、グレカニコ、インソリアなど、すべて土着品種。）

Etna Rosso エトナ・ロッソ ♛ $$ 中程度の量感を持つ、とても素敵な力作で、タバコ、土、ブラックチェリーの魅力的な香りに、親しみの持てる個性。（ほとんどがワイナリーで一番若い木のネレッロ・マスカレーゼから。）

TERREDORA *(Campania)* テッレドーラ（カンパーニャ）

Falanghina ファランギーナ ♀ $$ かなりフルボディに造られたファランギーナ。豊潤で、まるでトロピカルフルーツのような香り高いアロマによって飾られている。スタイルは外向的。

Greco di Tufo Loggia della Serra グレコ・ディ・トゥーフォ・ロッジャ・デッラ・セッラ ♀ $$$ 潑剌としたレーザー光線のようなワイン。グ

レープフルーツ、メロン、ミント、ミネラルが溶け込み、通常クラスのワインよりも複雑。

Aglianico アリアーニコ ▼ $$　柔らかな質感で、大らかな赤ワイン。素晴らしい調和を持ってグラスから流れ出る。

Lacryma Christi del Vesuvio Rosso ラクリマ・クリスティ・デル・ヴェズーヴィオ・ロッソ ▼ $$$　ピエディロッソ種から造られたこの美味な赤ワインは、アリアーニコよりも若干角があるようだが、色の濃い赤い果実、甘草、ミネラルが豊かで、これはこれで美味。

TIEFENBRUNNER *(Alto Adige)* ティーフェンブルナー（アルト・アディジェ）

Pinot Bianco ピノ・ビアンコ ▽ $　このピノ・ビアンコは、華麗な質感の豊潤さに加え、重層的な燻煙と土の香りが浮かび上がり、それがより一層の複雑さとニュアンスを与えている。

TORMARESCA *(Puglia)* トルマレスカ（プーリア）

Primitivo Torcicoda プリミティーヴォ・トルチコーダ ▼ $$$　大ぶりでジャムのようなワイン。香草、タバコ、皮革、甘草、焦がしたオーク樽の愛すべきニュアンスがあり、ワインの持つ黒い果実と競い合っている。

TORRE QUARTO *(Puglia)* トッレ・クァルト（プーリア）

Negroamaro Sangue Blu ネグロアマーロ・サングェ・ブルー ▼ $$　スパイス、野生の香草、タバコ、乾燥させたチェリー、プラムすべてが、この美味な赤ワインに顔を出している。

Uva di Troia Bottaccia ウーヴァ・ディ・トロイア・ボッタッチャ ▼ $$　この素敵なワインは、野生のチェリー、タバコ、香草、甘い焦がしたオーク樽の香りが豊か。次のプリミティーヴォ・タラブーゾよりも引き締まり、若干爽快なスタイル。

Primitivo Tarabuso プリミティーヴォ・タラブーゾ ▼ $$　ウーヴァ・ディ・トロイア・ボッタッチャよりも色濃く豊潤な個性を見せ、燻煙、甘草、香草のアロマが、完熟感に富む大らかな果実味を引き立てている。卓越した凝縮感と深みも。

ITALY

TOSCOLO *(Tuscany)* トスコロ（トスカーナ）

- **Chianti** キアンティ 🍷 $ このキアンティは、ふくよかで果実味が強いスタイルの中に、素晴らしい爽快感と快活さを醸し出している。いつものことながら、このクラスの中では出来すぎのワイン。
- **Chianti Classico** キアンティ・クラシコ 🍷 $$$ 愛らしく親しみやすいワインで、フローラルな赤い果実、燻煙、甘草の香りも。

TRABUCCHI *(Veneto)* トラブッキ（ヴェネト）

- **Valpolicella Superiore Terre del Cereolo** ヴァルポリチェッラ・スーペリオーレ・テッレ・デル・チェレオーロ 🍷 $$ 深い色合いのワインで、ブラックチェリー、野生の香草、土、タバコの香りが豊か。堂々とした、極めて凝縮感溢れるスタイルに仕立てられている。

TRAMIN *(Alto Adige)* トラミン（アルト・アディジェ）

- **Pinot Grigio** ピノ・グリージョ 🍷 $ きれいで洗練されたアロマと風味を持つ、美味な白ワイン。
- **Pinot Bianco** ピノ・ビアンコ 🍷 $ フローラルな香り、ミント、白桃すべてが、この味わい深く張りつめた白ワインに溶け込んでいる。ピノ・グリージョよりも若干太り型のスタイル。
- **Sauvignon** ソーヴィニョン 🍷 $$ ミント、トマトの葉、桃など品種特有の表現が、この美味な白ワインから現われる。アルト・アディジェのソーヴィニョンのお手本となるワイン。
- **Gewürztraminer** ゲヴュルツトラミネール 🍷 $$$ パッションフルーツ、スパイス、花というようなエキゾチックな香りがあり、きれいで集中している。初めてゲヴュルツトラミネールが発見された、テルメーノの畑のブドウから造られている。

TRAPPOLINI *(Umbria)* トラッポリーニ（ウンブリア）

- **Orvieto** オルヴィエート 🍷 $ 美味なウンブリア産白ワイン。メロン、ジャスミン、ミネラルの可愛らしい香りが、このレベルには珍しい素晴らしい精妙さを与えている。

TUA RITA *(Tuscany)* トゥア・リータ（トスカーナ）

Rosso dei Notri ロッソ・デイ・ノートリ ♟ $$$　大きく線の太いワイン。極めて熟した黒い果実、甘いスパイス、皮革、チョコレートの香り豊かで、そのため凝縮した豊潤な質感のスタイルとなっている。トスカーナの最も完成した造り手による、美味なエントリー・レベルのワイン。

G.D. VAJRA *(Piedmont)*　G.D. ヴァイラ（ピエモンテ）

Dolcetto d'Alba ドルチェット・ダルバ♟ $$　このドルチェットは、その黒い果実の中に驚異の豊潤さを持ち、そのほかにもミネラルとバルサムのようなニュアンスがあり、複雑さを加味している。ピエモンテ屈指の造り手による、力強く本格派のドルチェット。

Dolcetto d'Alba Coste & Fossati ドルチェット・ダルバ・コステ・エ・フォッサーティ ♟ $$$　信じられないくらい純粋で、フルボディのドルチェット。果実味も豊かで、卓越した透明感と魅力的な全体のバランスを醸し出している。

Langhe Nebbiolo ランゲ・ネッビオーロ ♟ $$$　この上品で躍動感のあるネッビオーロは、素晴らしく精妙な果実味と構成のバランスのあいだを綱渡りしているかのよう。高いレベルでまとまりを見せる、懐の寂しい人のためのバローロ。

VALDIPIATTA *(Tuscany)*　ヴァルディピアッタ（トスカーナ）

Rosso di Montepulciano ロッソ・ディ・モンテプルチャーノ ♟ $$　香り高く、親しみやすい赤ワインは、ダークチェリーの香りとミディアムボディを特徴とする。（サンジョヴェーゼ、カナイオーロ、マンモーロ。）

LA VALENTINA *(Abruzzo)*　ラ・ヴァレンティーナ（アブルッツォ）

Montepulciano d'Abruzzo モンテプルチャーノ・ダブルッツォ ♟ $　そのふくよかで果汁豊かなスタイルの中に、甘く熟した果実味を豊かに感じさせるモンテプルチャーノ。きわめて美味。

Montepulciano d'Abruzzo Spelt モンテプルチャーノ・ダブルッツォ・スペルト ♟ $$$　大きく、フルボディのワイン。フローラル、スパイスの利いたアロマが、甘い焦がしたオーク樽が混じり合うフランボワーズの芯のような香りを導いていく。

ITALY

VALLE REALE *(Abruzzo)* ヴァッレ・レアーレ（アブルッツォ）

Trebbiano d'Abruzzo Vigne Nuove トッレビアーノ・ダブルッツォ・ヴィーニェ・ヌォーヴェ ♀ $ このトッレビアーノは、深く重なった果実味の中に驚異の凝縮感を見せ、表現豊かな芳香と卓越したエネルギーも備える。

Cerasuolo Vigne Nuove チェラスォーロ・ヴィーニェ・ヌォーヴェ ♀ $ 一貫してイタリアで最も素晴らしいロゼのひとつ。

Montepulciano d'Abruzzo Vigne Nuove モンテプルチャーノ・ダブルッツォ・ヴィーニェ・ヌォーヴェ ♥ $ 爽快でワインらしく、プラムのような黒い果実が詰まったワイン。素晴らしいバランスとスタイルの豊かさを提供してくれる。

Montepulciano d'Abruzzo モンテプルチャーノ・ダブルッツォ ♥ $$ 12カ月間をフレンチ・オークの小樽で過ごした、より本格的なモンテプルチャーノ。ダークチェリー、甘草、燻煙香、焦がしたオーク樽の中に、愛すべき深みを見せる。優美で調和のとれたスタイル。

VAONA *(Veneto)* ヴァオナ（ヴェネト）

Valpolicella Classico ヴァルポリチェッラ・クラシコ ♥ $$ ほどよい量感のスタイルに造られたこの上品なワインは、その甘いレッドチェリー、土、野生の香草の香りの中に、卓越した透明感と正確さを醸し出す。稀な優美さと精妙さを持つ、小ぶりのヴァルポリチェッラ。

VELENOSI *(Marche)* ヴェレノージ（マルケ）

Pecorino Villa Angela ペコリーノ・ヴィッラ・アンジェラ ♀ $$ 大きく、フルボディの白ワイン。熟した蜂蜜風味の果物、炒ったナッツ、ミントの芳香が漂う。愛すべき表現豊かなこのペコリーノは、新たに再発見されたこの品種のお手本となる美しいワイン。

I VERONI *(Tuscany)* イ・ヴェローニ（トスカーナ）

Chianti Rufina キアンティ・ルーフィナ ♥ $$ このミディアムボディのキアンティは、みずみずしく表現された色濃く赤い果実に、下草、甘草、タールのニュアンスが加わり、それらが後味まで続いていく。トスカーナの冷涼な微気候が生む、桁外れに大らかなワイン。

VESEVO *(Campania)*　ヴェゼーヴォ（カンパーニャ）

Sannio Falanghina サンニオ・ファランギーナ 🍷 $$　トロピカルフルーツの素敵な香りがするワイン。柔らかく、気楽な個性がある。

Fiano di Avellino フィアーノ・ディ・アヴェッリーノ 🍷 $$$　甘く重層的な果実味を、土とミネラル感が高めている。豊潤で大らかなフィアーノ・ディ・アヴェッリーノ。

Aglianico Beneventano アリアーニコ・ベネヴェンターノ 🍷 $$　爽快で香り高いワインで、黒い果実と甘い焦がしたオーク樽の香りがはじけんばかり。最初から最後まで続く、華麗な甘みを内に持つ。

VIETTI *(Piedmont)*　ヴィエッティ（ピエモンテ）

Barbera d'Alba Tre Vigne バルベーラ・ダルバ・トレ・ヴィーニェ 🍷 $$$　このバルベーラは、極めて熟した黒い果実、皮革、スパイス、燻煙、土の重層的な香りを醸し出し、加えて驚異的な質感の深みと豊潤さも。柔らかく、丸みのあるスタイルに仕立てられた、典型的なアルバのワイン。

Barbera d'Asti Tre Vigne バルベーラ・ダスティ・トレ・ヴィーニェ 🍷 $$　アルバ産の兄弟ワインに比べても少々引き締まっているこのバルベーラは、甘い黒い果実の中に素晴らしい複雑さを見せ、持続的なミネラル感は、このワインに余韻ときれいで爽快な後味を与えている。

Langhe Nebbiolo Perbacco ランゲ・ネッビオーロ・ペルバッコ 🍷 $$$　この並はずれたワインは、表現豊かなアロマと愛すべき香り高い熟した果実の核を、ミディアムボディの骨格の中に醸し出す。バローロ用の畑のブドウで造られたワインで、兄貴分の特徴すべてを持つが、そのミニチュア版といったところ。

VILLA CARAFA *(Campania)*　ヴィッラ・カラーファ（カンパーニャ）

Aglianico Sannio アリアーニコ・サンニオ 🍷 $$　アリアーニコ・サンニオは大ぶりで色濃く、寡黙なワイン。黒い果実、甘草、焦がしたオーク樽の香り豊かで、素晴らしい個性を持っていることは言うに及ばず。

VILLA MALACARI *(Marche)*　ヴィッラ・マラカーリ（マルケ）

Rosso Conero ロッソ・コーネロ 🍷 $$ この温かみのある素朴な赤ワインは、ダークチェリー、スパイス、香草、甘草、下草の香りが豊か。（モンテプルチャーノ種を樽熟成。）

VILLA MATILDE *(Campania)* ヴィラ・マティルデ（カンパーニャ）

Falanghina ファランギーナ 🍷 $$$ 愛らしく、ミディアムボディのワインで、香り高い熟した果実味で飾られている。

Falerno del Massico Bianco ファレルノ・デル・マッシコ・ビアンコ 🍷 $$$ 目を見張るほど華麗なこのカンパーニャ産白ワインは、スパイス、ミネラル、アカシアのニュアンスの溶け込む、重層的に表現された蜂蜜風味の桃と洋梨を感じさせる。ファレルノ・デル・マッシコは、数千年の歴史を遡るファランギーナの古いクローンから造られている。

Aglianico アリアーニコ 🍷 $$$ この華麗なアリアーニコは、熟した黒い果実、スパイス、甘い焦がしたオーク樽が溢れている。

VILLA MEDORO *(Abruzzo)* ヴィラ・メドーロ（アブルッツォ）

Chimera キメーラ 🍷 $$$ 溌剌としたフルボディの白ワインで、可愛らしいトロピカルフルーツの核、ジャスミン、フレンチ・オークの小樽の香りを感じさせる。（トッレビアーノ・ダブルッツォとファランギーナ。）

Montepulciano d'Abruzzo モンテプルチャーノ・ダブルッツォ 🍷 $ プラムのような黒い果実の中に、率直な魅力をたっぷりと醸し出す赤ワイン。口腔には素晴らしい余韻、全体のバランスも良好。

Montepulciano d'Abruzzo Rosso del Duca モンテプルチャーノ・ダブルッツォ・ロッソ・デル・ドゥーカ 🍷 $$$ ロッソ・デル・ドゥーカは、焦がしたオーク樽のニュアンスが溶け込んだ、魅力的な甘い黒い果実を感じさせる。スタイルはオープンで大らか。

VINI BIONDI *(Sicily)* ヴィーニ・ビオンディ（シチリア）

Gurna Bianco グルナ・ビアンコ 🍷 $$ このミディアムボディのワインは、卓越した複雑さを見せ、白桃、土、花、燻煙、ミネラル、アカシアの香りが表現されている。そしてそのすべてがまるで繊細な生地のように織り込まれている。（カッリカンテ、カタラット、ミネッラ、マルヴ

ァジア、ムスカテッロ・デッレートナ。)
- **Outis** オウティス 🍷 $$ 絹のような、柔らかい質感のワイン。鮮やかな赤い果実の核の素敵な香り。
- **Gurna Rosso** グルナ・ロッソ 🍷 $$$ グルナ・ロッソは、黒い果実の核を感じさせ、かすかな燻煙、土、スパイス、皮革、甘草の香りも。それらが構成を形作る骨組みから徐々に姿を現わす。

VINOSIA *(Puglia)* ヴィノシア（プーリア）

- **Essenza di Primitivo** エッセンツァ・ディ・プリミティーヴォ 🍷 $ 大らかで極めて熟した果実味がフルボディのスタイルに詰まっている、美味なワイン。

ZARDETTO *(Veneto)* ザルデット（ヴェネト）

- **Prosecco Brut** プロセッコ・ブリュット 🥂🥂 $$ 魅力的で豊かなアロマと風味が、グラスの中ではじけるプロセッコ。
- **Prosecco Zeta** プロセッコ・ゼータ 🥂🥂 $$$ ワイナリーの最高のブドウから造られたプロセッコ・ゼータは、一段上のレベルの量感と深みを与えてくれる。クリーミーな質感に、かすかな残糖。

ZENATO *(Veneto)* ゼナート（ヴェネト）

- **Lugana San Benedetto** ルガーナ・サン・ベネデット 🍷 $ ルガーナは、熟した桃、ミント、セージの繊細な香りを表現し、愛すべきバランスと落ち着きがある。土着品種のトッレビアーノ・ディ・ルガーナは、このワインが造られるガルダ湖畔では、とりわけアロマ豊かなワインとなる。
- **Valpolicella Classico Superiore** ヴァルポリチェッラ・クラシコ・スーペリオーレ 🍷 $ 色濃く寡黙なワインで、個性がいっぱい。燻煙、土、狩猟肉、ダークチェリーの豊かな香りが、この温かみのあるクラシックなスタイルのヴァルポリチェッラから立ち上り、この地方のワイン入門のための偉大なワインともなっている。

ニュージーランドのバリューワイン

(担当　ニール・マーティン)

　ニュージーランドは、ワイン市場では新しく引越してきた噂の子というような扱いで、1990年代初めに産業としての足場を築き、その遅れをとりもどすかのように急速に成長していった。特にソーヴィニヨン・ブランは、どこでも造られているありふれたシャルドネに代わって、コストパフォーンマンスの良い品種として注目を集めた。英国では、酸味の利いたグーズベリーの風味をもつこのワインを、競って飲むようになり、「猫のオシッコ」という言い方でさえ、その魅力のひとつとして受け入れられた。ニュージーランドは、クラウディ・ベイのラベルが象徴するような汚されていない美しい田園が広がる楽園という巧みなイメージ戦略によるマーケティングのおかげで、ほとんど何もなかったところから、今ではブドウ栽培面積は6万2000エーカーにもなっている。

　米国では、ソーヴィニヨン・ブランは、英国同様、消費者にもっとも好まれる品種となり、1本当たり14～18ドルで流通している。ソーヴィニヨン・ブランの青臭さと未完熟さを批判する向きも多かったが、そのような批判に対応する一方、ニュージーランドは、別の高級品種、ブルゴーニュと同義語でもあるピノ・ノワールに活路を求めた。マーティンボローやセントラル・オタゴのピノ・ノワールは、質が不ぞろいで複雑なコート・ドールにうんざりしていたピノ・ノワール愛好家にとって新鮮で安価な選択肢を提供し、歓迎された。この10年間、小さなワイナリーが雨後の筍（たけのこ）のように生まれ、ピノ・ノワールに適したテロワールを持つ土地を掘り起こしていった。このようなニュージーランドのピノ・ノワールは驚異的な成功を収めている。うまく行き過ぎて、この本が目的にしている1本25ドル以下のお値打ちワインという範疇を超えた値付けのワインが多い。

　多くのブルゴーニュに比べ、ニュージーランドのピノ・ノワールはまだお買い得だということを考えると、これは残念なことだ。ブドウの樹齢が高くなると、ワインの質もそれに比例して良くなる。過去6年間、ニュージーランドの生産者は、USドルが弱くなるのにつれてワインの価格が上がらないようにUSマーケットでの価格を抑えてきた。為替は変動するし、経済環境が需要に影響を与えるが、現在のドル高で価格は下がるかもしれないとはいえ、それも現在の不景気がいかに需要に影響を与えるかによるだろう。量を追求するブランドが多すぎて評判を落としたオーストラリア

の失敗から学び、質の追求に努めた生産者にとっては残念なことだが、現在の流行は、リースリング、ゲヴュルツトラミネール、そして今いちばん人気のピノ・グリなどのアロマティック品種だ。実際、ソーヴィニヨン・ブラン、そして最近のピノ・グリの成功で、生産者は経済的な基盤を得て、さらに新たな費用対効果の高い品種の開発ができるのだ。ワインメーカー達が金を産む牛を近い将来手放すとは思えない。

そうは言うものの、ニュージーランドの生産者が単に1種類か2種類のワイン・スタイルに頼っていると誤解されたくない。その反対で、ニュージーランドは、ワインの可能性への模索が始まったばかりで、多種のワインを生産する、信じられないほどダイナミックな国である。草の香りの強いソーヴィニヨン・ブランから、蜂蜜を添加した甘いワインまで、価格競争力のあるワインを造る国である。

飲み頃

ニュージーランドの白ワインのほとんどは、すぐ飲むように造られている。ことに、ソーヴィニヨン・ブランとピノ・グリから造ったワインはそうである。ただ、最上の生産者が作った寒冷気候下のシャルドネとリースリングは5～6年はもつ。同じように、ニュージーランドの赤ワインの多くは1～2年のうちに飲まなければならない。といっても、セントラル・オタゴ生まれの最上のピノ・ノワール——多分、マーティンボローかカンタベリーのものだろうが——は、5～6年までは素晴らしく熟成・成長する。場合によってはもう少し長くてもいい。ボルドー風のブレンドものの赤は買ってから3～4年のうちに飲まなければならないが、ホークス・ベイのジムブレット・グラーヴェルのような優れた地区の最上のものは10年から12年はもつだろう。最上のシラーは、セラーに1～2年寝かせると良いが、6～8年はもつ。ニュージーランドはこのように若くて、ダイナミックなワインを生産する国だが、年代物を確実に薦めること出来るような年代物ワインの追跡記録というものがごく僅かしか作られていない。この国のワインのほとんどがスクリューキャップで瓶詰めされているにもかかわらず、こうしたワインを長い年月寝かせた場合、どのようになるかということが、まだ、国中のレベルできちんと評価されているわけではない。

生産地

ニュージーランドは、基本的にはふたつの島からできている。ノースランド、オークランド、ギスボーン、ホークス・ベイ、そしてワイラパパ

（マーティンボローを含む）がある「北島」と、ネルソン、マルボロー、カンタベリー／ワイパラ、そして最南端のセントラル・オタゴのある「南島」だ。ここでは、各地域を北から南に要約していくが、ノースランドは、重要性が低いのでここでは割愛する。

AUCKLAND オークランド

ニュージーランドのブドウ畑の３％が、ニュージーランドの主要国際都市、オークランドの周辺に存在する。ブドウ畑での技術の向上に合わせ、ワイヘケ島、クレヴェドン、そしてマタカナなどのサブ・リージョンでは、そのワインの質が、ボルドー・ブレンドタイプの高級ワインも含めて向上した。

ロケーション：北島にはオークランドの北西にクミュー、フュアパイその西にヘンダーソン；オークランドの北、東海岸にマタカナ；ワイヘケ島はオークランドの東15キロ。
ブドウ栽培面積：1,317エーカー
サブ・リージョン：マタカナ、ワイヘケ島、クレヴェドン
平均年間生産量：1,241トン
主要品種：シャルドネ、ボルドー品種
主要土壌：クミュー地区は重たい小石交じりの沖積層の粘土質土壌。ワイヘケ島は火山灰が多い「ストーニー・バター・クレイ（石が多いバターのような粘土質）ローム」があり、急斜面では素晴らしいワインができる。

GISBORNE ギズボーン

東海岸にあり、フィロキセラの被害が大きかった地区。フィロキセラが流行したおかげで、多くのミューラー・テュルガウがシャルドネに取って代わられ、トロピカル・スタイルのシャルドネが生産されている。その後、ゲヴュルツトラミネールも植えられている。

ロケーション：北島の東部海岸
ブドウ栽培面積：5,268エーカー
サブ・リージョン：オーモンド、セントラル・ヴァレー、ワイパオア、ゴールデン・スロープ、パチュタヒ、リヴァーポイント、マニュチュケ
平均年間生産量：26,034トン
主要品種：シャルドネ（多くが発酵ワイン生産に使用される）
主要土壌：肥沃な沖積粘土質土壌／ロームおよびシルト・ローム

HAWKE'S BAY ホークス・ベイ

　ホークス・ベイは、ニュージーランド最大の赤ワイン産地で、42％が赤ワイン品種である。ホークス・ベイでは多種多様のワインが造られるが、それは土壌とメゾ・クライメット（中地域特有気象）が複雑にモザイク状に入り組んでいると同時に、地形——肥沃な広大な平地から、「ギムレット・グラヴェルズ」で代表される高品質ブドウを造る水はけのよい小石交じりの土壌まで——に恵まれているためだ。芳醇なプラム風味が豊かなメルロの多くは、この地域で造られる。冷涼な気候からは、カベルネをベースにしたボルドー・ブレンドにかすかな青っぽさを与えることもある。ソーヴィニヨン・ブランは、マルボロ地区に比べるとはじけるような香りが弱く、酸も低めである。

ロケーション：北島の東部海岸
ブドウ栽培面積：11,525エーカー
サブ・リージョン：エスク・ヴァレー、ギムレット・グラヴェルズ、マンガタヒ、ロイズ・ヒル、ダートモア・ヴァレー、ミーアネー、ワカト、テ・アワンガ
平均年間生産量：41,963トン
主要品種：シャルドネ、ボルドー品種、シラー、ソーヴィニヨン・ブラン
主要土壌：極度に多様。主に火山性のルス表土、沖積シルト、深い川床の砂利質土壌

WAIRARAPA ワイララパ

　北島の南端に位置するワイララパには、有名な銘醸地マーティンボローがあり、過剰ともいえるほどのブティック・ワイナリーが収量を落として質を高めようとひしめき合っている。気候は、マルボロより涼しく、日中の気温差も大きい。ここでは、中身が詰まった、時としてチョコレートの風味が出る最高級のピノ・ノワールと、比較的タンニンが強い上質カベルネ・ソーヴィニヨンができる。

ロケーション：北島の最南端
ブドウ栽培面積：2,044エーカー
サブ・リージョン：マーティンボロー
平均年間生産量：1,949トン
主要品種：ピノ・ノワール、ソーヴィニヨン・ブラン
主要土壌：川床にできた水はけの良い小石交じりの土壌（通称「マーティンボロー・テラス」）

NELSON ネルソン

ネルソンは、南島の最北端にある産地で、周囲を山に囲まれ、温暖で日当たりが良いため、ニュージーランドで最も暖かい産地だ。ソーヴィニヨン・ブランが主体だが、ピノ・ノワールやシャルドネ、そして最近ではリースリングが増えてきている。ワインはどれも香りが高く、チェリー、野生のイチゴ、プラム香が特徴。

ロケーション：西側の山々によって雨から守られた南島の最北端
ブドウ栽培面積：1,932エーカー
サブ・リージョン：ワイミア平地
平均年間生産量：5,190トン
主要品種：ソーヴィニヨン・ブラン
主要土壌：粘土質ローム層

MARLBOROUGH マルボロー

マルボローは、ニュージーランドの中では最も大きく、最も温暖な産地。1980年代半ばにクラウディ・ベイのおかげで世界的に有名になった。代表的ワインは、グーズベリー、ライム、トロピカルフルーツ香が強烈なソーヴィニヨン・ブランで、栽培面積では、現在はピノ・ノワールがシャルドネより多い。ピノは、ラズベリーやプラム香が特徴で、しっかりした構成とタンニンのバックボーンがある。リースリング、およびスパークリング・ワイン用のシャルドネとピノ・ノワールの栽培面積を増やしている。

ロケーション：南島、東部海岸の谷間
ブドウ栽培面積：32,585エーカー
サブ・リージョン：ワイラウ・ヴァレー、アワテア・ヴァレー
平均年間生産量：120,888トン
主要品種：ソーヴィニヨン・ブラン
主要土壌：古い氷河期から若い川床の堆積層まで、さまざまな土壌が複雑に混ざって存在

CANTERBURY カンタベリー

クライストチャーチ周辺に広がる産地で、冷涼で乾燥しているため、シーズンの初めと収穫期に近い終わり頃に霜の被害を受けやすい。サブ・リージョンのワイパラが最もよく知られていて、冷涼なため、シャルドネ、

ピノ・ノワール、少量のリースリングとピノ・グリができる。
ロケーション：南島の東側
ブドウ栽培面積：741エーカー
サブ・リージョン：ワイパラ、およびクライストチャーチ周辺の平地
平均年間生産量：1,699トン
主要品種：ピノ・ノワール、シャルドネ、リースリング
主要土壌：ワイパラ——石灰質を多く含む白亜ローム、南部はもっと沖積シルト・ローム土壌

CENTRAL OTAGO セントラル・オタゴ

　世界最南端の産地のひとつであるセントラル・オタゴで注目すべき点は、ニュージーランドで唯一、海洋性ではなく大陸性気候の影響を受ける産地であるため、日照時間が長く、日中の温度差が大きいということだ。栽培面積の4分の3を占めるピノ・ノワールは斜面に植えられ、ワインは、どちらかというと凝縮した果実味溢れるスタイルである。特に、バノックバーンとロウバーンのワインにこの特徴が見られる。ミクロ気候はサブ・リージョン間で大きく異なり、ベンディゴは最も暑い地域で、ギッブストンは最も冷涼である。
ロケーション：南島。実際、世界で最南端にあるブドウ畑は、2千メートル級の山に守られた谷間にあり、海洋性より大陸性気候の影響を受ける唯一の産地。
ブドウ栽培面積：3,496エーカー
サブ・リージョン　ギッブストン、ワナカ、クロムウェル、バノックバーン、ローバーン、ベンディゴ、アレクサンドラ
平均年間生産量：3,434トン
主要品種：ピノ・ノワール
主要土壌：砂利質の上にレスと呼ばれる黄土と沖積土の堆積層。西は氷河期よりの堆積層

■ニュージーランドの優良バリューワイン（ワイナリー別）

ALLAN SCOTT WINES *(Marlborough)* アラン・スコット・ワインズ（マルボロー）

Hounds Pinot Noir ハウンズ・ピノ・ノワール 🍷 $$$　価格競争力のある

ピノ・ノワール。桑の実、野生の低い木と結びつく野イバラの香り、柔らかい豊かな口当たり、後味にかすかなビター・ダークチョコレートの風味。素晴らしい。

Moorlands Riesling ムーアランズ・リースリング ♀$　樹齢30年のブドウから造られる際立ったリースリング。ミネラル、リンゴの香り、爽やかで生き生きとした口当たりにかすかに青い果実、パッションフルーツを想わせる風味。美味！

Sauvignon Blanc ソーヴィニヨン・ブラン ♀$　火打石／スモーキーさに溢れ、エレガントで控えめな味わいの"サヴィ"ワイン（サヴィはソーヴィニョン・ブランの愛称）。パノッチヤ（クルミ入りキャンディ）と一緒に飲むサヴィだという人がいるかもしれない。

Sparkling Blanc de Blancs Brut スパークリング・ブラン・ド・ブラン・ブリュット ♀ $$$　魅力的な火打石の感じがする香りとシャブリを想わせる控えめな味わい。新鮮なオイスターにはぴったり。

Wallops Chardonnay ウオーロップス・シャルドネ ♀$　一級のブルゴーニュを想わせる白桃、ネクタリンの香り。味わいはムルソーを想わせる構成があり、洗練された後味にはかすかなフローラルなタッチ。

ALPHA DOMUS *(Hawke's Bay)* アルファ・ドムス（ホークス・ベイ）

Alpha Domus Navigator アルファ・ドムス・ナヴィゲーター ♥ $$　ボルドー・スタイルのブレンド。かすかな青草と強烈なタバコの香があり、ボルドー左岸のクリュ・ブルジョワの代わりになる新世界ワイン。少々タンニンが強く、かすかに青さがあり、多少控えめだが、爽やかさがあり十分満足できる。

Alpha Domus Viognier アルファ・ドムス・ヴィオニエ ♀$$　このアロマティック品種が持つすべての香りを表現したワイン。白桃、アプリコット、パッションフルーツなどが、端正に表現され、たまにヴィオニエに見られる特有のだらしなさがない。口当たりはとてもバランスよく驚くほど長寿である。軽く冷やして多少スパイシーさのあるアジア風料理にちょうど良い相性。

Chardonnay シャルドネ ♀$　牡蠣殻じみたような香り、トロピカルフルーツの影響を受けた柑橘類のような味わい。滑らかで気軽に飲める後味。

AMISFIELD *(Central Otago)* アミスフィールド（セントラル・オタゴ）

Pinot Gris ピノ・グリ ♀ $$$　このピノ・ノワールの変異種はフェノール

が多くなりうる。オレンジの花の香りと油のように滑らかな口当たり。
Sauvignon Blanc ソーヴィニヨン・ブラン ♀ $$$　さまざまな果実の風味のかたまりで、素晴らしいミネラル感。

AURUM WINES *(Central Otago)* アウラム・ワインズ（セントラル・オタゴ）

Riesling リースリング ♀ $$　モーゼルを想わせるセントラル・オタゴの素晴らしいリースリング。

BABICH *(Marlborough and Hawke's Bay)* バビッチ（マルボローとホークス・ベイ）

Black Label Sauvignon Blanc ブラック・ラベル・ソーヴィニヨン・ブラン ♀ $$　少量の樽発酵でさらにフローラルな香りとミネラル味と新鮮さの味わい。

Irongate Unoaked Chardonnay アイロンゲート・アンオークト・シャルドネ ♀ $$　ホークス・ベイの有名なギムレット・グラベルズの土壌で育まれたこのシャルドネには、香りは軽油香に縁取られ、味わいにはたっぷりした青リンゴ、オレンジの風味。

Dry Riesling ドライ・リースリング ♀ $$　すがすがしく爽やかなコマーシャル・リースリング。

Pinot Gris ピノ・グリ ♀ $$　ワイラウ・ヴァレーの魅力を備えたピノ・グリで、ピーチ、アプリコットの生き生きした香りと比較的アロマティックな味わい。

Pinot Noir Winemakers' Reserve ピノ・ノワール・ワインメーカーズ・リザーヴ ♥ $$　レッドチェリー、フランボワーズの豊かな香り、どちらかというと軽めの青さを感じる味わい。

Sauvignon Blanc ソーヴィニヨン・ブラン ♀ $$　どちらかというと青草を強く感じさせるソーヴィニヨンで、グーズベリーのかすかな香り、生き生き、溌剌とした酸がキリッとシャープな味わい。

Syrah Winemakers' Reserve シラー・ワインメーカーズ・リザーヴ ♥ $$　かすかな白胡椒の香りがきれいなすっきりした細身のシラー。グラスの中で広がるのを待つこと。

STEVE BIRD WINERY *(Marlborough)* スティーヴ・バード・ワイナリー（マルボロー）

スティーヴ・バードのワインは"古い学校舎のブドウ畑"というあだ名がある。

Big Barrel Pinot Noir ビッグ・バレル・ピノ・ノワール 🍷 $$$　香りも味わいもポマールを想わせるピノ・ノワール。5〜6年は熟成も楽しめる。

Pinot Gris ピノ・グリ 🍷 $$　カリン、アプリコットにかすかなフローラル香、オレンジの花に縁取られたバランス良い味わい。

Riesling リースリング 🍷 $$　青い葉を想わせる香りだが、草を感じさせる味わいに、張りと熟成感を感じさせることがしばしばあるリースリング。

Sauvignon Blanc ソーヴィニヨン・ブラン 🍷 $$　草質、グーズベリー香を持つ典型的な「サヴィ」で、後味は潑剌とした酸。

CLOUDY BAY WINERY *(Marlborough)* クラウディー・ベイ・ワイナリー（マルボロー）

Sauvignon Blanc ソーヴィニヨン・ブラン 🍷 $$$　シャルドネの方が有名だが、グーズベリー、刈り取った青草を想わせる鮮明な豊かな香りと、青リンゴ、キウィフルーツに縁取られた味わいをもつソーヴィニヨン・ブランは、とても上手に造られている。ただ、ニュージーランドで最も安いとは言えない。

CRAGGY RANGE *(Hawke's Bay)* クラッギー・レンジ（ホークス・ベイ）

Fletcher Family Vineyard Riesling フレッチャー・ファミリー・ヴィンヤード・リースリング 🍷 $$$　熱帯を想わせる香りと調和の良くとれた味わい。適度なドライ感のある後味。

Kidnappers Vineyard Chardonnay キッドナッパーズ・ヴィンヤード・シャルドネ 🍷 $$$　香りにムルソーを想わせるヘイゼルナッツのアロマが出ることがあり、新樽を上手に使い、果実本来の風味を上手に引き出している。

Te Muna Road Sauvignon Blanc テ・ムナ・ロード・ソーヴィニヨン・ブラン 🍷 $$$　刈り取った草、ライムのアロマ、味わいは、青草と柑橘系が主体。

Yacht Club Vineyard Sauvignon Blanc ヨット・クラブ・ヴィンヤード・ソーヴィニヨン・ブラン 🍷 $$$　ピンク・グレープフルーツを想わせる

より複雑な香り、爽やかな青リンゴの新鮮な味わい。

THE CROSSINGS *(Marlborough)* ザ・クロッシングス（マルボロー）

- **Sauvignon Blanc** ソーヴィニヨン・ブラン ♀ $$$　パッションフルーツ、アプリコットを基調に複雑な香りは、まずは生き生きとした感じを与える。リンゴ、ライムの豊かな味わいの縁取り。
- **Unoaked Chardonnay** アンオークト・シャルドネ ♀ $$$　魅惑的なメロン、マンゴーの香り、マンゴー、洋ナシ、マンダリンなど豊かなトロピカルフルーツの味わい、ドライだがすっきりとした後味。

DELTA VINEYARD *(Marlborough)* デルタ・ヴィンヤード（マルボロー）

- **Pinot Noir** ピノ・ノワール ♥ $$$　澄んだフランボワーズ、クランベリーの香り、豊かで寛容、飲みやすい味わい豊かなモダン・スタイルのピノ・ノワール。
- **Sauvignon Blanc** ソーヴィニヨン・ブラン ♀ $$$　グーズベリーの典型的ソーヴィニヨンの香り、青い緑の果実を想わせるきぴきぴとして生き生きした味わい。

DOG POINT VINEYARD *(Marlborough)* ドッグ・ポイント・ヴィンヤード（マルボロー）

- **Sauvignon Blanc** ソーヴィニヨン・ブラン ♀ $$　ここのレギュラーなソーヴィニヨン・ブランは、ライムとグーズベリーを想わせる明確な香り。潑剌として明快な味わいは、真ん中に青いリンゴと新鮮なグーズベリー、その傍らにアプリコット、パイナップルを想わせる味わい。

GROVE MILL *(Marlborough)* グローヴ・ミル（マルボロー）

- **Pinot Noir** ピノ・ノワール ♥ $$$　ポマールに似た複雑性の高いピノ・ノワール。クランベリー、フランボワーズの葉を想わせる香り、豊かな赤いチェリー、クランベリーの味わいには、しっかりした張りと均衡がある。トップ・クラスのワイン。

NEW ZEALAND

- **Riesling** リースリング 🍷 $$ このワイラウ・ヴァレーのリースリングには、はっきりしたグーズベリー、刈った青草の香りがあり、口当たりはフローラルで桃の味わい。コマーシャル・ワインだが良くできている。
- **Sauvignon Blanc** ソーヴィニヨン・ブラン 🍷 $ 潑剌とした青草、ピーマンの香り、先鋭なライムとパッションフルーツのようなトロピカルフルーツがよく融合した味わい。余韻も長く、格調高い。

HUIA *(Marlborough)* フイア（マルボロー）

- **Gewürztraminer** ゲヴュルツトラミネール 🍷 $$$ かすかなフレンチ・オークの感じがして、白桃、蜜蠟のアルザス・ワインを想わせる香り、味わいにはワックス感のある口当たりと良いバランス、ハーモニーのある後味。
- **Pinot Gris** ピノ・グリ 🍷 $$ 濃厚な洋ナシ、パッションフルーツの香り。ミネラル感、澱を攪拌することからくる酵母味、後味にドライフルーツの風味。
- **Sauvignon Blanc** ソーヴィニヨン・ブラン 🍷 $$ 潑剌としてきれいなフローラルな香り、単純だが調和のとれた味わい、後味にはライムと柑橘類の風味。

HUNTERS *(Marlborough)* ハンターズ（マルボロー）

- **Sauvignon Blanc** ソーヴィニヨン・ブラン 🍷 $ 爽やかで、洗練されたみかげ石と刈り草のブーケ。生き生きとした豊かなグーズベリーの味わい。かすかなオレンジの風味が先鋭で苦味のあるレモン風味の後味へと続く。

JACKSON ESTATE *(Marlborough)* ジャクソン・エステート（マルボロー）

- **Sauvignon Blanc** ソーヴィニヨン・ブラン 🍷 $$$ 石灰質にかすかに青草を想わせる香り、豊かな柑橘類の味わい。
- **Shelter Belt Chardonnay** シェルター・ベルト・シャルドネ 🍷 $$$ きれいな蜜蠟のアロマとかすかなトロピカルフルーツの味わいの卓越した樽熟成シャルドネ。

KEMBLEFIELD ESTATE *(Hawke's Bay)* ケンブルフィールド・エス

テート（ホークス・ベイ）

- **Distinction Chardonnay** ディスティンクション・シャルドネ ♀ $$ グアヴァ、ピーチなどのトロピカルフルーツの香りが強く、カリフォルニアのシャルドネを好む人向き。
- **Distinction Gewürztraminer** ディスティンクション・ゲヴュルツトラミネール ♀ $$ オイリーで、ライチのようなフルーツの味わいに溢れる。繊細なワインではないが、冷やして夏に楽しむには完璧。
- **Distinction Sauvignon Blanc** ディスティンクション・ソーヴィニヨン・ブラン ♀ $$ 基調はトロピカルで、パッションフルーツ、グレープフルーツの香りに時間と共にフローラル香。味わいはバランス良く、ピーチを想わせる柔らかい後味。
- **Reserve Merlot** リザーヴ・メルロ ♀ $$ 18カ月フレンチ樽で熟成、みずみずしいクランベリーの香り、口当たりは粗いボルドー右岸のワインを想わせる味わい。
- **Reserve Zinfandel** リザーヴ・ジンファンデル ♀ $$ 炒ったカシューナッツ、溶けたダークチョコレートの香り、リッチで猟鳥獣肉の味わい。

KIM CRAWFORD *(Various)* キム・クロフォード（様々な地区）

- **Kim's Favourite Chardonnay** キムズ・フェイヴァリット・シャルドネ ♀ $$$ ギズボーンのシャルドネ使用。キウィフルーツ、ピンク・グレープフルーツの溢れる香り、溌剌として洗練された味わい。
- **Marlborough Pinot Noir** マルボロー・ピノ・ノワール ♀ $$ クロフォードの入門編ピノ・ノワールだが、輝きのあるブラックベリー、ブルーベリーの風味は、マルボローというよりセントラル・オタゴ的。
- **Marlborough Sauvignon Blanc** マルボロー・ソーヴィニヨン・ブラン ♀ $$ かすかな青草の香り、味わいは柑橘類、パッションフルーツ。
- **Marlborough Unoaked Chardonnay** マルボロー・アンオークト・シャルドネ ♀ $$ フローラルな香り、爽やかなスイカズラにグアヴァを感じる味わい。
- **Rory Brut** ロリー・ブリュット ♀ $$$ ピノ・ノワールとシャルドネのブレンド。爽やかなイースト香、クリーミーな口当たり。上手に造られたコマーシャル発泡ワイン。
- **SP Anderson Vineyard Bone Dry Riesling** SP・アンダーソン・ヴィンヤード・ボーン・ドライ・リースリング ♀ $$$ 手摘みで収穫。かすかなマンゴー、アプリコットの香り、口当たりに興味をそそるかすかなケロ

シン灯油を感じる味わい。

KUMEU RIVER *(Auckland)* クミュー・リヴァー（オークランド）

Estate Chardonnay エステート・シャルドネ ♀ $$$　ニュージーランドを代表するシャルドネ生産者の入門編ワイン。ムルソーを想わせる香りと魅力的なミネラル感溢れる味わい、時間と共に美しいヘイゼルナッツの風味。

Pinot Gris ピノ・グリ ♀ $$$　アロマティックで澱を感じる香り、白桃、グアヴァの味わい。

LAWSON'S DRY HILS *(Marlborough)* ローソンズ・ドライ・ヒル（マルボロー）

Pinot Noir ピノ・ノワール ♥ $$　香りの高いレッドチェリー、イチゴの華やかな香りのライトボディのピノ。しっかりして嚙めるような感じの口当たり。

Sauvignon Blanc ソーヴィニヨン・ブラン ♀ $$　青草、リンゴの魅力的な香り。柑橘類の生き生きした味わいは、カミソリのように鋭いサヴィなソーヴィニヨン・ブランが好きな人にはお薦め。

LINDAUER *(Marlborough)* リンダウアー（マルボロー）

Blanc de Blancs Non-Vintage Sparkling ブラン・ド・ブラン・ノン・ヴィンテージ・スパークリング ♀ $　輸出市場ではニュージーランドで最も成功したスパークリング。単純だがクリーンで、青いリンゴとかすかに白い花の香。味わいはシャープで冷徹、緑系の潑剌とした果実の風味、後味にミネラル感。

MAHI *(Marlborough)* マヒ（マルボロー）

Sauvignon Blanc ソーヴィニヨン・ブラン ♀ $$　かすかにトロピカル的な感じがするマルボロー・スタイルのソーヴィニヨン・ブランのお手本のようなワイン。下記のフランシス・ヴィンヤードの方はこれより外向的で、マンゴー、パイナップルの香り。

Ward Farm Pinot Gris ウォード・ファーム・ピノ・グリ ♀ $$$　正当に評価されていないきれいなワイン。女性的で、かすかにローズ・ウォー

ターの香り、素晴らしく純度の高い味わい。
- **Francis Vineyard Sauvignon Blanc** フランシス・ヴィンヤード・ソーヴィニヨン・ブラン 🍷 $$$ マンゴー、パイナップルの香りの陽気なソーヴィニヨン・ブラン。

MANU *(Marlborough)* マヌ（マルボロー）

- **Sauvignon Blanc** ソーヴィニヨン・ブラン 🍷 $$ デイヴィッド・ダックホーンとスティーヴ・バードのジョイント・ベンチャー。青リンゴ、キウィフルーツの生き生きとした香り、華やかで潑剌とした風味。複雑さはないが、とても爽やか。

MATUA VALLEY *(Various)* マチュア・ヴァレー（様々な地区）

- **Estate Marlborough Pinot Noir** エステート・マルボロー・ピノ・ノワール 🍷 $$$ 澱と共に寝かせたこのピノは、ブラックチェリー、ワイン・ガムの香り、直線的でやや辛口ぎみ、かすかにヨードチンキを想わせる味わい。これも複雑さはないが、上手に造られたきれいなワイン。
- **Marlborough Sauvignon Blanc** マルボロー・ソーヴィニヨン・ブラン 🍷 $ 刺激的な青草の香り、新鮮なキウィフルーツ、グーズベリーの味わい。シンプルだが出来の良い日常飲み用の白。
- **Paretai Sauvignon Blanc** パレタイ・ソーヴィニヨン・ブラン 🍷 $$$ 確かに入門の次の段階のソーヴィニヨン・ブラン。ミネラル感に溢れ、ライム、リンゴと石灰質が繊細に編み込まれた香り、繊細なバランスの味わい、控えめで、石を感じる後味。

MILLS REEF WINERY *(Hawke's Bay)* ミルズ・リーフ・ワイナリー（ホークス・ベイ）

- **Elspeth Merlot/Malbec** エルスペス・メルロ／マルベック 🍷 $$ 果汁がたっぷりで、磨きあげた黒いフルーツの感じ。バランスよいワイン。
- **Sauvignon Blanc** ソーヴィニヨン・ブラン 🍷 $$ 典型的な潑剌としたグーズベリーの香りとトロピカル・トーンの味わい。

MILLTON VINEYARD *(Gisborne)* ミルトン・ヴィンヤード（ギズボーン）

NEW ZEALAND

Opou Vineyard Chardonnay オポウ・ヴィンヤード・シャルドネ 🍷 $$$
ブルゴーニュを想わせるアロマと優れたムルソーのもつミネラリティを兼ね備えた驚くべきシャルドネ。

Riverpoint Chardonnay リヴァーポイント・シャルドネ 🍷 $$　ビオデイナミ農法を実践するジェイムズ・ミルトンのこのワインは、素晴らしいバランスと明確さをもち、後味に繊細なアプリコットの風味。

Te Arai Chenin Blanc テ・アライ・シュナン・ブラン 🍷 $$$　このシュナンは若いうちからおいしく飲めるが、3～4年は寝かせる価値がある。熟成と共に湿ったウール、グリーンゲイシ（西洋スモモ）、白い花などの複雑な香り。味わいにクレメンタイン（野生の小型のオレンジ）、ピンクグレープフルーツを感じる酸味と滑らかさが出る。

MONTANA (BRANCOTT) *(Various)* モンタナ（ブランコット）（様々な地区）

Marlborough Barrel Aged マルボロー・バレル・エイジド 🍷 $$$　下記のサウス・アイランド・ピノ・ノワールのひとランク上のピノ。スミレ、野イチゴを想わせるさらに複雑なアロマがあり、味わいには若いクランベリーのニュアンス。

Reserve Sauvignon Blanc リザーヴ・ソーヴィニヨン・ブラン 🍷 $$　ほとんど自社畑のブドウを使用し、モンタナの品揃えの中でも青草の香りが少なめ。

South Island Pinot Noir サウス・アイランド・ピノ・ノワール 🍷 $　ニュージーランドを代表する赤ワインであるピノ・ノワールを始めるには財布に優しい入門ワイン。単刀直入でシンプル、新鮮で生き生きしたピノ。

MT. DIFFICULTY *(Central Otago)* マウント・ディフィカルティ（セントラル・オタゴ）

Pinot Gris ピノ・グリ 🍷 $$$　時によりヴィオニエを想わせる風味で、リンゴの花の香り、白桃、青リンゴの酸味の利いたキリッとした味わい。

Riesling リースリング 🍷 $$$　ライム、灯油を想わせる生き生きした香り、元気旺盛な素晴らしいリースリング。

Roaring Meg Pinot Noir ローリング・メグ・ピノ・ノワール 🍷 $$$　入門レベルとして人気のあるピノ・ノワール。生き生きとしたクランベリーのブーケとドリス・プラム、明るいチェリーの陽気な味わい。

MUD HOUSE (*Marlborough*) マッド・ハウス (マルボロー)

Chardonnay シャルドネ 🍷 $$$　バター風味と、丸みのあるかすかに蜂蜜香のある味わい。ドライな後味。

Pinot Noir ピノ・ノワール 🍷 $$　明るいチェリーのあとからレッド・カラントの香り、頑固でざくざく噛めるような感じの味わい。生き生きした清涼感のある後味。

Sauvignon Blanc ソーヴィニヨン・ブラン 🍷 $　シンプル、潑剌、グーズベリー、青草。気軽に楽しめるワイン。

MUDDY WATER (*Canterbury*) マディー・ウォーター (カンタベリー)

Chardonnay シャルドネ 🍷 $$$　樽で発酵させたシャルドネで、非常にミネラル感が香りにも味わいにも溢れるお薦めワイン。

James Hardwick Riesling ジェイムズ・ハードウィック・リースリング 🍷 $$$　複雑さ、蜜蠟を感じる香り、かすかに粘着性のあるバランス良い味わい。後味に蜂蜜のトーン。

MURDOCH JAMES (*Martinborough*) マードック・ジェイムズ (マーティンボロー)

Blue Rock Sauvignon Blanc ブルー・ロック・ソーヴィニヨン・ブラン 🍷 $$　他のものよりニュートラルな、ミネラル／石っぽさを感じるスタイル。後味にライムのタッチが新鮮。

NEUDORF (*Nelson*) ノイドルフ (ネルソン)

Brightwater Pinot Gris ブライトウォーター・ピノ・グリ 🍷 $$　若い時にはかなりスパイシー。シンプルな日常飲みワインだが、大変よく出来た入門レベルのピノ・グリ。

Brightwater Riesling ブライトウォーター・リースリング 🍷 $$　潑剌として陽気、金属質なやや辛口の後味。

Chardonnay シャルドネ 🍷 $$$　超お薦めワイン。蜂蜜香、オレンジの皮を想わせ、活気に溢れるきびきびとした味わい。

Sauvignon Blanc ソーヴィニヨン・ブラン 🍷 $$　ニュージーランド最高のソーヴィニヨン・ブランのひとつ。ホークス・ベイの青草とマルボローのトロピカルフルーツの風味を併せ持つ。

NEW ZEALAND

Tom's Block Pinot Noir トムズ・ブロック・ピノ・ノワール ♛ $$$　ノイドルフのピノ・ノワールは、若い時は不機嫌なむっつりした感じだが、熟成と共にマーティンボロー、コート・ド・ボーヌ風の個性が現われる。

OYSTER BAY *(Marlborough)* オイスター・ベイ（マルボロー）

Chardonnay シャルドネ ♛ $　マンゴー、アプリコットの魅惑的な香り。マーケット志向が大変強く反映されているが、クリーンでクリーミーな口当たり。

Sauvignon Blanc ソーヴィニヨン・ブラン ♛ $　よく知られた人気のブランド。多少の野菜っぽさがあるものの、溌剌として清涼感のある味わいで、グーズベリーとライムの強い風味。

PALLISER ESTATE *(Martinborough)* パリサー・エステート（マーティンボロー）

Pencarrow Sauvignon Blanc ペンカロウ・ソーヴィニヨン・ブラン ♛ $　上出来のコマーシャル・ソーヴィニヨン・ブラン。魅力的なグーズベリーの芳香に粉砕した石のような味わい。

Pencarrow Pinot Noir ペンカロウ・ピノ・ノワール ♛ $$　典型的マーティンボロー。素朴なチェリーの香り。味わいのあるクランベリー風味は洗練された後味。

Sauvignon Blanc ソーヴィニヨン・ブラン ♛ $$　上記のペンカロウよりもうちょっと高いが、このパリサー・ソーヴィニヨン・ブランは、ニュージーランドの最高のソーヴィニヨンのひとつ。青草、エルダーフラワー（西洋ニワトコの花）の香り、溌剌としてしまりのある味わい。

PEGASUS BAY *(Canterbury)* ペガサス・ベイ（カンタベリー）

Dry Riesling ドライ・リースリング ♛ $$$　往々にして控えめな花崗岩のブーケがある。モーゼルの影響を受けていることは明らかだが、スタイルも驚くほどそっくり。バランスがとても良いので、後味はかなりドライなことに気がつかないほどだ。

Riesling リースリング ♛ $$$　ドライ・リースリングと同様にモーゼル風。スイカズラ、アプリコットの香り、溌剌としてひなぎくを想わせるように軽やかな味わい。平凡な表現だが、本当に美味しいワイン。

Sauvignon Blanc/Sémillon ソーヴィニヨン・ブラン／セミヨン ♛ $$$

きらめくようなワイン。生き生きとして活気に溢れた香り。少し寝かせておけば黄色い花、レモン・カードを想わせる美しい香りが熟成と共に現われる。

SAINT CLAIR *(Marlborough)* サン・クレア（マルボロー）

Marlborough Pinot Noir マルボロー・ピノ・ノワール ▼$$　考え込むような内向的な香り、濃厚で男性的な口当たり、プラム風味の青っぽい後味。

Marlborough Sauvignon Blanc マルボロー・ソーヴィニヨン・ブラン ♀$$　花崗岩を想わせる興味深い香り。青草の風味が強く、生き生きとしてピーマンを感じさせる味わい。

Vicar's Choice Pinot Noir ヴィカーズ・チョイス・ピノ・ノワール ▼$$　ブラックチェリー、ボイセンベリーのブーケ。どちらかというと無骨で素朴なスタイルの味わい。色濃い黒イチゴを想わせるドライな後味。洗練されたとは言い難いが、魅力に溢れたピノ・ノワール。

Vicar's Choice Sauvignon Blanc ヴィカーズ・チョイス・ソーヴィニヨン・ブラン ♀$$　サン・クレアの入門レベルのソーヴィニヨン・ブラン。明るい牧草の香り、リンゴ、グーズベリーの風味のある溌剌とした味わい。

DANIEL SCHUSTER *(Waipara)* ダニエル・シュスター（ワイパラ）

Sauvignon Blanc ソーヴィニヨン・ブラン ♀$$$　砂利質土壌で育ったブドウは、ワックス、ナッツのブーケをもち、かすかに酸化した味わいはムルソーを想わせる特徴。

Waipara Riesling ワイパラ・リースリング ♀$$　モーゼルとアルザスのふたつが融合したブーケ。かすかに洋ナシ、灯油、ジンジャーを想わせる豊かなアロマ。

SEIFRIED *(Nelson)* セイフリード（ネルソン）

Gewürztraminer ゲヴュルツトラミネール ♀$$　軽いピーチ、かすかなライチや白い花の香り。味わいは、始めにピーチ、ネクタリン、後味にかけてかすかにジャスミン。大変上手に造られたコマーシャル・ワイン。

Riesling リースリング ♀$　青草を想わせるスタイルだが、後ろにかすかなトロピカルフルーツ。フローラルな味わいに洋ナシのタッチ。1～2

年のうちに消費すべき飲みやすいリースリング。
- **Sauvignon Blanc** ソーヴィニヨン・ブラン 🍷 $$ チョークの粉、刈り立ての牧草を想わせる心地良い香りとピーマンを想わせる魅力的な味わいの広がり。
- **Sweet Agnes Riesling** スウィート・エインズ・リースリング ⑤🍷 $$$ この貴腐のリースリングは、残糖分が200gを超える場合もある。探す価値のあるワイン。官能的な蜂蜜、蜜蠟の香り。粘着性のある同様な蜂蜜の味わいは、十分な酸味に支えられ、爽やかさが残るため、さらにお代わりをしたくなる。

SERESIN *(Marlborough)* セレシン（マルボロー）

以下のワインのほかに、小売価格で25ドルを少し超えるラベルもある。また、セカンド・ラベルの「Momoモモ」もお買い得ワイン。

- **Gewürztraminer** ゲヴュルツトラミネール 🍷 $$$ まずはピーチとそれを引き立てるマンゴー、アプリコットの香りが前面に立つ。外向的で陽気なワインだが、だらしがなかったり、峠を越しているわけではない。後味に蜜蠟のタッチ。
- **Memento Riesling** メメント・リースリング 🍷 $$ かすかなリンゴの花、アプリコットのデリケートな香り。バランスの良い溌剌とした酸の利いた味わいには同様なアプリコット、かすかな洋ナシを感じ、甘く、ほのかな蜂蜜の後味。
- **Sauvignon Blanc** ソーヴィニヨン・ブラン 🍷 $$$ 素晴らしいマルボロー・ソーヴィニヨン・ブランで、ブレンドされた少量のセミヨンが凝縮したグーズベリー、石灰岩、刈り取った草の香りを与える。生き生きとした酸が爽快な味わいで、ちょうどよい量の青草の後味。

SHERWOOD ESTATE *(Waipara)* シャーウッド・エステート（ワイパラ）

- **Laverique Méthode Traditionelle Réserve** ラヴェリック・メソード・トラディショネル・リザーヴ 🍷 $$ 素晴らしいニュージーランドのスパークリング・メーカーからのバーゲン価格ワイン。シャルドネとピノ・ノワール各50%で、18カ月澱と共に寝かせる。溌剌とした柑橘類の香りに花崗岩、青リンゴのアロマ。豊かな表現のミネラル感のある味わいは、今までシャンパンを買ってきたことに疑問を抱かせる。
- **Riesling** リースリング 🍷 $ 素晴らしく透明感のある香りにかすかなイン

グリッシュ・ガーデンの芝生やリンゴの花のアロマ。味わいにかすかなオレンジの皮。

STAETE LANDT *(Marlborough)* ステイト・ランド（マルボロー）

- **Chardonnay** シャルドネ ♀ $$　最初はかなり控えめで、飲み手はきめ細かさやミネラル的な味わいを探そうとするが、空気に触れると徐々にそれが表れてくる。
- **Pinot Gris** ピノ・グリ ♀ $$$　他のどの高貴品種のワインに比べても控えめで、フェノールも少ない。味わいに魅力的なリンゴの花の基調、ロワール・ヴァレーに似たニュートラルな味わい。
- **Sauvignon Blanc** ソーヴィニヨン・ブラン ♀ $　典型的なパンチの利いたグーズベリーの香り。潑剌として陽気で青っぽさは比較的少ない。

STONELEIGH *(Marlborough)* ストーンリー（マルボロー）

- **Classic Chardonnay** クラッシック・シャルドネ ♀ $$　湿った石のアロマとかすかなスイカズラの香り。味わいはコマーシャルだが、後味には疑いなく魅力的なバター風味のかすかな蜂蜜のタッチ。

TE MATA ESTATE *(Hawke's Bay)* テ・マタ・エステート（ホークス・ベイ）

- **Cape Crest Sauvignon Blanc** ケイプ・クレスト・ソーヴィニヨン・ブラン ♀ $$$　新樽を3分の1使用しているため、次のウッドソープよりクリーミーで、インターナショナル・マーケットを意識したスタイル。少し瓶熟させるとスモーキーでほとんどヘイゼルナッツと言えるピリッとした特徴が出る。
- **Woodthorpe Vineyard Chardonnay** ウッドソープ・ヴィンヤード・シャルドネ ♀ $$　石灰岩、白桃の香り。しっかりした味わいには、豊潤な南国果実が溶け込む。
- **Woodthorpe Vineyard Gamay Noir** ウッドソープ・ヴィンヤード・ガメ・ノワール ♥ $$　潑剌としたグリーン・ペッパーの香り。新鮮で活気に満ち、まろやかで弾力的な口当たり。
- **Woodthorpe Vineyard Merlot/Cabernet** ウッドソープ・ヴィンヤード・メルロ／カベルネ ♥ $$　かすかにクリスマス・ケーキを想わせる香りが出る傾向。考え込むような、嚙みしめられるような口当たり。数カ月

の瓶熟がお薦め。

Woodthorpe Vineyard Sauvignon Blanc ウッドソープ・ヴィンヤード・ソーヴィニヨン・ブラン ♀ $$　かすかにライムのタッチのある柑橘系の香り。バランス良く、率直な味わい。ソーヴィニヨン・ブランへの期待を裏切らないワイン。

Woodthorpe Vineyard Viognier ウッドソープ・ヴィンヤード・ヴィオニエ ♀ $$$　80%を樽発酵。溢れるようなスパイシーでアロマティックな香り。フローラルなフルーツの味わい豊か。飲み手の嗜好に妥協しない派手なヴィオニエ。

TOHU *(Marlborough and Gisborne)* トフ（マーティンボローとギズボーン）

Gisborne Unoaked Chardonnay ギズボーン・アンオークト・シャルドネ ♀ $　グレイト・バリューワイン。ココナツ、パインナッツの香り。味わいは、わずかに蜂蜜を感じるフルーツが溶けあい、後味にアプリコットのタッチ。

Mugwi Sauvignon Blanc マグウィー・ソーヴィニヨン・ブラン ♀ $　畑の特徴が出る青草の香りと洋ナシ、グアヴァの味わい。

Pinot Gris ピノ・グリ ♀ $　マルボローとネルソンのブドウを使用。はっきりした洋ナシ、メロンの香り。ピノ・グリは、フェノールが強すぎるものあるが、そんなことはない。味わいは洗練され、驚くほど複雑な後味にはラノリン、乾燥したパイナップルのトーン。

VAVASOUR *(Marlborough)* ヴァヴァソー（マルボロー）

Dashwood Sauvignon Blanc ダッシュウッド・ソーヴィニヨン・ブラン ♀ $　クリーンで溌剌としたソーヴィニヨン。ライム、グーズベリーの香り、単純だが新鮮で活気がある。1本10ドルで、まずは失望することのないワイン。

Vavasour Pinot Noir ヴァヴァソー・ピノ・ノワール ♥ $$$　溢れるほどのレッドベリー、クランベリーフルーツの香り。とても洗練されたモダンなスタイルの味わい。

Vavasour Sauvignon Blanc ヴァヴァソー・ソーヴィニヨン・ブラン ♀ $　マルボローで最高のひとつ。典型的なグーズベリー、刈り込んだ青草の香りをパッションフルーツ、ピーチのニュアンスが引き立てる。舌の上でミネラル感を帯びる果物の芯がとてもよく広がる味わい。大変上手に

造られているソーヴィニヨンで、日常飲みにはもったいないほど。

VILLA MARIA *(Various)* ヴィラ・マリア（様々な地区）

この本を書いている時点では、以下のワインは残念ながらほとんど太平洋を渡ったことはない。しかし、今のアメリカ人のニュージーランド・ワインに対する嗜好をみると、この状況はすぐに変わるだろう。

Cellar Selection Sauvignon Blanc セラー・セレクション・ソーヴィニヨン・ブラン ♀ $$ 超お薦めワイン。新鮮で生き生きした香り。柑橘系の味わいが非常によく表現され、とても長い余韻。

Cellar Selection Syrah/Viognier セラー・セレクション・シラー／ヴィオニエ ♀ $$$ キメが粗くてずんぐりしているが、パンチの利いた黒い木イチゴが口中を満たす味わい。

Private Bin Sauvignon Blanc プライベート・ビン・ソーヴィニヨン・ブラン ♀ $$ 典型的な青草、グーズベリーの香り、リンゴらしさを想わせる味わい。シンプルだが週末愉しむにはもってこいの快活なワイン。

WAIMEA ESTATES *(Nelson)* ワイミア・エステート（ネルソン）

Pinot Gris ピノ・グリ ♀ $$$ ローズウォーター、芍薬（シャクヤク）を想わせる大変魅力的な香。ミネラル感、トロピカルフルーツの味わい。とてもきれいで価値あるワイン。

Sauvignon Blanc ソーヴィニヨン・ブラン ♀ $$$ 骨格がしっかりした青草、野草を想わせる香り。複雑な味わいだがバランスよく、後味に青リンゴとピーマンのタッチ。

WAIRAU RIVER *(Marlborough)* ワイラウ・リヴァー（マルボロー）

Sauvignon Blanc ソーヴィニヨン・ブラン ♀ $$ 火打ち石、花崗岩の香りには、マルボロと同じくらいホークス・ベイらしい青草のタッチ。味わいに趣を添えるミネラル感。溌剌としたリンゴの後味。

WITHER HILLS *(Marlborough)* ウイザー・ヒルズ（マルボロー）

Sauvignon Blanc ソーヴィニヨン・ブラン ♀ $ 溌剌とした趣の素晴らしい典型的なグーズベリーの香り。青いリンゴ、柑橘類の風味溢れる味わい。特別のワインではないが、ソーヴィニヨン・ブランらしさを備えた

ワイン。

ポルトガルのバリューワイン（テーブル・ワイン）

(担当　マーク・スキアーズ)

　ポルトガルは優れたバリューワインの宝庫で、アメリカの小売価格に大混乱を巻き起こしている為替レートの変動にもかかわらず、ポルトガルのワインは国際市場でかなりの頑張りを見せている。価格はまさに上昇基調にあるらしく、以前は最高のお値打ち品だったワインが、今ではそこそこの値頃感になってしまった一因も、為替レートにある。とはいえ全体を眺めれば、価格はいまだに手頃な部類だし、バリューワインを探すのもたやすい。それに加えてこれらのワインは、他産地ではとても真似出来ないような、特色溢れるブレンド・ワインとして市場に供給されている。トゥリガ・ナシオナル、ティンタ・ロリス、トゥリガ・フランカのブレンドを、ドウロ以外のどこで手に入れられるというのだろう。シラー、アリカント・ブーシェ、カステランなどのブドウから造ったブレンドなど、ポルトガル南部以外の土地で、とても見つかるものではない。もし独自のスタイルや風味に優れたワインが好みなら、ポルトガルはもってこいの国だ。このことがポルトガルにとってアドバンテージになってくれる。どこか趣を異にした特徴的なワインだが、価格のほうも、その大部分はお手頃である。

生産地とブドウ品種

　バリューワインという点から見れば、産地によってその重要性に差はあるものの、いずれの産地も無視する訳にはいかない。ポルトガル北東部に位置する**ドウロ**下流は、ポルトガルでも最高の、そして最も有名な産地である。2006年、ドウロは限定生産地域としてのワイン法制定250周年を祝った。他のポルトガルのどんな産地も及ばないほどの名声を、ドウロは享受しているのである。典型的なドウロ産ブレンド・ワインの赤は、トゥリガ・ナシオナル、ティンタ・ロリス、トゥリガ・フランカといった品種を中心とする。白ワインはコデガ、マルヴァジア、ラビガト、ヴィオジーニョ種などのブレンドだろう。ポルトガル国内では、ドウロはバリューワインでその名声を確立しているわけではない。しかしその実、ドウロは赤ワインを中心に、上質なバリューワインも生産している。どんな産地にも言えることだが、知名度に惑わされないようにしなければならない。
　ドウロの好敵手の中でも、現在いちばんよく知られている存在が**アレンテージョ**だ。ここはドウロとは国の反対側に位置するポルトガル南部の広

大な産地である。ドウロをポルトガルのボルドーだとしたら、シャトー・ヌフ・デュ・パプにもたとえられる。ここのワインは、ポルトガル国内では高い人気を誇っている。アレンテージョは、伝統的にバリューワインの主力生産地のひとつだった。カベルネ・ソーヴィニヨン、シラーなどの赤ブドウを、トリンカデイラ、アリカント・ブーシェ（フランス種だが、ポルトガル南部にいちばん適性あり）などの土着品種にブレンドする傾向から、ここのワインは"インターナショナル"と呼ばれることが多い。白ワインはアンタン・ヴァス、ローペイロ、アリントその他の品種のブレンドだと思われる。

　知名度の高くない産地に目を向けることは、どの国の場合でもそうなのだが、しばしば最高にお買い得なワインを手に入れる近道となるだろう。確かに、バイラーダ、ダン、エストレマドゥーラ、リバテージョ、ヴィーニョ・ヴェルデのような産地は、バリューワイン購入者にとって最高の供給源となっている。例えば白ワイン好きなら、**ヴィーニョ・ヴェルデ**である。ここで継続中の品質革命が、結果的にポルトガルで最も優れたバリューワインを生んでいることを記憶にとどめておこう。国境の向こう、スペインのアルバリーニョ種の親戚筋に当たるアルヴァリーニョ種100％のワインは、しばしば卓越したものとなる。こうしたワインなら、多少熟成させることも可能だ。今日はおいしく飲めても明日にはダメになってしまうような、簡素で微発泡性のつまらないヴィーニョ・ヴェルデとはまったくの別物なのである。ヴィーニョ・ヴェルデ地方全体を見ると、25ドルという本書の上限を大きく上回るワインを見つけることは難しく、ましてや25ドルで良質のワインが入手できるかどうかを心配する必要もない。2008年に統制名称生産地区認定100周年を祝った**ダン**を見ると、ドウロでおなじみの品種（トゥリガ・ナシオナル、ティンタ・ロリス）が多く使われていることに気がつく。そのワインは卓越しつつも廉価で、優雅にして上品なものだ。その他人気ブドウ品種には、ジャエンやアルフロシェイロが含まれる。エンクルザードは洗練された白品種で、注目に値する。わずかな金額で手に入る高品質なワインが、この地方には数多く存在する。**バイラーダ**はダンとならんでバイラス地方のDOCに認定された、もうひとつの重要な生産地区。ここは個性が二分されている産地である。つまり、多くの造り手は国際品種を使っているが、難しい品種だが上等なことでも有名な（あるいは悪名高い）、バガという赤ブドウも存在するのである。ビカルは構成のしっかりした人気の白ブドウで、素晴らしい潜在能力を備える。**リバテージョ**と**エストレマドゥーラ**ではアレンテージョ同様に、土着・国際双方の品種が使われている。そのワインは通常、とても値頃感のあるものになっている。

ヴィンテージを知る

　ポルトガルのほとんどの産地で、2006年のヴィンテージは困難につきまとわれた年だった。概してドウロやアレンテージョよりも、ダンのほうが若干筆者の好み。赤よりも白のほうが全体的に若干良質だが、最終的な結論はまだ出ていない。とはいえ、ほとんどすべてのワインが苦しんでいる。私がテイスティングした06年産ポルトガルの赤ワインに典型的に見られるのは、最初のうちこそ上々だが急速に痩せ細り、最後の方には若干余韻と内容に欠ける、というもの。為替レートの問題のため、現在2006は、たとえば豊潤な2003年、凝縮感のある2004年、スタイルはより軽めだが優雅な2005年といった、近年のより上質なヴィンテージと同じか、あるいはそれ以上の高値を付けている。市場に出回り始めたばかりの2007年を完全に評価するには、あまりに時期尚早だが、多くの産地で非常に上質なワインになっている。近年のベスト・ヴィンテージは2004年。濃密で熟成に値し、素晴らしい果実味を備えた強烈なワインとなり、多くの場合、いまだにバランスと集中力を保ち続けている。

飲み頃

　ヴィンテージや飲み頃を一般化してみても、それは本質的に正確なものとは言い難い。しかしポルト酒の伝統を擁するドウロ渓谷を筆頭に、酸の強いバガ主体のバイラーダの赤ワイン、ダンのトゥリガ・ナシオナルにいたるまで、ポルトガルの赤ワインは大抵持続力に優れる。もちろんどんなルールにも例外があり、また多くの超低価格ワインが超早熟型に造られているのは明らかである。が、普通ポルトガルの生産者は、構成の表現に優れている。多くのお値打ちワインでさえ5〜8年間は上品に熟成し、状況やヴィンテージによってはそれを上回る場合もある。ポルトガルの白ワインはそれよりかなり早めに熟成するようだが、すべてに例外というものがある。例えばヴィーニョ・ヴェルデなどは早熟型で有名だし、普通は出荷後1〜2年以内に飲んでしまった方がいい。しかしニューウェーブのヴィーニョ・ヴェルデなら、多くの場合数年長めの熟成が可能となっている。

■ポルトガルの優良バリューワイン（ワイナリー別）

ADEGA COOPERATIVA DE BORBA *(Alentejo)* アデガ・コーペラ

ティヴァ・デ・ボルバ（アレンテージョ）

- **Aragonês/Cabernet Sauvignon** *(adegaborba.pt)* アラゴネ／カベルネ・ソーヴィニヨン ♥ $　このブレンド・ワインには、とても魅力的な赤いベリー類の香りがある。
- **Aragonêz & Touriga Nacional** アラゴネス & トゥリガ・ナシオナル ♥ $　フルーティで柔らかく生き生きとしていて、甘く気のおけない果実味がある。十分な構成のおかげで、本物のワインに仕上がっている。
- **Reserva** (Adegaborba.Pt) レゼルヴァ (Adegaborba.Pt) ♥ $　通常クラスのワインよりも密度が濃く熟成に向いたこのワインは、アメリカ産オーク樽をかなり使用しているが、いくらか空気にさらすことでそれを上手に吸収する。
- **Touriga Nacional** トゥリガ・ナシオナル ♥ $　香り高くバランスも美しく、熟したタンニンが十分なサポートを提供している。

ADEGA DE MONÇÃO *(Vinho Verde)* アデガ・デ・モンサン（ヴィーニョ・ヴェルデ）

- **Muralhas de Monção** ムラーリャス・デ・モンサン ♀ $　アルヴァリーニョ種が大部分を占めるが、それにトラジャドゥーラ種をいくらかブレンド。繊細だが持続力がある。

CAMPOLARGO *(Bairrada)* カンポラルゴ（バイラーダ）

- **Arinto** アリント ♀ $$　樽熟成されたワインで、どこにでもある酸の強いアリントとはまるで別物。
- **"Os Corvos da Vinha da Costa"** オス・コルヴォス・ダ・ヴィーニャ・ダ・コスタ ♥ $　ティンタ・ロリス、シラー、メルロといった国際品種をブレンドした、たっぷりと豊かなワイン。

CARM (CASA AGRÍCOLA ROBOREDO MADEIRA) *(Douro)* カーム（カザ・アグリコラ・ロボレード・マデイラ）（ドウロ）

- **Grande Reserva Branco** グランデ・レゼルヴァ・ブランコ ♀ $$$　コデガ、ラビガト、ヴィオジーニョ種を使ったこの典型的なドウロ風ブレンドは、オーク樽で熟成されているが、長期間にわたり生きのいい爽快感を保っている。

Reserva（Quinta do Côa） レゼルヴァ（キンタ・ド・コアン）🍷 $$$ 通常クラスのティントよりも深みがあり構成も上等のこのワインは、たっぷりとした豊かさを保ち、甘い果実味も併せ持つ。

Tinto ティント 🍷 $$ このいかにもドウロ風のブレンドは、通常バランスに優れ多少コンパクトだが、風味豊かで魅力的。一本筋が通っている。

Tinto（Quinta do Côa） ティント（キンタ・ド・コアン）🍷 $$ この単一畑のワインは、複数の畑のティントよりもたっぷりと豊潤であることがしばしばで、常に風味ではち切れんばかり。

CASA DE CELLO *(Vinho Verde and Dão)* カザ・デ・セロ（ヴィーニョ・ヴェルデ、ダン）

Branco（Quinta de Sanjoanne） ブランコ（キンタ・デ・サンジョアンネ）🍷 $ 爽やかで風味豊かなこのヴィーニョ・ヴェルデは、オーク樽未使用。熟成させるに足るワインで、刺すような鋭さを感じさせる。

"Porta Fronha"（Quinta da Vegia） "ポルタ・フローニャ"（キンタ・ダ・ヴェージャ）🍷 $$ 若い木のブドウから造られたティント。きれいで純粋、それを熟したタンニンが支える。

Tinto（Quinta da Vegia） ティント（キンタ・ダ・ヴェージャ）🍷 $$$ 典型的なトゥリガ・ナシオナルとティンタ・ロリスのブレンド。フルーティ、優雅、そして爽快。熟したタンニンと生き生きとした趣を感じさせる。

CASA ERMELINDA FREITAS *(Terras do Sado)* カザ・エルメリンダ・フレイタス（テラス・ド・サド）

Reserva レゼルヴァ 🍷 $$ トゥリガ・ナシオナル、シラー、カステランといった品種をブレンドしたワインで、カステランは樹齢50年のもの。愛すべき果実味と上等な構成、後味にはちょっとした激しさも。

Tinto ティント 🍷 $ このワインのカステランの樹齢は40年で、ブレンドの3分の1を占める。

CASA DE VILA VERDE *(Vinho Verde)* カザ・デ・ヴィラ・ヴェルデ（ヴィーニョ・ヴェルデ）

Branco ブランコ 🍷 $ すこぶるフルーティで飲みやすい、自社所属単一醸造所ワイン。

CAVES ALIANÇA *(Dão and Bairrada)* カヴェス・アリアンサ（ダン、バイラーダ）

- **Quinta da Garrida Estate** キンタ・ダ・ガリーダ・エステート ♟ $$ この上品で優雅なワインには、愛すべき芳香と果実味がある。
- **Tinto (Quinta das Bacelados)** ティント（キンタ・ダス・バセラダス）♟ $$$ かなり優美で非常に鮮やかな、モダンなスタイルのバイラーダ産ワイン。カベルネ・ソーヴィニヨン、メルロ、"ごく少量"のバガをブレンド。

CAVES TRANSMONTANAS *(Douro)* カヴェス・トランスモンタナス（ドウロ）

- **Espumante Bruto Super Reserva (Vértice)** エスプマンテ・ブルート・スーペル・レゼルヴァ（ヴェルティセ）♟ $$ 数年を澱と共に熟成させたこのワインは、価格の割に素晴らしい深みと大量のトースト香を醸し出す。
- **Espumante Reserva (Vértice)** エスプマンテ・レゼルヴァ（ヴェルティセ）♟ $ スーペル・レゼルヴァよりも軽くて飲みやすく、価格も多少安い。

CHURCHILL GRAHAM *(Douro)* チャーチル・グレアム（ドウロ）

- **Tinto** ティント ♟ $$$ とても優美なドウロのブレンド・ワイン。鮮やかで明るく快活、上質な風味。後味にはちょっとした激しさも。

COLINAS DE SÃO LOURENÇO (SILVIO CERVEIRA) *(Bairrada)* コリナス・デ・サン・ローレンソ（シルヴィオ・セルヴェイラ）（バイラーダ）

- **Chardonnay/Arinto** シャルドネ／アリント ♟ $ 鮮やかで生きのよい爽快感に、アリントが上質な酸を提供している。
- **Private Collection** プライヴェート・コレクション ♟ $$$ 土着・国際品種をブレンドしたことで、通常クラスのティントよりも一層の深みがあり、また一方でかなり優雅で心地よいスタイルを保っている。
- **Tinto** ティント ♟ $ 土着・国際品種をブレンドしたこのワインは、明るく快活でかなり高い酸があり、汁気の多い後味に優美な中味。

DÃO SUL *(Dão)* ダン・スール（ダン）

Touriga Nacional (Quinta de Cabriz) トゥリガ・ナシオナル（キンタ・デ・カブリス）🍷 $$$　多くの点でクラシックなダンのワイン。中味の重量感には優美さがあり、開くほどにアロマ豊かになる。

DOMINGOS ALVES DE SOUSA *(Douro)* ドミンゴス・アルヴェス・デ・ソウザ（ドウロ）

Caldas Reserva カルダス・レゼルヴァ 🍷 $$　バランスの良いドウロのブレンド。若干の激しさと、プラムを感じさせるかなり美味な風味も。
Estação エスタサン 🍷 $　驚きの低価格ワインのひとつ。鮮やかで、後味にはちょっとした持続力があり、明るく快活なたたずまい。
Reserva (Quinta do Vale da Raposa) レゼルヴァ（キンタ・ド・ヴァレ・デ・ラポーザ）🍷 $$　この典型的なドウロのブレンドは、親しみが持て飲みやすいワイン。愛すべき香り、優美な中味、たっぷりとした豊かさ、甘く直截な果実味、繊細なタンニンがある。

JOSÉ MARIA DA FONSECA *(Terras do Sado and Douro)* ジョゼ・マリア・ダ・フォンセカ（テラス・ド・サド、ドウロ）

Domini ドミニ 🍷 $$　フォンセカが造るドウロの新顔は、いつものように軽さを志向し、鮮やかで優美。なかなかの個性に加え、風味にもかなりの持続力がある。
Periquita Reserva ペリキータ・レゼルヴァ 🍷 $$　クラシックなポルトガル・ワイン。鮮やかで優美、そして魅力的。汁気に富み、果汁感溢れる果実味は、ブルーベリーか何かで覆われているかのよう。

FUNDAÇÃO EUGÉNIO DE ALMEIDA (ADEGA DE CARTUXA) *(Alentejo)* エウジェニオ・デ・アルメイダ協会（アデガ・デ・カルトゥーサ）（アレンテージョ）

Branco "Cartuxa" ブランコ "カルトゥーサ" 🍸 $　アリント、アンタン・ヴァス、ローペイロといった品種のブレンドで、軽く肩の張らないワイン。後味には十分な持続力があって、ちょっとばかり活発な感じがする。
Branco "EA" ブランコ "EA" 🍸 $　量販市場向けのクラシック・ワインだ

PORTUGAL

が、とても魅力的できれいで味わい深い。縁には多少の明るさも。
- **Foral de Évora Tinto** フォラル・デ・エヴォラ・ティント 🍷 $$$ 若干の深みと熟成能力を備えた、中価格帯向けワインとして頼もしい存在になってくれるはず。

HERDADE DO ESPORÃO (*Alentejo*) エルダーデ・ド・エスポラン（アレンテージョ）

- **Alandra** アランドラ 🍷 $ 柔らかでブドウの香味が強く気楽なこのワインは、エスポランが造る量販市場用のテーブル・ワイン。モレート、カステラン、トリンカデイラの魅力的なブレンド。
- **Aragonês** アラゴネス 🍷 $$$ 上等な構成、後味には緊張感、酸は良好で、若々しい力強さも。
- **"Monte Velho" Branco** "モンテ・ヴェーリョ" ブランコ 🍷 $ おなじみの量販市場向けクラシック・ワイン。繊細なのに、いつもながらの値頃感。
- **Touriga Nacional** トゥリガ・ナシオナル 🍷 $$$ 優雅で、愛すべき花の香りがする。
- **Verdelho** ヴェルデーリョ 🍷 $$ 溢れんばかりの活力に、少しばかり草の香り。後味の最初の方にレモンのような香りも。爽やかでピリッとした刺激があり、かなり引き締まった後味に加えて、深みも十分。
- **Vinha da Defesa Branco** ヴィーニャ・ダ・デフェーザ・ブランコ 🍷 $$ （上記の）モンテ・ヴェーリョよりも草の香りの強いワイン。爽やかで鋼を感じさせ、ステンレス・タンクで醸造されている。

HERDADE SÃO MIGUEL (*Alentejo*) エルダーデ・サン・ミゲル（アレンテージョ）

- **Tinto** ティント 🍷 $ 土着と国際品種をブレンドしたこのワインは、風味豊かで構成もしっかりしている。セラーで少々熟成、発展させることも可能。

HOTEL DO REGUENGO DE MELGAÇO (*Vinho Verde*) オテル・ド・レグエンゴ・デ・メルガーソ（ヴィーニョ・ヴェルデ）

- **Alvarinho** アルヴァリーニョ 🍷 $$ この深みのあるヴィーニョ・ヴェルデは、優良ヴィンテージならば6〜12カ月セラーに置くことで、上質さ

を醸し出すこともある。

JOÃO PORTUGAL RAMOS *(Alentejo and Ribatejo)* ジョアン・ポルトゥガル・ラモス（アレンテージョ＆リバテージョ、リスボンに接するテージョ河流域）

- **Loios Tinto** ロイオス・ティント ♀ $ アラゴネス、トリンカデイラ、カステランという典型的な南の品種をブレンドし、ステンレス・タンクで発酵させたワイン。軽く鮮やか、焦点が一点に集約している。
- **Reserva "Conde de Vimioso"(Falua)** レゼルヴァ "コンデ・デ・ヴィミオゾ"（ファルア）♀ $$$ 単一畑のトゥリガ・ナシオナル、カベルネ・ソーヴィニヨン、ティンタ・ロリスといった品種のブレンド。風味の豊かさだけでなく熟成能力もあり。
- **Tinto "Marquês de Borba"** ティント "マルケス・デ・ボルバ" ♀ $$ 鮮やか、上質な酸、たっぷりとした赤い果実の風味、心地よい後味。
- **Tinto (Vila Santa)** ティント（ヴィラ・サンタ）♀ $$$ 土着・国際品種をブレンドしたこのワインはフルーティだが構成に優れ、オーク樽をなじませるために、多少セラーで寝かせる時間が必要。

LAVRADORES DE FEITORIA *(Douro)* ラヴラドーレス・デ・フェイトリア（ドウロ）

- **Tinto "Três Bagos"** ティント "トレス・バゴス" ♀ $$ このブランドは、心地よくわき上がる肩の凝らない果実味を得意とするが、十分な深みと構成もある。最高の状態に持っていくには、出荷したてのワインなら１時間ほどの時間が必要。

MONTE DA CAPELA *(Alentejo)* モンテ・ダ・カペラ（アレンテージョ）

- **Reserva** レゼルヴァ ♀ $$ この典型的な南部のブレンド・ワインは、鮮やかで優美。適度に複雑な風味、熟したタンニン、やや上質な赤い果実、かすかな香草、ちょっとの土の香りを感じさせる。

PAULO LAUREANO VINUS *(Alentejo)* パオロ・ラウレアノ・ヴィヌス（アレンテージョ）

PORTUGAL

- **Dolium Branco Escolha** ドリウム・ブランコ・エスコーリャ 🍷 $$$ すべてのアンタン・ヴァス種のワイン同様、これもヘーゼルナッツとシュール・リーの影響を強く感じる。スタイルは非常にブルゴーニュ風。
- **Dolium Reserva** ドリウム・レゼルヴァ 🍷 $$$ このワインに関しては、風味豊かな果実味と構成の良さを含め、シングラリスの強化版とでも呼んでおこう。
- **Singularis Tinto** シングラリス・ティント 🍷 $ かなり優美で軽いスタイル。鮮やかな赤いベリー類の香り。

ANSELMO MENDES (ANDREZA) *(Vinho Verde)* アンセルモ・メンデス (アンドレーザ) (ヴィーニョ・ヴェルデ)

- **Alvarinho** アルバリーニョ 🍷 $$$ この力強いヴィーニョ・ヴェルデのアルコール度はおよそ13%。深みと凝縮感に優れているようだ。
- **Loureiro "Escolha" (Andreza)** ローレイロ "エスコーリャ" (アンドレーザ) 🍷 $ この "スペシャル・セレクション" は、素晴らしいワインを造る繊細な品種、ローレイロ100%から造られている。溌剌としてアロマ豊か、そして爽快。

PINHAL DA TORRE *(Ribatejo)* ピニャール・ダ・トレ (リバテージョ)

- **"2 Worlds Reserva" (Quinta do Alqueve)** "2 ワールド・レゼルヴァ" (キンタ・ド・アルケヴェ) 🍷 $$ 普通ここの品揃えの中では格安なワイン。上手に構成されたブレンドで、50%ずつ配されたカベルネ・ソーヴィニヨンとトゥリガ・ナシオナルが、新世界と旧世界を代表している。

POÇAS *(Douro)* ポサス (ドウロ)

- **Coroa d'Ouro Reserva Branco** コロア・ドウロ・レゼルヴァ・ブランコ 🍷 $ 草の香り、爽快感があり、かなり溌剌としている。
- **Novus** ノヴス 🍷 $$ 気軽に飲めるセクシーで豊潤なスタイルに造られている、典型的なドウロのブレンド。
- **Tinto "Coroa d'Ouro"** ティント "コロア・ドウロ" 🍷 $ 申し分ない構成で、風味豊か。中味には硬さも感じられ、後味にはちょっとした激しさが。
- **Vale de Cavalos** ヴァレ・デ・カヴァロス 🍷 $$$ ノヴスよりも構成に優

れているが、それでもなお愛すべき甘い果実味を特徴とするワイン。

QUANTA TERRA *(Douro)* キンタ・テラ（ドウロ）

Reserva "Terra a Terra" レゼルヴァ"テラ・ア・テラ" 🍷 $$$　このドウロ産ブレンド・ワインは、かなりの口当たりの良さを感じさせる。しなやかで、熟したタンニンと非の打ち所のないバランスも。

QUINTA DA ALORNA *(Ribatejo)* キンタ・ダ・アロルナ（リバテージョ）

Tinto ティント 🍷 $　アロマ豊かで非常にフルーティ。一部の人にとってはおそらく過度に。

Touriga Nacional/Cabernet Sauvignon Reserva トゥリガ・ナシオナル／カベルネ・ソーヴィニヨン・レゼルヴァ 🍷 $$　出荷時にはかなり身が締め付けられているが、オーク樽によって柔らかみを帯びた質感があり、その味わいは熟した新鮮な果実味を醸し出す。

QUINTA DA AVELEDA *(Vinho Verde and Bairrada)* キンタ・ダ・アヴェレーダ（ヴィーニョ・ヴェルデ、バイラーダ）

Alvarinho アルヴァリーニョ 🍸 $　堅牢さを感じさせるワインで、廉価のヴィーニョ・ヴェルデにしては驚きの深みと凝縮感。

"Follies" Chardonnay/Maria Gomes "フォリーズ"シャルドネ／マリア・ゴメス 🍸 $　珍しい品種の組み合わせだが、うまい具合に仕上がっている。深みと爽やかさがあり、心地良い後味が豊かな風味を醸し出している。

Touriga Nacional/Cabernet Sauvignon "Follies" トゥリガ・ナシオナル／カベルネ・ソーヴィニヨン"フォリーズ" 🍷 $$　タンニンのパンチが効いたワイン。この価格帯には珍しい良質な深みがある。

QUINTA DA CORTEZIA *(Estremadura)* キンタ・ダ・コルテジア（エストレマドゥーラ）

Reserva レゼルヴァ 🍷 $　滑らかな質感があって気軽なのに、それでもなお多少の激しさと焦点を後味に持つ。このような廉価なワインにしては、構成も十分。

Touriga Nacional トゥリガ・ナシオナル 🍷 $$ チャーミングなワインで、優雅、アロマ豊か、そして上品。ひょっとすると少々中味の凝縮感に欠けるかも。

QUINTA DA ROMANEIRA *(Douro)* キンタ・ダ・ロマネイラ（ドウロ）

"R" de Romaneira "R" デ・ロマネイラ 🍷 $$$ トゥリガ・フランカ主体で、優美な中味。後味には上品な趣があり、タンニンも上手に溶け込んでいる。

QUINTA DE CHOCAPALHA *(Estremadura)* キンタ・デ・ショカパーリャ（エストレマドゥーラ）

Tinto ティント 🍷 $$ その時々でティンタ・ロリス、トゥリガ・ナシオナル、アリカント・ブーシェ、カステランなど、さまざまな品種をブレンドしたワイン。かなりクリーミーな質感だが、すぐに果実味が立ち上り、構成も良好。

QUINTA DE RORIZ *(Douro)* キンタ・デ・ロリス（ドウロ）

Prazo de Roriz プラゾ・デ・ロリス 🍷 $$ 実に魅力的でまろやか、ビロードの感触。後味には若干のキリッとした酸味も。

QUINTA DE VENTOZELO *(Douro)* キンタ・デ・ヴェントゼロ（ドウロ）

Tinta Roriz ティンタ・ロリス 🍷 $$ 優美、鮮やか、そして優れた構成。味わい深い果実味も備える。
Touriga Nacional トゥリガ・ナシオナル 🍷 $$ 鮮やかで、持続的な風味と良好な構成も。

QUINTA DO AMEAL *(Vinho Verde)* キンタ・ド・アメアル（ヴィーニョ・ヴェルデ）

Loureiro ローレイロ 🍷 $$ 鮮やかで、思わずよだれが出そうになる。ほとんどのローレイロがそうであるように、繊細。

QUINTA DO CASAL BRANCO *(Ribatejo)* キンタ・ド・カザル・ブランコ（リバテージョ）

Branco (Capoeira) ブランコ（カポエイラ）🍷 $ 樹齢25年のフェルナン・ピレス種とソーヴィニヨン・ブランのブレンド。元気がよく活力に溢れ、爽快なワイン。

Branco (Falcoaria) ブランコ（ファルコアリア）🍷 $ この魅力的でとてつもなく安いワインをブラインドで飲んだとしたら、25ドルのカリフォルニア産シャルドネと同クラスのワインだと思ってしまう人も多いに違いない。

Branco (Quartilho) ブランコ（クァルティーリョ）🍷 $ 樹齢25年の木が植わる単一畑のフェルナン・ピレス種だけで造られた、オーク樽未使用の爽快で鮮やかなワイン。少々軽いところもあるけれど。

Castelão & Cabernet Sauvignon "Terra de Lobos" カステラン & カベルネ・ソーヴィニヨン "テラ・デ・ロボス" 🍷 $ フルーティで親しみやすく、心地よい風味を醸し出す。鋭く集中した赤いベリー類のニュアンスも、ある程度感じられる。

Reserva (Falcoaria) レゼルヴァ（ファルコアリア）🍷 $$ このレゼルヴァは、ティントに比べてかなり高価とか上質とかいうわけではないが、多少タイトでかすかにフルの感じがする。一方ティントはより爽快で生命力を感じさせる。

Tinto (Falcoaria) ティント（ファルコアリア）🍷 $$ 滑らかでみずみずしい質感のこのワインは、後味に若干の硬さがあり、多少引き締まった感じも醸し出す。

QUINTA DO FEITAL *(Vinho Verde)* キンタ・ド・フェイタル（ヴィーニョ・ヴェルデ）

Auratus アウラトゥス 🍷 $$ アルヴァリーニョとトラジャドゥーラのブレンドで、オーク樽未使用。鋼を感じさせる中味。

QUINTA DO MOURO (MIGUEL LOURO) *(Alentejo)* キンタ・ド・モウロ（ミゲル・ラウロ）（アレンテージョ）

Reserva "Casa dos Zagalos" レゼルヴァ "カザ・ドス・ザガロス" 🍷 $$
風味に溢れ柔らかな質感、優雅、そして美しいバランス。十分な激しさ

PORTUGAL

と活気があり、後味は非常に上質。

QUINTA DO NOVAL (*Douro [Duriense]*) キンタ・ド・ノヴァル（ドウロ［ドゥリエンセ］）

Cedro do Noval セドロ・ド・ノヴァル 🍷 $$$　アロマ豊かで潤にして美味。2005年の2回目のヴィンテージ以来、ノヴァルはブレンドの半量ほどにシラーを使用し始めた。

QUINTA DO PORTAL (*Douro*) キンタ・ド・ポルタル（ドウロ）

Reserva レゼルヴァ 🍷 $$$　典型的なこのドウロ風ブレンド・ワインは、通常クラスのワインの愛すべき果実味を保ちつつ、より上質な構成を備えている。

Tinto ティント 🍷 $$　中味は簡素。熟したタンニンがいくらか凝縮感と活力を与えている、非常にチャーミングなワイン。

Tinta Roriz ティンタ・ロリス 🍷 $$　初めは赤い果実の風味が明らかで、鮮やかな印象。その下にかなりの力強さを隠し持つ。

QUINTA DO VALE MEÃO (*Douro*) キンタ・ド・ヴァレ・メアン（ドウロ）

Meandro do Vale Meão メアンドロ・ド・ヴァレ・メアン 🍷 $$　このセカンド・ワインは、典型的なドウロ風ブレンド。鮮やか、優美、爽快だが、ちょっとした力強さも備える。

QUINTA DO VALLADO (*Douro*) キンタ・ド・ヴァラルド（ドウロ）

Tinto ティント 🍷 $$　ドウロの中でもかなり良質で、もっとも一貫したお値打ち品。丸みがあり、熟成に値し、滑らか。底の方には簡素な力強さを隠し持つ。ほとんどの年で、ブレンドの約3分の1を樹齢70年以上の古木が占め、残りを若い木のブドウで補っている。

QUINTA DOS ROQUES (*Dão*) キンタ・ドス・ロケス（ダン）

Encruzado エンクルサード 🍷 $$　優雅な白ワイン。きれいで親しみやすい。

QUINTA VALE DAS ESCADINHAS *(Dão)* キンタ・ヴァレ・ダス・エスカディニャス（ダン）

T-Nac (Quinta da Falorca) T・ナック（キンタ・ダ・ファロルカ）🍷 $$ かなり柔らかなトゥリガ・ナシオナル。美味な果実味と簡素な中味。

RAMOS PINTO *(Douro)* ラモス・ピント（ドウロ）

Adriano Branco アドリアーノ・ブランコ 🍷 $$ 多少熟成させることで、ある程度丸みを帯びるが、若いうちは元気で鮮やか、そして爽快。

ROQUEVALE (SOC. AG. DE HERDADE DA MADEIRA) *(Alentejo)* ロケヴァレ（エルダネ・ダ・マデイラ農業協同組合）（アルテージョ）

Tinto da Talha Syrah/Touriga Nacional "Grande Escolha" ティント・ダ・タリャ・シラー／トゥリガ・ナシオナル "グランデ・スコーリャ" 🍷 $ 滑らかで洗練され、最初はオーク樽の味がかなり強いが、部分部分は非常に上手にまとめられている。

SOCIEDADE AGRICOLA DE SANTAR *(Dão)* ソシエダーデ・アグリーコラ・デ・サンタール（ダン）

Tinto (Casa de Santar) ティント（カザ・デ・サンタール）🍷 $$ トゥリガ・ナシオナル、アルフロシェイロ、ティンタ・ロリスをブレンドしたワインで、優美で風味豊か、そして上品。後味にはなかなかの強烈さも。

SOGRAPE VINHOS *(Douro, Alentejo, and Dão)* ソーグレープ・ヴィーニョ（ドウロ、アレンテージョ、ドウロ）

Callabriga Alentejo カラブリーガ・アレンテージョ 🍷 $ みずみずしく味わい深く、後味には少々の緊張感があり、目を見張らせるたたずまいも。

Callabriga Dão カラブリーガ・ダン 🍷 $ フルーティ、優美、そして味わい深く、後味には少々の鮮やかさが感じられる気軽なワイン。

Callabriga Douro カラブリーガ・ドウロ 🍷 $ 軽く鮮やかなワイン。トゥリガ・ナシオナルに由来する甘みをつけたサワープラムを感じさせ、

中味も簡素なら構成も簡素。
- **Pena de Pato** ペナ・デ・パト ▼ $　中味のかなりの軽さにもかかわらず、尊敬に値する小品。この価格帯でよくお目にかかる、ボジョレ風のがぶ飲みワイン以上のものがある。集中力があり優美で汚れなく、構成も充実している。

SYMINGTON FAMILY ESTATES *(Douro)* シミントン・ファミリー・エステート（ドウロ）

- **Altano Reserva** アルターノ・レゼルヴァ ▼ $$　ブレンドと言っても、ここではトゥリガ・フランカに重きを置いているようだ。深みと構成の点で、通常クラスのアルターノと（下記の）ヴァレ・ド・ボンフィンより大抵は一段ステップアップしたワインになっているが、ここ数年はオーク樽の影響がかなり目立つ。
- **Reserva "Vale do Bomfim"** (Dow) レゼルヴァ "ヴァレ・ド・ボンフィン"（ドゥ）▼ $　このドウロのブレンド・ワインには熟したタンニンがあるが、気のおけない果実味と非常に優美な中味で注目のワイン。

TERRAS DE ALTER *(Alentejo)* テラス・デ・アルテル（アレンテージョ）

- **Branco "Fado"** ブランコ "ファド" ▽ $　アンタン・ヴァスとローペイロを使った典型的な南部産ブレンド白ワイン。その結果、かなりチャーミングなワインに仕上がり、質感にはなかなかの丸み、深みを感じさせ、後味にも緊張感が。

VINHO ALVARINHO DE MONCÃO *(Vinho Verde)* ヴィーニョ・アルヴァリーニョ・デ・モンサン（ヴィーニョ・ヴェルデ）

- **Alvarinho "Solar de Serrade"** アルヴァリーニョ "ソラール・デ・セラーデ" ▽ $$　生きがよく爽やかで、実に美味な後味にはレモンライム（炭酸ガス飲料）の香りが。しかし急速に発展し、数カ月後には極めてフルーティになる。

南アフリカのバリューワイン

(担当　デイヴィッド・シルトクネヒト)

アパルトヘイトの廃止から15年がたち、南アフリカワインのルネッサンスとその新水準は、この国の政治体制の再生と軌を一にして世界的に認められてきた。長い歴史をもつワイン産地（南アフリカはオーストラリアあるいはアメリカよりも1世紀ほど長い本格的なワイン造りの歴史をもつ）に加え、多くの興奮するような可能性が、まだ混沌としているこの国の各地や、あるいはまったく知られていないところで、芽を開き出している。今も続く多いなる挑戦は、大量に残るウイルス病持ちの劣った品種――その大半はアパルトヘイトに対する長期に及ぶ経済制裁がもたらしたものだ――のワインが市場に溢れているのを、整理することだ。その市場は、他国との競争に加え、熱狂的なペースで登場した南アフリカの新ブランドとの競合で混乱している。大半のワインは、明確な個性や心に残るような凝縮した風味を欠いている。あるいは世界的な弊害であるアルコール度数の高さと野菜風味をもっていることが多い。ただ重要なことは、ここに取り上げたものを含め真に傑出しているものが一部にあるということだ。

生産地

南アフリカで歴史もあり名声もある産地は、ケープタウンに隣接するコンスタンシアとステレンボッシュの2地区である。とはいえ、南アフリカのワイン産地のほぼ全てが、ケープタウンの北と東に位置する大西洋とインド洋沿いに広がり、深く水温の低い海水と海風の影響を直接受ける。ステレンボッシュの北で、最も知られている産地がパールで、内陸部に向かって広がる広大なスワートランドの中のいくつかの産地で一番端っこにある。ケープタウンとステレンボッシュの南東で、大西洋沿いに近い産地にウオーカー・ベイとケープ・アンギュラスがある。後者は大西洋とインド洋を分ける岬の名でもある。ステレンボッシュの東に広がる内陸産地の中で頻繁にラベルが出てくるのが、ロバートソンとカリッツドープである。ラベルに表示できる最も広大で包括的な産地名が「ウエスタン・ケープ」で、上記の地区の全てが含まれている。もっとも、さらにほかの産地がないわけではない。（他とは離れたノーザン・ケープ州には規模が小さく、重要度の低い産地がある。）

ブドウ品種

　南アフリカ最上の赤の大半はボルドーかブルゴーニュ、さらにローヌの品種から造られる。サンソーとピノ・ノワールの交配種ピノタージュは、やや粗野で田舎っぽく、時にはピリッと刺激的で甘くなりがちだが、独自性と栽培の普及度合いから、「南アフリカのブドウ」とされている。ソーヴィニヨン、セミヨンとシュナン・ブラン（スティーンとしても知られるが、従兄とも言えるロワールのものとは隔たりがあり、あまり普及していない）が広く栽培されている白品種で、個性も発揮している。温暖な地域では、最近、多くの品種の中からグレナッシュ・ブランとヴィオニエの可能性が見出されている。いろいろな要因があるが、流通事情の関係からアメリカ市場に現われる南アフリカワインの収穫年の幅はかなり広い結果になっている。もちろん、例外もあるが（北半球より6カ月収穫が先行するのを考慮するべき）、アメリカで販売される安価な南アフリカ産白ワインは、収穫から1年内に楽しむべきだ。安価な赤に関しても同様である。ワインの幅が広いから一般化するには複雑すぎるか、大まかに収穫年から3年以内とするのは悪くない考えだ。

■南アフリカの優良バリューワイン（ワイナリー別）

AVONDALE *(Paarl)* アヴォンデイル　（パール）

Chenin Blanc シュナン・ブラン ♀ $　マルメロとほのかに濡れたウールのアロマ。熟した苦くて甘いマルメロ、そしてライムの風味が口中に爽快な印象を与える。魅力的な炭酸ガスとほどよい酸味がわずかな甘さを引き立てている。

Cabernet Franc カベルネ・フラン ♥ $　スモーキーな香りが表に出ている、満足のいくしなやかさをもち、シャキッとして爽快。有機栽培ブドウから造ったワインで、熟した桑の実とかすかにセージと新鮮な青豆の風味。

BACKSBERG *(Paarl)* バックスバーク　（パール）

Chenin Blanc シュナン・ブラン ♀ $　愛らしいもぎたてのリンゴと花の香り。精妙な甘いナッツの風味が、凝縮したレモンのシトラス風味とよいバランスで、混じりけがなくきれいで落ち着いている。きちっとした

後味。

Klein Babylons Toren クライン・バビロンズ・トロン 🍷 $$$　マイケル・バックがカベルネ・ソーヴィニヨンとメルロに少量のシラーのブレンドで造り出したずば抜けた価格価値をもつワイン。豊かで、磨きぬかれ、タバコが混じったような樽の風味が強く、蠟封、プラム、ブラックベリー、腐葉土、ヨードチンキ、梢の下生え、そして甘い花の香りが相まって、この価格より3倍はするボルドーのワインを想わせる。

GRAHAM BECK *(Robertson)* グランベック（ロバートソン）

Viognier ヴィオニエ 🍷 $　アカシア、桃、クレソンと白胡椒のまさに典型的な品種香、この香りが口中でも劇的な印象をもたらし、ごくわずかな金属味と苦みを感じさせる。だがこの値段はバーゲン価格。

Syrah The Ridge シラー・ザ・リッジ 🍷 $$$　ローズヒップや革製の鞍、甘草、いぶしたような紅茶、そしてヴァニラの香りに縁取られて、わずかに煮詰めたような赤果実風味。満足のいく濃縮度で、まさにきめの細かいシラー。

BILTON *(Stellenbosch)* ビルトン（ステレンボッシュ）

Matt Black マット・ブラック 🍷 $$　ボルドー品種とシラーのブレンド、わずかに火を通したようなブラックベリーとブルーベリーの風味。ミントやタバコ、黒胡椒の風味がアクセントになっている。若々しさに持続性があり、豊かな快活さ。

BLACK PEARL *(Paarl)* ブラック・パール（パール）

Oro オロ 🍷 $$　シラーとカベルネのブレンド。この黒みがかった、継ぎ目のない滑らかさ、リッチなワイン。ブラック・カラント、タール、焼いたスパイス、茶、ミントとブラックオリーブの風味。後味にたっぷりした果実味と控えめなタンニン。

BRAMPTON *(Stellenbosch)* ブランプトン（ステレンボッシュ）

Sauvignon Blanc ソーヴィニヨン・ブラン 🍷 $　口の中がいっぱいになるようで、爽やかな趣き。よく知られたラステンベルグの万人向きセカンド・ラベルのソーヴィニヨン。爽快な酸味と、嚙めるような触感と、キ

SOUTH AFRICA

リッとしたグレープフルーツとライム、ハーブの風味。
- **Shiraz** シラーズ 🍷 $ ブラックベリー、セージと黒胡椒の香り、口中ではピリッとした胡椒とハーブとともに熟しているが生き生きとした風味があり、後味の収斂性と熱さにつながっている。

BUITENVERWACHTING *(Constantia)* ビュテンファワッテン（コンスタンシア）

- **Sauvignon Blanc Beyond** ソーヴィニヨン・ブラン・ビヨンド 🍷 $ このセカンド・ラベルのソーヴィニヨンは、グーズベリーとハーブのアロマ、わずかに苦く酸味のある赤いベリーと柑橘類の風味に溢れる。しっかりとしていて、活気があり、塩気と石灰を感じさせ、それが相まって、ピリッと鋭い後味を感じさせる。
- **Sauvignon Blanc** ソーヴィニヨン・ブラン 🍷 $ 野放図なほどのグーズベリー、セージ、柘植（つげ）とライムの香り。石のようで、塩気があり、石灰のような感じが底味にあり、同時に精妙な油っぽさを感じさせる凝縮した風味がある。触感と緊張感のある後味。
- **Chardonnay** シャルドネ 🍷 $$ 梨の果汁、ヴァニラや炒ったアーモンドを想わせる香り、口中で活気があり新鮮な果物と、トースティだが新樽のわずかに乾いた味とがバランスをとっている。キャラメルのようでかすかに苦い後味。

CAPAIA WINES *(Stellenbosch)* カパイヤ・ワイン（ステレンボッシュ）

- **Sauvignon Blanc Blue Grove Hill** ソーヴィニヨン・ブラン・ブルー・グローヴ・ヒル 🍷 $$ サンテミリオンのステファン・フォン・ネイベルグの所有するカパイヤのセカンド・ラベル。マンフレッド・テメント（オーストリアの項参照）がアドヴァイザー。塩を振ったグレープフルーツ、パッションフルーツ、緑色のハーブ、グーズベリー、ブラック・カラントの風味。あでやかで、見事なほどの滑らかさ、洗練され、果汁豊かで、持続性のあるソーヴィニヨン。
- **Blue Grove Hill** ブルー・グローヴ・ヒル 🍷 $$ 通常3分の2のメルロにカベルネのブレンド。洗練度が高く、エレガントなこのワインは、タバコ、ハーブとブラック・カラントの風味。炒ったナッツ、ダーク・チョコレートとほのかに花の香りもある。

DURBANVILLE HILLS *(Durbanville)* ダーバンヴィル・ヒルズ（ダ

ーバンヴィル）

- **Sauvignon Blanc ソーヴィニヨン・ブラン** ♀ $ パッションフルーツと桃、グレープフルーツの風味が中心、爽やかで、明朗、妙味のある性格。かすかに苦味。
- **Pinotage ピノタージュ** ♥ $ 南アフリカで広く栽培されているピノタージュの好例。とても安く、本当にお勧めできる。わずかな煙っぽさと、ハーブと野菜が溶け込んだような風味が、新鮮な赤いフランボワーズの風味を引き立てている。

EDGEBASTON (FINLAYSON FAMILY VINEYARDS) *(Stellenbosch)* エッジバストン（フィンレイソン・ファミリー・ヴィンヤーズ）（ステレンボッシュ）

- **The Pepper Pot ザ・ペッパー・ポット** ♥ $$ この濃厚なワインは、南アフリカのワイン造りを牽引する家系のひとつが造る。ムールヴェルドとタナ、シラーという異例のブレンド。赤肉とブラックベリー、ホウレンソウ、ハーブ、黒胡椒を煮込んだ魅惑的なシチューのよう。
- **Shiraz シラー** ♥ $$$ 空気に触れると、甘苦いブラック・カラント、黒胡椒、アスファルトと苦味のあるハーブの豊かな香りが広がり出てくる。文学的な言い方をすれば容姿が不明瞭で、力強く、リッチで、キメの細やかなタンニンがある。ツンとくる煙っぽさとねばつくタールのような後味。

EXCELSIOR ESTATE *(Robertson)* エクセルシオール・エステート（ロバートソン）

- **Cabernet Sauvignon カベルネ・ソーヴィニヨン** ♥ $ タバコ、麻（ヘンプ）、カシス、あぶったプラリネの香り、口中に豊かな熟した風味が広がり、若くて元気がよく、しがみつくような後味。心持ち粗くアルコールが高い。

FAIRVALLEY *(Coastal Region)* フェアヴァレー（コースタル・リージョン）

- **Chenin Blanc シュナン・ブラン** ♀ $ 創立10年のフェアヴァレー労働者協会が造るワイン。愛らしい白桃、パイナップル、苦甘い花のアロマで

SOUTH AFRICA

心地良く、口中では果汁の風味豊かで爽快、後味も同じ。

FLEUR DU CAP *(Stellenbosch)* フルール・デュ・カップ（ステレンボッシュ）

Sauvignon Blanc Unfiltered ソーヴィニヨン・ブラン・アンフィルタード ♀ $$ 果実質で濃厚、みずみずしいソーヴィニヨンで、ハニーデュー・メロン、セロリ、かすかにパッションフルーツの風味。

Merlot Unfiltered メルロ・アンフィルタード ♥ $$$ 熟した赤いチェリーとトマトの枝葉の香りが混ざり合ったアロマ。リッチさ十分で、しなやかなタンニン、かすかなダーク・チョコレート、焙ったナッツ、苦いハーブのニュアンス、満足のいく果汁風味が口中に溢れる。

THE FOUNDRY *(Coastal Region)* ザ・フォンドリー（コースタル・リージョン）

Viognier ヴィオニエ ♀ $$ よくある缶詰果物の味や重さ、過剰な渋みの収斂性からうまく逃げて、アカシア、白桃、杏仁や焙ったピスタチオの香りをもつ。リッチで、クリーミィでありながら爽やかさを保ち、クレソンや果物の核、白い胡椒の風味。

GLEN CARLOU *(Paarl)* グレン・カルー（パール）

Grand Classique グランド・クラシク ♥ $$ ブラック・カラント、煮込んだ桑の実、タールやタバコが一体となってアロマチックな強い第一印象を与えるボルドー品種のブレンド。心持ち甘酸っぱく、暖かさがあれば、快活で人の心を捉える。

DE GRENDEL *(Durbanville)* ド・グランデル（ダーバンヴィル）

Sauvignon Blanc ソーヴィニヨン・ブラン ♀ $$ パッションフルーツを想わせる香りに加え、くしゃみが出そうになるペパーミントと草の香り。口中では爽快で元気がよく、ナッツ・オイルや塩、湿った石を想わせる興味深い味わい。印象的な後味の強さをもつ。

INDABA *(Western Cape)* インダバ（ウエスタン・ケープ）

南アフリカ

- **Chardonnay シャルドネ** 🍷 $　本当に信じられないような価値のあるインダバのワインの中で、このワインほど、どこにでもある白品種の他のワインよりもバランスに優れ、生気に溢れるものはない。スパイシーなリンゴ、パイナップルや梨の風味をもち、実に骨格がしっかりしていて、わずかにオークを感じるが、大げさすぎない。
- **Chenin Blanc シュナン・ブラン** 🍷 $　スイカ、グレープフルーツとパイナップルを想わせ、心地良い酸味、爽快で、後味に魅力的な苦甘さがある。とても安価なワイン。
- **Sauvignon Blanc ソーヴィニヨン・ブラン** 🍷 $　とてもバランスがとれ、グレープフルーツとグーズベリーの風味とともにこの品種のもつ雑草やハーブ風味がしっかりとある。キリリと快活で生き生きとしていて、成熟した酸味と調和するリッチな組織をもつ。わずかなペパーミントと白胡椒をともなう爽快な後味。
- **Merlot メルロ** 🍷 $　口中に味わいが溢れ、まろやかに熟し、比較的ボディは軽い。普遍的なこの品種の特徴、熟したチェリー、砂糖大根、ダーク・チョコレートと甘草の風味をもつ。

KANU *(Stellenbosch)* **カヌー**（ステレンボッシュ）

- **Chenin Blanc シュナン・ブラン** 🍷 $　よく知られたモルダーボッシュの分家、カヌーのシュナン・ブランは、きよらかで新鮮、甘草やメロンの風味にピリッとしたハーブやクレソンの風味が組み込まれている。爽快で、後味にかすかな苦味がある。

DE KRANS *(Calitzdorp)* **デ・クランス**（カリッツドープ）

- **Tawny Port タウニー・ポート** S 🍷 $　この国の酒精強化ワインのスペシャリストたちは、ポルトガルの古典品種を（再）導入した。乾燥イチゴ、サルタナブドウ、焼いた胡桃、ココナツ・パウダーの香り。口中では驚くほど華やかで、舌にピリッとくる。不思議なバランスをもつ。後味に控えめな甘さとナッツ、チョコレートのようなリッチさがある。

LYNX *(Franschhoek)* **リナック**（フレンシュック）

- **Cabernet Sauvignon カベルネ・ソーヴィニヨン** 🍷 $$　技術をもてあそんだような高濃縮、タンニンが強くて、黒いワイン。クレーム・ド・カシス、ニワトコの実のジャム、タバコ、レーズン、ミントの香り。口中

SOUTH AFRICA

では、過熟した黒い果実の中心部の味わいがある。がっちりとしているが、細やかなタンニンのコルセットで包まれて落ち着いている。

Shiraz シラーズ 🍷 $$ ブラックベリーのジャムとレザーを連想させるひかえめなアロマ。活気があり、かすかにオイリーなシラー。純然たる胡椒の高い香りを放つにふさわしい。バニラ、濃縮した黒い果実、クリーム、まろやかに熟成した風味も。

CATHERINE MARSHALL *(Paarl)* カテリーナ・マーシャル（パール）

Shiraz シラーズ 🍷 $$$ 煙っぽく、ハーブの刺激、乾燥させた黒い果実とフランスのラングドック地方のシラーがもつ猟鳥獣肉の香りも感じられる。口中では、敬意に値する明確な果実味と洗練されたタンニンを保ち、わずかに苦いハーブと黒胡椒も感じられる。

MISCHA ESTATE *(Wellington)* ミッシャ・エステート（ウェリントン）

Shiraz Eventide シラーズ・イヴンタイド 🍷 $$ セカンド・ラベルのシラーで、カシスやプルーン、ビーフジャーキーなどのたっぷりとしたアロマと味わいを持つ。この価格としてはかなり凝縮度が高い。単に甘いだけとはならない、本当に熟成度があり、キメの細やかなタンニンの骨組みとともに、快活で明らかで塩気のある豊かな後味を持つ。

Shiraz シラーズ 🍷 $$$ 心持ち月桂樹、黒胡椒、醬油、汗を想わせる香りとともにカシスとブラックベリーのジャムの香り。驚くほど濃密で快活、口中を覆いつくすようで、舌を締めつける感じ。ジャムのような黒い果実の後味が、黒胡椒の刺激味に引き立てられ、強い塩気と舌を冷やすようなハーブ風味を引き出している。

OVERGAAUW *(Stellenbosch)* オバーガウ（ステレンボッシュ）

Tria Corda トリア・コルダ 🍷 $$$ ボルドー・ブレンドで、ブラック・カラント、桑の実、ピート、タバコ、トマトの枝葉を想わせる豊かな香り。煮込んだ果実というよりも、煙っぽく、石（ミネラル）を想わせ、どちらかというと辛口で野暮ったい後味。

PAINTED WOLF *(Coastal Regions)* ペインテッド・ウルフ（コースタ

ル・リージョン）

Painted Wolf ペインテッド・ウルフ 🍷 $ シラーツとピノタージュ中心のブレンド。刺激的な煙っぽさ、胡椒、ハーブ、堅くて黒い果実と生肉を想わせ、口中でみずみずしく、キメの細やかさが感じられる。

RAATS FAMILY *(Stellenbosch)* ラッツ・ファミリー（ステレンボッシュ）

Chenin Blanc Original シュナン・ブラン・オリジナル 🍷 $ 南アフリカでは傑出しているシュナン・ブランの樽熟成をしていない仕込みもの。メロンやパイナップルで縁どられている。気取らず、果実味がたっぷり。わずかに苦味のある後味。

Chenin Blanc シュナン・ブラン 🍷 $$$ スパイシーな梨、マスクメロンのアロマがこってりとした口当たり、わずかに酵母味、かすかにスモーキーな味わいへと案内する。どちらかというと舌に苦味を感じ、わずかに暖かを感じさせ、いつまでも長く続く後味。

RIETVALLEI ESTATE *(Robertson)* リッツヴェイァレイ・エステート（ロバートソン）

John B. Cabernet Sauvignon—Tinta Barocca ジョン・ビー・カベルネ・ソーヴィニヨン・ティンタ・バロッコ 🍷 $ 黒いフランボワーズ・ジャムとミルク・チョコレートの香り。この柔らかく果実味のある赤は十分な快活さをもち、最後まで退屈さや熱さを感じさせない。

RUPERT & ROTHSCHILD *(Western Cape)* ルパート&ロートシルト（ウエスタン・ケープ）

Classique クラシック 🍷 $$$ ボルドーのベンジャミン・ド・ロスチャイルド男爵（シャトー・ムートン・ロートシルト）とともに造るカベルネ・ソーヴィニヨンとメルロのブレンド。火を通した紫プラムと赤いフランボワーズと封蠟、花、濃縮された苦甘いハーブ、ヨードチンキ、青胡椒、そして石の風味までが混じり合っている。

SPRINGFONTEIN ESTATE *(Walker Bay)* スプリングフォンテン・エステート（ウォーカー・ベイ）

SOUTH AFRICA

- **Pinotage Unfiltered Terroir Selection** ピノタージュ・アンフィルタード・テロワール・セレクション 🍷 $$$　ピノタージュとしてはめったにない清明な果実味。苦みのあるブラック・カラント、黒いオリーブと砂糖大根の香味。濃いが重すぎない赤で、絹のような口当たり、長く苦甘い後味。石と焼いたナッツの風味がわずかにある。
- **Springfontein** スプリングフォンテン 🍷 $$$　ワイナリー名を冠したボルドー・ブレンドの旗印的ワイン。この価格の南アフリカワインとしては最上の魅力。ブラック・カラント、スモーキーなラタキア産タバコ、ヒマラヤ杉、ミント、ダーク・チョコレート、焼いた赤と黒の胡椒の風味。活力があり、塩気、チョークの風味も溶け合い、魅力的なリッチさと爽快さがある。
- **Ulumbaza** ウルムバサ 🍷 $$$　樽熟成させたシラー100%、甘さと酸っぱさが入り混じったブラックベリーとカシスの風味、茴香や胡椒、シナモンも感じられる。後味に満足のいく若々しい生気、洗練されたタンニンがあり、わずかな野菜の香りも感じられる。

STELLENRUST *(Stellenbosch)* ステレンルスト（ステレンボッシュ）

- **Sauvignon Blanc** ソーヴィニヨン・ブラン 🍷 $　ハニーデュー・メロン、白桃、ミントの香り、軽やかで爽やかな味わい。ほのかな柑橘類の風味が心地良く、ピリッとしたハーブの苦みが喉を乾かせる後味にある。

THELEMA *(Stellenbosch)* テレマ（ステレンボッシュ）

- **Sauvignon Blanc** ソーヴィニヨン・ブラン 🍷 $$　グーズベリー、グレープフルーツと茴香（ういきょう）を感じさせる刺激的な香り。どちらかというと堅固なたちで、わずかな苦み。だが、まぎれもない強度が印象的で、塩味で引き立つ刺激的な後味。

TWO OCEANS *(Western Cape)* ツー・オーシャンズ（ウエスタン・ケープ）

- **Sauvignon Blanc** ソーヴィニヨン・ブラン 🍷 $　グーズベリー、パッションフルーツとライム。ありがたいことに過度な野菜風味や苦みはない。すっきりとして明朗、爽快なワイン。
- **Shiraz** シラーツ 🍷 $　柔らかく、果実味豊か、驚くほど洗練されている安

価なシラー。熟した黒いフランボワーズが支配的で、チョコレートや黒胡椒も感じられる。後味にかすかに若さに由来する野菜っぽさがある。

UKUZALA *(Western Cape)* ウクザラ（ウエスタン・ケープ）

Chenin Blanc シュナン・ブラン 🍷 $ けばけばしいラベルに反して控えめな小売価格。「Wooded（樽熟させた）」とラベルにあるが、新鮮なリンゴ、冬の梨、ピリッとした緑のハーブの風味に溢れている。果実質で爽快。樽材の感じはほとんどない。

VINUM SOUTH AFRICA *(Stellenbosch)* ヴィナム・サウス・アフリカ（ステレンボッシュ）

Cabernet Sauvignon カベルネ・ソーヴィニヨン 🍷 $$$ カシス、腐葉土、黒クルミ、トウモロコシの皮、緑色の乾胡椒の実の香り。煮詰めた黒い果実と苦いハーブ風味も溶け合っている、タバコや杜松（ねず）の実も感じられる豊かな後味。

DANIE DE WET *(Robertson)* ダニー・デ・ヴェット（ロバートソン）

Chardonnay Limestone Hill シャルドネ・ライムストーン・ヒル 🍷 $$ オーク樽熟成させていない控えめなシャルドネ。申し分なく純粋で、爽やかなリンゴ、桃やレモンの風味、愛らしく澱の感じがするリッチなキメ、ナッツやチョーク、果実味に満ちた長い見事な後味。

DE WETSHOF ESTATE *(Robertson)* デ・ヴェッツホフ・エステート（ロバートソン）

Chardonnay Lesca シャルドネ・レスカ 🍷 $$$ 樽発酵させたシャルドネ。焼きリンゴ、塩をふったロースト・ナッツと穀物、ライムとタンジェリン・オレンジの皮、明快な果実味。どこにでもみられるこの品種のワインとしては、稀な澱と樽の風味が洗練されている点が、滅多にないところ。

スペインのバリューワイン

(担当　ドクター・ジェイ・ミラー)

　スペインと言えば、値頃感のある赤ワインの宝庫として知られた存在である。ところがここ数年は、若々しく爽快な白ワインが大攻勢をかけている。リアス・バイシャスのアルバリーニョ種、ルエダのベルデホ種、バルデオラスのゴデーリョ種から造られた美味な白ワインは、その中でもひときわ目を引く。また、活況に沸くスペインの発泡ワイン・ビジネスが拡大を続ける一方で、真に優れた発泡ワインを造る生産者の数は、実際のところごくわずかだ。つまり、そのほとんどは頼もしいほど快活、そして値段のほうも25ドル以下と極めて安い、要するに魅力的なワインといったところだ。

　赤ワインはスペインでは王様的存在で、国もその高い潜在能力に対する認識を一層深めつつある。最良の赤ワインは、そのほとんどがスペイン北部の産。高品質で知られるのは、リオハとリベラ・デル・ドゥエロという2つの産地である。ところがこれらスペイン・ワインの伝統的牙城は、新興産地との競い合いを余儀なくされ、追い越されてしまったところもある。現在がんばりを見せているのはプリオラート、モンサン、ビエルソ、トロといった産地。フミーリャ、カラタユド、イエクラも注目を集めつつある。スペイン全体では、原産地呼称（DO）に認定された産地が60カ所以上存在する。

ヴィンテージを知る

　スペインは広大で多様な国であるため、それがヴィンテージの一般化を難しくしている。ここで触れているすべてのワインは、ほぼ2005、2006、2007年のもので、それに2008年から発泡ワイン、そしてオーク樽で育てる必要のないロゼと白が加わる。これらのヴィンテージは、スペインの場合おしなべて優良から秀逸と評価されている。

飲み頃

　スペイン産の25ドル以下のワインの大多数は、その誕生から数年のうちに飲むように造られている。その中でも優れた例外と言えるのが、リオハとトロのテンプラニーリョ主体のワイン、そしてモンサンとプリオラート

のガルナチャ／カリニェナのブレンドである。こうしたワインの中でも最良のものは数年の瓶熟に耐え、4〜6年間はおいしく飲める。

■スペインの優良バリューワイン（ワイナリー別）

A COROA *(Valdeorras)* ア・コロア（バルデオラス／ガリシア最東部の小地区）

Godello ゴデーリョ ♀ $$$ 程良い麦わら色のこのゴデーリョには、ミネラル、洋梨、白桃、メロンの表現豊かなブーケが。それに豊かな風味、素晴らしい引き締まり、長く複雑な後味を伴う、ボリューム感たっぷりのワインが続く。この躍動感溢れる力作ワインは、今後2〜3年のあいだに飲むこと。

BODEGA DEL ABAD *(Bierzo)* ボデガ・デル・アバド（ビエルソ／スペイン北西部、ガリシアの東側のカスティーリャ・イ・レオン地区の小地区）

Abad Dom Bueno Godello Joven アバド・ドム・ブエノ・ゴデーリョ・ホーベン ♀ $$ アバド・ドム・ブエノ・ゴデーリョ・ホーベンは、焼いた香辛料、ミネラル、柑橘類の魅力的な香り。口中いっぱいに広がる、強烈で躍動感溢れるこのワインには、卓越した引き締まりと後味も感じられる。

ACUSTIC *(Montsant)* アクースティック（モンサン／カタルーニャの小地区。プリオラートを取り巻く）

Acustic アクースティック ♥ $$ アクースティックはサムソ種（カリニェナ種）とガルナチャ種のブレンド。燻香、下草、ブルーベリー、ブラックチェリーの魅惑的な芳香を放つ。それに続く、フルボディのワイン。豊かな青と黒い果実、スパイス、ミネラルを感じさせ、2〜3年進化させるに十分な構成を備える。この産地のスタイルを知るための入門に最適なワイン。

AGUSTÍ TORELLO MATÁ *(Cava-Penedès)* アグスティ・トレリョ・マタ（カバ・ペネデス）

SPAIN 515

Reserva Brut レセルバ・ブルット 🍷 $$$　このレセルバ・ブルットは、マカベオ、パレリャーダ、チャレッロ種のブレンド。酵母、ウィート・シンズ（小麦の薄焼きクラッカー）、ビスケット、青リンゴ、ミネラルの香りを醸し出す。口中では辛口、若々しく爽快なこのワインには、素晴らしい引き締まり、凝縮感、深みがあり、長く混じり気のない後味へと続いていく。

Rosat-Trepat Reserva Brut ロサート・トレパト・レセルバ・ブルット 🍷🍷 $$$　ロサート・トレパト・レセルバ・ブルットには、バラの花びら、イチゴ、フランボワーズの愛すべきブーケ。きめ細かく持続性のある泡立ち、生き生きと爽快な中味、傑出した風味の深み。もしあなたのセラーのドン・ペリニョン・ロゼやクリスタル・ロゼが行方不明になっているのなら、イベリコ豚の生ハムに合わせるのに最適なワイン。

BODEGAS ALTO MONCAYO *(Campo de Borja)*　ボデガス・アルト・モンカジョ（カンポ・デ・ボルハ／ナバラ地方の南端、ボルハ周辺の小地区）

Veraton ベラトン 🍷 $$$　ベラトンは、この醸造所のエントリー・レベルのワイン。樹齢35～92年のガルナチャ100％から造られている。燻香、鉛筆の芯、土、野生のブラックチェリー、黒いフランボワーズのセンセーショナルな芳香を大量に醸し出す。濃密、重層的、風味に溢れたこの快楽主義的ワインは、数年間発展させるに足る十分なバランスを備えるが、今の時点でも楽しめる。

FINCA DE ARANTEI *(Rías Baixas)*　フィンカ・デ・アランテイ（リアス・バイシャス／ガリシアの西部海岸沿いの小地区）

Albariño アルバリーニョ 🍷 $$$　リアス・バイシャスでは比較的珍しいことだが、ここのアルバリーニョは自社栽培のブドウだけから造られている。春の花、ミネラル、青リンゴ、レモンの心そそられる香りを醸し出し、背後にはかすかなトロピカルフルーツも。口中で丸みを感じさせるこのワインには、生き生きとした酸、優美な雰囲気、快活な風味。

BODEGAS ATECA *(Calatayud)*　ボデガス・アテカ（カラタユド／アラゴンの中の小地区）

Atteca アッテカ 🍷 $$ アッテカは、樹齢80〜120年の株仕立てのガルナチャから造られる。砕いた石、ブラックチェリー、プラムの印象的な香りを醸し出す。それに続くフルボディのワインには、重層的な味わいの果実味、スパイスの香り、絹のようなタンニンが。

CELLER BARTOLOMÉ *(Priorat)*　セリェール・バルトロメ（プリオラート／カタルーニャの中の小地区）

Finca Mirador フィンカ・ミラドール 🍷 $$$ フィンカ・ミラドールはガルナチャとカリニェナのブレンドで、砕いた石、焦土、スミレ、ブラックチェリー、ブルーベリーの魅惑のブーケを醸し出す。口中で厚みと豊潤さを感じさせるワインは、際立った深みと凝縮感、味わい深い風味、素晴らしいバランス、混じり気のない後味を備える。高価なプリオラートのDOの中では、最高のバリューワイン。

CELLER BATEA *(Terra Alta)*　セリェール・バテア（テラ・アルタ／カタルーニャの中の小地区。最南端）

Las Colinas del Ebro ラス・コリーナス・デル・エブロ 🍷 $ ラス・コリーナス・デル・エブロ・ガルナチャ・ブランカ（同品種100％）は、グラスから飛び出してくるようなミネラル、春の花、白桃、メロンの魅力的な芳香。口中では桁外れの凝縮感があり、口いっぱいに満ちあふれ、躍動感みなぎる。スパイシーさを感じさせる豊かな果実味、上質な深み、果実味溢れる後味も。

BELLUM-SEÑORÍO DE BARAHONDA *(Yecla)*　ベルム・セニョリオ・デ・バラオンダ（イエクラ／地中海沿岸ムルシアの中の一地区）

Bellum Providencia ベルム・プロビデンシア 🍷 $$ モナストレル100％のベルム・プロビデンシアには、ヒマラヤ杉、タバコ、下草、ブルーベリーの魅惑のブーケ。それに重層的で風味豊か、そして躍動感あるワインが続き、素晴らしいバランス、最上級の引き締まり、混じり気のない後味も。心地の良さを感じさせるこのワインは、今後2〜3年は瓶の中で発展するだろうが、今の時点でも楽しめる。

BODEGA BERROJA *(Txakoli)*　ボデガ・ベロハ（チャコリ／バスク地方の小地区。3つのチャコリがある）

SPAIN

Berroia Chacolí de Bizkaia ベロイア・チャコリ・デ・ビスカイア 🍷 $$

ベロイアは、ホンダリビ・ズリ90％、フォル・ブランシュ６％、リースリング４％のブレンド。春の花、ミネラル、リンゴ、アニスの心そそられる香りを醸し出す。丸みのある口当たりに上質な酸を併せ持つこのワインは、素晴らしい引き締まり、バランス、余韻を備える。今後１～２年のうちに飲むのに適した、素晴らしいチャコリのバリューワイン。

CELLER LA BOLLIDORA (Terra Alta) セリェール・ラ・ボリドラ（テラ・アルタ）

Plan B プランB 🍷 $$$ プラン Bは、ガルナチャ・ネグラ60％、サムソ（カリニェナ）15％、そして適度な比率のシラーとモレニーリョから造られる。砕いた石、焦土、ブラックチェリー、ブラックベリーのリキュール、甘草の寡黙なブーケ。口中では抜きん出た深み、素晴らしい引き締まり、味わい深い風味、さらに５～７年セラーで保存させるに十分な構成。

BODEGAS BORSAO (Campo de Borja) ボデガス・ボルサオ（カンポ・デ・ボルハ）

Tres Picos Garnacha トレス・ピコス・ガルナチャ 🍷 $$$ トレス・ピコス・ガルナチャは、ヒマラヤ杉、下草、ミネラル、ブラックチェリーのセクシーなアロマを醸し出す。これに続く重層的、強烈、スパイシーでリッチなガルナチャの味わい。汁気豊かな大量の果実味、素晴らしいバランス、ビロードのような後味も。

CELLER CAL PLA (Priorat) セリェール・カル・プラ（プリオラート）

Black Slate ブラック・スレート 🍷 $$ ブラック・スレートはガルナチャとカリニェナのブレンドで、スパイス、ミネラル、下草、黒甘草、ブルーベリーのアロマを感じさせる。優美な口中感を持つこのワインは、たくさんの甘い黒い果実、熟した風味、抜きん出た深み、凝縮感、そして数年の熟成能力を備える。

CALLEJO (Ribera del Duero) カジェホ（リベラ・デル・ドゥエロ／

ドゥエロ河流域の中の中心的ワイン産地)

Cuatro Meses en Barrica　クァトロ・メセス・エン・バリッカ　🍷 $$　クァトロ・メセス・エン・バリッカは、この醸造所のブドウ、テンプラニーリョ100％から造られる。燻香、土、スパイスボックス、ブラックチェリー、ブルーベリーの香り高い芳香を届けてくれる。続いて、豊かな赤と黒の果実、滑らかな質感、素晴らしいバランス、継ぎ目のない後味を備えた、ミディアムボディからフルボディのワイン。

CELLER CAPÇANES (*Montsant*)　セリェール・カプサネス（モンサン）

Costers del Gravet　コステルス・デル・グラヴェット　🍷 $$　コステルス・デル・グラヴェットは、モンサンのブレンドとしては珍しい組み合わせ。おなじみのガルナチャ30％とカリニェナ20％に加えて、カベルネ・ソーヴィニヨンが50％含まれている。フランボワーズの華やかな香りが、この紫色のワインをたたえたグラスから飛び出し、加えてミネラルと下草の香りも。しなやかな質感があり強烈で、躍動感のある赤い果実味がたっぷり詰まったワイン。バランスに優れ風味も豊かで、5〜6年はおいしく飲めるだろう。

Mas Donís Barrica　マス・ドニス・バリッカ　🍷 $　マス・ドニス・バリッカは、ガルナチャ（樹齢80年の畑から）とシラーのブレンド。燻香、鉛筆の芯、土、クローヴ、シナモン、ブラックチェリーの魅惑的なブーケ。これに続くのが、廉価の割には際立った深みと凝縮感のある味わい。感じのいい風味と、果実味溢れる後味も。

CASA CASTILLO (*Jumilla*)　カサ・カスティーリョ（フミーリャ／ムルシアの中の小地区）

Las Gravas　ラス・グラバス　🍷 $$$　ラス・グラバスは、モナストレルとカベルネ・ソーヴィニヨンから造られ、グラスから飛び出すような燻香、鉛筆の芯、黒いフランボワーズ、ブルーベリーの心そそられる豊かな芳香。これに続く華やかで濃密なワインの味わいには、複雑な風味、滑らかな質感、余韻、果実味豊かな後味が。

Valtosca　バルトスカ　🍷 $$$　100％シラーのバルトスカは、野生のブルーベリーの華やかでクセのある香りを醸し出し、煙香を感じさせるオークの新樽、鉛筆の芯、アジアのスパイスの香りを伴う。口中では肉感的な個

性、重層的な果実味、卓越した深み、凝縮感を誇示し、後味は40秒。

CASADO MORALES *(Rioja)* カサド・モラレス（リオハ）

Reserva White レセルバ・ホワイト ♀ $$ このレセルバ・ホワイトはビウラ90％、マルバジア10％のブレンド。バター・トースト、焼いたスパイス、メロン、白桃の複雑なブーケ。それに続く、充実感のある熟した果実味、上質な酸、優美な個性を持つワイン。控えめな、提示価格以上の実力派。

ADEGA O CASAL *(Valdeorras)* アデガ・オ・カサル（バルデオラス／ガリシアの中の一小地区）

Casal Novo Godello カサル・ノボ・ゴデーリョ ♀ $$$ 程良い麦わら色のカサル・ノボ・ゴデーリョは、味わい深くスパイシーな香り高いブーケを放ち、ミネラル感、メロン、白桃の香りも。口中で重層的、丸みを感じさせるこのワインには、汁気に富む白い果実がぎっしり詰まり、躍動感のある酸、余韻、混じり気のない後味を備える。

BODEGAS CASTAÑO *(Yecla)* ボデガス・カスターニョ（イエクラ／地中海沿岸のムルシアの中の一小地区）

Solanera ソラネラ ♥ $ ソラネラは、モナストレル、カベルネ・ソーヴィニヨン、ガルナチャ・ティントレラのブレンド。下草、甘草、石墨、ブルーベリー、ブラックチェリーの表現豊かな芳香。次いで、優美、強烈、滑らかな質感のワイン。豊かな赤と黒の果実、素晴らしいバランス、長い余韻を持つ後味。

CASTILLO LABASTIDA *(Rioja)* カスティーリョ・ラバスティダ（リオハ）

Reserva レセルバ ♥ $$$ ラバスティダ・レセルバは、100％テンプラニーリョから造られた伝統的スタイルのリオハ。色合いは鮮やかなチェリーの赤。香りには燻香、ミネラル、皮革、ブラックチェリー。これに優美なスタイルに仕立てられたワインが続き、上手に組み込まれたオーク樽、野生のベリー類の風味、素晴らしい深み、あと2〜3年は進化するのに十分な構成を備える。

CASTRO VENTOSA *(Bierzo)* カストロ・ベントーサ（ビエルソ／ガリシアの中の東端の一小地区）

El Castro de Valtuille Mencía Joven エル・カストロ・デ・バルトゥイエ・メンシア・ホーベン ♇ $ 100%メンシアのエル・カストロ・デ・バルトゥイエ・ホーベンは、焼いたスパイス、ユーカリや松の香り、ブラックチェリー、黒いフランボワーズの心そそる芳香。これに続く、滑らかな質感を持つ甘く大胆なワインには、堅いヘリは感じられない。メンシアというブドウ品種とビエルソ地方を知るための、素晴らしい入門ワイン。

BODEGAS J. C. CONDE *(Ribera del Duero)* ボデガス J. C. コンデ（リベラ・デル・ドゥエロ）

Vivir, Vivir ビビル・ビビル ♇ $ 100%テンプラニーリョのビビル・ビビルは、ミネラル、スパイスボックス、ブラックチェリー、ブラックベリーのきびきびした芳香が特徴。口中では絹のように滑らかで、鋭い硬さなどまるで感じさせない魅力的なワイン。今後3年間にわたって楽しませてくれるだろう。

El Arte de Vivir エル・アルテ・デ・ビビル ♇ $$ エル・アルテ・デ・ビビルもテンプラニーリョ100%だが、より樹齢の高い木のブドウから造られる。（上記の）ビビル・ビビルのキュヴェに比べて充実感と構成に優れ、重層的な肉厚な果実味、素晴らしい凝縮感、1〜2年の熟成能力も。後味は長く甘い。心地良さを志向するこのワインは、今後6年間にわたって飲むことが出来る。

CONDE DE SAN CRISTOBAL *(Ribera del Duero)* コンデ・デ・サン・クリストバル（リベラ・デル・ドゥエロ）

Conde de San Cristobal コンデ・デ・サン・クリストバル ♇ $$$ コンデ・デ・サン・クリストバルは、ティンタ・フィノ（テンプラニーリョ）、メルロ、カベルネ・ソーヴィニヨンのブレンド。ヒマラヤ杉、タバコ、ミネラル、スパイスボックス、ブラックベリー、ブラック・カラントの香りを感じさせる。口中ではフルボディで濃厚なこのワインは、味わい深い黒い果実、土、ミネラル、スパイスの香りが豊か。3〜5年熟成させるに十分な構成。

SPAIN

CONDE DE VALDEMAR *(Rioja)*　コンデ・デ・バルデマール（リオハ）

Reserva レセルバ 🍷 $$　このレセルバは、テンプラニーリョ90%とマスエロ10%のブレンド。濃い深紅色のこのワインは、杉、スパイスボックス、タバコ、ブラックチェリー、ブラックベリーの魅惑的な香り。口中では卓越したフィネス、また同時に十分に熟してスパイシーな赤と黒の果実、絹の質感、優れたバランスを感じさせる。

CUATRO PASOS *(Bierzo)*　クァトロ・パソス（ビエルソ）

Cuatro Pasos クァトロ・パソス 🍷 $　クァトロ・パソス（メンシア100%）には、燻香、ブルーベリー、黒いフランボワーズの心そそる芳香。優雅で滑らかな質感を持ち、風味豊かで心地良さを志向するワイン。今後4年間は優に持続することだろう。

DESCENDIENTES DE JOSÉ PALACIOS *(Bierzo)*　デセンディエンテス・デ・ホセ・パラシオス（ビエルソ）

Petalos del Bierzo ペタロス・デル・ビエルソ 🍷 $$$　このペタロス・デル・ビエルソは、デセンティエンテス・デ・ホセ・パラシオスのエントリー・レベルのワインで、樹齢40〜90年の畑のメンシア100%から造られる。燻香、スミレ、ミネラル、野生のブルーベリー、黒いフランボワーズの、最高に香り高いブーケ。口中ではフルーティだが複雑。素晴らしい深み、引き締まり、バランスも。今後6年間は楽しめるだろう。

EDULIS *(Rioja)*　エドゥリス（リオハ）

Crianza クリアンサ 🍷 $$$　このクリアンサは100%テンプラニーリョから造られ、杉、スパイスボックス、タバコ、土、ブラックベリーの魅力的な香りを放つ。これに続くミディアムボディの優美なワインには、熟した果実、スパイスの香りがふんだんに。2〜3年は熟成可能。

EGIA ENEA TXAKOLINA *(Txakoli)*　エジア・エネア・チャコリナ（チャコリ）

Txakoli de Biskaia チャコリ・デ・ビスカイア 🍷 $$ エジア・エネア・チャコリナは、ミネラル、ライム、メロン、ガソリンの表現豊かな香りを醸し出す。口中では滑らかな質感を感じさせ、元気よく上品。今後2年間にわたっておいしく飲める。

CELLER DE L'ENCASTELL *(Priorat)* セリャール・デ・レンカステル（プリオラート）

Marge マルヘ 🍷 $$$ マルヘは、ガルナチャ、シラー、メルロ、カベルネ・ソーヴィニヨンのブレンド。グラスを染めるような不透明な紫色で、グラスの内側をゆっくりと流れ落ちる脚。寡黙な香りからは、砕いた石、スパイスボックス、スミレ、タール、ブラックチェリー、ブルーベリーが感じられる。これに濃密、豊潤、構成のよいプリオラートの味わいが続き、1～2年の熟成能力を持つ。

BODEGAS ESTEFANIA *(Bierzo)* ボデガス・エステファニア（ビエルソ）

Tilenus Tinto Roble ティレヌス・ティント・ロブレ 🍷 $$$ ティレヌスは、メンシア100%。花、チェリーとフランボワーズをアクセントとするブーケを醸し出す。口中では優雅な個性を見せ、ビロードの口当り、熟した赤い果実の風味、スパイスの香り、そしてかすかなミネラル感も。後味も長く、鋭い硬さは感じられない。

EXOPTO CELLARS *(Rioja)* エソプト・セリャールス（リオハ）

Big Bang de Exopto ビッグ・バン・デ・エソプト 🍷 $$ エントリー・レベルにあたるB. B.（ビッグ・バン）・デ・エソプトは、ガルナチャ50％、テンプラニーリョ40％、グラシアノ10％から造られる。濃いルビー色をしたこのワインは、花の香り、下草、カシス、チェリー、プラムの香りと並んで、桁外れなスパイス香（グラシアノに由来する）を感じさせる。重層的な風味、素晴らしい酸、味わい深い果実味があり、2～3年進化させるに十分な構成を備える。

FALSET-MARÇÀ *(Montsant)* ファルセット・マルサ（モンサン）

SPAIN

Falset Old Vines ファルセット・オールド・ヴァインズ 🍷 $$ ファルセット・オールド・ヴァインズは、ガルナチャ85％、カベルネ15％から造られる。粘板岩／ミネラル、乾燥ハーブ、スパイスボックス、ブラックチェリーの香りを大量に放つ。フルボディかつ重層的なワインで、躍動する酸、上手に溶け込んだオーク樽を感じさせる。豊潤で汁気に富み、心地良さを志向するワイン。今飲んでも美味だが、これから数年間は瓶内で発展するだろう。

FILLABOA *(Rías Baixas)* フィリャボア（リアス・バイシャス）

Selección Finca Monte Alto セレクシオン・フィンカ・モンテ・アルト 🍷 $$$ この単一畑のアルバリーニョは、スイカズラ、ミネラル、レモンライム（甘苦い味の透明な炭酸飲料）の魅惑的なブーケ。上手に集中し凝縮感もあり、バランスも良好なこのワインは躍動感のある果実味に溢れ、2〜3年はおいしく飲める。

FINCA SOBREÑO *(Toro)* フィンカ・ソブレーニョ（トロ／ドゥエロ河流域地区の最西端。ポルトガルの国境に近い）

Crianza クリアンサ 🍷 $$ この紫色のクリアンサには、杉、湿った土、鉛筆の芯、ブラックチェリー、ブラックベリーの芳しい香り。口中では滑らかな質感を感じさせ、熟していて気楽。堅いヘリなど感じさせることのない後味。今後5年間は楽しめるはず。

O. FOURNIER *(Ribera del Duero)* O. フォルニエ（リベラ・デル・ドゥエロ）

Urban Ribera ウルバン・リベラ 🍷 $ 100％ティンタ・デル・パイス（テンプラニーリョ）から造られたこのワインは、フランス産のオーク樽で4カ月熟成される。色は紫色、グラスから飛び出してくるような焦土、スミレ、ブラックチェリーの芳しいブーケ。口中では滑らかな口当りで心地良く、汁気に富んだ黒い果実、絹のようなタンニン、素晴らしい深みと引き締まり、果汁感溢れる後味。

BODEGAS SILVANO GARCÍA *(Jumilla)* ボデガス・シルバノ・ガルシア（フミーリャ）

- **Viñahonda Crianza** ビーニャオンダ・クリアンサ 🍷 $$$　このクリアンサは、モナストレルとカベルネ・ソーヴィニヨンのブレンド。ヒマラヤ杉、タバコ、ミネラル、ブラックチェリー、ブルーベリーの複雑なアロマがたっぷり。口中では重層的、豊かな熟した果実味、大量のスパイス香、素晴らしいバランス、混じり気のない後味。
- **Viñahonda Monastrell** ビーニャオンダ・モナストレル 🍷 $$　ビーニャオンダ・モナストレル（同品種100％）は、下草、ミネラル、スパイスボックス、ブルーベリーの芳しい香り。重層的で口いっぱいに広がり、汁気に富んだこの大胆なワインは、今後4年以上にわたって多くの楽しみを届けてくれることだろう。

GUITIAN *(Valdeorras)*　ギティアン（バルデオラス）

- **Godello Joven** ゴデーリョ・ホーベン 🍷 $$$　このゴデーリョ・ホーベンは、かすかに緑がかった麦わら色。焼いた香辛料、春の花、青リンゴ、メロンの香り高いブーケがあり、背後にはかすかなカモミールも。爽やかでバランスの良いこのワインは、優美な個性と長い後味を備える。

VIÑA HERMINIA *(Rioja)*　ビーニャ・エルミニア（リオハ）

- **Reserva** レセルバ 🍷 $$$　このレセルバは、テンプラニーリョ85％とガルナチャ15％という伝統的なスタイルで造られたリオハ。杉、皮革、土、ブラックチェリー、カシスのうっとりするようなブーケに、フィネスを感じさせるスタイルの、凝縮感のある味わいが続く。卓越した深み、大量のスパイス香、継ぎ目のない後味。

BODEGAS Y VIÑEDOS DEL JARO *(Ribera del Duero)*　ボデガス・イ・ビニェードス・デル・ハロ（リベラ・デル・ドゥエロ）

- **Sembro** センブロ 🍷 $$　テンプラニーリョ100％のセンブロは、杉、森の土、野生のチェリー、ブラックベリーの素晴らしく香り高いブーケ。それに続く、フルボディで口中に広がる気楽なワイン。味わい深い果実味もたっぷりで、ヘリの堅さを感じさせない。

LADERA SAGRADA *(Valdeorras)*　ラデラ・サグラダ（バルデオラス）

- **Castelo do Papa** カステロ・ド・パパ 🍷 $　カステロ・ド・パパはゴデー

SPAIN

リョ100%。程良い麦わら色。豊富なグリセリンがグラスの内側をゆっくりと流れ落ちるこのワインは、ミネラル／粘板岩、白桃、ライム、メロンの魅惑的な香り。爽やかで躍動感溢れ、桁外れのボリューム感が口の中に広がる。長く、果実味豊かな後味も。

LAGAR DE COSTA (Rías Baixas) ラガール・デ・コスタ（リアス・バイシャス）

Albariño アルバリーニョ 🍷 $$$ ラガール・デ・コスタは、樹齢50年の自社畑からアルバリーニョを造る小さなワイナリー。このワインはミネラル、春の花、レモン・メレンゲの表現豊かな香り。口中ではクリーミーな質感を感じさせ、豊潤で活力に溢れ、バランスも良好。

CAVAS LLOPART (Cava-Penedès) カバス・リョパール（カバ・ペネデス）

Llopart Brut Rosé リョパール・ブルット・ロゼ 🍷🍷 $$$ リョパール・ブルット・ロゼは瓶内発酵方式を採用し、モナストレル、ガルナチャ、ピノ・ノワールから造られる。サーモンピンクの色合いのこのワインには、イチゴ、ルバーブ（大黄）、ビスケットの愛すべき芳香。口中では爽やかで、細かい泡立ちが持続するこの美味なカバは、スペインの伝説とも形容されるホセリート社の生ハムと合わせるのに理想的。

BODEGAS LOS 800 (Priorat) ボデガス・ロス 800（プリオラート）

Los 800 ロス 800 🍷 $$$ ガルナチャ、カリニェナ、シラー、カベルネのブレンド。ロス800には、ヒマラヤ杉、鉛筆の芯、土、チェリー、ブルーベリーの焦がしたようなブーケ。優美な口中感を持つこのワインは、果実味の下に多少の構成を隠し持ち、2〜3年は進化するはず。プリオラートのワインを知るために最適。

LUNA BEBERIDE (Bierzo) ルナ・ベベリデ（ビエルソ）

Finca la Cuesta フィンカ・ラ・クェスタ 🍷 $$$ フィンカ・ラ・クェスタ（メンシア100％）は、ミネラル、スパイスボックス、ザクロ、ブラックチェリーの複雑な芳香がたっぷり。それに続く滑らかな質感の心地良いワインは、豊富な果実味、素晴らしい濃密感、2〜3年発展させる

に十分な構成の良さを備えている。

CELLER MALONDRO *(Montsant)* セリャール・マロンドロ（モンサン）

Latria ラトリア 🍷 $$　ミネラルとブラックチェリーの表現豊かな香りを醸し出すラトリア。完熟感、豊かな風味、継ぎ目のない口中感を持つ、楽しく飲むために造られたワイン。今から4年のうちに飲んでしまおう。

Malondro マロンドロ 🍷 $$$　マロンドロにはヒマラヤ杉、燻香、ミネラル、ブラックチェリー、ブルーベリーのコンポートの魅惑的なブーケ。重層的、濃密、汁気に富み、バランスは良好、そして持続力もある。今後6年間はおいしく飲める。

MANGA DEL BRUJO *(Calatayud)* マンハ・デル・ブルッホ（カラタユド／アラゴン地方にある4つの小地区のひとつ）

Manga del Brujo マンハ・デル・ブルッホ 🍷 $$$　ガルナチャ、シラー、テンプラニーリョ、マスエロをブレンドしたワイン。焦がしたようなスモーキーなブーケを感じさせ、ミネラル、ブラックチェリー、ブルーベリーのアロマも。それに続くのが、優美な個性を感じさせる味わい。絹の質感、凝縮感、味わい深い黒と青の果実、卓越したバランス。熟成能力は2〜3年。

MAS IGNEUS *(Priorat)* マス・イグネウス（プリオラート）

Barranc dels Closos バランク・デルス・クロソス 🍷 $$$　バランク・デルス・クロソスはガルナチャとカリニェナのブレンドで、土、粘板岩、エスプレッソ、ブラックチェリー、ブルーベリー、甘草の表現力溢れる芳香。それに続くフルボディのワインには、活力のあるミネラルが溶け込み、黒い果実の風味、卓越した深みが。今後2〜3年の貯蔵を支えるに十分な、熟したタンニン。

BODEGAS MAS QUE VINOS *(La Mancha)* ボデガス・マス・ケ・ビノス（ラ・マンチャ／スペイン中央部の広大な地区）

Ercavio Roble エルカビオ・ロブレ 🍷 $　エルカビオ・ロブレは100％センシベル（テンプラニーリョ）から造られ、ヒマラヤ杉、土、ブラック

チェリー、ブラックベリーから造られたリキュールの表現力豊かな香り。口中では厚みがあり、濃密で華やかなこのワインは、味わい深い黒い果実、甘草、豊かなスパイスの香りを備え、1〜2年発展させるに十分な構成と長い後味も。低価格の割には出来すぎのワイン。

CELLER EL MASROIG *(Montsant)* セリェール・エル・マスロッチ（モンサン）

Sycar Les Sorts シカール・レス・ソルトゥス 🍷 $$$　シカール・レス・ソルトゥスは、シラーとサムソ（カリニェナ）のブレンド。下草、スパイスボックス、トースト、ブルーベリー、ブラックベリーのジャムの謎めいた香り。次いで表れる優美なスタイルのワインには、大量の熟した果実味、汁気豊かな風味、1〜2年の熟成能力、長い後味。

BODEGAS MATARREDONDA *(Toro)* ボデガス・マタレドンダ（トロ）

Juan Rojo ファン・ロホ 🍷 $$$　濃いルビー色のファン・ロホは、ヒマラヤ杉、タバコ、スパイスボックス、ブラックチェリー、ブラックベリーの心誘う香りを備える。口中では優美な個性、汁気に富んだ風味、滑らかな質感を発揮し、3〜4年熟成させるに十分な絹のようなタンニンも。この熟成型のワインは今でも楽しめるが、ピークは2011年から2020年のあいだだろう。

BODEGAS MAURODOS *(Toro)* ボデガス・マウロドス（トロ）

Prima プリマ 🍷 $$$　プリマはティンタ・デ・トロ（テンプラニーリョ）90％とガルナチャ10％のブレンドで、燻香、鉛筆の芯、タバコ、スパイスボックス、ブラックチェリー、ブラックベリーの表現力豊かな香り。口中ではしなやかで丸みを感じさせるこのワインには、熟した果実味、味わい深い風味があり、あと3〜5年は向上するに十分な柔らかいタンニンも。面白半分のような廉価と真面目な造りの模範的トロ。

VIÑA MEÍN *(Ribeiro)* ビーニャ・メイン（リベイロ／ガリシア地方の中心にある小地区）

Viña Meín ビーニャ・メイン 🍷 $$$　複数の土着品種をブレンドして造ら

れたワインだが、トレイシャドゥラ種がメイン。程良い麦わら色のこのワインは、ミネラル、粘板岩、白桃、メロン、焼いた香辛料の複雑な芳香がたっぷり。口中では丸みを帯びクリーミーで、素晴らしい風味の深みと、長く爽快な後味を備える。

BODEGAS EMILIO MORO *(Ribera del Duero)* ボデガス・エミリオ・モロ（リベラ・デル・ドゥエロ）

- **Emilio Moro エミリオ・モロ 🍷 $$$** エミリオ・モロは、燻香、ローストした香草、焦土、ブラックベリーの卓越したブーケ。口中感は重層的で、豊かな果実味とスパイスボックスの香り、腰の据わった構成が。2～3年の熟成能力がある。
- **Finca Resalso フィンカ・レサルソ 🍷 $** 樹齢の若いブドウを素材とするフィンカ・レサルソ。ミネラル、スミレ、ブラックチェリー、ブラックベリーの、心そそられる芳香。口中では優美な個性を見せ、味わい深くスパイシーな風味、上質な深み、果実味豊かな後味。

CAVES NAVERÁN *(Cava-Penedès)* カベス・ナベラン（カバ・ペネデス）

- **Naverán Dama ナベラン・ダーマ 🥂 $$$** シャルドネとピノ・ノワールをブレンドしたナベラン・ダーマは、焼きたてのビスケット、青リンゴ、ミネラルを感じさせる豊かな芳香。魅力的で、きめ細かく持続性のある泡立ち。滑らかな質感と躍動感を持つこのワインは、本格的なシャンパンにも似て、発泡ワインの中でも素晴らしいバリューワインとなっている。

NITA *(Priorat)* ニタ（プリオラート）

- **Nita ニタ 🍷 $$$** ニタはガルナチャ、カリニェナ、カベルネ・ソーヴィニヨン、シラーのブレンド。砕いた石、下草、スパイスボックス、ブラックチェリー、ブルーベリー・ジャムの香り高いブーケ。絹のような口当り、大胆、汁気に富み、バランスに優れたチャーミングなワイン。今飲んでも美味だが、あと5年間は喜びを運んでくれるはず。

BODEGAS O'VENTOSELA *(Ribeiro)* ボデガス・オベントセラ（リベイロ）

SPAIN

Viña Leiriña ビーニャ・レイリーニャ 🍷 $　ビーニャ・レイリーニャはトレイシャドゥラ種とアルバリーニョのブレンド。ミネラル、海の塩、春の花、白桃、ライムの繊細な芳香。口中ではきれいで爽やか。シャキッとした酸を持ち、ハマグリと牡蠣を想わせる。今後2年のあいだに飲むこと。

Gran Leiriña グラン・レイリーニャ 🍷 $$$　グラン・レイリーニャは、ビーニャ・レイリーニャよりも古い樹のトレイシャドゥラ、アルバリーニョ、ラド、トロンテスのブレンド。特徴のある燻香と石を感じさせるブーケを、スイカズラ、柑橘類、核果の香りと共に放つ。口中に広がり、躍動感、凝縮感に溢れ、非の打ち所のないバランスのこのワインは、数年間は優に進化する。シャブリのグラン・クリュのリベイロ風解釈。

PAGO FLORENTINO *(La Mancha)*　パゴ・フロレンティーノ（ラ・マンチャ）

Tinto ティント 🍷 $$　パゴ・フロレンティーノ・ティントは、テンプラニーリョ100％。杉、鉛筆の芯、皮革、チョコレート、ブラックチェリーの心そそる芳香。口中では、大量の熟した果実、滑らかな質感、汁気に富む風味。後味は40秒。この美味なワインは、今後6年のうちに飲んでしまうこと。

PAPA LUNA *(Calatayud)*　パパ・ルナ（カラタユド）

Papa Luna パパ・ルナ 🍷 $$$　このワインはガルナチャ、モナストレル、マスエロのブレンドで、ガリグ（南仏独特の灌木林）の香り、スパイスボックス、ラヴェンダー、ブラックチェリー、ブルーベリーなどの魅惑のブーケ。それに続いてビロードのような質感のワイン。味わい深い果実味、優美な雰囲気、複雑な風味、長く純粋な後味を伴う。この快楽主義的ワインは、今後6年のうちに飲んでしまうこと。

PORTAL DEL MONTSANT *(Montsant)*　ポルタル・デル・モンサン（モンサン）

Brunus Rosé ブルヌス・ロゼ 🍷 $$$　楽しさいっぱいのブルヌス・ロゼは、このワインを造る目的で育てられたガルナチャ100％から造られる。色は濃いピンク色。ミネラル、スパイスボックス、レッドチェリーの本格

的なブーケ。それに続く優美、滑らかな質感、風味溢れるワイン。汁気に富んだチェリー風味の豊かな果実味、躍動感溢れる酸、長く混じり気のない後味も。

PRODUCCIÓNS A MODINO *(Ribeiro)* プロドゥクシオンス・ア・モディノ（リベイロ）

San Clodio サン・クロディオ 🍷 $$ サン・クロディオは、トレイシャドゥラ、ゴデーリョ、ロウレイロ、トロンテス、アルバリーニョのブレンド。ミネラル、柑橘類、白桃の謎めいた芳香を放つ。口中では滑らか、クリーミーで、それを際立たせているのが、アーモンド・ペーストを想わせる特徴。この優美なワインは、非の打ち所のないバランスと余韻を備える。

LA RIOJA ALTA *(Rioja)* ラ・リオハ・アルタ（リオハ）

Viña Alberdi Reserva ビーニャ・アルベルディ・レセルバ 🍷 $$ ビーニャ・アルベルディはクラシックなスタイルのリオハ。土、マッシュルーム、ミネラル、チェリー、ブラックベリーの香りを備える。これに続く優美なワインには、絹の質感、上質な深み、凝縮感、かなりの複雑さ、継ぎ目のない後味が。今がピークだが、あと5年間はおいしく飲める。フィネスの化身。

BODEGAS SAN ALEJANDRO *(Calatayud)* ボデガス・サン・アレハンドロ（カラタユド）

Las Rocas Garnacha ラス・ロカス・ガルナチャ 🍷 $ このガルナチャは、スパイスボックス、ミネラル、チェリー、黒いフランボワーズの魅惑のアロマを届けてくれる。口中では重層的なワインで、卓越した深み、汁気に富む果実味、純粋で長い後味も。今後3年間、楽しみを提供してくれる。

Las Rocas Rosado ラス・ロカス・ロサード 🍷 $ 深いピンク色のロサードは、イチゴ、チェリー、ルバーブ（大黄）の香り高いブーケを醸し出し、豊かな風味、卓越した深み、力強い個性を持つ肉厚なワインがそれに続く。幅広い料理と合わせて、いろいろな飲み方の出来るワイン。

Las Rocas Vinyas Viejas ラス・ロカス・ビニャス・ビエハス 🍷 $$ この古木のキュヴェは、ヒマラヤ杉、スパイス、チェリー、クランベリー

（つるこけもも）を感じさせるブーケ。"レギュラークラス"のワインよりも構成に優れ、重層的な果実味、味わい深い風味、優れた深み、果実味溢れる後味を備える。今後3～4年のうちに飲んでしまおう。

CELLERS SANT RAFEL *(Montsant)* セリェール・サント・ラフェル（モンサン）

- **Solpost** ソルポスト 🍷 $$$ ソルポストはガルナチャ、カリニェナ、カベルネ・ソーヴィニヨンのブレンドで、ミネラル、土、カシス、ブラックチェリーの心そそる芳香。滑らかな質感を持つこのワインは、口中では卓越した深みと凝縮感、味わい深い赤と黒の果実の風味を感じさせる。加えて、長く果実味溢れる後味。

VIÑA SASTRE *(Ribera del Duero)* ビーニャ・サストレ（リベラ・デル・ドゥエロ）

- **Roble** ロブレ 🍷 $$$ このエントリー・レベルのロブレは、テンプラニーリョ100％で、キノコ／マッシュルーム、杉、エスプレッソ、ブラックチェリーの謎めいた香り。それに続くワインには、凝縮感のあるスパイシーな黒の果実の風味、優れた深み、2～3年は進化するに十分な構成、純粋な後味。

SEÑORÍO DE BARAHONDA *(Yecla)* セニョーリオ・デ・バラオンダ（イエクラ／地中海沿岸ムルシアの中の小地区）

- **Barahonda Barrica** バラオンダ・バリッカ 🍷 $ バラオンダ・バリッカは、モナストレル70％、カベルネ・ソーヴィニヨン30％のブレンド。ヒマラヤ杉、スパイスボックス、焦土、ブラック・カラント、ブルーベリーのブーケを醸し出す。それに続く濃密で構成のいい味わいは、深い風味、自己主張の強い個性、2～3年の熟成能力を有する。
- **Heredad Candela** エレダード・カンデラ 🍷 $$$ モナストレル100％のエレダード・カンデラは、トースト、ミネラル、スミレ、ブラックチェリー、ブルーベリーの魅惑の芳香。ビロードの口中感を持つこのワインは、美味な黒い果実、豊かな風味、素晴らしいバランス、純粋な後味を備える。
- **Nabuko** ナブコ 🍷 $ ナブコはモナストレル50％とシラー 50％から構成される。紫色のこのワインは、燻香、下草、ブルーベリー、ブラックベリ

ーのジャムの芳香。口中では、味わい深い青い果実が重なり合い、また香辛料と黒甘草の香りが姿を現わす。上質なバランスと持続力を持つこの継ぎ目のないワインは、今後4年間を通じて楽しめる。

SOLAR DE URBEZO *(Cariñena)* ソラール・デ・ウルベソ（カリニェナ／アラゴン地方中央部の小地区）

Crianza クリアンサ 🍷 $$$　このクリアンサはテンプラニーリョ、カベルネ・ソーヴィニヨン、メルロのブレンドで、ヒマラヤ杉、ミネラル、タバコ、カシス、ブルーベリー、ブラックベリーの魅力的な香り。これに滑らかで気楽でスパイシーなワインが続き、味わいに富む風味、上質なバランス、継ぎ目のない後味も。今後5年のうちに、この喜び溢れるワインを飲んでしまうこと。

VIÑA SOMOZA *(Valdeorras)* ビーニャ・ソモサ（バルデオラス）

Classico クラシコ 🍷 $$　100%ゴデーリョ（スペインで最も興味深い白ブドウ）で造られたクラシコ。ミネラル、焼いた香辛料、柑橘類、メロンの表現力豊かなブーケ、背後に感じるトロピカルなアロマ。丸みと凝縮感に富み、スパイシーな白い果実が溢れるこの力強いワインは、今後3年間にわたって楽しみを届けてくれる。

FINCA TORREMILANOS *(Ribera del Duero)* フィンカ・トレミラノス（リベラ・デル・ドゥエロ）

Los Cantos de Torremilanos ロス・カントス・デ・トレミラノス 🍷 $$$　ロス・カントス・デ・トレミラノスは100%テンプラニーリョから造られ、その香りはウッド・スモーク、ラヴェンダー、鉛筆の芯、ブラックチェリー、ブラックベリーを感じさせる。口中では腰が据わっていて、構成もよく、優美な個性を備え、余韻に優れたこのワインは、瓶内で今後2～3年は発展するだろう。

TRASCAMPANAS *(Rueda)* トラスカンパナス（ルエダ／リベラ・デル・ドゥエロとトロの間の小地区）

Verdejo ベルデホ 🍷 $$　緑がかった程良い麦わら色をしたこのベルデホは、生の香草、焼いた香辛料、柑橘類、花などの、素晴らしく表現豊か

な香り。口中では、メロン、桃、ミネラル、レモンライム（甘苦い味の透明な炭酸飲料）の風味が現われる。クリーミーで深みもあり、非の打ち所のないバランスのこのワインは、今後3年にわたって喜びを届けてくれるだろう。

TXAKOLI TXOMIN ETXANIZ *(Txakoli)* チャコリ・チョミン・エチャニス（チャコリ）

Txakoli de Guetaria チャコリ・デ・ゲタリア ♀ $$$　このチャコリ・デ・ゲタリアには、粘板岩／ミネラル、白桃、青リンゴの香り。それに続く爽やか、辛口、躍動感溢れるライトボディの白ワインは、スペイン産の素晴らしい甲殻類をいくらか想起させる。バランスに優れ持続するこのワインは、今後12〜18カ月のうちに飲んでしまうこと。

BODEGAS Y VIÑEDOS VALDERIZ *(Ribera del Duero)* ボデガス・イ・ビニェードス・バルデリス（リベラ・デル・ドゥエロ）

Valdehermoso Crianza バルデエルモーソ・クリアンサ ♀ $$$　バルデエルモーソ・クリアンサは、ヒマラヤ杉、焦土、鉛筆の芯、香り高いブラックチェリー、ブラックベリーの香り。腰が据わって構成がよく、優美な個性を感じさせる口中感のこのワインは、今後3〜5年は瓶内で向上するだろう。

VALDUMIA *(Rías Baixas)* バルドゥミア（リアス・バイシャス）

Selección de Añada セレクシオン・デ・アニャーダ ♀ $$　このセレクシオンは、ミネラル、花の香り、レモン・カード（レモン風味の凝乳）、白桃の魅力的なブーケを備える。口の中に広がり、古木に由来する別次元の複雑さを備えたこの力強いアルバリーニョは、今後2〜3年にわたって楽しめる。

VALTOSTAO *(Ribera del Duero)* バルトスタオ（リベラ・デル・ドゥエロ）

Legón Roble レゴン・ロブレ ♀ $　レゴン・ロブレはティント・フィーノ（テンプラニーリョ）100％から造られ、ヒマラヤ杉、スパイスボックス、土、ブラックチェリー、ブラックベリーの魅惑のブーケ。滑らかな口当

り、完熟感、果汁感に富むワインが続き、また大量の果実味、気楽な個性、継ぎ目のない後味も。

VEIGADARES *(Rías Baixas)* ベイガダレス（リアス・バイシャス）

Veigadares ベイガダレス ♀ $$$　ベイガダレスはアルバリーニョ85%、トレイシャドゥラ10%、ルーレイロ5%。この野心的なアルバリーニョには、焼いた香辛料、ミネラル、レモン・メレンゲの魅力的なブーケがあり、オーク樽がうまい具合に溶け込んでいる。クリーミーな質感、深みのある素晴らしい風味、果実味溢れる後味。

VETUS *(Toro)* ベトゥス（トロ）

Vetus ベトゥス ♀ $$$　ティンタ・デ・トロが植えられた、約20haの自社畑のブドウから造られたベトゥス。色は紫色。バルサムの木、シナモン、クローヴ、スミレ、ブラックチェリーの魅惑的な香り。それにミディアムからフルボディのワインが続き、スパイシーな大量の果実味、味わい深い黒い果実の風味、優れた深みと引き締まり。長い後味も。

BODEGAS VIÑAGUAREÑA *(Toro)* ボデガス・ビーニャグァレーニャ（トロ）

Eternum Viti エテルヌム・ビティ ♀ $$$　エテルヌム・ビティの色合いは、グラスを染めるかのような不透明な紫。土、ミネラル、スパイスボックス、ブラックチェリーの香り高いブーケを醸す。それに続く濃密で熟した力強いワインが、タンニンをうまくコントロールしている。

VINOS DE ARGANZA *(Bierzo)* ビノス・デ・アルガンサ（ビエルソ）

La Mano Roble ラ・マノ・ロブレ ♀ $　10ドルで買える最高のワイン。ラ・マノ・ロブレは、ますます評価を高めつつあるビエルソDOからの、メンシア100％で造られている。土、桑の実、ブルーベリーの香り高い芳香。口中感は重層的で、控えめな価格にしては、卓越した深みと凝縮感。

CELLER VINOS PIÑOL *(Terra Alta)* セリェール・ビノス・ピニョル（テラ・アルタ）

Ludovicus ルドビクス 🍷 $ ルドビクスは、ガルナチャ35%、テンプラニーリョ30%、シラー25%、カベルネ・ソーヴィニヨン10%のブレンド。グラスを染めるような深い緋色で、チェリー、ブルーベリー、ブラックベリーの、表現豊かな香りも。口中に広がり、汁気に富み、そして風味豊かな美味しいワイン。今後1〜2年で飲むための、センセーショナルなバリューワイン。

Portal Tinto ポルタル・ティント 🍷 $$ ポルタル・ティントは、等量のカベルネ・ソーヴィニヨン、ガルナチャ、メルロ、テンプラニーリョのブレンド。深いルビー色に、土、ヒマラヤ杉、タバコ、カシス、チェリー、ブラックベリーの香り。口中では完熟感と甘さを感じさせ、甘草、乾燥ハーブ、ミネラルの香りが姿を現わし、それが長く混じり気のない、果実味豊かな後味へと続いていく。

Portal Blanco ポルタル・ブランコ 🍷 $ ポルタルの白は、ガルナチャ・ブランコ70%、ソーヴィニヨン・ブラン20%、適度な割合のマカベオとヴィオニエから造られる。ミネラル、乾燥ハーブ、新鮮なリンゴ、グーズベリーの複雑な香り。それに続く躍動感のある強烈でスパイシーなワインには、最上級のバランスと持続力が。"がんばりすぎ"という言葉がまさにピッタリ。

BODEGAS VIRGEN DEL VALLE (*Rioja*)　ボデガス・ビルヘン・デル・バリャ（リオハ）

Cincel Gran Reserva シンセル・グラン・レセルバ 🍷 $$$ このワイナリーは、リオハの古いヴィンテージものに特化している。ワインは昔のリオハにかいま見られるようなエレガントと複雑さを兼ねそなえている。

VIRXEN DEL GALIR (*Valdeorras*)　ビルヘン・デル・ガリール（バルデオラス）

Godello ゴデーリョ 🍷 $$ かすかな緑がかった薄い金色。香りは春の花、ライム、ゆでた洋梨のアロマを感じさせ、まるでグラスから飛び出してくるよう。それに続く豊潤で風味豊かなワインには、トロピカルな風味とミネラル感が口の中に表れる。熟して濃密、そして長い後味を持つこのスーパーなゴデーリョは、3年のあいだ楽しめる。

VITICULTORS DEL PRIORAT (*Priorat*)　ビティクトールス・デ

ル・プリオラート（プリオラート）

Vega Escal ベガ・エスカル 🍷 $$$　紫色のベガ・エスカルはカリニェナ、ガルナチャ、シラーのブレンド。燻香、砕いた石、ラヴェンダー、皮革、ブラックチェリー、ブルーベリーの魅惑のブーケ。口中では優美なスタイルを感じさせるこのワインは、重層的な味わい深い果実味、上質な深み、凝縮感を持ち、後味は長い。

BODEGAS VOLVER *(La Mancha)*　ボデガス・ボルベール（ラ・マンチャ）

Volver ボルベール 🍷 $$　1967年に株仕立てのテンプラニーリョを植樹した、約30haの単一畑のブドウから造られたボルベール。トースト、燻香、スミレ、ブラックチェリー、ブラックベリーの魅惑の芳香を大量に感じさせ、まるでグラスから飛び出すよう。口中では大量の熟した果実味、汁気に富む風味、柔らかなタンニン、素晴らしいバランス。

XARMANT TXAKOLINA *(Txakoli)*　シャルマント・チャコリナ（チャコリ）

Arabako Txakolina アラバコ・チャコリナ 🍷 $$　チャコリナの中でいちばん新しいＤＯであるアラバコは、2003年に初めて創設された。より丸みと温かみに優れたワインを造ると考えられている。シャルマント・チャコリナは、オンダリビ・ズリ80％、オンダリビ・チャコリナ20％から造られているが、どちらも土着の品種。ミネラル、柑橘類、レモンの皮の魅惑的な香り。ライトからミディアムボディの辛口ワインで、とても美味な果実味と素晴らしい長さが持続する。

カリフォルニアのバリューワイン

(担当　ロバート・M・パーカー Jr)

　消費者にとってカリフォルニアは世界中のどの産地よりも価格価値のあるワインを見出すのは難しく、成功の望みは薄い。カベルネ・ソーヴィニヨン、シャルドネ、そしてピノ・ノワールにしても、最上のものの大半は本書の上限である25ドルをいとも簡単に超えている。加えて、ナパやソノマ・ヴァレーのような著名産地の大半、同様にサン・フランシスコの南のサンタ・クルーズ・マウンテン、さらに南のサンタ・バーバラですら、かなりの高価格に達している。流行りの産地だし、よく名前が知られているからだ。多くのワインが品種名のあとにそのブドウが育まれた産地名をつけてワイン名としているが、カベルネ・ソーヴィニヨンやシャルドネ（ピノ・ノワールですら同様だが）で大人気のチョコレートやバニラの風味から抜け出すことが肝要だ。白ワインだとそうしたものは多くはないが、コロンバール、シュナン・ブラン、ピノ・ブラン、もちろん、主力品種の中にも、とても魅力的な価格のあるものを見つけることができる。ソーヴィニヨン・ブランには、魅力的な価格価値のものが多くある。赤に関しては、カベルネ・ソーヴィニヨン、メルロとピノ・ノワールの最高峰のものは恐ろしく高価だが、シラーやジンファンデルの最上のものも同様だ。しかし、ジンファンデルは今も25ドル以下で良いものがあるし、シラーやサン・フランシスコの南で造られるローヌ・レンジャー・ブレンドでも見つけだせる。そうしたものに、最上の価格価値があるだろう。改めて言うと、最上の買得品はジンファンデル、シラー、場合によってはプティ・シラーと、そうした品種のブレンドのローヌ・レンジャー・ブレンドとなるだろう。もうひとつ重視すべきなのは、需要の強い認証産地（AVA）ではなく、あまり知られていない後背地ともいうべき認証産地から最上のものを見つけだすことだ。北部ではレイク・カウンティとローダイ、中央部ではリバーモア・ウァレイとサンタ・クララとアヨロ・セコで頻繁に価格価値の高いワインが造りだされている。内陸部に転じるとエル・ドラド、ザ・シェナンドウ・ヴァレー、ローダイとクラークスパークが探してみるべき産地だ。

ヴィンテージを知る

　世界中の他の産地と同様にカリフォルニアにもヴィンテージの違いはあるが、差異の大差は主にヨーロッパで見られ、カリフォルニアでは珍しい。

白とロゼに関しては2008、2007、2006（白のみ）が選ぶべきヴィンテージで、赤は2002年以降すべてとなる。25ドル以下のカテゴリーにおいても誠実な生産者が造ったものは、いまでも魅力的で美味。

飲み頃

25ドル以下で売るように想定されるワインは、市場に出たらすぐに飲まれなければならないことを意味している。ただ、そうしたワインが瓶熟しないわけではない。無難なところで言えば、すべての白ワインは収穫の翌年から３年位のうちに飲まれなければならないし、ロゼは収穫後18カ月以内で飲まれなければならない。例えば2008年のロゼは2010年の晩春までというように。白ワインは、２～３年はもつ。そう値は張らないが高品質の赤は５～７年は問題なしにもつ。以下の頁に記載した生産者の赤ワインは2002年まで遡って飲んで問題になることはなかった。

■カリフォルニアの優良バリューワイン（ワイナリー別）

ADELAIDA CELLARS (Paso Robles) アデレイダ・セラーズ（パソ・ロブレス）

Schoolhouse Crush　スクールハウス・クラッシュ 🍷 $　コート・ド・ローヌ・ブレンドで、しなやかなタンニンをもちミディアムボディ、表面的な凝縮感がある。心地良いビストロ向きワイン。
Schoolhouse Crush　スクールハウス・クラッシュ 🍸 $　１年以内の飲むと生き生きとした白。
Schoolhouse Syrah-Crush　スクールハウス・シラー・クラッシュ 🍷 $　タンニンが豊かなミディアムボディ、平板な個性。

ALEXANDER VALLEY VINEYARDS (Alexander valley) アレクサンダー・ヴァレー・ヴィンヤーズ（アレクサンダー・ヴァレー）

Cabernet Franc　カベルネ・フラン 🍷 $$$　カベルネ・フランで安価なものは少ないが、これはスパイシーでミディアムボディの絹のような口当りを持ち、心地良い果実味がある。価格価値を提供するワイン。
Dry Rosé of Sangiovese　ドライ・ロゼ・オブ・サンジョベーゼ 🍸 $　発売後６カ月以内で楽しむと、辛口でミディアムボディの素晴らしいロゼ。

Sin Zin シン・ジン 🍷 $$ 平板で単調、簡潔で小柄。

Syrah Estate シラー・エステート 🍷 $$ 一枚岩のように頑強、単純、素直、広くない構成。

Viognier Estate ヴィオニエ・エステート 🥂 $$$ スイカズラ、アンズ、白桃を想わせるが、口中ではすぐに消えてしまう。

DOMAINE ALFRED *(Edna Valley)* ドメーヌ・アルフレッド（エドナ・ヴァレー）

Rosé Chamisal Vineyard ロゼ・チャミセル・ヴィンヤード 🥂 $$$ フレッシュな酸味をもつミディアムボディ。グレナッシュをベースにした最上の素晴らしいロゼ。発売後6カ月以内に飲むこと。

ANGLIM *(Central Coast)* アングリム（セントラル・コースト）

Grenache グレナッシュ 🍷 $$$ 初めはよいが、口の中で味が落ちてしまう。1年以内に飲むこと。

Viognier Bien Nacido Vineyard ヴィオニエ・ビエン・ナシード・ヴィンヤード 🥂 $$$ 良い酸味、心持ち濡れた石やミネラル感。ミディアムからフルボディの口当たり、恐ろしく純粋。

ARCADIAN WINERY *(Santa Ynez)* アルカディアン・ワイナリー（サンタ・イネス）

Syrah Santa Ynez Valley シラー・サンタ・イネス・ヴァレー 🍷 $$$ カリフォルニア流クローズ・エルミタージュの代表。

ARROWOOD VINEYARDS AND WINERY *(Russian River)* アロウッド・ヴィンヤーズ・アンド・ワイナリー（ロシアン・リヴァー）

Côte de Lune Blanc Saralee's Vineyard コート・ド・ルナ・ブラン・サラリーズ・ヴィンヤード 🥂 $$$ 辛口の白としては大変なバーゲン・ワイン。ミディアムからフルボディで、個性も果実味もしっかりしている。

Gewürztraminer Saralee's Vineyard ゲヴュルツトラミナー・サラリーズ・ヴィンヤード 🥂 $$ これまでカリフォルニアではまともなゲヴュ

ルツトラミナーができなかった。だが、サラリーズ・ヴィンヤードのこのワインは、エレガントで、ちょっと気取ったところがある。ミディアムボディの辛口。

AVALON *(Napa)* アヴァロン（ナパ）

Cabernet Sauvignon California カベルネ・ソーヴィニヨン・カリフォルニア 🍷 $　エレガントで中程度の重さ、数年のあいだに楽しむには魅力的な赤。

Cabernet Sauvignon Napa カベルネ・ソーヴィニヨン・ナパ 🍷 $　ミディアムボディで純粋、絹のように滑らかなタンニンをもち、驚くほど後味が長い。

L'AVENTURE *(Paso Robles)* ラベンチュール・ワイナリー（パソ・ロブレス）

Côte à Côte Rosé コート・ア・コート・ロゼ 🍷 $$$　真面目に造られたロゼ。ドライだが愛らしい果実味があり、ミディアムボディ、個性的だが、そのためちょっと近づきにくいところがある。8〜12カ月以内に飲むべき。

BECKMEN VINEYARDS *(Santa Ynez Valley)* ベックマン・ヴィンヤーズ（サンタ・イネス・ヴァレー）

Cuvée Le Bec キュヴェ・ラ・ベック 🍷 $$　ローヌ品種のブレンドとして数多いワインの中で最上のバーゲン品のひとつと言える。美味で、個性もあり、ビストロワインとして最適の赤。

Grenache Rosé Purisima Mountain Vineyard グルナッシュ・ロゼ・プリシマ・マウンテン・ヴィンヤード 🍷 $$　ミディアムボディの爽やかなロゼ。8〜12カ月の内に飲みたい。

Marsanne Purisima Mountain Vineyard マルサンヌ・プリシマ・マウンテン・ヴィンヤード 🍷 $$　ミディアムボディで、熟度の高さと、わずかにミネラルを感じさせる。味わいの底に横たわる良い酸味。

Syrah Estate シラー・エステート 🍷 $$$　しなやかな口当たり、味わい豊かなシラーで、風味も良く、肉付きも良いたち。

BERINGER *(Napa)* ベリンジャー（ナパ）

UNITED STATES | CALIFORNIA

Alluvium Blanc アルヴィウム・ブラン ♀ $$ カリフォルニアの辛口の白で、価格が安くてもバリューのある買得品はない。白品種数種のブレンド。盛り合わせ料理にも合う典型的な辛口でミディアムからフルボディ。

Cabernet Sauvignon カベルネ・ソーヴィニヨン ♀ $$$ カベルネ・ソーヴィニヨンはベリンジャーが得意とするところ。ミディアムからフルボディ、魅惑的で、まろやか、絹のような口当たり。

Chardonnay Napa シャルドネ・ナパ ♀ $$$ キピキピとして引き締まったボディ。中程度の重さ、辛口の爽快な白、今後1〜3年のあいだ楽しめる。

Chardonnay Stanly Ranch シャルドネ・スタンレー・ランチ ♀ $$ この価格帯のシャルドネにしては期待する以上の優れたミネラル感とエレガントさを味わわせてくれる。

BONNY DOON VINEYARD (Central Coast) ボニー・デューン・ヴィンヤード（セントラル・コースト）

Le Cigare Blanc Beeswax Vineyard ラ・シガー・ブラン ビーワックス・ヴィンヤード ♀ $$$ ミディアムボディで、繊細な個性を見せてくれる素晴らしい白。

Vin Gris de Cigare Rosé ヴァン・グリ・ド・シガー・ロゼ ♀ $ 上手に造られ安定感のあるロゼ。新鮮で、愛らしく、ミディアムボディ。6〜12カ月にわたって楽しめる。

BREGGO CELLARS (Anderson Valley) ブレッゴ・セラーズ（アンダーソン・ヴァレー）

Gewürztraminer ゲヴュルツトラミナー ♀ $$$ 素晴らしい果実味をもつミディアムボディ。辛口で後味が長い。

Pinot Gris Wiley Vineyard ピノ・グリ・ウィリー・ヴィンヤード ♀ $$$ 豪勢で豊か、風味に趣があり、純粋、驚くべき深みと豊かさを見せてくれる衝撃的なピノ・グリ。ただ、足元がまだしっかりしていない感じ。

Sauvignon Blanc Ferrington Vineyard ソーヴィニヨン・ブラン・フェリントン・ヴィンヤード ♀ $$$ 辛口仕立で、ミディアムボディ。傑出した果実味、深み、そしてリッチ。挑発するような、絢爛たる特徴をみせる辛口のソーヴィニヨン。

BRIDLEWOOD ESTATE WINERY (Central Coast) ブライデルウッド・エステート・ワイナリー（セントラル・コースト）

Viognier Reserve ヴィオニエ リザーブ ♀ $$$　上質な果物、酸味、新鮮さとともに、アンズやスイカズラの古典的な風味を備える。

BROC CELLARS (Monterey) ブロック・セラーズ（モントレー）

Grenache Ventana Vineyard グルナッシュ・ヴェンタナ・ヴィンヤード ♥ $$$　冷涼なモントレー地区産、まろやかで風味に溢れる白、数年のうちに飲むのが最上。

BUEHLER VINEYARDS (Russian River) ビューラー・ヴィンヤーズ（ロシアン・リヴァー）

Russian River Chardonnay シャルドネ ♀ $　トロピカルフルーツの風味に溢れ、ミディアムボディ、新鮮で愛らしい個性をもつ。

CARLISLE (Sonoma) カリスル（ソノマ）

Syrah Sonoma シラー・ソノマ ♥ $$$　トップ・クラスのシラーの中で価格価値が傑出している。400区画のブレンド、柔らかで、まろやか、黒みがかった果物のもつ風味が強い。
Zinfandel Sonoma ジンファンデル・ソノマ ♥ $$　新鮮なアロマ。フルボディで味わいに満ち、酸味もしっかりしている。豊かで凝縮した味わい、まさに魅力的なワイン。

CARTLIDGE & BROWNE (California) カートリッジ＆ブラウン（カリフォルニア）

Cabernet Sauvignon カベルネ・ソーヴィニヨン ♥ $　果実味中心のミディアムボディ。ソフトなワインなので2〜3年の内に飲むこと。
Chardonnay シャルドネ ♀ $　この愛らしいシャルドネからはオークを感じられない。ミディアムボディ、キリッとした酸味、新鮮さと純粋性もある。
Merlot メルロ ♥ $　平板で、素直で、後味が短い。
Pinot Noir ピノ・ノワール ♥ $　ここのピノ・ノワールは、この5倍の価

UNITED STATES | CALIFORNIA

格で売っている多くのものより優れている。適度なふくらみがあり、ミディアムボディ、素晴らしい純粋さ、ゆったりとして風味のよい口当たり。

- **Rabid Red** ラビッド・レッド ▼ $　カベルネ・ソーヴィニヨンとプティ・シラーに少量のメルロとシラーをブレンド。ミディアムボディ、素晴らしい口当り、良い意味での純粋さと品の良い後味。
- **Sauvignon Blanc Dancing Crow** ソーヴィニヨン・ブラン・ダンシング・クロウ ▽ $　メロンのような風味がつめこまれたミディアムボディの白。キリッとした酸味、新鮮で本来のソーヴィニヨンの個性をもつ。

CLINE CELLARS *(Contra Costa)* クライン・セラーズ（コントラ・コスタ）

- **Ancient Vines Carignane** アンシェント・ヴァインズ・カリニャン ▼ $$　濃いルビー色を呈し、土っぽく、ほこりっぽさを感じさせる口当たり。プロヴァンスを想わせる個性。
- **Ancient Vines Mourvèdre** アンシェント・ヴァインズ・ムールヴェドル ▼ $$　ミディアムボディでかすかにオークの風味がある。見事に熟し、適度な酸、素晴らしく純粋である。

CLOS MIMI *(Paso Robles)* クロ・ミミ（パソ・ロブレス）

- **Petite Rousse Syrah** プティ・ルッセ・シラー ▼ $$$　フランスのクローズ・エルミタージュをパソ・ロブレス風に仕立てた愛すべきワイン。この興奮させられる赤は、ミディアムからフルボディ。絹のようなタンニンと、きめは細かくないが、口いっぱいに広がるよい風味。

CONSILIENCE *(Santa Barbara)* コンシリエンヌ（サンタ・バーバラ）

- **Syrah Santa Barbara** シラー・サンタ・バーバラ ▼ $$　太りぎみだが肉づきのよいこの赤が、ここの立派な醸造所のまさに標識ともいうべき特徴。最上のものがもつ複雑味はないが、風味に富む。

COPAIN *(Anderson Valley)* コパン（アンダーソン・ヴァレー）

- **Pinot Noir Saisons des Vins l'Automne** ピノ・ノワール・セゾン・ド・ヴァン・ラトンヌ ▼ $$$　キリッとした酸を持つミディアムボディ。味

わいのよい素直で気軽に飲めるピノ・ノワール。1〜2年の内に飲みたい。

CREW WINES *(Russian River)* クリュー・ワインズ（ロシアン・リヴァー）

Chardonnay Mossback シャルドネ・モスバック ♀ $$　キリッとしていて、エレガントな茹でたナシ、砕いた岩、ホワイト・カラントの香りがこのシャルドネに個性を与えている。この個性は、カリフォルニア・シャルドネよりもフランスのそう高級でないシャブリによくみられる。

DASHE CELLARS *(Dry Creek)* ダッシュ・セラーズ（ドライ・クリーク）

Zinfandel Dry Creek ジンファンデル・ドライ・クリーク ♥ $$$　プティ・シラーが少しブレンドされている。よくできたミディアムからフルボディで、豊かで味わいのあるジンファンデル。2〜3年のあいだは楽しんで飲める。

DI ARIE VINEYARD *(California)* ディ・アリー・ヴィンヤード（カリフォルニア）

Zinfandel Amador ジンファンデル・アマダー ♥ $$　プティ・シラーと多種の赤品種、ジンファンデルのブレンド。切れのよいミディアムからフルボディの素晴らしいワイン。純粋感が良く出ていて魅力的な後味。

Zinfandel Shenandoah Valley ジンファンデル・シェナンドゥ・ヴァレー ♥ $$$　ジンファンデルを主体としたプティ・シラーとの組み合わせ。ミディアムからフルボディで、柔らかな口当たりと後味のよさがある。

DRY STACK ドライ・スタック

後出のGrey Stack／グレイ・スタック参照。

DUCKHORN VINEYARDS *(Napa)* ダックホーン・ヴィンヤーズ（ナパ）

Sauvignon Blanc ソーヴィニヨン・ブラン ♀ $$$　ダックホーン・ヴィン

UNITED STATES | CALIFORNIA

ヤーズは、カリフォルニアで最も優れたソーヴィニヨン・ブランのひとつをいつも着実に造りだす。風味に満ちた複雑な白。1年の内に飲みたい。

EDMEADES *(Mendocino)* エドメデス（メンドシーノ）

Zinfandel ジンファンデル 🍷 $$ ミディアムからフルボディのよく熟した、楽しさが口いっぱいになるように仕立てられた、スケールの大きいジンファンデル。

ENKIDU WINE *(Northern California)* エンキドゥ・ワイン（ノーザン・カリフォルニア）

Humbaba Rhône Blend ハンババ・ローヌ・ブレンド 🍷 $$$ フルボディで豪華、果汁質で、生気溢れるハンババ・ローヌ・ブレンド。最初の3～4年は楽しめる。

Shamhat Rosé シャムハ・ロゼ 🍷 $$ エンキドゥの心地よいシャムハ・ロゼは、辛口で、ミディアムボディのロゼ。最初の6～8カ月のあいだが最高に楽しめる。

EPIPHANY *(Santa Barbara)* エピファニィ（サンタ・バーバラ）

Gypsy Proprietary Red ジプシー・プロプリエタリー・レッド 🍷 $$$ ミディアムボディ、コンパクトでしっかりとしたワイン。魅力的な新鮮なマッシュルーム、森の下草、樹皮、ブルーベリーとチェリーの香り。後味のタンニンは強く厳しい。

ETUDE *(Carneros)* エチュード（カルネロス）

Pinot Gris ピノ・グリ 🍷 $$$ きびきびとしていて驚くほど果実味が凝縮している。良い口当たりに優れ、ドライな後味。最初の1年間は楽しめる。

ROBERT FOLEY VINEYARDS *(Napa)* ロバート・フォリィ・ヴィンヤーズ（ナパ）

Pinot Blanc ピノ・ブラン 🍷 $$$ スクリュー・キャップ詰め瓶の美味な

ピノ・ブラン。リンゴの皮、爽やかなトロピカルフルーツの香り。ライトからミディアムボディのスタイル。

FOXGLOVE *(San Luis Obispo)* フォックスグラヴ（サン・ルイ・オビスポ）

Chardonnay シャルドネ 🍷 $$　カリフォルニアのエドナ・ヴァレー地区産、フレッシュで生き生きとした注目に値するワイン。1〜2年の内に飲むとよい。

FREI BROTHERS RESERVE *(Russian River)* フライ・ブラザーズ・リザーヴ（ロシアン・リヴァー）

Chardonnay Reserve シャルドネ・リザーヴ 🍷 $$　よくできた中程度の重さのシャルドネ。新鮮で生き生きとしたスタイル、ほのかに樽の風味がある。

GALLO FAMILY VINEYARDS *(Sonoma)* ガロ・ファミリー・ヴィンヤーズ（ソノマ）

Pinot Gris Sonoma Reserve ピノ・グリ・ソノマ・リザーヴ 🍷 $　ミディアムボディで軽やか、ドライな風味、比較的軽いワインとしては驚くべき凝縮度。純粋な果実味、申し分なくよくできたワイン。

GIRARD *(Russian River)* ジラード（ロシアン・リヴァー）

Chardonnay シャルドネ 🍷 $$$　この見事なシャルドネは、ミディアムボディだが、溢れんばかりのスイカズラとトロピカルフルーツの香味も誇っている。純粋、キリッとした仕立て。ほんのわずか木の風味が感じられる。

JOEL GOTT *(California)* ジョエル・ゴット（カリフォルニア）

Cabernet Sauvignon カベルネ・ソーヴィニヨン 🍷 $$　100%カベルネ・ソーヴィニヨン。ミディアムボディでリッチな果実味、クリーンで純粋感のある赤。5〜6年は保てる。
Sauvignon Blanc ソーヴィニヨン・ブラン 🍷 $　イチジクの風味が豊か、

UNITED STATES | CALIFORNIA

火打ち石の感じ、蜂蜜漬けのグレープフルーツ、レモン風味が特徴のミディアムボディ。爽やかな個性。
- **Zinfandel** ジンファンデル 🍷 $$ これも見事なジンファンデル。とほうもなく熟した風味をもつフルボディを誇り、タールやブライヤー（しゃくなげ科の植物、根はパイプの原料）の香り。

GRAYSON CELLARS *(Paso Robles)* グレイソン・セラーズ（パソ・ロブレス）

- **Cabernet Sauvignon** カベルネ・ソーヴィニヨン 🍷 $ ミディアムボディ、果実味が前面に出た、絹のように滑らかなタンニンと素晴らしい純粋感、真の個性ともいうべきものを備えている。
- **Chardonnay** シャルドネ 🍷 $ ミディアムボディ、果実味が前面に出た味わい豊かなシャルドネ。最初の1～2年の内にのむこと。

GREY STACK *(Bennett Valley)* グレイ・スタック（ベネット・バレー）

- **Sauvignon Blancs Rosemary's Block** ソーヴィニヨン・ブラン・ローズマリーズ・ブロック 🍷 $$ きびきびとした辛口。申し分のない風味が豊かで、卓越した口当たりのワイン。フレッシュな後味、全体的な印象は蜂蜜を想わせる成熟した、硬さのない、しっかりとした考えのもとに造られたワイン。

HALTER RANCH *(Paso Robles)* ハルター・ランチ（パソ・ロブレス）

- **GSM Rosé Halter Ranch Vineyard** GSM・ロゼ・ハルター・ランチ・ヴィンヤード 🍷 $ この素晴らしいロゼは、ミディアムボディ。イチゴとチェリーの香り。素晴らしく新鮮で活力に溢れる。6～9カ月のあいだは楽しめる。

HAVENS WINE CELLARS *(Napa)* ヘイヴェンス・ワイン・セラー（ナパ）

- **Albariño** アルバリーニョ 🍷 $$$ ステンレス・タンクで発酵・熟成させた白。ライトボディだが、優美で爽やかなトロピカルフルーツの香り。興味が持てるスタイル、初年度に飲むこと。

HENDRY *(Napa)* ヘンドリー（ナパ）

- **Unoaked Chardonnay** アンオークド・シャルドネ ♀ $$ フランスの上質なシャブリの良さをうまく取り入れ、カリフォルニア風に表現。爽快な酸味、ミディアムボディ、素晴らしい新鮮さ。
- **Pinot Gris** ピノ・グリ ♀ $$ このピノ・グリはミディアムボディで、爽やかな酸味が心地良い。果実味がリッチ。新鮮で生き生きとしたスタイル。

HOLLY'S HILL VINEYARDS *(El Dorado)* ホリーズ・ヒル・ヴィンヤーズ（エル・ドラド）

- **Syrah Wylie-Fenaughty Vineyard** シラー・ワイリー・フェヌティ・ヴィンヤード ♥ $$$ ミディアムボディ。ブラック・カラントとチェリーの風味が豊か。ロームのような土っぽさ、湿った大地、胡椒、焙ったハーブの香りも含まれる。
- **Viognier Holly's Hill Vineyard** ヴィオニエ ホリーズ・ヒル・ヴィンヤード ♀ $$ 単調で、複雑さに欠けるが、心地良さがあり、最初の1年間はがぶ飲み用に、申し分ない。

HONIG *(Napa)* ホーニッグ（ナパ）

- **Sauvignon Blanc** ソーヴィニヨン・ブラン ♀ $$ 古典的で、新鮮、生き生きとしたライトからミディアムボディ・スタイルの好例。合う食べ物の幅が驚くほど広い。1年以内に飲むこと。
- **Sauvignon Blanc Reserve** ソーヴィニヨン・ブラン・リザーヴ ♀ $$$ ややスケールの大きいスタイル。と言っても、新鮮で、印象的。このソーヴィニヨンは少なくとも1年から2年の間はおいしく飲める。

HUSCH VINEYARDS *(Mendocino)* フッシュ・ヴィンヤーズ（メンドシーノ）

- **Chenin Blanc** シュナン・ブラン ♀ $ デリケートで完璧なアペリティフ・ワイン、リッチな果実味。若々しさがあるうちに飲むこと。
- **Muscat Canelli** マスカット・カネリ ⑤ ♀ $ 心持ち甘さがあり、アルコール度数もかなり低く、おそらくアペリティフに最適。あるいは味の軽いデザートと。

UNITED STATES | CALIFORNIA

Sauvignon Blanc ソーヴィニヨン・ブラン ♀ $ ミディアムボディのソーヴィニヨン・ブラン。美味で純粋な果実味。新鮮な後味。

JADE MOUNTAIN (*Contra Costa*) ジェイド・マウンテン (コントラ・コスタ)

Mourvèdre Ancient Vines, Evangelho Vineyard ムールヴェドル・アンシャン・ヴァインズ、エヴァンジェルホ・ヴィンヤード ♥ $$ ミディアムボディで心地良いが、本格的な凝縮度を欠く。

La Provençale ラ・プロヴァンサル ♥ $$ ミディアムボディで、コート・ド・ローヌを想わせる。数年間は楽しめるであろう。

JAFFURS WINE CELLARS (*Santa Barbara*) ジェファース・ワイン・セラーズ (サンタ・バーバラ)

Syrah Santa Barbara シラー・サンタ・バーバラ ♥ $$$ 純粋感のある果実味をもち、とてもきれいで、こってりとしたセクシーなワイン、ミディアムからフルボディ。くどいくらいの口当たり。

JC CELLARS (*Various Regions*) JCセラーズ (様々な地区)

Syrah California Cuvée シラー・カリフォルニア・キュヴェ ♥ $$$ しなやかで、フルーティなスタイルが目立つように仕立てられたワイン。肉のような匂い、胡椒、甘いチェリー、ブラック・カラントの豊かな風味を感じさせ、ほのかに燻香と大地の香り。

JUSLYN (*Napa*) ジャスリン (ナパ)

Sauvignon Blanc ソーヴィニヨン・ブラン ♀ $$$ 最上の年のものはボルドーのような素晴らしいソーヴィニヨン・ブラン。グレープフルーツの香りが高く、レモンの風味、加えてハーブもわずかに感じられる。

KALEIDOS (*Paso Robles*) カレイド (パソ・ロブレス)

Oakrock Proprietary Red オークロック・プロプリエタリー・レッド ♥ $$$ オークのスパイシーな香り、新しい皮の鞍、ブラック・カラント、かすかなタバコの葉の香りも隠し持つ。

KENDALL-JACKSON *(Various Regions)* ケンダル・ジャクソン（様々な地区）

Chardonnay Camelot Highland Estates シャルドネ・キャメロット・ハイランド・エステート 🍷 $$$　肉厚で、リッチ、純粋で、まさに飲んで楽しい。

Grand Reserve Chardonnay グランド・リザーヴ・シャドネ 🍷 $$$　このきれいに仕上っていて、純粋でリッチなワインは、かすかに樽の使用を感じさせるが、なんといっても果実味が支配的。

Grand Reserve Pinot Noir グラン・リザーヴ・ピノ・ノワール 🍷 $$$　この赤は味わいの基底にキリッとした酸味があり、それがプラム、ブラックチェリー、土っぽさを浮き上がらせる、濃いルビー色、柔らかなタンニンも同じ。

Vintner's Reserve Meritage ヴィントナーズ・リザーヴ・メリタージ 🍷 $$$　柔らかなミディアムボディ。優れたボルドーに取って代わるスタイリッシュなカリフォルニア・ワイン（メリタージはボルドー風ブレンド）

Vintner's Reserve Chardonnay ヴィントナーズ・リザーヴ・シャルドネ 🍷 $　若干のトロピカルフルーツにキリッとしたオレンジ・マーマレードとレモン・オイルの香りが、このワインの特徴となっている。非常に濃厚な果実味と、新鮮でキリッとした酸があり、オークの痕跡はごくわずか。生き生きとしたスタイル。

Vintner's Reserve Sauvignon Blanc ヴィントナーズ・リザーヴ・ソーヴィニヨン・ブラン 🍷 $　メロン、イチジク、レモングラスの古典的なソーヴィニョンの香りを放つ。辛口でミディアムボディ、アロマが豊か。

KIAMIE WINE CELLARS *(Paso Robles)* キアミー・ワイン・セラーズ（パソ・ロブレス）

Proprietary White Derby Vineyard プロプリエタリー・ホワイト・ダービー・ヴィンヤード 🍷 $$$　エキゾチックな趣のある65％ルーサンヌとヴィオニエのブレンド。口いっぱいになるようなミディアムボディ。上品な酸が、たっぷりとしたトロピカルフルーツとメロンの香りを引き立てる。

KUNIN WINES *(Central Coast)* クナン・ワインズ（セントラル・コースト）

UNITED STATES | CALIFORNIA

Pape Star Proprietary Red ペイプ・スター・プロプリエタリー・レッド
🍷 $$　ビストロ向きの、よくできたシャトーヌフ・デ・パプをカリフォルニア流に模した見事な赤。ミディアムボディで、過度の硬さはない。

LA SIRENA *(Napa)* ラ・シレーナ（ナパ）

Moscato Azul マスカット・アズール ⑤ 🍷 $$　全カリフォルニアで最も味わいのあるアペリティフ・ワインのひとつ。マスカットとしては辛口で、キリッとした酸。フルーツカクテルのような華やかな香り、ボディは軽く、飲み手を爽やかな気分にさせるすっきりしたスタイル。

LARKMEAD *(Napa)* ラークメード（ナパ）

Sauvignon Blanc ソーヴィニヨン・ブラン 🍷 $$　驚くほどの凝縮度と味わいの長さをもったミディアムボディ。1〜2年のあいだに飲むこと。

CLIFF LEDE *(Napa)* クリフ・リード（ナパ）

Sauvignon Blanc ソーヴィニヨン・ブラン 🍷 $$　アロマが豊かで、麗しいワイン。メロンの香り、加えて様々な果実、キリッとした酸、蜜っぽいグレープフルーツの風味も。1年以内に飲むこと。

J. LOHR VINEYARDS *(Paso Robles)* J.ローワー・ヴィンヤーズ（パソ・ロブレス）

Syrah シラー 🍷 $　この優れた、かすかに紫色を残した深いルビー色のシラーは、魅力的なブラック・カラントの果実風味、よい酸味をもち、ミディアムボディの印象を口中に残す。

LUNA VINEYARDS *(Napa)* ルナ・ヴィンヤーズ（ナパ）

Sangiovese サンジョベーゼ 🍷 $$$ 一流のピノ・ノワールの個性と複雑性をもつセクシーな、ミディアムボディのサンジョベーゼ。スパイスだけでなく見事なベリー風味もある。総体として親しみやすく、華やかで、重すぎず、飽きない。

MARIETTA CELLARS *(Various Regions)* マリエッタ・セラーズ（様々な地区）

- **Cabernet Sauvignon** カベルネ・ソーヴィニヨン ♈ $$ しっかりとしていて、申し分なく造られたカベルネ・ソーヴィニヨン、5〜7年以内に飲みたい。
- **Old Vine Red (lot numbers vary with year of release)** オールド・ヴァジン・レッド（発売年によりロット番号は異なる）♈ $ カリニャン、ジンファンデル、プティ・シラー、アリカンテのような日常用品種、ほかにも数多くの赤品種をすべてブレンドした赤。ミディアムボディで、ソフトで、深みがないようにみえるが、1〜2年はおいしく飲める。最上年のものはカリフォルニア風コート・ド・ローヌのようだ。
- **Zinfandel** ジンファンデル ♈ $$ 驚くほどエレガントなジンファンデル、ブラックチェリーやストロベリー、タール、胡椒の風味に満ちている。

MASON CELLARS *(Napa)* メゾン・セラーズ（ナパ）

- **Sauvignon Blanc** ソーヴィニヨン・ブラン ♉ $$ 常にカリフォルニアの良心的なソーヴィニヨン・ブランのひとつ。ミディアムボディで有り余るほどのトロピカルフルーツ、蜜を塗ったメロン、スパイス風味をもっている。

MELVILLE *(Santa Rita Hills)* メルヴィル（サンタ・リタ・ヒルズ）

- **Syrah Verna's Vineyard** シラー・ヴェルナズ・ヴィンヤード ♈ $$$ 古典的な豊かさと柔軟さとともに鮮明度とミネラル感があり、人を引きつけ魅了するシラーとなっている。
- **Viognier Verna's Vineyard** ヴィオニエ・ヴェルナズ・ヴィンヤード ♉ $$$ 並はずれた力強さに反して驚くほど精妙で、ミネラル感も。大柄で締まりを欠く大半のヴィオニエと一線を画している。明確な個性をもち、注目に値する。

MICHAEL-DAVID WINERY *(Lodi)* マイケル・デヴィッド・ワイナリー（ローダイ）

- **Incognito Proprietary Blend** インコグニット・プロプリエタリ・ブレンド ♈ $$ ローヌ品種のブレンド、素直なコート・デュ・ローヌ・スタイ

UNITED STATES | CALIFORNIA

ルで、胡椒、ハーヴ、甘いチェリーやカラントの個性を持つ。
- **Petite Petit** プティ・プティ 🍷 $$　硬さのない果実味豊かなスタイルで、ミディムからフルボディのプティ・シラー。プティ・シラーの型にはまらず柔らかくしなやかな。
- **Syrah 6th Sense** シラー・シックスス・センス 🍷 $$　素晴らしいテクスチャー、ヴェルヴェットのように滑らかなタンニン、愛らしく、芳醇で、後味が長い。
- **Syrah Earthquake** シラー・アースクエイク 🍷 $$$　嚙めるほど濃密で芳醇、しっかりとしたワイン、3～4年の内に飲むべき。
- **Viognier Incognito** ヴィオニエ・インコグニート 🍷 $$　ほのかにエキゾチックなトロピカルフルーツとともにアプリコットとメロンのような果実味がたっぷり。価格価値の高いヴィオニエの好例。
- **Zinfandel Windmill Old Vine** ジンファンデル・ウィンドミル・オールド・ヴァイン 🍷 $　ミディアムボディのピュアで古典的なジンファンデル。1～2年間は楽しめるだろう。
- **7 Deadly Zins** セブン・デッドリー・ジンズ 🍷 $$　オーク風味がしっかりしたとても良くできたワインで、ブライヤー（パイプの材料）、チェリー、フランボワーズや土っぽさなど豊かな品種の個性を持っている。

CHATEAU MONTELENA *(Napa)* シャトー・モンテリーナ（ナパ）

- **Riesling Potter Valley** リースリング・ポッター・ヴァレー 🍷 $$　比較的ドライでフレッシュ、生き生きとしている。ライトからミディアム・ボディ。アペリティフにちょうどよいピュアなリースリング。

MORGAN *(Santa Lucia Highlands)* モーガン（サンタ・ルシア・ハイランズ）

- **Chardonnay Metallico** シャルドネ・メタリコ 🍷 $$　このフレッシュな白にはオークを感じられない。愛らしい、ミディアムボディ、生き生きとしたスタイル。12カ月にわたって楽しめる。
- **Pinot Gris** ピノ・グリ 🍷 $　この軽快、エレガント、さらにフレッシュなミディアムボディのピノ・グリは翌年までに飲むこと。

MURPHY-GOODE *(Sonoma)* マーフィー・グード（ソノマ）

Zinfandel Liar's Dice ジンファンデル・ライヤーズ・ダイス 🍷 $$$ このワインは少しスパイシーな胡椒、ハーブの香りを放つが、年によっては口中での落ちが早い。

ANDREW MURRAY (Santa Ynez) アンドリュー・ミュレイ（サンタ・イネス）

Camp Four RGB キャンプ・フォー・RGB 🍷 $$$ 白品種のローン・レンジャー・ブレンド。キャンプ・フォー・RGBは複雑な様相は持たないが軽快な酸味とフレッシュなホワイト・カラントやリンゴのような果実味を見せている。だが後味は大したことがない。

Espérance エスペランス 🍷 $$$ 魅力的なカリフォルニア・スタイルの底のコート・ド・ローヌ。素直なベリーの果実味をもち、ミディアムボディ、飲みやすい。

Syrah Tous Les Jours シラー・トゥ・レ・ジュール 🍷 $$ フランスのクローズ・エルミタージュのような味わいをもつ軽やかなスタイルのシラー。味わいの長い、熟した、柔らかで、見事な赤、数年にわたって楽しめる。

ORTMAN FAMILY VINEYARDS (San Luis Obispo) オルトマン・ファミリー・ヴィンヤーズ（サン・ルイス・オビスポ）

Cuvée Eddy キュヴェ・エディ 🍷 $$$ ミディアムボディの柔らかな赤で2～3年で飲むのとよい。

FESS PARKER WINERY (Santa Barbara) フェス・パーカー・ワイナリー（サンタ・バーバラ）

Chardonnay Ashley's Santa Rita Hills シャルドネ・アシュレイス・サンタ・リタ・ヒルズ 🍷 $$$ 称賛をあびているサンタ・リタ・ヒル地区から生まれた最上のバリュー・シャルドネのひとつ。本格的造りでフルボディ、スパイシーなフレンチ・スタイルのシャルドネ。レモン・カスタードやブリオッシュ、アップル・パイの感じがして酸味もたっぷり。

Chardonnay Bien Nacido Vineyard Santa Barbara シャルドネ・ビエン・ナシド・ヴィンヤード・サンタ・バーバラ 🍷 $$$ 有名なサンタ・バーバラの畑のものとして最も買得品。このあっと言うようなワインは、他の単独畑ものに比べて4割も割安になっている。見逃せないバーゲン

UNITED STATES | CALIFORNIA

品。

Chardonnay Santa Barbara シャルドネ・サンタ・バーバラ 🍷 $$ この高価でなく、常に良く出来ているシャルドネは、大体100%フレンチオークの樽で10カ月熟成させている（新樽はごくわずか）。このワイナリーの畑のものでも最初に入荷される。スイカズラ、梨、リンゴ、メロン、の香りも持っている。

N.V. Frontier Red ノン・ヴィンテージ・フロンティア・レッド 🍷 $ フェス・パーカーの優れたセントラル・コーストのワイナリーから出されるこの年代表示のないブレンドものは、驚かされるようなバーゲン品、ジンファンデル、カリニャン、プティ・シラー、グルナッシュ、シラー、その他の赤品種とのブレンド。胡椒味、スパイシー、果実味を帯び、ミディアムボディになる傾向があるが常に良い。

Pinot Noir Santa Barbara ピノ・ノワール・サンタ・バーバラ 🍷 $$ サンタ・バーバラのピノ・ノワールの中で最も買い得品。サンタ・バーバラは映画『サイドウェイ』の舞台になった地だが、ワインもまさしくそのとおり。ザクロ、甘いイチゴ、フランボワーズ、チェリーの香りに、森の花や香草の感じが混じる。非常に風味に満ちたピノ・ノワールの本物でありながら値段がおさえられたワインの好例。

Syrah Santa Barbara シラー・サンタ・バーバラ 🍷 $$ セントラル・コーストのものとしては最も魅力的な値段がつけられたシラー。この仕込み品には、丸焼きした香草、ブラックベリーの香りに食べごたえのある肉の感じがつめこまれている。

PAVILION WINERY *(Napa)* パヴィリオン・ワイナリー（ナパ）

Cabernet Sauvignon カベルネ・ソーヴィニヨン 🍷 $ このミディアムボディ、スパイシーで熟したワインは2～3年の内に飲むべし。

Chardonnay Oakville シャルドネ・オークヴィル 🍷 $ この愛すべきオークヴィル産のシャルドネは、好ましいオークのほのかな風味を感じさせる。心地よいスイカズラとバタースカッチの味わいも感じられ、十分な凝縮度、素晴らしい酸味と豊かさ、しっかりした後味を持つ。

Merlot メルロ 🍷 $ 生き生きと繊細で、ブラックチェリーやベリーの香りがココアとキャラメルの風味と混じり合っている。

Pinot Noir ピノ・ノワール 🍷 $ 30ドル以下でこの品質のピノ・ノワールを見つけ出すのは困難。ブライアーの木、ベリー類、そして森の下草を想わせるミディアムボディ。

JOSEPH PHELPS VINEYARD *(Napa)* ジョセフ・ヘルプス・ヴィンヤード（ナパ）

Sauvignon Blanc ソーヴィニヨン・ブラン 🍷 $$$　生き生きとエレガントで、豊かなグレープフルーツの風味をもつ。ライトからミディアムボディ、乳酸発酵をしていない。

PINE RIDGE *(Clarksburg)* パイン・リッジ（クラークスバーグ）

Chenin Blanc/Viognier シュナン・ブラン／ヴィオニエ 🍷 $　ライトボディのシュナン・ブラン／ヴィオニエで、アペリティフに最適、6カ月以内に飲みたい。香りが高く、ミディアムボディ、実にピュアで、オーク風味のない、辛口、キリッとした後味。

QUPE *(Central Coast)* キュペ（セントラル・コースト）

Los Olivos Cuvée ロス・オリボス・キュペ 🍷 $$$　土っぽさ、胡椒、地中海の灌木、チェリー、プラム、スパイスを感じさせる。小粋なコート・ド・ローヌを想わせる。

Syrah Central Coast シラー・セントラル・コースト 🍷 $$　甘いチェリーの風味に満ちた魅力的なシラー。わずかにリコリスとローストしたハーブを感じさせ、味わい深く、中程度の骨組みで、柔らかなタンニンと風味に満ちている。

RENARD *(Various Regions)* レナード（様々な地区）

Rosé Sonoma ロゼ・ソノマ 🍷 $　香り高いロゼ、フランボワーズのアロマの下に土っぽい香りがある。ミディアムボディ、キリッとした辛口、6〜7カ月の内に楽しむべき。

Roussanne Westerly Vineyard ルーサンヌ・ウエスタリー・ヴィンヤード 🍷 $$$　アルザスのようなワインで、深みには欠けるルーサンヌだが、愛らしい。飲み頃は1〜2年。

Syrah Unti Vineyard & Kick Ranch シラー・アンティ・ヴィンヤード＆キック・ランチ 🍷 $$　傑出したシラー。深みのあるミディアムからフルボディ、素晴らしい噛みごたえがあり、長くしっかりとした後味。

J. ROCHIOLI VINEYARDS *(Russian River)* J.ロキオリ・ヴィンヤー

UNITED STATES | CALIFORNIA

ド（ロシアン・リヴァー）

Sauvignon Blanc Estate ソーヴィニヨン・ブラン・エステート 🍷 $$$ 老木のソーヴィニヨン・ブラン。メロンやイチジクの香りが豊か、爽やかな酸味をもつミディアムボディ。数年は楽しめる優れた白。

ROSENBLUM CELLARS *(Various Regions)* ローゼンブルーム・セラーズ（様々な地区）

Petite Sirah Heritage Clones プティ・シラー・ヘリテージ・クローン 🍷 $$ フルボディでタンニンが強く嚙めるように豊かで、、熟したタンニンをもち酸が柔らかく、全速力で走っているようなプティ・セラー。

Petite Sirah Pato Vineyard プティ・シラー・パト・ヴィンヤード 🍷 $$$ 抑えきれない豊かさをもった、猛烈なタンニン、どっしりした果実味、土っぽい、純粋なワイン。

Petite Sirah Rhodes Vineyard プティ・シラー・ローデス・ヴィンヤード 🍷 $$$ 深く、嚙めるようなフルボディ、タンニンのしっかりした、堅固な造り。発売時のこのワインは耐え難いほどのタンニンの強さをもつだろうが、十分な緻密性がある。

Vintner's Cuvée XXIX ヴィントナーズ・キュヴェ XXIX 🍷 $ 柔らかな果実風味にタール、ハーブ、胡椒のような風味を伴い、飲み口のよいスタイル。

Zinfandel North Coast ジンファンデル・ノース・コースト 🍷 $$ 軽く仕立てられ、果物味がよく引き出されたジンファンデル。ということは日常がぶ飲み用のワイン。この生産者が出している他のワインに見られるようなハイ・オクタンのアルコール感とか、ボディは持っていない。

Zinfandel House Family Vineyard ジンファンデル・ハウス・ファミリー・ヴィンヤード 🍷 $$$ スパイシーなミディアムからフルボディのジンファンデルで適度な構成とキリッとした酸味が味わえる。

Zinfandel Planchon Vineyard 🍷 $$$ ジンファンデル・プランチョン・ヴィンヤード 豊かな果実味、素直なミディアムからフルボディ、早めに飲むのに適した柔らかなジンファンデル。

ROUND HILL *(Various Regions)* ラウンド・ヒル（様々な地区）

Chardonnay California シャルドネ・カリフォルニア 🍷 $ このカリフォルニア・シャルドネは、爽やかなスイカズラと果物の香りをもつミディ

アムボディ、すっきりした味わい。
- **Chardonnay Oak Free** シャルドネ・オーク・フリー 🍷 $ シャルドネ・オーク・フリーは爽やかなオレンジとレモンの花の個性をもつ。ミディアムボディ、素敵な果実味と純粋性、驚くべき個性をもっている。

RUTHERFORD RANCH (*Napa*) ラザフォード・ランチ (ナパ)

- **Cabernet Sauvignon** カベルネ・ソーヴィニヨン 🍷 $ 柔らかなタンニンを伴った豊かな果実味、後味も豊か。レストランのグラス売りに最適なカベルネ。
- **Chardonnay** シャルドネ 🍷 $ よくできた爽やかな白ワイン。このおいしさを12〜18カ月以内で楽しみたい。
- **Rhiannon Proprietary Red** ラインノン・プロプリエタリー・レッド 🍷 $$ ミディアムからフルボディ。絹のように滑らかなタンニン、たっぷりした果実味とこの価格のワインとしては驚くほどの深い味わいをもつ。

SADDLEBACK CELLARS (*Northern California*) サッドルバック・セラーズ (ノーザン・カリフォルニア)

- **Chardonnay** シャルドネ 🍷 $$$ これはナパ・スタイルのシャブリで、鋭い酸をもったミディアムボディ。半分量をフレンチ・オーク樽で熟成させているが、申し分のないアロマと味わいで樽風味は完全に隠されている。
- **Marsanne** マルサンヌ 🍷 $$$ 適切な価格で心地良く、軽く、乳酸発酵を経ていない白。数年の内に飲むべき。
- **Pinot Blanc** ピノ・ブラン 🍷 $$ サドル・バック最上の白がこのピノ・ブラン。この品種の好例で、リンゴの皮、オレンジの皮と柑橘油の香りをもつ。
- **Pinot Grigio** ピノ・グリージョ 🍷 $$ キリッとしていてエレガント、ミディアムボディ。わずかに蜂蜜をかけたグレープフルーツとリンゴを想わせる生き生きとしたワイン。
- **Viognier** ヴィオニエ 🍷 $$$ 活力あるヴィオニエで、心地良い酸味をもつミディアムボディ。フレッシュで樽風味は感じられない。
- **Venge Family Reserve Bianco Spettro** ヴェンジ・ファミリー・リザーヴ・ビアンコ・スペットロ 🍷 $$$ 美味で、エキゾチック。シャルドネ、ソーヴィニヨン・ブランと少量のヴィオニエからできている。料理に合わせやすい白。極辛口で、ミディアムボディ。フルーツ・カクテルのよ

UNITED STATES | CALIFORNIA

うな芳香を放ち、個性と風味に溢れている。

SAGE *(Napa)* セージ（ナパ）

Sauvignon Blanc ソーヴィニヨン・ブラン ♀ $$$　素晴らしいが、本当に手に入れにくい。驚くほど熟して、豊かな、パリッとしたソーヴィニヨン・ブランでミディアムボディ、フレッシュで生き生きとした素晴らしいテクスチャー、程良いサイズで豊か。

ST. CLEMENT *(Various Regions)* サン・クレメンテ（様々な地区）

Chardonnay シャルドネ ♀ $$　フランスのシャブリのスタイルで造られた、ほどほどの重みのシャルドネ。樽の感じは抑えられていて、柑橘類の風味に溢れ、鋼のようなバックボーンがある、そして良い酸味。

Sauvignon Blanc Bale Lane Vineyard ソーヴィニヨン・ブラン・バール・レーン・ヴィンヤード ♀ $$　このワインは強じんなグレープフルーツ、柑橘類の風味が豊か。ライトからミディアムボディ、辛口、エレガント、爽快なスタイル。

CHATEAU ST. JEAN *(Alexander Valley)* シャトー・セント・ジーン（アレクサンダー・ヴァレー）

Chardonnay Belle Terre Vineyard シャルドネ・ベル・テラ・ヴィンヤード ♀ $$$　実に素晴らしくフレッシュで、純粋で喉ごしが長いこのシャルドネは、スイカズラ、白桃、アンズの豊かな風味をもつ。ミディアムからフルボディの個性あるワイン。

Chardonnay Robert Young Vineyard シャルドネ・ロバート・ヤング・ヴィンヤード ♀ $$$　カリフォルニアのシャルドネはあまりにも濃く果物味が出すぎると考える読者はこのワインを楽しめる。飾り気がなく、レモン・オイルや砕けた岩の率直な香りをもち、きつく編まれたニットのよう。ピュアでミディアムボディ。

Fumé Blanc フュメ・ブラン ♀ $　このフュメ・ブランは素晴らしいアロマをもち、きびきびとしていてドライ、ライトからミディアムボディ、味わいがしっかりしている。12〜18カ月は楽しめる。

Fumé Blanc Le Petit Etoile フュメ・ブラン・ラ・プティ・エトワール ♀ $$　いつも受賞するフュメ・ブラン。果物味があり、優れた鮮明度を持つ。ライトからミディアムボディ、クリーンでフレッシュな後味。

Fumé Blanc Lyon Vineyard フュメ・ブラン・リヨン・ヴィンヤード 🍷 $$ ミディアムボディで、素晴らしい酸味と驚くべき凝縮度と深さ。このワインは数年間にわたって楽しめる。

SARAH'S VINEYARD *(Santa Clara)* サラズ・ヴィンヤード（サンタ・クララ）

Syrah Besson Vineyard シラー・ベッソン・ヴィンヤード 🍷 $$$ アロマも風味の要素も複雑、後味に甘いタンニンを感じ、しっかりとした風味がサンタ・クララ・ヴァレー産であると主張している。

SAUVIGNON REPUBLIC *(Russian River)* ソーヴィニヨン・リパブリック（ロシアン・リヴァー）

Sauvignon Blanc ソーヴィニヨン・ブラン 🍷 $$ 元気いっぱいのミディアムボディ、フレッシュなステンレス・タンクで熟成させたソーヴィニヨン・ブランで。1年以内に飲むこと。

SAVANNAH-CHANELLE VINEYARDS *(Monterey)* サヴァンナ・チャネル・ヴィンヤーズ（モントレー）

Syrah Coast View Vineyard シラー・コースト・ヴュー・ヴィンヤード 🍷 $$$ 価格価値の高い上質なシラー。このワインは心持ち良い酸味、溢れるアロマをもつ。明らかに冷涼な気候で育てられているが、味わい豊かでエレガント。

SBRAGIA FAMILY VINEYARDS *(Dry Creek)* スブラジア・ファミリー・ヴィンヤーズ（ドライ・クリーク）

Merlot Home Ranch メルロ・ホーム・ランチ 🍷 $$$ この愛らしいメルロはチョコレート、モカ、キャラメルやベリー類の風味を見せつける。ミディアムからフルボディ、滑らかなタンニン。

Zinfandel Gino's ジンファンデル・ジノス 🍷 $$$ スブラジアのジンファンデル・ジノスは素晴らしいが、偉大ではない。

75 *(Various Regions)* セヴンティ・ファイブ（様々な地区）

UNITED STATES | CALIFORNIA

Sauvignon Blanc ソーヴィニヨン・ブラン ♀ $$ 愛らしく、蜂蜜のような、フルーティで、きびきびとしている個性いっぱいのソーヴィニヨン・ブラン。最高の状態は1年以内。

Cabernet Sauvignon Amber Knolls Red Hills カベルネ・ソーヴィニヨン・アンバー・ノルス・レッド・ヒルズ ♀ $$ 良く熟成した魅力的なカベルネ・ワインで値段はまさしく公正。

SILVERADO VINEYARDS *(Yountville)* シルヴァード・ヴィンヤーズ（ヤンテヴィル）

Sauvignon Blanc Miller Ranch ソーヴィニヨン・ブラン・ミラー・ランチ ♀ $$ 愛らしさをうかがわせるこのソーヴィニヨン・ブランはイチジク、メロンと蜂蜜を塗ったグレープフルーツの風味に溢れ、辛口でキリッとした後味。1年は楽しめる。

SKYLARK WINE COMPANY *(North Coast)* スカイラーク・ワイン・カンパニー（ノース・コースト）

Red Belly Proprietary Red レッド・ベリィ・プロプリエタリー・レッド ♀ $$$ 私の経験から言えばこれこそカリフォルニアのコート・デュ・ローヌ。スカイラークの見事なブレンドはカリニャン、シラー、グルナッシュが調和し溶け合っている。幾重にも層が重なり、熟し、美味。1〜2年は楽しめる。

SNOWDEN *(Napa)* スノウデン（ナパ）

Sauvignon Blanc ソーヴィニヨン・ブラン ♀ $$ 100％ソーヴィニヨン・ブラン。爽やかで、エレガント、グレープフルーツと熟す前のパイナップルの香り。ミディアムボディ、爽快な酸味、フレッシュで乳酸発酵はしていない。間違いなく食べ物に寄り添うスタイル。6カ月以内に飲むこと。

CHATEAU SOUVERAIN *(Alexander Valley)* シャトー・スーベラン（アレクサンダー・ヴァレー）

Cabernet Sauvignon Alexander Valley カベルネ・ソーヴィニヨン・アレクサンダー・ヴァレー ♀ $$$ 果実味豊かな、素直なカベルネ・ソーヴ

ィニヨン。味わい豊かで、果実味が前面に出ている。まさに価格価値のあるワイン。

SPENCER ROLOSON WINERY *(Napa)* スペンサー・ロロソン・ワイナリー (ナパ)

Palaterra Proprietary Red パラテラ・プロプリエタリー・レッド 🍷 $$$
パラテラは多品種のブレンド。ビストロ向けの素晴らしい赤。甘い果実の風味に満ちミディアムボディ、新鮮味に優れ、口当たりはしなやか、総括して言えばとても官能的なワイン。

STUHLMULLER VINEYARDS *(Alexander Valley)* シュトゥミラー・ヴィンヤーズ (アレクサンダー・ヴァレー)

Chardonnay シャルドネ 🍷 $$$ 傑出したシャルドネ。ミネラルも感じられ、キリッとした酸味、ミディアムボディ、程良いオークの風味。結果として美味な白で、1〜2年は楽しめる。

SUMMERS ESTATE WINES *(Various Regions)* サマーズ・エステート・ワインズ (様々な地区)

Chardonnay シャルドネ 🍷 $$$ 素晴らしい果実味、オーク (新樽30%使用) を感じさせない。この傑出したシャルドネは1〜2年にわたって楽しめる。

Merlot Reserve メルロ・リザーヴ 🍷 $$$ 柔らかくまろやかで、ヴェルヴェットのようなタンニンをもち、後味に秀でている。この魅力的なメルロは2〜5年は楽しめる。

Cabernet Sauvignon Adrianna's Cuvée カベルネ・ソーヴィニヨン・エイドリアナズ・キュヴェ 🍷 $$$ 50ドル以下で上等な100%ナパ産カベルネを見つけるのは簡単だが、傑出したものとなると不可能に近い。だがこれは、まさにそれだ。エレガントでカベルネらしい味わい。古典的なカベルネのアロマをもち、ミディアムからフルボディの果実、柔らかなタンニンに満ち、後味が長い。

TABLAS CREEK *(Paso Robles)* タブラス・クリーク (パソ・ロブレス)

Côtes de Tablas コート・ド・タブラス 🍷 $$$ このワイナリーがコート

・デュ・ローヌ風のワインに努力をつぎこんだ傑出品がこのコート・ド・タブラス。ミディアムからフルボディ、見事な純粋感、果実と深みをみせる。

Côtes de Tablas Blanc コート・ド・タブラス・ブラン ♀ $$$ 見事なコート・ド・タブラスの白は、ミディアムボディ、辛口。個性豊かな白で2～3年のあいだに飲むとベスト。

TALLEY VINEYARDS *(Various Regions)* ターリィ・ヴィンヤーズ（様々な地区）

Bishop's Peak Syrah ビショップズ・ピーク・シラー ♥ $$ このビショップズ・ピークのシラーは果実味が表に出たカリフォルニア流のクローズ・エルミタージュ。ミディアムボディ、数年で飲むとよい。

Syrah Mano Tinta シラー・マノ・ティンタ ♥ $$ このワインは絹のように滑らかな口当たり、赤と黒い果実の風味をもつ。2年程度は楽しめる。

10 KNOTS CELLARS *(Paso Robles)* テン・ノッツ・セラーズ（パソ・ロブレス）

Beachcomber ビーチコーマー ♀ $$$ 味わいのある、素直な、よくできたワイン。1年にわたって心地良い白として楽しもう。

Moonraker ムーンレイカー ♥ $$$ この複雑な味わいの赤は、よくできたカリフォルニア・スタイルのコート・ド・ローヌを想わせ、2～3年にわたって飲める。

TERRE ROUGE *(Sierra Foothills)* テラ・ルージュ（シエラ・フットヒルズ）

Côtes de l'Ouest コート・ド・ロレスト ♥ $$ 素晴らしいコート・ド・ロレストは、エレガントなローヌ・レンジャー・ブレンド。とても味わいがあり、1年で飲むのなら大変素晴らしい価値がある。

Enigma Proprietary Blend エニグマ・プロプリエタリー・ブレンド ♀ $$$ このエニグマは素直で魅力があり、ライトからミディアムボディ。1年程度の内に飲むと良さを楽しめる。

Mourvèdre ムールヴェルド ♥ $$$ テラ・ルージュの中では最も大柄で最も高くないワインで、そこそこの黒い果実の風味がある。だがちょっ

とした硬さと、強さが後味に残る。

Roussanne ルーサンヌ 🍷 $$$　この品種のワインとしてはひときわ軽やかなスタイル。だがうまくできていて心地良い。

Tête-à-Tête テテ・ア・テテ 🍷 $　このローヌ・レンジャーのブレンドは古典的なローヌ・ヴァレー南部のワインを想わせる、口当たりがよく、魅力的な純粋さ、よく熟していて、美味。

Viognier ヴィオニエ 🍷 $$$　テラ・ルージュの白3種類の中で、最上のもの。熟した桃の風味が豊か、わずかにアンズも感じられ、スイカズラの香りもある。ミディアムボディ、純粋でクリーンな、樽風味のないスタイル。

TRAVIS *(Monterey)* トラヴィス（モントレー）

Chardonnay Unfiltered シャルドネ・アンフィルタード 🍷 $$　この樽を使っていないシャルドネは豊かで引き締まった酸味をもち、トロピカルフルーツ風味も溢れるほどにあるミディアムボディ。蜂蜜のような、豊かで、純粋な個性をもつ。

TRUCHARD VINEYARDS *(Carneros)* トルチャード・ヴィンヤーズ（カルネロス）

Roussane ルーサンヌ 🍷 $$　この素直だがなかなか良く出来たルーサンヌは、軽く、ミディアムボディ、新鮮でおいしそうである。ただ実質に欠ける。

TUTU *(Lodi)* ツツ（ローダイ）

Pinot Grigio ピノ・グリージョ 🍷 $　ローダイ産の造りの手腕がわかる、味わいのある、フレッシュなライトボディのピノ・グリージョ。アペリティフに最適、1年で飲むべき。

VILLA CREEK CELLARS *(Paso Robles)* ヴィラ・クリーク・セラーズ（パソ・ロブレス）

Pink ピンク 🍷 $　このロゼはピンクで（フレッシュさをもたらす）、軽快な酸味。発泡性を帯びるイチゴや、フランボワーズの豊かな味わいをもつ。素晴らしく価格価値のあるワイン、6〜9カ月で飲むこと。

UNITED STATES | CALIFORNIA

Proprietary White Blend プロプリエタリー・ホワイト・ブレンド ♀ $$$
　このプロプリエタリー・ホワイト・ブレンドは、爆発的なブーケをみせつけ、熟した果実、適度な酸味があとから押しよせる。新鮮で愛らしいスタイル。

WINDSOR SONOMA VINEYARDS *(Russian River)* ウインザー・ソノマ・ヴィンヤーズ（ロシアン・リヴァー）

Chardonnay シャルドネ ♀ $$　このシャルドネは、トロピカルフルーツが詰まった古典的なカリフォルニアのスタイル。フルボディで香り高く、秀逸な純粋感があり、酸味も良く、後味も長い。

Sauvignon Blanc ソーヴィニヨン・ブラン ♀ $　ステンレス・タンクで熟成させたこのソーヴィニヨン・ブランは、素晴らしい果実味と、キリリとした酸をもつ、ミディアムボディ。1〜2年は大変楽しんで飲めるだろう。

WYATT *(Various Regions)* ワイアット（様々な地区）

Cabernet Sauvignon カベルネ・ソーヴィニヨン ♥ $　脱帽させられるワイン、重厚な甘い果実味、ミディアムボディ、ビロードのようなタンニン、しっかりした後味。このおいしさを5〜7年は味わえるだろう。

Pinot Noir ピノ・ノワール ♥ $$　このワインこそが本当の勝者。優れたコート・ド・ボーヌのような味わい。ミディアムボディ、品のよい酸味、熟したタンニン、豊かで見事な口当たり、気まぐれでコストのかかるピノ・ノワールとしては、なんとも特筆すべき価値がある。

Chardonnay シャルドネ ♀ $　ミディアムボディ、みごとに新鮮で、果実味がよく出て、しかも樽材の味がしない洒落たシャルドネ。1〜2年で飲んでしまいたい。

ZACA MESA *(Santa Ynez)* ザカ・メサ（サンタ・イネス）

Z Cuvée Estate ゼット・キュヴェ・エステート ♥ $$　ムールヴェルド、グルナッシュ、サンソーとシラーのブレンド。ミディアムボディ、果実味があり、2〜3年で飲むとよい。

オレゴンのバリューワイン

(担当　ドクター・ジェイ・ミラー)

　アメリカ国内では、映画『サイドウェイ』の後、ピノ・ノワールに対する需要が飽くことなく強く、メルロのようにバブルになる兆候はまったくない。ピノ・ノワールの生産者に、今はビジネスの好機なのかと尋ねると、一様に高笑いが戻ってくる。消費者にとって悪いニュースは、本書で取り上げるレベルの質の良いピノ・ノワールは35ドル以上で、本書の範囲を超えているということだ。とはいえ、直近のオレゴン訪問で100を超えるワインを試飲した中から25ドル以下でお薦めできるピノ・ノワールを9種見つけることができた。

ヴィンテージを知る
　2006、2007、2008年のオレゴンのピノ・ノワールは際立ったヴィンテージである。

飲み頃
　オレゴンのピノ・ノワールは蔵出し後、すぐ飲むように造られている。

■オレゴンの優良バリューワイン (ワイナリー別)

A TO Z WINEWORKS *(Various Regions)* エー・ツー・ズィー・ワインワークス (様々な地区)

Pinot Noir ピノ・ノワール 🍷 $$　エー・ツー・ゼットのピノ・ノワールはオレゴン州全域の40を超える畑のブレンド。スパイス、チェリーの快いブーケを放つ。ミディアムボディで甘い果実、滑らかな口当たり。しかしながら、全体としていささか表面的で、味わいの深みに欠けるようだ。だが、味も香りもピノ・ノワールの体をなし、価格からすると小売店に山積みしても売れる、これからも要注意のワイン。

CANA'S FEAST WINERY *(Willamette Valley)* カナズ・フィースト・

ワイナリー（ウイラメッタ・ヴァレー）

Pinot Noir Bricco ピノ・ノワール ブリッコ 🍷 $$$　濃いルビー色で、スパイスボックスと野生のフランボワーズの魅力的な香り。口中では絹のように滑らかな口当たりと感じのいい風味をもち、生彩を放ち、しかもエレガント。もう少し深みと凝縮度がほしいが、価格価値は抜きんでている。

J. K. CARRIERE WINES *(Willamette Valley)* J・K・キャリアー・ワインズ（ウイラメッタ・ヴァレー）

Pinot Noir Provocateur ピノ・ノワール プロヴァカチュール 🍷 $$$　ヒマラヤ杉、スパイス、赤い果実の豊かなブーケがある。口に含むとミディアムボディで、味わいの深さもよく1〜2年は熟成を続けるのに十分な構成をもつ。

CHEHALEM WINERY *(Willamette Valley)* チュハレム・ワイナリー（ウイラメッタ・ヴァレー）

Cerise セリーズ 🍷 $$$　とてもチャーミングなものになりうるガメ・ノワールとピノ・ノワールのブレンド（ブルゴーニュではパス・トゥー・グランとして知られる）。イチゴとチェリーの生き生きとした香りが特徴的な素晴らしい果実の香り。見事にバランスのとれた、後味の長い風味豊かなワイン。

ERATH WINERY *(Various Regions)* エラース・ワイナリー（様々な地区）

Pinot Noir ピノ・ノワール 🍷 $$　ファースト・ヴィンテージが1972年、オレゴンのパイオニアの一社。先ごろ、（創業者の）ディック・エラースはエラース社をサン・ミッシェル・ワイン・エステートに売却したが、今も自社畑を持たないエラースへの最大のブドウ供給者。生産量は12万5,000ケース、うち3分の2をオレゴン・ピノ・ノワールが占める。やや明るいからほどよいルビー色、赤い果実のアロマが心地良い。軽快な飲み口、4年以内に飲むべきワイン。

RANSOM WINE COMPANY *(Willamette Valley)* ランソム・ワイン

・カンパニー(ウイラメッタ・ヴァレー)

Pinot Noir Love & Squalor ピノ・ノワール・ラブ・アンド・スクワラー ♈ $$$ やや濃いルビー色、魅力的なブラックチェリーと黒色のフランボワーズの香り。風味もよく滑らかな口当たりだが深みにかけ、途中で切れる後味。

STOLLER VINEYARDS *(Dundee Hills)* ストーラー・ヴィンヤーズ(ダンディ・ヒルズ)

Pinot Noir JV Estate ピノ・ノワール・JV・エステート ♈ $$$ JV(ジュニアー・ヴァインズ、若い樹)・エステート。このワインはスパイスボックスと大地の香りを振りまく。わずかに赤い果実のアロマも感じられる。口中では滑らかな口当たりが続き、豊かな赤い果実の感じのよい風味をもつ。だが複雑味に欠ける。

SWEET CHEEKS WINERY *(Willamette Valley)* スイート・チークス・ワイナリー(ウイラメッタ・ヴァレー)

Pinot Noir Estate ピノ・ノワール・エステート ♈ $$ オレゴンのピノ・ノワールとしてはたぶん最も価格価値が高い。スパイス、チェリー、フランボワーズの豊かなブーケをもつ。素晴らしい凝縮感、バランス、そして余韻の長さがある。

WILLAKENZIE ESTATE *(Willamette Valley)* ウイラケンジー・エステート(ウイラメッタ・ヴァレー)

Estate Pinot Noir エステート・ピノ・ノワール ♈ $$ 表示産地内のブレンド。チェリーやフランボワーズの赤い果実の心地良さが、飲みやすさ、まろやかさ、そして親しみやすさにつながっている。4〜5年で飲むこと。

後記

上記からわかるように、25ドル以下のオレゴン・ピノ・ノワールで薦められるものは少ない。オレゴンで最上のワインはピノ・ノワールだから、本書で取り上げるのも近年のピノ・ワインに絞った。しかし、シャルドネ、

リースリング、ピノ・ブランさらにピノ・グリも、とても良い。この地では、ブドウの酸に活気があり一律に熟した年には、優れたものができる。最近では2007年がそうで、試してみる価値がある。

ワシントン州のバリューワイン

(担当　ドクター・ジェイ・ミラー)

　実際、ここに掲載するワインはすべてコロンビア・ヴァレー・アペラシオン（ヤキマ・ヴァレーとワラワラ・ヴァレーが含まれる）産だ。砂漠と言えるようなところで、ワシントン州の南部に位置し、オレゴン州にも及んでいる。シアトルからワラワラへ飛行機で向かうと、カスケード山脈の青々とした西側斜面と不毛の東側のコントラストに驚かされる。カスケード山脈からワラワラに至るまで、植物相が見えるのは川沿いの灌漑が施された農地だけだ。この地の天候の劇的な数値のひとつは、コロンビア・ヴァレー・アペラシオンの東端に位置するワラワラの町から東に向かうと1マイルごとに年間雨量が1インチずつ増える、というものだ。レコール・ナンバー41とウッドワード・キャニオン・ワイナリーが隣接するからに乾いたワラワラの西端には、ほこりっぽいアスパラガス畑が広がる。ワラワラ・ヴィントナーズとレオネッテイの新しい畑がある東端は、起伏のなだらかな緑豊かな丘が連なる。

　世界中のワイン生産者にとって致命的な要素である雨に、ワシントン州の主要栽培地のブドウ生産者が煩わされることはほとんどない。それは、ワシントン州のブドウ畑には灌漑が施され、栽培家が一畝ごとにブドウ樹が得る水分量を調整できるからだ。

　ワシントン州はカナダと国境を接しているから寒い気候だろうと思い込んではいけない。春が来ると、コロンビア・ヴァレーは世界中の醸造家がうらやむようなブドウの生育期を迎える。日差しも暑さも十分、夜は涼しく、自然な酸の量を保つのに最適だ。

　と言っても、ここはブドウ栽培の天国ではない。冬と早春はブドウ栽培家にとって悪夢となりうる。なぜか？　平均して6年に一度「キラー・フリーズ（殺人的な凍結）」（として地元では知られている）にこの地方が襲われるからだ。最後に北極圏のような寒さに襲われたのは1996年1月末から2月初めのことだ。2004年の厳寒は96年よりもましで、標高の高いところを除いては収穫への影響は少なかった。

ヴィンテージを知る

　ワシントン州の標高の高い砂漠の気候は、日中の暑さと涼しい夜と、収穫期に雨が降らないことが特徴で、年ごとの差がなく際立って安定してい

UNITED STATES | WASHINGTON

る。2005、2006、2007、2008年は、コロンビア・ヴァレーでは赤白ともエクセレントからアウトスタンディングなヴィンテージだ。

飲み頃

　この章の白ワインは購入後、すぐに楽しめる。大半の赤は1～2年の熟成を続け、4～5年はもつだろう。だが熟成させなくとも楽しめるだろう。

■ワシントンの優良バリューワイン（ワイナリー別）

AMAVI CELLARS *(Columbia Valley)* アマヴィ・セラーズ（コロンビア・ヴァレー）

Semillon セミヨン ♀ $$　このセミヨンは柑橘類、春の花とメロンのアロマを放ち、クリーミィな口当たりへと導く。キリッとした酸が熟したメロンの風味を引き立たせる。後味の長さは中程度で爽やか。

BERGEVIN LANE *(Columbia Valley)* ベルグヴァン・レーン（コロンビア・ヴァレー）

Calico White カリコ・ホワイト ♀ $$　シャルドネ、ヴィオニエとルーサンヌのブレンド。新鮮な梨、シャキッとしたリンゴ、桃やメロンのアロマ。口中に見事に凝縮した風味がまず感じられ、ほどよく濃縮している。熟しているが辛口で、後味は辛口で爽やか。

BRIAN CARTER CELLARS *(Various Regions)* ブライアン・カーター・セラーズ（様々な地区）

Abracadabra—Columbia Valley アルバカダブラ・コロンビア・ヴァレー ♀ $$$　より高額な仕込品の選びから落ちたロットで造るキュヴェ。7品種が使われ、中心となるのはシラーとカベルネ・ソーヴィニヨン。しなやかで飲みやすく、赤いチェリーやフランボワーズのアロマと味わいをもつ。

Oreana White Wine Blend—Yakima Valley オレアナ・ホワイト・ワイン・ブレンド・ヤキマ・ヴァレー ♀ $$　このワインはヴィオニエ、ルーサンヌとリースリングから造られている。心地良く、果実の香りと春の花、ミネラル、メロンと柑橘類の香り。キリッとしていて調和がとれ、

2年以上にわたり、素晴らしい食前酒あるいはピクニック・ワインとして飲める。

CHATEAU ROLLAT *(Columbia Valley)* シャトー・ローラット（コロンビア・ヴァレー）

Ardenvoir Semillon アルデヴォワー・セミヨン ♀ $$$　ここのセミヨンは、花の香り、蜂蜜とタンジェリン・オレンジ（みかん）の香りが魅力的、口当たりが滑らかで素晴らしく凝縮し、見事な深み、生き生きとした酸味、ほどほどの複雑さ、後味の長さがある。

CHATEAU STE. MICHELLE *(Columbia Valley)* シャトー・サント・ミッシェル（コロンビア・ヴァレー）

ワシントン州最大のシャトー・サント・ミッシェルは、大手生産者には品質の高さについては競争力がないという風評が間違っていることを証明し続けている。ここには価格価値の高いワインの見事なリストがある。

Cabernet Sauvignon Indian Wells カベルネ・ソーヴィニヨン・インディアン・ウエルズ ♀ $$　燻した木の香り、ブラックベリーとブラックチェリーの香りを漂わせる。腰がしっかりしていて、甘い果実、軽やかなタンニン、魅力的な黒い果実の風味が感じられる。

Chardonnay Canoe Ridge Estate—Horse Heaven Hills シャルドネ・カノエ・リッジ・エステート・ホース・ヘヴン・ヒルズ ♀ $$$　果実を前面におしだしたスタイルのシャルドネ。トースティのような香り、白い果物、梨と桃の香り。まろやかさで熟成したワイン。口当たりにも優れ、オーク風味と素晴らしく溶け合っている。後味は長く果実味に満ちている。

Chardonnay Cold Creek Vineyard シャルドネ・コールド・クリーク・ヴィンヤード ♀ $$$　バタースカッチ、ヴァニラ、リンゴ、茹でた梨、さらに心持ちトロピカルフルーツの香り。滑らかな口当たり、素晴らしいバランス、後味は長く純粋。

Dry Riesling ドライ・リースリング ♀ $　キリッとしていて辛口、生き生きとしている。ミネラルや石油、レモンライムの香り。バランスのよいリースリングで、アジア料理や太平洋北西部産の天然サーモンと相性がよいだろう。

Eroica Riesling エロイカ・リースリング ♀ $$$　春の花やミネラル、スイカズラの香りが高い。爽快で、やや辛口で、まさにカビネット・スタ

UNITED STATES | WASHINGTON

イル。メロンやパイナップルの風味。バランスがとれ、活気に満ち、ドイツはモーゼルの上質のカビネット同様に、数年は熟成するだろう。

Merlot Canoe Ridge Estate—Horse Heaven Hills メルロ・カノエ・リッジ・エステート—ホース・ヘヴン・ヒルズ 🍷 $$$　チェリーや黒いフランボワーズの香り。まろやかな舌触りで、魅力的な風味と中程度の長さの余韻とエレガントな個性をもつ。

Pinot Gris ピノ・グリ 🍷 $　ヴィオニエが8％ブレンド。大地の香り、メロンそして基底にほのかに桃の香り。わずかな甘さのあるやや辛口。生き生きとした酸味、バランスに優れ、快活な後味。

COLUMBIA CREST (*Columbia Valley*) コロンビア・クレスト（コロンビア・ヴァレー）

H3 Chardonnay Horse Heaven Hills H3・シャルドネ・ホース・ヘヴン・ヒルズ 🍷 $$　ほのかなトロピカルフルーツとともにあぶったリンゴや梨のアロマ。深みと凝縮度にやや欠くが、それでも心地良く価格価値は高い。

Merlot Reserve メルロ・リザーヴ 🍷 $$$　紫色、ヒマラヤスギやスパイスボックス、カシスとブラック・カラントのアロマ。口中ではより風味の広がりがあるが、わずかに厳しさ／渋さが感じられる。

Syrah Reserve シラー・リザーヴ 🍷 $$　煙、ミネラル、ブルーベリーやソーセージのアロマをもつ。風味は上品だが、後味が少し平板。

COUGAR CREST (*Walla Walla Valley*) クーガー・クレスト（ワラワラ・ヴァレー）

Chardonnay シャルドネ 🍷 $$　リンゴや梨のようなアロマ、口中では快い風味を感じさせ、きびきびとしているが直線的。1〜2年で飲むとよい。

Viognier ヴィオニエ 🍷 $$　ステンレス・タンクで熟成させたヴィオニエ。桃、アンズのアロマ。風味に溢れバランスのとれたワイン、品もよい。1年か1年半以内に飲みたい。

Vivace ヴィヴァーチェ 🍷 $$　ヴィオニエとシャルドネのブレンド、リンゴや桃、アンズのアロマ、爽快な辛口で味わいがあり、凝縮度も味わいの長さも好ましい。食前酒に最適、1年から1年半のうちに飲みたい。

FIDELITAS (*Columbia Valley*) フィデリタス（コロンビア・ヴァレー）

アメリカ合衆国｜ワシントン

Semillon セミヨン 🍷 $$ 自然乾燥させたオーク樽で発酵させたセミヨン。メロン、ワックスやミネラルのアロマ、よい酸味と適度な果実味が感じられ風味がよく、後味は中程度から長い。

ISENHOWER CELLARS *(Columbia Valley)* アイゼンハワー・セラーズ（コロンビア・ヴァレー）

Red Wine "The Last Straw" レッド・ワイン「ザ・ラスト・ストロー」🍷 $$ カベルネ・ソーヴィニヨンとシラーが主体でほかに7品種を少量ブレンド。味わいがあり、熟成した、楽しく飲めるワインで、2～3年はビストロ風料理とともに楽しんで飲める

Rosé ロゼ 🍷 $$ グルナッシュ、クーノワーズ、ムールベルドのブレンドからなる魅力的なロゼ。花のような香り、噛めるような感じで、キリッとした風味は、コート・ド・ローヌの一級のロゼの体現。ピクニック料理に幅広く合うのは間違いない。

Snapdragon スナップドラゴン 🍷 $$ ステンレス・タンクで熟成させたルーサンヌとヴィオニエのブレンド。蜂蜜、桃とメロンの魅力的な香り、口中ではキリッとしていて活気があり、うまくバランスのとれたワイン。フルーティで純粋な後味。

JM CELLARS *(Columbia Valley)* ＪＭ・セラーズ（コロンビア・ヴァレー）

Bramble Bump Red ブランブル・バンプ・レッド 🍷 $$$ メルロ、シラー、マルベックとカベルネ・フランのブレンド。紫色で、スパイスボックス、クローヴ、シナモン、燻した木のような、さらに土っぽい香りを含む芳香を放つ。口中では飲みやすく、スパイシー。これから1～2年は熟成を続けるのに十分なタンニンがある。

KIONA *(Columbia Valley)* キオナ（コロンビア・ヴァレー）

Dry Riesling Reserve—Red Mountain ドライ・リースリング・レッド・マウンテン 🍷 $ 春の花やミネラル、蜂蜜の愛らしいブーケ、爽快でバランスがよく、調和のとれたリースリングで、明滅するような甘みを、生き生きとした酸味が支えている。

Ice Wine—Yakima Valley アイス・ワイン・ヤキマ・ヴァレー 🍷 $$$ 残

UNITED STATES | WASHINGTON

糖分20％のシュナン・ブランとリースリングのブレンド。桃やタンジェリン・オレンジ、マンゴー、キウイの香りをもつ天国のような芳香。口中では滑らかな口当たり、溌剌としていて、見事なバランスをみせる。酸のバックボーンが感じられるようになるには時間が必要。極甘口ワインとしてはずば抜けた価値がある。

White Riesling Late Harvest ホワイト・リースリング・レイト・ハーヴェスト 🍷 $ 薄い金色、わずかにガソリンやトロピカルフルーツやスイカズラの香り。口中では熟していて風味に溢れ、ドイツのシュペトレーゼ・クラスの素晴らしい印象を与える。

L'ECOLE NO. 41 *(Walla Walla Valley)* レコール・ナンバー 41 (ワラワラ・ヴァレー)

Chardonnay Columbia Valley シャルドネ・コロンビア・ヴァレー 🍷 $$$
涼しい地域のシャルドネ。トロピカルなアロマと風味、クリーミーな口当たり、感じのよい風味、長く親しみやすい後味。

Chenin Blanc Walla Voila Columbia Valley シュナン・ブラン・ワラ・ヴォラ・コロンビア・ヴァレー 🍷 $ 新鮮なメロンと春の花の香り。愛すべき酸をもち見事な調和を見せる。ピクニック用、あるいは食前酒に最適。

Semillon Columbia Valley セミヨン・コロンビア・ヴァレー 🍷 $$ ソーヴィニヨン・ブランが15％含まれている。淡い黄金色。メロンと蜂蜜の新鮮な香り。滑らかな口当たり、濃密で調和がとれている。長きにわたり造られてきたこのワインはスズキやメバルに素晴らしく合うだろう。

Semillon Estate Seven Hills Vineyard セミヨン・エステート・セブン・ヒルズ・ヴィンヤード 🍷 $$ メロンやリンゴ、柑橘類のアロマ。風味に満ち、完熟したしっかりとしたワインで、優れたバランスと後味の長さを持つ。3年以内に飲むこと。

Semillon Fries Vineyard Wahluke Slope セミヨン・フライス・ヴィンヤード・ワルケ・スロープ 🍷 $$ セブン・ヒルズに似ているが、より深さがあり凝縮している。

LONG SHADOWS *(Columbia Valley)* ロング・シャドウ (コロンビア・ヴァレー)

Poet's Leap Riesling ポエッツ・リープ・リースリング 🍷 $$ 著名なドイツのナーエ川流域のシュロスグート・ディールのアルマン・ディールが

造ったワイン。新鮮なリンゴや蜂蜜、春の花の香り。バランスに優れ、愛すべき酸味や爽快なスパイスの風味、素晴らしい味わいの長さをもつ。カビネット・スタイルのリースリングで、数年におよび熟成する。2015年まで楽しめる。

LOST RIVER WINERY *(Columbia Valley)* ロスト・リヴァー・ワイナリー（コロンビア・ヴァレー）

- **Cabernet Sauvignon** カベルネ・ソーヴィニヨン 🍷 $$$　ヒマラヤ杉やタバコ、大地、ブラック・カラントを想わせるアロマ。しなやかな口当たり、熟成が進んでいる。複雑ではないがバランスがよく、味わいもよく4〜5年は楽しめるだろう。
- **Merlot** メルロ 🍷 $$$　トーストや燻したような、またブラック・カラントやブラックベリーの素晴らしいブーケ。甘い果実味が豊かで味わいの層をなす。1〜2年は熟成を続けるのに十分な構成をもち、長く純粋な後味。
- **Syrah** シラー 🍷 $$$　ワラワラＡＶＡ産シラー。ミネラル、大地、わずかに猟鳥獣肉、さらにブラックベリーの魅力的な香りをもつ。口中ではミント風味が豊かで、十分な深さと凝縮度、さらに1〜2年は瓶熟成させるのに十分な量の熟したタンニンをもつ。

McCREA CELLARS *(Red Mountain)* マックレア・セラーズ（レッド・マウンテン）

- **Roussanne Ciel du Cheval Vineyard** ルーサンヌ・スィエル・デュ・シュヴァル・ヴィンヤード 🍷 $$$　淡い金色、ミネラルやメロン、ろうそく、それにかすかに柑橘類のブーケがある。熟していて、味わいが層をなし調和がとれている。北西太平洋産鮭に合う。

McKINLEY SPRINGS *(Horse Heaven Hills)* マッキンレー・スプリングス（ホース・ヘヴン・ヒルズ）

- **Viognier** ヴィオニエ 🍷 $　桃やアンズ、花の溢れ返る香り。リッチで風味に満ちた、優れたバランスと長さをもつワイン。

MILBRANDT VINEYARDS *(Columbia Valley)* ミルブランド・ヴィンヤーズ（コロンビア・ヴァレー）

UNITED STATES | WASHINGTON

ミルブランドはふたつのブランドをもち、レガシーは自社畑産、トラディショナルは契約畑のブドウを使う。

Pinot Gris Tradition ピノ・グリ・トラディション ♀ $ ミネラルと梨の香りをもつ爽快な辛口。飲みごたえがあり、後味が長い。1～2年の内に飲みたい。

Riesling Tradition リースリング・トラディション ♀ $ リンゴや春の花のかぐわしい香り、わずかに辛口を帯びるカビネット・スタイル。爽快な酸味と風味をもち、2～3年は熟成する。

Sundance Chardonnay Legacy サンダンス・シャルドネ・レガシー ♀ $$ シャブリの村名格付けものを想わせる、爽快で、素直なスタイル。リンゴや梨、ミネラルの香り。良い酸味、果実とのバランスがとれた中程度の味わいの長さ。

Evergreen Chardonnay Legacy エヴァーグリーン・シャルドネ・レガシー ♀ $$ よりミネラル感と熟した果実の風味をもち基準値が高い。後味が長く、ピュア。

NOVELTY HILL *(Columbia Valley)* ノヴェルティ・ヒル（コロンビア・ヴァレー）

Chardonnay Stillwater Creek Vineyard シャルドネ・スティルウォーター・クリーク・ヴィンヤード ♀ $$$ 背後にトロピカルフルーツを感じさせ、焙った梨とリンゴのアロマ。それらが強調され、調和のとれたシャルドネになっている。熟した風味、滑らかな口当たり。素晴らしい後味の長さ。

Merlot メルロ ♥ $$$ 中程度のルビー色、レッド・カラントとチェリーのアロマと味わい。この堅実で調和のとれたワインは、収穫年から6年は良い状態を保てる。

Roussanne Stillwater Creek Vineyard ルーサンヌ・スティルウォーター・クリーク・ヴィンヤード ♀ $$$ ろうそくとメロンのアロマが現れる。熟した中味と凝縮した風味。バランスに優れ、爽快な後味。

Sauvignon Blanc Stillwater Creek Vineyard ソーヴィニヨン・ブラン・スティルウォーター・クリーク・ヴィンヤード ♀ $$ 爽快なレモンライムのアロマと味わいが特徴。バランスがよく、生き生きとした酸味。後味も爽快。

Syrah シラー ♥ $$$ 猟鳥獣肉やベーコン、ブラック・カラント、ブルーベリーのアロマを放つ最上品。腰がしっかりしていて、良い構成の味わ

い。スパイシーな黒か、青い果実の風味をもち、エレガントで個性がある。

Viognier Stillwater Creek Vineyard ヴィオニエ・スティルウォーター・クリーク・ヴィンヤード ♀ $$$　桃やアプリコットのアロマ、ほどほどの凝縮度で爽快。最上のヴィオニエがもつクリーミィな口当たりを欠くが、ワシントンのヴィオニエの良い例。

O・S WINERY (*Various Regions*) オー・エス・ワイナリー（様々な地区）

Red—Columbia Valley レッド・コロンビア・ヴァレー ♥ $$　カベルネ・ソーヴィニヨンとカベルネ・フラン、メルロ、シラー、プティ・ヴェルドのブレンド。気軽に飲めるワインで、赤い果実とプラムのアロマ、滑らかな口当たり、スパイシーな風味をもつ。後味の長さは中程度。

Riesling Champoux Vineyard リースリング・シャボー・ヴィンヤード ♀ $$　春の花やミネラル、トロピカルなアロマの魅力的な芳香。少し辛口ぎみで、まさに"オフ・ドライ"。きびきびとして爽快、食前酒に向く。

Sauvignon-Semillon Klipsun Vineyard ソーヴィニヨン／セミヨン・クリプサン・ヴィンヤード ♀ $$　ソーヴィニヨン55％、セミヨン45％の割合でこのブレンドがうまくいっている。柑橘類やメロン、ろうそくのアロマが豊か、軽快で調和がとれ、優れた深み、凝縮度と余韻の長さをもつ。

OWEN ROE (*Various Regions*) オーウェン・ロウ（様々な地区）

Riesling DuBrul Vineyard Yakima Valley リースリング・デュブレル・ヴィンヤード・ヤキマ・ヴァレー ♀ $$　春の花と石油、白い果実の芳香。口の中では、残糖分と、それとバランスの取れた酸味が感じられる。カビネット・スタイルのリースリングで、これから数年は楽しめるだろう。

Syrah Ex Umbris Columbia Valley シラー・エクス・ウンブリス・コロンビア・ヴァレー ♥ $$$　煙、猟鳥獣肉、ベーコン、そしてブルーベリーのような優れたアロマ。口中では、果実味が層をなし、少しエレガントだがスパイシーで感じのいい風味。

ROSS ANDREW WINERY (*Various Regions*) ロス・アンドリュー・ワイナリー（様々な地区）

Meadow—Oregon メドウ・オレゴン ♀ $$　オレゴンのウイラメッタ・ヴァレーとローグ・ヴァレー産のピノ・ブランとゲヴュルツトラミナー、リースリング、ピノ・グリの興味深いブレンド。ミネラル、スパイスボックス、花の香り、メロン、トロピカルフルーツの魅力的なブーケ。複雑でよく熟し、生き生きとしている。アルザスのマルセル・ダイスが造るヴィラージュもののブレンドを想わせ、食前酒に最適。

Pinot Gris Celilo Vineyard—Columbia Gorge ピノ・グリ・セリロ・ヴィンヤード・コロンビア・ゴージュ ♀ $$　アンズやタンジェリン・オレンジ、春の花々、ミネラルのアロマ。口中では、キリッとしていて爽やかで、活気があり調和がとれている。味わい豊かな辛口、後味が長い。アルザスの優れたワイナリーの多くでもこの品質のピノ・グリができたら自慢することだろう。

SAINT LAURENT *(Wahluke Slope)* サン・ローラン（ワヒルーク・スロープ）

Merlot Mrachek Vineyard メルロ・マルチェック・ヴィンヤード ♥ $$
魅力的なヒマラヤ杉やスパイス、赤い果実の風味が口中に広がる。バランスがとれ、数年間楽しんで飲める。

Syrah Mrachek Vineyard シラー・マルチェック・ヴィンヤード ♥ $$$
ブルーベリーや肉、猟鳥獣肉のアロマ。風味のしっかりした、ほどよい長さの後味。

SNOQUALMIE VINEYARDS *(Columbia Valley)* スノーコルミ・ヴィンヤード（コロンビア・ヴァレー）

Naked Gewürztraminer ネィックド・ゲヴュルツトラミナー ♀ $　このワイナリーが造る有機栽培ワインのひとつ。辛口仕立て、バラの花びらと混合スパイスの香り。苦味（多くのゲヴュルツトラミナーが持っている）はなく、心持ちよい味わい、そしてうまくバランスが取れている。アジア料理と見事な相性をみせるだろう。

Sauvignon Blanc ソーヴィニヨン・ブラン ♀ $　花の香り、新鮮なハーブとメロンのアロマ、それが口中にも出る。爽快でバランスがよい。12～18カ月の内に飲むこと。

Winemaker's Select Riesling ワインメーカーズ・セレクト・リースリング ♀ $　フルーティで中辛口。花を想わせるアロマがトロピカルな香り

と溶け合っている。とはいえ、甘さとのバランスをとるためもう少し酸味があってもよい。

STEVENS WINERY *(Yakima Valley)* スティーヴンス・ワイナリー（ヤキマ・ヴァレー）

- **Viognier Divio** ヴィオニエ・ディヴィオ ♀ $$$　ミネラル、桃とアプリコットの魅力的なブーケ。素晴らしい濃縮度と深み、熟した風味、生き生きとした酸味がある。味わいの長いヴィオニエで1〜2年のうちに飲みたい。

SYZYGY *(Columbia Valley)* シジィジィ（コロンビア・ヴァレー）

- **Red Wine** レッド・ワイン ♥ $$$　シラー、カベルネ・ソーヴィニヨン、メルロとマルベックのブレンド。大地の香りやブラックチェリー、ブラックベリー、ブルーベリーの素晴らしいブーケをもち、口中で味わいが層をなす。果実の凝縮度が見事で、しっかりとした風味、心地良いバランスと余韻の長さがある。

TAMARACK CELLARS *(Columbia Valley)* タマラック・セラーズ（コロンビア・ヴァレー）

- **Chardonnay** シャルドネ ♀ $$　樽発酵のシャルドネで乳酸発酵もさせている。トロピカルフルーツの風味を持ち、バランスがよい。価格価値が傑出している。
- **Firehouse Red** ファイヤーハウス・レッド ♥ $$　7品種が融合したブレンド。気軽に飲める、優れたデイリーワイン。

WATERBROOK *(Columbia Valley)* ウォーターブルック（コロンビア・ヴァレー）

- **Chardonnay** シャルドネ ♀ $　フランス製のオークの新樽で熟成し、一部は乳酸発酵をさせている。バーゲン価格ながら真面目に造られたシャルドネ。
- **Mélange Blanc** メランジェ・ブラン ♀ $　リースリングとゲヴュルツトラミナーを中心にその他の4品種のブレンド。ちょっと辛口がかり心地良い。ピクニック用に理想的なワイン。

UNITED STATES | WASHINGTON

Petit Verdot "1st & Main" プティ・ヴェルド「ファースト&メイン」🍷
$$$　ヒマラヤ杉や、燻した木、大地の香り、ブラックベリーのアロマをもつ力強いプティ・ヴェルド。傑出した深みと濃縮度、3〜4年は熟成・発展する。

Pinot Gris ピノ・ノグリ 🥂 $　心地良い果実味、熟成が進んでいるワインで、メロン、タンジェリン・オレンジのアロマをもち、キリッとしていて爽快な後味。

Riesling リースリング 🥂 $　フルーティで、きびきびしていて、やや辛口がかるワイン。バランスのとれた心地良い酸味をもつ。

Syrah シラー 🍷 $　燻したような、肉類と青い果実のアロマ。柔らかく、熟成が進み、わかりやすい味わいのよいワインだが、複雑性を欠く。

CONTRIBUTORS

寄稿者一覧

ロバート・M・パーカー Jr
世界で最も著名と言われるワイン評論家。ワイン批評誌《ワイン・アドヴォケイト》発行人。フランスのミッテラン大統領よりナイト位の国家功労勲章を、シラク大統領よりナイト位と将校位のレジオンドヌール勲章を授与された。イタリアでは、ナイト団長位の国家功労賞を授与されている。メリーランド在住。

デイヴィッド・シルトクネヒト
《ワイン・アドヴォケイト》誌のレギュラー寄稿者。オーストリア、ドイツ、およびフランスの多くの地域をカバーしている。1980年代中頃よりワイン批評を始め、現在はイギリスのThe World of Fine Wine誌、オーストリアのVinaria誌にも寄稿している。パーカーの『ワイン・バイヤーズ・ガイド第7版』の共著者。

アントニオ・ガッローニ
世界的に著名なイタリア・ワインとシャンパンの専門家。《ワイン・アドヴォケイト》誌、パーカーの『ワイン・バイヤーズ・ガイド』、The World of Fine Wine誌に寄稿。

ドクター・ジェイ・スチュアート・ミラー
子供や家族問題が専門の精神医として活躍する一方で、1985年より《ワイン・アドヴォケイト》誌のアシスタントを務めた。1998年には、同誌を去り、ワイン販売の世界に転じ、現在はBin 604 Wine Sellersの共同経営者となっている。専門は、オレゴン、ワシントン、スペイン、オーストラリア、南米、およびヴィンテージのポートワイン。

マーク・スキアーズ
ワイン批評家／コンサルタント。2006年に、《ワイン・アドヴォケイト》誌でポルトガルの辛口ワインを担当した。現在は、イスラエル、ギリシャ、レバノン、キプロス、ブルガリア、ルーマニアのワインをカバーしている。

ニール・マーティン
ボルドー、ブルゴーニュ、ニュージーランドの高級ワインの世界的権威。Decanter誌、World of Fine Wine誌、パーカーの『ワイン・バイヤーズ・ガイド』に寄稿している。《ワイン・アドヴォケイト》誌では、ソーテルヌとニュージーランドをカバーする。

THE WINE ADVOCATE'S VINTAGE GUIDE 1994–2008

REGIONS		2008	2007	2006	2005	2004	2003	2002	2001	2000	1999	1998	1997	1996	1995	1994
BORDEAUX	St. Julien-Pauillac-St. Estephe	91E	86E	87E	95T	88T	95T	88T	88R	96T	88R	88T	87T	84R	96T	92T	85C
BORDEAUX	Margaux	90E	86E	88E	98T	87T	88I	88T	89E	94T	89R	86T	82R	88T	88E	85C
BORDEAUX	Graves	91E	87E	87E	96T	88T	88I	87T	88R	97T	88R	94T	86R	86E	89E	88E
BORDEAUX	Pomerol	96E	86I	90T	95T	88E	84E	85E	90E	95T	88R	96T	87R	85E	92T	89T
BORDEAUX	St. Émilion	92E	86I	88E	99T	88E	90I	87E	90E	96T	88R	96T	86R	87T	88E	86T
	Barsac/Sauternes	87E	94T	88E	96T	82E	95E	85E	98T	88E	88E	87E	89E	87E	85E	78E
BURGUNDY	Côte de Nuits (red)	NT	NT	88I	98T	83R	93T	93T	86I	84R	92R	84I	89R	89T	90R	72C
BURGUNDY	Côte de Beaune (Red)	NT	NT	82I	96T	79R	88T	90T	79I	80C	93R	82C	88R	89R	85R	73C
BURGUNDY	White Burgundy	NT	88I	90E	90R	91T	84R	92R	86R	88R	89C	84C	89C	92C	93C	77C
RHONE	North–Côte Rôtie/Hermitage	NT	89E	92E	89T	85C	96T	78C	89T	87E	95T	90T	90E	86R	90T	88C
RHONE	South–Châteauneuf du Pape	NT	98E	90E	95T	90E	90I	58C	96T	98E	90E	98E	82C	82C	90T	86C
	Beaujolais	85R	85R	89R	95R	81R	95I	86C	75C	91R	89R	84C	87C	82C	87C	85R
	Alsace	NT	90R	79I	87R	86E	82R	86R	91R	90R	87R	90R	87R	87R	89R	90R
	Loire Valley (White)	NT	84I	83E	94E	82C	82R	96R	82C	84R	84R	84C	88C	91R	88C	87C
	Champagne	NT	NT	NT	NT	NT	86I	90T	83E	87E	87E	86C	86R	91T	90E	NV
ITALY	Piedmont	93T	92E	93T	92R	96T	90I	74C	96T	95T	95T	92T	93E	97T	87C	77C
ITALY	Tuscany	NT	93E	96T	92R	96T	92I	75C	94E	88E	94E	86C	95E	78R	88T	85C
	Germany: Rhine (Riesling)	NT	92R	86I	93R	92R	89I	91T	91T	69C	87E	93T	87R	91T	86C	87R
	Germany: Mosel, Saar, Ruwer	NT	92R	95I	96R	92R	91I	92T	95T	76C	86E	92T	88R	91T	90R	94R
	Austria: Riesling, Grüner Veltliner	89I	90R	91I	87I	88I	89I	89T	88I	85C	95R	82C	96R	84C	90I	87T
	Vintage Port	NT	NT	NT	NT	NT	90T	NT	NV	92T	NV	NV	89T	NV	NV	92T
SPAIN	Rioja	NT	89T	85C	92E	95E	87I	76C	94E	86E	86E	82C	86R	85R	90R	90R
SPAIN	Ribera del Duero	NT	90T	88T	93T	95E	88I	78C	95E	87C	88C	88T	86R	92R	90R	90R
AUSTRALIA	S. Australia: Barossa/Clare/McLaren Vale	NT	85T	94T	96T	91E	90E	95T	95T	88C	88E	95E	88R	90E	87R	90R
AUSTRALIA	Western Australia	NT	86T	89T	91T	88T	89T	90T	90E	88E	89R	90R	87R	NT	NT	NT
	New Zealand	NT	91R	90R	85R	83R	78I	87R	76I	81I	80I	90R	86I	89R	84I	87R
	Argentina	NT	92T	94T	93T	91T	NT	NT	NT	NT	NT	NT	NT	NT	NT	NT
	Chile	NT	88T	89T	90T	89T	NT	NT	NT	NT	NT	NT	NT	NT	NT	NT
CA. NORTH COAST	Cabernet Sauvignon	NT	96E	91E	95T	91R	92I	95E	96T	78C	88T	85R	94I	90T	94T	95E
CA. NORTH COAST	Chardonnay	NT	92R	87I	94E	92R	91R	90R	90C	87E	89R	89R	92C	87C	92C	88C
CA. NORTH COAST	Zinfandel	NT	88R	79I	78I	82I	93R	85R	90R	83C	87R	86C	85E	89C	87R	92C
CA. NORTH COAST	Pinot Noir	NT	90I	87I	90E	89I	90R	92E	92E	88R	90E	89R	90E	88R	88R	92R
	California Central Coast Rhone Rangers	NT	94E	92E	92T	94R	92E	93E	89T	92R	88R	90R	90R	NT	NT	NT
	Oregon Pinor Noir	NT	84T	93E	85T	86E	88E	92I	85E	86E	92E	89T	87C	83C	76C	92T
	Washington Cabernet Sauvignon	NT	92T	91T	94T	91T	90T	89T	92T	89R	90T	90T	88T	88T	87R	90R
REGIONS		2008	2007	2006	2005	2004	2003	2002	2001	2000	1999	1998	1997	1996	1995	1994

96-100:	Extraordinary
90-95:	Finest
80-89:	Above Average to Excellent

70-79:	Average
60-69:	Below Average
Below 60:	Appalling

C: Caution, may be too old
E: Early maturing and accessible
I: Irregular, even among the best wines
T: Still tannic, youthful, or slow to mature
R: Ready to drink
NT: Not yet sufficiently tasted to rate
NV: Vintage not declared

監訳者あとがき

　常々、私はロバート・M・パーカーの批判者と看做されているが、誤解である。パーカーの業績は偉大なもので、ボルドー・ワインは言うまでもないが、フランス・ワイン全体についても *Guide PARKER des vins de France* (Solar社) を書いている。それだけでなく『ローヌ・ワイン』（万葉社刊）をみても、これだけ精密・詳細に書いたフランスの本はない。それぞれのワインの評価にしても、私の調べたところとそう変っているわけでない。パーカーが悪いのでなくて、それを受止め、利用する業界の方に問題がある。ただワインというもののあり方については、必ずしも考え方は一致しない。

　パーカーの *PARKER'S WINE BUYER'S GUIDE, sixth edition*, SIMON & SCHUSTER PAPERBACK (2002年) は実に重宝な本だが、一五〇〇頁にのぼるぶ厚いもので、誰もがそう簡単に利用できるものでない。そこへ出たのが本書である。実は、私が全く別人のロバート・B・パーカーのミステリを訳していることから、早川浩社長が日本版の版権を取って下さった。原書はペイパーバック・スタイルで、多くのワイン愛好家が気軽に買って読める本になっている。

　昔と違って、グローバリゼーションの波が日本のワイン市場にも押し寄せ、デパートや小売店に世界中の多種多様なワインが並ぶようになった。二十世紀の最後の十五年間にワインの世界に革命ともいえるような激変が生じている。有名なヒュー・ジョンソンの『ワールド・アトラス・オブ・ワイン』も、その第五版と六版で根本的といえる改訂を行なっている（邦題は第五版が『地図で見る世界のワイン』、第六版が『世界のワイン』いずれも産調出版社刊）。まさに世界のワイン地図が塗り変えられてしまったのである。そうした現象がなぜ起きたのかは別として（拙著『世界のワインの歴史』が近々河出書房新社から出版される予定だが、その中で詳述）、旧世界のフランス・ドイツ、イタリア、スペイン、ポルトガル、オーストリアでも生産地区と生産者に著しい変動が起きている。また新世界ではアメリカ、オーストラリア、ニュージーランド、アルゼンチン、チリ、南アの発展ぶりは目ざましい。よほどの専門家でないと、ワインの優劣の見分け方は難しい。

　日本では、ワインについてひとつの大きな誤解がある。それは高いワインはおいしくて、安いワインはまずいと思う考え方である。確かにワインの中には「クラシック」と呼ばれる高級ワインはある。しかし世界のワイン全体の中でみればごく僅かな例外的存在なのである。世界中に高級ワイ

監訳者あとがき

ンとは別に「ポピュラー・ワイン」と呼べる低価格帯のワインが無数に存在する。そうしたワインを決して軽蔑してはならない。実に素晴しいものもあるし「おいしい」ものも多い。クラシックとポピュラーの違いは、おいしい、まずいの違いではない。あえて言ってしまえば、高尚さ、洗練さの違いなのである。それに希少性に起因する商業上の理由による価格の差が出ているだけなのである。われわれ一般消費者・ワイン愛好家が高いワインにそう簡単に手が出せるものでない。ワインは本来日常気軽に飲むものなのである。そう考えてみると、高くなくて、おいしいワインを探し求めてみるのが大切であり、ワイン愛好家の真の姿でなければならない。

こうした観点から本書をみると、まさに、日本で、アップ・トゥー・デイトの本なのである。そのため、数名の共訳者にお願いして本書を出すことが出来た。

本書は、それぞれの国別に、それらの国のワインのエキスパートが責任を持って書いたものである。それだけに訳にあたっては表現用語の統一に注意した。題名の「バリューワイン」もお買得品と訳すことが出来るが、バリューという言葉が近年では日本でもごく普通に使われるようになったので「バリュー」を選んだ。ワインの表現用語には訳し難いものが多い。forward, crisp, racyなどは著者によって使い方が一様ではない。各基本用語の訳には工夫したが、最大の問題はfinishだった。いろいろの考えはあるがafter tasteと同意義に使うワイン専門家も多いので「後味」に統一した。ワインを飲みこんだ後で口に残る感覚・印象の意味である。

共訳者の方々には随分御無理を御願いした面もあるので、あらためて御礼申上げたい。本書の出版を決断して下さった早川浩社長、本の性質上非常に煩瑣になった編集作業に労をいとわなかった編集者の山口晶さんに、合わせて心からの御礼を申し上げたい。

二〇〇九年十一月三日
山本博

追記：本書のワインの選択をチェックしたい人にはDecanter誌の二〇〇九年十月号のWORLD WINE AWARDが好適である

監訳者略歴

山本博(やまもと・ひろし)

横浜市生まれ。早稲田大学大学院法律科修了。弁護士。ワイン愛好家として名を馳せ、フランスをはじめ世界各国のワイン事情に通じている。日本輸入ワイン協会会長。「ソペクサ(フランス食品振興会)」主催の世界ソムリエ・コンクールの日本代表審査員。2008年にはフランスの食文化の特性に著しく貢献した人物に贈られる「ザ・フレンチ・フード・スピリット・アワード」人文科学賞を受賞。ロバート・B・パーカー、エド・マクベイン、レックス・スタウトなどのミステリ翻訳でも知られる

主な著書 『ワインの女王ボルドー』『日本のワイン』(早川書房)、『ブルゴーニュ・ワイン地図と歩く、黄金丘陵』(柴田書店)、『ワインが語るフランスの歴史』(白水社)。

主な(監)訳書 デイヴィッド・ペッパーコーン『ボルドー・ワイン』(早川書房)、マイケル・ブロードベント『ヴィンテージ・ワイン必携』(柴田書店)、ヒュー・ジョンソン、ジャンシス・ロビンソン『世界のワイン第5版』『地図で見る図鑑 世界のワイン第6版』(産調出版)、他多数。

共訳者紹介(順不同)

寺尾佐樹子
翻訳家、主な訳書にヴェロネッリ『イタリア・ワイン・ガイド イ・ヴィーニ・ディ・ヴェロネッリ』他多数。

大野尚江
翻訳家、主な訳書に、アンドリュース『殺意の連鎖』、サトクリフ『ブルゴーニュ・ワイン』(共訳)、ペッパーコーン『ボルドー・ワイン』(共訳)(早川書房刊)、他多数。

藤沢邦子
通訳/翻訳家。アメリカで通訳として活躍。ウェールズにも造詣が深い。

石井もと子
ワイン・コーディネーター。オレゴン、南アフリカ、ニュージーランドのワインの輸入・普及に携わる。

中村芳子
ヴィレッジ・セラーズ株式会社勤務。オーストラリア、ニュージーランドのワイン輸入に携わる専門家。

大滝恭子
日本ソムリエ協会公認ワインエキスパート、WSET Advanced Certificate、目白ワインサロン主宰、ワイン関連のイベント、プロモーションの企画・実施、ワイン関連の通訳、翻訳業。

INDEX OF THE BEST OF THE BEST

ベスト・オブ・ベスト・バリューワイン

赤ワイン——ミディアムボディ

Malbec
ALTOS LAS HORMIGAS *(Mendoza, Argentina)* 16

Clos de los Siete
CLOS DE LOS SIETE *(Vista Flores, Argentina)* 21

El Felino Malbec
VIÑA COBOS *(Mendoza, Argentina)* 22

Blaufränkisch Königsberg
UWE SCHIEFER *(Südburgenland, Austria)* 94

Trio
CONCHA Y TORO *(Maipo Valley, Chile)* 108

Pinot Noir Vision
CONO SUR *(Colchagua Valley, Chile)* 109

Cabernet Sauvignon Antiguas Reservas
COUSIÑO-MACUL *(Maipo, Chile)* 110

Alpha Cabernet Sauvignon Apalta Vineyard
MONTES *(Colchagua Valley, Chile)* 117

Côtes de Castillon
D'AIGUILHE *(Bordeaux, France)* 151

Bordeaux Supérieur
BOLAIRE *(Bordeaux, France)* 153

Bordeaux
LE CONSEILLER *(Bordeaux, France)* 156

Médoc
D'ESCURAC *(Bordeaux, France)* 158

Premières Côtes de Blaye
LES GRANDS-MARÉCHAUX *(Bordeaux, France)* 161

Médoc
LES GRANDS CHÊNES *(Bordeaux, France)* 162

Fronsac

MOULIN HAUT LAROQUE *(Bordeaux, France)* 167

Pinot Noir
DOMAINE ANTUGNAC *(Aude, France)* 212

Coteaux de Pierrevert
DOMAINE LA BLAQUE *(Provence, France)* 294

Côtes de Provence Hautes Vignes
DOMAINE DU DRAGON *(Provence, France)* 295

Côtes du Rhône-Villages La Granacha Signargues
DOMAINE D'ANDÉZON *(Rhône, France)* 310

Domaine Boisson Côtes du Rhône-Villages Cairanne
DOMAINE BOISSON *(Rhône, France)* 315

Côtes du Rhône Bouquet des Garrigues
DOMAINE DU CAILLOU *(Rhône, France)* 316

Côtes du Rhône
CLOS CHANTEDUC *(Rhône, France)* 319

Côtes du Rhône-Villages Cuvée Philippine
DOMAINE LES GRANDS BOIS *(Rhône, France)* 326

Palazzo della Torre
ALLEGRINI *(Veneto, Italy)* 397

Langhe Nebbiolo Bricco Boschis
CAVALLOTTO *(Piedmont, Italy)* 413

Chianti Classico
FATTORIA DI FÈLSINA *(Tuscany, Italy)* 423

Morellino di Scansano Heba
FATTORIA DI MAGLIANO *(Tuscany, Italy)* 424

Irpinia Aglianico Cinque Querce
MOLETTIERI *(Campania, Italy)* 434

Chianti Rufina
SELVAPIANA *(Tuscany, Italy)* 450

Aglianico
TERREDORA *(Campania, Italy)* 456

Langhe Nebbiolo Perbacco
VIETTI *(Piedmont, Italy)* 460

Big Barrel Pinot Noir

INDEX OF THE BEST OF THE BEST

STEVE BIRD WINERY *(Marlborough, New Zealand)* 471
Pinot Noir
DELTA VINEYARD *(Marlborough, New Zealand)* 472
Pinot Noir
GROVE MILL *(Marlborough, New Zealand)* 472
Roaring Meg Pinot Noir
MT. DIFFICULTY *(Central Otago, New Zealand)* 477
Reserva "Conde de Vimioso" (Falua)
JOÃO PORTUGAL RAMOS *(Ribatejo, Portugal)* 494
Cedro do Noval
QUINTA DO NOVAL *(Douro, Portugal)* 499
Klein Babylons Toren
BACKSBERG *(Paarl, South Africa)* 504
Springfontein
SPRINGFONTEIN ESTATE *(Walker Bay, South Africa)* 511
Tres Picos Garnacha
BODEGAS BORSAO *(Campo de Borja, Spain)* 517
Viña Alberdi Reserva
LA RIOJA ALTA *(Rioja, Spain)* 530
Cuvée Le Bec
BECKMEN VINEYARDS *(Santa Ynez Valley, CA)* 542
Vintner's Reserve Chardonnay
KENDALL-JACKSON *(CA)* 550
Old Vine Red
MARIETTA CELLARS *(CA)* 552
N.V. Frontier Red
FESS PARKER *(CA)* 555
Merlot Reserve
SUMMERS ESTATE WINES *(Napa Valley, CA)* 562
Côtes de Tablas
TABLAS CREEK *(Paso Robles, CA)* 562
Cerise
CHEHALEM WINERY *(Willamette Valley, OR)* 567
Pinot Noir

ERATH WINERY *(Oregon)* 567
Estate Pinot Noir
WILLAKENZIE ESTATE *(Willamette Valley, OR)* 568

赤ワイン──フルボディ

The Boxer Shiraz
MOLLYDOOKER *(McLaren Vale, Australia)* 61
Red
PILLAR BOX *(Padthaway, Australia)* 64
Marquis Philips Sarah's Blend
R WINES *(South Australia)* 66
The Ball Buster
TA IT *(Barossa, Australia)* 70
Regular Cuvée
GRAND-ORMEAU *(Bordeaux, France)* 161
Fronsac
HAUT-CARLES *(Bordeaux, France)* 163
Fronsac
LA VIEILLE CURE *(Bordeaux, France)* 174
Les Vignes de Bila-Haut
DOMAINE DE BILA-HAUT *(M. Chapoutier) (Roussillon, France)* 215
Constance
CALVET-THUNEVIN *(Roussillon, France)* 217
St.-Chinian Causse de Bousquet
MAS CHAMPART *(Languedoc, France)* 218
Côtes du Roussillon-Villages
HECHT & BANNIER *(Roussillon, France)* 232
Naïck
L'OUSTAL BLANC *(Minervois, France)* 241
Coteaux du Languedoc l'Equilibre
VILLA SYMPOSIA *(Languedoc, France)* 251
Côtes du Rhône Cuvée Romaine
DOMAINE LA GARRIGUE *(Rhône, France)* 324

INDEX OF THE BEST OF THE BEST

Costera
ARGIOLAS *(Sardinia, Italy)* 401

Assisi Rosso
SPORTOLETTI *(Umbria, Italy)* 451

Veraton
BODEGAS ALTO MONCAYO *(Campo de Borja, Spain)* 515

Crianza
FINCA SOBREÑO *(Toro, Spain)* 523

Las Rocas Garnacha
BODEGAS SAN ALEJANDRO *(Calatayud, Spain)* 530

白ワイン――ライトボディ

Grüner Veltliner Gobelsburger
SCHLOSS GOBELSBURG *(Kamptal, Austria)* 85

Grüner Veltliner
DER POLLERHOF *(Weinviertel, Austria)* 92

Grüner Veltliner
SETZER *(Weinviertel, Austria)* 95

Abymes Monfarina
FRÉDÉRIC GIACHINO *(Savoie, France)* 138

Coteaux du Languedoc Picpoul de Pinet
GAUJAL ST.-BON *(Languedoc, France)* 229

Côte d'Est
DOMAINE LAFAGE *(Roussillon, France)* 234

Muscadet de Sèvre et Maine sur Lie Les Gras Moutons
CLAUDE BRANGER *(Loire Valley, France)* 261

Cheverny
FRANÇOIS CAZIN *(Le Petit Chambord) (Loire Valley, France)* 264

Château de Chasseloir Comte Leloup de Chasseloir Muscadet de Sèvre et Maine sur Lie Cuvée des Ceps Centenaires
CHÂTEAU DE CHASSELOIR *(Loire Valley, France)* 265

Muscadet de Sèvre et Maine sur Lie Clos des Allées Vieilles Vignes

DOMAINE LUNEAU-PAPIN *(Loire Valley, France)* 278
Bergerac La Tour de Montesier
CHÂTEAU MONTESTIER *(Southwest France)* 304
Deidesheimer Leinhöhle Riesling Kabinett halbtrocken
VON BUHL *(Pfalz, Germany)* 358
Erdener Treppchen Riesling Spätlese Mosel Slate
ROBERT EYMAEL *(Mönchhof) (Mosel, Germany)* 361
Gunderloch Riesling trocken
GUNDERLOCH *(Rheinhessen, Germany)* 363
Riesling Dragonstone
JOSEF LEITZ *(Rheingau, Germany)* 369
Riesling Kabinett trocken
RATZENBERGER *(Mittelrhein, Germany)* 374
Riesling
SCHÄFER-FRÖHLICH *(Nahe, Germany)* 375
Silvaner trocken
WAGNER-SEMPEL *(Rheinhessen, Germany)* 379
Pinot Grigio Puiten
COLTERENZIO *(Alto Adige, Italy)* 417
Verdicchio dei Castelli di Jesi Classico Speriore, Vigna delle Oche
FATTORIA SAN LORENZO *(Marche, Italy)* 425
Soave Classico
GINI *(Veneto, Italy)* 428
Soave Classico
PIEROPAN *(Veneto, Italy)* 441
Vermentino Villa Solais
SANTADI *(Sardinia, Italy)* 448
Soave Classico Le Bine di Costiola
TAMELLINI *(Veneto, Italy)* 452
Greco di Tufo Loggia della Serra
TERREDORA *(Campania, Italy)* 455
Falerno del Massico Bianco
VILLA MATILDE *(Campania, Italy)* 461

INDEX OF THE BEST OF THE BEST

Pinot Gris
AMISFIELD *(Central Otago, New Zealand)* 469

Ward Farm Pinot Gris
MAHI *(Marlborough, New Zealand)* 475

Branco (Quinta de Sanjoanne)
CASA DE CELLO *(Vinho Verde, Portugal)* 490

Alvarinho
ANSELMO MENDES *(Andreza) (Vinho Verde, Portugal)* 495

Branco (Falcoaria)
QUINTA DO CASAL BRANCO *(Ribatejo, Portugal)* 498

Auratus
QUINTA DO FEITAL *(Vinho Verde, Portugal)* 498

Sauvignon Blanc
INDABA *(Western Cape, South Africa)* 508

Pinot Gris Sonoma Reserve
GALLO FAMILY VINEYARDS *(Sonoma, CA)* 546

Sauvignon Blanc
HONIG *(Napa, CA)* 548

Fumé Blanc
CHATEAU ST. JEAN *(Alexander Valley, CA)* 559

Calico White
BERGEVIN LANE *(Columbia Valley, WA)* 571

Eroica Riesling
CHATEAU STE. MICHELLE *(Columbia Valley, WA)* 572

白ワイン――ミディアムボディ

Chardonnay
CATENA ZAPATA *(Mendoza, Argentina)* 20

Torrontés
CRIOS DE SUSANA BALBO *(Mendoza, Argentina)* 23

Virgin Chardonnay
TREVOR JONES *(Barossa, Australia)* 58

Pinot Blanc Seeberg

PRIELER *(Burgenland, Austria)* 92

Sauvignon Blanc Reserva
VIU MANENT *(Leyda Valley, Chile)* 129

Pinot Blanc
DOMAINE ALBERT MANN *(Alsace, France)* 141

Chardonnay
JEAN RIJCKAERT *(Jura, France)* 145

Vouvray Cuvée Silex
DOMAINE DES AUBUISIÈRES *(Loire Valley, France)* 258

Jasnières
PASCAL JANVIER *(Loire Valley, France)* 276

Savennières — Roche aux Moines
DOMAINE AUX MOINES *(Loire Valley, France)* 280

Monbazillac Cuvée des Anges
GRANDE MAISON *(Southwest France)* 303

Thalassitis
GAI'A *(Santorini, Greece)* 385

Vinsanto
HATZIDAKIS *(Santorini, Greece)* 386

Veriki
DOMAINE HATZIMICHALIS *(Atalanti Valley, Greece)* 386

Xinomavro
DOMAINE KARYDAS *(Naoussa, Greece)* 387

Asirtiko / Athiri
DOMAINE SIGALAS *(Santorini, Greece)* 388

Santorini
DOMAINE SIGALAS *(Santorini, Greece)* 388

Muscat "Vin Doux"
UNION OF WINEMA KING COOPERATIVES OF SAM OS *(Samos, Greece)* 389

Irongate Unoaked Chardonnay
BABICH *(Marlborough, New Zealand)* 470

Kidnappers Vineyard Chardonnay
CRAGGY RANGE *(Hawke's Bay, New Zealand)* 471

INDEX OF THE BEST OF THE BEST

Sauvignon Blanc
DOG POINT VINEYARD *(Marlborough, New Zealand)* 472

Estate Chardonnay
KUMEU RIVER *(Auckland, New Zealand)* 475

Opou Vineyard Chardonnay
MILLTON VINEYARD *(Gisborne, New Zealand)* 475

Pencarrow Sauvignon Blanc
PALLISER ESTATE *(Martinborough, New Zealand)* 479

Dry Riesling
PEGASUS BAY *(Canterbury, New Zealand)* 479

Sauvignon Blanc
SERESIN *(Marlborough, New Zealand)* 481

Laverique Méthode Traditionelle Reserve
SHERWOOD ESTATE *(Waipara, New Zealand)* 481

Woodthorpe Vineyard Sauvignon Blanc
TE MATA *(Hawke's Bay, New Zealand)* 482

Cellar Selection Sauvignon Blanc
VILLA MARIA *(New Zealand)* 484

Espumante Bruto Super Reserva (Vértice)
CAVES TRANSMONTANAS *(Douro, Portugal)* 491

Semillon Columbia Valley
L'ECOLE NO. 41 *(Walla Walla Valley, WA)* 575

Pinot Gris Celilo Vineyard
ROSS ANDREW WINERY *(Columbia Gorge, OR)* 579

Chardonnay
WATERBROOK *(Columbia Valley, OR)* 580

白ワイン――フルボディ

Costamolino
ARGIOLAS *(Sardinia, Italy)* 400

スパークリング・ワイン

Barking Mad Sparkling Shiraz
REILLY'S *(Clare Valley, Australia)* 68

Bugey-Cerdon La Cueille
PATRICK BOTTEX *(Savoie, France)* 136

Crémant du Jura Brut-Comté Chardonnay Tête de Cuvée
HUBERT CLAVELIN *(Jura, France)* 137

Crémant d'Alsace
DOMAINE ALBERT MANN *(Alsace, France)* 141

Crémant du Jura Brut
DOMAINE DE MONTBOURGEAU *(Jura, France)* 143

Bugey-Cerdon
DOMAINE RENARDAT-FÂCHE *(Savoie, France)* 145

Crémant du Jura Brut
ANDRÉ & MIREILLE TISSOT *(Jura, France)* 147

Chardonnay Brut Blanc de Blancs
JEAN-LOUIS DENOIS *(Limoux, France)* 223

Vouvray Brut Méthode Traditionelle
DOMAINE DES AUBUISIÈRES *(Vouvray, France)* 258

Montlouis Méthode Traditionelle Brut
DOMAINE LES LOGES DE LA FOLIE *(Montlouis, France)* 278

Jeio Valdobbiadene Brut Prosecco
BISOL *(Veneto, Italy)* 403

Prosecco di Valdobbiadene Brut
COL VETORAZ *(Veneto, Italy)* 416

Prosecco di Valdobbiadene Rustico
NINO FRANCO *(Veneto, Italy)* 427

Prosecco di Valdobbiadene Spumante Extra-Dry Col dell'Orso
FROZZA *(Veneto, Italy)* 427

Moscato d'Asti Sourgal
ELIO PERONE *(Piedmont, Italy)* 439

Moscato d'Asti Clarté

INDEX OF SPARKLING WINES

ELIO PERONE *(Piedmont, Italy)* 440
Bigaro
ELIO PERONE *(Piedmont, Italy)* 440
Moscato d'Asti
PAOLO SARACCO *(Piedmont, Italy)* 448
Moscato d'Autunno
PAOLO SARACCO *(Piedmont, Italy)* 448
Prosecco Brut
ZARDETTO *(Veneto, Italy)* 462
Laverique Méthode Traditionelle Réserve
SHERWOOD ESTATE *(Waipara, New Zealand)* 481
Espumante Bruto Super Reserva (Vértice)
CAVES TRANSMONTANAS *(Douro, Portugal)* 491
Espumante Reserva (Vértice)
CAVES TRANSMONTANAS *(Douro, Portugal)* 491
Reserva Brut
AGUSTÍ TORELLO MATÁ *(Cava-Penedès, Spain)* 515
Llopart Brut Rosé
CAVAS LLOPART *(Cava-Penedès, Spain)* 525
Naverán Dama
CAVES NAVERÁN *(Cava-Penedès, Spain)* 528

INDEX OF WINE PRODUCERS

索引：ワイナリー

A to Z Wineworks (Oregon), 566
Abbazia di Novacella (Italy), 396
Abbazia Santa Anastasia (Italy), 396
Abbona (Italy), 396
Accordini (Italy), 397
Achaia Clauss (Greece), 384
Acustic (Spain), 514
Adega Cooperativa de Borba (Portugal) 488
Adega de Monção (Portugal), 489
Adega o Casal (Spain), 519
Adelaida Cellars (California), 538
D'Agassac (France), 151
Agathe Bursin (France), 136
D'Aiguilhe (France), 151
D'Aiguilhe Querre (France), 151
Agustí Torello Matá (Spain), 514
Alain Cailbourdin (France), 263
Alain Michaud (France), 196
Alamos (Argentina), 15
Alario (Italy), 397
Albert Boxler (France), 136
Albino Rocca (Italy), 445
Alexander Valley Vineyards (California) 538
Alexandre Monmousseau (France), 281
Alfred Merkelbach (Germany), 371
Alfredo Roca (Argentina), 36
Alice & Olivier de Moor (France), 197
Allan Scott Wines (New Zealand), 468
Allegrini (Italy), 397
Alpha Domus (New Zealand), 469
K. Alphart (Austria), 81
Alta Vista (Argentina), 15
Altesino (Italy), 398
Altos Las Hormigas (Argentina), 16
Amavi Cellars (Washington), 571
Ambra (Italy), 398
Amisfield (New Zealand), 469

Ampelia (France), 151
Anakena (Chile), 101
Andeluna Cellars (Argentina), 16
André & Mireille Tissot (France), 147
André and Michel Quenard (France), 144
André Brunel (France), 315
André Kientzler (France), 140
André-Michel Brégeon (France), 262
André Neveu (France), 281
André Ostertag (France), 144
André Pfister (France), 144
Andrea Oberto (Italy), 436
Andrew Hardy (Australia), 56
Andrew Murray (California), 554
Anglim (California), 539
Annie's Lane (Australia), 49
Anselmi (Italy), 399
Anselmo Mendes (Andreza) (Portugal) 495
Ansgar-Clüsserath (Germany), 357
Antichi Vigneti di Cantalupo (Italy), 399
Antonietti (Argentina), 16
Antoniolo (Italy), 399
Araldica (Italy), 400
Arboleda (Chile), 102
Arcadian (California), 539
Argento (Argentina), 16
Argiano (Italy), 400
Argillae (Italy), 400
Argiolas (Italy), 400
Aria du Château de la Riviere (France) 151
Arrowood Vineyards and Winery (California), 539
Au Grand Paris (France), 151
August Kesseler (Germany), 366
Auguste Clape (France), 318
Agustinos (Chile), 101
D'Aurilhac (France), 152

Aurum Wines (New Zealand), 470
Avalon (California), 540
Ave (Argentina), 17
L'Aventure (California), 540
Avondale (South Africa), 503
Azelia (Italy), 401
Azul Profundo (Chile), 103

Babich (New Zealand), 470
Backsberg (South Africa), 503
Bad Boy (France), 152
Badia A Coltibuono (Italy), 401
Baglio di Pianetto (Italy), 401
Balgownie Estate (Australia), 50
Barba (Italy), 401
Bargemone (France), 311
Barmes-Buecher(France), 135
Baron Patrick de Ladoucette (France),276
Barone Ricasoli (Italy), 444
Barossa Valley Estate (Australia), 51
Bastianich (Italy), 402
La Bastide St.-Dominique (France),312
Batzella (Italy), 402
Beaulieu Comtes de Tastes (France),152
Beckmen Vineyards (California), 540
Bel-Air la Royère (France), 152
Belasco De Baquedano (Argentina), 17
Belle-Vue (France), 180
Bellum-Señorío de Barahonda(Spain) 516
Benanti (Italy), 402
Benedicte de Rycke (France), 288
Benegas (Argentina), 17
Benmarco (Argentina), 18
Benoît Droin (France), 188
Benoit Ente (France), 190
Benvenuto de la Serna (Argentina), 39
Bergevin Lane (Washington), 571
Beringer (California), 540
Bernard Baudry (France), 259
Bernard Diochon (France), 188

Bertani (Italy), 402
Bertineau St.-Vincent (France), 153
Bertrand Ambroise (France), 181
Bertrand Graillot (France), 274
Bibi Graetz (Italy), 428
Big Tattoo Wines (Chile), 103
Bilton (South Africa), 504
Birgit Eichinger (Austria), 83
Bisci (Italy), 403
Bisol (Italy), 403
The Black Chook (Australia), 52
Black Pearl (South Africa), 504
Bleasdale Vineyards (Australia), 52
Boccadigabbia (Italy), 403
Bodega Berroja (Spain), 516
Bodega Bressia (Argentina), 19
Bodega Dante Robino (Argentina), 23
Bodega del Abad (Spain), 514
Bodega del Fin del Mundo(Argentina) 24
Bodega Enrique Foster (Argentina),26
Bodega Goulart (Argentina), 26
Bodega Lagarde (Argentina), 27
Bodega Monteviejo (Argentina), 30
Bodega Norton (Argentina), 32
Bodega NQN (Argentina), 32
Bodega Poesia (Argentina), 33
Bodega Renacer (Argentina), 35
Bodega Ruca Malén (Argentina), 37
Bodega Tapiz (Argentina), 40
Bodega Vistalba (Argentina), 46
Bodegas Alto Moncayo (Spain),515
Bodegas Ateca (Spain), 515
Bodegas Borsao (Spain), 517
Bodegas Castaño (Spain), 519
Bodegas Emilio Moro (Spain), 528
Bodegas Estefania (Spain), 522
Bodegas J.C. Conde (Spain), 520
Bodegas los 800 (Spain), 525
Bodegas Mas que Vinos (Spain), 526
Bodegas Matarredonda (Spain), 527
Bodegas Maurodos (Spain), 527

INDEX OF WINE PRODUCERS

Bodegas O'Ventosela (Spain), 528
Bodegas San Alejandro (Spain), 530
Bodegas Santa Ana (Argentina), 38
Bodegas Silvano García (Spain), 523
Bodegas Viñaguareña (Spain), 534
Bodegas Virgen del Valle (Spain), 535
Bodegas Volver (Spain), 536
Bodegas y Viñedos del Jaro (Spain), 524
Bodegas y Viñedos Valderiz (Spain), 533
Bolaire (France), 153
Bonnet (France), 153
Bonny Doon Vineyard (California), 541
Bord'eaux (France), 153
Borie la Vitarelle (France), 215
F. Boschis (Italy), 403
Botalcura (Chile), 103
Bouscat (France), 154
Boutari (Greece), 384
Braida (Italy), 404
Brampton (South Africa), 504
Brancaia (Italy), 404
Branda (France), 154
Breggo Cellars (California), 541
Brett Brothers (France), 182
Brian Carter Cellars (Washington), 571
Bricco Mondalino (Italy), 405
Bridlewood Estate (California), 542
Brigaldara (Italy), 405
Brisson (France), 154
Broc Cellars (California), 542
Brokenwood (Australia), 52
Brondeau (France), 154
Bruni (Italy), 405
Bruno Colin (France), 187
Bruno Giacosa (Italy), 427
Bäuerl (Austria), 81
Bucci (Italy), 405
Budini (Argentina), 19
Buehler Vineyards (California), 542
Buisson-Charles (France), 183
Buitenverwachting (South Africa), 505
Butron Budinich (Chile), 104

C. H. Berres (Germany), 357
Ca' Bianca (Italy), 406
Cabert (Italy), 406
Caggiano (Italy), 406
Le Calcinaie (Italy), 406
Caliterra (Chile), 104
Callejo (Spain), 517
Calvet-Thunevin (France), 217
Cambon la Pelouse (France), 154
Camigliano (Italy), 407
Camillo Donati (Italy), 421
Campolargo (Portugal), 489
Cana's Feast (Oregon), 566
Canella (Italy), 407
Cantele (Italy), 407
Cantina del Taburno (Italy), 407
Cantina di Terlano (Italy), 408
Cantina Rotaliana (Italy), 408
Cap de Faugères (France), 155
Capaia Wines (South Africa), 505
Caprai (Italy), 409
Carl Loewen (Germany), 370
Carlisle (California), 542
Carm (Casa Agricola Roboredo Madeira) (Portugal), 489
Carmen (Chile), 105
La Carraia (Italy), 409
J. K. Carriere Wines (Oregon), 567
Cartlidge & Browne (California), 542
Casa Castillo (Spain), 518
Casa de Cello (Portugal), 490
Casa de Vila Verde (Portugal), 490
Casa Ermelinda Freitas (Portugal), 490
Casa La Joya (Chile), 113
Casa Lapostolle (Argentina), 28
Casa Lapostolle (Chile), 114
Casa Marin (Chile), 116
Casa Rivas (Chile), 122
Casa Silva (Chile), 125
Casado Morales (Spain), 519
Cascabel (Australia), 53

Cascina Bongiovanni (Italy), 409
Cascina Chicco (Italy), 409
Cascina Tavijn (Italy), 410
Cascina val del Prete (Italy), 410
Castello Banfi (Italy), 410
Castello delle Regine (Italy), 410
Castello di Bossi (Italy), 410
Castello di Fonterutoli (Italy), 410
Castello di Luzzano (Italy), 411
Castello di Monsanto (Italy), 411
Castello di Nipozzano (Italy), 411
Castello Monaci (Italy), 412
Castelvero (Italy), 412
Castillo Labastida (Spain), 519
Castro Ventosa (Spain), 520
Cat Amongst the Pigeons (Australia),53
Cataldi Madonna (Italy), 412
Catena Zapata (Argentina), 20
Cathérine & Pierre Breton (France),262
Catherine Marshall (South Africa),509
Cavallotto (Italy), 413
Cavas Llopart (Spain), 525
Cave de Pomerols (France), 243
Cave de Viré (France), 204
Caves Aliança (Portugal), 491
Caves Naverán (Spain), 528
Caves Transmontanas (Portugal), 491
Cecchi (Italy), 413
Célestin-Blondeau (France), 264
Celler Bartolomé (Spain), 516
Celler Batea (Spain), 516
Celler Cal Pla (Spain), 517
Celler de L'Encastell (Spain), 522
Celler el Masroig (Spain), 527
Celler la Bollidora (Spain), 517
Celler Malondro (Spain), 526
Celler Vinos Piñol (Spain), 534
Cellers Sant Rafel (Spain), 531
Cesani (Italy), 413
Ceuso (Italy), 414
Chakana (Argentina), 21
Champs des Soeurs (France), 219

Chanson Père & Fils (France), 184
Chapoutier (France), 316
Charles Joguet (France), 276
Charles Schleret (France), 145
Charmail (France), 155
Les Charmes-Codard (France), 155
Château Barréjat (France), 300
Château Beaucastel (France),313
Château Cabriac (France), 216
Chateau Chateau (Australia), 53
Château Coupe Roses (France), 222
Château Creyssels (France), 223
Château d'Aydie (Laplace) (France),300
Château de Caladroy (France), 217
Château de Chasseloir Comte Leloup
de Chasseloir (France), 265
Château de la Bonnelière (France),260
Château de la Bourdinière (France),261
Château de la Chesnaire (France), 266
Château de la Fessardière (France),272
Château de la Greffière (France),193
Château de la Négly (France), 240
Château de la Presle (France), 283
Château de la Ragotière (France), 285
Château de Manissy (France), 331
Château de Mattes-Sabran (France),237
Château de Montmirail (France), 335
Château de Nages (France), 239,337
Château de Rieux (France), 244
Château de Roquefort (France), 297
Château de Ségries (France), 345
Château de Valcombe (France), 250
Château de Vaugaudry (France), 290
Château de Villeneuve (France), 290
Château d'Épire (France), 271
Château des Annibals (France), 294
Château des Lumières (France), 194
Château des Roques (France), 342
Château des Tours (France), 346
Château d'Or et de Gueules (France),240
Château d'Oupia (France), 240
Château du Cleray (Sauvion) (France),

INDEX OF WINE PRODUCERS

267
Château du Coulaine (France), 269
Château du Pizay (France), 199
Château du Rouët (France), 297
Château Flotis (France), 303
Château Font-Mars (France), 226
Château Fontanès (France) → Les Traverses de Fontanes 参照
Château Gaillard (France), 273
Château Grande Cassagne (France), 231
Château Haut Monplaisir (France), 304
Château Haut Fabrègues (France), 232
Château Jouclary (France), 234
Château la Colombière (France), 302
Château Lascaux (France), 235
Château les Amoureuses (France), 310
Château les Valentines (France), 297
Château L'Euzière (France), 226
Château Maris (France), 237
Château Mas Neuf (France), 334
Chateau Montelena (California), 553
Château Montesier (France), 304
Château Morgues du Grès (France), 238
Château Paradis (France), 338
Château Pesquie (France), 339
Château Rayas (France), 341
Château Rigaud (France), 245
Chateau Rollat (Washington), 572
Château Saint Cosme (France), 342
Château Saint-Germain (France), 246
Château Saint Roch (France), 247
Château Signac (France), 345
Château Soucherie (France), 288
Chateau Souverain (California), 561
Chateau St. Jean (California), 559
Chateau Ste. Michelle (Washington), 572
Château Thivin (France), 202
Château Vessière (France), 348
Château Virgile (France), 251
Chave (France), 318
Chehalem (Oregon), 567
Chionetti (Italy), 414
Cohno (Chile), 106
A. Christmann (Germany), 358
Joh. Jos. Christoffel (Germany), 359
Christoforos Pavlidis (Greece), 387
Churchill Graham (Portugal), 491
Ciacci Piccolomini d'Aragona (Italy), 414
Le Cinciole (Italy), 415
Citran (France), 155
Claude Branger (France), 261
Claude Lafond (France), 277
Clemens Busch (Germany), 358
Cliff Lede (California), 551
Cline Cellars (California), 543
Clos Bellevue (Francis Lacoste) (France), 220
Clos Chanteduc (France), 319
Clos Chaumont (France), 155
Clos de la Roilette (France), 186
Le Clos de L'Anhel (France), 212
Clos de los Siete (Argentina), 21
Clos du Tue-Boeuf (France), 268
Clos la Coutale (France), 302
Clos L'Église (France), 155
Clos Marie (France), 220
Clos Marsalette (France), 156
Clos Mimi (California), 543
Clos Puy Arnaud (France), 156
Clos Roche Blanche (France), 268
Clos Teddi (France), 295
Clot de L'Oum (France), 221
Cloudy Bay (New Zealand), 471
Clüsserath-Weiler (Germany), 359
Cocci Grifoni (Italy), 415
Col de Lairole (Cave de Roquebrunn) (France), 221
Col des Vents (Coopérative de Castelmaure) (France), 221
Col di Bacche (Italy), 416
Col d'Orcia (Italy), 416
Col Vetoraz (Italy), 416
Colinas de São Lourenço (Silvio Cerveira) (Portugal), 491

Colle Massari (Italy), 416
Colomé (Argentina), 22
Colosi (Italy), 416
Colterenzio (Italy), 417
Coltibuono (Italy), 417
Columbia Crest (Washington), 573
Concha y Toro (Chile), 106
Conde de San Cristobal (Spain), 520
Conde de Valdemar (Spain), 521
Confiance de Gérerd Depardieu(France) 156
Cono Sur (Chile), 108
Le Conseiller (France), 156
Consilience (California), 543
Conterno Fantino (Italy), 417
Contini (Italy), 418
Copain (California), 543
Coppo (Italy), 418
A Coroa (Spain), 514
Corrina Rayment (Australia), 67
Corte dei Papi (Italy), 419
Corte Giara (Italy), 419
Costa Lazaridis (Greece), 385
Costaripa (Italy), 420
Côte Montpezat (France), 222
Coufran (France), 157
Cougar Crest (Washington), 573
Coume del Mas (France), 222
Courteillac (France), 157
Cousiño-Macul (Chile), 109
Craggy Range (New Zealand), 471
Crew Wines (California), 544
Crois de Susana Balbo (Argentina), 22
Croix de L'Espérance (France), 157
Croix Mouton (France), 157
La Croix de Perenne (France), 157
La Croix de Peyrolie de Gérard Depardieu (France), 158
Cros de la Mûre (France), 320
The Crossings (New Zealand), 472
Cuatro Pasos (Spain), 521
Cusumano (Italy), 420

Cuvée des Galets (France), 324

Dalem (France), 158
D'Alessandro (Italy), 420
Damilano (Italy), 420
Danie de Wet (South Africa), 512
Daniel Bouland (France), 181
Daniel Chotard (France), 267
Daniel Pollier (France), 199
Daniel Schuster (New Zealand), 480
Daniel Vollenweider (Germany), 378
D'Arenberg (Australia), 50
Dashe Cellars (California), 544
Daugay (France), 158
La Dauphine (France), 158
De Bortoli (Australia), 53
De Grendel (South Africa), 507
De Krans (South Africa), 508
De Lisio (Australia), 59
De Wetshof Estate (South Africa), 512
Delas Frères (France), 320
Delta Vineyard (New Zealand), 472
Der Pollerhof (Austria), 92
Descendientes de José Palacios (Spain) 521
G. Descombes (France), 187
Deviation Road (Australia), 54
Di Arie Vineyard (California), 544
Di Giovanna (Italy), 421
Di Majo Norante (Italy), 421
Didier & Catherine Champalou (France) 264
Dirler-Cade (France), 137
Dog Point Vineyard (New Zealand), 472
Domaine Aimé (France), 210
Domaine Alary (France), 309
Domaine Albert Mann (France), 141
Domaine Alfred (California), 539
Domaine Allias (France), 257
Domaine Antugnac (France), 212
Domaine Arretxea (France), 300
Domaine aux Moines (France), 280

INDEX OF WINE PRODUCERS

Domaine Baptiste-Boutes (France), 213
Domaine Bastide du Claux (France), 312
Domaine Beau Mistral (France), 313
Domaine Begude (France), 214
Domaine Bellegarde (France), 301
Domaine Bertrand-Bergé (France), 214
Domaine Boisson (France), 314
Domaine Bordenave (France), 301
Domaine Bott-Geyl (France), 135
Domaine Bramadou (France), 315
Domaine Brazilier (France), 261
Domaine Cabirau (France), 216
Domaine Cady (France), 263
Domaine Camp Galhan (France), 217
Domaine Cassagnoles (France), 301
Domaine Cauhapé (France), 302
Domaine Chamfort (France), 316
Domaine Cheysson (France), 186
Domaine Courbis (France), 320
Domaine d'Andézon (France), 310
Domaine d'Arbousset (France), 311
Domaine D'Aupilhac (France), 213
Domaine David Clark (France), 186
Domaine de Baubiac (France), 214
Domaine de Beauregard (France), 259
Domaine de Bellivière (France), 259
Domaine de Bila-Haut (M. Chapoutier) (France), 215
Domaine de Blanes (France), 215
Domaine de Ferrand (France), 322
Domaine de Fontenelles (France), 227
Domaine de Fontsainte (France), 227
Domaine de Granjolo (France), 296
Domaine de L'A (France), 150
Domaine de la Bastidonne (France), 312
Domaine de la Brunély (France), 316
Domaine de la Butte (France), 263
Domaine de la Cadette (France), 184
Domaine de la Chanteleuserie (France) 264
Domaine de la Chapelle (France), 184
Domaine de la Charrière (France), 265
Domaine de la Chauvinière (France), 266
Domaine de la Feuillarde (France), 191
Domaine de la Garrelière (France), 273
Domaine de la Janasse (France), 328
Domaine de la Madone (France), 196
Domaine de la Mordorée (France), 335
Domaine de la Pépière (Marc Ollivier) (France), 282
Domaine de la Perrière (France), 283
Domaine de la Petite Cassagne (France) 242
Domaine de la Présidente (France), 340
Domaine de la Quilla (France), 284
Domaine de la Renjarde (France), 342
Domaine de la Taille aux Loups (France) 289
Domaine de la Tour Penedesses (France) 249
Domaine de la Tour Vieille (France), 249
Domaine de la Vieille Julienne (France) 349
Domaine de l'Amauve (France), 309
Domaine de l'Écu (France), 271
Domaine de L'Espigouette (France), 321
Domaine de l'Hortus (France), 233
Domaine de L'Idylle (France), 139
Domaine de l'Oratoire St.-Martin (France), 337
Domaine de L'Oriel-Gérard Weinzorn (France), 143
Domaine de Marcoux (France), 331
Domaine de Ménard (France), 304
Domaine de Montbourgeau (France), 143
Domaine de Mourchon (France), 336
Domaine de Noire (France), 282
Domaine de Pallus (France), 282
Domaine de Poulvalrel (France), 243
Domaine de Poulvarel (France), 340
Domaine de Pouy (France), 305
Domaine de Rieux (France), 306
Domaine de Vieux Télégraphe (France) 349

Domaine Déletang (France), 270
Domaine Depeyre (France), 223
Domaine des Aires Hautes (France), 211
Domaine des Aubuisières (France), 258
Domaine des Baumard (France), 259
Domaine des Bernardins (France), 314
Domaine Des Braves (Paul Cinquin) (France), 182
Domaine des Chesnaies (France), 266
Domaine des Corbillières (France), 269
Domaine des Deux Roches (Collovray & Terrier) (France), 188
Domaine des Dorices (France), 270
Domaine des Escaravailles (France), 321
Domaine des Gerbeaux (France), 191
Domaine des Grecaux (France), 231
Domaine des Huards (France), 275
Domaine des Perrières (Marc Kreydenweiss) (France), 242
Domaine des Songes (France), 171
Domaine des Souchons (France), 201
Domaine des Soulanes (France), 248
Domaine des Terres Dorées (Jean-Paul Brun) (France), 201
Domaine des Terres Falmet (France), 248
Domaine des Vieux Pruniers (France) 290
Domaine Donjon (France), 224
Domaine du Caillou (France), 316
Domaine du Clos des Fées (France), 220
Domaine du Clos du Fief (France), 186
Domaine du Closel (France), 268
Domaine du Courbissac (France), 223
Domaine du Dragon (France), 295
Domaine du Fontenille (France), 323
Domaine du Grand Arc (France), 230
Domaine du Grand Crès (France), 230
Domaine du Pégaü (France), 338
Domaine du Poujol (France), 243
Domaine du Salvard (France), 288
Domaine du Tariquet (France), 306
Domaine du Tunnel (Stéphane Robert) (France), 347
Domaine Dupasquier (France), 137
Domaine Etxegaraya (France), 302
Domaine Faurmarie (France), 226
Domaine Fondreche (France), 322
Domaine Font Sarade (France), 323
Domaine Fouassier (France), 272
Domaine Foulaquier (France), 228
Domaine Gardiès (France), 228
Domaine Gauby (France), 229
Domaine Gautier (France), 230
Domaine Genouillac (France), 303
Domaine Gilarderie (France), 273
Domaine Gramenon (France), 325
Domaine Grand Nicolet (France), 326
Domaine Grand Veneur (France), 327
Domaine Gras-Moutons (France), 274
Domaine Gresser (France), 138
Domaine Hatzimichalis (Greece), 386
Domaine Hegarty-Chamans (France), 233
Domaine Herbauges (France), 275
Domaine Jamain (France), 276
Domaine Karydas (Greece), 386
Domaine la Bastide (France), 213
Domaine la Berangeraie (France), 301
Domaine la Blaque (France), 294
Domaine la Casenove (France), 218
Domaine la Collière (France), 319
Domaine la Fourmone (France), 324
Domaine la Galinière (France), 228
Domaine la Garrigue (France), 324
Domaine la Hitaire (France), 304
Domaine la Millière (France), 334
Domaine la Réméjeanne (France), 341
Domaine la Sauvageonne (France), 247
Domaine la Solitude (France), 345
Domaine la Soumade (France), 346
Domaine Labbé (France), 141
Domaine Lacroix-Vanel (France), 234
Domaine Lafage (France), 234
Domaine Lafond (France), 329
Domaine Lancyre (France), 235

INDEX OF WINE PRODUCERS 611

Domaine le Briseau (France), 262
Domaine le Couroulu (France), 320
Domaine Leccia (France), 296
Domaine Les Aphillanthes (France), 310
Domaine les Grands Bois (France), 326
Domaine les Loges de la Folie (France), 278
Domaine l'Olivier (France), 337
Domaine Luneau-Papin (France), 278
Domaine Maistracci (France), 296
Domaine Mardon (France), 279
Domaine Massamier la Mignarde (France) 237
Domaine Pech Redon (France), 241
Domaine Puig Parahy (France), 244
Domaine Puydeval (France), 244
Domaine Renardat-Fáche (France), 145
Domaine Richou (France), 286
Domaine Rimbert (France), 245
Domaine Roger Sabon et Fils (France) 342
Domaine Saint Antonin (France), 245
Domaine Saint-Damien (France), 343
Domaine Saint Gayan (France), 344
Domaine Saint Nicolas (France), 288
Domaine Sarda-Malet (France), 247
Domaine Sarrabelle (France), 306
Domaine Servin (France), 201
Domaine Sigalas (Greece), 388
Domaine St.-Martin de la Garrigue (France) 246
Domaine Tabatau (France), 248
Domaine Thibert Père et Fils (France) 202
Domaine Weinbach (France), 148
Domaine Zind-Humbrecht (France), 148
Domaines des Coteaux des Travers (France), 319
Domenico Clerico (Italy), 415
Domingos Alves de Sousa (Portugal), 492
Dominique Piron (France), 198
Don Miguel Gascon (Argentina), 26
Doña Paula (Argentina), 24

La Doyenne (France), 158
Dr. Bürklin-Wolf (Germany), 358
Dr. Crusius (Germany), 359
Dr. Deinhard (Germany), 360
Dr. Heinz Wagner (Germany), 379
Dr. Loosen (Germany), 370
Dr. Wehrheim (Germany), 380
Dry Stack (California) → Grey Stack 参照
Duckhorn Vineyards (California), 544
Durbanville Hills (South Africa), 505
Dutschke (Australia), 54
Dão Sul (Portugal), 492

E. & M. Berger (Austria), 82
Earthworks (Australia), 54
Ebner-Ebenauer (Austria), 83
Echeverría (Chile), 111
Ecker (Eckhof) (Austria), 83
L'Ecole No. 41 (Washington), 575
Edgebaston (Finlayson Family Vineyards) (South Africa), 506
Edmeades (California), 545
Edulis (Spain), 521
Egia Enea Txakolina (Spain), 521
Einaudi (Italy), 422
Elio Altare (Italy), 398
Elio Perrone (Italy), 439
Elvio Cogno (Italy), 415
Emery (Greece), 385
Emiliana Orgánico (Chile), 111
Emmanuel Huillon (France), 139
Emrich-Schönleber (Germany), 360
Enkidu Wine (California), 545
Epiphany (California), 545
Erath (Oregon), 567
Eric Chevalier (Domaine de l'Aujardière) (France), 266
Ermitage du Pic St.-Loup (France), 225
Ernst Triebaumer (Austria), 97
Errazuriz (Chile), 111
D'Escurac (France), 158

Estampa (Chile), 112
L'Estang (France), 159
Étang des Colombes (France), 225
Étienne Gonnet de Font du Vent (France) 325
Ettore Germano (Italy), 427
Etude (California), 545
Excelsior Estate (South Africa), 506
Exopto Cellars (Spain), 522

Fairvalley (South Africa), 506
Faizeau (France), 159
Falesco (Italy), 422
Falset-Marçà (Spain), 522
Familia Zuccardi (Argentina), 46
Famille Lignères (France), 236
Fanti (Italy), 422
Farnese (Italy), 422
Fattoria Bruno Nicodemi (Italy), 424
Fattoria dei Barbi (Italy), 423
Fattoria del Cerro (Italy), 423
Fattoria di Fèlsina (Italy), 423
Fattoria di Magliano (Italy), 423
Fattoria la Parrina (Italy), 424
Fattoria la Rivolta (Italy), 424
Fattoria le Pupille (Italy), 424
Fattoria le Terrazze (Italy), 425
Fattoria San Lorenzo (Italy), 425
Fattoria Zerbina (Italy), 425
Felipe Rutini (Argentina), 37
Feret-Lambert (France), 159
Ferrand (France), 159
Ferrari (Italy), 425
Ferraton (France), 322
Fess Parker (California), 554
Fetish (Australia), 55
Feudi di San Gregorio (Italy), 426
Feudo Montoni (Italy), 426
Fidelitas (Washington), 573
Fillaboa (Spain), 523
Finca de Arantei (Spain), 515
Finca Decero (Argentina), 23

Finca El Retiro (Argentina), 35
Finca Flichman (Argentina), 25
Finca La Celia (Argentina), 20
Finca Las Moras (Argentina), 31
Finca Sobreño (Spain), 523
Finca Sophenia (Argentina), 39
Finca Torremilanos (Spain), 532
Firriato (Italy), 426
Flechas de los Andes (Argentina), 25
Fleur du Cap (South Africa), 507
Fleur St. Antoine (France), 160
Florian Weingart (Germany), 380
La Font de L'Olivier (France), 227
La Font de Papier (France), 323
Fontaleoni (Italy), 427
Fougas Maldorer (France), 160
Fougères la Folie (France), 160
The Foundry (South Africa), 507
O. Fournier (Argentina), 26
O. Fournier (Spain), 523
Fournier Père & Fils (France), 272
Foxglove (California), 546
Francine & Olivier Savary (France), 200
Francis Blanchet (France), 260
François Cazin (Le Petit Chambord) (France), 264
François Lurton (Argentina), 28
François Mikulski (France), 197
Frank Peillot (France), 144
Fratelli Revello (Italy), 444
Fratelli Seghesio (Italy), 449
Fred Prinz (Germany), 374
Frédéric Giachino (France), 138
Frédéric Mabileau (France), 279
Frédéric Magnien (France), 196
Frédéric Mochel (France), 143
Frei Brothers Reserve (California), 546
Freie Weingärtner (Domäne Wachau) (Austria), 83
Fritsch (Austria), 84
Fritz Haag (Germany), 363
Fritz Salomon (Gut Oberstockstall)

INDEX OF WINE PRODUCERS 613

(Austria), 93
Frozza (Italy), 427
Fuhrmann-Eymael (Weingut Pfeffingen) (Germany), 361
Fundação Eugénio de Almeida (Adega de Cartuxa) (Portugal), 492
Fussignac (France), 160

G.A.E.C. Charvin (France), 318
Gai'a (Greece), 385
Maison Galhaud (France), 160
Gallo Family Vineyards (California), 546
Gaujal St.-Bon (France), 229
Gentilini (Greece), 386
Georg Mosbacher (Germany), 373
Georges Duboeuf (France), 189
Georges Vernay (France), 347
Georges Vionery (France), 204
Gérard & Pierre Morin (France), 281
Gérard Boulay (France), 261
Gérard Descombes (Domaine les Côtes de la Roche) (France), 187
Gerhard Markowitsch (Austria), 90
Gernot Heinrich (Austria), 86
Ghislain and Jean-Hugues Goisot (France) 192
Giacomo Grimaldi (Italy), 429
Giacomo Mori (Italy), 435
Gies-Düppel (Germany), 361
Gigault (France), 160
Gilbert Chon (France), 267
Gilbert Picq et ses Fils (France), 198
Gini (Italy), 428
Gironville (France), 161
Giovanni Almondo (Italy), 398
Giovanni Corino (Italy), 418
Giovanni Manzone (Italy), 431
Giovanni Rosso (Italy), 445
Girard (California), 546
Giuseppe Mascarello (Italy), 432
Glaetzer (Australia), 55
Glen Carlou (South Africa), 507

Graham Beck (South Africa), 504
Grand Mouëys (France), 161
Grand Ormeau (France), 161
Grande Maison (France), 303
Les Grands-Maréchaux (France), 161
Les Grands Chênes (France), 162
La Grange de Quatre Sous (France), 231
Grange des Rouquette (France), 231
Grans Fassian (Germany), 362
Grant Burge (Australia), 52
La Gravière (France), 162
Grayson Cellars (California), 547
Gree Laroque (France), 162
Greek Wine Cellars (Greece), 386
Greg Norman Estates (Australia), 62
Grey Stack (California), 547
Gross (Austria), 85
Grove Mill (New Zealand), 472
Guerry (France), 162
Guigal (France), 328
Guilhem Durand (France), 224
Guionne (France), 162
Guiseppe Cortese (Italy), 419
Guitian (Spain), 524
Gulfi (Italy), 429
Gunderloch (Germany), 363
Günter Steinmetz (Germany), 377

Hacienda Araucano (Chile), 102
Halter Ranch (California), 547
Hatzidakis (Greece), 386
Haut-Bertinerie (France), 163
Haut-Beyzac (France), 163
Haut-Canteloup (France), 163
Haut-Carles (France), 163
Haut-Colombier (France), 163
Haut-Mazeris (France), 164
Haut-Mouleyre (France), 164
Havens Wine Cellars (California), 547
Hecht & Bannier (France), 232
Heggies (Australia), 56
Heidi Schröck (Austria), 94

J. Heinrich (Austria), 86
Hendry (California), 548
Henri Perrusset (France), 198
Henry Marrionet (Domaine de la Charmoise) (France), 279
Henry Natter (France), 281
Henry Pellé (France), 282
Henschke (Australia), 56
Herdade do Esporão (Portugal), 493
Herdade São Miguel (Portugal), 493
Hermann Dönnhoff (Germany), 360
Hervé Azo (France), 181
Hervé Séguin (France), 288
Hewitson (Australia), 56
Hexamer (Germany), 364
Hiedler (Austria), 86
Hilberg-Pasquero (Italy), 429
Hippolyte Reverdy (France), 285
Hirsch (Austria), 86
H. & M. Hofer (Austria), 86
Holly's Hill Vineyards (California), 548
Honig (California), 548
Hope Estate (Australia), 57
Hortevie (France), 164
Hotel do Reguengo de Melgaço (Portugal) 493
Hubert Clavelin (France), 136
Hugel (France), 139
Hugh Hamilton (Australia), 55
Huia (New Zealand), 473
Humberto Canale (Argentina), 19
Hunters (New Zealand), 473
Husch Vineyards (California), 548

I Veroni (Italy), 459
Icardi (Italy), 429
Icario (Italy), 430
Il Borro (Italy), 403
Il Feuduccio (Italy), 426
Il Molino di Grace (Italy), 434
Il Palazzino (Italy), 437
In Situ (Chile), 113

Inama (Italy), 430
Indaba (South Africa), 507
Innocent Bystander (Australia), 57
Isenhower Cellars (Washington), 574

Jackson Estate (New Zealand), 473
Jacky Janodet (Domaine des Fine Graves) (France), 194
Jacky Preys (France), 284
Jacques Carroy (France), 263
Jacques Guindon (France), 274
Jade Mountain (California), 549
Jaffurs Wine Cellars (California), 549
Les Jamelles (France), 233
Jaugue Blanc (France), 164
JC Cellars (California), 549
Jean Calot (France), 184
Jean-Claude Lapalu (France), 195
Jean-Claude Roux (France), 287
Jean Fournier (France), 191
Jean-François Mérieau (France), 279
Jean-Louis Denois (France), 223
Jean-Louis Tribouley (France), 250
Jean Manciat (France), 196
Jean-Marc Boillot (France), 181
Jean-Marc Brocard (France), 182
Jean-Marc Burgaud (France), 183
Jean-Marie Raffault (France), 284
Jean Masson (France), 142
Jean-Max Roger (France), 287
Jean-Michel Gérin (France), 325
Jean-Paul Schmitt (France), 145
Jean-Paul Thévenet (France), 202
Jean-Philippe Fichet (France), 191
Jean Reverdy (France), 286
Jean Rijckaert (France), 145, 200
Jean Vullien & Fils (France), 147
Jim Barry (Australia), 51
Jip Jip Rocks (Australia), 57
JM Cellars (Washington), 574
Joel Gott (California), 546
Joël Rochette (France), 200

INDEX OF WINE PRODUCERS

Johannishof (H. H. Eser) (Germany), 364
José Maria da Fonseca (Portugal), 492
Josef Högl (Austria), 87
Josef Leitz (Germany), 369
Josef Schmid (Austria), 94
Joseph Drouhin (France), 188
Joseph Landron (France), 277
Joseph Phelps Vinyard (California), 556
Josmeyer (France), 140
João Portugal Ramos (Portugal), 494
Judith Beck (Austria), 82
Julien Barraud (France), 181
Julien Fouet (France), 272
Jurtschitsch (Sonnhof) (Austria), 88
Juslyn (California), 549
Justen (Meulenhof) (Germany), 365

Kaesler Stonehorse (Australia), 58
Kaiken (Argentina), 27
Kaleidos (California), 549
Kanu (South Africa), 508
Karlsmühle (Peter Geiben) (Germany) 365
Keller (Germany), 365
Kemblefield Estate (New Zealand), 473
Kendall-Jackson (California), 550
Kerpen (Germany), 366
Kiamie Wine Cellars (California), 550
Kim Crawford (New Zealand), 474
Kingston Family Vineyards (Chile), 114
Kiona (Washington), 574
R. & B. Knebel (Germany), 368
Koehler-Ruprecht (Germany), 368
Koonowla (Australia), 58
Kracher (Weinlaubenhof) (Austria), 88
Krüger-Rumpf (Germany), 368
Kuentz-Bas (France), 141
Kumeu River (New Zealand), 475
Kunin Wines (California), 550
Kurt Angerer (Austria), 81
Kurt Darting (Germany), 360
Kurtz Family Vineyards (Australia), 58

Lackner-Tinnacher (Austria), 88
Ladera Sagrada (Spain), 524
Lagar de Costa (Spain), 525
Lalande-Borie (France), 164
Langmeil (Australia), 59
Larkmead (California), 551
Larrivaux (Chile), 165
Latium Morini (Italy), 430
Laubes (France), 165
Laurent Barth (France), 135
Laurent Chatenay (France), 265
Laurent Miquel (France), 238
Des Laurets (France), 165
Laussac (France), 165
Lavradores de Feitoria (Portugal), 494
Lawson's Dry Hills (New Zealand), 475
Leconfield (Australia), 59
Leeuwin Estate (Australia), 59
Lengs & Cooter (Australia), 59
Leth (Austria), 89
Leyda (Chile), 115
Lindauer (New Zealand), 475
Lingenfelder (Germany), 370
J. Lohr Vineyards (California), 551
Loimer (Austria), 89
Loma Larga (Chile), 115
Long Shadows (Washington), 575
Longwood (Australia), 60
Lost River (Washington), 576
Louis Jadot (France), 193
Louis Latour (France), 195
Luciano Sandrone (Italy), 447
Lucien Albrecht (France), 134
Ludwig Neumayer (Austria), 90
Luigi Bosca (Argentina), 19
Luis Felipe Edwards (Chile), 111
Luna Beberide (Spain), 525
Luna Vineyards (California), 551
Lynx (South Africa), 508
Lyonnet (France), 165

M. Chapoutier (Domaine de Bila-Haut) (France) → Domaine de Bila-Haut参照
Ma Vérité de Gérard Depardieu(France), 165
Maculan (Italy), 430
Madcap Wines (Australia), 60
La Madrid (Argentina), 29
La Mageance (France), 330
Magpie Estate (Australia), 60
Mahi (New Zealand), 475
Maip (Argentina), 29
Maison Arnoux & Fils (France),311
Maison du Midi (France), 331
Malvirà (Italy), 431
Manga del Brujo (Spain), 526
Manoir de la Téte Rouge (France), 279
Mantlerhof (Austria), 90
Manu (New Zealand), 476
Mapema (Argentina), 30
Maquis (Chile), 116
Marc Kreydenweiss (France), 140
Marc Tempé (France), 146
Marcarini (Italy), 431
Marcel Deiss (France), 137
Marcel Lapierre (France), 195
Marchesi Pancrazi (Italy), 438
Marietta Cellars (California), 552
Marion Pral (France), 200
Markus Huber (Austria), 87
Marsau (France), 166
Martinat-Epicurea (France), 166
Markus Molitor (Germany), 373
Martinelle (France), 332
Mas Amiel (France), 211
Mas Cal Demoura (France), 216
Mas Carlot (France), 218,333
Mas Champart (France), 218
Mas Conscience (France), 221
Mas D'Auzières (France), 213
Mas de Bayle (France), 214
Mas de Boislauzon (France), 332
Mas de Chimères (France), 219

Mas de Gourgonnier (France), 296
Mas de Guiot (France), 232,333
Mas de la Barben (France), 213
Mas de la Dame (France), 295
Mas de la Deveze (France), 224
Mas des Bressades (France), 332
Mas des Brunes (France), 216
Mas Igneus (Spain), 526
Mas Lumen (France), 236
Mas Mudigliza (France), 239
Masi (Argentina), 30
Mason Cellars (California), 552
Massolino (Italy), 432
Mastroberardino (Italy), 432
Matetic (Chile), 117
Matteo Correggia (Italy), 419
Matthias Roblin (France), 287
Matua Valley (New Zealand), 476
Mauro Molino (Italy), 434
Max. Ferd. Richter (Germany), 374
Maxime Magnon (France), 236
Maximin Grünhaus (von Schubert) (Germany) 362
Mazzei (Italy), 433
Mazzi (Italy), 433
McCrea Cellars (Washington), 576
McKinley Springs (Washington), 576
La Meirana (Italy), 433
Mejean (France), 166
Melville (California), 552
Mercouri Estate (Greece), 387
Messile Aubert (France), 166
Messmer (Germany), 372
Meyer-Fonné(France), 142
Michael-David (California), 552
Michel Bailly (France), 258
Michel Brock (France), 262
Michel Chignard (France), 186
Michel Delhommeau (France), 270
Michel Fonné (France), 137
Michel Goubard (France), 192
Michel Lafarge (France), 194

INDEX OF WINE PRODUCERS

Michel Magnien (France), 196
Michel Torino (Argentina), 42
Michele Chiarlo (Italy), 414
Miguel Torres Chile (Chile), 127
Mikäel Bouges (France), 260
Milbrandt Vineyards (Washington), 576
Mille-Roses (France), 166
Mills Reef (New Zealand), 476
Millton Vineyard (New Zealand), 476
Mischa Estate (South Africa), 509
Mitolo (Australia), 61
Mocali (Italy), 433
Moccagatta (Italy), 434
Molettieri (Italy), 434
Mollydooker (Australia), 61
La Monardière (France), 335
Mont Perat (France), 166
Montana (Brancott) (New Zealand), 477
Monte Antico (Italy), 434
Monte da Capela (Portugal), 494
Montes (Chile), 117
Montgras (Chile), 118
Monti (Italy), 435
Moraitis (Greece), 387
Morandé (Chile), 119
Morgan (California), 553
Morgante (Italy), 435
Morisfarms (Italy), 435
Moulin Haut Laroque (France), 167
Moulin Rouge (France), 167
Mourgues du Grès (France), 336
Mourrel Azurat (France), 239
Mouthes le Bilhan (France), 305
La Mozza (Italy), 435
Mr. Riggs (Australia), 61
Mt. Difficulty (New Zealand), 477
Mud House (New Zealand), 478
Muddy Water (New Zealand), 478
Muhr-Van Der Niepoort (Austria), 90
Murdoch James (New Zealand), 478
Muri-Gries (Italy), 435
Murphy-Goode (California), 553

Musella (Italy), 436
Mylord (France), 167

Neudorf (New Zealand), 478
Neumeister (Austria), 91
Nicole Chanrion (France), 184
Nieto Senetiner (Argentina), 31
Nigl (Austria), 91
Nino Franco (Italy), 427
Nino Negri (Italy), 436
Nita (Spain), 528
La Noble (France), 240
Novelty Hill (Washington), 577

O-S (Washington), 578
Obvio (Argentina), 33
Ocone (Italy), 437
Odfjell (Chile), 120
Ortman Family Vineyards (California) 554
Ott (Austria), 91
L'Oustal Blanc (France), 241
Overgaauw (South Africa), 509
Owen Roe (Washington), 578
Oxford Landing (Australia), 62
Oyster Bay (New Zealand), 479

Pago Florentino (Spain), 529
Painted Wolf (South Africa), 509
Paitin (Italy), 437
Palazzone (Italy), 437
Palladio (Italy), 438
Palliser Estate (New Zealand), 479
Paolo Saracco (Italy), 448
Paolo Scavino (Italy), 449
Papa Luna (Spain), 529
Parusso (Italy), 438
Pascal & Nicolas Reverdy (France), 286
Pascal Bellier (France), 259
Pascal Janvier (France), 276
Pascual Toso (Argentina), 43
Patache D'Aux (France), 167

Patrick Bottex (France), 136
Patrick Lesec Selections (France),329
Paul Achs (Austria), 81
Paul Blanck (France), 135
Paul Kubler (France), 140
Paul Lehrner (Austria), 88
Paul Pernot (France), 198
Paulo Laureano Vinus (Portugal), 494
R. & L. Pavelot (France), 198
Pavilion (California), 555
Pecchenino (Italy), 438
Pederzana (Italy), 438
Pegasus Bay (New Zealand), 479
Pelan (France), 167
Pelissero (Italy), 439
Peña (France), 241
Penfolds (Australia), 62
Penley Estate (Australia), 62
Perenne (France), 167
Pérez Cruz (Chile), 121
Perrini (Italy), 439
Perron la Fleur (France), 168
Peter-Jakob Kühn (Germany), 368
Petilia (Italy), 440
Petra (Italy), 440
Pewsey Vale (Australia), 63
Peyfaures (France), 168
Pey la Tour (France), 168
Pfaffl (Austria), 92
Philippe Cambie (France), 316
Philippe Collotte (France), 187
Philippe Gilbert (France), 274
Philippe Pichard (Domaine de la Chapelle) (France), 283
Philippe Portier (France), 283
Piazzano (Italy), 440
Pieropan (Italy), 441
Pierre Boniface (France), 135
Pierre Clavel (France), 219
Pierre-Marie Chermette (Domaine du Vissoux) (France), 185
Pierre Sparr (France), 146

Pierre Usseglio (France), 347
Pierre-Yves Colin (France), 187
Pike & Joyce (Australia), 63
Pikes (Australia), 64
Pillar Box (Australia), 64
Le Pin Beausoleil (France), 168
Pine Ridge (California), 556
Pinhal da Torre (Portugal), 495
Plaisance Alix (France), 169
Plan de l'Om (France), 242
Poças (Portugal), 495
Podere La Merlina (Italy), 441
Poderi Colla (Italy), 441
Poderi San Lazzaro (Italy), 441
Poggio Al Tesoro (Italy), 441
Poggio Argentiera (Italy), 441
Poggio Bertaio (Italy), 442
Poggio San Polo (Italy), 442
Poggionotte (Italy), 442
Poliziano (Italy), 442
Polkura (Chile), 121
Porta (Chile), 121
Portal del Montsant (Spain), 529
El Portillo (Argentina), 33
El Porvenir de los Andes (Argentina), 33
La Posta (Argentina), 34
Potel-Aviron (France), 199
Potensac (France), 169
Pra (Italy), 442
La Prade (France), 169
Pratesi (Italy), 443
Prieler (Austria), 92
Prodigo (Argentina), 34
Produccións a Modino (Spain), 530
Producteurs Plaimont (France), 305
Prunotto (Italy), 443
Puech Auriol (France), 244
La Puerta (Argentina), 34
Puygueraud (France), 169

Quanta Terra (Portugal), 496
Quara (Argentina), 35

INDEX OF WINE PRODUCERS

Quattro Mani (Italy), 443
Quinta da Alorna (Portugal), 496
Quinta da Aveleda (Portugal), 496
Quinta da Cortezia (Portugal), 496
Quinta da Romaneira (Portugal), 497
Quinta de Chocapalha (Portugal), 497
Quinta de Roriz (Portugal), 497
Quinta de Ventozelo (Portugal), 497
Quinta do Ameal (Portugal), 497
Quinta do Casal Branco (Portugal), 498
Quinta do Feital (Portugal), 498
Quinta do Mouro (Miguel Louro) (Portugal) 498
Quinta do Noval (Portugal), 499
Quinta do Portal (Portugal), 499
Quinta do Vale Meão (Portugal), 499
Quinta do Vallado (Portugal), 499
Quinta dos Roques (Portugal), 499
Quinta Vale das Escadinhas (Portugal) 500
Quintay (Chile), 122
Qupe (California), 556

R Wines (Australia), 64
Raats Family (South Africa), 510
Le Ragose (Italy), 443
Rainer Wess (Austria), 98
Ramos Pinto (Portugal), 500
Ransom Wine Company (Oregon), 567
Ratzenberger (Germany), 374
Reclos de la Couronne (France), 169
Recougne (France), 169
Regis Bouvier (France), 182
Régis Cruchet (France), 269
Régis Minet (France), 280
Reichsgraf von Kesselstatt (Germany) 367
Reilly's (Australia), 68
Reinhold Haart (Germany), 363
Renard (California), 556
Renato Corino (Italy), 419
René & Agnès Mosse (France), 281

Richard Hamilton (Australia), 56
Richelieu (France), 170
Riecine (Italy), 444
Rietine (Italy), 444
Rietvallei Estate (South Africa), 510
La Rioja Alta (Spain), 530
RJ Viñedos (Argentina), 36
Roagna (Italy), 444
Robert Chevillon (France), 185
Robert Eymael (Mönchhof) (Germany), 361
Robert Foley Vineyards (California), 545
Le Roc des Anges (France), 245
J. Rochioli Vineyards (California), 556
Roccolo Grassi (Italy), 428
Rochers des Violettes (France), 287
Rockbare (Australia), 68
Roland Lavantureux (France), 195
Rolf Binder (Australia), 51
Roquetaillade (France), 170
Roquevale (Soc. Ag. de Herdade da Madeira) (Portugal), 500
La Rose Perrière (France), 170
Rosemount Estate (Australia), 68
Rosenblum Cellars (California), 557
Ross Andrew (Washington), 578
Round Hill (California), 557
Rupert & Rothschild (South Africa), 510
Rutherford Ranch (California), 558

Saddleback Cellars (California), 558
Sage (California), 559
Saint Clair (New Zealand), 480
Saint Jean du Barroux l'Oligocène (France) 344
Saint Laurent (Washington), 579
Saladini Pilastri (Italy), 445
Salcheto (Italy), 446
Salentein (Argentina), 38
Le Salette (Italy), 446
Salomon-Undhof (Austria), 93
San Fabiano (Italy), 446

San Felice (Italy), 446
San Francesco (Italy), 447
San Giorgio a Lapi (Italy), 447
San Michele Appiano (Italy), 447
Santa Carolina (Chile), 122
Santa Duc Sèlections (France), 344
Santa Ema (Chile), 123
Santa Helena (Chile), 123
Santa Laura (Chile), 124
Santa Rita (Chile), 124
Santadi (Italy), 448
Santo Wines (Greece), 387
Sarah's Vineyard (California), 560
Sauvignon Republic (California), 560
Savannah-Chanelle Vineyards (California), 560
Sbragia Family Vineyards (California) 560
Scacciadiavoli (Italy), 449
Schellmann (Austria), 93
Schloss Gobelsburg (Austria), 85
Schloss Halbturn (Austria), 85
Schloss Lieser (Germany), 369
Schloss Saarstein (Germany), 375
Schlossgut Diel (Germany), 360
Schmitt-Wagner (Germany), 376
Schoffit (France), 146
Schäfer-Fröhlich (Germany), 375
Schwarzböck (Austria), 95
Scubla (Italy), 449
Seifried (New Zealand), 480
Selbach-Oster (Germany), 376
Sella e Mosca (Italy), 450
Selvapiana (Italy), 450
Semeli (Greece), 388
Señorío de Barahonda (Spain), 531
Seresin (New Zealand), 481
Sergant (France), 171
Serge Batard (France), 258
Serge Dagueneau (France), 269
La Sergue (France), 171
Serrera (Argentina), 39

Setzer (Austria), 95
75 (California), 560
Sherwood Estate (New Zealand), 481
Shottesbrooke (Australia), 69
Silverado Vineyards (California), 561
Silvio Grasso (Italy), 428
La Sirena (California), 551
Skouras (Greece), 388
Skylark Wine Company (California), 561
Snoqualmie Vineyards (Washington), 579
Snowden (California), 561
Sociedade Agricola de Santar (Portugal) 500
Sogrape Vinhos (Portugal), 500
Solar de Urbezo (Spain), 532
Soleil (France), 171
Solitary Vineyards (Australia), 70
Söllner (Austria), 96
Sottimano (Italy), 450
La Source du Ruault (France), 289
Spaetrot-Gebeshuber (Austria), 96
Spencer Roloson (California), 562
La Spinetta (Italy), 451
Sportoletti (Italy), 451
Spreitzer (Germany), 376
Springfontein Estate (South Africa), 510
St. Clement (California), 559
St.-Genes (France), 171
St. Mary's (Australia), 69
St. Urbans-Hof (Germany), 378
Stadlmann (Austria), 96
Staete Landt (New Zealand), 482
Stella (Italy), 451
Stellenrust (South Africa), 511
Steve Bird (New Zealand), 470
Stevens (Washington), 580
Ste.-Colombe (France), 171
Stift Göttweig (Austria), 85
Stoller Vineyards (Oregon), 568
Stoneleigh (New Zealand), 482
J. & H. A. Strub (Germany), 377
Stuhlmuller Vineyards (California), 562

INDEX OF WINE PRODUCERS

Suavia (Italy), 452
Summers Estate Wines (California), 562
Sur de los Andes (Argentina), 40
Sweet Cheeks (Oregon), 568
Sylvain Pataille (France), 197
Sylvan Springs (Australia), 70
Symington Family Estates (Portugal), 501
Syzygy (Washington), 580

Tabali (Chile), 126
Tablas Creek (California), 562
Tage de Lestages (France), 172
Tait (Australia), 70
Talley Vineyards (California), 563
Tamarack Cellars (Washington), 580
Tamellini (Italy), 452
Tardieu-Laurent (France), 346
Tasca d'Almerita (Italy), 452
Te Mata Estate (New Zealand), 482
Tement (Austria), 97
Tenimenti Angelini (Italy), 453
Tenuta Belguardo (Italy), 453
Tenuta delle Terre Nere (Italy), 455
Tenuta di Capezzana (Italy), 453
Tenuta di Ghizzano (Italy), 453
Tenuta di Tavignano (Italy), 454
Tenuta Le Querce (Italy), 453
Tenuta Rapitalà (Italy), 454
Tenuta San Guido (Italy), 454
Tenuta Statti (Italy), 454
10 Knots Cellars (California), 563
Terras de Alter (Portugal), 501
Terrazas de los Andes (Argentina), 41
Terre dei Re (Italy), 455
Terre Rouge (California), 451
Terredora (Italy), 455
Terrunyo (Chile), 127
Thébot (France), 172
Thelema (South Africa), 511
Theo Minges (Germany), 372
Thierry Merlin-Cherrier (France), 280

Thierry Puzelat (France), 284
Thieuley (France), 172
Le Thil Comte Clary (France), 173
Thimiopoulos (Greece), 389
Thorn-Clarke (Australia), 71
Thunevin-Calvet (France) → Calvet-Thunevin 参照
Tiefenbrunner (Italy), 456
Tikal (Argentina), 41
Tilia (Argentina), 41
F. Tinel-Blondelet (France), 289
Tire pé la Côte (France), 173
Tittarelli (Argentina), 42
Tiza (Argentina), 42
Tohu (New Zealand), 483
Torbreck Vintners (Australia), 71
Tormaresca (Italy), 456
Torre Quarto (Italy), 456
Toscolo (Italy), 457
La Tour Boisée (France), 249
Tour Blanche (France), 173
Tour de Mirambeau (France), 173
Tour des Gendres (France), 306
La Tour Saint-Martin (France), 290
Tour St.-Bonnet (France), 173
Les Tours Seguy (France), 174
Trabucchi (Italy), 457
Tramin (Italy), 457
Trapiche (Argentina), 43
Trappolini (Italy), 457
Trascampanas (Spain), 532
Les Traverses de Fontanes (France), 250
Travis (California), 564
Trevor Jones (Australia), 57
Triennes (France), 297
F. E. Trimbach (France), 147
Trivento (Argentina), 44
Trois Croix (France), 174
Truchard Vineyards (California), 564
Trumpeter (Argentina), 44
Tscharke (Australia), 72
Tselepos (Greece), 389

Tua Rita (Italy), 457
Tutu (California), 564
Two Oceans (South Africa), 511
Txakoli Txomin Etxaniz (Spain), 533

Ukuzala (South Africa), 512
Umathum (Austria), 97
Union of Winemaking Cooperatives of Samos (Greece), 389
Uwe Schiefer (Austria), 94

Vaeni Naoussa (Greece), 389
G. D. Vajra (Italy), 458
Valdipiatta (Italy), 458
Valdumia (Spain), 533
Valentin Bianchi (Argentina), 18, 44
La Valentina (Italy), 458
Valle Reale (Italy), 459
Valmengaux (France), 174
Valtostao (Spain), 533
van Volxem (Germany), 378
Vaona (Italy), 459
Los Vascos (Chile), 127
Vasse Felix (Australia), 72
Vatistas (Greece), 390
Vavasour (New Zealand), 483
Veigadares (Spain), 534
Velenosi (Italy), 459
Ventisquero (Chile), 128
Ventus (Argentina), 45
Veranda (Chile), 128
Verdignan (France), 174
Verget (France), 202
Vesevo (Italy), 460
Vetus (Spain), 534
De Viaud (France), 174
J. Vidal-Fleury (France), 348
La Vieille Cure (France), 174
Vietti (Italy), 460
Vieux Château Palon (France), 175
Vieux Clos St.-Émilion (France), 175
Vignerons de Caractère (France), 350

Villa Carafa (Italy), 460
Villa Creek Cellars (California), 564
Villa Malacari (Italy), 460
Villa Maria (New Zealand), 484
Villa Matilde (Italy), 461
Villa Medoro (Italy), 461
Villa Symposia (France), 251
Villard (Chile), 129
Villars (France), 175
Viña Cobos (Argentina), 22
Viña Garces Silva (Amayna) (Chile), 126
Viña Herminia (Spain), 524
Viña Mar (Chile), 116
Viña Mein (Spain), 527
Viña Peñalolén (Chile), 120
Viña Requingua (Chile), 122
Viña Sastre (Spain), 531
Viña Somoza (Spain), 532
Viña Tarapaca (Chile), 126
Viña von Siebenthal (Chile), 130
Vincent Dureuil-Janthial (France), 190
M. J. Vincent (France), 203
Vincent Girardin (France), 192
Vincent Raimbault (France), 285
Vincent Richard (France), 286
Vinho Alvarinho de Monção (Portugal) 501
Vini Biondi (Italy), 461
Viniterra (Argentina), 45
Vinos de Arganza (Spain), 534
Vinosia (Italy), 462
Vinum South Africa (South Africa), 512
Virxen del Galir (Spain), 535
Viticultors del Priorat (Spain), 535
Viu Manent (Chile), 129
Volcan Wines (Greece), 390
von Beulwitz (Germany), 357
von Buhl (Germany), 357
von Hövel (Germany), 364
von Othegraven (Germany), 379
Vrai Canon Bouche (France), 175

INDEX OF WINE PRODUCERS

Wagner-Stempel (Germany), 379
Waimea Estates (New Zealand), 484
Wairau River (New Zealand), 484
Walden (France), 251
Walter Glatzer (Austria), 84
Water Wheel (Australia), 72
Waterbrook (Washington), 580
Weegmüller (Germany), 379
Weingut der Stadt Krems (Austria), 96
Weingut Stein (Germany), 377
Weins-Prüm (Germany), 380
Weiser-Künstler (Germany), 381
Weninger (Austria), 97
Wenzel (Austria), 97
Wieninger (Austria), 98
Willakenzie Estate (Oregon), 568
Willi Bründlmayer (Austria), 82
Willi Haag (Germany), 363
Wimmer-Czerny (Austria), 99
Windsor Sonoma Vineyards (California) 542
Winner's Tank (Australia), 73
Wither Hills (New Zealand), 484
Wolf Blass (Australia), 73
Woop Woop (Australia), 74
Wyatt (California), 565

Xarmant Txakolina (Spain), 536

Yalumba (Australia), 74, 75

Yannick Amirault (France), 257
Yannick Pelletier (France), 241

Zaca Mesa (California), 565
Zantho (Austria), 99
Zardetto (Italy), 462
Zenato (Italy), 462
Zilliken (Germany), 381
Zonte's Footstep (Australia), 76

ワインの帝王ロバート・パーカーが薦める
世界のベスト・バリューワイン

2009年11月20日　初版印刷
2009年11月25日　初版発行

著　者　　ロバート・M・パーカー Jr
監訳者　　山本　博
発行者　　早川　浩
印刷所　　株式会社精興社
製本所　　大口製本印刷株式会社
発行所　　株式会社　早川書房

　　　　　郵便番号　101-0046
　　　　　東京都千代田区神田多町2-2
　　　　　電話　03-3252-3111（大代表）
　　　　　振替　00160-3-47799
　　　　　http://www.hayakawa-online.co.jp

ISBN978-4-15-209088-1 C0077
定価はカバーに表示してあります
Printed and bound in Japan

乱丁・落丁本は小社制作部宛お送り下さい。
送料小社負担にてお取りかえいたします。